辽宁省优秀自然科学著作

辽宁木本植物志

Flora of Ligneous Plants of Liaoning

主　编　张淑梅

副主编　张　粤　许　亮

主　审　曹　伟

辽宁科学技术出版社

沈　阳

"十三五"国家重点图书出版规划

© 2018　张淑梅

图书在版编目（CIP）数据

辽宁木本植物志 / 张淑梅主编 . —沈阳：辽宁科学技术出版社，2018.10
（辽宁省优秀自然科学著作）
ISBN 978-7-5591-0943-9

Ⅰ.①辽… Ⅱ.①张… Ⅲ.①木本植物—植物志—辽宁 Ⅳ.①S717-231

中国版本图书馆CIP数据核字（2018）第208350号

出版发行：辽宁科学技术出版社
　　　　　（地址：沈阳市和平区十一纬路25号　邮编：110003）
印 刷 者：辽宁新华印务有限公司
幅面尺寸：185 mm×260 mm
印　　张：42.75
插　　页：4
字　　数：900千字
出版时间：2018年10月第1版
印刷时间：2018年10月第1次印刷
责任编辑：陈广鹏　陈　刚　李春艳
封面设计：李　嵘
版式设计：于　浪
责任校对：栗　勇

书　　号：ISBN 978-7-5591-0943-9
定　　价：420.00元

联系电话：024-23280036
邮购电话：024-23284502
http://www.lnkj.com.cn

《辽宁木本植物志》编委会

主　　编：张淑梅

副 主 编：张　粤　许　亮

参编人员：（按照姓氏拼音为序）

陈　玮	崔　巍	范庆卫	范希敏	韩先龙	黄彦青
金文学	李　旭	李　岩	李海燕	李宏博	李若谊
李中华	李忠宇	梁　鹏	蔺丹丹	刘晓菊	吕　蕊
吕晓亮	毛云中	潘姝慧	庞善元	尚佰晓	史　军
苏　琴	苏道岩	苏惠达	田树国	王　丹	王　冬
王　镭	王　萌	王　欣	王　颖	王连珍	王小平
魏金杰	温佳美	邢艳萍	许　亮	许　卓	于德林
于立敏	张　亮	张　旭	张　粤	张闯令	张春雷
张立新	张淑梅	赵　伟	赵丽芬	周平克	

主　　审：曹　伟

前言
FOREWORD

木本植物是指植物的茎内木质部发达、质地坚硬的植物。因植株高度及分枝部位等不同分为乔木、灌木、半灌木。乔木指的是高大直立的树木，高达5米以上，主干明显，分枝部位较高，如松、杉、枫杨等。灌木指的是植株较矮小、高度在5米以下的树木，主干不明显，分枝靠近茎的基部，如月季、木槿等。半灌木（亚灌木）指的是多年生植物，仅茎的基部木质化，而上部为草质，如刺旋花、牛枝子、梅笠草、木香薷等。

木本植物是木材的重要来源，也是食用、药用等的重要资源，还对人类赖以生存的环境起着重要的生态作用，在荒山绿化、城市美化等方面，木本植物发挥着不可替代的作用。因此，对木本植物的认识是极其重要的。木本植物志是一个地区木本植物的基础科学资料和总信息库，在木本植物分类鉴定和资源利用上具有重要的作用。

关于辽宁地区的木本植物，1990年出版了《辽宁树木志》（李延生著）。《辽宁树木志》中记载了野生木本植物和主要栽培树种共68科167属548种（包括变种、变型及栽培变种），附有图片393幅，原色照片148幅。另在《辽宁植物志》（李书心著，上册1988年，下册1992年）中有分散记录。随着调查的深入，28年后的今天，有新的木本植物被发现，如黄连木、北京忍冬、郁香忍冬；随着引种力度的加大，有很多国内外其他分布区的木本植物进入辽宁，如美国红枫、北美枫香、中华猕猴桃等。广大的农业、林业、牧业、医药业、园林工作者，植物科研和教学工作者及相关专业的学生和植物爱好者迫切需要一本系统介绍辽宁地区现时期木本植物的学术著作。《辽宁木本植物志》正是基于这些需要诞生的，可供植物、农业、林业、牧业、园艺、医药等科研、教学及生产部门参考，也可供相关专业的学生和植物爱好者学习。

本书收录植物的基本情况

本书收录辽宁产木本植物81科187属638种6亚种111变种48变型，计803个种及种下等级。另外，本书还收录了数十个栽培品种，是迄今东北收录木本植物种类最多的资料。

本书收录的植物中，野生357种6亚种76变种17变型，计456个种及种下等级；栽培281种35变种31变型，计347个种及种下等级。

辽宁木本植物统计表1：裸子植物和被子植物数量比较

类别	科	属	种	亚种	变种	变型	种及种下等级合计
裸子植物	7	19	47		5	3	55
被子植物	74	168	591	6	106	45	748
总计	81	187	638	6	111	48	803

从植物类别上看，本书收录两大类植物：

1. 裸子植物：7科19属47种5变种3变型，计55个种及种下等级。其中，野生13种2变种2变型，计17个种及种下等级；栽培34种3变种1变型，计38个种及种下等级。排列顺序依据郑万钧1978年系统。

2. 被子植物：74科168属591种6亚种106变种45变型，计748个种及种下等级。其中，野生344种6亚种74变种15变型，计439个种及种下等级；栽培247种32变种30变型，计309个种及种下等级。排列顺序依据恩格勒1964年系统。

辽宁木本植物统计表2：野生种和栽培种（含种下等级）数量比较

类别	裸子植物	被子植物	总计
野生	17	439	456
栽培	38	309	347
总计	55	748	803

本书的特点

一、编撰风格有创新、有继承

我国各类植物志，不管是国家级的，还是地方级的，几乎都是从科到种级的全面描述，篇幅巨大，读起来枯燥，而且短时间内很难从字里行间找出种间的本质区别；采用的图片基本都是墨线图，虽然很好地刻画出植物的典型特征，但是缺乏整体感、立体感和色彩直观性。本书汲取我国各类植物志的编撰经验，在编撰风格上有所创新。

1. 文字精练，特征准确，从简单的文字上便能看出同属不同种的区别，既节省篇幅，又方便使用。为了达到这个标准，编者首先认真研究检索表，在确定相关属的检索线路合理的情况下，以检索表的检索线路为主线，结合植物志，简述每种植物的主要特征。对于一些检索线路不合理或不方便使用的属，仔细对比属内种间区别，重新归纳总结出新的检索线路，并在形态描写中体现。

2. 图文并茂，使用全彩植物科学照片2600多张。说到全彩植物科学照片，很多人可能会简单地理解为彩色照片。其实不然，本书所使用的植物科学照片，均是按照科学的标准进行拍摄，第一追求原生态，第二追求精准而全面的分类特征。要获得一幅合格的原生态照片，必须身临每一个植物的生长地实地考察、拍摄。本书主编从事植物分类研究30多年，野外考察的时间跨度也长达30多年，积累了数千种、数十万张原生态植物照片。要获得分类特征精准而全面的照片，必须具备一定的植物分类专业知识，并提前做好功课。编者制订的拍摄标准是：依照植物志墨线图和检索表提供的检索线索拍摄植物的细节。有了这个标准之后，照片的分类特征更加明显，更加精准，也更加全面。当然，在真实表现植物的原生态和分类特征的基础上，兼顾艺术、兼顾美也是非常重要的，这是编者努力追求的终极目标，编者在拍摄和遴选照片时也充分地考虑了这一点，从而使读者在获得知识的同时，还享受了视觉盛宴。

在创新的同时，本书继承了传统植物志考证文献和科学编制检索表的好传统。

一方面，为了提高科学性、准确性，本书对收录植物的文献做了逐一考证。受篇幅限制，重点标注原始文献、常用文献和最新文献，如《辽宁植物志》《东北植物检索表》《中国植物志》《Flora of China》。

另一方面，为了引导读者又快又准地把握好不同分类单元之间的区别，编者在认真研究了辽宁木本植物的基础上，精心编制了141个属和种的检索表。这些检索表，不是照抄照搬以往的志书或者对以往志书的简单增减，而是根据编者多年使用其他志书检索表的感受和经验，合理调整检索线路，让检索线路更加清晰，分类单元之间的区别更加鲜明，如忍冬属、鼠李属。

二、中文名尊重地方习惯，拉丁名遵照Species2000

本书中文名尊重地方习惯用法，绝大部分以《辽宁植物志》的名称为第一中文名；《辽宁植物志》没有记录或没有详细介绍的种，以《东北植物检索表（第二版）》的名称为第一中文名；《辽宁植物志》和《东北植物检索表（第二版）》没有记录的种，或鉴定有误的种，以《中国植物志》的名称为第一中文名；地方志和《中国植物志》记录有误的种，以《Flora of China》为准；各志皆无的种，以其他正式出版的文献资料为准或新拟中文名。

为了便于国内同行及爱好者使用和交流，本书对每一种植物在《辽宁植物志》《东北植物检索表（第二版）》《中国植物志》《Flora of China》等主要志书的中文名都进行了标注，从而实现辽宁与东北对接，与中国对接，也方便读者更好地使用包括《辽宁植物志》《东北植物检索表》《中国植物志》《Flora of China》等已经出版的各种分类文献。

本书拉丁名遵照最新国际标准——Species2000（物种2000）。依据Species2000对收录植物的拉丁名做了严格的考证，绝大部分种的拉丁名以Species2000接受的名为标准，少数种根据实际情况灵活对待。

特别说明一下，物种2000对于种下等级的基本原则是与原种合并，只保留了部分种下等级。本书考虑使用者的习惯及需要，将大多数种下等级保留。

由于参考物种2000使用拉丁名，本书不仅实现了辽宁植物与东北及中国的对接，也实现了辽宁植物与世界的对接，为国内外同行交流提供了方便。

三、收录了诸多国内文献未记载的东北木本植物分类单元

本书收录的植物中，有诸多国内文献未记载的东北木本植物分类单元：野生木本植物1属6种4变种1变型，栽培木本植物11科29属109种（含种下等级），详见附录1。

四、收录4个新分类单元

本书收录1个新亚种、1个新变种、2个新变型，分别是：

毛叶山葡萄 *Vitis amurensis* subsp. *pubescens* S. M. Zhang

淡黄花早花忍冬 *Lonicera praeflorens* var. *lutescens* S. M. Zhang

白花尖叶胡枝子 *Lespedeza juncea* f. *albiflorum* S. M. Zhang

紫花尖叶胡枝子 *Lespedeza juncea* f. *purpureum* S. M. Zhang

五、补充完善了几个引进属或种的中文资料

一些近年引进的属或种，如腺肋花楸属 *Aronia* Medikus、水牛果属 *Shepherdia* Nutt.、钝翅槭 *Acer shirasawanum* Koidz.、冬绿玉山楂 *Crataegus viridis* Linnaeus等，国内有的只有简单的中文介绍，有的没有任何中文介绍。编者通过查找国外文献，对这些属和种的详细特征进行了描述，并和其他属或种进行对比研究，从而找出其相近属或相近种，并找出其与众不同的重要特征，从而将它们编入属的检索表或种的检索表，为今后植物学著作的编写打下了基础。

六、验证了几个存疑种在东北存在的真实性

本书验证了几个存疑种在东北存在的真实性，如：宽叶胡枝子 *Lespedeza maximowiczii* Schneid.，《东北植物检索表（第二版）》载，本种东北曾有记录，但未见标本。编者近年先后在长海县广鹿岛、大连城山头自然保护区等地发现本种，证实了这个种在东北分布的真实性。

七、修正了一些种的分类错误

例1：白玉山蔷薇 *Rosa baiyushanensis* Q. L. Wang（in Bull. Bot. Res. Harbin 4（4）：207. f.1. 1984）为辽宁省二级保护植物，模式标本为朱有昌先生1957年6月采自旅顺口白玉山的标本，发表时，同时参考的标本有：王战先生等1951年9月13日采自旅顺口白玉山海拔60米山坡的标本，王薇先生1959年6月24日采自同地山坡及山顶的标本。在其发表相近时间出版的《中国植物志》（出版于1985年6月）蔷薇亚科中未收录。但在其发表4年后及更远时间出版的《辽宁植物志》《东北植物检索表（第二版）》和《Flora of China》中均收录了本种，Species2000也将其列为接受种。由于旅顺白玉山开发旅游，破坏严重，近年调查未见与模式标本相符合的植物，但在旅顺口距离白玉山不远的郭家沟、对庄沟、黄金山宾馆一带均见到与模式标本一致的植物，这些地方均是人类活动较频繁的地方。而且，原产于欧洲的犬

蔷薇*R. canina* L. 与本种均同时出现。根据这些情况，我们怀疑本种与犬蔷薇均系早期引种来的外来植物，于是对其进行了分子水平和形态上的深入研究，发现其在分子水平上与原产于欧洲的锈红蔷薇*Rosa rubiginosa* L. 分不开，形态上则与锈红蔷薇*R. rubiginosa* L. 完全相同，于是将其订正为锈红蔷薇*R. rubiginosa* L. 的同物异名。

例2：许多资料上都把红王子锦带定为锦带花的园艺品种*Weigela florida* cv. 'Red Prince'，从红王子锦带萼齿深裂的特征看，它符合日本锦带花*Weigela japonica* Thunb. 的特征，锦带花的萼齿仅裂至萼檐中部，因此，本书将其订正为日本锦带花的园艺品种*Weigela japonica* cv. 'Red Prince'。

由于编者水平有限，加之调查研究尚有局限性，书中难免有疏漏或各种各样的错误，敬请各位专家、学者及读者批评指正。

本书在申报辽宁省优秀自然科学著作时，大连自然博物馆赵博馆长和大连市林业科学院赵伟副院长为本书做了推荐；在本书完稿后，中国科学院沈阳应用生态研究所曹伟研究员在百忙之中为本书做了多次审阅和指导。在此向赵博馆长、赵伟副院长、曹伟老师表示衷心的感谢！

本书全彩植物科学照片95％为主编拍摄（文中未加标注），其余为张粤、史军、李忠宇、王雷、孙日升、张立新、王小平、庞善元等拍摄（文中有详细标注）。在此，向提供照片的各位老师表示诚挚的谢意！还有很多老师和朋友给过我许多的帮助，在此一并致谢！

张淑梅

2017年3月

目录
CONTENTS

第一部分 裸子植物 GYMNOSPERMAE

第二部分　被子植物　ANGIOSPERMAE

第一部分

裸子植物
GYMNOSPERMAE

银杏科 Ginkgoaceae

落叶乔木。叶片扇形，有长柄，具多数叉状并列细脉。球花单性，雌雄异株，生于短枝顶部的鳞片状叶的腋内，呈簇生状；雄球花具梗，柔荑花序状，雄蕊多数，螺旋状着生，排列较疏，具短梗，花药2，药室纵裂；雌球花具长梗，梗端常分2叉，稀不分叉或分成3~5叉，叉顶生珠座，各具1枚直立胚珠。种子核果状，外种皮肉质，中种皮骨质，内种皮膜质。

本科仅1属1种，辽宁有栽培。

银杏属 Ginkgo L.

属的形态特征同银杏科。

银杏（辽宁植物志、东北植物检索表、中国植物志、Flora of China）白果 公孙树

Ginkgo biloba L. in Mant. Pl. 2：313. 1771；Fl. China 4：8. 1999；中国植物志7：18. 图版5. 1978；辽宁植物志（上册）：126. 图版53. 1988；东北植物检索表（第二版）：56. 图版18：3. 1995.

雌球花

落叶乔木。叶片扇形，叶脉叉状分歧，无主脉，先端常2裂或具波状缺刻。雌雄异株；雄球花柔荑花序状，下垂；雌球花具长梗，梗端常分2叉，每叉顶生一盘状珠座，珠座上着生直立胚珠。种子具长梗，下垂，近球形。花期4—5月，种子成熟期9—10月。

原产于浙江、湖北等地。丹东、大连、鞍山、沈阳等地有栽培。

理想的园林绿化、行道树种，珍贵的用材树种。种子含淀粉，可食，但有毒，不宜多食。种仁入药，有润肺、止咳等功效。叶子可制杀虫剂，亦可作肥料。

雄球花枝

植株

球果枝

松科 Pinaceae

　　常绿或落叶乔木，稀为灌木状。叶条形或针形，基部不下延生长。花单性，雌雄同株；雄球花腋生或单生枝顶，或多数集生于短枝顶端，具多数螺旋状着生的雄蕊；雌球花由多数螺旋状着生的珠鳞与苞鳞所组成。球果直立或下垂，当年或次年、稀第三年成熟；种鳞背腹面扁平，木质或革质；苞鳞与种鳞离生；种鳞的腹面基部有2粒种子。

　　辽宁有7属30种5变种2变型，其中栽培23种2变种1变型。

分属检索表

1. 叶线形或针状，单一，螺旋状着生或于短枝上簇生。
  2. 叶扁平或四棱形，质硬；枝无长、短二型；球果当年成熟。
    3. 球果直立，生于叶腋，成熟后种鳞和种子一起脱落，中轴宿存；叶扁平；枝上无叶枕，仅具圆形或微凹的叶痕 ·· 1. 冷杉属 Abies Mill.
    3. 球果下垂，生于枝顶，成熟后（或干后）种鳞宿存。
      4. 小枝有微隆起的叶枕或叶枕不明显；叶扁平，有短柄，上面中脉凹下或微凹，稀平或微隆起，仅下面有气孔线，稀上面有气孔线 ················· 2. 黄杉属 Pseudotsuga Carr.
      4. 小枝有显著隆起的叶枕；叶四棱状或扁棱状条形，或条形扁平，无柄，四面有气孔线，或仅上面有气孔线 ··· 3. 云杉属 Picea Dietr.
  2. 叶线形、扁平，柔软，或针状、坚硬；枝有长、短二型，叶于长枝上螺旋状着生，于短枝上簇生；球果当年或次年成熟。
    5. 叶扁平，柔软，倒披针状线形或线形；落叶乔木；球果当年成熟。
      6. 雄球花单生于短枝顶端；种鳞革质，成熟后不脱落；叶较狭，通常不超过2毫米 ··· 4. 落叶松属 Larix Mill.
      6. 雄球花数个簇生于短枝顶端；种鳞木质，成熟后脱落；叶较宽，通常宽2毫米以上 ··· 5. 金钱松属 Pseudolarix Gord.
    5. 叶常为三棱状或四棱状线形，坚硬；常绿乔木；球果次年成熟，成熟后种鳞自宿存的中轴脱落 ··· 6. 雪松属 Cedrus Trew.
1. 叶针状，通常2. 3. 5 针一束，着生于极度退化之短枝顶端，基部有叶鞘（宿存或脱落），常绿乔木；球果次年成熟，种鳞宿存 ····························· 7. 松属 Pinus L.

1. 冷杉属 Abies Mill.

　　常绿乔木。叶螺旋状着生，辐射伸展或基部扭转列成两列，或枝条下面之叶列成2列、上面之叶斜展、直伸或向后反曲；叶条形，扁平，上面中脉凹下，稀微隆起而横切面近菱形，下面中脉隆起，每边有1条气孔带；叶内具2个（稀4~12个）树脂道。雌雄同株，球花单生于去年枝上的叶腋；雄球花幼时长椭圆形或矩圆形，后呈穗状圆柱形，下垂；雌球花直立，短圆柱形，具多数螺旋状着生的珠鳞和苞鳞。

辽宁有2种。

分种检索表

1. 一年生枝无毛；叶先端尖，不凹陷；种鳞近扇状四边形或倒三角状扇形；苞鳞长不及种鳞的1/2，不外露，种翅长于种子 ·· 1. 松杉冷杉 A. holophylla Maxim.
1. 一年生枝被密毛；叶先端常凹缺或钝头；种鳞肾形或扇状肾形，稀扇状四边形；苞鳞长为种鳞的一半以上；种翅短于种子或近等长·············· 2. 臭冷杉 A. nephrolepis（Trautv.）Maxim.

（1）**杉松冷杉（辽宁植物志）松杉冷杉（东北植物检索表）杉松（中国植物志、Flora of China）沙松 辽东冷杉**

Abies holophylla Maxim. in Bull. Acad. Sci. St. Petersb. 10：487. 1866；Fl. China 4：48. 1999；中国植物志7：69. 图版17：10-15. 1978；辽宁植物志（上册）：129. 图版54：1-5. 1988；东北植物检索表（第二版）：58. 图版18：1. 1995.

常绿乔木。一年生枝无毛。叶先端尖，不凹陷，表面亮绿色，下面沿中脉两侧各有1条白色气孔带，生于果枝上之叶的上面近先端或中上部通常有2~5条不规则的气孔线。球果圆柱形，成熟时淡黄褐色或淡褐色；种鳞近扇状四边形或倒三角状扇形；苞鳞长不及种鳞的1/2，不外露，种翅长于种子。花期4—5月，球果10月成熟。

生于针阔混交林中。产于本溪、凤城、宽甸、桓仁、新宾、庄河等地。

木材作建筑及纤维原料；种子含油约30%，作制油漆和肥皂原料。为园林绿化的优良树种。枝、叶民间外用于风湿。

球果枝

叶正面观

叶背面观

植株

（2）**臭冷杉**（辽宁植物志、东北植物检索表、中国植物志、Flora of China）**臭松 白松 东陵冷杉**

Abies nephrolepis (Trautv.) Maxim. in Bull. Acad. Sci. St. Petersb. 10：486. 1866；Fl. China 4：47. 1999；中国植物志7：74. 图版18：11-20. 1978；辽宁植物志（上册）：130. 图版54：6-10. 1988；东北植物检索表（第二版）：58. 图版18：2. 1995.

常绿乔木。一年生枝被密毛。叶先端常凹缺或钝头，表面光绿色，背面具2条白色气孔带。球果卵状圆柱形或近圆柱形，成熟时紫褐色，种鳞肾形或扇状肾形，稀扇状四边形；苞鳞长为种鳞的一半以上；种翅短于种子或近等长。花期4—5月，球果10月成熟。

生于针阔混交林中。宽甸、桓仁、本溪有少量分布，大连、鞍山、沈阳等地有栽培。

为优良的庭园观赏树种。木材白色或黄白色，有光泽，质轻软，纹理细，耐腐力弱，可作一般建筑、板材、家具及木纤维工业原料等用材。树皮、枝叶民间外用于腰腿痛。

球果（幼时）

球果（成熟期）

球果的一部分

枝（一年生）

叶背面观

2. 黄杉属 Pseudotsuga Carr.

常绿乔木。叶条形，扁平，螺旋状着生，基部窄而扭转排成两列，具短柄，上面中脉凹下，下面中脉隆起，有2条白色或灰绿色气孔带，新鲜之叶质地软。雌雄同株，球花单性；雄球花圆柱形，单生叶腋，雄蕊多数，螺旋状着生；雌球花单生于侧枝顶端，下垂，卵圆形，有多数螺旋状着生的苞鳞与珠鳞。球果卵圆形、长卵圆形或圆锥状卵形，下垂，有柄，幼时紫红色，成熟前淡绿色，成熟时褐色或黄褐色。

辽宁栽培1种。

花旗松（中国植物志）

Pseudotsuga menziesii（Mirbel）Franco in Bol. soc. Broteriana 24：74. 1950；Fl. China 4：39. 1999；中国植物志7：105. 1978.

常绿乔木。幼树树皮平滑，老树树皮厚，深裂呈鳞状；一年生枝淡黄色，干时红褐色，微被毛。叶条形，长1.5~3厘米，宽1~2毫米，先端钝或微尖，无凹缺，上面深绿色，下面色较浅，有2条灰绿色气孔带。球果椭圆状卵圆形，长约8厘米，直径3.5~4厘米，褐色，有光泽；种鳞斜方形或近菱形，长宽相等或长大于宽；苞鳞直伸，长于种鳞，显著露出，中裂窄长渐尖，长6~10毫米，两侧裂片较宽而短，边缘有锯齿。

原产于美国太平洋沿岸。熊岳树木园有栽培。

优良绿化树种和用材树种。

当年生枝

二年生枝

球果枝

3. 云杉属 Picea Dietr.

常绿乔木。叶螺旋状着生，辐射伸展或枝条上面之叶向上或向前伸展，下面及两侧之叶向上弯伸或向两侧伸展，四棱状条形或条形，无柄。球花单性，雌雄同株；雄球花椭圆形或圆柱形，单生叶腋，稀单生枝顶，黄色或深红色，雄蕊多数，螺旋状着生；雌球花单生枝顶，红紫色或绿色，珠鳞多数，螺旋状着生。球果下垂，卵状圆柱形或圆柱形，稀卵圆形，当年秋季成熟。

辽宁有6种1变种，其中栽培4种。

分种检索表

1. 叶横切面四方形、菱形或扁菱形，四面均有气孔线。
 2. 一年生枝有毛，小枝颜色通常较深，常为红褐色、橘红色、褐黄色或淡橘红色，基部宿存芽鳞或多或少向外反曲。
  3. 一年生枝密生或疏生毛，但非腺毛，稀无毛。
   4. 叶先端尖或锐尖；种鳞成熟前绿色、红色或紫红色。
    5. 冬芽芽鳞显著反卷；一年生枝红褐色或橘红色，被疏毛或无毛；种鳞先端截形或凹缺。栽培
     …………………………………………………… 1. 欧洲云杉 P. abies (L.) Karst.
    5. 冬芽芽鳞不反卷或顶端芽鳞微反曲；一年生枝黄褐色或淡橘红色；种鳞先端圆钝
     …………………………………………………… 2. 红皮云杉 P. koraiensis Nakai
   4. 叶先端钝或微钝；球果成熟前绿色。栽培 ………… 3. 白杆云杉P. meyeri Rehd. & Wils.
  3. 一年生枝密生微小腺毛，黄色或褐黄色。栽培………… 4. 新疆云杉 P. obovata Ledeb.
 2. 一年生枝无毛或微被疏短毛；小枝颜色较浅，常为淡灰色、灰色或褐灰色，基部宿存芽鳞不反卷。
 栽培……………………………………………… 5. 青杆云杉 P. wilsonii Mast.
1. 叶横切面扁平，背面有2条气孔线…………………… 6. 长白鱼鳞云杉 P. jezoensis var. komorovii.
 (V. Vassil.) Cheng et L. K. Fu

（1）**欧洲云杉**（辽宁植物志、东北植物检索表、中国植物志、Flora of China）**挪威云杉**

Picea abies (L.) Karst. in Deutsch. Fl. Pharm.-med. Bot. 324. 1881；Fl. China 4：32. 1999；中国植物志7：148. 1978；辽宁植物志（上册）：135. 图版56：1-6. 1988；东北植物检索表（第二版）：60. 图版20：3. 1995.

常绿大乔木。小枝淡红褐色或橘红色，无毛或具疏毛；芽圆锥形，先端尖，芽鳞淡红褐色，显著反卷。叶四棱状线形，直或弯，每侧具2~3条气孔线，横切面菱形。球果圆柱形，熟时褐色；种鳞薄，通常为菱状倒卵形，先端平截有细齿；苞鳞披针形，先端有齿。

原产于欧洲中部和北部。大连、盖州、沈阳有栽培。

可作为造林树种和用材树种栽种，也是优良的观赏树种。

球果

球果枝

雄球花枝

植株的一部分

（2）**红皮云杉**（辽宁植物志、东北植物检索表、中国植物志、Flora of China）红皮臭 高丽云杉

Picea koraiensis Nakai in Bot. Mag Tokyo 33：195. 1919；Fl. China 4：27. 1999；中国植物志7：133. 图版32：1-9. 1978；辽宁植物志（上册）：132. 图版55：10-13. 1988；东北植物检索表（第二版）：60. 图版20：5. 1995.

常绿乔木。冬芽芽鳞不反卷或顶端芽鳞微反曲。一年生枝黄褐色或淡橘红色。叶四棱状线形，先端尖。球果长卵圆柱形或卵圆柱形，成熟前绿色，成熟后黄褐色，种鳞倒卵形或三角状倒卵形，先端钝圆，具微齿。花期5—6月，球果9—10月成熟。

植株

球果初期

植株的一部分

球果成熟期

雄球花

生于针阔混交林中。宽甸、桓仁有野生，其他地方有栽培。

木材轻软，纹理通直，是建筑、航空、造纸和制造乐器的重要用材。树干可割取松脂，树皮及球果供提栲胶。为用材林和园林绿化的优良树种。

（3）**白杆云杉**（辽宁植物志）**白扦云杉**（东北植物检索表）**白扦**（中国植物志、Flora of China）

Picea meyeri Rehd. & Wils. in Sarg. Pl. Wilson. 2：28. 1914；Fl. China 4：28. 1999；中国植物志7：136. 1978；辽宁植物志（上册）：134. 图版55：5-9. 1988；东北植物检索表（第二版）：60. 图版20：2. 1995.

常绿乔木。树皮灰褐色，裂成不规则的薄块片脱落；一年生枝黄褐色，二、三年生枝淡黄褐色至褐色。叶四棱状条形，微弯曲，先端钝或微钝。球果成熟前绿色，成熟时褐黄色，中部种鳞倒卵形，先端圆或钝三角形。花期4月，球果成熟期9—10月。

为我国特有树种，产于山西、河北、内蒙古等地，盖州、沈阳、兴城等地有栽培。

宜作华北地区高山上部的造林树种，亦可栽培作庭园树。木材黄白色，材质较轻软，纹理直，结构细，可作建筑、桥梁、家具及木纤维工业原料用材。松节、叶、树皮等均有药用价值。

当年生枝

树干

球果枝

雄球花枝

（4）**新疆云杉**（辽宁植物志、东北植物检索表、中国植物志）**鲜卑云杉**（Flora of China）

Picea obovata Ledeb. in Fl. Alt. 4：201. 1833；Fl. China 4：26. 1999；中国植物志7：142. 图版34：1-7. 1978；辽宁植物志（上册）：135. 1988；东北植物检索表（第二版）：60. 1995.

常绿乔木。树皮深灰色，裂成不规则块片；一年生枝密生微小腺毛，黄色或褐黄色。叶四棱状条形，横切面四棱形或扁菱形。球果卵状圆柱形，幼时紫色；中部种鳞楔状倒卵形，上部圆或截圆形，排列紧密，边缘微向内曲，基部宽楔形。花期5月，球果9—10月成熟。

分布于新疆阿尔泰山西北部及东南部。沈阳有栽培。

木材韧性较强，材质细，纹理直。可作建筑、土木工程、细木加工及木纤维工业原料等用材。树皮可提栲胶。

（5）青杆云杉（辽宁植物志）青扦云杉（东北植物检索表）青扦（中国植物志、Flora of China）

Picea wilsonii Mast. in Gard. Chron. ser. 3. 33：133. f. 55-56.1903；Fl. China 4：29. 1999；中国植物志7：138. 图版33：1-8. 1978；辽宁植物志（上册）：133. 图版55：1-4. 1988；东北植物检索表（第二版）：60. 图版20：4. 1995.

常绿乔木。一年生枝黄灰色，二、三年生枝灰色或褐灰色。叶线形，先端尖，横切面扁菱形，白粉不明显。球果卵状圆柱形，成熟前绿色，成熟时黄褐色；中部种鳞倒卵形，基部宽楔形，鳞背露出部分较平滑；苞鳞匙状长圆形，先端钝圆。花期4月，球果10月成熟。

中国特有，主产于小兴安岭及华北地区，沈阳、盖州、大连等地有栽培。

树冠枝叶繁密，层次清晰，观赏价值较高，是一种极为优良的园林绿化树种，也是良好的用材树种。

当年生枝　　　　　　　　球果枝　　　　　　　　植株的一部分

（6）虾夷鱼鳞云杉

Picea jezoensis（Siebold & Zucc.）Carrière in Traité Gén. Conif. 255. 1855.

6a. 虾夷鱼鳞云杉（原变种）

var. **jezoensis**

辽宁不产。

6b. 长白鱼鳞云杉（辽宁植物志、东北植物检索表、中国植物志、Flora of China）长白鱼鳞松

var. **komorovii**（V. Vassil.）Cheng et L. K. Fu，中国植物志7：161. 图版38：10-15.

1978；Fl. China 4：31. 1999；辽宁植物志（上册）：136. 图版56：7–10. 1988；东北植物检索表（第二版）：61. 1995.

常绿乔木。一年生枝黄色、淡黄色或黄褐色，小枝有木钉状叶枕。叶条形，横切面扁平，背面有2条气孔线。球果单生枝顶，下垂，卵圆形或卵状椭圆形，成熟时淡褐色或褐色；种鳞卵状椭圆形或菱状椭圆形。花期4—5月，球果9—10月成熟。

生于针阔混交林中。宽甸、桓仁、本溪等地有野生，各地园林有栽培。

枝叶有止咳、化痰、平喘作用，主治气管炎、咳嗽痰喘。也是优良的绿化树种。

小枝正面观

小枝背面观

树皮

球果（幼时）

球果（成熟期）

4. 落叶松属 Larix Mill.

落叶乔木。叶在长枝上螺旋状散生，在短枝上呈簇生状，倒披针状窄条形，扁平，稀呈四棱形，柔软。球花单性，雌雄同株，雄球花和雌球花均单生于短枝顶端，春季与叶同时开放，基部具膜质苞片；雄球花具多数雄蕊，雄蕊螺旋状着生；雌球花直立，珠鳞形小，螺旋状着生。球果当年成熟，直立，具短梗，幼嫩球果通常紫红色或淡红紫色，稀为绿色，成熟前绿色或红褐色，成熟时球果的种鳞张开。

辽宁产5种1变型，其中4种1变型为栽培。

分种检索表

1. 种鳞先端不向外反曲或微反曲；一年生枝淡黄色、黄色、淡黄灰色、淡褐黄色或淡褐色，通常无白粉。
  2. 球果中部种鳞长大于宽，呈五角状卵形，背面无毛，常有光泽，先端平截或微凹。
    3. 一年生长枝较细，直径约1毫米；短枝直径2~3毫米，顶端叶枕间被黄白色长柔毛；球果长1.2~2.5厘米，具种鳞16~30枚，成熟时上端种鳞张开 ………… 1. 兴安落叶松 L. gmelinii（Rupr.）Rupr.
    3. 一年生长枝较粗，直径1.4~2.5毫米；短枝直径3~4毫米，顶端叶枕间被黄褐色或淡褐色柔毛；球果长2~4厘米，具种鳞26~45枚，成熟时上端种鳞微张开或不张开
      …………………… 2. 华北落叶松 L. gmelinii var. principis-rupprechtii（Mayr）Pilger
  2. 球果中部种鳞长、宽近相等，或宽稍大于长或长稍大于宽，近圆形、方圆形或四方状广卵形。
    4. 一年生枝淡褐色或淡红褐色，密生或散生或长或短的毛；球果具种鳞16~40枚，中部种鳞四方形、广卵形或方圆形，苞鳞先端不露出 ………… 3. 黄花落叶松 L. oigensis A. Henry
    4. 一年生枝淡黄色或淡灰黄色，无毛；球果具种鳞40~50枚，中部种鳞近圆形，苞鳞先端微露出。栽培 ……………………………………………… 4. 欧洲落叶松 L. decidua Mill.
1. 种鳞先端显著向外反曲，中部种鳞卵状长圆形，背面有小疣状突起和短粗毛；一年生枝淡黄色或淡红褐色，有白粉 ……………………………… 5. 日本落叶松 L. kaempferi（Lamb.）Carr.

（1）**兴安落叶松**（辽宁植物志）**落叶松**（东北植物检索表、中国植物志、Flora of China）

Larix gmelinii（Rupr.）Rupr. in Fl. Bor.-Ural. 48. 1854；Fl. China 4：35. 1999；中国植物志7：187. 图版45：1-7. 1978；辽宁植物志（上册）：139. 图版57：4-6. 1988；东北植物检索表（第二版）：60. 图版19：2. 1995.

落叶乔木。一年生长枝淡黄褐色，二、三年生枝褐色或灰色。叶倒披针状线形，表面平，背面中脉隆起，两侧各有2~3条气孔线。球果成熟时上部种鳞张开呈杯状或椭圆形，黄褐色或有时带紫色，种鳞为16~30枚；中部种鳞五角状卵形；苞鳞较短，长为种鳞的1/3~1/2。花期5—6月，球果9月成熟。

分布于我国东北大兴安岭、小兴安岭，辽宁有栽培。

木材略重，硬度中等，耐久用，可供土木工程、器具、造纸等用。树干可提取树脂，树皮可提取栲胶。

群落

球果枝

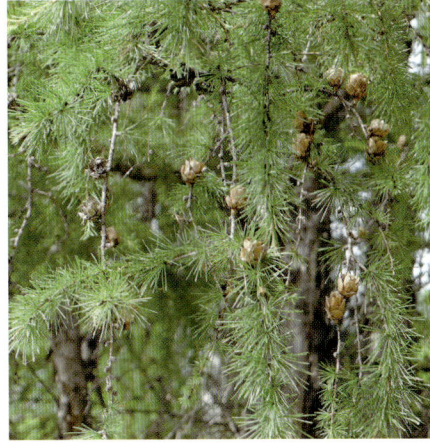

植株的一部分

（2）**华北落叶松**（辽宁植物志、东北植物检索表、中国植物志、Flora of China）**雾灵落叶松**

Larix gmelinii var. **principis-rupprechtii**（Mayr）Pilger in Nat. Pflanzenfam. ed. 2 13：327. 1926；Fl. China 4：36. 1999.—*L. principis-rupprechtii* Mayr in Fremdl. Wald-und Parkb. 309. f. 94-95. 1906；中国植物志7：185. 图版43：7-12. 1978；辽宁植物志（上册）：139. 1988；东北植物检索表（第二版）：60. 1995.

落叶乔木。一年生长枝较粗，直径1.4~2.5毫米；短枝直径3~4毫米，顶端叶枕间被黄褐色或淡褐色柔毛。叶在长枝上螺旋状散生，在短枝上簇生，倒披针状条形。球果长卵圆形或卵圆形，成熟前淡绿色，成熟时淡褐色，具种鳞26~45枚，成熟时上端种鳞微张开或不张开。花期4—5月，球果10月成熟。

中国特有，分布于河北和山西。辽宁各地有栽培。

抗风力和对土壤适应性强，有保土、防风效能，可作造林树种。木材供建筑、造船及水下工程使用，还可提取松脂和单宁。

植株的一部分

球果枝

针叶

（3）黄花落叶松（东北植物检索表、中国植物志、Flora of China）长白落叶松（辽宁植物志）黄花松

Larix olgensis A. Henry in Gard. Chron. ser. 3. 57：109. f. 31–32. 1915；Fl. China 4：36. 1999；中国植物志7：190. 1978；辽宁植物志（上册）：140. 图版57：1–3. 1988；东北植物检索表（第二版）：60. 图版19：3. 1995.

3a. 黄花落叶松（原变型）

f. olgensis

落叶乔木。当年生长枝淡红褐色或淡褐色，密生或散生或长或短的毛。叶倒披针状线形，扁平。球果幼时淡红紫色，成熟时褐色带紫色，长卵圆形或卵圆形，种鳞16~40枚，中部种鳞四方形、广卵形或方圆形，苞鳞先端不露出。花期5月，球果9—10月成熟。

生于针阔混交林中。辽东山区有野生，各地有栽培。

木材耐水湿、耐朽性好，适用于造船、水下工程建设，还可提取松香、松节油。也可作造林树种。

人工群落

树干

针叶

球果

球果（成熟期）

绿果黄花落叶松

3b. 绿果黄花落叶松（变型）（中国植物志）

f. viridis（Wils.）Nakai in Chosen Sanrin-Kaiho 165：31. 1938；中国植物志7：194. 1978. 幼果绿色。新宾、凤城等辽东山区有栽培。

（4）欧洲落叶松（辽宁植物志、东北植物检索表、中国植物志、Flora of China）

Larix decidua Mill. in Gard. Dict. Abridge ed. 4. 2. 1754；Fl. China 4：36. 1999；中国植物志7：194. 1978；辽宁植物志（上册）：141. 1988；东北植物检索表（第二版）：60. 1995.

落叶乔木。树皮暗灰褐色，裂成不规则块片脱落。一年生枝较细，淡黄色或淡灰黄色，无毛。叶倒披针状条形，下面中脉隆起，两侧各有3~5条灰白色气孔线。球果常呈卵圆形或卵状圆柱形，成熟时淡褐色，通常具40~50枚种鳞；中部种鳞近圆形；苞鳞先端微露出。花期5月，球果9—10月成熟。

原产于欧洲。熊岳树木园有引种。

绿化树种和用材树种。

（5）**日本落叶松**（辽宁植物志、东北植物检索表、中国植物志、Flora of China）

Larix kaempferi (Lamb.) Carr. in Fl. des. Serr. 11：97. 1856；Fl. China 4：36. 1999；中国植物志7：195. 图版44：9-15. 1978；辽宁植物志（上册）：142. 图版57：7-9. 1988；东北植物检索表（第二版）：60. 图版19：4. 1995.

落叶乔木。一年生长枝淡红褐色或黄褐色，有白粉。叶倒披针状线形，两面均有气孔线。球果卵圆形或圆柱状卵形，成熟时黄褐色；种鳞排列紧密，上缘波状，明显向外反曲，中部种鳞卵状长圆形，背面有小疣状突起和短粗毛。花期4—5月，球果10月成熟。

原产于日本。抚顺、清原、本溪、桓仁、丹东、大连、鞍山、沈阳等地有栽培。

为良好的园林绿化点缀树种，园林配置应用广泛。木材可作枕木、车辆、矿柱等用材，并可提取松节油和制造酒精。

树干

植株的一部分

球果

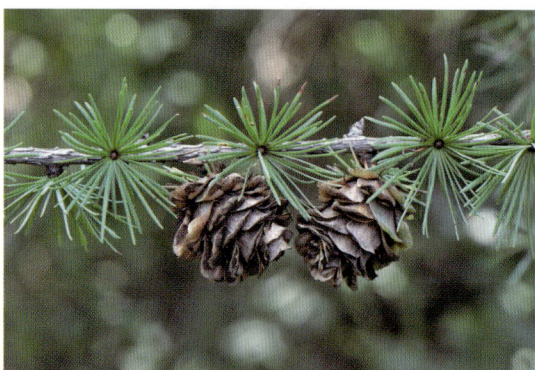

球果枝

5. 金钱松属 Pseudolarix Gord.

落叶乔木。叶条形，柔软，在长枝上螺旋状散生，在短枝上呈簇生状。雌雄同株，球花生于短枝顶端；雄球花穗状，多数簇生，有细梗，雄蕊多数，螺旋状着生；雌球花单生，具短梗，有多数螺旋状着生的珠鳞与苞鳞。球果当年成熟，直立，有短梗；种鳞木质，苞鳞小，基部与种鳞结合而生，成熟时与种鳞一同脱落，发育的种鳞各有2粒种子。

辽宁栽培1种。

金钱松（东北植物检索表、中国植物志、Flora of China）**金松 水树**

Pseudolarix amabilis（Nelson）Rehd. in Journ. Arn. Arb. 1：53. 1919；Fl. China 4：41. 1999；中国植物志7：197. 图版46. 1978；东北植物检索表（第二版）：67. 1995.

常绿乔木。叶条形，柔软，镰状或直立，长2~5.5厘米，宽1.5~4毫米；幼树及萌生枝之叶长达7厘米，宽达5毫米。雄球花黄色，圆柱状，下垂；雌球花紫红色，直立，椭圆形，长约1.3厘米，有短梗。球果卵圆形或倒卵圆形，成熟前绿色或淡黄绿色，成熟时淡红褐色，有短梗；中部的种鳞卵状披针形，两侧耳状，先端钝有凹缺。花期5月，球果10月成熟。

为我国特有树种，熊岳树木园有栽培。

树姿优美，秋后叶呈金黄色，颇为美观，可作庭园树。木材纹理通直，硬度适中，材质稍粗，性较脆。可作建筑、板材、家具、器具及木纤维工业原料等使用；树皮可提取栲胶，入药可治顽癣和食积等症；根皮亦可药用，也可作造纸胶料；种子可榨油。

树干

当年生枝

植株的一部分

秋季针叶

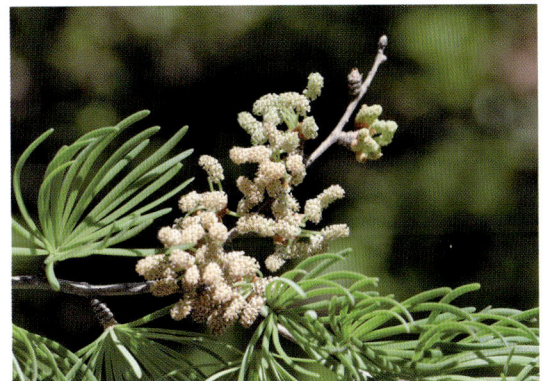
雄球花枝

6. 雪松属 Cedrus Trew.

常绿乔木。叶针状，坚硬，通常三棱形，或背脊明显呈四棱形，叶在长枝上螺旋状排列、辐射伸展，在短枝上呈簇生状。球花单性，雌雄同株，直立，单生短枝顶端；雄球花具多数螺旋状着生的雄蕊；雌球花淡紫色，有多数螺旋状着生的珠鳞，珠鳞背面托短小苞鳞。球果翌年（稀3年）成熟，直立；种鳞木质，宽大，排列紧密，腹面有2粒种子。

辽宁栽培1种。

雪松（辽宁植物志、东北植物检索表、中国植物志、Flora of China）喜马拉雅山雪松

Cedrus deodara（Roxb.）G. Don in Loud. Hort. Brit. 388. 1830；Fl. China 4：52. 1999；中国植物志7：200. 图版47. 1978；辽宁植物志（上册）：144. 图版58. 1988；东北植物检索表（第二版）：58. 图版19：1. 1995.

常绿乔木。叶在长枝上辐射伸展，短枝之叶呈簇生状，针形，坚硬，淡绿色或深绿色，上部较宽，先端锐尖，下部渐窄，常呈三棱形。雄球花长卵圆形，雌球花卵圆形。球果成熟前淡绿色，微有白粉，成熟时红褐色，卵圆形或宽椭圆形，顶端圆钝，有短梗。花期10—11月，球果翌年10月成熟。

原产于喜马拉雅山西部。大连有栽培。

木材是家具、造船、建筑、桥梁等的良好用材。树干、枝叶有祛风活络、消肿生肌、活血止血作用。

开放后的雄球花

开放前的雄球花

球果枝

植株

7. 松属 Pinus L.

常绿乔木，稀为灌木。叶有两型：鳞叶（原生叶）单生，在幼苗时期为扁平条形，后则逐渐退化呈膜质苞片状；针叶（次生叶）螺旋状着生，辐射伸展，常2针、3针或5针一束，生于苞片状鳞叶的腋部。球花单性，雌雄同株；雄球花生于新枝下部的苞片腋部，多数聚集呈穗状花序状；雌球花单生或2~4个生于新枝近顶端，直立或下垂。球果直立或下垂，翌年（稀第三年）秋季成熟。

辽宁产14种4变种1变型，其中栽培11种2变种。

分种检索表

1. 叶鞘早落，针叶基部的鳞叶不下延，叶内具1条维管束。
 2. 鳞脐顶生，无刺状尖头；针叶通常5针一束。
  3. 种子无翅。
   4. 球果成熟时种鳞不张开或张开，种子不脱落；小枝被密毛 1. **红松** P. koraiensis Sieb. et Zucc.
   4. 球果成熟时种鳞张开，种子脱落，小枝绿色或灰绿色，无毛。栽培
    ·· 2. **华山松** P. armandii Franch.
  3. 种子具长翅。
   5. 针叶长7~20厘米；小枝无毛或初时有毛后脱落；球果圆柱形或狭圆柱形，长8~25厘米，有梗；种翅长于种子。
    6. 小枝无毛，微被白粉；针叶长10~20厘米，下垂；球果长15~25厘米。栽培
    ·· 3. **乔松** P. wallichiana A.B.Jacks.
    6. 小枝被毛，后脱落；球果长8~12厘米。栽培 ············· 4. **北美乔松** P. strobus L.
   5. 针叶长3.5~5.5厘米；小枝有密毛；球果卵圆形或卵状椭圆形，长8厘米以下，无梗；种翅与种子近等长。栽培 ············· 5. **日本五针松** P. parviflora Sieb. et Zucc.
 2. 鳞脐背生，顶端有刺；针叶3针一束；小枝平滑；树皮平滑而呈灰白色，裂成不规则鳞片脱落，白褐相间呈斑鳞状。栽培 ············· 6. **白皮松** P. bungeana Zucc. ex Endl.
1. 叶鞘宿存，稀脱落，针叶基部的鳞叶下延，叶内有2条维管束；种翅长，基部有关节，易与种子分离。
 7. 枝条每年生一轮；一年生小球果生于枝顶。
  8. 针叶2针一束，稀间有3针一束。
   9. 叶内树脂道边生，稀中生。
    10. 一年生枝有白粉或微有白粉；幼果直立或近直立；种鳞较薄，鳞盾平坦，稀横脊微隆起；树干上部树皮红褐色至淡红褐色，裂成薄片脱落 ········ 7. **赤松** P. densiflora Sieb. et Zucc.
    10. 一年生枝无白粉；种鳞较厚。
     11. 幼球果下垂；鳞盾明显凸起，有明显纵脊和横脊，鳞脊刺尖脱落；叶常扭转。栽培
     ·· 8. **欧洲赤松** P. sylvestris L.
     11. 一年生幼球果直立；鳞盾肥厚，微凸起，鳞脊不明显，鳞脐刺尖常不脱落；叶不扭转；树有主干，树皮灰褐色或褐灰色，上部淡红褐色；枝褐黄色 9. **油松** P. tabuliformis Carr.
   9. 叶内树脂道中生。
    12. 冬芽褐色；球果长5~8厘米；叶内树脂道3~6个；鳞脐隆起。栽培
    ·· 10. **南欧黑松** P. nigra subsp. laricio Maire

12. 冬芽银白色；球果长4~6厘米；叶内树脂道6~11个；鳞脐下陷。栽培
………………………………………………… 11. **日本黑松** P. thunbergii Parl.

8. 针叶3针一束，稀间有2针一束；叶鞘长约1厘米；树脂道5个，中生。栽培
………………………………………………… 12. **西黄松** P. ponderosa Dougl. ex Laws.

7. 枝条每年生2轮至数轮；一年生小球果生于小枝侧面。

13. 针叶3针一束，长7~16厘米；球果成熟后种鳞张开，鳞盾极凸起，鳞脐具长刺尖。栽培
………………………………………………… 13. **刚松** P. rigida Mill.

13. 针叶2针一束，长2~4厘米，扭转，微弯；球果狭长卵形，弯曲，成熟时种鳞不张开，鳞盾平，鳞脐无刺尖，宿存树上达数年之久。栽培 ……………… 14. **北美短叶松** P. banksiana Lamb.

（1）红松（辽宁植物志、东北植物检索表、中国植物志、Flora of China）**海松 果松朝鲜松**

Pinus koraiensis Sieb. et Zucc. in Fl. Jap. 2：28. t. 116. f. 5–6. 1842；Fl. China 4：22. 1999；中国植物志7：211. 图版48. 1978；辽宁植物志（上册）：148. 图版59：1–5. 1988；东北植物检索表（第二版）：61. 图版21：1. 1995.

常绿乔木。小枝被黄褐色或红褐色毛。针叶5针一束，边缘具明显细锯齿。雄球花圆柱状卵形，褐黄色；雌球花粉紫色或黄绿色，圆柱状长卵形，直立。球果卵圆形或柱状长卵圆形，种鳞菱形，先端微向外反曲，鳞盾黄褐色稍带灰绿色。花期6月，球果翌年9—10月成熟。

树干

人工红松林

球果

花期

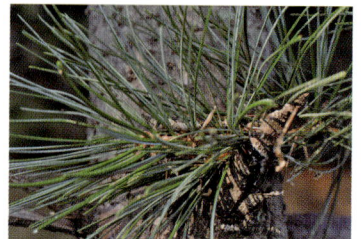
针叶

生于湿润缓山坡及排水良好的平地。产于宽甸、凤城、桓仁、本溪、新宾等地。

木材可供建筑、舟车、桥梁、家具、板材及木纤维工业原料等用。树皮可提取栲胶。种子食用或药用。松节、树皮、松针、松子均可药用。

（2）**华山松**（辽宁植物志、东北植物检索表、中国植物志、Flora of China）**五叶松**

Pinus armandii Franch. in Nouv. Arch. Mus. Hist. Nat. Paris ser. 2. 7：95. t. 12. 1884；Fl. China 4：23. 1999；中国植物志7：217. 图版50. 1978；辽宁植物志（上册）：149. 图版59：6-8. 1988；东北植物检索表（第二版）：61. 图版21：3. 1995.

常绿乔木。针叶5针一束，边缘具细锯齿，横切面三角形。雄球花黄色，卵状圆柱形，数枚集生新枝下部呈穗状。球果圆锥状长圆卵形，成熟时黄色或褐黄色；中部种鳞斜方状倒卵形，鳞盾不具纵脊，先端钝圆或微尖，鳞脐不明显。花期4—5月，球果翌年9—10月成熟。

原产于山西、甘肃、河南、湖北及西南各省。大连、沈阳、新民等地有栽培。

优良的庭院绿化树种。木材可供建筑、家具及木纤维工业原料等用。树干可割取树脂；树皮可提取栲胶；针叶可提炼芳香油；种子可直接食用，亦可榨油供食用或工业用；松针、球果等可药用。

树干

植株的一部分

雄球花

球果枝

雌球花

（3）**乔松**（中国植物志、Flora of China）

Pinus wallichiana A.B.Jacks. in Bull. Misc. Inform. Kew 1938：85. 1938；Fl. China 4：24. 1999.—*P. griffithii* McClelland in Griff. Notul. Pl. Asiat. 4：17. 1854；中国植物志 7：225. 图版53. 1978.

常绿乔木。针叶5针一束，细柔下垂，长10~20厘米，直径约1毫米，横切面三角形，树脂道3个，边生。球果圆柱形，下垂，中下部稍宽，上部微窄，两端钝，具树脂，果梗长2.5~4厘米；中部种鳞长3~5厘米，宽2~3厘米，鳞盾淡褐色，菱形；鳞脐暗褐色，薄，微隆起，先端钝，显著内曲。花期4—5月，球果翌年秋季成熟。

产于西藏南部及东南部、云南西北部海拔1500米以上。熊岳树木园有栽培。

生长快，为西藏南部及东南部的珍贵树种和主要造林树种。材质优良，结构细，纹理直，较轻软，可作建筑、器具、枕木等用材，亦可提取松脂及松节油。

树干

叶

植株的一部分

（4）北美乔松（中国植物志、Flora of China）美国五针松 美国白松

Pinus strobus L. in Sp. Pl. 1001. 1753；Fl. China 4：25. 1999；中国植物志7：226. 1978.

球果

球果枝

树干

小枝

常绿乔木。幼枝有柔毛，后渐脱落；冬芽卵圆形，渐尖，稍有树脂。针叶5针一束，细柔，长6~14厘米，腹面每侧有3~5条气孔线；树脂道2个，边生于背部。球果成熟时红褐色，窄圆柱形，稍弯曲，有梗，下垂，有树脂，长8~12厘米，种鳞边缘不反卷；种子有长翅。

原产于北美。熊岳树木园有引种栽培。

木材材质轻硬，纹理通直，耐朽力强，可作建筑、器具等用材。

（5）日本五针松（辽宁植物志、东北植物检索表、中国植物志、Flora of China）日本五须松

Pinus parviflora Sieb. et Zucc. in Fl. Jap. 2：27. t. 115. 1842；Fl. China 4：25. 1999；中国植物志7：228. 1978；辽宁植物志（上册）：150. 1988；东北植物检索表（第二版）：61. 1995.

常绿乔木。树皮暗灰黑色，裂成不规则鳞片脱落；小枝有密毛。针叶5针一束，微弯曲，边缘具细锯齿，背面暗绿色。球果卵状椭圆形，几乎无梗；种鳞长方状倒卵形；鳞盾淡褐色或暗灰色，先端微圆，鳞脐凹下，微内曲，边缘薄。

原产于日本。大连有少量栽培，小环境好的地方长势良好。

针叶密集，姿态优美，宜与山石配置成优雅的庭园景观，为庭园名贵观赏树。

球果枝

植株

种鳞

植株的一部分

（6）白皮松（辽宁植物志、东北植物检索表、中国植物志、Flora of China）虎皮松　白松　蟠龙松

Pinus bungeana Zucc. ex Ehdl. in Syn. Conif. 166. 1847；Fl. China 4：22. 1999；中国植物志7：234. 图版55. 1978；辽宁植物志（上册）：150. 1988；东北植物检索表（第二版）：61. 图版21：4. 1995.

常绿乔木。树皮灰白色，平滑，裂成不规则鳞片脱落，白褐相间呈斑鳞状。小枝平滑；针叶3针一束，树脂道边生，背腹面均有气孔线；球果通常单生，成熟时淡黄褐色，鳞脐背生，种翅短，具关节。花期4—5月，球果翌年10—11月成熟。

中国特产，分布于西北、华北。沈阳、鞍山、盖州、大连、锦州等地均有栽培。

优良园林绿化树种。心材黄褐色，边材黄白色，质脆弱，纹理直，花纹美，有光泽，可作家具、文具等用材。种子可食用或榨油；果实有镇咳、祛痰、平喘作用。

球果枝

雄球花枝

树干

植株

（7）赤松（辽宁植物志、东北植物检索表、中国植物志、Flora of China）辽东赤松　短叶赤松

Pinus densiflora Sieb. et Zucc. in Fl. Jap. 2：22. t. 112. 1842；Fl. China 4：16. 1999；中国植物志7：239. 图版57：1-6. 1978；辽宁植物志（上册）：151. 图版60：1-3. 1988；东北植物检索表（第二版）：64. 图版22：1. 1995.

7a. 赤松（原变种）

var. **densiflora**

7aa. 赤松（原变型）

f. densiflora

常绿乔木。树干上部树皮红褐色至淡红褐色，裂成薄片脱落。一年生枝有白粉或微有白粉。针叶2针一束，偶见3针一束，边缘有细锯齿。幼果直立或近直立；球果成熟时暗黄褐色或褐灰色，种鳞较薄，鳞盾平坦，稀横脊微隆起。花期5月，球果翌年9月末到10月上中旬成熟。

生于山坡。产于丹东、宽甸、凤城、岫岩、东港、桓仁、本溪、西丰、庄河、长海、大连、普兰店、金州、瓦房店、盖州、营口等地。

木材可作建筑、坑木、家具、木纤维工业原料等用材。树干可割取树脂，提取松香和松节油；种仁可食；针叶可用来提取芳香油。

当年生枝

花期

球果枝

群落

7ab. 黑皮赤松（变型）（辽宁植物志、东北植物检索表）

f. nigricorticalis Q. L. Wang，辽宁植物志（上册）：152. 1988；东北植物检索表（第二版）：64. 1995.

树干上、下部树皮均为黑色，深纵裂。产于庄河、旅顺、宽甸等地。

树干

植株

7b. 长白赤松（变种）（辽宁植物志）长白松（东北植物检索表、中国植物志、Flora of China）**美人松**

var. **sylvestriformis**（Taken.）Q. L. Wang in Checkl. Pl. Changbai 49. 1982；辽宁植物志（上册）：152. 1988.—*P. sylvestris* L. var. *sylvestriformis*（Taken.）Cheng et C. D. Chu，中国植物志7：246. 1978；Fl. China 4：19. 1999.—*P. sylvestriformis*（Taken.）T. Wang et Cheng ，东北植物检索表（第二版）：64. 1995.

植株的一部分

树干

植株

常绿乔木。一年生枝淡褐色，无白粉。针叶2枚一束，较粗硬，常扭转。一年生小球果近球形，具短梗，弯曲下垂，种鳞具直伸的短刺；成熟的球果卵状圆锥形，种鳞张开后为椭圆状卵圆形，种鳞背部深紫褐色，鳞盾灰色或淡褐灰色，强隆起。

我国特有，集中在长白山主峰北坡的二道白河附近。沈阳、大连有栽培。

用途同赤松。

注：长白赤松的分类一直有争议。物种2000定其为赤松*Pinus densiflora* Sieb. et Zucc.的同物异名。本书考虑其虽然与赤松*Pinus densiflora* Sieb. et Zucc.有共性，但在高海拔环境下有很多变化，接受其为赤松*Pinus densiflora* Sieb. et Zucc.的变种。

（8）**欧洲赤松**（辽宁植物志、东北植物检索表、中国植物志、Flora of China）

Pinus sylvestris L. in Sp. Pl. 1000. 1753；Fl. China 4：18. 1999；中国植物志7：244. 1978；辽宁植物志（上册）：154. 图版60：4-7. 1988；东北植物检索表（第二版）：64. 图版22：4. 1995.

8a. 欧洲赤松（原变种）

var. **sylvestris**

常绿乔木。树皮红褐色，裂成薄片脱落；小枝暗灰褐色。冬芽赤褐色。针叶2针一束，蓝绿色，粗硬，通常扭曲，直径1.5~2毫米，先端尖，两面有气孔线，边缘有细锯齿。雌球花有短梗，向下弯垂，幼果种鳞的种脐具小尖刺。球果成熟时暗黄褐色，圆锥状卵圆形，基部对称式稍偏斜，长3~6厘米；种鳞的鳞盾扁平或三角状隆起，鳞脐小，常有尖刺。

原产欧洲。熊岳有栽培。

用途同赤松。

8b. 樟子松（变种）（辽宁植物志、东北植物检索表、中国植物志、Flora of China）

var. **mongolica** Litv. in Sched. Herb. Fl. Ross. 5：160. 1905；Fl. China 4：19. 1999；中国植物志7：245. 图版59. 1978；辽宁植物志（上册）：154. 1988；东北植物检索表（第二版）：64. 1995.

一年生枝淡黄褐色，无白粉。针叶2针一束，硬直而扭曲，边缘有锯齿。当年生小球果极下垂；成熟球果圆锥状卵形，灰褐色或黄褐色；鳞盾极凸起，横、纵脊明显，下部和中部则常向后反曲。花期5—6月，球果翌年9—10月成熟。

分布于大兴安岭、小兴安岭及海拉尔以西、以南沙丘地。辽宁各地均有栽培。

用途同赤松。

（9）**油松**（辽宁植物志、东北植物检索表、中

植株

球果侧面观

树干

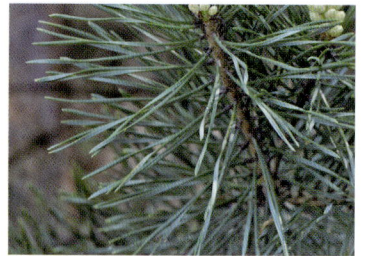

针叶

国植物志、Flora of China）短叶马尾松 东北黑松

Pinus tabuliformis Carr. in Traite Conif. ed. 2. 510. 1867; Fl. China 4：17. 1999；中国植物志7：251. 图版56：8-13. 1978；辽宁植物志（上册）：155. 图版61：1-4. 1988；东北植物检索表（第二版）：64. 图版22：3. 1995.

9a. 油松（原变种）

var. tabuliformis

常绿乔木。树皮灰褐色或褐灰色，上部淡红褐色；枝褐黄色。一年生枝无白粉。针叶2针一束，不扭转，较粗硬。一年生幼球果直立，果实成熟后黄褐色；中部种鳞近长圆状倒卵形，鳞盾肥厚而有光泽，扁菱形或扁菱状多角形。花期5月，球果翌年10月上中旬成熟。

球果

生于山坡干旱的微酸性及中性沙壤土。产于大连、庄河、金州、鞍山、本溪、新宾、清原、抚顺、开原、铁岭、沈阳、彰武、建平、建昌、凌源、绥中等地。

木材作建筑、造船、器具、家具及木纤维工业等用材。树干可割取松脂，提取松节油；树皮可提

球果枝

树干

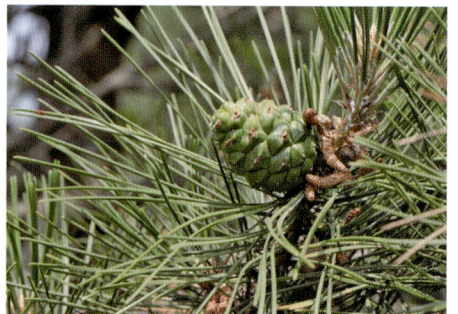

植株的一部分

取栲胶；松节、针叶及花粉可入药；种仁可食。

9b. 扫帚油松（变种）（辽宁植物志、东北植物检索表、中国植物志、Flora of China）

var. **umbraculifera** Liou et Wang in Ill. Fl. Lign. Pl. N. E. China 548. 1958；Fl. China 4：18. 1999；中国植物志7：253. 1978；辽宁植物志（上册）：156. 1988；东北植物检索表（第二版）：64. 1995.

小乔木，仅下部主干明显，上部大枝向上斜伸，形成扫帚形树冠。生于千山慈祥观附近。

古树标志

树干

9c. 黑皮油松（变种）（辽宁植物志、东北植物检索表、中国植物志、Flora of China）

var. **mukdensis** Uyeki in J. Chosen Nat. Hist. Soc. 3：45. 1925；Fl. China 4：18. 1999；中国植物志7：253. 1978；辽宁植物志（上册）：156. 1988；东北植物检索表（第二版）：64. 1995.

树皮深灰色，二年生以上小枝灰褐色或深灰色。

产于沈阳、鞍山（千山）、北镇（医巫闾山）、凌源等地。

树干

群落

枝

（10）**南欧黑松**（辽宁植物志、东北植物检索表、中国植物志）**欧洲黑松**

Pinus nigra subsp. **laricio** Maire in Bull. Soc. Hist. Nat. Afrique N. 19：66. 1928.—*P. nigra* Arn. var. *maritima*（Ait.）Melville Kew in Bull. 13：534. 1958；辽宁植物志（上册）：157. 1988；东北植物检索表（第二版）：64. 1995.—*P. nigra* Arn. var. *poiretiana*（Ant.）Schneid. in Silva Tarouca Uns. Freil.–Nadelh. 261. 1913；中国植物志7：270. 1978.

常绿乔木。树皮灰黑色；二年生枝上针叶基部的鳞叶逐渐脱落；冬芽褐色。针叶2针一束，刚硬，深绿色；树脂道3~6个，中生。球果熟时黄褐色，卵圆形，辐射对称；种鳞的鳞盾先端圆，横脊强隆起；鳞脐隆起，红褐色，有短刺。

原产于欧洲南部及小亚细亚半岛。熊岳有栽培。

（11）**日本黑松**（辽宁植物志、东北植物检索表）**黑松**（中国植物志、Flora of China）**白芽松**

Pinus thunbergii Parl. in DC. Prod. 16（2）：388. 1868；Fl. China 4：21. 1999；中国植物志7：270. 图版63：7-11. 1978；辽宁植物志（上册）：157. 图版61：5-7. 1988；东北植物检索表（第二版）：64. 图版23：1. 1995.

常绿乔木。一年生枝淡黄褐色，冬芽银白色。针叶2针一束，粗硬。雄球花淡红褐色；雌球花2~3年生新枝近顶端，淡紫红色或褐红色。球果成熟时褐色，圆锥状卵圆形，向下弯垂；中部种鳞卵状椭圆形，鳞盾较肥厚；鳞脐下陷。花期4—5月，种子翌年10月成熟。

丁芽白色

球果

原产于日本和朝鲜南部海岸。大连普遍有栽培。

木材作建筑、矿柱、器具、板料等用材，亦可提取树脂。种子可榨油。叶、花粉可药用。

群落

植株的一部分

（12）西黄松（辽宁植物志、东北植物检索表、中国植物志、Flora of China）美国黄松　美国长三叶松

Pinus ponderosa Dougl. ex Laws. in Agr. Man. 354. 1836；Fl. China 4：20. 1999；中国植物志7：273. 1978；辽宁植物志（上册）：158. 图版62：1-4. 1988；东北植物检索表（第二版）：64. 图版23：3. 1995.

常绿乔木。一年生枝暗橙褐色，老枝灰黑色。针叶通常3针一束，稀2~5针一束，深绿色，粗硬而扭曲。球果卵状圆锥形；种鳞的鳞盾红褐色或黄褐色，有光泽，沿横脊隆起，鳞脐有向后反的粗刺；种子长7~10毫米，种翅长2.5~3厘米。

原产于北美。熊岳、旅顺、大连等地引种栽植作庭园树。

边材白色，心材淡红色，纹理致密，树脂道少，坚硬而脆。在北美作建筑、枕木及板材等用材。

植株

植株的一部分

树干

松针

种鳞

（13）刚松（辽宁植物志、东北植物检索表、中国植物志、Flora of China）美国短三叶松　萌芽松

Pinus rigida Mill. in Gard. Dict. ed. 8. 10. 1768；Fl. China 4：19. 1999；中国植物志7：279. 1978；辽宁植物志（上册）：160. 图版62：5-9. 1988；东北植物检索表（第二版）：64. 图版23：4. 1995.

常绿乔木。主干及主枝常有不定芽，萌生成簇的针叶。针叶3针一束，坚硬，常扭转。球果3~5集生小枝基部，圆锥状卵圆形，成熟时栗褐色，开裂，常宿存树上达数年之久；鳞盾三角状凸起，横脊显著，鳞脐具长刺尖。花期4—5月，球果翌年秋季成熟。

原产于美国东部。东港、大连、盖州、沈阳等地有栽培。

生长较快，抗性强，可在适当地区推广造林。

树干

植株的一部分

种鳞

普兰店刚松种林基地

球果

（14）北美短叶松（辽宁植物志、东北植物检索表、中国植物志、Flora of China）短叶松 班克松

Pinus banksiana Lamb. in Descr. Gen. Pinus 7. t. 3. 1803；Fl. China 4：21. 1999；中国植物志7：280. 1978；辽宁植物志（上册）：160. 1988；东北植物检索表（第二版）：64. 图版23：2. 1995.

常绿乔木。树干常歪曲，树冠开展；树皮暗褐色，裂成不规则鳞片脱落。针叶2针一束，粗短、坚硬、扭转、弯曲，两面有气孔线，边缘全缘。球果无柄，窄圆锥形，不对称，通常向内侧弯曲，成熟时淡绿黄色或褐黄色，常不开裂，宿存树上数年；种鳞薄，横脊明显。

原产于北美东部。大连、盖州、抚顺、沈阳等地有栽培。

植株

树干

植株的一部分

针叶

球果

是绿化、造园及荒山造林的理想树种。

杉科 Taxodiaceae

常绿或落叶乔木。叶螺旋状排列，散生，很少交叉对生（水杉属），披针形、钻形、鳞状或条形，同一树上之叶同型或二型。球花单性，雌雄同株；雄球花小，单生或簇生枝顶，或排成圆锥花序状，或生叶腋；雌球花顶生或生于去年生枝近枝顶，珠鳞与苞鳞半合生。球果当年成熟。

辽宁栽培3属3种。

分属检索表

1. 叶及种鳞均螺旋状着生。
  2. 叶披针形，有锯齿；种鳞（或苞鳞）扁平，革质，小于苞鳞，上部3裂，裂片先端具不规则细齿，每种鳞腹面具3粒种子，种子两侧具狭翅 ·················· 1. 杉木属 Cunninghamia R. Br.
  2. 叶钻形；种鳞盾形，木质，大于苞鳞，上部边缘具3~7裂齿，每种鳞具2~5 粒种子，种子周围有狭翅 ·················· 2. 柳杉属 Cryptomeria D. Don.
1. 叶及种鳞均对生；叶线形，排成2列；侧生小枝于冬季与叶一起脱落；种鳞盾形，木质，每种鳞具5~9 粒种子；种子周围有翅 ·················· 3. 水杉属 Metasequoia Miki ex Hu et Cheng

1. 杉木属 Cunninghamia R. Br.

常绿乔木。叶螺旋状着生，披针形或条状披针形，基部下延，边缘有细锯齿，上下两面均有气孔线。雌雄同株，雄球花多数簇生枝顶；雌球花单生或2~3个集生枝顶，球形或长圆球形苞鳞大，先端长尖；珠鳞形小，先端3裂。球果近球形或卵圆形，种鳞扁平，革质，小于苞鳞，上部3裂，裂片先端具不规则细齿，每种鳞腹面具3粒种子，种子两侧具狭翅。

辽宁栽培1种。

杉木（辽宁植物志、东北植物检索表、中国植物志、Flora of China）沙木 刺杉

Cunninghamia lanceolata (Lamb.) Hook. in Cultis's Bot. Mag. 54：t. 2743. 1827；Fl. China 4：55. 1999；中国植物志7：285. 图版66：1-13. 1978；辽宁植物志（上册）：

161. 1988；东北植物检索表（第二版）：67. 图版25：1. 1995.

　　常绿乔木。叶披针形或条状披针形，革质。雄球花圆锥状，有短梗；雌球花单生或2~4个集生，绿色。球果卵圆形，熟时苞鳞革质，棕黄色，三角状卵形，先端有坚硬的刺状尖头，边缘有不规则的锯齿。花期4月，球果10月下旬成熟。

　　我国长江流域、秦岭以南地区栽培最广。大连有试验栽培。

　　为长江以南温暖地区重要的速生用材树种。根皮、树皮、心材、枝叶、种子均有药用价值。

球果枝

树干

植株的一部分

2. 柳杉属 Cryptomeria D. Don.

　　常绿乔木。叶螺旋状排列略成5行列，腹背隆起呈钻形，两侧略扁，先端尖，直伸或向内弯曲，有气孔线，基部下延。雌雄同株；雄球花单生小枝上部叶腋，常密集呈短穗状花序状，矩圆形，基部有一短小的苞叶；雌球花近球形，无梗，单生枝顶，稀数个集生。球果近球形，种鳞盾形，木质，大于苞鳞，上部边缘具3~7裂齿，每种鳞具2~5粒种子，种子周围有狭翅。

　　辽宁栽培1种。

　　日本柳杉（Flora of China）柳杉（辽宁植物志、东北植物检索表、中国植物志）

　　Cryptomeria japonica (Thunb. ex L.f.) D.Don in Trans. L. Soc. London 18：167. 1841；Fl. China 4：56. 1999. —*C. fortunei* Hooibrenk ex Otto et Dietr. in Allg. Gartenzeit. 21：234. 1853；中国植物志7：294. 图版68：1-5. 1978；辽宁植物志（上册）：162. 1988；东北植物检索表（第二版）：67. 图版24：2. 1995.

球果枝

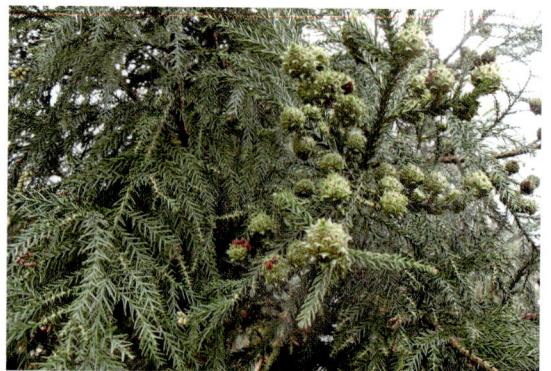

植株的一部分

常绿乔木；树皮红棕色，纤维状，裂成长条片脱落。叶钻形略向内弯曲，先端内曲。雄球花单生叶腋，长椭圆形，长约7毫米，集生小枝上部，成短穗状花序；雌球花顶生短枝上。球果圆球形或扁球形。花期4月，球果10月成熟。

我国特有树种，产于浙江、福建、江西。大连有试验栽培。

边材黄白色，心材淡红褐色，材质较轻软，纹理直，结构细，耐腐力强，易加工，可作房屋建筑、器具、家具及造纸原料等用材。树皮有解毒、杀虫作用。

3. 水杉属 Metasequoia Miki ex Hu et Cheng

落叶乔木。叶交叉对生，基部扭转列成2列，羽状，条形，扁平，柔软，上面中脉凹下，下面中脉隆起，冬季与侧生小枝一同脱落。雌雄同株，球花基部有交叉对生的苞片；雄球花单生叶腋或枝顶，有短梗，球花枝呈总状花序状或圆锥花序状；雌球花有短梗，单生于去年生枝顶或近枝顶。球果下垂，当年成熟，近球形，种鳞盾形，木质，每种鳞具5~9粒种子；种子周围有翅。

辽宁栽培1种。

水杉（辽宁植物志、东北植物检索表、中国植物志、Flora of China）水桫

Metasequoia glyptostroboides Hu et Cheng，静生汇报1（2）：154.图版1-2. 1948；Fl. China 4：60. 1999；中国植物志7：311. 图版71. 1978；辽宁植物志（上册）：163. 1988；

球果与雄球花

水杉大道

植株的一部分

小枝的一部分

雄球花

东北植物检索表（第二版）：67. 图版24：1. 1995.

落叶乔木。叶线形，在侧生小枝上排成2列，羽状，冬季与小枝一同脱落。球果下垂，近四棱状球形，成熟前绿色，成熟时深褐色；种鳞木质，盾形，常11~12对，交叉对生，鳞顶扁菱形，中央具一条横槽，基部楔形，能育种鳞具5~9种子。花期3月下旬，球果11月成熟。

我国特产，仅分布于四川、湖北及湖南三省毗邻的局部地区。丹东、本溪、大连、鞍山、沈阳有栽培。

著名的庭院观赏树。木材适于建筑、家具、造船等，也可作造纸原料。叶、果实有清热解毒、消炎止痛作用。

柏科 Cupressaceae

常绿乔木或灌木。叶交叉对生或3~4片轮生，稀螺旋状着生，鳞形或刺形，或同株兼有两型叶。球花单性，雌雄同株或异株，单生枝顶或叶腋；雄球花具3~8对交叉对生的雄蕊；雌球花有3~16枚交叉对生或3~4片轮生的珠鳞。球果圆球形、卵圆形或圆柱形；种鳞薄或厚，扁平或盾形，木质或近革质，成熟时张开，或肉质合生呈浆果状，成熟时不裂或仅顶端微开裂。

辽宁产5属9种1变种，其中栽培6种1变种。

分属检索表

1. 种鳞木质或革质，成熟时张开；种子通常有翅，稀无翅。
　2. 种鳞扁平或鳞背隆起，但不为盾形。
　　3. 鳞叶较小，长不及4毫米，背面无明显白粉带；球果卵圆形或卵状长圆形，发育种鳞具2粒种子，种子两侧具狭翅或无翅。
　　　4. 生鳞叶的小枝平展；种子两侧有狭翅 ···························· 1. 崖柏属 Thuja L.
　　　4. 生鳞叶的小枝直展或斜展，排成一平面，两面同型，种鳞厚，4对；种子无翅
　　　··· 2. 侧柏属 Platycladus Spach

　　3. 鳞叶较大，两侧的鳞叶长4~7毫米，背面有明显的宽白粉带；球果近球形，发育种鳞具3~5粒种
　　　　子，种子两侧具翅 ·· **3. 罗汉柏属 Thujopsis** Sieb. et Zucc.
　　2. 种鳞盾形 ·· **4. 扁柏属 Chamaecyparis** Spach.
1. 种鳞肉质，成熟时不张开；种子无翅 ·································· **5. 刺柏属 Juniperus** L.

1. 崖柏属 Thuja L.

　　常绿乔木或灌木，生鳞叶的小枝排成平面，扁平。鳞叶二型，交叉对生，排成4列，两侧的叶呈船形，中央之叶倒卵状斜方形，基部不下延生长。雌雄同株，球花生于小枝顶端；雄球花具多数雄蕊；雌球花具3~5对交叉对生的珠鳞。球果矩圆形或长卵圆形，种鳞薄，革质，扁平，近顶端有凸起的尖头，仅下面2~3对种鳞各具1~2粒种子；种子扁平，两侧有翅。

　　辽宁栽培1种。

北美香柏（东北植物检索表、中国植物志、Flora of China）香柏　美国侧柏　黄心柏木
Thuja occidentalis L. in Sp. Pl. 1002. 1753；Fl. China 4：64. 1999；中国植物志7：320. 图版72：8，75：4-6. 1978；东北植物检索表（第二版）：73. 1995.

　　常绿乔木。树皮红褐色或橘红色，纵裂成条状块片脱落；当年生小枝扁，2~3年后逐渐变成圆柱形。鳞叶先端尖或急尖，两侧鳞叶较中央鳞叶稍短或等长，中央鳞叶尖头下方有明显透明腺点。球果幼时直立，成熟时向下弯垂，长椭圆形；种鳞通常4~5对，卵状椭圆形。

　　原产于北美。沈阳、熊岳有栽培。

　　材质坚韧，结构细致，有香气，耐腐性强，可作器具、家具等用材。

当年生枝

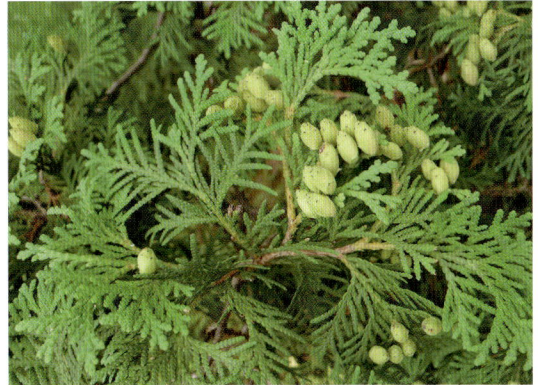

植株的一部分

2. 侧柏属 Platycladus Spach

　　常绿乔木。叶鳞形，二型，交叉对生，排成4列，基部下延生长，背面有腺点。雌雄同株，球花单生于小枝顶端；雄球花有6对交叉对生的雄蕊，花药2~4；雌球花有4对交叉对生的珠鳞，仅中间2对珠鳞各生1~2枚直立胚珠。球果当年成熟，熟时开裂；种鳞4对，木质，厚，近扁平，背部顶端的下方有一弯曲的钩状尖头，中部的种鳞发育，各有1~2粒种子。

辽宁产1种。

侧柏（辽宁植物志、东北植物检索表、中国植物志、Flora of China）香柏 扁柏 片松

Platycladus orientalis (L.) Franco in Portugaliae Acta Biol. ser. B. Suppl. 33. 1949; Fl. China 4：64. 1999；中国植物志7：322. 图版72：9-10，74：5-7. 1978；辽宁植物志（上册）：164. 图版63. 1988；东北植物检索表（第二版）：71. 图版25：5. 1995.

a. 侧柏（原变种）

var. **orientalis**

常绿乔木。生鳞叶的小枝细，绿色，扁平，排成一平面，两面均为绿色，二年生枝绿褐色，微扁，渐变为红褐色，并呈圆柱形。叶鳞形，先端微钝。球果近卵圆形，通常种鳞4对，成熟前近肉质，蓝绿色，被白粉，成熟后木质，开裂，红褐色。花期4月，果熟期10月。

生于向阳山坡。产于北镇、朝阳、凌源等地，其他地方常见栽培。

为造林树种和庭园观赏树种。木材可作建筑、器具、家具、细木工、文具等用材。种子为强壮滋补药，小枝为健胃药。

球果形成期

球果开裂期

植株

b. 千头柏（栽培变种）（辽宁植物志、东北植物检索表、中国植物志）

cv. '**Sieboldii**' in Dallimore and Jackson, rev. Harrison, Handb. Conif. and Ginkgo. ed. 4. 616. 1966；中国植物志7：323. 1978；辽宁植物志（上册）：166. 1988；东北植物检索表（第二版）：71. 1995.

丛生灌木，侧枝密而上伸，树冠卵圆形或球形。辽宁各地有栽培。

园林观赏的好树种，可作绿篱，也可用于景观布置。

雌球花侧面观

植株

植株的一部分

3. 罗汉柏属 Thujopsis Sieb. et Zucc.

常绿乔木。鳞叶交叉对生，二型，侧面的叶对折呈船形，覆压中央之叶的边缘，先端微内曲。雌雄同株，球花单生于短枝顶端；雄球花椭圆形，雄蕊6~8对，交叉对生；雌球花具3~4对珠鳞，仅中间两对珠鳞的腹面基部各生3~5枚胚珠。球果近圆球形，种鳞3~4对，木质，扁平，在顶端的下方有一短尖头，中间的2对种鳞各有3~5粒种子。

辽宁栽培1种。

罗汉柏（东北植物检索表、中国植物志、Flora of China）蜈蚣柏

Thujopsis dolabrata（L. f.）Sieb. et Zucc. in Fl. Jap. 2：34. 1844；Fl. China 4：63. 1999；中国植物志7：315. 图版72：1-4，74：1-4. 1978；东北植物检索表（第二版）：73. 图版25：4. 1995.

常绿乔木。生鳞叶的小枝扁而平展，鳞叶质地较厚，两侧之叶卵状披针形，先端通常较钝，微内曲，上侧面深绿色，下侧面具一条较宽的粉白色气孔带；中央之叶稍短于两侧之叶，露出部分呈倒卵状椭圆形，先端钝圆或近三角状。球果近圆球形，种鳞木质。

原产于日本。旅顺有少量栽培。

宜作庭园观赏树。

球果枝

雄球花枝

植株

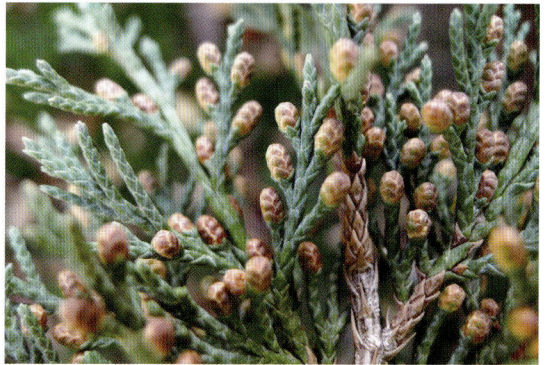

植株的一部分

4. 扁柏属 Chamaecyparis Spach.

常绿乔木。叶鳞形，通常二型，稀同型，交叉对生，小枝上面中央的叶卵形或菱状卵形，侧面的叶对折呈船形。雌雄同株，球花单生于短枝顶端；雄球花卵圆形或矩圆形，雄蕊3~4对，交叉对生；雌球花圆球形，有3~6对交叉对生的珠鳞，胚珠1~5枚，直立，着生于珠鳞内侧。球果圆球形，很少矩圆形，当年成熟，种鳞3~6对，木质，盾形。

辽宁栽培1种。

日本花柏（辽宁植物志、东北植物检索表、中国植物志、Flora of China）花柏 五彩松
Chamaecyparis pisifera (Sieb. et Zucc.) Endl. in Syn. Conif. 64. 1847；Fl. China 4：68. 1999；中国植物志7：339. 图版79：1–3. 1978；辽宁植物志（上册）：166. 1988；东北植物检索表（第二版）：69. 1995.

常绿乔木；树皮红褐色，裂成薄皮脱落；树冠尖塔形；生鳞叶的小枝排列成一平面。鳞叶先端锐尖。球果圆球形，直径6毫米，成熟时暗褐色；种鳞5~6对，先端微凹，具小尖头；种子1~2粒，三角状卵圆形，直径2~3毫米，有棱脊，两侧有宽翅。花期4月，球果10月成熟。

原产于日本。沈阳、大连、庄河等地栽培。

优良的庭院观赏树。种子可榨取脂肪油；木材坚硬致密，耐腐力强，可供建筑、工艺品、家具等用。

植株的一部分

树干

球果开裂期

球果形成期

5. 刺柏属 Juniperus L.

常绿乔木或灌木。叶交互对生或3叶轮生，刺形或鳞形；刺叶基部下延生长而无关节，或不下延生长而有关节；鳞叶同型。生鳞形叶的小枝近圆形、近四棱形或四棱形。雌雄同株或异株，球花单生叶腋；雄球花卵圆形或矩圆形；雌球花近圆球形。球果圆球形或卵圆形，成熟时种鳞合生，肉质，不张开，稀顶端微张开；种子无翅。

辽宁产4种2变种6个栽培品种，其中2种为野生，其他均为栽培。

分种检索表

1. 叶全为刺叶。
　2. 灌木；刺叶基部无关节，下延。
　　3. 球果具2~3粒种子；匍匐灌木。栽培 ………… 1. **铺地柏 J. procumbens**（Siebold ex Endl.）Miq.
　　3. 球果具1粒种子；直立灌木。栽培 … 2. **粉柏 J. squamata** Buch.–Ham. ex D.Don cv. 'Meyeri'.
　2. 乔木；刺叶基部有关节，不下延；叶质厚，坚硬，表面凹下成深槽，白粉带比绿色边带狭，位于槽中，横切面呈"V"形 ……………………………………………… 3. **杜松 J. rigida** Sieb. et Zucc.
1. 叶全为鳞叶或兼有鳞叶和刺叶，或仅幼株全为刺叶。
　4. 匍匐灌木；球果通常倒三角形或倒卵状球形；生鳞叶小枝圆柱形，刺叶交叉对生。
　　5. 壮龄及老龄植株全为鳞叶，仅幼株有刺叶，刺叶宽，近直伸或微斜展。栽培
　　　………………………………………………………………………… 4a. **叉子圆柏 J. sabina** L.
　　5. 壮龄及老龄植株上兼有刺叶和鳞叶，刺叶狭，斜伸或平展；幼株全为刺叶
　　　……………………………………………………… 4b. **兴安圆柏** var. **davurica**（Pall.）Farjon
　4. 乔木；球果卵圆形或近球形，稀倒卵圆形；生鳞叶小枝近四棱形，老时全为鳞叶；幼时兼有刺叶和鳞叶，刺叶3枚交互轮生，长8~12毫米，排列疏松。栽培…………………… 5. **圆柏 J. chinensis** L.

（1）**铺地柏**（辽宁植物志、东北植物检索表、中国植物志、Flora of China）爬地桧 爬地柏

Juniperus procumbens（Siebold ex Endl.）Miq. in Fl. Jap. 2：59. 1870；Fl. China 4：71. 1999. —*Sabina procumbens*（Endl.）Iwata et Kusaka in Conif. Jap. Ill. Aject. Emend. ed. 2：199. 1954；中国植物志7：357. 1978；辽宁植物志（上册）：170. 1988；东北植物检索表（第二版）：71. 1995.

常绿匍匐灌木；枝条沿地面扩展，褐色，密生小枝，枝梢及小枝向上斜展。刺形叶3叶交叉轮生，条状披针形，先端渐尖成角质锐尖头，上面凹，有2条白粉气孔带，气孔带常在上部汇合，绿色中脉仅下部明显。球果近球形，被白粉，成熟时黑色。

原产于日本。沈阳、大连、丹东等地有栽培。

在园林中可配植于岩石园或草坪角隅，又为缓土坡的良好地被植物。

植株

植株的一部分

（2）粉柏（东北植物检索表、中国植物志）翠柏　山柏树

Juniperus squamata Buch.–Ham. ex D.Don cv. 'Meyeri', comb. nov.—*Sabina squamata* (Buch.–Hamilt.) Ant. cv. 'Meyeri', Dallimore and Jackson, rev. Harrison, Handb. Conif. and Ginkgo. ed. 4. 276. 1966；中国植物志7：355. 1978；东北植物检索表（第二版）：71. 1995.

系高山柏*J. squamata* Buch.–Ham. ex D.Don的栽培类型，常绿直立灌木。枝条上伸，小枝茂密短直。全为刺叶，3叶轮生，条状披针形，长0.6~1厘米，先端渐尖，两面被白粉，翠蓝色。球果卵圆形，长约0.6厘米。

喜光，稍耐寒，适宜肥沃、疏松土壤，忌涝。大连等地有栽培。

可孤植或群植于庭院、路边或草坪中，也可与其他植物配置。

枝叶

树干

球果枝

植株

（3）杜松（辽宁植物志、东北植物检索表、中国植物志、Flora of China）崩松　棒松　软叶杜松

Juniperus rigida Sieb. et Zucc. in. Abh. Math. Phys. Akad. Wiss. Munch. 4（3）：233. 1846；Fl. China 4：71. 1999；中国植物志7：379. 图版87：8-9，88：3-5. 1978；辽宁植物志（上册）：171. 图版65. 1988；东北植物检索表（第二版）：71. 图版26：3. 1995.

常绿灌木或小乔木。枝条直展，形成塔形或圆柱形的树冠；小枝下垂，幼枝三棱形。叶3叶轮生，条状刺形，质厚，坚硬，上部渐窄，先端锐尖，上面凹下成深槽，槽内有1条窄白粉带，下面有明显的纵脊。球果圆球形，成熟前紫褐色，成熟时淡褐黑色或蓝黑色。花期6月，球果10月成熟。

生于干旱山地。产于开原、抚顺、本溪、宽甸、桓仁、普兰店、岫岩、营口、丹东等地。

北方各地栽植为庭园树、风景树、行道树。木材坚硬，可作工艺品、雕刻品、家具、器具及农具等用材。果实有发汗、利尿、祛风除湿、镇痛作用。

球果枝

植株

植株的一部分

（4）叉子圆柏（辽宁植物志、东北植物检索表、中国植物志、Flora of China）新疆圆柏 砂地柏 爬柏

Juniperus sabina L. in Sp. Pl. 1039. 1753；Fl. China 4：74. 1999.—*Sabina vulgaris* Ant. in Cupress. Gatt. 58. t. 80. 82. 1857；中国植物志7：359. 图版84：1–3. 1978；辽宁植物志（上册）：170. 1988；东北植物检索表（第二版）：71. 1995.

4a. 叉子圆柏（原变种）

var. sabina

常绿匍匐灌木，稀灌木或小乔木。叶二型，壮龄及老龄植株全为鳞叶，仅幼株有刺叶，刺叶宽，近直伸或微斜展。雌雄异株，稀同株。球果通常倒三角形或倒卵状球形，成熟前蓝绿色，成熟时褐色至紫蓝色或黑色，多少有白粉。

分布于新疆、宁夏、内蒙古、青海、甘肃等地。大连、沈阳有栽培。

耐旱性强，可作水土保持及固沙造林树种。枝、叶、果实有祛风镇静、活血止痛作用。

球果枝

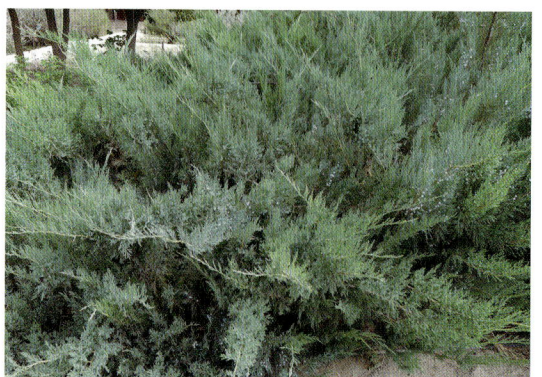

植株

4b. 兴安圆柏（变种）（辽宁植物志、东北植物检索表、中国植物志）**兴安桧**

var. **davurica**（Pall.）Farjon in World Checklist & Bibliogr. Conifers ed. 2：73. 2001.—*Sabina davurica*（Pall.）Ant. in Cupress. Gatt. 56. t. 77. 1857；中国植物志7：358. 图版82：5-8. 1978；辽宁植物志（上册）：170. 图版64：5-7. 1988；东北植物检索表（第二版）：71. 图版26：1. 1995.

常绿匍匐灌木。叶二型，常同时出现在生殖枝上，刺叶交叉对生，排列疏松，窄披针形或条状披针形；鳞叶交叉对生，排列紧密。雄球花卵圆形或近矩圆形，顶端圆。着生雌球花和球果的小枝弯曲，球果常呈不规则球形，通常较宽，成熟时暗褐色至蓝紫色，被白粉。

分布于黑龙江大兴安岭。沈阳有栽培。

为保土固沙树种，亦可作庭园树用。果实有镇痛利尿作用。

注：有资料称，宽甸、本溪等辽东山区千米以上山崖有野生兴安圆柏群落，根据辽宁植物志等志书资料和我们多年在辽宁各地的调查，未发现兴安圆柏的自然分布，但在上述环境中看到几处偃柏群落，故推测兴安圆柏群落可能是偃柏群落的错误鉴定。

（5）圆柏（辽宁植物志、东北植物检索表、中国植物志、Flora of China）**桧 刺柏**

Juniperus chinensis L. in Mant. Pl. 127. 1767；Fl. China 4：74. 1999.—*Sabina chinensis*（L.）Ant. in Cupress. Gatt. 54. 1857；中国植物志7：362. 图版80：6-8. 1978；辽宁植物志（上册）：167. 图版64：1-4. 1988；东北植物检索表（第二版）：71. 图版26：2. 1995.—*S. chinensis*（L.）Ant. f. *pendula*（Franeh.）Cheng et Wang in Forest Sin. 1：254. 1961；中国植物志7：362. 1978；辽宁植物志（上册）：168. 1988；东北植物检索表（第二版）：71. 1995.

5a. 圆柏（原变种）

var. **chinensis**

常绿乔木。叶二型，即刺叶和鳞叶；刺叶生幼树，老龄树则全为鳞叶，壮龄树兼有刺叶与鳞叶；鳞叶3叶轮生，直伸而紧密，近披针形；刺叶3叶交互轮生，斜展，疏松，披针形。雌雄异株，稀同株；雄球花黄色，椭圆形，雄蕊5~7对。球果近圆球形，2年成熟。

分布于我国华北、西北各省区及长江流域。辽宁各地均有栽培。

树干

植株的一部分

刺叶正面观

球果枝

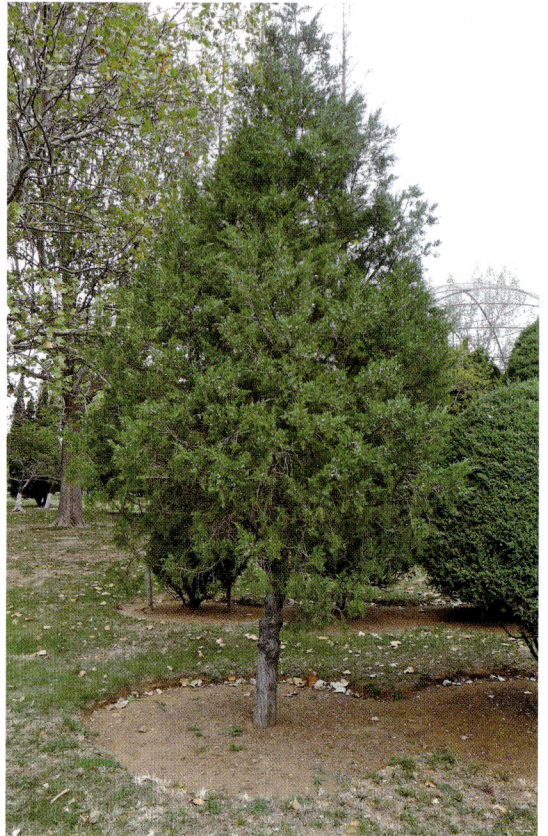
植株

木材可作房屋建筑、家具、文具及工艺品等用材；树根、树干及枝叶可提取柏木脑及柏木油；枝叶有祛风散寒、活血消肿、利尿作用。

5b. 偃柏（变种）（辽宁植物志、东北植物检索表、中国植物志、Flora of China）

var. **sargentii** A.Henry in Trees Great Britain 6：1432. 1912；Fl. China 4：74. 1999.——*Sabina chinensis*（L.）Ant. var. *sargentii*（Henry）Cheng et Fu，中国植物志7：363. 1978；辽宁植物志（上册）：168. 1988；东北植物检索表（第二版）：71. 1995.

匍匐灌木；小枝明显四棱状；刺叶常交叉对生，长3~6 毫米，排列紧密，老龄树鳞叶为主。生于海拔千米以上的山顶岩石上。产于宽甸、本溪、凤城等地。

刺叶与鳞叶对比

植株

植株的一部分

【附】尚有以下栽培变种：

龙柏cv.'Kaizucz'树冠柱状塔形，冠顶近平齐，枝条直立向上，密集，鳞叶紧密，幼时淡黄绿色，后呈翠绿色。

球果枝   植株   植株的一部分

匍地龙柏cv.'Kaizuna Procumbens'植株无直立主干，大枝随地铺展。

群落   植株的一部分

塔柏cv.'Pyramidalis'乔木，树冠圆柱状，叶多为刺叶，稀有鳞叶。

植株   植株的一部分

鹿角桧cv.'**Pftzeriana**'丛生灌木，干枝自地面斜向上伸展。

植株

植株的一部分

金球桧cv.'**Aureoglobosa**'矮型直立丛生灌木，树冠球形，幼枝绿叶中常有金黄色枝叶。

植株

植株的一部分

红豆杉科 Taxaceae

常绿乔木或灌木。叶条形或披针形，螺旋状排列或交叉对生。球花单性，雌雄异株，稀同株；雄球花单生叶腋或苞腋，或组成穗状花序集生于枝顶，雄蕊多数；雌球花单生或成对生于叶腋或苞片腋部，有梗或无梗，基部具多数覆瓦状排列或交叉对生的苞片。种子核果状，无梗则全部为肉质假种皮所包，如具长梗则种子包于囊状肉质假种皮中，顶端尖头露出；或种子坚果状，包于杯状肉质假种皮中。

辽宁产1属1种。

红豆杉属 Taxus L.

常绿乔木或灌木。叶条形，螺旋状着生，基部扭转排成2列，直或镰状，下延生长，上面中脉隆起，下面有2条淡灰色、灰绿色或淡黄色的气孔带。雌雄异株，球花单生叶腋；雄球花圆球形，有梗，基部具覆瓦状排列的苞片；雌球花几无梗，基部有多数覆瓦状排列的苞片。种子坚果状，当年成熟，生于杯状肉质的假种皮中，稀生于近膜质盘状的种托之上，种脐明显，成熟时肉质假种皮红色。

东北红豆杉（辽宁植物志、东北植物检索表、中国植物志、Flora of China）紫杉 赤柏松

Taxus cuspidata Sieb. et Zucc. in Abh. Math. Phys. Akad. Wiss. Manch. 4（3）：232. t. 3. 1846；Fl. China 4：91. 1999；中国植物志7：446. 图版101：6-7. 1978；辽宁植物志（上册）：173. 图版66. 1988；东北植物检索表（第二版）：73. 图版24：3. 1995.

常绿乔木。叶线形，表面深绿色，有光泽。雌雄异株，球花生前年枝的叶腋；雄球花具9~14雄蕊；雌球花具一胚珠。种子卵形，成熟时紫褐色，有光泽，外覆上部开口的假种皮，成熟时倒卵圆形，呈杯状，浓红色，肉质，富浆汁。花期5—6月，种子9—10月成熟。

多见于以红松为主的针阔混交林内。产于宽甸、桓仁、本溪等地，其他地方有栽培。

木质可作建筑、家具、器具、文具等用材；心材可提取红色染料。种子可榨油，木材、枝叶、根、树皮能提取紫杉素，用于治疗糖尿病；叶有毒；种子的假种皮味甜可食。

辽宁常见栽培的是东北红豆杉的扦插后代，半球状密丛灌木，树形矮小。

树干

球果花枝

扦插苗后代

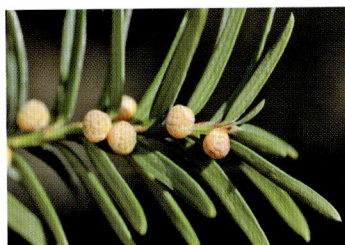

雄球花枝

三尖杉科 Cephalotaxaceae

常绿乔木或灌木。叶条形或披针状条形，稀披针形，交叉对生或近对生，在侧枝上基部扭转排列成两列。球花单性，雌雄异株，稀同株；雄球花6~11聚生成头状花序，单生叶腋；雌球花具长梗，生于小枝基部（稀近枝顶）苞片的腋部，花梗上部的花轴上具数对交叉对生的苞片，每一苞片的腋部有2枚直立胚珠。种子第二年成熟，核果状，全部包于由珠托发育成的肉质假种皮中。

辽宁栽培1属1种。

三尖杉属 Cephalotaxus Sieb. et Zucc. ex Endl.

常绿乔木或灌木。叶条形或披针状条形，稀披针形，交叉对生或近对生，在侧枝上基部扭转排列成2列，上面中脉隆起，下面有2条宽气孔带。球花单性，雌雄异株，稀同株；雄球花6~11聚生成头状花序，单生叶腋；雌球花具长梗，生于小枝基部（稀近枝顶）苞片的腋部。种子第二年成熟，核果状，全部包于由珠托发育成的肉质假种皮中。

辽宁栽培1种。

粗榧（中国植物志、Flora of China）**中华粗榧杉 粗榧杉 中国粗榧**

Cephalotaxus sinensis（Rehd. et Wils.）Li in Lloydia 16（3）：162. 1953；Fl. China 4：86. 1999；中国植物志7：428. 1978.

常绿灌木或小乔木。树皮灰色或灰褐色，呈薄片状脱落。叶条形，通常直，很少微弯，长约3.5厘米，宽约3毫米，先端有微急尖或渐尖的短尖头，基部近圆或广楔形，几无柄，上面绿色，下面气孔带白色，较绿色边带宽3~4倍。花期5月，种子翌年10月成熟。

为我国特有树种，产于江苏、浙江、安徽、福建、江西、湖南等地。熊岳树木园有栽培。

可作庭园树种。木材坚实，可作农具及工艺品等。叶、枝、种子、根可提取多种植物碱，对治疗白血病及淋巴肉瘤等有一定疗效。

小枝

叶背面观

植株的一部分

种子

麻黄科 Ephedraceae

灌木、亚灌木或草本状，稀为缠绕灌木。茎直立或葡匐，分枝多，小枝具节。叶退化成膜质，在节上交叉对生或轮生2~3片合生呈鞘状。雌雄异株，稀同株，球花卵圆形或椭圆形，生枝顶或叶腋；雄球花单生或数个丛生，或3~5个成一复穗花序；雌球花具2~8对交叉对生或2~8轮（每轮3片）苞片，仅顶端1~3片苞片生有雌花；雌球花的苞片随胚珠生长发育而增厚成肉质，红色或橘红色，稀为干燥膜质、淡褐色，假花被发育成革质假种皮。

本科仅1属，辽宁有2种，其中1种有野生记载，1种为栽培。

麻黄属 Ephedra Tourn ex L.

形态特征同麻黄科。

分种检索表

1. 叶3裂和2裂并存；球花的苞片2片对生或3片轮生，苞片的膜质边缘较明显；雌花的胚珠具长而曲折的珠被管。小枝直径约1.5毫米；植株高度多在40~80厘米 ⋯⋯ **1. 中麻黄 E. intermedia** Schrenk. ex Mey.
1. 叶2裂，稀在个别的枝上呈3裂；球花的苞片全为2片对生；雌花胚珠的珠被管一般较短而较直，稀长而稍曲。小枝直径约1毫米；植株高达1米⋯⋯⋯⋯⋯⋯⋯⋯⋯ **2. 木贼麻黄 E. equisetina** Bunge.

（1）中麻黄（辽宁植物志、东北植物检索表、中国植物志、Flora of China）

Ephedra intermedia Schrenk ex Mey. in Mém. Acad. Imp. Sci. Saint-Pétersbourg, Sér. 6，Sci. Math.，Seconde Pt. Sci. Nat. 7（2）：278. 1846；Fl. China 4：98. 1999；中国植物志7：474. 图版110：1-3. 1978；辽宁植物志（上册）：175. 1988；东北植物检索表（第二版）：75. 1995.

常绿灌木状，高40~80厘米，有直立木质茎。叶2~3裂。雄球花通常无梗，数个密集于节上呈团状；雌球花2~3成簇，对生或轮生节上。雌球花成熟时肉质红色，椭圆形至卵圆形；种子包于肉质红色的苞片内，2~3粒。花期5—6月，种子7—8月成熟。

生于山坡、沙滩。辽宁有记载。

肉质多汁的苞片可食。茎用于风寒、气喘、水肿、支气管哮喘。

植株

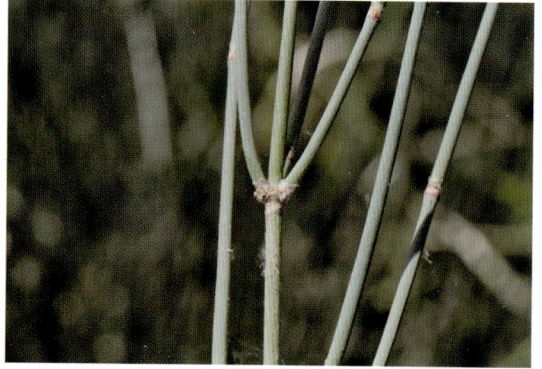

植株的一部分

（2）**木贼麻黄**（东北植物检索表、中国植物志、Flora of China）木麻黄 山麻黄

Ephedra equisetina Bunge. in Mem. Acad. Sci. St. Petersb. ser. 6（Sci. Nat.）7：501. 1851；Fl. China 4：100. 1999；中国植物志7：478. 图版110：5-7. 1978；东北植物检索表（第二版）：75. 1995.

常绿直立灌木。高达1米。叶2裂，褐色，大部合生，上部约1/4分离。雄球花单生或3~4个集生节上，雄蕊6~8；雌球花常2个对生节上，窄卵圆形或窄菱形，苞片3对，雌花1~2。雌球花成熟时肉质红色，长卵圆形或卵圆形，种子通常1粒。花期6—7月，种子8—9月成熟。

产于内蒙古、河北、山西、陕西、四川、青海、新疆等地。金州有引种栽培。

全草有发汗散寒、宣肺平喘、利水消肿作用。

植株

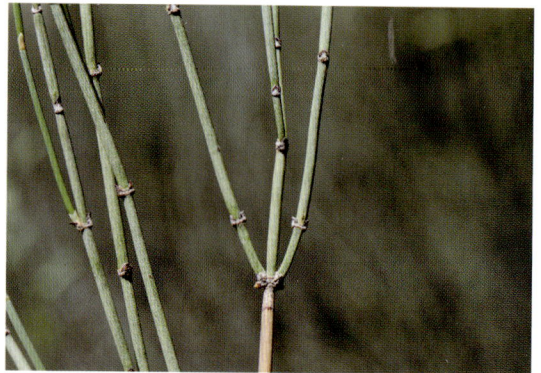

植株的一部分

第二部分

被子植物
ANGIOSPERMAE

胡桃科 Juglandaceae

落叶或半常绿乔木或小乔木。叶互生或稀对生，奇数或稀偶数羽状复叶，小叶羽状脉。花单性，雌雄同株，风媒。花序单性，稀两性；雄花序常柔荑状，单独或数条成束，生于叶腋或芽鳞腋内，还有生于无叶的小枝上而位于顶生的雌性花序下方等情况；雌花序穗状，顶生，具少数雌花而直立，或有多数雌花而成下垂的柔荑花序。果实为假核果或坚果状；外果皮肉质或革质或者膜质，成熟时不开裂或不规则破裂，或者4~9瓣开裂；内果皮（果核）由子房本身形成，坚硬，骨质，1室。种子大形，完全填满果室。

辽宁产2属6种，其中栽培4种。

分属检索表

1. 果实为坚果，具果翅；叶轴具翅 ·· 1. 枫杨属 Pterocarya Kunth.
1. 果实为核果，无翅；叶轴无翅 ·· 2. 胡桃属 Juglans L.

1. 枫杨属 Pterocarya Kunth.

落叶乔木。叶互生，常集生于小枝顶端，奇数、稀偶数羽状复叶。柔荑花序单性；雄花序长而具多数雄花，下垂，单独生于小枝上端的叶丛下方；雌花序单独生于小枝顶端，具极多雌花，开花时俯垂，果时下垂。果实为干的坚果，基部具1宿存的鳞状苞片及2革质翅。

辽宁产1种。

枫杨（辽宁植物志、东北植物检索表、中国植物志、Flora of China）平杨柳 燕子树

Pterocarya stenoptera DC. in Ann. Sci. Nat. ser 4，18：34. 1852；Fl. China 4：281. 1999；中国植物志21：23. 图版7：1-3. 1979；辽宁植物志（上册）：179. 图版68. 1988；东北植物检索表（第二版）：77. 图版27：5. 1995.

落叶乔木。叶通常为偶数羽状复叶，小叶8~18枚，叶轴具翅或不具翅。雄柔荑花序生上年枝的叶痕上，雄花花被片13，雄蕊5~10；雌柔荑花序顶生，被银白色丝状长毛，雌花无梗。果序长达40厘米；小坚果球状椭圆形，稍带棱角，果翅长圆形或线状长圆形。花期4—5月，果期6—9月。

生于河滩或山涧溪谷两岸。产于大连、庄河、丹东、东港、岫岩、宽甸、本溪、沈阳、盖州等地。

　　木材白色，轻软，极易加工，可作家具等用材。叶、树皮有毒，能杀虫。树皮强韧，纤维可制绳，并含单宁，可提制栲胶。果实可作饲料和酿酒，种子可榨油。

果期

花期

幼苗

树干

2. 胡桃属 Juglans L.

　　落叶乔木。叶互生，奇数羽状复叶。雌雄同株；雄性柔荑花序具多数雄花，下垂，单生于去年生枝条的叶痕腋内；雌花序穗状，直立，顶生于当年生小枝，具多数至少数雌花。果序直立或俯垂；果为假核果，外果皮由苞片及小苞片形成的总苞及花被发育而成，未成熟时肉质，不开裂，完全成熟时常不规则裂开；果核不完全2~4室，内果皮硬骨质，永不自行破裂。

　　辽宁产5种，4种为栽培。

分种检索表

1. 小叶5~7（9），全缘；雌花序具1~4花；核壳薄，易开裂。栽培 ……………………… 1. 胡桃 J. regia L.
1. 小叶9~23，边缘具锯齿；雌花序具5~20花；核壳厚，不易开裂。
　2. 果实表面刻沟深，有6~8条棱线。
　　3. 小叶（9）15~23，长圆形或卵状长圆形。果序通常具4~5个果实，果实卵球形
　　…………………………………………………………………… 2. 胡桃楸 J. mandshurica Maxim.

　　3. 小叶7~19枚，果实球形或近球形。
　　　　4. 小叶7~15枚，叶缘具不显明的疏浅锯齿或近于全缘。栽培 ········· 3. **麻核桃** J. hopeiensis Hu
　　　　4. 小叶13~17枚，叶缘具锐细锯齿。栽培························· 4. **日本胡桃** J. sieboldiana Maxim.
　　2. 果实表面光滑，扁心形。栽培····························· 5. **心形胡桃** J. subcordiformis Dode

　　（1）**胡桃**（辽宁植物志、东北植物检索表、中国植物志、Flora of China）核桃

Juglans regia L. in Sp. Pl. 997. 1753；Fl. China 4：282. 1999；中国植物志21：31. 图版9：7-10. 1979；辽宁植物志（上册）：180. 图版69：1-5. 1988；东北植物检索表（第二版）：75. 图版27：2. 1995.

　　落叶乔木。奇数羽状复叶；小叶5~7；小叶片长圆形，全缘或具稀疏细锯齿。雄柔荑花序下垂；雌花序穗状，具1~4花，子房外面密被短腺毛，柱头2裂，呈羽状反曲，黄绿色。核果椭圆状球形，外果皮肉质，核壳坚硬，稍具刻沟或皱纹。花期5月，果期10月。

　　原产于欧洲东南部及亚洲西部。辽宁南部和西部有栽培。

　　木材可制家具、枪托等。核桃仁是很好的滋补强壮剂。树皮可提制栲胶，鞣皮革用。果壳可制活性炭。外果皮及叶可制农药。根、根皮、树皮有小毒。

植株上部

植株的一部分

雄花序

雌花序

果序

　　（2）**胡桃楸**（辽宁植物志、东北植物检索表、中国植物志、Flora of China）山核桃 核桃楸

Juglans mandshurica Maxim. in Bull. Phys. – Math. Acad. Petersb. 15：127. 1856；Fl. China 4：283. 1999；中国植物志21：32. 图版9：5-6. 1979；辽宁植物志（上册）：

183. 图版70. 1988；东北植物检索表（第二版）：75. 图版 27：1. 1995.

落叶乔木。奇数羽状复叶，小叶9~17枚。雄性柔荑花序长9~20厘米；雌性穗状花序具4~10雌花，雌花长5~6毫米，被有茸毛，花被片披针形或线状披针形，被柔毛；柱头鲜红色，背面被贴伏的柔毛。果实卵球状。花期5月，果期8—9月。

生于阔叶林或沟谷。产于辽宁各山区。

种子油供食用，种仁可食；木材可作枪托、车轮、建筑等材料。树皮、叶及外果皮含鞣质，可提取栲胶；树皮纤维可作造纸等原料；枝、叶、皮可作农药。

叶痕

植株的一部分

花期

果序

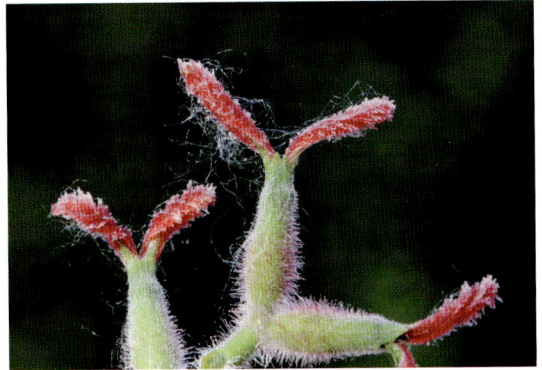
雌花

（3）麻核桃（中国植物志）

Juglans hopeiensis Hu，静生汇报5：305. 1934；中国植物志21：32. 1979.

落叶乔木。奇数羽状复叶，小叶7~15枚；小叶长椭圆形至卵状椭圆形，边缘有不明显的疏锯齿或近于全缘。雄性柔荑花序长达24厘米，花序轴有稀疏腺毛。雌性穗状花序约具5雌花。果序具1~3个果实。果实近球状；果核近于球状，顶端具尖头，有8条纵棱脊。花期5月，果期9—10月。

产于北京、河北。经济林研究所基地有栽培。

木材坚硬，可作军工用材。果核可以做工艺品。

小叶

植株的一部分

（4）日本胡桃（辽宁植物志）吉宝胡桃（东北植物检索表）鬼核桃

Juglans sieboldiana Maxim. in Bull. Acad. Sci.St.-Petersb. 18（1）：60. 1872；辽宁植物志（上册）：181. 图版69：6. 1988；东北植物检索表（第二版）：75. 图版27：3. 1995.

落叶乔木。奇数羽状复叶，小叶9~19片，先端尖，基部楔形，叶缘具锐细锯齿；复叶总柄密生腺毛，小叶无柄。雄花序无柄下垂，雌花序有柄穗状，着生5~20朵雌花。坚果具8条明显的棱脊，缝合线凸出，壳坚厚，内隔膜骨质。花期5月，果期9—10月。

原产于日本，20世纪30年代引入我国。经济林研究所基地有栽培。

（5）心形胡桃（辽宁植物志）心胡桃（东北植物检索表）心核桃　姬核桃

Juglans subcordiformis Dode in Bull. Soc. Dendr. Prance 43. 1909；东北植物检索表（第二版）：77. 图版27：4. 1995.- *J. cordiformis* Maxim in Bull. Soc. Dendr. France43. 1909；辽宁植物志（上册）：182. 图版69：7. 1988.

落叶乔木。叶互生，奇数羽状复叶，小叶11~15，卵状长圆形或倒卵状长圆形，边缘有钝锯齿，两面密被茸毛。雌雄异株。核果扁心形，外果皮被腺毛，核壳坚厚，表面光滑，无内隔膜，可取整仁。花期5月，果期9—10月。

原产于日本。大连有栽培。

良好的果、材兼用树种，也是育种的亲本和嫁接的优良砧木。

小叶

叶

树干

杨柳科 Salicaceae

落叶乔木或直立、垫状和匍匐灌木。单叶互生，稀对生。花单性，雌雄异株，罕有杂性；柔荑花序，直立或下垂，先叶开放，或与叶同时开放，稀叶后开放，花着生于苞片与花序轴间；雄蕊2至多数，花药2室，纵裂；雌花子房无柄或有柄，雌蕊由2~4（5）心皮合成，子房1室，柱头2~4裂。蒴果2~4（5）瓣裂。种子微小，基部围有多数白色丝状长毛。

辽宁产3属52种13变种6变型，其中栽培17种7变种5变型。

分属检索表

1. 芽鳞多数；叶片通常宽大，叶柄较长；雌雄花序下垂，苞片先端分裂，花盘杯状；有顶芽；萌枝髓心常五角状 ·· **1. 杨属 Populus** L.
1. 芽鳞1枚（有时于萌动时芽先端尚能见到内面露出1~2枚鳞片）；叶片通常狭长，叶柄短；雌花序直立或斜展，稀近下垂，苞片全缘，无杯状花盘；顶芽分化为花芽；萌枝髓心圆形。
  2. 雄花序下垂，花无腺体（或雌花残留有不甚发育的小腺），花丝下部与苞片合生
  ··· **2. 钻天柳属 Chosenia** Nakai
  2. 雄花序直立，花有腺体，花丝与苞片离生 ················ **3. 柳属 Salix** L.

1. 杨属 Populus L.

落叶乔木。叶互生，多为卵圆形、卵圆状披针形或三角状卵形，在长枝、短枝、萌枝上常为不同的形状，齿状缘；叶柄长。柔荑花序下垂，常先叶开放；雄花序较雌花序稍早开放；苞片先端尖裂或条裂，膜质，早落，花盘斜杯状；雄花有雄蕊4至多数，着生于花盘内，花药暗红色，花丝较短，离生；子房花柱短，柱头2~4裂。蒴果2~4（5）裂。

辽宁产17种3变种2变型，其中栽培12种3变种1变型。

分种检索表

1. 叶缘分裂或波状锯齿；苞片边缘具长毛。
  2. 叶背面密被茸毛，在长枝与萌枝的叶中更明显，成熟的短枝叶有或无毛；芽有毛。
    3. 叶3~5（7）裂，侧裂片不对称；树皮灰白色；枝条斜展；树冠宽大。栽培　**1. 银白杨 P. alba** L.
    3. 叶缘不分裂，具波状齿，叶三角状卵形。栽培 ················· **2. 毛白杨 P. tomentosa** Carr.
  2. 叶背面无毛，或长枝叶和萌枝叶背面有毛；芽常无毛或仅亚林边缘或基部具毛。
    4. 叶三角状圆形或圆形，边缘有浅波状齿，短枝叶幼时无毛 ············· **3. 山杨 P. davidiana** Dode
    4. 叶卵形，稀近圆形，边缘有深波状粗齿，齿端常内弯，短枝叶幼时背面被茸毛。栽培
  ·· **4. 河北杨 P. × hopeiensis** Hu et Chow

1. 叶缘有锯齿或全缘，不具裂片和波状齿；苞片边缘无长毛。

　5. 叶柄侧扁或微侧扁，若为圆柱形时，则叶边缘有半透明的边，两面均绿色，或稀背面绿白色。

　　6. 叶柄侧扁，叶三角形、三角状卵形或菱状卵圆形，先端短渐尖。

　　　7. 短枝叶三角形，基部截形，边缘有极细短的缘毛；蒴果2~3瓣裂；长枝叶和萌枝叶较大。栽培

　　　　　　 ·· 5. 加杨 P. × canadensis Moench.

　　　7. 短枝叶菱状卵圆形或菱状三角形和菱形，边缘无毛；蒴果2瓣裂；长短枝叶同型，叶柄与叶片

　　　　　近等长。栽培 ·· 6. 黑杨 P. nigra L.

　　6. 叶柄圆柱形，或中上部侧扁；叶卵形、菱状卵形或菱状椭圆形，先端长渐尖或尾状尖。

　　　8. 小枝圆柱形，微有棱；短枝叶卵形，边缘具波状皱曲的粗圆锯齿；苗期放叶时，叶腋内有白色

　　　　乳液。栽培 ······························· 7. 北京杨 P. × beijingensis W. Y. Hsu

　　　8. 小枝明显具棱；短枝叶菱状卵形，稀卵形，边缘具圆锯齿；苗期放叶时叶腋内含黄色乳液。

　　　　9. 叶先端尾状尖至长渐尖，基部楔形或广楔形。栽培

　　　　　　 ······························· 8. 小黑杨 P. × xiaohei T. S. Hwang et Liang

　　　　9. 叶先端长渐尖，基部圆形或广楔形。栽培 ············· 9. 中东杨 P. × berolinensis Dipp.

　5. 叶柄圆柱形，若叶柄微侧扁时，则叶缘无半透明边；叶两面异色。

　10. 叶最宽处在中部或中上部，萌枝与长枝叶常倒卵形、倒卵状圆形或菱状三角形，蒴果2瓣裂；若

　　　在同一植株上有少数叶最宽处在中部或下部时，则蒴果3~4瓣裂。

　　11. 短枝叶基部楔形或广楔形，叶较窄。

　　　12. 小枝具棱；蒴果较小，卵形，2瓣裂；叶、叶柄、花序轴无毛；树冠球形。多为栽培

　　　　　 ··· 10. 小叶杨 P. simonii Carr.

　　　12. 小枝圆柱形，微有棱，但树干上及枝上部新萌的当年小枝有棱；萌枝或长枝叶菱状三角形，

　　　　　稀倒卵形；蒴果较大，圆球形，2~3瓣裂。栽培

　　　　　　 ···························· 11. 小钻杨 P. × xiaozhuanica W. Y. Hsu et Liang

　　11. 短枝叶基部圆形、心形或圆楔形，叶较宽。

　　　13. 短枝叶圆形，稀卵圆形或卵形，长宽近相等；果序长10~12厘米，轴无毛，蒴果较小，2瓣

　　　　　裂。栽培

　　　　　　 ··················· 12. 厚皮哈青杨 P. charbinensis var. pachydermis C. Wang et Tung

　　　13. 短枝叶不为圆形；蒴果不为2瓣裂。

　　　　14. 小枝无毛；叶表面有皱纹，背面白色或稍呈粉红色；蒴果2~4瓣裂

　　　　　　 ·· 13. 香杨 P. koreana Rehd.

　　　　14. 小枝具毛或微有毛；叶表面无皱纹。

　　　　　15. 小枝圆柱形；叶干后背面常为赤褐色；果序轴无毛

　　　　　　 ···································· 14. 辽杨 P. maximowiczii A. Henry

　　　　　15. 小枝有棱，横切面近方形；叶干后背面常变黑色；果序轴被毛，近基部更密

　　　　　　 ·································· 15. 大青杨 P. ussuriensis Kom.

　10. 叶最宽处在中下部。

　16. 短枝叶楔形，边缘有波状皱曲的锯齿，上下交错，不在同一平面上；蒴果2~3瓣裂。栽培

　　　 ··· 16. 小青杨 P. pseudo-simonii Kitag.

　16. 短枝叶基部圆形或近心形，边缘锯齿平整，不呈波状皱曲；蒴果2~4瓣裂。栽培

　　　 ··· 17. 青杨 P. cathayana Rehd.

（1）**银白杨**（辽宁植物志、东北植物检索表、中国植物志、Flora of China）

Populus alba L. in Sp. Pl. 1034. 1753；Fl. China 4：143. 1999；中国植物志20（2）：7. 图版1：1–4. 1984；辽宁植物志（上册）：187. 图版71：1–4. 1988；东北植物检索表（第二版）：77. 图版28：1. 1995.

1a. 银白杨（原变种）

var. **alba**

落叶乔木。树皮灰白色；枝条斜展；树冠宽大。叶3~5（7）裂，侧裂片不对称；叶背面密被茸毛，在长枝与萌枝的叶中更明显，成熟的短枝叶有或无毛。雄蕊8~10，花药紫红色；雌蕊具短柄，花柱短，柱头2。蒴果细圆锥形，2瓣裂，无毛。花果期4—5月。

我国新疆有野生天然林分布，大连、盖州等地有栽培。

木材供建筑、造纸、家具、器具、雕刻等用。叶可作饲料。可作庭荫树、行道树、荒山造林树种等。树皮有小毒，树皮、枝用于风湿麻木，花用于泄泻。

叶正反面对比

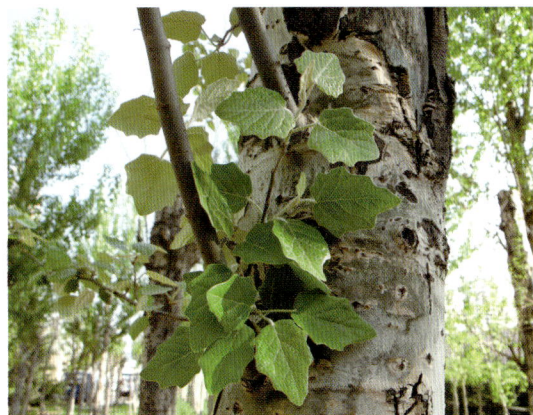

植株的一部分

1b. 新疆杨（变种）（辽宁植物志、东北植物检索表、中国植物志、Flora of China）

var. **pyramidalis** Bge. in Mem. Div. Sav. Acad. Sci. St. Petersb. 7：498. 1854；Fl. China 4：143. 1999；中国植物志20（2）：9. 图版1：5–6. 1984；辽宁植物志（上册）：187. 图版71：5–6. 1988；东北植物检索表（第二版）：77. 图版28：2. 1995.

树冠窄，圆柱形或尖塔形，树皮灰白色或青灰色，光滑少裂。萌条和长枝叶掌状深裂，基部平截；短枝叶圆形，有粗缺刻状齿，侧齿几乎对称，基部平截，背面绿色，近无毛。

大连、盖州、鞍山、彰武等地有栽培。

为优良的风景树、行道树及绿化树种，但耐寒性不

短枝叶

如银白杨。

树干

植株

短枝叶正反面对比

萌枝叶

（2）毛白杨（辽宁植物志、东北植物检索表、中国植物志、Flora of China）白杨

Populus tomentosa Carr. in Rev. Hort. 867：340. 1867；Fl. China 4：146. 1999；中国植物志20（2）：17. 图版3：1-6. 1984；辽宁植物志（上册）：190. 图版73：1-6. 1988；东北植物检索表（第二版）：77. 图版28：3. 1995.

落叶乔木。树皮幼时暗灰色，壮时灰绿色，后为灰白色；树干挺直，皮孔菱形，散生或2~4连生。叶缘三角状卵形，不分裂，具波状齿；叶背面密被茸毛，在长枝与萌枝的叶中更明显，成熟的短枝叶有或无毛。雄花序长10~20厘米，雄蕊6~12，花药红色；雌花序长4~7厘米，子房长椭圆形，柱头2裂，粉红色。蒴果圆锥形或长卵形，2瓣裂。花期3月，

树干

叶正反面

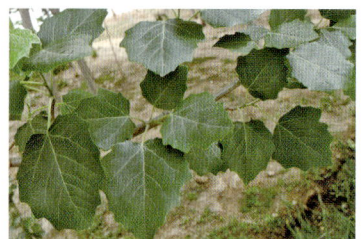
植株的一部分

果期4—5月。

通常生于平原土层深厚之地。丹东、盖州、大连等地栽培。

木材白色，质松软，纹理匀细，供建筑、家具、造纸、胶合板、人造纤维及雕刻等用，也可作防护林、观赏树及行道树。树皮有清热利湿、止咳化痰作用。

（3）山杨（辽宁植物志、东北植物检索表、中国植物志、Flora of China）**大叶杨 响杨**

Populus davidiana Dode in Bull. Soc. Hist. Nat. Autun 18：189. pl. 11. f. 31. 1905；Fl. China 4：144. 1999；中国植物志20（2）：11. 图版2：1-3. 1984；辽宁植物志（上册）：189. 图版72. 1988；东北植物检索表（第二版）：79. 图版28：4. 1995.

3a. 山杨（原变种）

var. **davidiana**

落叶乔木。树皮光滑，灰绿色或灰白色，老树基部黑色，粗糙。叶片三角状卵圆形或近圆形，长宽近相等，基部圆形、截形或微心形，先端尖，边缘有密波状浅齿。雄花序长5~9厘米，雌花序长4~7厘米。蒴果卵状圆锥形，2瓣裂。花果期4—6月。

果序

生于山地阳坡。产于辽宁各地山区。

木材白色，轻软，富弹性，供造纸及民房建筑等用；幼枝和叶可作动物饲料。根皮、树皮、枝、叶有清热解毒、祛风、止咳、行瘀凉血、驱虫作用。

叶背面观

叶正面观

3b. 垂枝山杨（变型）（辽宁植物志、东北植物检索表、中国植物志）

f. **pendula**（Skv.）C. Wang et Tung, 中国植物志20（2）：12. 1984.—*P. davidiana* Dode var. *pendula* Skv. in Not. Trees & Shrubs 339. 1929；辽宁植物志（上册）：190. 1988；东北植物检索表（第二版）：79. 1995.

小枝下垂。沈阳、盖州有栽培。

植株

树干

叶

3c. 楔叶山杨（变型）（辽宁植物志、东北植物检索表、中国植物志）

f. laticuneata Nakai in Fl. Sylv. Kor. 18：191. 1930；中国植物志20（2）：12. 1984；辽宁植物志（上册）：190. 1988；东北植物检索表（第二版）：79. 1995.

叶卵圆形，宽菱状圆形，基部宽楔形。产于辽宁南部山区。

（4）河北杨（东北植物检索表、中国植物志、Flora of China）**椴杨**

Populus×hopeiensis Hu et Chow in Bull. Fan Mem. Inst. Biol. 5（6）：305. 1934；Fl. China 4：144. 1999；中国植物志20（2）：14. 图版2：4-5. 1984；东北植物检索表（第二版）：79. 图版28：5. 1995.

落叶乔木。树皮黄绿色至灰白色，光滑。叶卵形或近圆形，先端尖，边缘有波状粗齿，齿端尖而内曲，发叶时下面被茸毛；叶柄侧扁。雌花序长3~5厘米，花序轴被长毛，苞片赤褐色，边缘有长白毛。蒴果长卵形，2瓣裂，有短柄。花果期4—6月。

产于华北、西北各省。辽宁有栽培。

水土保持或用材林造林树种，也为庭院、行道优良树种。材质轻软致密，韧而富于弹性，可供建筑、农具、箱板等用。

（5）加杨（辽宁植物志、东北植物检索表、中国植物志、Flora of China）加拿大杨 欧美杨

Populus × canadensis Moench. in Verz. Ausl. Baume Weissent. 81. 1785；Fl. China 4：161. 1999；中国植物志20（2）：71. 图版22：3. 1984；辽宁植物志（上册）：201. 图版76：1-3. 1988；东北植物检索表（第二版）：79. 图版29：1. 1995.

落叶乔木。叶柄侧扁，与叶片近等长；短枝叶三角形，基部截形，边缘有极细短的缘毛；长枝和萌枝叶较大，一般长大于宽。雄花序长7~15厘米，每花有雄蕊15~40，花丝细长，白色；雌花序有花45朵左右，柱头4裂。蒴果卵圆形，先端尖，2~3瓣裂。花期4月，果期5—6月。

原产于法国。辽宁各地普遍栽培。

木材供箱板、家具和造纸等用。树皮含鞣质，可提制栲胶，也可作黄色染料。也是良好的绿化树种。

花序

树干

叶（叶柄扁）

植株的一部分

（6）**黑杨**（东北植物检索表、中国植物志、Flora of China）

Populus nigra L. in Sp. Pl. 1034. 1753；Fl. China 4：159. 1999；中国植物志20（2）：63. 图版20：1-2. 1984；东北植物检索表（第二版）：79. 1995.

6a. 黑杨（原变种）

var. nigra

落叶乔木。树皮暗灰色，老时沟裂。叶在长短枝上同形，薄革质，菱形至三角形，先端长渐尖，基部楔形或阔楔形，边缘具圆锯齿，上面绿色，下面淡绿色；叶柄略等于或长于叶片，侧扁，无毛。雄花序长5~6厘米，雄蕊15~30，花药紫红色，子房卵圆形，柱头2。果序轴无毛，蒴果卵圆形，有柄，2瓣裂。花果期4—6月。

产于我国新疆。旅顺口有栽培。

木材供家具和建筑用。皮可提取单宁，并可作黄色染料。芽药用。也是杨树育种的优良亲本之一。

叶正面观

叶背面观

树干

6b. 钻天杨（变种）（辽宁植物志、东北植物检索表、中国植物志、Flora of China）

var. italica（Moench.）Koehne in Deut. Dendrol. 81. 1893；Fl. China 4：160. 1999；中国植物志20（2）：64. 图版20：5. 1984；辽宁植物志（上册）：199. 1988；东北植物检索表（第二版）：79. 图版29：2. 1995.

长短枝叶异型，叶柄较叶片短1/3~1/2，雌花序长于10厘米，树冠圆柱形。

6c. 箭杆杨（变种）（辽宁植物志、东北植物检索表、中国植物志、Flora of China）

var. thevestina（Dode）Bean Not. in Trees & Shrubs 2：217. 1914；Fl. China 4：

160. 1999；中国植物志20（2）：64. 图版20：3-4. 1984；辽宁植物志（上册）：200. 1988；东北植物检索表（第二版）：79. 图版29：3. 1995.

长枝叶三角形，长宽近相等，树皮光滑，灰白色。

（7）北京杨（辽宁植物志、东北植物检索表、中国植物志、Flora of China）

Populus × beijingensis W. Y. Hsu，植物研究2（2）：111. 1982；Fl. China 4：160. 1999；中国植物志20（2）：67. 图版22：6. 1984；辽宁植物志（上册）：200. 1988；东北植物检索表（第二版）：79. 图版29：4. 1995.

落叶乔木。树干通直；树皮灰绿色，渐变绿灰色，光滑；皮孔圆形或长椭圆形，密集，树冠卵形或广卵形。小枝圆柱形，微有棱。苗期放叶时叶腋内有白色乳液。短枝叶卵形，边缘有腺锯齿，具窄的半透明边，上面亮绿色，下面青白色。雄花序长2.5~3厘米，雄蕊18~21。花期3月。

沈阳、新民、辽中、台安、鞍山等地有栽培。

绿化树种，大树可作建筑用材。

（8）小黑杨（辽宁植物志、东北植物检索表、中国植物志、Flora of China）

Populus × xiaohei T. S. Hwang et Liang ，植物研究2（2）：109. 1982；Fl. China 4：160. 1999；中国植物志20（2）：66. 图版22：4-5. 1984；辽宁植物志（上册）：198. 图版76：4. 1988；东北植物检索表（第二版）：79. 1995.

落叶乔木。树皮光滑，灰绿色，皮孔条状，稀疏；老树干基部有浅裂，暗灰褐色；萌枝淡灰绿色，短枝圆，淡灰褐色或灰白色。长枝叶常为广卵形，短枝叶菱状椭圆形或菱状卵形，上面亮绿色，下面淡绿色。雄花序长4.5~5.5厘米，有花50余朵，雄蕊20~30；雌花序5~7厘米，果期伸长达17厘米。蒴果较大，卵状椭圆形，具柄，2瓣裂。花果期4—5月。

辽宁各地均有栽培。

材质细密，色白，心材不明显；木材供造纸、纤维和民用建筑等用，是东北、华北及西北平原地区绿化树种。

果枝

树干

果序

（9）中东杨（辽宁植物志、东北植物检索表、中国植物志、Flora of China）

Populus × berolinensis Dipp. in Mandb. Laubh. Berlin 2：210. 1892；Fl. China 4：161. 1999；中国植物志20（2）：69. 图版22：1-2. 1984；辽宁植物志（上册）：201. 1988；东北植物检索表（第二版）：79. 图版29：5. 1995.

叶

小枝

树干

叶柄圆

落叶乔木。树皮灰绿色，老皮有沟裂，色暗；小枝粗壮，有棱，黄灰色。叶卵形或菱状卵形，先端长渐尖，基部宽楔形或圆形，边缘圆锯齿，具极狭半透明边缘，无缘毛，上面深绿色，下面绿色或淡白色；叶柄圆形，有稀疏的短柔毛。花序长4~7厘米，果长达18厘米。蒴果无毛，2瓣裂，果柄显著。

熊岳有栽培。

适应性强，耐干旱寒冷，生长快，为东北北部及西部干寒地带造林的较好树种。材质软，供建筑、造纸等用。也可作庭园观赏和绿化树种。

（10）小叶杨（辽宁植物志、东北植物检索表、中国植物志、Flora of China）南京白杨

Populus simonii Carr. in Rev. Hort. 1867：360. 1867；Fl. China 4：148. 1999；中国植物志20（2）：23. 图版6：5-7. 1984；辽宁植物志（上册）：192. 图版74：1-5. 1988；东北植物检索表（第二版）：79. 图版30：1. 1995.

落叶乔木。叶片菱状卵形，中部以上宽，基部楔形至窄圆形，先端突急尖或渐尖，边缘有细锯齿，中部以下近全缘，表面淡绿色，有光泽，背面灰绿色或微白色。雄花序长2~7厘米，雄蕊8~9（-25）；雌花序长2.5~6厘米，柱头2裂。蒴果小，2~3瓣裂。花果期4—6月。

凌源等一些山沟见自生，辽宁各地有栽培。

树形美观，叶片秀丽，生长快速，适应性强，为良好的防风、固沙、护堤固岸和绿化树种。木材供建筑、器具、造纸等用。

小枝

果枝

（11）小钻杨（辽宁植物志、东北植物检索表、中国植物志、Flora of China）赤峰杨大关杨 白城杨

Populus × xiaozhuanica W. Y. Hsu et Liang，植物研究2（2）：107. 1982；Fl. China 4：159. 1999；中国植物志20（2）：62. 图版22：7. 1984；辽宁植物志（上册）：198. 图版76：5. 1988；东北植物检索表（第二版）：81. 图版29：6. 1995.

落叶乔木，树冠圆锥形。幼树皮光滑，灰绿色或灰白色；老树主干基部浅裂，褐灰色，皮孔分布密集，呈菱状。萌枝或长枝叶较大，菱状三角形；短枝叶形多变化，菱状三角形至广菱状卵圆形，边缘有腺锯齿，近基部全缘。雄花序长5~6厘米，有花75~80朵，雄蕊8~15；雌花序长4~6厘米，有花50~100朵，柱头2裂。蒴果卵圆形，2~3瓣裂。花果期4—5月。

本溪、沈阳、鞍山、锦州、阜新、营口等地有栽培。

耐干旱、耐寒冷、耐盐碱，抗病虫害能力强，材质良好，生长快，适应性强，适于营造用材林或农田防护林，也是四旁绿化的优良树种。

果枝

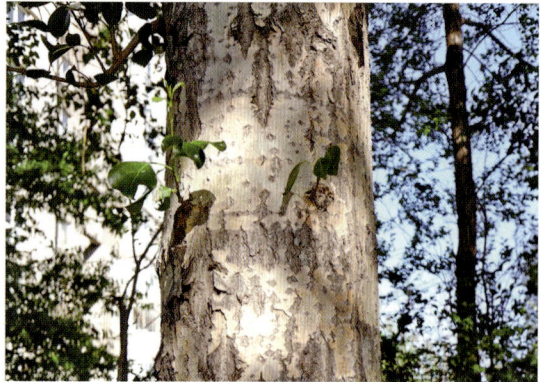

树干

（12）哈青杨（辽宁植物志、东北植物检索表、中国植物志、Flora of China）

Populus charbinensis C. Wang et Skv. 刘慎谔等，东北木本植物图志，550，120. 图版21：1-4，图版22：42. 1955, laps. cal. herbinensis；Fl. China 4：149. 1999；中国植物志20（2）：30. 1984；辽宁植物志（上册）：195. 1988；东北植物检索表（第二版）：81. 1995.

12a. 哈青杨（原变种）

var. **charbinensis**

辽宁不产。

12b. 厚皮哈青杨（辽宁植物志、东北植物检索表、中国植物志、Flora of China）隆山杨

Populus charbinensis var. **pachydermis** C. Wang et Tung，植物研究2（2）：117. 1982；Fl. China 4：149. 1999；中国植物志20（2）：31. 1984；辽宁植物志（上册）：195. 1988；东北植物检索表（第二版）：81. 1995.

落叶乔木。树干基部皮厚，分裂深，干形通直圆满。萌枝叶倒卵圆形，中部以上较宽，边缘有细锯齿，有密缘毛，两面皆无毛；果枝上的叶近圆形，中部或中部以上最宽，边缘有细锯齿，近全缘，有缘毛。雄花序长6厘米左右，雄蕊约15；雌花序长9厘米左右。果序集生短枝上；蒴果无毛，2~3瓣裂。花果期4—6月。

产于黑龙江。辽宁北部有引种栽培。

具有抗寒、耐干旱、抗盐碱、抗病虫害能力强、材质好、生长快的特点，为优良造林树种。

（13）香杨（辽宁植物志、东北植物检索表、中国植物志、Flora of China）黄铁木 大青杨

Populus koreana Rehd. in Journ. Arn. Arb. 3：226. 1922；Fl. China 4：152. 1999；中国植物志20（2）：37. 图版9：5-6. 1984；辽宁植物志（上册）：196. 图版75：1-4.

1988；东北植物检索表（第二版）：81. 图版30：3. 1995.

落叶乔木。小枝无毛；短枝叶椭圆形，表面暗绿色，有明显的皱纹，背面带白色或稍呈粉红色，边缘有细圆锯齿；长枝叶狭卵状椭圆形。雄花序长3.5~5厘米，雄蕊10~30，花药暗紫色；雌花序长3.5厘米。蒴果卵圆形，无柄，3~4瓣裂。花期4月下旬，果期6月。

多生于河岸、溪边谷地。产于辽宁东部山区。

木材轻软致密，耐腐力强，供建筑、舟船、造纸及胶合板等用。嫩芽可食。枝条或树皮用于清热解毒、消炎、行瘀，治脚气、湿疹、跌打损伤。

植株的一部分

植株的一部分

叶

叶正反面对比

叶正反面对比

（14）**辽杨**（辽宁植物志、东北植物检索表、中国植物志、Flora of China）臭梧桐

Populus maximowiczii A. Henry in Gard. Chron. Ser. 3，53：198. f. 89. 1913；Fl. China 4：152. 1999；中国植物志20（2）：38. 图版9：1-2. 1984；辽宁植物志（上册）：196. 图版75：5. 1988；东北植物检索表（第二版）：81. 图版30：2. 1995.

落叶乔木。幼树皮灰绿色或淡黄灰色，平滑，老干树皮灰色，深沟裂。小枝圆柱形，粗壮，密被短柔毛。果枝叶倒卵状椭圆形至宽卵形，通常扭转，上面深绿色，下面苍白色，两面脉上均被短柔毛。雄花序长5~10厘米，雄蕊30~40；雌花序细长。果序长10~18厘米；蒴果卵球形，3~4瓣裂。花期4—5月，果期5—6月。

生于溪谷林内。产于辽宁东部宽甸等林区。

森林更新的主要树种之一。木材白色，轻软，纹理直，致密耐腐，供建筑、造船、造纸等用。

（15）**大青杨**（辽宁植物志、东北植物检索表、中国植物志、Flora of China）

Populus ussuriensis Kom. in Journ. Bot. URSS，19：510. 1934；Fl. China 4：152. 1999；中国植物志20（2）：39. 图版9：3-4. 1984；辽宁植物志（上册）：197. 图版75：6-7. 1988；东北植物检索表（第二版）：81. 图版30：4. 1995.

落叶乔木。树皮幼时灰绿色，较光滑，老时暗灰色，纵沟裂。嫩枝灰绿色，断面近方形。叶椭圆形、广椭圆形至近圆形，最宽处在中部，边缘具圆齿，密生缘毛，上面暗绿色，下面微白色。花序长12~18厘米。果序轴被毛,近基部最密;蒴果无毛,3~4瓣裂。花果期4—6月。

生于河岸边、沟谷坡地的针阔混交林中。产于辽宁东部林区。

（16）**小青杨**（辽宁植物志、东北植物检索表、中国植物志、Flora of China）

Populus pseudo-simonii Kitag. in Bull. Inst. Sci. Res. Manch. 3：601. 1939；Fl. China 4：149. 1999；中国植物志20（2）：29. 图版8：10-11. 1984；辽宁植物志（上册）：193. 图版74：7-8. 1988；东北植物检索表（第二版）：81. 图版31：1. 1995.

落叶乔木。树皮灰白色,老时浅沟裂;幼枝绿色或淡褐绿色,有棱,小枝圆柱形。叶菱状椭圆形,最宽处在叶的中部以下,边缘具细

植株的一部分

密交错起伏的锯齿,有缘毛;萌枝叶较大,长椭圆形,边缘呈波状皱曲。雄花序长5~8厘米,雌花序长5.5~11厘米,柱头2裂。蒴果近无柄,长圆形,2~3瓣裂。花期3—4月,果期4—6月。

生于山坡、山沟和河流两岸。辽宁各地有栽培。

质较软,可作一般建筑用材。

（17）**青杨**（辽宁植物志、东北植物检索表、中国植物志、Flora of China）

Populus cathayana Rehd. in Journ. Arn. Arb. 7：59. 1931；Fl. China 4：150. 1999；中国植物志20（2）：31. 图版7：1-4. 1984；辽宁植物志（上册）：195. 图版73：7-10. 1988；东北植物检索表（第二版）：81. 图版31：2. 1995.

落叶乔木。树皮初光滑,灰绿色,老时暗灰色,沟裂。枝圆柱形。短枝叶卵形至狭卵形,最宽处在中部以下,边缘具腺圆锯齿,上面亮绿色,下面绿白色;长枝或萌枝叶较大,卵状长圆形,基部常微心形。雄花序长5~6厘米,雄蕊30~50;雌花序长4~5厘米,柱头2~4裂。蒴果卵圆形,2~4瓣裂。花期3—5月,果期5—7月。

生于沟谷、河岸和阴坡山麓。大连、丹东、盖州等地有栽培。

木材纹理直,结构细,质轻柔,加工易,可作家具、箱板及建筑用材,为四旁绿化及防护林树种。根皮、树皮、枝叶有祛风、散瘀作用。

2. 钻天柳属 Chosenia Nakai

落叶乔木。小枝无毛,紫红色或带黄色,有白粉。叶互生,短渐尖,有短柄;无托叶。雌雄异株,柔荑花序先叶开放,雄花序下垂;雌花序直立或斜展;雌、雄花皆无腺体;雄蕊5,无毛,短于苞片;花药球形,黄色;雌花之苞片脱落性,外面无毛,边缘有长缘毛;子房近卵状长圆形,有短柄,无毛;花柱明显,2裂。蒴果2瓣裂。

辽宁产1种。

钻天柳（辽宁植物志、东北植物检索表、中国植物志、Flora of China）**红梢柳**

Chosenia arbutifolia （Pall.）A. Akv. in Not. Syst. Herb. Inst. Bot. Kom. Acad. Sci.

URSS，18：43. 1957；Fl. China 4：162. 1999；中国植物志20（2）：79. 图版24. 1984；辽宁植物志（上册）：203. 图版77. 1988；东北植物检索表（第二版）：77. 1995.

落叶乔木，小枝紫红色或带黄色，无毛。叶柄短；叶片披针形。雄花序下垂，长2~3厘米；雌花序直立，长约2厘米；雄蕊5，生于宿存的苞片基部；子房有柄，无毛，花柱明显，受粉后常脱落，无腺体或残存小腺体。蒴果2瓣裂。花果期5—6月。

生于林区溪流旁的河滩地上。产于西丰、桓仁、宽甸、凤城等地。

可作为观赏和绿化树种。木材质软，边材白色，心材淡红色，供建筑、制作家具、造纸等用。叶有清热平喘、止咳化痰作用。

植株

树干

叶背面观

果序

3. 柳属 Salix L.

落叶乔木或匍匐状、垫状、直立灌木。叶互生，稀对生，通常狭而长，多为披针形，羽状脉；叶柄短；具托叶，多有锯齿，常早落，稀宿存。柔荑花序直立或斜展，先叶开放，或与叶同时开放，稀后叶开放；苞片全缘，宿存，稀早落；雄蕊2至多数；腺体1~2；雌蕊由2心皮组成，子房无柄或有柄，花柱长短不一或缺，柱头1~2。蒴果2瓣裂。

辽宁产34种10变种4变型，其中栽培5种4变种4变型。

分种检索表

1. 匍匐小灌木。子房无毛；叶小，革质，圆形或近圆形 …………………… 1. 圆叶柳 S. rotundifolia Trautv.
1. 乔木或灌木，一般高60厘米以上。
  2. 苞片黄绿色，雄花有背、腹腺；雌花仅有腹腺。
    3. 果期苞片宿存；雄蕊2；子房无柄或近无柄；叶披针形至狭卵状披针形。
      4. 小枝下垂，节间通常长1.5厘米以上。
        5. 雌、雄花的苞片披针形，子房无毛或仅基部稍有毛；叶基部楔形，一般中下部最宽。栽培
          …………………………………………………………………… 2. 垂柳 S. babylonica L.
        5. 雌、雄花的苞片卵形，子房中部以下有毛；叶基部狭楔形，通常下部最宽，微呈镰刀形。栽培 …………………………………………… 3. 朝鲜垂柳 S. pseudo-lasiogyne Levl.
      4. 小枝直立或开展，不下垂。
        6. 雌株。
          7. 子房有毛。
            8. 雌花有背、腹腺。
              9. 小枝黄灰色或黄褐色，常有黑色斑点和虫瘿；花序有梗；苞片长圆形，先端圆形、钝或微凹；幼叶背面带蓝绿色 …………… 4. 长柱柳 S. eriocarpa Franch. et Sav.
              9. 小枝灰褐色、褐色或褐栗色；花序近无梗，苞片卵状长圆形或卵形，先端急尖或钝；幼叶背面苍白色 …………… 5. 朝鲜柳 S. koreensis Anderss
            8. 雌花仅有腹腺 …………………………………………… 6. 白皮柳 S. pierotii Miq.
          7. 子房无毛。
            10. 雌花有背、腹腺 ………………………………………… 7. 旱柳 S. matsudana Koidz.
            10. 雌花仅有腹腺。栽培 ……………… 8. 圆头柳 S. capitata Y. L. Chou et Skv.
        6. 雄株及枝叶（花序或果序已经脱落）。
          11. 雄花或具幼叶。
            12. 雄蕊2，花丝完全合生，腺体1，腹生 ……………… 6. 白皮柳 S. pierotii Miq.
            12. 雄蕊2，稀混有3枚，花丝离生，有时下部合生。
              13. 小枝淡褐绿色。栽培 ……………………………………… 9. 爆竹柳 S. fragilis L.
              13. 小枝不为淡褐绿色。
                14. 雄花序有短梗，苞片卵形，基部有毛 …………… 7. 旱柳 S. matsudana Koidz.
                14. 雄花序近无梗，苞片卵状长圆形。
                  15. 花丝离生，稀基部合生，白色；幼叶背面苍白色 5. 朝鲜柳 S. koreensis Anderss
                  15. 花丝多半合生，黄色；幼叶背面带蓝绿色 4. 长柱柳 S. erioearpa Franch. et Sav.
          11. 枝叶（花序或果序已经脱落）。
            16. 小枝淡褐绿色，较粗壮；叶表面暗绿色或沿中脉有短柔毛，背面苍白色，无毛。栽培
              …………………………………………………………………… 9. 爆竹柳 S. fragilis L.
            16. 小枝为其他色泽；叶亦不同上述特征。
              17. 叶背面淡绿色或带蓝绿色 …………… 4. 长柱柳 S. eriocarpa Franch. et Sav

17. 叶背面苍白色或带白色。

  18. 叶柄较短，长2~4毫米。栽培 ………… **8. 圆头柳** S. capitata Y. L. Chou et Skv.

  18. 叶柄较长，超过4毫米以上。

   19. 叶背面无毛或仅小枝先端嫩叶稍有柔毛。

    20. 叶披针形，长通常为宽的3.5~4.5倍，先端渐尖，背面苍白色，沿中脉有密柔毛

    …………………………………………………… **5. 朝鲜柳** S. koreensis Anderss

    20. 叶披针形，长通常为宽的5倍以上，先端长渐尖，背面带白色，沿中脉近无

    毛，叶基部微圆形 ………………………………… **7. 旱柳** S. matsudana Koidz.

   19. 叶背面多少有残存的毛；小枝先端嫩叶密被柔毛…… **6. 白皮柳** S. pierotii Miq.

3. 果期苞片多少脱落；雄蕊3或3枚以上；子房近无柄至长柄；叶披针形、狭长圆形至近圆形。

 21. 雄蕊3；雌花有背、腹腺（稀背腺缺），花柱极短或无；叶通常宽1.5厘米以下，花序梗上的小

  叶有锯齿 …………………………………… **10. 日本三蕊柳** S. nipponica Franch. & Sav.

 21. 雄蕊（4-）5以上；雌花有1至多腺，若仅为1腹腺，只花柱明显；叶通常宽2厘米以上。

  22. 苞片草质，雌花序向上斜展（果序常下垂），柱头不脱落；雄蕊不贴生在苞片上；叶椭圆形

  至近圆形，长一般不超过8厘米，背面淡绿色或稍发白色。

   23. 子房柄长1~3毫米；雄花序疏花（花盛开期），直径约8毫米；叶边缘的腺锯齿不反卷或微

   反卷，幼叶无黏质 ………………………… **11. 腺柳** S. chaenomeloides Kimura.

   23. 子房柄无或短；雄花序密花，直径1~1.2厘米；叶缘腺锯齿常向背面反卷，幼叶有黏质

   …………………………………………………… **12. 五蕊柳** S. pentandra L.

  22. 苞片膜质；雌花序及果序细长，下垂，果期柱头连同部分花柱常脱落；雄蕊贴生于苞片基

  部，雄花序斜展；叶通常长8厘米以上，卵状披针形或微卵状长圆形，背面白色，脉纹明显

  …………………………………………………… **13. 大白柳** S. maximowiczii Kom.

2. 苞片黑色或棕褐色，或仅先端边缘带紫色，下部黄绿色。雌、雄花都只有1腹腺；多灌木，稀乔木。

 24. 叶长圆状椭圆形至近圆形，长为宽的2~3倍。

  25. 苞片仅先端多少发紫色，黄绿色，有疏长毛；叶小，长2.5厘米以下，无托叶；小枝细，直径

  不足1.5毫米；雄花与叶同时开放；植株高不超过1米 ………… **14. 越桔柳** S. myrtilloides L.

  25. 苞片上部褐色或黑色，密被长毛；叶大，通常长3厘米以上；在萌枝或小枝上部托叶发达，小

  枝较粗，直径2毫米以上；雄花多先叶开放。植株通常高1米以上。子房被密毛；雄花序通常椭

  圆形至近球形。

   26. 雌花序近无梗，雌、雄花序粗1.5厘米以上；叶大，长6~8厘米以上，质厚，表面发皱，背面

   脉纹明显，密被茸毛…………………… **15. 大黄柳** S. raddeana Laksch. ex Nasarowis

   26. 雌花序有梗；雄花序粗约1厘米；叶较小，质较薄，表面不发皱。

    27. 一年生小枝有毛；叶背面多被绢毛…………………… **16. 崖柳** S. floderusii Nakai

    27. 一年生小枝无毛；幼叶背面有或无柔毛，成熟叶背面无毛　**17. 谷柳** S. taraikensis Kimura

 24. 叶线形至披针形，稀倒卵状长圆形或长圆形，长为宽的3.5倍以上。

  28. 叶背面有绢毛，如无毛，则边缘浅波状。

   29. 小枝叶通常长6厘米以上；花柱明显可见。

    30. 叶无毛或幼叶稍有毛，成熟叶边缘浅波状。苞片披针形或舌状；花柱长不超过子房的1/3

    …………………………………………………… **18. 卷边柳** S. siuzevii Seemen

    30. 叶背面多少被绢毛；苞片为其他形状；花柱长达子房的1/2以上。

     31. 叶线状披针形至广披针形；花序成串地排列在上年小枝的中上部。

      32. 叶线状披针形，背面密被绢毛；雄花序盛开时粗1.5厘米以上。

　　　　　　　　　　　　　　……………………………………… 19. 蒿柳 S. Viminalis L.
　　32. 叶广披针形，背面被疏薄的绢毛；雄花粗约1厘米以下
　　　　　　　…………………………………… 20. 龙江柳 S. sachalinensis Fr. Schm.
　　31. 叶倒披针形、倒卵状披针形或长圆状披针形；仅有少量的花序着生在小枝上
　　　　　……………………………………………… 21. 毛枝柳 S. dasyclados Wimm.
29. 小枝中下部的叶通常长不超过6厘米。
　　33. 叶线形至线状披针形，或长圆状披针形；花柱短或近无。
　　　　34. 叶被疏毛，边缘有不明显的锯齿，稀全缘；雄蕊的花丝合生为1，花药多红色；子房无
　　　　　　毛；小枝灰紫褐色，稀灰绿色；花药红色
　　　　　　　………………… 22. 小红柳 S. microstachya var. bordensis（Nakai）C. F. Fang
　　　　34. 叶背面密被褐色或白色绢毛，全缘；雄蕊的花丝离生，花药黄色；子房被密毛；叶背面
　　　　　　苍白色，干后变黑 ……………………… 23. 细叶沼柳 S. rosmarinifolia L.
　　33. 叶倒披针形、倒卵状长圆形或倒卵状狭椭圆形；花柱长；雄蕊合生为1，花药红色
　　　　　……………………………………………… 24. 细柱柳 S. gracilistyla Miq.
28. 叶无毛，稀有柔毛，边缘有齿或全缘，但不为浅波状。
　　35. 叶线状披针形、披针形、倒披针形或倒卵状长圆形。
　　　　36. 花柱短或无，长不超过子房的1/3；芽长不超过8毫米；雄蕊的花丝部分合生或合生为1，
　　　　　　花药红色；子房被密毛。
　　　　　　37. 叶线状披针形、披针形，长5厘米以上，通常上部较宽。
　　　　　　　　38. 叶、花序对生，少互生，花先叶开放　25. 尖叶紫柳 S. koriyanagi Kimura ex Goerz
　　　　　　　　38. 叶、花序互生，花与叶几同时开放。
　　　　　　　　　39. 花柱明显，雌、雄花序无梗。基部鳞状小叶常脱落；叶较宽大，一般长8~12厘米，
　　　　　　　　　　宽8~12毫米………………………………… 26. 筐柳 S. linearistipularis Hao
　　　　　　　　　39. 花柱极短或缺；雌、雄花序有梗，梗上的小叶不脱落，花序较细。叶较狭长。
　　　　　　　　　　40. 苞片无毛或仅有疏毛，叶长达8厘米以上，宽多为3~4毫米
　　　　　　　　　　　………………………………………… 27. 细枝柳 S. gracilior（Siuz.）Nakai
　　　　　　　　　　40. 苞片有白柔毛；叶长3~6厘米，宽7~10毫米。
　　　　　　　　　　　41. 叶常倒披针形，边缘有密细锯齿；子房柄无或不明显，花柱短或无
　　　　　　　　　　　　………………………… 28. 白河柳 S. yanbianica C. F. Fang et Ch. Y. Yang
　　　　　　　　　　　41. 叶线状披针形，边缘有疏钝锯齿；子房有柄，花柱无
　　　　　　　　　　　　…………………………………… 29. 东沟柳 S. donggouxianica C. F. Fang
　　　　　　37. 叶倒披针形至倒卵状长圆形，稀披针形，比上述宽短，长一般2~3厘米（萌枝及小枝端
　　　　　　　　部的叶除外），对生，萌枝叶有3叶轮生，稀互生 ………… 30. 杞柳 S. integra Thunb.
　　　　36. 花柱长于或等于子房；雄蕊2，花丝离生，花药黄色，稀黄红色；芽大，长1厘米以上；叶
　　　　　　披针形，长6厘米以上；乔木或大灌木。
　　　　　　42. 二年生小枝常有白粉；雌、雄花的苞片近基部两侧边缘有3~4腺点；子房无毛；托叶卵
　　　　　　　　圆形 …………………………………………… 31. 粉枝柳 S. rorida Laksch.
　　　　　　42. 小枝无白粉；苞片近基部两侧边缘无腺点；子房有毛；托叶披针形或卵状披针形。
　　　　　　　43. 叶背面有白柔毛 ………………………… 32. 江界柳 S. kangensis Nakai
　　　　　　　43. 叶背面无毛。栽培 ………… 33. 司氏柳 S. skvortzovii Y. L. Chang et Y. L. Chou.
35. 叶线形，细长；子房无毛或近无毛；雄蕊2，花药黄色；小枝黄色
　　　　　　　　…………………………………… 34. 黄柳 S. gordejevii Y. L. Chang et Skv.

（1）圆叶柳（辽宁植物志、东北植物检索表、中国植物志）

Salix rotundifolia Trautv. in Nouv. Soc. Nat. Mosc. 8：304，t. 11. 1832；中国植物志 20（2）：275. 图版78：1-4. 1984；辽宁植物志（下册）：1162. 图版524：1-4. 1992；东北植物检索表（第二版）：84. 图版33：1. 1995.

落叶匍匐小灌木。树皮带红褐色；小枝微黄色或带红褐色。叶小、革质，圆形、卵圆形或广椭圆形，上面暗绿色，下面绿色，幼时有疏长毛，全缘。雄花有背、腹腺，不分裂；花序仅5~15花，雌花仅1腹腺，子房无毛。花果期7月。

生于山顶草地。产于桓仁。

可为野生动物饲料。

果期

花期

植株

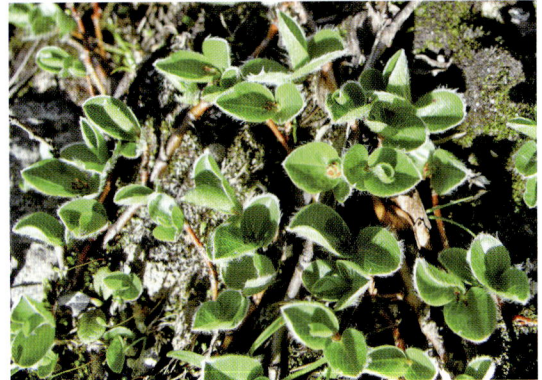
植株的一部分

（2）**垂柳**（辽宁植物志、东北植物检索表、中国植物志、Flora of China）水柳

Salix babylonica L. in Sp. Pl. 1017. 1753；Fl. China 4：186. 1999；中国植物志20（2）：138. 图版38：1-3. 1984；辽宁植物志（上册）：213. 图版82：1-3. 1988；东北植物检索表（第二版）：84. 图版34：1. 1995.—*S. matsudana* f. *tortuosa*（Vilm.）Rehd. in J. Arnold Arbor. 6：206. 1925；中国植物志20（2）：133. 1984；辽宁植物志（上册）：216. 1988；东北植物检索表（第二版）：87. 1995.—*S. matsudana* var. *pseudo-matsudana*（Y. L. Chou et Skv.）Y. L. Chou，中国植物志20（2）：134. 1984；Fl. China 4：185. 1999；辽宁

植物志（上册）：217. 1988；东北植物检索表（第二版）：87. 1995.

　　落叶乔木。枝细，下垂。叶片披针形，边缘有细锯齿。花序先于叶或与叶同时开放；雄花序有短梗，雄蕊2，离生，花丝与苞片等长或较长，花药红黄色；雌花序有梗，基部有2~3小叶，子房椭圆形，花柱短，柱头2~4深裂，苞片披针形。蒴果带绿黄褐色。花果期4—5月。

　　自然分布于长江流域及其以南各省区。辽宁各地有栽培。

　　可用作行道树、庭荫树、固岸护堤树及平原造林树种。木材可制家具，枝条可编筐，树皮可提取栲胶。叶、皮有小毒。

植株

雌花枝

雌花序

雄花枝

雄花序

　　（3）朝鲜垂柳（辽宁植物志、东北植物检索表、中国植物志、Flora of China）

Salix pseudo-lasiogyne Levl. in Fedde，Rep. Sp. Nov. 10：436. 1912；Fl. China 4：187. 1999；中国植物志20（2）：138. 1984；辽宁植物志（上册）：219. 图版83：3-5. 1988；东北植物检索表（第二版）：87. 图版34：8. 1995.

　　3a. 朝鲜垂柳（原变种）

var. **pseudo-lasiogyne**

　　落叶乔木。小枝下垂。叶基部狭楔形，下部最宽，微呈镰刀形，上面绿色，下面发白，边缘有细锯齿；叶柄长1~4毫米；托叶小，长卵形。花序先叶开放；苞片黄绿色，卵形；雄蕊2，花药黄色；子房卵形，中部以下有柔毛，柱头2~4浅裂。花果期4—5月。

　　为朝鲜特产。沈阳有栽培。

　　3b. 红花朝鲜垂柳（变种）（辽宁植物志、东北植物检索表）

var. **erythrantha** C. F. Fang in Bull. Bot. Res. 4（1）：125. tab. 12-15. 1984；辽宁植

物志（上册）：220. 图版83：6-10. 1988；东北植物检索表（第二版）：87. 1995.

花药红色。沈阳有栽培。

（4）长柱柳（辽宁植物志、东北植物检索表、中国植物志、Flora of China）

Salix eriocarpa Franch. et Sav. in Enum. Pl. Jap. 1：459. 1875；Fl. China 4：187. 1999；中国植物志20（2）：141. 1984；辽宁植物志（上册）：214. 图版81：4-6. 1988；东北植物检索表（第二版）：87. 图版34：7. 1995.

落叶灌木或乔木。小枝黄灰色或黄褐色，常有黑色斑点和虫瘿。叶倒披针形，边缘有锐锯齿，上面绿色，下面带蓝绿色，沿中脉有长毛；叶柄长0.5~1厘米。花序先叶开放，或近同时开放；雄蕊2，花药带红色；雌花有背、腹腺，子房有毛，柱头2裂。花果期5—6月。

多沿河边生长。产于桓仁、宽甸、丹东、东港、凤城、沈阳、鞍山、海城、岫岩、庄河、普兰店等地。

木材质软，供建筑、薪炭、小农具等用，又为固堤绿化的树种。

当年小枝

果期

叶背面观

（5）朝鲜柳（辽宁植物志、东北植物检索表、中国植物志、Flora of China）

Salix koreensis Anderss in DC. Prodr. 16（2）：271. 1868；Fl. China 4：188. 1999；中国植物志20（2）：143. 图版38：7-10. 1984；辽宁植物志（上册）：214. 图版82：4-7. 1988；东北植物检索表（第二版）：87. 图版34：6. 1995.

5a. 朝鲜柳（原变种）

var. koreensis

落叶乔木。叶片披针形，边缘有腺锯齿，表面绿色，背面苍白色。花序先于叶或与叶同时开放；雄花序圆柱形，基部有3~5小叶，雄蕊2，花药红色，苞片卵状长圆形；雌花序椭圆形，基部有3~5小叶，子房有柔毛，花柱较长，柱头2~4裂，红色。花期5月，果期6月。

生于河边、路旁和山坡。产于北票、北镇、丹东、凤城、本溪、新宾、清原、鞍山、沈阳、盖州等地。

叶背面观

叶正面观

植株的一部分

木材供建筑、器具、造纸、薪柴等用。嫩枝可编织。树皮含单宁，可提取栲胶。可作行道树、防护林及庭院树。

5b. 短柱朝鲜柳（变种）（辽宁植物志、中国植物志、Flora of China）

var. brevistyla Y. L. Chou et Skv ，东北木本植物图志：152，558. 1955；Fl. China 4：188. 1999；中国植物志20（2）：144. 1984；辽宁植物志（上册）：216. 1988.

子房近乎无花柱或极短。沈阳有栽培。

（6）白皮柳（辽宁植物志、东北植物检索表、中国植物志、Flora of China）

Salix pierotii Miq. in. Ann. Mus. Bot. Lugd.–Batav. 3：37. 1867；Fl. China 4：189. 1999；中国植物志20（2）：147. 1984；辽宁植物志（上册）：219. 图版81：7-8. 1988；东北植物检索表（第二版）：87. 图版34：4. 1995.

落叶乔木或灌木。叶披针形，中部以下较宽，上面绿色，下面苍白色，边缘有细锯齿；叶柄长2~5毫米，有柔毛；托叶小，披针形，无毛，先端急尖，边缘有腺锯齿。花序先叶或与叶同时开放；雄蕊2，花药紫色；雌花仅有腹腺，子房有毛，柱头4圆裂。花果期4—5月。

沿河岸生长。产于本溪。

枝条供编织用，为护岸和观赏树种。

（7）旱柳（辽宁植物志、东北植物检索表、中国植物志、Flora of China）

Salix matsudana Koidz. in Tokyo Bot. Mag. 29：312. 1915；Fl. China 4：185. 1999；中国植物志20（2）：132. 图版38：4-6. 1984；辽宁植物志（上册）：216. 图版82：8-10. 1988；东北植物检索表（第二版）：87，88. 图版34：2. 1995.

7a. 旱柳（原变种）

var. matsudana

7aa. 旱柳（原变型）

f. matsudana

落叶乔木。叶披针形，上面绿色，下面苍白色或带白色，有细腺锯齿缘，幼叶有丝状柔毛；叶柄短，长5~8毫米，在上面有长柔毛；托叶披针形或缺，边缘有细腺锯齿。花序与叶同时开放；花序圆柱形；雄蕊2；苞片卵形，黄绿色；雌花有背、腹腺。花果期4—5月。

叶背面观

叶正面观

花序

植株

生于河流、水滩岸边，也见有栽培。产于辽宁各地。

木材白色，质轻软，供建筑器具、造纸、人造棉、火药等用；细枝可编筐；叶为冬季羊饲料。枝、叶有祛风、利尿、清热、止痛作用。

7ab. 绦柳（变型）（辽宁植物志、东北植物检索表、中国植物志）

f. **pendula** Schneid. in Bailey, Gentes Herb. 1：18. 1920；中国植物志20（2）：133. 1984；辽宁植物志（上册）：216. 1988；东北植物检索表（第二版）：87. 1995.

枝长而下垂，与垂柳S. *babylonica* L.相似，其区别为本变型的雌花有2腺体，而垂柳只有1腺体；本变型小枝黄色，叶为披针形，下面苍白色或带白色，叶柄长5~8毫米，而垂柳的小枝褐色，叶为狭披针形或线状披针形，下面带绿色。沈阳等地有引种。

7ac. 红花龙须柳（变型）（辽宁植物志、东北植物检索表）

f. **rubriflora** C. F. Fang in Bull. Bot. Res. 4（1）：126. 1984；辽宁植物志（上册）：217. 1988；东北植物检索表（第二版）：87. 1995.

花药红色，小枝卷曲。庄河有栽培。

7ad. 馒头柳（变型）（东北植物检索表、中国植物志）

f. **umbraculifera** Rehd. in Journ. Arn. Arb. 6：205. 1925；中国植物志20（2）：134. 1984；东北植物检索表（第二版）：88. 1995.

树冠半圆形，如同馒头状。辽宁多地有引种。

7b. 旱快柳（变种）（辽宁植物志、东北植物检索表）

var. **anshanensis** C. Wang et J. Z. Yan in Bull. Bot. Res. 1（1-2）：175. 1981；辽宁植物志（上册）：217. 1988；东北植物检索表（第二版）：88. 1995.

树冠卵圆形或近圆形，树干直，叶基部楔形，树冠下部小枝常下垂。辽宁多地有引种。

（8）圆头柳（辽宁植物志、东北植物检索表、中国植物志、Flora of China）

Salix capitata Y. L. Chou et Skv. in Ill. Fl. Lign. Pl. N.-E. China 551. pl. 39. f. 58.

1955；Fl. China 4：187. 1999；中国植物志20（2）：140. 1984；辽宁植物志（上册）：217.
图版83：1-2. 1988；东北植物检索表（第二版）：88. 图版34：3. 1995.

落叶乔木。叶披针形，上面绿色，下面苍白色，幼叶有毛，边缘有细腺锯齿；托叶广披针形，边缘具腺锯齿。雌花序与叶同时开放，有短梗，基部有3小叶，小叶披针形，轴有短柔毛；雌花仅有腹腺，子房无毛。蒴果淡黄褐色，长4~6毫米。花期5月，果期6月。

沈阳、鞍山、盖州、大连、兴城等地有引种。

木材可供建筑器具之用，为生长较快的绿化树种。

（9）爆竹柳（辽宁植物志、东北植物检索表、中国植物志、Flora of China）

Salix fragilis L. in Sp. Pl. 1017. 1753；Fl. China 4：184. 1999；中国植物志20（2）：130. 图版35：1-3. 1984；辽宁植物志（上册）：213. 图版81：1-3. 1988；东北植物检索表（第二版）：87. 图版34：5. 1995.

落叶乔木。小枝淡褐绿色。叶披针形，上面暗绿色，下面苍白色，边缘具有腺锯齿；叶柄上部有腺点；托叶小或无。花序与叶同时开放；雄花序长3~5厘米，轴有短柔毛；雄蕊2，花丝下部有时有短柔毛，花药黄色；苞片黄色或暗黄色；腺体2，腹生和背生。花期5月。

原产于欧洲。沈阳、北镇、鞍山等地有栽培。

绿化树种。木材质较软，供建筑用。

（10）日本三蕊柳（辽宁植物志、中国植物志、Flora of China）三蕊柳（东北植物检索表）

果序

植株的一部分

叶背面观

Salix nipponica Franch. & Sav. in Enum. Pl. Jap. 1：495. 1875；Fl. China 4：180. 1999；东北植物检索表（第二版）：88. 图版32：5. 1995.—*S. triandra* L. var. *nipponica* (Franch. et Sav.) Seemen in Salic. Jap. 27. t. 2：e-j. 1903；中国植物志20（2）：121. 1984；辽宁植物志（上册）：211. 图版80：6. 1988.—*S. triandra* auct. non L.：辽宁植物志（上册）：210. 图版80：1-5. 1988.

落叶灌木或乔木。叶阔长圆状披针形，上面深绿色，下面苍白色，边缘锯齿有腺点；叶柄长5~8毫米，常在其上部有2腺点。花序与叶同时开放；花序梗基部的小叶全缘，花较紧密，近基部较疏松；雄蕊3；雌花有背、腹腺，花柱极短或无；苞片长圆形，为子房的2/3。花果期4—5月。

生于林子溪流旁。产于桓仁、本溪、沈阳、新民、凤城、东港、海城、台安、盖州、庄河、普兰店、大连等地。

为早春蜜源树，又为护岸用绿化树种。木材质密，供炭薪，含单宁4.6%；树皮和嫩叶可做黄色染料。

（11）腺柳（辽宁植物志、东北植物检索表、中国植物志、Flora of China）**河柳**

Salix chaenomeloides Kimura in Sci. Rep. Tohoku Imp. Univ. ser. 4. Biol.13：77. 1938；Fl. China 4：175. 1999；中国植物志20（2）：105. 图版28：10-11. 1984；辽宁植物志（上册）：210. 图版79. 1988；东北植物检索表（第二版）：88. 图版32：3. 1995.

落叶小乔木。叶椭圆形，上面绿色，下面苍白色或灰白色，边缘有腺锯齿；叶柄先端具腺点。苞片小，卵形，长约1毫米；雄蕊一般5，花药黄色，球形；子房狭卵形，柱头头状或微裂，腺体2。蒴果卵状椭圆形，长3~7毫米。花果期4—5月。

多生于山沟水旁。产于丹东，盖州有栽培。

果序

叶背面观

植株的一部分

（12）五蕊柳（东北植物检索表、中国植物志、Flora of China）

Salix pentandra L. in Sp. Pl. 2：1016. 1753；Fl. China 4：178. 1999；中国植物志20（2）：115. 图版31. 1984；东北植物检索表（第二版）：88. 图版32：4. 1995.

落叶灌木或小乔木。叶革质，宽披针形，上面深绿色，下面淡绿色，边缘有腺齿；叶柄无毛，上端边缘具腺点。雄花序密花，雄蕊5~12；雌花序长2~6厘米，粗8毫米，子房无毛，柱头2裂，腹腺1或2裂。蒴果卵状圆锥形，光滑无毛。花期6月，果期8—9月。

生于水甸子或山间溪流旁和湿地。辽宁有记载。

木材可制小农具或作柴薪用，树皮及叶均可提制栲胶，也是蜜源树种。根有祛风除湿作用；枝、叶有清热解毒、散瘀消肿作用；花序有止泻作用。

小枝

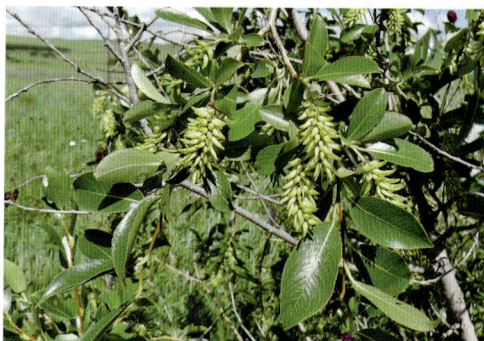

植株的一部分

果序

（13）**大白柳**（辽宁植物志、东北植物检索表、中国植物志、Flora of China）

Salix maximowiczii Kom. in Act. Hort. petrop. 18：442. 1901；Fl. China 4：171. 1999；中国植物志20（2）：99. 图版26. 1984；辽宁植物志（上册）：207. 图版78. 1988；东北植物检索表（第二版）：88. 图版32：2. 1995.

落叶乔木。树皮暗褐灰色，枝细长。叶通常长8厘米以上，卵状披针形或微卵状长圆形，背面白色，脉纹明显。苞片膜质；雄花序斜展，雄蕊贴生于苞片基部；雌花序及果序细长，下垂，果期柱头连同部分花柱常脱落。花期5—6月，果期6—7月。

生于林区河边。产于桓仁、宽甸、岫岩。

木材质软，用作火柴杆；又为蜜源植物及观赏树种。

当年生枝

叶背面观

叶正面观

（14）**越桔柳**（东北植物检索表、中国植物志、Flora of China）

Salix myrtilloides L. in Sp. Pl. 1019. 1753；Fl. China 4：240. 1999；中国植物志20（2）：277. 图版79：1-4. 1984；东北植物检索表（第二版）：90. 图版33：3. 1995.

落叶灌木，株高不超过1米。小枝细，不足1.5毫米。叶小，长2.5厘米以下，椭圆形，无托叶，两面无毛，上面暗绿色或稍带紫色，下面带白色，全缘，稀有齿。花序与叶同时开放；苞片仅先端多少发紫色，黄绿色，有疏长毛；雄蕊2，柱头2裂。花期5月，果期6月。

常在林区沼泽化草甸内成丛生长。辽宁有记载。

嫩叶可为家畜或野生动物的饲料。

果枝

小枝

（15）**大黄柳**（辽宁植物志、东北植物检索表、中国植物志、Flora of China）

Salix raddeana Lacksch. ex Nasarowis in Fl. URSS 5：707. 1936；Fl. China 4：248. 1999；中国植物志20（2）：304. 图版88：1-2. 1984；辽宁植物志（上册）：221. 图版85. 1988；东北植物检索表（第二版）：90. 图版35：1. 1995.

15a. 大黄柳（原变种）

var. raddeana

落叶灌木或小乔木。叶大，长6~8厘米以上，质厚，表面发皱，背面脉纹明显，密被茸毛。花先于叶开放；雌、雄花序粗1.5厘米以上；雄蕊2，花药黄色，苞片卵状椭圆形，近黑色，两面密被长柔毛；雌花序近无梗，子房长圆锥形，有灰色绢质柔毛。花果期4—5月。

生于山坡、林缘。产于凤城、本溪、抚顺、沈阳、北票、北镇、鞍山、海城、盖州等地。

可用于绿化和水土保持。民间用树叶治疗口腔炎。

花序

小枝

叶背面观

15b. 稀毛大黄柳（变种）（辽宁植物志、东北植物检索表、中国植物志、Flora of China）
var. **subglabra** Y. L. Chang et Skv. in Ill. Man. Woody Pl. N.–E. Prov. 558. 1955;
Fl. China 4: 249. 1999; 中国植物志20（2）: 304. 1984; 辽宁植物志（上册）: 222. 1988;
东北植物检索表（第二版）: 90. 1995.

叶下面无毛或具有稀的短柔毛，边缘有明显的齿牙，花芽先端扁尖。产于鞍山、抚顺、清原等地。

花枝

叶背面观

叶正面观

（16）崖柳（辽宁植物志、东北植物检索表、中国植物志、Flora of China）山柳　王八柳　狐柳

Salix floderusii Nakai in Fl. Sylv. Kor. 18: 123. t. 23. 1930; Fl. China 4: 247.
1999; 中国植物志20（2）: 297. 图版85: 3. 1984; 辽宁植物志（上册）: 221. 图版84: 1–

果序

果枝

叶背面观

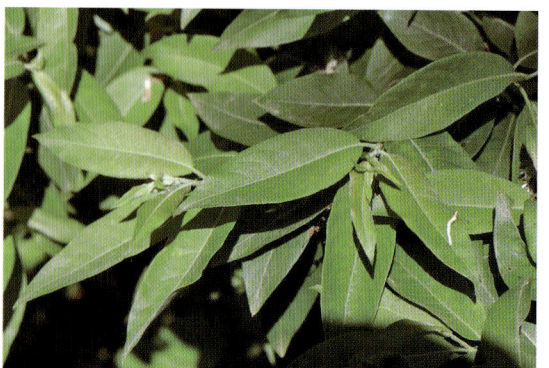
植株的一部分

4. 1988；东北植物检索表（第二版）：90. 图版35：2. 1995.

落叶灌木或小乔木。一年生小枝有毛。叶表面不发皱，背面多被绢毛，叶片较大，一般长4~6厘米，上面暗绿色，下面淡绿色，均有茸毛，近全缘，稀有齿。花先叶开放或近与叶同时开放；雄蕊2，花药黄色；子房有密绢毛，花柱短而明显，柱头2深裂。花果期5—6月。

生于沼泽地或较湿润山坡。产于西丰、北票、新民、沈阳、本溪、抚顺、桓仁、鞍山、海城、岫岩、庄河、盖州等地。

（17）**谷柳**（辽宁植物志、东北植物检索表、中国植物志、Flora of China）

Salix taraikensis Kimura in Journ. Fac. Agricult. Hokk. Univ. Sapp. 26（4）：419. 1934；Fl. China 4：247. 1999；中国植物志20（2）：296. 1984；辽宁植物志（上册）：222. 图版84：5-9. 1988；东北植物检索表（第二版）：90. 图版35：4. 1995.

17a. **谷柳**（原变种）

var. **taraikensis**

落叶灌木或小乔木。一年生小枝无毛。叶椭圆状倒卵形，上面绿色，下面苍白色，全缘，或着生在萌枝或小枝上部的叶有不规则的齿牙缘；叶柄无毛；托叶肾形或偏卵形，有齿牙缘。花与叶同时开放或稍先叶开放。蒴果长约7毫米，有毛。花期4月下旬，果期6月上旬。

生于林内或山坡林缘。产于清原、宽甸、凤城、东港、本溪、抚顺、沈阳、铁岭、北镇、北票、凌源、鞍山、盖州等地。

17b. **倒披针叶谷柳**（变种）（辽宁植物志、东北植物检索表）

var. **oblanceolata** C. Wang et C. F. Fang in Bull. Bot. Res. 4（1）：126. tab. 11. 1984；辽宁植物志（上册）：224. 1988；东北植物检索表（第二版）：90. 1995.

叶倒披针形。产于沈阳。

（18）**卷边柳**（辽宁植物志、东北植物检索表、中国植物志、Flora of China）

Salix siuzevii Seemen in Fedde，Rep. Sp. Nov. 5：17. 1908；Fl. China 4：255. 1999；中国植物志20（2）：320. 图版92：6-9. 1984；辽宁植物志（上册）：227. 图版87：7-10. 1988；东北植物检索表（第二版）：90. 图版36：2. 1995.

落叶灌木或乔木。叶披针形，上面暗绿色，下面有白霜，边缘波状，近全缘，微内卷；托叶披针形，长为叶柄的1/2，早落。花序先叶开放，无梗；花序圆柱形；雄蕊2，花药黄金色；子房卵状圆锥形。花期5月，果期6月。

生于河边或山坡上。产于沈阳、本溪、海城、盖州、庄河等地。

枝条供编织，为早春蜜源植物，又为护岸树种。

（19）**蒿柳**（辽宁植物志、中国植物志）**绢柳　清钢柳**

Salix viminalis L. in Sp. Pl. 1021. 1753；中国植物志20（2）：327. 图版96：1-5. 1984；辽宁植物志（上册）：229. 图版88：1-5. 1988.

19a. **蒿柳**（原变种）

var. **viminalis**

落叶灌木或小乔木。叶片线状披针形，宽0.5~2厘米，最宽处在中部以下，表面暗绿色，背面有密绢毛，闪银光。花序先于叶开放或与叶同时开放；雄花序长圆状卵形，雄蕊2，花药金黄色；雌花序圆柱形，子房有毛，柱头2裂或近全缘。花期4—5月，果期5—6月。

　　生于溪流旁、河边。产于西丰、桓仁、新宾、沈阳、抚顺、鞍山、海城、盖州、普兰店、大连、本溪、宽甸、凤城、丹东、东港、岫岩、庄河等地。

　　可作为护岸树种。枝条可供编筐，叶可饲蚕。

小枝

叶背面观

19b.　细叶蒿柳（变种）（辽宁植物志、中国植物志）

var. **angustifolia** Turcz. in Bull. Soc. Nat. Moss. 27：379. 1854；中国植物志20（2）：330. 图版96：6. 1984；辽宁植物志（上册）：229. 图版88：7. 1988.

叶较狭长，宽仅2~4毫米。产地同原变种。

19c.　伪蒿柳（辽宁植物志、中国植物志）蒿柳（东北植物检索表、Flora of China）

var. **gmelini**（Pall.）Anderss. in DC. Prodr. 16（2）：266. 1868；中国植物志20（2）：330. 图版96：7. 1984；辽宁植物志（上册）：229. 图版88：6. 1988.—*S. schwerinii* E.L. Wolf in Mitt. Deutsch. Dendrol. Ges. 407. 1929；东北植物检索表（第二版）：90. 图版36：1. 1995；Fl. China 4：256. 1999.

叶片线状披针形，叶最宽处在中部以上。其他特征与蒿柳相似。产于丹东、凤城、沈阳等地。

（20）龙江柳（辽宁植物志、东北植物检索表、中国植物志、Flora of China）

Salix sachalinensis Fr. Schm. in Mem. Acad. Sci. St. Petersb. ser. 7（12）：173. 1868；Fl. China 4：256. 1999；中国植物志20（2）：326. 1984；辽宁植物志（上册）：227. 图版87：3-6. 1988；东北植物检索表（第二版）：92. 图版36：3. 1995.

落叶灌木或乔木。小枝有细短柔毛。叶阔披针形，近全缘，背面苍白色，被疏薄的绢毛；叶柄有白毛；托叶披针形，齿牙缘。花序先叶或与叶同时开放；花序圆柱形；雄蕊2，花药黄色；子房卵状圆锥形，有丝状长柔毛，柱头2裂，外曲。花期5月，果期6月。

　　沿河生长。产于桓仁、本溪等地。

　　枝条可编筐，又可为护岸的树种。

当年枝　　　　　　　　　　小枝　　　　　　　　　　叶背面观

（21）毛枝柳（辽宁植物志、东北植物检索表、中国植物志、Flora of China）

Salix dasyclados Wimm. in Flora 32：35. 1849；Fl. China 4：255. 1999；中国植物志
20（2）：324. 图版87：10-12. 1984；辽宁植物志（上册）：225. 图版87：1-2. 1988；东北
植物检索表（第二版）：92. 图版36：4. 1995.

落叶灌木或小乔木。小枝褐色，有长柔毛或近无毛。叶阔披针形至倒卵状披针形，上面
污绿色，下面灰色，全缘或具腺锯齿，反卷；叶柄短，有短柔毛；托叶较大，卵状披针形，
边缘有锯齿。花序先叶开放；雄蕊2，花药黄色；子房有长柔毛，柱头2裂。花果期4—5月。

多生于水边湿地。产于桓仁、凤城等地。

枝条可编筐，又为护岸树种。

当年枝　　　　　　　　　　　　　　　　　　小枝

叶背面观　　　　　　　　　　　　　　　　　叶正面观

（22）小穗柳（中国植物志、Flora of China）

Salix microstachya Turcz. apud Trautv. in Mem. Pres. Acad. Petersb. Div. Sav. 3：628. 1837；中国植物志20（2）：355. 1984；Fl. China 4：265. 1999；辽宁植物志（上册）：231. 1988；东北植物检索表（第二版）：92. 1995.

22a. 小穗柳（原变种）

var. microstachya

辽宁不产。

22b. 小红柳（辽宁植物志、东北植物检索表、中国植物志、Flora of China）

Salix microstachya var. **bordensis**（Nakai）C. F. Fang，中国植物志20（2）：355. 1984；Fl. China 4：265. 1999；辽宁植物志（上册）：232. 图版91：5-9. 1988；东北植物检索表（第二版）：92. 图版37：1. 1995.

落叶灌木。小枝灰紫褐色，稀灰绿色。叶线形或线状倒披针形，边缘有不明显的细齿或近全缘；叶柄短；托叶无或特小，脱落性。花先叶开放或近同时开放，花序圆柱形，近无花序梗，基部有1~2鳞片状小叶；花药红色，子房无毛，绿褐色。花期5月，果期6—7月。

生于固定沙丘间湿地或河边低湿地。产于彰武。

可固沙，枝条细软，耐弯曲，不易断折，可供编筐等用。根皮有清热消肿、祛风、顺气作用，用于黄疸、牙痛、急性腰扭伤。

植株的一部分

（23）细叶沼柳（东北植物检索表、中国植物志、Flora of China）

Salix rosmarinifolia L. in Sp. Pl. 1020. 1753；Fl. China 4：257. 1999；中国植物志20（2）：330. 1984；东北植物检索表（第二版）：92. 图版33：6. 1995.

落叶灌木。叶线状披针形，上面常暗绿色，下面苍白色，嫩叶两面有丝状长柔毛或白茸

当年枝

果穗

叶背面观

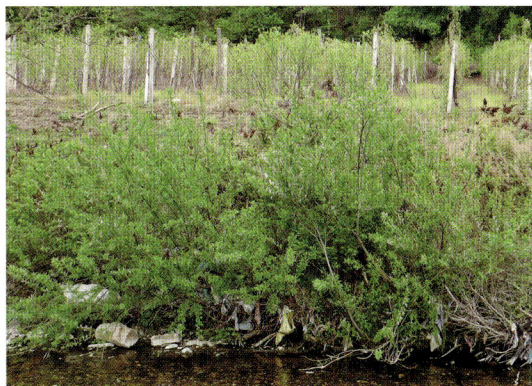

植株

毛；叶柄短；托叶狭披针形或披针形，早脱落，有时无托叶。花序先叶开放或与叶同时开放；雄蕊2，花药黄色或暗红色；子房有长柔毛，柱头全缘或浅裂。花期5月，果期6月。

生于林区沼泽化草甸内。产于桓仁。

为固沙树种。叶可为饲料，枝可编筐，树皮含单宁8.92%。

（24）**细柱柳**（辽宁植物志、东北植物检索表、中国植物志、Flora of China）**红毛柳**

Salix gracilistyla Miq. in Ann. Mus. Bot. Lugd.-Bat. 3：26. 1867；Fl. China 4：261. 1999；中国植物志20（2）：342. 图版101：1-5. 1984；辽宁植物志（上册）：230. 图版89：1-5. 1988；东北植物检索表（第二版）：92. 图版39：1. 1995.

落叶灌木。叶倒披针形至倒卵状狭椭圆形，上面深绿色，无毛，下面灰色，有绢质柔毛，边缘有锯齿；叶柄明显；托叶大，半心形。花序先叶开花；雄蕊2，花药红色或红黄色；子房椭圆形，被茸毛，花柱细长，柱头2裂。蒴果被密毛。花期4月，果期5月上旬。

生于山区溪流旁。产于宽甸、桓仁、新宾、丹东、凤城、本溪、东港、沈阳、新民、鞍山、盖州、庄河、瓦房店、普兰店、大连等地。

可作护堤、观赏、编织等用。

花枝

小枝

（25）**尖叶紫柳**（辽宁植物志、东北植物检索表、中国植物志、Flora of China）

Salix koriyanagi Kimura ex Goerz in Salic. Asiat. 1：17. 1831；Fl. China 4：271.

1999；中国植物志20（2）：370. 1984；辽宁植物志（上册）：232. 图版89：10-11. 1988；东北植物检索表（第二版）：92. 图版37：4. 1995.

落叶灌木。叶对生，稀互生，倒披针形，上部有细锯齿，中部以下全缘，上面绿色，下面苍白色。花序先叶开放，细圆柱形；苞片倒卵形，有长柔毛，黑色；腺体1，腹生；雄蕊2，花药圆球形，紫红色；子房卵形，密被灰白色茸毛，花柱短至缺。花果期5—6月。

生于山坡湿地及河边。产于桓仁、新宾、宽甸、沈阳、北镇、盖州、庄河、大连等地。

河滩固沙树种。

（26）筐柳（辽宁植物志、东北植物检索表、中国植物志、Flora of China）蒙古柳

Salix linearistipularis Hao in Fedde，Rep. Beih. 93：102. 1936；Fl. China 4：272. 1999；中国植物志20（2）：374. 图版109：6-8. 1984；辽宁植物志（上册）：234. 图版90：6-8. 1988；东北植物检索表（第二版）：92. 图版38：1. 1995.

落叶灌木或小乔木。叶柄长8~12毫米；叶片披针形或线状披针形，两端渐狭或上部较宽；幼叶有茸毛，表面绿色，背面苍白色，边缘有腺齿，外卷。花先于叶开放或与叶近同时开放，花序粗通常3~5毫米（雄花未计花丝部分）。花果期4—5月。

生于河流及水滩岸边，常栽培。产于北票、沈阳、盖州、东港、大连等地。

适应性强，可作固沙、护堤树种。木材可作柴薪。枝条细柔，可供编织。树皮、枝有消肿、收敛作用。

叶背面观

叶

群落

（27）细枝柳（辽宁植物志、东北植物检索表、中国植物志、Flora of China）

Salix gracilior (Siuz.) Nakai, Rep. Exped. Manch. Sect. 4（4）：7. 1936；Fl. China 4：271. 1999；中国植物志20（2）：369. 图版109：1–5. 1984；辽宁植物志（上册）：234. 图版90：1–5. 1988；东北植物检索表（第二版）：96. 图版38：3. 1995.

落叶灌木。小枝纤细，淡黄或淡绿色，无毛。叶线形或线状披针形，边缘有腺齿，上面绿色，下面较淡；叶柄无毛；托叶线形，早落。花序几与叶同时开放，细圆柱形；雄蕊2，花药黄色；子房卵形或椭圆形，密被茸毛。蒴果有茸毛。花期5月，果期5—6月。

生于河边、沟渠边、沙区低湿地。产于彰武、北镇、新民、抚顺、西丰、桓仁、新宾、鞍山、台安、海城、岫岩、盖州、庄河、普兰店、大连等地。

用作固岸、固沙造林树种。枝条供编织。

（28）白河柳（东北植物检索表、中国植物志、Flora of China）

Salix yanbianica C. F. Fang et Ch. Y. Yang, 东北林学院植物研究室汇刊9：103. 1980；Fl. China 4：271. 1999；中国植物志20（2）：370. 1984；东北植物检索表（第二版）：96. 图版37：5. 1995.

落叶灌木。小枝淡黄绿色，无毛；当年枝淡褐色，有短茸毛。叶披针形，基部楔形，边缘密生腺锯齿；叶柄有茸毛；托叶短于叶柄，边缘具疏齿。雌花序基部具2~3小叶片；苞片细小，有白柔毛；子房柄无或不明显，花柱短或无。果实密被茸毛。花期4月，果期6月。

生于河流附近空旷地。辽宁有记载。

（29）东沟柳（辽宁植物志、东北植物检索表、Flora of China）

Salix donggouxianica C. F. Fang in Bull. Bot. Res. 4（1）：124. Tab.1–10. 1984；Fl. China 4：272. 1999；辽宁植物志（上册）：232. 1988；东北植物检索表（第二版）：96. 图版38：4. 1995.

落叶灌木。叶互生，叶柄短；叶片线状披针形，中部最宽，两面有疏钝锯齿，中脉明显，黄色，表面绿色，背面稍白色。花序长圆形至短圆柱形，花序梗无或极短，基部无叶或有鳞片状小叶；苞片有白柔毛；花药球形，红色；子房有柄，花柱无。花期4月下旬。

生于河滩沙地上。产于东港。

枝条可供编织和柴薪用，并可固定沙滩。

（30）杞柳（辽宁植物志、东北植物检索表、中国植物志、Flora of China）

Salix integra Thunb. in Fl. Jap. 24. 1784；Fl. China 4：262. 1999；中国植物志20（2）：347. 1984；辽宁植物志（上册）：231. 图版89：6–9. 1988；东北植物检索表（第二版）：96. 图版37：2. 1995.

落叶灌木。叶近对生或对生，萌枝叶有时3叶轮生，椭圆状长圆形，先端短渐尖，基部圆形或微凹，全缘或上部有尖齿，上面暗绿色，下面苍白色，两面无毛；叶柄短或近无柄。花先叶开放，花序长1~2.5厘米。蒴果长2~3毫米，有毛。花期5月，果期6月。

生于山地、河边及水甸子。产于西丰、新宾、桓仁、宽甸、本溪、沈阳、抚顺、新民、北镇、阜新、丹东、东港、岫岩、盖州、庄河、大连等地。

重要的护岸树、风景林。茎可作编筐材料。

小枝

植株的一部分

（31）粉枝柳（辽宁植物志、东北植物检索表、中国植物志、Flora of China）

Salix rorida Laksch. in Sched. Herb. Fl. Ross.7：131. 1911；Fl. China 4：252. 1999；中国植物志20（2）：312. 图版90：1-3. 1984；辽宁植物志（上册）：224. 图版86：7-9. 1988；东北植物检索表（第二版）：96. 图版39：2. 1995.

31a. 粉枝柳（原变种）

var. rorida

落叶乔木。小枝红褐色，二年生枝常有白粉。叶片披针形，表面暗绿色，背面有白粉，边缘有腺锯齿。花序先于叶开放；花序圆柱形；苞片倒卵形，全缘，基部两侧各有3~4个明显的腺点；雄蕊2，花药黄色；子房无毛，柱头2裂。蒴果无毛。花期5月，果期6月。

生于林区山地及溪流旁。产于西丰、凤城、本溪、沈阳、盖州、大连等地。

木材质轻，供建筑、器具等用。细枝可编土筐。花序繁茂，为早春蜜源树。

叶正反面对比

31b. 伪粉枝柳（变种）（辽宁植物志、东北植物检索表、中国植物志、Flora of China）

var. roridaeformis（Nakai）Ohwi in Fl. Jap. 405. 1956；Fl. China 4：252. 1999；中国植物志20（2）：313. 1984；辽宁植物志（上册）：225. 1988；东北植物检索表（第二版）：96. 1995.

托叶不发育或无托叶，苞片基部两侧无腺点。产于凤城、沈阳等地。

（32）江界柳（辽宁植物志、东北植物检索表、中国植物志、Flora of China）

Salix kangensis Nakai in Tokyo Bot. Mag. 30：275. 1916；Fl. China 4：252. 1999；中国植物志20（2）：315. 1984；辽宁植物志（上册）：224. 1988；东北植物检索表（第二版）：96. 图版39：4. 1995.

32a. 江界柳（原变种）

var. kangensis

落叶小乔木。小枝无白粉，萌枝常有长毛。叶披针形，边缘有细锯齿，背面有白柔毛；叶柄长3~17毫米，有长毛；托叶卵状披针形，有毛。花序无梗，先叶开放，花序轴有毛；雄蕊2，花药黄色；子房有毛。蒴果，有疏毛。花期5月，果期6月。

生于河边。产于东港。

32b. 光果江界柳（变种）（辽宁植物志、东北植物检索表、中国植物志、Flora of China）

var. leiocarpa Kitag. in Rep. Inst. Sci. Res. Manch. 1：263. 1937；Fl. China 4：253. 1999；中国植物志20（2）：315. 1984；辽宁植物志（上册）：224. 1988；东北植物检索表（第二版）：96. 1995.

子房无毛，仅子房柄有短柔毛。生于河边。产于凤城。

（33）司氏柳（辽宁植物志、东北植物检索表、中国植物志、Flora of China）

Salix skvortzovii Y. L. Chang et Y. L. Chou，小兴安岭木本植物86. 图版19：4. 1955；Fl. China 4：252. 1999；中国植物志20（2）：313. 图版90：4-8. 1984；辽宁植物志（上册）：225. 图版86：1-6. 1988；东北植物检索表（第二版）：96. 图版39：3. 1995.

直立灌木。小枝绿色或黄绿色或褐红色。叶披针形，上面暗绿色，下面苍白色，边缘具腺锯齿；叶柄无毛；托叶披针形，边缘有齿牙。花序先叶开放；雄花序圆柱状，雄蕊2，花药黄色；雌花序圆柱形，子房卵状圆锥形，柱头2裂。花期5月，果期6月。

生于林缘较湿处或河边。新民、沈阳、盖州等地有栽培。

枝条可供编织。蜜源植物。

（34）黄柳（辽宁植物志、东北植物检索表、中国植物志、Flora of China）

Salix gordejevii Y. L. Chang et Skv. in Ill. Man. Woody Pl. N.-E. Prov. 553. pl. 62, f. 87, pl. 63, f.1-10. 1955；Fl. China 4：274. 1999；中国植物志20（2）：380. 图版112. 1984；辽宁植物志（上册）：236. 图版91：1-4. 1988；东北植物检索表（第二版）：96. 图版38：5. 1995.

灌木。小枝黄色。叶线形，细长，边缘有腺锯齿。花先叶开放，花序椭圆形至短圆柱形；苞片长圆形，先端钝，色暗，两面有灰色长毛；雄蕊2，花药黄色；子房长卵形，被极疏柔毛，柱头儿与花柱等长，4深裂。蒴果淡褐黄色。花果期4—5月。

花序

群落

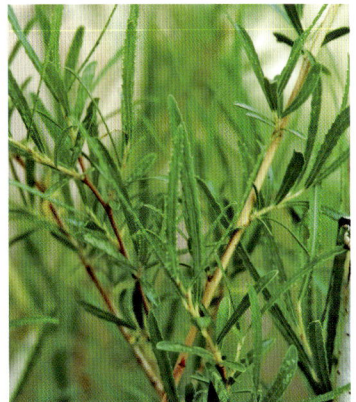

植株的一部分

生于流动沙丘上。产于彰武、新民、台安等地。

极佳的固沙树种。

桦木科 Betulaceae

落叶乔木或灌木。单叶，互生，叶脉羽状。花单性，雌雄同株，风媒；雄花序顶生或侧生，春季或秋季开放；雌花序为球果状、穗状、总状或头状，直立或下垂，具多数苞鳞，每苞鳞内有雌花2~3朵。果序球果状、穗状、总状或头状；果苞由雌花下部的苞片和小苞片在发育过程中逐渐以不同程度的连合而成，木质、革质、厚纸质或膜质，宿存或脱落。果为小坚果或坚果。

辽宁产5属18种3变种，其中栽培2种。

分属检索表

1. 雄花2~6朵生于每一苞鳞的腋间，有4枚膜质花被；雌花无花被；果为具翅的小坚果，连同果苞排列为球果状或穗状；小枝常具树脂疣或黏质。
  2. 果苞革质，成熟后脱落，具3裂片，每果苞内有3枚小坚果；果序呈穗状；雄蕊2枚；叶2列排列 ························· **1. 桦木属 Betula** L.
  2. 果苞木质，宿存，具5裂片，每果苞内具2枚小坚果；果序呈球果状；雄蕊4枚；叶螺旋状排列 ························· **2. 桤木属（赤杨属）Alnus** Mill.
1. 雄花单生于每一苞鳞的腋间，无花被；雌花具花被；果为坚果或小坚果，连同果苞排列为总状或头状；小枝无树脂疣。
  3. 果序为总状，下垂；叶有9对以上侧脉 ··············· **3. 鹅耳枥属 Carpinus** L.
  3. 果序簇生呈头状；叶有9对以下侧脉。
    4. 果为坚果，大部或全部为果苞所包；果苞钟状或管状；花药药室分离，顶端具簇毛 ··············· **4. 榛属 Corylus** L.
    4. 果为小坚果，全部为果苞所包；果苞囊状；花药药室不分离，顶端无毛 ··············· **5. 虎榛子属 Ostryopsis** Decne.

1. 桦木属 Betula L.

落叶乔木或灌木。单叶，互生。花单性，雌雄同株；雄花序2~4枚簇生于上一年枝条的顶端或侧生，苞鳞覆瓦状排列，每苞鳞内具2枚小苞片及3朵雄花；雌花序单1或2~5枚生于短枝的顶端，圆柱状、矩圆状或近球形，直立或下垂，苞鳞覆瓦状排列，每苞鳞内有3朵雌花。果苞革质，鳞片状，脱落，由3枚苞片愈合而成，具3裂片，内有3枚小坚果。小坚果小，扁平，具或宽或窄的膜质翅，顶端具2枚宿存的柱头。

辽宁产5种，其中1种栽培。

分种检索表

1. 乔木。
　2. 叶脉通常在8对以上。
　　3. 树皮黄褐色，呈纸状剥裂；叶长卵形，先端长渐尖，侧脉9~16对；果翅为果宽的1/2至与果宽近等 …………………………………………………………………… 1. 硕桦 B. costata Trautv.
　　3. 树皮不为黄褐色；叶卵形或广卵形，先端渐尖或短渐尖，侧脉8~12对；果翅不及果宽1/2或近无翅。
　　　4. 树皮黑褐色，具浅裂纹；小枝黑褐色，叶质厚；小坚果近无翅 … 2. 赛黑桦 B. schmidtii Regel
　　　4. 树皮灰白色，大片状剥裂；小枝褐色，叶质较薄，果序梗较短，长3~5毫米；果翅为果宽的1/3~1/2 …………………………………………………………………… 3. 岳桦 B. ermanii Cham.
　2. 叶脉通常在8对以下。
　　5. 树皮白色、灰色或黄白色，呈层片状剥裂，不具木栓层；叶三角状卵形、三角状菱形、三角形，较少卵状菱形或宽卵形，顶端渐尖至尾状渐尖。
　　　6. 枝条斜上，通常不下垂。小坚果之翅与果近等宽 …………… 4. 白桦 B. platyphylla Suk.
　　　6. 枝条细长，通常下垂。小坚果之翅较果宽1倍。栽培 ……… 5. 垂枝桦 B. pendula Roth.
　　5. 树皮黑褐色，龟裂；叶卵形或椭圆状卵形，稀菱状卵形；果翅为小坚果宽的1/2或更小 …………………………………………………………………… 6. 黑桦 B. dahurica Pall.
1. 灌木，稀小乔木。
　7. 侧脉6~10对；果苞中裂片长为侧裂片2倍以上 …………………… 7. 坚桦 B. chinensis Maxim.
　7. 侧脉7对以下；果苞中裂片长不超过侧裂片的2倍 ……………… 8. 砂生桦 B. gmelinii Bunge

（1）硕桦（辽宁植物志、中国植物志、Flora of China）风桦（东北植物检索表）黄桦

Betula costata Trautv. in Mem. Sav. Etr. Acad. Sci. St. Petersb. 9：253. 1859；Fl. China 4：310. 1999；中国植物志21：124. 图版28：7-9. 1979；辽宁植物志（上册）：239. 图版92. 1988；东北植物检索表（第二版）：98. 图版41：2. 1995.

落叶乔木。树皮黄褐色，呈纸状剥裂。叶片长卵形，先端长渐尖，侧脉9~16对。花单性，雌雄同株。果穗卵球形，单生，直立或下垂，果苞具缘毛，下部楔形或狭楔形，上部3裂；小坚果倒卵形或卵形，果翅为果宽的1/2至与果宽近等。花期5—6月，果期8—9月。

生于山腰及上部的杂木林内。产于清原、抚顺、新宾、本溪、桓仁、宽甸、凤城、岫岩等地。

秋叶金黄，是重要的观干赏叶风景树。心材淡黄褐色，边材白色或带黄色，材质粗松，干燥后易开裂，可作箱板及一般用材。

树干

果序

植株的一部分

（2）赛黑桦（辽宁植物志、东北植物检索表、中国植物志、Flora of China）辽东桦

Betula schmidtii Regel in Bull. Soc. Nat. Moscou 38（2）：412. t. 6. fig. 14-20.
1865；Fl. China 4：308. 1999；中国植物志21：132. 图版30：11-13. 1979；辽宁植物志
（上册）：241. 图版94. 1988；东北植物检索表（第二版）：98. 图版41：3. 1995.

落叶乔木。树皮黑褐色，具浅裂纹；小枝黑褐色。叶片广卵形，近革质，表面暗绿色，
背面淡绿色，侧脉8~10对。花单性，同株。果穗单生，圆柱状，直立；果苞侧裂片三角状披
针形或近披针形；小坚果椭圆形或卵状椭圆形，近无翅。花期5月中下旬，果期9—10月。

常生于向阳山坡或多岩石处。产于本溪、凤城、宽甸等地。

心材赤褐色，边材淡黄褐色，质坚重，可供雕刻、机械、器具、家具、建筑等用材。

果序

树干

叶背面观

叶正面观

（3）岳桦（辽宁植物志、东北植物检索表、中国植物志、Flora of China）

Betula ermanii Cham. in Linnaea 6：537. 1831；Fl. China 4：310. 1999；中国植物志21：123. 图版26：15-17. 1979；辽宁植物志（上册）：239. 图版93. 1988；东北植物检索表（第二版）：100. 图版41：1. 1995.

落叶乔木。树皮灰白色，成层大片剥裂。枝条红褐色，幼枝暗绿色。叶三角状卵形至卵形，顶端锐尖、渐尖，边缘具锐尖重锯齿，上面疏被毛，下面几无毛，密被腺点，侧脉8~12对。果序单生，直立，矩圆形；小坚果倒卵形，膜质翅宽为果的1/2或1/3。花期5—6月，果期8—9月。

生于山坡林中。庄河、新宾、本溪、桓仁、宽甸、凤城、岫岩等地有少量分布。

木材可供建筑用。树皮、芽有清热解毒、化痰、利湿作用，用于疮疡。

果枝

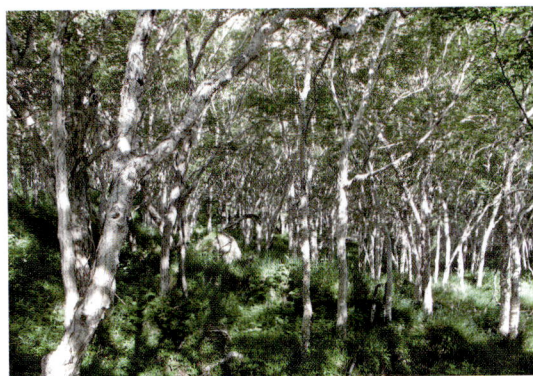

群落

（4）白桦（辽宁植物志、东北植物检索表、中国植物志、Flora of China）**东北白桦**（辽宁植物志）

Betula platyphylla Suk. in Trav. Mus. Bot. Acad. Imp. Sci. St. Petersb. 8：220. t. 3. 1911；Fl. China 4：310. 1999；中国植物志21：112. 图版25. 1979；辽宁植物志（上册）：243. 1988；东北植物检索表（第二版）：100. 图版41：4. 1995.—B. platyphylla Suk. var. mandshurica (Regel) Hara in Journ. Jap. Bot. 13：385. 1937；辽宁植物志（上册）：243. 1988.

落叶乔木。树皮白色，具白粉，光滑。叶片广卵形，边缘有锯齿，表面绿色，背面淡绿色，侧脉5~8对。果穗圆柱状，长2~3厘米，下垂；果苞淡黄白色，上部3裂，中裂片卵形或狭卵形，较小，两侧裂片近圆形或广卵形，水平开展；果翅较小，较坚果宽或近等宽。花期5—6月，果期8—9月。

散生于山地中上部杂木林内。产于桓仁、宽甸、建昌等地。

可用于园林绿化。木材黄白色，材质松软，可作一般家具、器具、箱板等用材，树皮可提取桦树油。树皮有清热利湿、祛痰止咳、解毒消肿作用。

树干

果序

雄花序

叶形1

叶形2

植株的一部分

（5）**垂枝桦**（中国植物志、Flora of China）

Betula pendula Roth. in Tentan. Fl. Germ. 1：405. 1788；Fl. China 4：311. 1999；中国植物志21：115. 图版26：12-14. 1979.

落叶乔木。树皮灰色或黄白色，成层剥裂；枝条细长下垂，暗褐色或黑褐色。叶厚纸质，三角状卵形或菱状卵形，边缘具粗重锯齿或缺刻状重锯齿，侧脉6~8对。果序矩圆形，序梗下垂；小坚果长倒卵形，上部疏被短柔毛，膜质翅稍长于果，宽为果的2倍。花期5—6月，果期8—9月。

产于欧洲和我国新疆。大连有栽培。

树形优美，为优良的绿化观赏树种。木质坚实，可作细木工、家具等用材。树皮有清热解毒、止咳作用，用于痢疾、咳嗽气喘、乳痈。

叶

果枝

植株

（6）黑桦（辽宁植物志、东北植物检索表、中国植物志、Flora of China）臭桦 棘皮桦 千层皮

Betula dahurica Pall. in Reise Prov. Russ. Reich. 3：224. not. 321. 421. t. K（k）. fig.4（a–b）. 1776；Fl. China 4：312. 1999；中国植物志21：118. 图版28：10–12. 1979；辽宁植物志（上册）：244. 1988；东北植物检索表（第二版）：100. 图版41：5. 1995.

落叶乔木。树皮黑褐色，龟裂。叶片卵形，侧脉6~8对。雌、雄花序均呈柱状椭圆形，雄花序下垂，雌花序直立。果穗椭圆状短筒形，单生短枝顶端，直立；果苞稍具缘毛，下部楔形，上部3裂；小坚果先端有毛，果翅为小坚果宽的1/2或更小。花期5—6月，果期8—9月。

生于低山向阳山坡、山麓较干燥处或杂木林内。产于清原、抚顺、新宾、本溪、桓仁、宽甸、凤城、岫岩等地。

木材供建筑、胶合板、家具等用，种子可榨油。树皮烧成炭治痢疾、腹泻；芽治胆囊炎、肾炎。

果序

群落

树干

小坚果

小枝

（7）坚桦（辽宁植物志、东北植物检索表、中国植物志、Flora of China）杵榆 杵榆桦 辽东桦

Betula chinensis Maxim. in Bull. Soc. Nat. Moscou 54（1）：47. 1879；Fl. China 4：308. 1999；中国植物志21：134. 图版30：1-3. 1979；辽宁植物志（上册）：244. 图版95：1. 1988；东北植物检索表（第二版）：100. 图版41：6. 1995.

落叶小乔木或呈灌木状。树皮暗灰色或黑灰色，较粗糙，不剥裂。叶片卵形，背面淡绿色，带苍白色，侧脉6~8对，边缘重锯齿。果穗卵形，直立；果苞下部楔形，上部3裂；小坚果倒卵圆形，果翅甚窄，近于无翅，先端有柔毛，顶端具宿存花柱。花期5—6月，果期8—9月。

生于山脊、干旱山坡或多石地。产于清原、抚顺、新宾、本溪、桓仁、宽甸、凤城、岫岩、庄河、北票、朝阳、建平、凌源、喀左、建昌等地。

木材坚重、致密，心材赤褐色，边材淡黄白色，纹理通直，刨平后有光泽，可作车辆、器具、家具、农具、机械等用材。树皮可作染料。

雄花枝

树干

雌花枝

叶背面观

（8）砂生桦（东北植物检索表、中国植物志、Flora of China）圆叶桦

Betula gmelinii Bunge in Mem. Sav. ttr. Acad. Sci. St. Petersb. 2：607. 1835；Fl. China 4：313. 1999；中国植物志21：128. 图版29：10-12. 1979；东北植物检索表（第二版）：100. 图版41：9. 1995.

落叶灌木。树皮灰黑色；小枝褐色，密生黄褐色树脂腺体和柔毛。叶椭圆形等，基部楔形，侧脉4~6对。果序单生，直立，矩圆形，长1~2.2厘米，直径约8毫米；小坚果狭倒卵形，果翅为果宽的1.5~2倍；果苞侧裂片斜展至横展。花期5—6月，果期8—9月。

生于沙丘间或沙地上。辽宁北部有记载。

2. 桤木属（赤杨属） Alnus Mill.

落叶乔木或灌木。单叶，互生，具叶柄，叶脉羽状。花单性，雌雄同株；雄花序生于上一年枝条的顶端，春季或秋季开放，圆柱形；雌花序单生或聚成总状或圆锥状，秋季出自叶腋或着生于少叶的短枝上。果序球果状；果苞木质，鳞片状，宿存，由3枚苞片、2枚小苞片愈合而成，顶端具5枚浅裂片，每个果苞内具2枚小坚果。小坚果小，扁平，具或宽或窄的膜质或厚纸质之翅。

辽宁产4种1变种。

分种检索表

1. 球穗状果序2至多数排列成总状或圆锥状，果梗较短或几无梗。
　2. 叶圆形，稀近卵形，常为浅裂，边缘具钝齿 ·················· 1. 辽东桤木 A. hirsuta（Spach）Rupr.
　2. 叶广椭圆形或长椭圆形，不分裂，边缘具锯齿。
　　3. 叶椭圆形至长椭圆形，边缘具尖锯齿，基部楔形或广楔形；芽具短柄，芽鳞2~3；小坚果近无翅
　　··· 2. 日本桤木 A. japonica（Thunb.）Steud.
　　3. 叶广椭圆形或广卵形，边缘具尖细齿牙状锯齿，基部广楔形、圆形或近心形；芽无柄，芽鳞3~6；
　　　小坚果具翅 ·············· 3. 东北桤木 A. mandshurica（Call.）Hand. -Mazz.
1. 球穗状果序单生，果梗通常较长，长约2厘米；叶长卵形、卵状披针形至披针形。栽培
　·· 4. 旅顺桤木 A. sieboldiana Matsum.

（1）**辽东桤木**（辽宁植物志、中国植物志、Flora of China）**水冬瓜赤杨**（东北植物检索表）**色赤杨**

Alnus hirsuta（Spach）Rupr. in Bull. Cl. Phys.–Math. Acad. Imp. Sci. Saint–Pétersbourg 15：376. 1857；Fl. China 4：303. 1999.—*A. sibirica* Fisch ex Turcz. in Bull. Soc. Nat. Moscou 11：101. 1838；中国植物志21：99. 图版23：7–9. 1979；辽宁植物志（上册）：248. 1988；东北植物检索表（第二版）：98. 1995.

落叶乔木。叶近圆形，顶端圆，基部圆形或宽楔形，边缘具波状缺刻，缺刻间具不规则的粗锯齿，上面暗绿色，疏被长柔毛，下面淡绿色或粉绿色，密被褐色短粗毛或疏被毛至无毛。果序2~8枚呈总状或圆锥状排列，近球形或矩圆形；果苞木质，顶端微圆，具5枚浅裂片。小坚果宽卵形；果翅厚纸质，极狭，宽为果的1/4。花期5—6月，果期9月。

生于林中湿地、河岸。瓦房店、庄河、铁岭、抚顺、本溪、凤城、丹东等地有栽培。

生长快速，是湿润地区及溪流两岸的优良绿化树种。木材供建筑、家具等用；树皮含单宁，可提制栲胶。

雄花序

叶背面观

果序

植株的一部分

（2）**日本桤木**（辽宁植物志、中国植物志、Flora of China）**日本赤杨**（东北植物检索表）

Alnus japonica（Thunb.）Steud. in Nomemcl. Bot. ed. 2. 55. 1840；Fl. China 4：303. 1999；中国植物志21：98. 1979；辽宁植物志（上册）：245. 图版95：4. 1988；东北植物检索表（第二版）：98. 图版40：3. 1995.

2a. 日本桤木（原变种）

var. japonica

落叶乔木。叶椭圆形至长椭圆形，边缘具尖锯齿，基部楔形或广楔形，边缘尖锯齿；叶柄幼时疏被短柔毛，后渐无毛。雄花序2~5，近总状排列，下垂；雌花序长椭圆状，2~8枚近总状排列；花先于叶开放。果穗卵形或广椭圆形，小坚果具窄翅。

生于河、溪岸旁。产于营口、岫岩、丹东、瓦房店、金州、大连等地。

为低湿地护堤岸及改良土壤的造林树种。树皮、叶、果有止血作用。果实及花序治泄泻、肺炎。

果枝

叶背面

植株的一部分

雄花序

2b. 毛枝日本桤木（变种）（辽宁植物志）

var. **villosa** L. Zhao et D. Chen，辽宁植物志（上册）：247. 1988.

当年生枝条叶柄密被棕褐色长毛，至秋冬也不脱落；果穗较原变种稍小。产于岫岩、凤城、庄河等地。

果枝

叶背面

叶柄

植株的一部分

（3）东北桤木（辽宁植物志、中国植物志、Flora of China）东北赤杨（东北植物检索表）

Alnus mandshurica（Call.）Hand.–Mazz. in Oesterr. Bot. Zeit. 81：306. 1932；Fl. China 4：303. 1999；中国植物志21：101. 图版23：16-18. 1979；辽宁植物志（上册）：247. 图版96. 1988；东北植物检索表（第二版）：98. 图版40：4. 1995.

落叶灌木或小乔木。叶宽卵形至宽椭圆形，顶端锐尖，基部圆形或微心形，边缘具细而密的重锯齿或单锯齿，除下面的脉腋间具簇生的髯毛外，两面均几无毛，侧脉7~13对；叶柄粗壮。果序3~5枚呈总状排列，矩圆形或近球形；小坚果卵形，膜质翅与果近等宽。花期5—6月，果期8—9月。

生于林边、河岸或山坡的林中。产于宽甸、凤城等地。

树皮、果实有清热解毒、收敛作用。

果枝

植株的一部分

果序

（4）旅顺桤木（中国植物志）旅顺赤杨（东北植物检索表）

Alnus sieboldiana Matsum. in Journ. Coll. Sci. Univ. Tokyo 16：art. 5. 2. t. 1. 1902；中国植物志21：103. 1979；东北植物检索表（第二版）：98. 图版40：2. 1995.

落叶灌木或小乔木。叶近革质，三角状披针形等，长6~10厘米，宽3~5厘米，顶端渐尖，基部楔形或近圆形，边缘具疏锯齿，两面均无毛，下面密生腺点，脉腋间具簇生的髯毛；叶柄粗壮，上面疏生长柔毛。果序单生，矩圆形；序梗粗壮，长1~2厘米，无毛。花期5月，果期9月。

原产于日本。旅顺口有栽培。

3. 鹅耳枥属 Carpinus L.

落叶乔木或小乔木，稀灌木。单叶互生，有叶柄；边缘具规则或不规则的重锯齿或单齿，叶脉羽状，第三次脉与侧脉垂直。花单性，雌雄同株；雄花序生于上一年的枝条上，春季开放；雌花序生于上部的枝顶或腋生于短枝上，单生，直立或下垂。小坚果宽卵圆形、三角状卵圆形、长卵圆形或矩圆形，微扁，着生于果苞之基部，顶端具宿存花被，有数肋；果皮坚硬，不开裂。种子1，子叶厚，肉质。

辽宁产2种。

分种检索表

1. 叶长7~12厘米，基部心形，侧脉5~21对；果序较紧密，长6~10厘米；小坚果椭圆形
··· 1. 千金榆 C. cordata Blume.
1. 叶长2~5厘米，基部圆形，侧脉7~14对；果序松散，长2~3厘米；小坚果卵形
··· 2. 鹅耳枥 C. turczaninowii Hance

（1）千金榆（辽宁植物志、东北植物检索表、中国植物志、Flora of China）半拉子 千金鹅耳枥

Carpinus cordata Blume. in Mus. Bot. Lugd.-Bat. 1：309. 1850；Fl. China 4：292. 1999；中国植物志21：63. 图版15：1-3. 1979；辽宁植物志（上册）：252. 图版98. 1988；东北植物检索表（第二版）：102. 图版40：6. 1995.

落叶乔木。叶长圆状卵形，基部心形，表面深绿色，背面淡绿色，侧脉14~20对。雄花序长5~6厘米，下垂；苞片长圆状卵圆形。雌花序生当年生枝顶；苞片宽卵状长圆形。果序较紧密，长6~10厘米；小坚果椭圆形。花期5月，果期9—10月。

生于杂木林内。产于抚顺、新宾、本溪、桓仁、凤城、宽甸、岫岩、庄河等地。

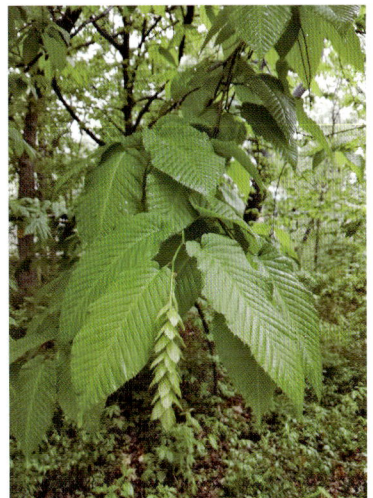

植株的一部分

木材坚硬，可作机械、车辆、农具等用材。果穗有健胃消食作用，根皮用于劳倦疲乏、跌打损伤、痈肿、淋证。

（2）鹅耳枥（辽宁植物志、东北植物检索表、中国植物志、Flora of China）见风干 穗子榆

Carpinus turczaninowii Hance in Journ. L. Soc, Bot. 10：203. 1869；Fl. China 4：294. 1999；中国植物志21：71. 图版19：4-14. 1979；辽宁植物志（上册）：253. 1988；东北植物检索表（第二版）：102. 图版40：5. 1995.

落叶乔木。叶卵形，基部圆形，侧脉8~12对。花单性，雌雄同株。果序松散，长2~3厘米；果苞半宽卵形，疏被短柔毛，顶端钝尖或渐尖；小坚果卵形。花期5—6月，果期9月。

生于山坡或山谷林中。产于朝阳、建平、喀左、凌源、建昌、丹东、东港、长海、大连等地。

木材红褐色、黄褐色，纹理美丽，木质坚韧均匀，扭曲不易裂开，可供家具、农具、手杖及雨伞柄等用。种子含油，可供食用或工业用。树皮、叶用于跌打损伤。

雄花枝

树干

果枝

果苞及小坚果

叶

4. 榛属 Corylus L.

落叶灌木或小乔木。单叶，互生，边缘具重锯齿或浅裂；叶脉羽状，伸向叶缘，第三次脉与侧脉垂直，彼此平行。花单性，雌雄同株；雄花序每2~3枚生于上一年的侧枝的顶端，下垂；雌花序为头状，每个苞鳞内具2枚对生的雌花。果苞钟状或管状，一部分种类果苞的裂片硬化成针刺状。坚果球形，大部或全部为果苞所包，外果皮木质或骨质；种子1枚，子叶肉质。

辽宁产3种2变种，其中栽培1种。

分种检索表

1. 果苞钟状，与果等长或稍长。

　　2. 叶轮廓为矩圆形或宽倒卵形，先端微凹或平截，中央常突尖

　　　　………………………………………………………… 1. 榛 C. heterophylla Fisch. ex Trautv.

　　2. 叶片近圆形，先端不凹、不平截。栽培 ………………………… 2. 欧榛 C. avellana L.

1. 果苞管状，长为坚果的3~6倍

　　………………………… 3. 毛榛 C. sieboldiana Blume. var. mandshurica（Maxim.）C.K.Schneid.

（1）榛（辽宁植物志、东北植物检索表、中国植物志、Flora of China）平榛 榛子

Corylus heterophylla Fisch. ex Trautv. in Pl. Imag. Descr. Fl. Ross. 10. t. 4. 1844; Fl. China 4：288. 1999；中国植物志21：50. 图版13：3-4. 1979；辽宁植物志（上册）：249. 1988；东北植物检索表（第二版）：102. 图版42：5. 1995.

1a. 榛（原变种）

var. heterophylla

灌木或小乔木。叶较厚，轮廓为矩圆形或宽倒卵形，先端微凹或平截，中央常突尖，叶柄长1~2厘米。花单性，同株，先于叶开放；雄花序2~3生上一年生枝上；雌花生枝顶或雄花序下方。坚果近球形，果苞钟状，与果等长或稍长，上部浅裂，裂片三角形。花期4—5月，果期8—10月。

常丛生于裸露向阳坡地或林缘低平处。产于辽宁各地。

木材可作伞柄、手杖等细木工用材；嫩叶可饲猪；树皮含单宁。坚果可食，亦可榨油，并可止咳。

果枝　　　　　　　　　雌花　　　　　　　花枝（雄花序）

1b. 长苞榛（变种）（辽宁植物志、东北植物检索表）

var. shenyangensis L. Zhao & D.Chen，辽宁植物志（上册）：250. 图版97. 1988；东北植物检索表（第二版）：102. 1995.

叶柄长2~5厘米；总苞筒状钟形，长为坚果的2~3倍。产于沈阳、凤城、新宾等地。

果序

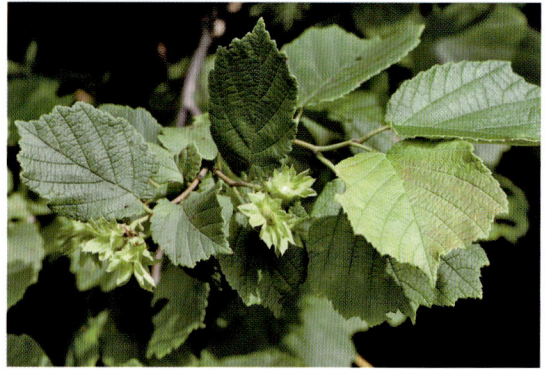

果枝

（2）欧榛 欧洲榛

Corylus avellana L. in Sp. Pl. 998. 1753.

落叶大灌木或乔木。叶片近圆形，叶面深绿色，皱褶，叶缘具不规则复式锯齿；叶柄短而粗，密生茸毛。雌雄同株，单性花。雄花为柔荑花序，圆柱形。雌花为头状花序。果苞钟状，开张。坚果圆形、长圆形等。花期4—5月，坚果成熟期9—10月。

原产于中亚、西亚以及欧洲地中海沿岸。辽宁经济林研究所有试验栽培。

大型坚果品种适于利用其果实。

雄花序

树干

果序

小枝

植株

（3）毛榛（辽宁植物志、东北植物检索表、中国植物志、Flora of China）火榛子 小榛树 胡榛子

Corylus sieboldiana Blume. var. **mandshurica**（Maxim.）C.K.Schneid. in Pl. Wilson. 2：454. 1916.—*C. mandshurica* Maxim. et Rupr. in Bull. Acad. Sci. St. Petersb. 15：137. 1856；Fl. China 4：288. 1999；中国植物志21：54. 图版13：11-12. 1979；辽宁植物志（上

册）：251. 1988；东北植物检索表（第二版）：102. 图版42：6. 1995.—*C. mandshurica* Maxim. et Rupr. var. *brevituba* Nakai in Neo-Lineam. Fl. Manshur. 217. 1979；东北植物检索表（第二版）：102. 1995.

灌木。叶柄长1~2厘米，具长毛；叶较薄，中部以上具浅裂或缺刻，顶端急尖或尾状。雄花序淡灰褐色，2~3腋生；雌花2~4，腋生雄花序上方。坚果卵球形，果苞管状，长为坚果的3~6倍（果苞也有短的，长为坚果的2倍或稍多），上部浅裂，裂片披针形。花期5月，果期9月。

散生于低山地的林内或灌丛中。产于抚顺、新宾、本溪、桓仁、宽甸、凤城、北镇、朝阳、建平、凌源、建昌等地。

嫩叶晒干后可作牛羊等草食家畜与猪的饲料。4—5月开花时也是蜂的蜜源。木材坚硬、耐腐，可做伞柄、手杖等。果仁可食，也有调中、开胃、明目作用。

雌花

短苞毛榛

短苞毛榛果序

果序

果枝

花枝

5. 虎榛子属 Ostryopsis Decne.

落叶矮灌木；多分枝。单叶互生，具短柄；叶脉羽状，侧脉伸达叶缘，第三次脉与侧脉近垂直，彼此近于平行；叶缘具不规则的重锯齿或浅裂。花单性，雌雄同株；雄花序呈柔荑花序状，冬季不裸露，自上一年之枝条生出，无梗，顶生或侧生；雌花序排成总状，直立或斜展。果苞厚纸质，囊状，顶端3裂。小坚果宽卵圆形，稍扁，完全为果苞所包，外果皮木质。

辽宁产1种。

虎榛子（辽宁植物志、东北植物检索表、中国植物志、Flora of China）**棱榆**

Ostryopsis davidiana Deene. in Bull. Soc. Bot. France 20：l55. 1873；Fl. China 4：289. 1999；中国植物志21：55. 图版14：1-2. 1979；辽宁植物志（上册）：254. 1988；东北植物检索表（第二版）：102. 图版42：4. 1995.

落叶丛生灌木，高2米左右。叶卵形或椭圆状卵形，基部近心形，先端短渐尖，边缘具较钝重锯齿，中部以上有浅裂，两面被短柔毛，侧脉直达锯齿的先端。花序顶生于当年枝上，花4~7朵簇生。小坚果卵形，包藏于果苞内。花期4月，果期8月。

常生于干旱山坡。产于建平、凌源、喀左、建昌等地。

树皮及叶含鞣质，可提取栲胶；种子含油，供食用和制肥皂；枝条可编农具，经久耐用。果实有清热利湿作用。

花枝　　　　　　　　　　　叶　　　　　　　　　　　果序

壳斗科 Fagaceae

常绿或落叶乔木，稀灌木。单叶，互生，极少轮生。花单性同株，稀异株，或同序，风媒或虫媒。雄花序下垂或直立，整序脱落；雌花序直立，花单朵散生或3至数朵聚生成簇，分生于总花序轴上呈穗状，有时单或2~3花腋生。壳斗脆壳质、木质、角质或木栓质，包着坚果底部至全包坚果；坚果有棱角或浑圆。

辽宁产2属14种2变种2变型，其中栽培3种。

分属检索表

1. 枝无顶芽；雄花序直立；果全部为刺状总苞所包围 ·················· 1. 栗属 Castanea Mill.
1. 枝具顶芽；雄花序下垂；果部分为壳斗所包围 ·················· 2. 栎属 Quercus L.

1. 栗属 Castanea Mill.

落叶乔木，稀灌木。叶互生，叶缘有锐裂齿，羽状侧脉直达齿尖。花单性同株，若为混合花序，则雄花位于花序轴的上部，雌花位于下部；穗状花序，直立。壳斗外壁在授粉后不久即长出短刺，刺随壳斗的增大而增长且密集；壳斗4瓣裂，有栗褐色坚果1~3（5）个，果顶部常被伏毛，底部有淡黄白色略粗糙的果脐；每果有1（2~3）粒种子。

辽宁栽培3种。

分种检索表

1. 每壳斗有坚果1~3个；叶片顶部短尖或渐尖。

 2. 一年生枝粗壮，灰色或灰褐色；坚果脐部小而狭，长椭圆形，不占坚果的全部基底
  …………………………………………………………………… 1. 板栗 C. mollissima Blume.

 2. 一年生枝细长，紫褐色或红褐色；坚果脐部大而宽，广椭圆形，近占坚果的全部基底
  …………………………………………………………… 2. 日本栗 C. crenata Sieb. et Zucc.

1. 每壳斗有坚果1个；叶片顶部长渐尖至尾状长尖 ………… 3. 锥栗 C. henryi（Skan）Rehd. et Wils.

（1）**板栗**（辽宁植物志、东北植物检索表）**栗**（中国植物志、Flora of China）**毛栗**

Castanea mollissima Blume. in Mus. Lugd. Bat. 1：286. 1850；Fl. China 4：316. 1999；中国植物志22：9. 1998；辽宁植物志（上册）：255. 图版99. 1988；东北植物检索表（第二版）：102. 图版42：1. 1995.

落叶乔木。一年生枝粗壮，灰色或灰褐色。叶长椭圆状披针形，具疏粗锯齿，背面通常有茸毛，无鳞片状腺毛。总苞生雄花序基部，每总苞内有雌花2~3朵。坚果脐部小而狭，长椭圆形，不占坚果的全部基底，果实内皮与果肉易剥离。花期5—6月，果期9—10月。

产于黄河流域中下游地区，海城、盖州、丹东、庄河、瓦房店、金州、大连等地有栽培。

木材坚硬，耐湿，供建筑、造船、车辆、农具、地板等用；种子可食，能健胃；叶可饲蚕；各部分均含单宁，可提制栲胶；花、果、果壳、壳斗、树皮及根均可入药。

雌花

果枝

一年生枝

花枝

雄花序的一部分

（2）日本栗（辽宁植物志、东北植物检索表、中国植物志、Flora of China）

Castanea crenata Sieb. et Zucc. in Abh. Math. – Phys. Cl. Akad. Wiss. Munch. 4
（3）：224. 1846；Fl. China 4：316. 1999；中国植物志22：11. 1998；辽宁植物志（上册）：
256. 1988；东北植物检索表（第二版）：102. 1995.

落叶乔木。一年生枝细长，紫褐色或红褐色。叶披针形，具细锐锯齿，背面多少有鳞片
状腺毛。雄花序长7~20厘米，雄花簇有花3~5朵；每壳斗有雌花3~5朵。坚果脐部大而宽，广
椭圆形，近占坚果的全部基底，果实内皮与果肉不易剥离。花期4—6月，果期9—10月。

原产于日本，朝鲜南部也有。丹东、大连有栽培。

用途同板栗。

果实

果序

小枝

叶缘

植株的一部分

（3）锥栗（中国植物志、Flora of China）尖栗　箭栗

Castanea henryi (Skan) Rehd. et Wils. in Sarg. Pl. Wils. 3：196. 1916；Fl. China 4：316. 1999；中国植物志22：11. 1998.

　　落叶大乔木。小枝暗紫褐色。叶长圆形或披针形，顶部长渐尖至尾状长尖，新生叶的基部狭楔尖，两侧对称，成长叶的基部圆或宽楔形，一侧偏斜，叶缘的裂齿有长2~4毫米的线状长尖，叶背无毛。成熟壳斗近圆球形，连刺直径2.5~4.5厘米。花期5—7月，果期9—10月。

　　广布于秦岭南坡以南、五岭以北各地。辽宁经济林研究所基地有栽培。

　　优良速生树种。叶、壳斗用于湿热、泄泻。种子用于肾虚、痿弱、消瘦。

叶缘

叶正反面观

植株的一部分

小枝

叶

2. 栎属 Quercus L.

　　常绿、落叶乔木，稀灌木。叶螺旋状互生。花单性，雌雄同株；雌花序为下垂柔荑花序，花单朵散生或数朵簇生于花序轴下；雌花单生、簇生或排成穗状生于总苞内。壳斗（总苞）包着坚果一部分，稀全包坚果。壳斗外壁的小苞片鳞形、线形、钻形，覆瓦状排列，紧贴或开展。每壳斗内有1个坚果。坚果当年或翌年成熟，坚果顶端有突起柱座，底部有圆形果脐。

　　辽宁产11种2变种2变型。

分种检索表

1. 叶柄较长，通常长1厘米以上。
　　2. 叶边缘有缺刻状羽裂。栽培。
　　　　3. 叶卵形，基部楔形，叶缘每边5~7羽状深裂，裂片具细裂齿。壳斗杯形，包着坚果1/4~1/3。栽培
　　　　……………………………………………………………………… 1. 沼生栎 Q. palustris Muench.
　　　　3. 叶椭圆状倒卵形，边缘有3~4对缺刻状的羽裂，裂片有尖头，接近先端处有2~3个线状锯齿。壳斗
　　　　浅皿状，果实1/4包在壳斗内。栽培 …………………………………… 2. 红槲栎 Q. rubra L.
　　2. 叶边缘为刺芒状锯齿或粗锯齿。
　　　　4. 叶边缘为刺芒状锯齿。
　　　　　　5. 叶背面浅绿色，无毛或仅脉腋有毛；树皮暗灰色或黑灰色，木栓层不发达
　　　　　　……………………………………………………………………… 3. 麻栎 Q. acutissima Carr.
　　　　　　5. 叶背面灰白色，密被星状毛；树皮暗灰褐色或黑褐色，木栓层较发达
　　　　　　……………………………………………………………………… 4. 栓皮栎 Q. variabilis Bl.
　　　　4. 叶边缘为粗锯齿。
　　　　　　6. 叶缘具钝锯齿，背面灰绿色，被星状毛。壳斗鳞片短，卵状披针形，紧贴壳斗
　　　　　　……………………………………………………………………… 5. 槲栎 Q. aliena Bl.
　　　　　　6. 叶缘具锐锯齿，背面被白色平伏毛 …………………… 6. 枹栎 Q. serrata Thunb.
1. 叶柄较短，通常长0.5厘米以下，最长不超过1厘米。
　　7. 壳斗鳞片线状披针形。
　　　　8. 壳斗鳞片长，长约1厘米或更长，开展或反卷。
　　　　　　9. 小枝粗壮，密被黄褐色短柔毛；叶较大，长10~20厘米，背面密被星状毛
　　　　　　……………………………………………………………………… 7. 槲树 Q. dentata Thunb.
　　　　　　9. 小枝较细，柔毛较少或近无毛；叶较小，背面无毛或仅沿叶脉有星状毛
　　　　　　……………………………………………………………………… 8. 柞槲栎 Q. × mongolico-dentata Nakai
　　　　8. 壳斗鳞片短，长0.3~0.6厘米，近直立；小枝近无毛 ………… 9. 金州栎 Q. maccormickii Carr.
　　7. 壳斗鳞片疣状或鳞状，紧贴壳斗。
　　　　　　10. 叶较大，波状齿7~10对，侧脉7~13对；壳斗鳞片疣状凸起显著
　　　　　　……………………………………………………………………… 10. 蒙古栎 Q. mongolica Fisch. ex Turcz.
　　　　　　10. 叶较小，波状齿5~7对，侧脉5~10对；壳斗鳞片扁平微凸起
　　　　　　……………………………………………………………………… 11. 辽东栎 Q. wutaishanica Mayr

（1）沼生栎（中国植物志、Flora of China）针栎

Quercus palustris Muench. in Hausvater 5：253. 1770；Fl. China 4：375. 1999；中国植物志22：239. 1998.

落叶乔木。树皮暗灰褐色，略平滑。小枝褐色，无毛。叶柄长2.5~5厘米；叶片卵形，基部楔形，叶缘每边5~7羽状深裂，裂片具细裂齿。雄花序与叶同时开放，数个簇生；雌花单生或2~3朵生长约1厘米的总柄上。壳斗杯形，包着坚果1/4~1/3；坚果长椭圆形。花期4—5月，果期9月。

原产于美洲。熊岳、大连有栽培。

优良观赏树种。耐水湿。坚果含淀粉46.1%、单宁10.6%、油脂12.6%、蛋白质7.4%。

果实

小枝

叶

（2）红槲栎（东北植物检索表）美国红橡树 红栎 北美红栎

Quercus rubra L. in Sp. Pl. 996. 1753；东北植物检索表（第二版）：104. 图版43：2. 1995.

落叶乔木。叶柄长3~4厘米；叶互生，质薄，椭圆状倒卵形，边缘有3~4对缺刻状的羽裂，裂片尖头，接近先端处有2~3个线状锯齿。雌雄同株。坚果广卵形，翌年秋成熟，壳斗浅皿状，边缘肥厚，外侧密生覆瓦状鳞片，果实1/4包在壳斗内。花期4—5月，果期9月。

原产于美国东部。大连、熊岳等地栽培。

优良观赏树种。木材供船舶、车辆、器具等用。

植株

果实

植株的一部分

秋叶

（3）麻栎（辽宁植物志、东北植物检索表、中国植物志、Flora of China）橡碗栎 青冈

Quercus acutissima Carr. in Journ. L. Soc. Bot. 6：33. 1862；Fl. China 4：372. 1999；中国植物志22：219. 图版68：1. 1998；辽宁植物志（上册）：258. 1988；东北植物检索表（第二版）：104. 图版42：2. 1995.

落叶乔木。树皮暗灰色或黑灰色，木栓层不发达。叶片革质，长椭圆状披针形，表面光绿色，背面淡绿色，边缘为刺芒状锯齿。花单性，同株。坚果球形或卵球形，约2/3坐落于杯状壳斗内；壳斗鳞片披针形，开展，外被灰白色密毛。花期4月下旬，果期9月。

生于低山缓坡土层深厚肥沃处。产于海城、盖州、金州、大连等地。

木材坚硬，供船舶、车辆和机械用。种子含淀粉，可酿酒或作饲料；果入药，有涩肠止泻作用，也能消乳肿；各部分均含单宁，可提制栲胶；叶可饲养柞蚕。

果实侧面观

果实正面观

叶

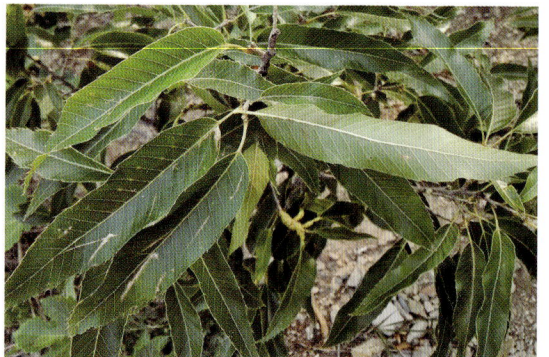

叶正反面对比

（4）栓皮栎（辽宁植物志、东北植物检索表、中国植物志、Flora of China）软木栎 粗皮栎

Quercus variabilis Bl. in Mus. Bot. Lugd.- Bat.1：297. 1850；Fl. China 4：372. 1999；中国植物志22：222. 图版68：2. 1998；辽宁植物志（上册）：258. 图版100. 1988；东北植物检索表（第二版）：104. 图版42：3. 1995.

落叶乔木。树皮黑褐色，木栓层发达。叶片长椭圆状披针形，边缘具刺芒状锯齿，表面深绿色，背面灰白色，密被星状毛。坚果近球形，约1/2坐落于杯状壳斗内；壳斗鳞片钻形，密生细毛，向外反曲。花期5月，果期10月。

果实

树干

叶

常生于向阳坡地或杂木林内。产于丹东、东港、庄河、大连、金州、兴城、绥中等地。

木材作车、船、器具等用材。枝丫材、壳斗、坚果等用途与本属其他树种相同。树皮木栓发达，剥取可制软木塞、软木板、隔音板等。种子含淀粉，可酿酒或作饲料。壳斗或果实有健胃、收敛、止血痢、止咳、涩肠作用。

（5）槲栎（辽宁植物志、东北植物检索表、中国植物志、Flora of China）细皮青冈

Quercus aliena Bl. in Mus. Bot. Lugd.–Bat.1：298. 1850；Fl. China 4：373. 1999；中国植物志22：230. 图版72：1-4. 1998；辽宁植物志（上册）：260. 图版101. 1988；东北植物检索表（第二版）：104. 图版43：3. 1995.

5a. 槲栎（原变种）

var. aliena

落叶乔木。叶片革质，倒卵形，叶缘具钝锯齿，背面灰绿色，被星状毛。雄柔荑花序下垂，单生或数个花序集生；雌花序单生或2~3集生新枝叶腋。坚果柱状卵圆形，1/3~1/2坐落于杯状壳斗内；壳斗鳞片短，卵状披针形，紧贴壳斗。花期4月末至5月，果期10月。

生于杂木林内。产于抚顺、新宾、本溪、桓仁、鞍山、宽甸、凤城、丹东、庄河、金州、大连等地。

枝叶稠密，叶形奇特，适宜浅山风景区造景用。木材供建筑、枕木、农具等用；叶可饲蚕；种子含淀粉，可酿酒或制凉粉等。叶、树皮和壳斗含单宁，可提制栲胶。

果序

树干

叶

5b. 尖齿槲栎（变种）（辽宁植物志、东北植物检索表）锐齿槲栎（中国植物志、Flora of China）

var. acuteserrata Maxim. in Jahrb. Bot. Gart. Mus. Berl.4：219. 1886；Fl. China 4：374. 1999；中国植物志22：230. 图版72：10-13. 1998；辽宁植物志（上册）：261. 1988；东北植物检索表（第二版）：104. 1995.

叶边缘锯齿锐尖头，微呈芒刺状，且常内曲，叶背密被灰色细茸毛，叶片形状变异较大。产于庄河、岫岩及辽宁东部山区。

叶

5c. 北京槲栎（变种）（中国植物志、Flora of China）

var. pekingensis Schott. in Bot. Jahrb.47：636. 1911；Fl. China 4：374. 1999；中国植物志22：231. 图版72：5-9. 1998.

5ca. 北京槲栎（原变型）

f. pekingensis

叶片较小，长5~11厘米，稀长达13厘米，叶背无毛或近无毛；叶柄近无毛，壳斗包着坚果约1/2，小苞片扁平，有时小苞片在壳斗顶端向内卷曲，形成厚缘壳斗。产于庄河。

果实

植株的一部分

5cb. 高壳槲栎（变型）（中国植物志）热河槲栎（辽宁植物志）

var. pekingensis Schott. f. **jeholensis**（Liou et Li）H. W. Jen et L. M. Wang in Journ. Beij. Forest. Univ. 15（4）：44. 1993；中国植物志22：233. 1998.—*Q. aliena* var. *jeholensis* Liou et S. X. Li，辽宁植物志（上册）：261. 1988.

与北京槲栎不同处在于壳斗包着坚果2/3以上，小苞片背部呈瘤状突起，叶背被疏柔毛。产于凤城。

（6）枪栎（辽宁植物志、东北植物检索表、中国植物志、Flora of China）枪树

Quercus serrata Thunb. in Fl. Jap. 176. 1784；Fl. China 4：374. 1999；中国植物志22：233. 图版73：3-5. 1998；辽宁植物志（上册）：261. 1988；东北植物检索表（第二版）：104. 图版43：4. 1995.

落叶乔木。叶片薄革质，倒卵形或倒卵状椭圆形，顶端渐尖或急尖，基部楔形或近圆形，叶缘有腺状锯齿，侧脉每边7~12条；叶柄长1~3厘米，无毛。壳斗杯状，包着坚果1/4~1/3；小苞片长三角形，贴生，边缘具柔毛。花期3—4月，果期9—10月。

生于山地或沟谷林中。产于本溪、凤城、宽甸、桓仁等地。

木材坚硬，供建筑、车辆等用；种子富含淀粉，供酿酒和做饮料；树皮可提取栲胶，叶可饲养柞蚕。

（7）槲树（辽宁植物志、东北植物检索表、中国植物志、Flora of China）波罗叶

Quercus dentata Thunb. in Fl. Jap. 177. 1784；Fl. China 4：372. 1999；中国植物志22：222. 图版69：1. 1998；辽宁植物志（上册）：262. 图版102. 1988；东北植物检索表（第二版）：104. 图版43：1. 1995.

7a. 槲树（原变型）

f. dentata

落叶乔木或灌木。小枝粗壮，密被黄褐色短柔毛。叶片倒卵状椭圆形，边缘波状裂4~10对，表面深绿色，背面密被黄褐色茸毛。坚果近球形或卵圆形，约1/2坐落于杯状壳斗内；壳斗鳞片线状披针形，反曲，棕红色，被白色毛。花期5—6月，果期9—10月。

常生于山麓阳坡的杂木林内。产于辽宁各地。

木材坚硬，纹理直，结构粗，供建筑、造船、器具等用。种子含淀粉，可作饲料。壳斗和树皮含单宁。嫩叶可饲养柞蚕。种子、树皮、叶均可入药。

果期

果实

雄花枝

叶背面观

7b. 大叶槲树（变型）（东北植物检索表）

f. grandifolia (Koidz.) Kitag. in Neo-Lineam. Fl. Manshur. 218. 1979；东北植物检索表（第二版）：104. 图版43：1. 1995.

叶较原变型大，长20~30厘米。产于大连等地。

（8）**柞槲栎**（辽宁植物志、东北植物检索表、中国植物志）

大叶槲树

Quercus × mongolico- dentata Nakai in Bot. Mag. Tokyo 40：164. 1926；中国植物志22：226. 图版74：4-6. 1998；辽宁植物志（上册）：265. 1988；东北植物检索表（第二版）：104. 1995.

落叶乔木或灌木状。叶片长倒卵形或倒卵形，顶端突尖，基部窄圆或耳形，叶缘4~12对浅裂齿；侧脉每边6~12条，直达齿端；叶柄长0.4~1厘米。壳斗钟形，包着坚果约1/2；小苞片披针形，内面紫红色，外面灰黄色，被灰黄色短柔毛。坚果长椭圆形，果脐微突起。花期5—6月，果期9—10月。

生于海拔100~200米的山坡。产于金州、鞍山（千山）、丹东、北镇等地。

用途同蒙古栎。

注：本种叶近蒙古栎*Q. mongolica* Fisch.，壳斗近槲树*Q. dentata* Thunb.，但小苞片较短，可能是蒙古栎和槲树的自然杂交种。

果实侧面观

果序

叶背面观

植株的一部分

（9）金州栎（东北植物检索表）凤城栎（东北植物检索表、中国植物志）

Quercus maccormickii Carr. in J. L. Soc. Bot. 6：32. 1862；东北植物检索表（第二版）：104. 图版43：7. 1995.—*Q. fenchengensis* H. W. Jen et L. M. Wang in Bull. Bot. Res. 4（4）：196. f. 2. 1984；中国植物志22：225. 1998；东北植物检索表（第二版）：104. 1995.

落叶乔木，是槲栎和槲树的杂交种。小枝近无毛。叶片倒卵状椭圆形，叶缘具粗大锯齿，叶背灰白色，密被星状毛，侧脉每边8~13条；叶柄较短，通常长0.5~1厘米。果实2~4个聚生小枝顶端叶腋，稀单生。壳斗钟形，鳞片线状披针形，鳞片长0.3~0.6厘米，是壳斗高的1/2~2/3，近直立。

生于山坡杂木林中。产于金州、凤城。

（10）蒙古栎（辽宁植物志、东北植物检索表、中国植物志）、蒙栎（Flora of China）
柞树 小叶槲树

Quercus mongolica Fisch. ex Turcz. in Fl. Ross. 3（2）：589. 1850；Fl. China 4：
374. 1999；中国植物志22：236. 图版74：1-2. 1998；辽宁植物志（上册）：263. 图版103：
1-2. 1988；东北植物检索表（第二版）：104. 图版43：6. 1995.—*Q. mongolica* var. *macro-
carpa* H.Wei Jen & L.M.Wang in Bull. Bot. Res., Harbin 4：198 1984；中国植物志22：
238. 1998；东北植物检索表（第二版）：104. 1995.

落叶乔木。叶柄长0.2~0.8厘米；叶片倒卵形，边缘波状浅裂8~10对。雄花序下垂，花被
6~7裂，雄蕊通常8；雌花花被6浅裂。坚果长椭圆形，1/3~1/2部分坐落于杯状壳斗内；壳斗
鳞片突起呈疣状。花期4月末至6月初，果期9—10月。

生于阳坡。产于辽宁各地。

木材可作车船、建筑、桥梁、器具等用材。树皮、壳斗可提取单宁。叶可饲养柞蚕。枝
材供薪炭用或培养食用菌。嫩叶和果仁淀粉可食。树皮、根皮、叶、果实均有药用价值。

果序

叶

（11）辽东栎（辽宁植物志、中国植物志）辽宁栎（东北植物检索表）辽东柞 柴树

Quercus wutaishanica Mayr in Fremdl. Wald-Parkbaume fur. Europa 504. 1906；中国
植物志22：238. 图版74：3. 1998. —*Q. liaotungensis* Koidzumi in Bot. Mag.（Tokyo）26：
166. 1912；辽宁植物志（上册）：263. 图版103：3-4. 1988；东北植物检索表（第二版）：
104. 图版43：5. 1995.

落叶乔木。叶柄短于1厘米；叶片倒卵状椭圆形，基部楔形或呈耳状，先端钝头或圆
形，边缘波状浅裂5~7对，侧脉7~9对，表面绿色，背面淡绿色，沿脉具疏柔毛。坚果卵形，
约1/3坐落于杯状壳内，壳斗鳞片扁平微凸起，紧贴壳斗。花期4月末至5月，果期9月。

生于低山向阳坡地杂木林中。产于铁岭、清原、沈阳、抚顺、新宾、本溪、桓仁、宽
甸、凤城、岫岩、丹东、金州、大连等地。

木材供枕木、船舶、车辆、器具等用，种子含淀粉，树皮和壳斗含单宁，叶可饲养柞
蚕。果实经浸泡后猪喜食。叶干枯后粉碎牛喜食，落叶山羊喜食。

果序

壳斗

果实侧面观

叶背面观

叶正面观

花期

榆科 Ulmaceae

乔木或灌木。单叶，常绿或落叶，互生，稀对生，常2列。单被花两性，稀单性或杂性，雌雄异株或同株，少数或多数排成疏或密的聚伞花序，或因花序轴短缩而似簇生状，或单生，生于当年生枝或去年生枝的叶腋，或生于当年生枝下部或近基部的无叶部分的苞腋。果为翅果、核果、小坚果或有时具翅或具附属物，顶端常有宿存的柱头。

辽宁产5属18种2变种，其中栽培7种。

分属检索表

1. 枝无刺。
  2. 叶具羽状脉。
    3. 翅果 ·· 1. 榆属 Uimus L.
    3. 核果 ·· 2. 榉属 Zelkova Spach.
  2. 叶具3对较明显的脉。
    4. 翅果 ·· 3. 青檀属 Pteroceltis Maxim.
    4. 核果 ·· 4. 朴属 Celtis L.
1. 枝有刺 ·· 5. 刺榆属 Hemiptelea Planch.

1. 榆属 Ulmus L.

乔木，稀灌木。叶互生，2列，边缘具锯齿。花两性，春季先叶开放，稀秋季或冬季开放，常自花芽抽出，在上一年生枝（稀当年生枝）的叶腋排成簇状聚伞花序、短聚伞花序、总状聚伞花序或呈簇生状，或花自混合芽抽出，散生（稀簇生）于新枝基部或近基部的苞片（稀叶）的腋部。果为扁平的翅果，圆形、倒卵形、矩圆形或椭圆形。

辽宁产9种2变种，其中栽培3种。

分种检索表

1. 花梗、果梗长4~20毫米，不等长，多少下垂。
　　2. 叶中上部较宽，先端短急尖，叶面有毛或仅主侧脉的近基部有疏毛；冬芽纺锤形，花序常有花20余朵至30余朵；花被筒扁；花梗长6~20毫米；果梗长达30毫米 ………… 1. **欧洲白榆** U. laevis Pall.
　　2. 叶中部或中下部较宽，先端渐尖，叶背常有疏生毛，脉腋处有簇生毛；冬芽卵圆形；花序常有花10余朵；花被筒圆；花梗长4~10毫米；果梗长达15毫米 ……………… 2. **美国榆** U. americana L.
1. 花梗、果梗长一般不超过5毫米，近等长，不下垂。
　　3. 秋季开花；叶革质，较小，长2~5.5厘米，宽1~3厘米。栽培 …………… 3. **榔榆** U. parvifolia Jacq.
　　3. 春季开花；叶纸质，较大。
　　　　4. 叶先端常3~7裂，稀不裂 ……………………………… 4. **裂叶榆** U. laciniata（Trautv.）Mayr.
　　　　4. 叶不裂。
　　　　　　5. 成叶通常中下部最宽；种子位于翅果的中部或近中部，成熟后黄白色。
　　　　　　　　6. 翅果近圆形，直径8~17毫米；叶通常椭圆形，稀卵形至卵状披针形，基部常偏斜 …………………………………………………………………… 5. **榆树** U. pumila L.
　　　　　　　　6. 翅果广椭圆状卵形，长20~25毫米；叶卵形，基部圆形 … 6. **旱榆** U. glaucescens Franch.
　　　　　　5. 叶通常中上部最宽，广倒卵形或倒卵形。
　　　　　　　　7. 种子位于翅果的中部或近中部，上部不接近缺口，成熟后黄白色。翅果大，长2.5~3.5厘米，宽2.2~2.5（3）厘米，两面及边缘有毛；叶基部不偏斜。
　　　　　　　　　　8. 小枝（尤其幼枝）常有对生而扁平的木栓质翅；叶表面常有凸起的毛迹，背面密被短糙毛，粗糙；树皮灰褐色，浅纵裂，裂片表层易脱落；翅果广倒卵状圆形或近圆形 …………………………………………………………… 7. **大果榆** U. macrocarpa Hance
　　　　　　　　　　8. 小枝无木栓质翅。叶表面有毛，通常无毛迹，背面微粗糙，成叶仅中脉及叶柄有柔毛；树皮灰色或淡灰色，不规则开裂，裂片呈薄片状脱落；翅果长圆形至圆形。栽培 …………………………………… 8. **脱皮榆** U. lamellosa C. Wang & S. L. Chang
　　　　　　　　7. 种子位于翅果的上部或中上部，上端接近缺口，成熟后棕色；翅果较小，长11~14毫米，宽7~10毫米。
　　　　　　　　　　9. 果翅通常无毛，稀具疏毛；果核部分常被密或疏毛。生石灰岩山地及谷地。产于旅顺、鞍山、盖州、凤城等地 ………………………… 9a. **黑榆** U. davidiana Planch.
　　　　　　　　　　9. 翅果无毛，树皮色较深。……………… 9b. **春榆** var. japonica（Rehd.）Nakai.

（1）**欧洲白榆**（辽宁植物志、东北植物检索表、中国植物志）大叶榆

Ulmus laevis Pall. in Fl. Ross. 1（1）：75. t. 48. f. F. 1784；中国植物志22：342. 图版105：4-6. 1998；辽宁植物志（上册）：269. 图版104：8. 1988；东北植物检索表（第二版）：106. 图版45：4. 1995.

落叶乔木。叶倒卵状宽椭圆形或椭圆形，中上部较宽，基部明显偏斜，边缘具重锯齿，

齿端内曲。花20~30排成密集的短聚伞花序，花梗细而不等长，长6~20毫米，花被上部6~9浅裂。翅果卵形或卵状椭圆形，长约15毫米，边缘具睫毛，两面无毛，果核部分位于翅果近中部，上端微接近缺口，果梗长1~3厘米。花果期4—5月。

原产于欧洲。熊岳有栽培。

树干

叶

（2）美国榆（中国植物志）美洲榆

Ulmus americana L. in Sp. Pl. 1：226. 1753；中国植物志22：342. 图版105：1-3. 1998.

落叶乔木。叶卵形，中部或中下部较宽，基部极偏斜，边缘具重锯齿；叶柄长5~9毫米，上面有毛。短聚伞花序；花梗细，不等长，无毛；花被漏斗状，上部7~9浅裂。翅果椭圆形，两面无毛而边缘具睫毛，果核部分位于翅果近中部。花果期3—4月。

原产于美国。沈阳植物园有栽培。

优良的绿化遮阴树种。木材具光泽，结构细而均匀，强度中等，可用于室内装饰装修。

树干

植株的一部分

（3）榔榆（辽宁植物志、东北植物检索表、中国植物志、Flora of China）小叶榆 掉皮榆

Ulmus parvifolia Jacq. in Pl. Rar. Hort. Schoenbr. 3：6. t. 262. 1798；Fl. China 5：9. 2003；中国植物志22：376. 图版108：9–11. 1998；辽宁植物志（上册）：271. 图版105：5. 1988；东北植物检索表（第二版）：106. 图版45：2. 1995.

落叶乔木。树皮灰至灰褐色，裂成不规则鳞状薄片剥落。叶质地厚，披针状卵形或窄椭圆形，中脉两侧长宽不等。花3~6簇生叶腋或排成聚伞花序，花被片4深裂，花梗短而被疏毛。翅果椭圆形或卵状椭圆形，果翅稍厚，果核部分位于翅果的中上部，上端接近缺口，果梗较管状花被为短。花果期8—10月。

生于平原、丘陵、山坡及谷地。大连有野生记载。熊岳、大连、旅顺口有栽培。

材质坚韧，纹理直，耐水湿，可作家具、车辆、造船、器具、农具等用材。树皮纤维纯

翅果

花

花枝

树干

细、杂质少，可作蜡纸及人造棉原料，或织麻袋、编绳索。可选作造林树种。树皮或根皮有利水、通淋、消痈作用。茎叶用于疮肿、腰背酸痛、牙痛。

（4）**裂叶榆**（辽宁植物志、东北植物检索表、中国植物志、Flora of China）**春榆 黏榆**

Ulmus laciniata（Trautv.）Mayr. in Fremdl. Wald-Parkbaume fur. Europa 523. t. 243. 1906；Fl. China 5：5. 2003；中国植物志22：352. 图版109. 1998；辽宁植物志（上册）：268. 图版104：7. 1988；东北植物检索表（第二版）：108. 图版46：1. 1995.

落叶乔木。叶倒卵形至倒卵状长圆形，先端通常3~7裂，边缘具较深的重锯齿。簇状聚伞花序生上一年生枝上。翅果椭圆形或长圆状椭圆形，果核部分位于翅果的中部或稍向下，宿存花被无毛，钟状，常5浅裂，裂片边缘有毛，果梗常较花被为短。花果期4—5月。

生于溪流旁或山坡上。产于大连、沈阳、鞍山、本溪、桓仁、宽甸、凤城等地。

树皮纤维可代麻制绳、麻袋或人造棉。木材可制器具、车辆和农具。嫩芽、嫩果可食。果实可杀虫。

植株的一部分

果序

（5）**榆树**（辽宁植物志、东北植物检索表、中国植物志、Flora of China）**家榆 白榆**

Ulmus pumila L. in Sp. Pl. 326. 1753；Fl. China 5：6. 2003；中国植物志22：356. 图版112：1-6. 1998；辽宁植物志（上册）：272. 1988；东北植物检索表（第二版）：108. 图版45：5. 1995.

5a. 榆树（原变种）

var. pumila

落叶大乔木或灌木。叶片卵形，表面暗绿色，背面淡绿色，侧脉7~16对。花先于叶开放，多朵簇生上年生枝上。翅果近圆形，先端微缺，基部广楔形至圆形。种子位于翅果的中部，上端不接近缺口。花果期4—5月。

多生于山麓、丘陵、沙地上，常见栽培。产于辽宁各地。

木材坚重耐用，可供建筑、桥梁、车辆、农具、家具及器具等用；嫩果、幼叶可食或作饲料；种子可榨油；果实、树皮和叶入药，有安神作用。

翅果

果期

花期

叶

5b. 垂枝榆（变种）（辽宁植物志、东北植物检索表）

var. **pendula** (Kirchr.) Rehd. in Man. Cult. Trees and Shrubs. 190. 1972；辽宁植物志（上册）：272. 1988；东北植物检索表（第二版）：108. 1995.

　　枝梢不向上伸展，生出后转向地心生长，因而无直立主干，均高接于乔木型榆树上，枝条下垂后全株呈伞形。产于喀左，其他地方有栽培。

植株

5c. 金叶榆

cv. 'jinye'

叶片金黄色，叶卵圆形，比普通榆树叶片稍短。辽宁多地有栽培。

植株

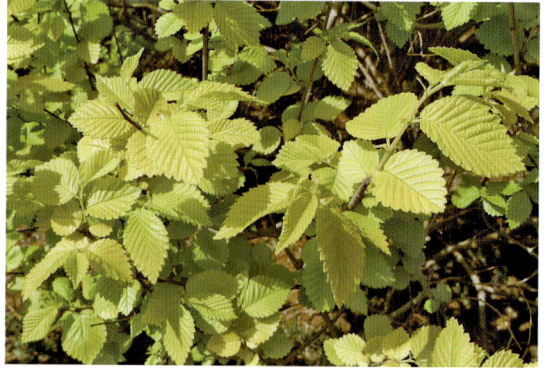

植株的一部分

（6）旱榆（辽宁植物志、东北植物检索表、中国植物志、Flora of China）灰榆 崖榆

Ulmus glaucescens Franch. in Nouv. Arch. Mus. Hist. Nat., sér. 2, 7: 76–77, pl. 6, f. A76. 1884; Fl. China 5: 6. 2003; 中国植物志22: 361. 图版113: 3-10. 1998; 辽宁植物志（上册）: 273. 1988; 东北植物检索表（第二版）: 108. 图版46: 5. 1995.

落叶乔木或灌木。叶卵形，基部圆形，边缘具单锯齿；叶柄长5~8毫米，上面被短柔毛。花散生于新枝基部或近基部，或3~5簇生于上一年生枝上。翅果宽椭圆形，除顶端缺口柱头面有毛外，余处无毛，果翅较厚，果核位于翅果中上部，上端接近或微接近缺口，宿存花被钟形，无毛，上端4浅裂。花果期3—5月。

生于山坡。产于朝阳凤凰山。

木材坚实、耐用。可作器具、农具、家具等用材。耐干旱、寒冷，可作荒山造林及防护林树种。

生境

翅果

植株的一部分

（7）大果榆（辽宁植物志、东北植物检索表、中国植物志、Flora of China）黄榆 蒙古黄榆

Ulmus macrocarpa Hance in Journ. Bot. 6: 332. 1868; Fl. China 5: 3. 2003; 中国植物志22: 345. 图版106: 2-5. 1998; 辽宁植物志（上册）: 270. 图版104: 6. 1988; 东北植物检索表（第二版）: 108. 图版46: 2. 1995.

落叶乔木或灌木。小枝有时两侧具对生而扁平的木栓翅。叶片广倒卵形，表面暗绿色，背面绿色，边缘具重锯齿。花先于叶开放。翅果广倒卵状圆形或近圆形，基部稍偏斜或近圆形，顶端微凹，两面及边缘密被长糙毛。种子部分位于翅果中部；果梗长约5毫米，被密毛，花被宿存。花果期4—5月。

生于山地、丘陵及固定沙丘上。产于辽宁各地。

木材具有韧性强、弯绕性能良好及耐磨损等特点，可制车辆、器械、家具等，也是园林绿化、防风固沙、水土保持和盐碱地造林的重要树种。果实有杀虫、消积作用。

小枝

树干

翅果

植株的一部分

（8）脱皮榆（辽宁植物志、东北植物检索表、中国植物志、Flora of China）沙包榆

Ulmus lamellosa C. Wang & S. L. Chang in Acta Phytotax. Sin. 17：47. f. 2. 1979；Fl. China 5：4. 2003；中国植物志22：348. 图版107：1-3. 1998；辽宁植物志（上册）：269. 1988；东北植物检索表（第二版）：108. 图版46：3. 1995.

落叶小乔木。树皮灰色。小枝无木栓质翅。叶倒卵形，叶面粗糙，叶背微粗糙，幼时密生短毛，脉腋有簇生毛，边缘兼有单锯齿与重锯齿。花常自混合芽抽出，春季与叶同时开放。翅果常散生新枝的近基部，近圆形，两面及边缘有密毛，顶端凹，果核位于翅果的中部。花果期4—5月。

自然分布河北、山西等地。熊岳有栽培。

翅果

树干

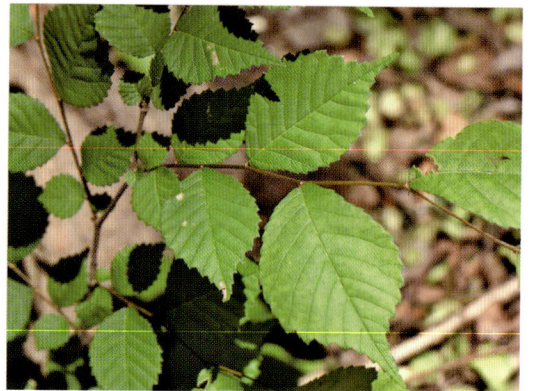

小枝

（9）**黑榆**（辽宁植物志、东北植物检索表、中国植物志、Flora of China）**山毛榆 热河榆**

Ulmus davidiana Planch. in Comp. Rend. Acad. Sci. Paris 74（1）：1498. 1872；Fl. China 5：7. 2003；中国植物志22：365. 图版114：5-9. 1998；辽宁植物志（上册）：266. 图版104：1-4. 1988；东北植物检索表（第二版）：108. 图版45：3. 1995.

9a. 黑榆（原变种）

var. davidiana

落叶乔木或灌木状。树皮为不规则沟裂。幼枝有时有不规则的或有4条狭的木栓质翅。叶倒卵形，表面不粗糙，边缘具重锯齿。聚伞花序簇生在上一年生枝上。翅果倒卵形或近倒卵形，果翅通常无毛，稀具疏毛，果核部分常被密或疏毛，位于翅果中上部或上部，上端接近缺口。花果期4—5月。

生于石灰岩山地及谷地。产于旅顺口、鞍山、盖州、凤城等地。

木材纹理直或斜行，结构粗，重量和硬度适中，有香味，弯绕性较好，有美丽的花纹。可作家具、器具、室内装修、车辆、造船、地板等用材；枝皮可代麻制绳，枝条可编筐。可选作造林树种。枝、叶有利水消肿、清热、驱虫作用。

树干

果序

植株

小枝

9b. 春榆（变种）（辽宁植物志、东北植物检索表、中国植物志、Flora of China）

var. **japonica**（Rehd.）Nakai in Fl. Sylv. Kor. 19：26. t. 9. 1932；Fl. China 5：7. 2003；中国植物志22：366. 图版115：1－9. 1998.－*U. japonica*（Rehd.）Sarg. in Trees & Shrubs 2（1）：11. 1907；辽宁植物志（上册）：267. 图版104：5. 1988；东北植物

果枝

翅果

小枝

栓枝春榆

检索表（第二版）：108. 图版46：4. 1995.

翅果无毛，树皮色较深。产于辽南、辽东各县。

注：东北的资料收载的栓枝春榆*U. japonica*（Rehd.）Sarg. var. *suberosa*（Turcz.）S. D. Zhao（幼枝有发达的木栓质翅）、光叶春榆*U. japonica*（Rehd.）Sarg. var. *laevigata* Schneid.（叶平滑无毛，稀脉腋有簇毛；小枝无木栓质翅）均被合并为春榆。

2. 榉属 Zelkova Spach.

落叶乔木。叶互生，具短柄，有圆齿状锯齿，羽状脉，脉端直达齿尖。花杂性，几乎与叶同时开放，雄花数朵簇生于幼枝的下部叶腋，雌花或两性花通常单生（稀2~4朵簇生）于幼枝的上部叶腋。果为核果，偏斜，宿存的柱头呈喙状，在背面具龙骨状凸起，内果皮多少坚硬；种子上下多少压扁，顶端凹陷，胚乳缺，胚弯曲，子叶宽，近等长，先端微缺或2浅裂。

辽宁栽培2种。

分种检索表

1. 当年生枝紫褐色或棕褐色，无毛或疏被短柔毛；叶两面光滑无毛，或在背面沿脉疏生柔毛，在叶面疏生短糙毛 ·· 1. 光叶榉 Z. serrata（Thunb.）Makino
1. 当年生枝灰色或灰褐色，密生灰白色柔毛；叶背密生柔毛，叶面被糙毛
·· 2. 大叶榉树 Z. schneideriana Hang.-Mazz.

（1）光叶榉（辽宁植物志、东北植物检索表）榉树（中国植物志、Flora of China）

Zelkova serrata（Thunb.）Makino in Bot. Mag. Tokyo 17：13. 1903；Fl. China 5：10. 2003；中国植物志22：383. 图版120：1-2. 1998；辽宁植物志（上册）：275. 图版106：1-3. 1988；东北植物检索表（第二版）：111. 图版44：5. 1995.

落叶乔木。当年生枝紫褐色或棕褐色，无毛或疏被短柔毛；叶两面光滑无毛，或在背面沿脉疏生柔毛，在叶面疏生短糙毛。雄花直径约3毫米，花被裂片（5-）6~7（-8），退化子房缺；雌花直径约1.5毫米，花被裂片4~5（-6），子房被细毛。核果斜卵状短圆锥形，网肋

明显，表面被短柔毛，花被宿存。花期4月，果期9—10月。

生于河谷、溪边疏林中。大连、沈阳有栽培。

树体高大，枝叶稠密，树冠丰满，在园林中可作庭荫树和行道树。木材供建筑、桥板、栏杆、雕刻、门柱、器械及车辆等用。树皮下水气，止热痢，安胎；叶治肿烂恶疮。

果枝

植株

植株的一部分

（2）大叶榉树（中国植物志、Flora of China）血榉 鸡油树

Zelkova schneideriana Hang.-Mazz. in Symb. Sin. 7：104. 1929；Fl. China 5：10. 2003；中国植物志22：385. 图版120：3-5. 1998.

落叶乔木。当年生枝灰色或灰褐色，密生灰白色柔毛。叶背密生柔毛，叶面被糙毛。雄花1~3朵簇生叶腋，雌花或两性花常单生叶腋。核果斜卵状短圆锥形，顶端偏斜，凹陷，具腹背脊，网肋明显，表面被短柔毛，花被宿存。花期4月，果期9—11月。

产于淮河流域、长江中下游及其以南各省。大连有栽培。

优良的行道树种、景观树种和防护林树种。树皮有清热、利水作用。

叶背面密被毛

小枝

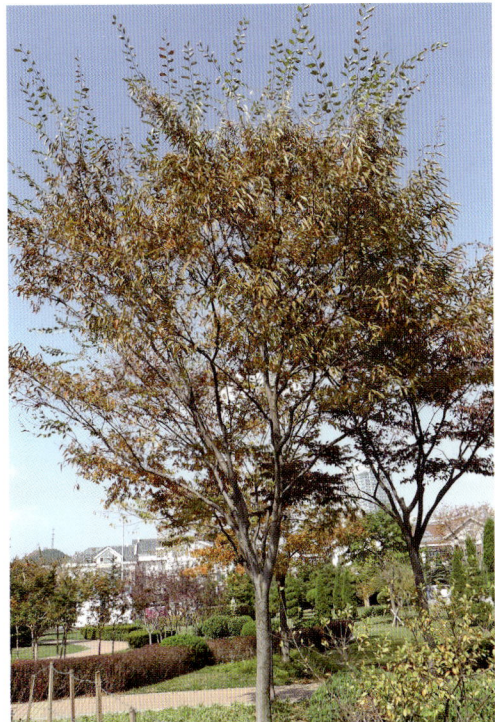

植株

3. 青檀属 Pteroceltis Maxim.

落叶乔木。叶互生，有锯齿，基部3出脉，侧脉先端在未达叶缘前弧曲，不伸入锯齿。花单性、同株；雄花数朵簇生于当年生枝的下部叶腋，花被5深裂；雌花单生于当年生枝的上部叶腋，花被4深裂。坚果具长梗，近球状，围绕以宽的翅，内果皮骨质；种子具很少胚乳，胚弯曲，子叶宽。

辽宁产1种。

青檀（辽宁植物志、东北植物检索表、中国植物志、Flora of China）**檀树 摇钱树**

Pteroceltis tatarinowii Maxim. in Bull. Acad. Sci. St. Petersb. 18：293. cum fig. 1873；Fl. China 5：10. 2003；中国植物志22：380. 图版119. 1998；辽宁植物志（上册）：276. 图版106：4. 1988；东北植物检索表（第二版）：106. 图版44：4. 1995.

落叶乔木。叶互生，广卵形，不规则锯齿缘。花单性，雌雄同株，雄花簇生叶腋，花被5深裂，雄蕊5，与裂片对生，花药先端有毛；雌花单生，花被4深裂，子房两侧压扁，被疏软毛，花柱2裂。果实为具翅的小坚果。花期3—5月，果期8—10月。

生于山谷、溪边、石灰岩山地疏林中。旅顺蛇岛有分布。

树皮纤维为制宣纸的主要原料；木材坚硬细致，是供农具、车轴、家具和建筑用的上等木料；茎、叶有祛风、止血、止痛作用。

果枝

叶

枝干

植株的一部分

4. 朴属 Celtis L.

常绿或落叶乔木。叶互生，具3出脉或3~5对羽状脉。花小，两性或单性，有柄，集成小聚伞花序或圆锥花序，或因总梗短缩而呈簇状，或因退化而花序仅具一两性花或雌花；花序生于当年生小枝上，雄花序多生于小枝下部无叶处或下部的叶腋，在杂性花序中，两性花或雌花多生于花序顶端。核果，内果皮骨质，表面有网孔状凹陷或近平滑；种子充满核内。

辽宁产5种，其中栽培2种。

分种检索表

1. 叶大，近圆形，长6~12厘米，宽4~9厘米，先端有齿状裂片，尾状尖
   ·· 1. **大叶朴** C. koraiensis Nakai
1. 叶的先端非上述情况。
  2. 果梗（1.5）2~4倍长于其邻近的叶柄。
    3. 果较小，直径6~8毫米，熟时黑紫色；叶卵形或卵状披针形。
      4. 叶中部以下全缘，两面无毛 ·············· 2. **小叶朴** C. bungeana Bl.
      4. 叶基部全缘，两面有毛 ·············· 3. **狭叶朴** C. jessoensis Koidz.
    3. 果较大，直径10~13毫米，熟时紫红色；叶卵状椭圆形 ····· 4. **美洲朴** C. occidentalis Magnifica
  2. 果梗短于至1.5（-2）倍长于其邻近的叶柄 ·············· 5. **朴树** C. sinensis Pers.

（1）**大叶朴**（辽宁植物志、东北植物检索表、中国植物志、Flora of China）大叶白麻子
Celtis koraiensis Nakai in Bot. Mag. Tokyo 23：191. 1909；Fl. China 5：17. 2003；中国植物志22：409. 图版127：5-6. 1998；辽宁植物志（上册）：278. 图版107：3. 1988；东北植物检索表（第二版）：106. 图版44：2. 1995.

落叶乔木。叶柄具灰白色短柔毛；叶片广椭圆形至或广倒卵形，基部斜截形至微心形，不对称，先端常平截或圆形，具尾状长尖，边缘具粗锯齿，齿先端内弯而尖，表面绿色，背面淡绿色。花单生或簇生，核果单生叶腋，近球形，成熟后暗橙色至深褐色。花期4—5月，果熟期9—10月。

生于山坡或沟谷杂木林中。产于沈阳、北镇以南各地。

为庭园观赏树。木材可供建筑及器具用；枝皮纤维脱胶后可作麻类代用品，亦可作造纸、人造棉原料；果可榨油，供制肥皂及润滑剂用。根、茎、叶有止咳、平喘作用。

果实

植株的一部分

（2）小叶朴（辽宁植物志、东北植物检索表）黑弹树（中国植物志、Flora of China）

Celtis bungeana Bl. in Mus. Bot. Lugd. -Bat. 2：71. 1852；Fl. China 5：18. 2003；中国植物志22：411. 图版128：5-6. 1998；辽宁植物志（上册）：277. 图版107：1-2. 1988；东北植物检索表（第二版）：106. 图版44：1. 1995.

落叶乔木。叶片卵形，先端尖，基部广楔形至圆形；萌枝叶形态多变；叶两面无毛。花杂性或单性，与叶同时开放；雄花2~4朵成聚伞花序生当年生枝基部；雌花或两性花单生当年生枝的上部叶腋。核果球形，成熟后蓝黑色；果梗1.5~4倍长于其邻近的叶柄。花期4—5月，果期9—10月。

生于路旁、山坡、灌丛中或林边。产于大连、凌源、彰武、建昌、北镇、沈阳、鞍山、凤城等地。

可引作庭园观赏树。树皮纤维可代麻用或作为造纸和人造棉原料，木材供建筑用，树干可药用，主治支气管哮喘及慢性气管炎。

果枝

花序

萌枝叶

树干

（3）狭叶朴（辽宁植物志、东北植物检索表）

Celtis jessoensis Koidz. in Bot. Mag.（Tokyo）27：183. 1913；辽宁植物志（上册）：278. 图版107：4. 1988；东北植物检索表（第二版）：106. 图版44：3. 1995.

落叶乔木或小乔木。叶互生，叶柄密被灰白色短柔毛；叶片卵形至卵状披针形，基部斜截形或浅心形，先端渐尖，边缘除基部外有粗锯齿，表面绿色，背面淡绿色，两面均沿脉密被短粗毛，余处散生短粗毛。杂性花。核果黑色，近球形。花期4—5月，果期9—10月。

生于向阳湿润的山坡。产于沈阳、鞍山、本溪、建昌、北镇。

木材可作建筑、器具用材，果实可食。

注：中国植物志将本种与小叶朴C. bungeana Bl. 合并，但物种2000接受本种。我们观察到，同一区域内，有的植株的叶子完全符合本种描述，有的植株的叶子跟小叶朴很贴近，待进一步研究。

果枝　　　　　　　　　　　　叶　　　　　　　　　　　　植株的一部分

（4）美洲朴

Celtis occidentalis Magnifica in Sp. Pl. 1044. 1753.

落叶乔木。叶卵状椭圆形，长8~12厘米，基部近圆形，锯齿突出。叶片为绿色，表面有光泽，背面淡绿，背脉隆起并疏生毛。花序密集下垂，核果近球形，直径1厘米，熟时紫红色至黑色。花期3—4月，果实成熟期9—10月。

原产于美洲。彰武有栽培。

果实味甜可食。

叶　　　　　　　　　　　　　　　雄花的一部分

（5）朴树（中国植物志、Flora of China）黄果朴　紫荆朴

Celtis sinensis Pers. in Syn. 1：292. 1805；Fl. China 5：18. 2003；中国植物志22：410. 图版118：1-2. 1998.

落叶乔木。叶多为卵形或卵状椭圆形，基部几乎不偏斜或仅稍偏斜，先端尖至渐尖。果成熟时黄色至橙黄色，近球形，直径5~7毫米；果梗短于至略长于其邻近的叶柄。花期3—4月，果期9—10月。

大连、旅顺口有栽培。

叶治痢疾、跌打损伤；果实治咽喉炎、扁桃腺炎。

叶

树干

果实

植株的一部分

5. 刺榆属 Hemiptelea Planch.

落叶乔木；小枝坚硬，有棘刺。叶互生，有钝锯齿。花杂性，具梗，与叶同时开放，单生或2~4朵簇生于当年生枝的叶腋；花被4~5裂，呈杯状，雄蕊与花被片同数，雌蕊具短花柱，柱头2，条形。小坚果偏斜，两侧扁，在上半部具鸡头状的翅，基部具宿存的花被。

辽宁产1种。

刺榆（辽宁植物志、东北植物检索表、中国植物志、Flora of China）轴榆 铁子榆

Hemiptelea davidii（Hance）Planch. in Compt. Rend. Acad. Sci. Paris 74：132. 1872；Fl. China 5：9. 2003；中国植物志22：378. 图版118. 1998；辽宁植物志（上册）：273. 图版105：1-4. 1988；东北植物检索表（第二版）：106. 图版45：1. 1995.

叶

落叶小乔木。树皮暗灰色，条状深裂，枝生有长刺。叶互生，椭圆形或椭圆状长圆形，基部狭，浅心形，先端钝尖，边缘有整齐的粗锯齿，两面无毛。花杂性，1~4杂生于新枝的叶腋。翅果扁，花萼宿存。花期4—5月，果期9—10月。

生于村旁路边及山坡次生林中。产于彰武、葫芦岛、沈阳、鞍山、海城、大连、丹东、凤城、庄河等地。

干旱瘠薄地带的重要绿化树种，也作绿篱应用。木材可供建筑、器具、车辆及农具等用，茎皮纤维可制绳、编织袋和人造棉，种子可榨油。嫩叶可食。根皮、树皮有解毒消肿作用。叶用于痈肿、水肿、毒蛇咬伤。

幼叶

果实

植株的一部分

杜仲科 Eucommiaceae

落叶乔木。叶互生，单叶，具羽状脉，边缘有锯齿，具柄。花雌雄异株，无花被，先叶开放，或与新叶同时从鳞芽长出。雄花簇生，有短柄，具小苞片；雄蕊5~10个，线形，花丝极短，花药4室，纵裂。雌花单生于小枝下部，有苞片，具短花梗，子房1室，顶端2裂。翅果先端2裂，果皮薄革质，果梗极短；种子1个，垂生于顶端。

本科仅1属1种，中国特有，辽宁有栽培。

杜仲属 Eucommia Oliver

形态特征同杜仲科。

杜仲（辽宁植物志、东北植物检索表、中国植物志、Flora of China）**思仙　木绵**

Eucommia ulmoides Oliver in Hooker's Icon. Pl. 20：t. 1950. 1890；Fl. China 9：43. 2003；中国植物志35（2）：116. 图版25. 1979；辽宁植物志（上册）：280. 1988；东北植物检索表（第二版）：111. 图版44：6. 1995.

落叶乔木。树皮灰褐色，粗糙。叶椭圆形，薄革质；基部圆形或阔楔形，先端渐尖；侧脉6~9对；边缘有锯齿。花生当年枝基部。翅果扁平，长椭圆形，先端2裂，基部楔形，周围具薄翅；坚果位于中央，稍凸起。早春开花，秋后果实成熟。

大连、沈阳、丹东等地有栽培。

树皮、叶有补肝肾、强筋骨、安胎、降压作用，用于高血压症、腰膝酸痛等。

植株的一部分

翅果

树干

雌花

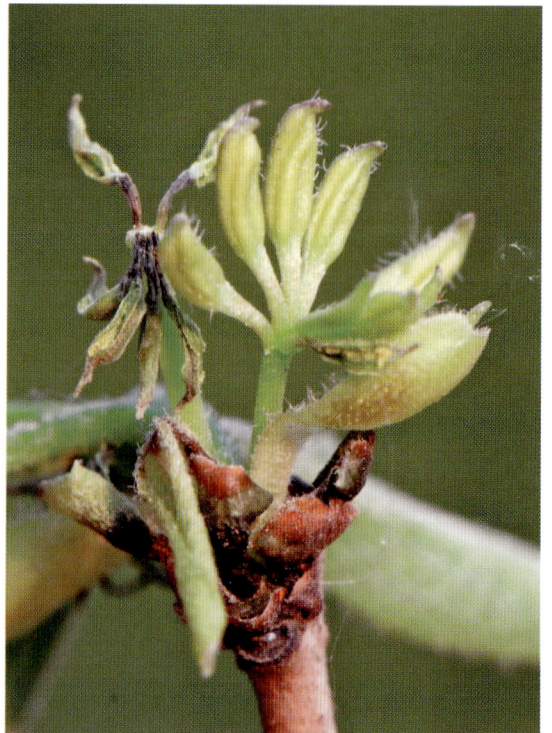

雄花

桑科 Moraceae

乔木或灌木，藤本，稀为草本。叶互生稀对生，全缘或具锯齿，分裂或不分裂。花小，单性，雌雄同株或异株，无花瓣；花序腋生，总状、圆锥状、头状等。雄花花被片2~4枚，有时仅为1枚或更多至8枚；雌花花被片4，稀更多或更少。果为瘦果或核果状，围以肉质变厚的花被，或藏于其内形成聚花果，或隐藏于壶形花序托内壁，形成隐花果，或陷入发达的花序轴内，形成大型的聚花果。

辽宁产4属6种1变种，其中栽培3种1变种。

分属检索表

1. 雄蕊在花芽时内折，花药外向。
  2. 雌花序为柔荑花序，花被片4；聚花果长圆形，熟时暗紫红色，子房柄不伸长 …… 1. 桑属 Morus L.
  2. 雌花序头状球形，花被筒状合生；聚花果球形，熟时红色，子房柄伸长
  …………………………………………… 2. 构属 Broussonetia L'Hert. ex Vent.
1. 雄蕊在芽时直立稀内折，花药内向稀外向。
  3. 雌雄花序均为球形头状花序；花数4；植物体具刺 ……………… 3. 柘属（柘树属）Maclura Nutall
  3. 花生于壶形花序托内壁，雄蕊1~3枚或更多；植物体不具刺 …………………… 4. 榕属 Ficus L.

1. 桑属 Morus L.

落叶乔木或灌木，无刺。叶互生，边缘具锯齿，全缘至深裂。花雌雄异株或同株，或同株异序，雌雄花序均为穗状；花被片4，覆瓦状排列；雌花花被片结果时增厚为肉质。聚花果为多数包藏于肉质花被片内的核果组成，外果皮肉质，内果皮壳质。

辽宁产3种1变种，其中栽培1变种。

分种检索表

1. 叶缘锯齿先端锐或稍钝，无芒尖。
  2. 叶缘有不整齐的锐深锯齿和重锯齿，叶先端尾状，表面粗糙，密生短刺毛，背面疏被粗毛；花柱明显，几与柱头等长 ……………………………………………… 1. 鸡桑 M. australis Poir.
  2. 叶缘为单锯齿，叶先端短尖，表面无毛，背面沿脉有疏毛，脉腋有簇毛；无花柱，柱头2裂，向外反卷 ………………………………………………………… 2. 桑 M. alba L.
1. 叶缘锯齿先端为刺芒状 …………………………………… 3. 蒙桑 M. mongolica（Bureau）Schneid.

（1）鸡桑（辽宁植物志、东北植物检索表、中国植物志、Flora of China）小叶桑

Morus australis Poir. in Encycl. Meth. 4：380. 1796；Fl. China 5：25. 2003；中国植物志23（1）：20. 图版4：7-8. 1998；辽宁植物志（上册）：282. 图版108：6-7. 1988；东北

植物检索表（第二版）：113. 图版47：4. 1995.

灌木或小乔木。叶卵形，先端急尖或尾状，基部楔形或心形，边缘具粗锯齿，不分裂或3~5裂，表面粗糙，密生短刺毛，背面疏被粗毛。雄花序被柔毛，花绿色，花被片卵形；雌花序球形，花被片长圆形，暗绿色，花柱明显，几与柱头等长，柱头2裂。聚花果短椭圆形，成熟时红色或暗紫色。花期3—4月，果期4—5月。

生于石灰岩山地或林缘及荒地。产于本溪、凤城、宽甸、旅顺口（蛇岛）等地。

韧皮纤维可以造纸，果食成熟时味甜可食。根皮、叶有清热解表作用。

果实

植株的一部分

花

叶背面观

叶缘

（2）桑（辽宁植物志、东北植物检索表、中国植物志、Flora of China）家桑

Morus alba L. in Sp. Pl. ed 1：986. 1753；Fl. China 5：23. 2003；中国植物志23（1）：7. 图版2：1-3. 1998；辽宁植物志（上册）：282. 图版108：1-5. 1988；东北植物检索表（第二版）：113. 图版47：3. 1995.

2a. **桑（原变种）**

var. alba

乔木。叶卵形或广卵形，边缘锯齿粗钝或呈不规则分裂。花单性，雌雄异株或同株；雄花序长10~25毫米，密生细毛；雌花序长5~15毫米，具毛，几乎无花柱，柱头2裂，向外反卷。椹果红色或暗紫红色。花期4—5月，果期6—7月。

生于山坡疏林中。凌源、黑山、彰武、法库、沈阳、辽阳、鞍山、本溪、凤城、宽甸、庄河、金州、大连、长海等地野生或栽培。

木质坚硬，纹理美观，可作家具、乐器、农具及细木工用材。树皮可造纸，桑叶可饲蚕，果实可生食或酿酒。根皮、桑枝、桑葚、桑叶均可药用。

雄花序

果实（坐果期）

叶

雄花的一部分

小枝

果实

2b. 垂枝桑（变种）
var. pendula Dipel

枝条呈游龙状扭曲。大连、鞍山等地有栽培。

果期

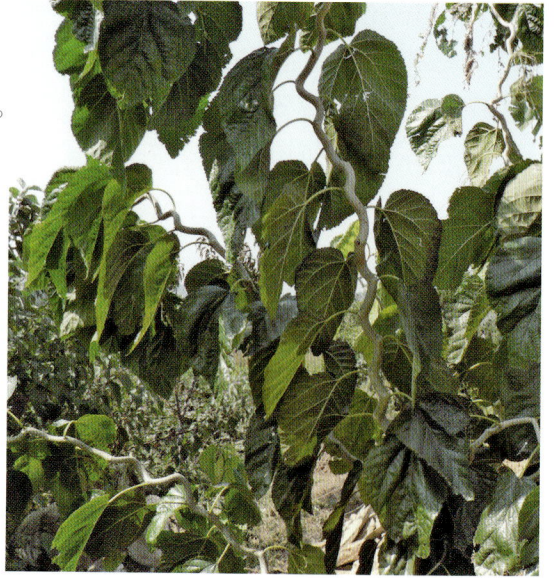

植株的一部分

（3）蒙桑（辽宁植物志、东北植物检索表、中国植物志、Flora of China）崖桑 刺叶桑

Morus mongolica（Bureau）Schneid. in Sarg. Pl. Wils. 3：296. 1916；Fl. China 5：25. 2003；中国植物志23（1）：17. 图版4：4-6. 1998；辽宁植物志（上册）：283. 图版108：8-9. 1988；东北植物检索表（第二版）：113. 图版47：5. 1995.—*M. mongolica* var. *diabolica* Koidz. in Bot. Mag.（Tokyo）31：36. 1917；东北植物检索表（第二版）：113. 1995.

灌木或小乔木。叶片广卵形或长圆状卵形，基部心形，不分裂或3~5裂，先端尾状渐尖，边缘锯齿先端为芒刺状，嫩叶两面有茸毛，

叶形1

叶形2

雌花序

雄花序

植株的一部分

后无毛。花单性，雌雄异株；雌花花被片4，花柱长，柱头2裂。聚花果圆柱形，红色或近紫黑色。花期5月，果期6—7月。

生于向阳山坡及低地。产于凌源、建平、义县、北镇、鞍山、金州、大连等地。

除叶不宜作养蚕饲料外，其他用途均与桑相同。

2. 构属 Broussonetia L' Hert. ex Vent.

乔木或灌木，或为攀援藤状灌木。叶互生，分裂或不分裂，边缘具锯齿，基生叶脉3出，侧脉羽状。花雌雄异株或同株；雄花为下垂柔荑花序或球形头状花序，花被片4或3裂，雄蕊与花被裂片同数而对生；雌花密集成球形头状花序，苞片棍棒状，宿存，花被管状，宿存。聚花果球形。

辽宁栽培1种。

构树（辽宁植物志、东北植物检索表、中国植物志、Flora of China）**楮树**

Broussonetia papyrifera (L.) L' Herit. ex Vent. in Tableau Regn. Veget. 3：458. 1799；Fl. China 5：26. 2003；中国植物志23（1）：24. 图版7：1-5. 1998；辽宁植物志（上册）：283. 图版109. 1988；东北植物检索表（第二版）：112. 图版47：1. 1995.

落叶乔木。叶片歪卵形至广卵形，不分裂或3~5深裂。雌雄异株；雄花序圆柱形下垂；雌花穗球形，雌花密生，花被筒状，先端具3~4牙齿，包着子房，花柱丝状，红紫色，柱头

雌株的一部分

雄株的一部分

野生构树

叶

长于花被。聚花果球形，肉质多汁，小核果橙红色。花期5—6月，果期8—9月。

生于山坡、山谷或平原。长海县有野生，大连、盖州等地有栽培。

城乡绿化的重要树种。茎皮可造纸，木材可制家具，乳汁可作糊料，叶子用于畜禽饲料。果可食用或酿酒，且有消肿、壮筋骨、明目、健胃作用。

注："金洋"又叫黄色叶构树、金叶构树，是大连市近年培育的构树新品种，可保持春夏秋三季黄色。

普通构树与"金洋"对比

植株的一部分

3. 柘属（柘树属） Maclura Nutall

乔木或小乔木，或为攀援藤状灌木，有乳液，具无叶的腋生刺。叶互生，全缘；托叶2枚，侧生。花雌雄异株，均为具苞片的球形头状花序；雄花：雄蕊与花被片同数，芽时直立，退化雌蕊锥形或无；雌花，无梗，花被片肉质，盾形，顶部厚，分离或下部合生。聚花果肉质；小核果卵圆形，果皮壳质，为肉质花被片包围。

辽宁栽培1种。

柘树（辽宁植物志、东北植物检索表）**柘**（中国植物志、Flora of China）

Maclura tricuspidata Carrière in Rev. Hort. 1864：390. pl. 37. 1864；Fl. China 5：36. 2003.—*Cudrania tricuspidata*（Carr.）Bur. ex Lavall. in Arb. Segrez. 243. 1877；中国植物志 23（1）：63. 图版 16：6. 1998；辽宁植物志（上册）：286. 图版 110. 1988；东北植物检索表（第二版）：112. 图版 47：2. 1995.

落叶灌木或小乔木。叶片卵形，全缘或3

果实成熟前

果实成熟期

裂，侧脉3~5对。花单性，雌雄花序皆为头状，单一或成对腋生；雄花序直径约5毫米，雌花序直径1.3~1.5厘米；雌花被片4。聚花果近球形，肉质，黄色至红色。花期5月，果期9—10月。

产于华北、华东、中南、西南各省区。大连、盖州有栽培。

木材是雕刻制作工艺品和高档家具的上乘材料。茎皮是造纸原料，木材为黄色染料，叶饲蚕，果食用和酿酒。根皮有止咳化痰、祛风利湿、散瘀止痛作用。

果枝

萌枝叶

树干

4. 榕属 Ficus L.

乔木或灌木，有时攀援状或为附生。叶互生，稀对生。雌雄同株或异株，生于肉质壶形花序托内壁；雌雄同株的花序托内有雄花、瘿花和雌花；雌雄异株的花序托内则雄花、瘿花同生于一花序托内，而雌花或不育花则生于另一植株花序托内壁。榕果腋生或生于老茎，口部苞片覆瓦状排列，基生苞片3，早落或宿存，有时苞片侧生，有或无总梗。

辽宁栽培1种。

无花果（中国植物志、Flora of China）映日果 奶浆果 树地瓜 文先果

Ficus carica L. in Sp. Pl. 2：1059. 1753；Fl. China 5：52. 2003；中国植物志23（1）：124. 图版27：1–4. 1998.

落叶灌木。叶互生，厚纸质，广卵圆形，长宽近相等，通常3~5裂，小裂片卵形。雌雄异株，雄花和瘿花同生一榕果内壁，雄花生内壁口部，花被片4~5；雌花花被与雄花同，子房卵圆形，光滑，花柱侧生，柱头2裂，线形。榕果单生叶腋，梨形。花果期5—7月。

产于欧洲地中海沿岸和中亚地区，大连有少量栽培。

果实可食，药用有健胃清肠、消肿解毒作用。根、叶有散瘀消肿、止泻作用。

果序

果枝

植株

桑寄生科 Loranthaceae

　　半寄生性灌木，亚灌木，稀草本，寄生于木本植物的茎或枝上，稀寄生于根部而成为陆生小乔木或灌木。叶对生、稀互生或轮生，叶片全缘或叶退化呈鳞片状。花两性或单性，雌雄同株或雌雄异株，辐射对称或两侧对称，排成总状、穗状、聚伞状或伞形花序等，有时单朵，腋生或顶生，具苞片。果实为浆果，稀核果。

　　辽宁产2属2种。

分属检索表

1. 茎和枝无明显的节和节间；叶具羽状脉；花两性，稀单性，具副萼；花被裂片6，花瓣状
　　⋯⋯⋯⋯⋯⋯⋯⋯⋯⋯⋯⋯⋯⋯⋯⋯⋯⋯⋯⋯⋯⋯ 1. 桑寄生属 Loranthus Jacq.
1. 茎和枝具明显的节和节间；叶具直出脉；花单性，无副萼；花被裂片4，萼片状
　　⋯⋯⋯⋯⋯⋯⋯⋯⋯⋯⋯⋯⋯⋯⋯⋯⋯⋯⋯⋯⋯⋯⋯ 2. 槲寄生属 Viscum L.

1. 桑寄生属 Loranthus Jacq.

　　寄生性灌木；茎、枝不具关节。叶对生或近对生，侧脉羽状。穗状花序腋生或顶生；花两性或单性（雌雄异株），5~6数，辐射对称；花托通常卵球形；副萼环状；花冠长不及1厘米，花蕾时棒状或倒卵球形，直立，花瓣离生；雄蕊着生于花瓣上，花丝短，花药近球形或近双球形；子房1室，基生胎座，花柱柱状，柱头头状或钝。浆果卵球形或近球形。

　　辽宁产1种。

　　北桑寄生（辽宁植物志、东北植物检索表、中国植物志、Flora of China）杏寄生

　　Loranthus tanakae Franch. in Enum. Pl. Jap. 482. 1876; Fl. China 5：223. 2003；中国植物志24：102. 图版23：1-7. 1988；辽宁植物志（上册）：314. 图版124：1. 1988；东北

枝干

植株的一部分

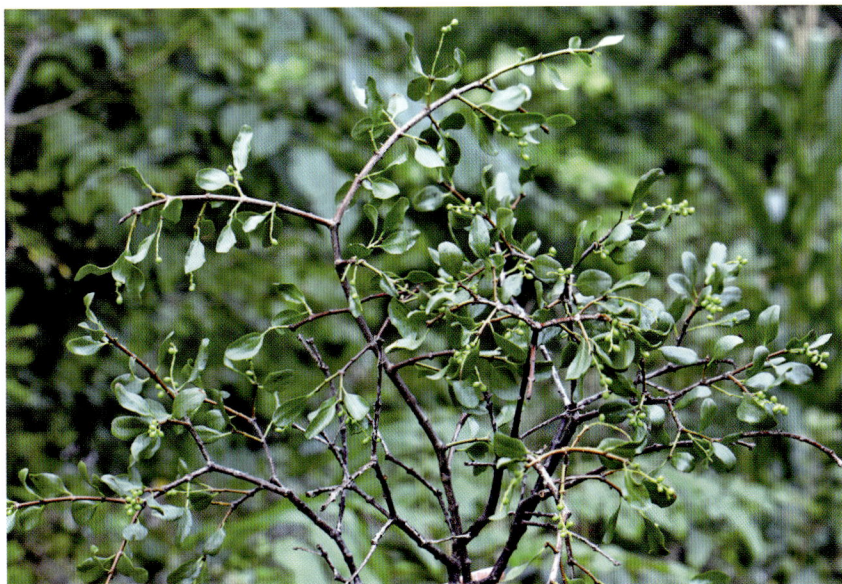

植株

植物检索表（第二版）：120. 图版50：10. 1995.

落叶小灌木，丛生寄主枝上。幼时绿色至褐色，老时黑褐色至黑色。叶对生，叶片纸质，绿色，倒卵形至椭圆形，全缘。花两性或单性，雌雄同株或异株，穗状花序，具5~8对近对生的花。果实球形，半透明，橙黄色。花期4—5月，果期9—10月。

常寄生于栎树、桦树、榆树、苹果树等植物上。产于庄河、朝阳、凌源等地。

全株有消肿止痛、祛风湿、安胎作用，用于疮疖、风湿筋骨痛、胎动不安。

2. 槲寄生属 Viscum L.

寄生性灌木或亚灌木；茎、枝明显具节。叶对生，具基出脉或叶退化呈鳞片状。雌雄同株或异株；聚伞式花序，顶生或腋生，通常具花3~7朵；花单性，小，花被萼片状，常4枚；雄花花托辐状，雄蕊贴生于萼片上，花丝无，花药圆形或椭圆形；雌花花托卵球形至椭圆状，子房1室，花柱短或几无。浆果近球形或卵球形或椭圆状，常具宿存花柱。

辽宁产1种。

槲寄生（辽宁植物志、东北植物检索表、中国植物志、Flora of China）**冬青**

Viscum coloratum（Kom）Nakai in Rep. Veg. Degelet Isl. 17. 1919；Fl. China 5：243. 2003；中国植物志24：148. 1988；辽宁植物志（上册）：315. 图版124：2-3. 1988；东北植物检索表（第二版）：120. 图版50：11. 1995.

常绿小灌木。枝2~3叉状分枝，圆柱形，强韧，黄绿色。叶对生枝端，叶片稍肉质，长圆形或倒披针形，通常具3脉，全缘。花单性，雌雄异株，绿黄色，雄花3~5朵簇生，雌花1~3朵簇生。果实球形，熟时为黄色或橙红色。花期4—5月，果期9月。

寄生于杨树、柳树、梨树、榆树等树枝上。产于庄河、沈阳、鞍山、本溪、盖州、岫岩、开原、新宾等地。

全株有祛风湿、补肝肾、强筋骨、降血压及安胎、催乳作用。

果实

果枝

花

植株

植株的一部分

蓼科 Polygonaceae

　　草本，稀灌木或小乔木。茎直立，平卧、攀援或缠绕，通常具膨大的节，稀膝曲，具沟槽或条棱，有时中空。叶为单叶，互生，稀对生或轮生；托叶通常联合成鞘状，膜质。花序穗状、总状、头状或圆锥状，顶生或腋生；花较小，两性，稀单性，雌雄异株或雌雄同株，辐射对称。瘦果卵形或椭圆形，包于宿存花被内或外露。

　　辽宁产1属1种。

木蓼属 Atraphaxis L.

　　灌木，多分枝，当年生枝具条纹或肋棱。叶互生，稀簇生，革质，通常灰绿色，稀绿色，近无柄，具叶褥；托叶鞘基部褐色，通常具2条脉纹，顶端膜质，2裂。花序由腋生花簇组成紧密或疏松的总状花序，总状花序顶生及侧生；单被花，两性，花被片4~5，排为2轮，花冠状。瘦果卵形，双凸镜状或具3棱。

　　木蓼（辽宁植物志、东北植物检索表）东北木蓼（中国植物志、Flora of China）东北针枝蓼

Atraphaxis manshurica Kitag. in Rep. First. Sci. Exped. Mansh. 4（4）：75. 1936；

Fl. China 5：331. 2003；中国植物志25（1）：140. 1998；辽宁植物志（上册）：359. 图版 145. 1988；东北植物检索表（第二版）：122. 图版51：1. 1995.

落叶灌木。托叶鞘圆筒状，短于节间的1/2，或脱落。叶革质，近无柄，线形，全缘或稍具波状牙齿。花2~4生一苞内，总状花序生当年生枝顶端；花被片5，粉红色。瘦果狭卵形，具3棱，顶端尖，基部宽楔形，暗褐色，密被颗粒状小点。花果期7—9月。

生于沙丘、干旱砂质山坡及沙漠地带。产于彰武。

花侧面观

茎叶

植株的一部分

紫茉莉科 Nyctaginaceae

草本、灌木或乔木，有时为具刺藤状灌木。单叶，对生、互生或假轮生，全缘，具柄。花辐射对称，两性，稀单性或杂性；单生、簇生或成聚伞花序、伞形花序；常具苞片或小苞片，有的苞片色彩鲜艳；花被单层，常为花冠状，圆筒形或漏斗状，有时钟形，下部合生成管，顶端5~10裂。瘦果状掺花果包在宿存花被内，有棱或槽，有时具翅，常具腺。

辽宁栽培1属1种。

叶子花属 Bougainvillea Comm. ex Juss.

灌木或小乔木，有时攀援。枝有刺。叶互生，具柄，叶片卵形或椭圆状披针形。花两性，通常3朵簇生枝端，外包3枚鲜艳的叶状苞片，红色、紫色或橘色，具网脉；花梗贴生苞片中脉上；花被合生成管状，通常绿色，顶端5~6裂，裂片短，玫瑰色或黄色。瘦果圆柱形或棍棒状，具5棱。

叶子花（中国植物志、Flora of China）九重葛 三角梅 勒杜鹃

Bougainvillea spectabilis Willd. in Sp. Pl. 2：348. 1799；Fl. China 5：432. 2003；中国植物志26：6. 1996.

藤状灌木。枝、叶密生柔毛；枝有刺。叶片椭圆形或卵形，基部圆形，有柄。花序腋生或顶生；苞片椭圆状卵形，基部圆形至心形，暗红色或淡紫红色；花被管狭筒形，绿色，密被柔毛，顶端5~6裂，裂片开展，黄色。果实密生毛。花期冬春间。

原产于热带美洲。大连偶见朝阳避风处露地栽培，冬季采取防寒措施或移入室内。

木本观赏植物，生命力旺盛，粗生易长，花期长。

苞片侧面观　　　　　　　　　　花　　　　　　　　　　　植株的一部分

藜科 Chenopodiaceae

一年生草本、半灌木、灌木，较少为多年生草本或小乔木。叶互生或对生，扁平或圆柱状及半圆柱状，较少退化成鳞片状。花为单被花，两性，较少为杂性或单性，如为单性时，雌雄同株，极少雌雄异株；有苞片或无苞片，或苞片与叶近同形；花被膜质、草质或肉质，花被片覆瓦状，很少排列成2轮，果时常常增大，变硬，或在背面生出翅状、刺状、疣状附属物，较少无显著变化。果实为胞果，很少为盖果。

辽宁产1属1种。

雾冰藜属 Bassia All.

一年生草本。叶互生，无柄，条形或披针形，扁平、半圆柱状或圆柱状，膜质或肉质，密被毛。花两性，无柄，单生或构成穗状花序；无苞片和小苞片；花被筒状，膜质，被毛，上部5裂，裂齿等长，果时在花被背部具5个非翅状的附属物。胞果卵圆形，顶基压扁。

木地肤（辽宁植物志、东北植物检索表、中国植物志、Flora of China）

Bassia prostrata（L.）Beck in Icon. Fl. Germ. Helv. 24：155. 1909.—*Kochia prostrata*（L.）Schrad. in Neues Journ. 3：85. 1809；Fl. China 5：384. 2003；中国植物志25（2）：100. 图版21：9-11. 1979；辽宁植物志（上册）：436. 图版176：1-4. 1988；东北植物检索表（第二版）：170. 图版77：3. 1995.

落叶矮小半灌木。木质茎高不过10厘米。叶互生，稍扁平，条形。花两性兼有雌性；花被球形，有密绢状毛；翅状附属物扇形或倒卵形，膜质，具紫红色或黑褐色脉，边缘有不整齐的圆锯齿或为啮蚀状。胞果扁球形，果皮厚膜质，灰褐色。花期7—8月，果期8—9月。

生于山坡、沙地、荒漠等处。产于彰武。

荒漠地区的优良牧草，各类牲畜均喜食。全草有解热作用。

木兰科 Magnoliaceae

木本；叶互生、簇生或近轮生，单叶不分裂，罕分裂。花顶生、腋生、罕成为2~3朵的聚伞花序。花被片通常花瓣状；雄蕊多数，子房上位，心皮多数，离生，罕合生，虫媒传粉，胚珠着生于腹缝线，胚小、胚乳丰富。

辽宁产2属11种，其中栽培10种。

分属检索表

1. 叶全缘；花药内向开裂；聚合果由蓇葖果组成，开裂 ………………………… 1. **木兰属 Magnolia** L.
1. 叶通常4~6裂，先端截形；花药外向开裂；聚合果由翅状小坚果组成，不开裂
………………………………………………………………………………… 2. **鹅掌楸属 Liriodendron** L.

1. 木兰属 Magnolia L.

乔木或灌木，通常落叶，少数常绿。叶互生，有时密集成假轮生，全缘，稀先端2浅裂。花单生枝顶，很少2~3朵顶生，两性；花被片9~21（45）片，每轮3~5片，近相等，有时外轮花被片较小，带绿色或黄褐色，呈萼片状。聚合果成熟时长圆状圆柱形、卵状圆柱形或长圆状卵圆形，常因心皮不育而偏斜弯曲；成熟蓇葖革质或近木质；种子1~2颗，外种皮橙红色或鲜红色，肉质。

辽宁产10种，其中栽培9种。

分种检索表

1. 花后于叶开放。
　2. 托叶与叶柄连生；叶柄上留有托叶痕。
　　3. 叶互生，长7~25厘米；花直径8~10厘米，花梗细长 ………… 1. **天女木兰** M. sieboldii K. Koch.
　　3. 叶集生枝顶。栽培。
　　　4. 花盛开时内轮花被片展开不直立，外轮花被片平展不反卷；叶先端钝圆。栽培
　　　　……………………………………………………………… 2. **日本厚朴木兰** M. obovata Thunb.
　　　4. 花盛开时内轮花被片直立，外轮花被片反卷。叶先端凹缺，成2个钝圆的浅裂片，但幼苗之叶先端钝圆，并不凹缺。栽培 …… 3. **凹叶厚朴** M. officinalis subsp. biloba（Rehd. et Wils.）Law.
　2. 托叶与叶柄离生，叶柄上无托叶痕；花大，直径15~20厘米；聚合果大，圆柱状长圆体形或卵圆形，直径4~5厘米；种子近卵圆形，两侧不压扁。常绿大乔木。栽培…… 4. **荷花玉兰** M. grandiflora L.
1. 花先叶开放或同时开放。
　5. 花被片大小近相等，不分化为外轮萼片状、内轮花瓣状，花先叶开放。

6. 叶先端通常圆或具凹缺；叶背密被细柔毛或仅中脉被毛；花在枝上近平展。花被片9~12，
白色或淡红色，狭长圆状匙形或倒卵状长圆形；叶长超过宽的2倍，先端圆钝；3级脉纤细
与4级脉交结成网，叶下面无毛或仅脉上稍被毛。栽培

·························· 5. 光叶玉兰 M. dawsoniana Rehd. et Wils.

6. 叶先端急尖或急短渐尖；花在枝上直立。花被片9~12。

7. 乔木，花被片纯白色，有时基部外面带红色，外轮与内轮近等长；花凋谢后出叶。栽培

···························· 6. 白木兰 M. denudata Dasr.

7. 小乔木，花被片浅红色至深红色，外轮花被片稍短或为内轮长的2/3，但不呈萼片状；花
期延至出叶。栽培 ·········· 7. 二乔玉兰 M. soulangeana（Lindl.）Soul-Bod.

5. 花被片外轮与内轮不相等，外轮退化变小而呈萼片状，常早落。

8. 花先于叶开放，瓣状花被片白色、淡红色或紫色；叶片基部不下延；托叶痕不及叶柄长的
1/2。

9. 叶最宽处在中部以上或以下；瓣状花被片9。栽培

····························· 8. 望春玉兰 M. biondii Pampan.

9. 叶最宽处在中部以上；瓣状花被片12~45。栽培 ··· 9. 星花木兰 M. stellata Maxim.

8. 花与叶同时或稍后于叶开放；瓣状花被片紫色或紫红色；叶片基部明显下延；叶背沿脉被
柔毛，托叶痕达叶柄长的1/2。栽培 ·········· 10. 紫木兰 M. liliflora Desr.

（1）天女木兰（辽宁植物志、东北植物检索表、中国植物志、Flora of China）天女花
小花木兰

Magnolia sieboldii K. Koch. in Hort. Dendr. 4. 1853;
中国植物志30（1）：125. 1996；辽宁植物志（上册）：451.
图版182：1-4. 1988；东北植物检索表（第二版）：174. 图
版80：4. 1995.—*Oyama sieboldii*（K. Koch）N.H. Xia & C.
Y. Wu in Fl. China 7：67.
2008.

落叶小乔木。叶互生，
叶片倒卵形，全缘，表面绿
色，背面粉白色。花单生枝
顶，后于叶开放；花蕾稍带
淡粉红色；花被片9，白色，

花正面观

聚合果

果期

花侧面观

花期

倒卵形；雄蕊多数，紫红色；雌蕊椭圆形，心皮披针形。聚合果卵形，红色，先端尖。花期6月，果期9—10月。

生于阔叶林中。产于本溪、宽甸、桓仁、岫岩、凤城、海城、普兰店、丹东、大连、庄河等地。

可作庭院观赏树种。叶含芳香油。木材可做农具等。花蕾有消肿解毒、润肺止咳作用，用于痈毒、肺热咳嗽、痰中带血。

（2）**日本厚朴木兰**（辽宁植物志、东北植物检索表）**日本厚朴**（中国植物志、Flora of China）

Magnolia obovata Thunb. in Trans. L. Soc. London 2：336. 1794；辽宁植物志（上册）：453. 图版182：5. 1988；东北植物检索表（第二版）：174. 图版80：5. 1995. —*M. hypoleuca* Sieb. et Zucc. in Abh. Math. —Phys. AKad. Wiss. Munch. 4：pt. 2. 187. 1846；中国植物志30（1）：121. 1996.—*Houpoea obovata* (Thunb.) N.H. Xia & C.Y. Wu in Fl. China 7：65. 2008.

植株的一部分

落叶乔木。叶集生枝顶，叶片大型，倒卵形或倒卵状长圆形，全缘。花后于叶开放，白色；花被片6~12，外轮3片较短；雄蕊多数，螺旋状排列；雌蕊多数，着生近圆形的花托上，宿存花柱向外反卷，柱头带红色。聚合果长圆柱形。花期6—7月，果期9—10月。

原产于日本。大连、丹东、盖州（熊岳）等地有栽培。

木材细致、轻软，供建筑、板材、乐器、家具等用。花大、芳香、美丽，可作庭院树观赏。树皮、根皮、花、果实均可药用。

（3）**凹叶厚朴**（亚种）（中国植物志）**厚朴**（Flora of China）

Magnolia officinalis subsp. **biloba** (Rehd. et Wils.) Law. in Acta Phytotax. Sin. 34（1）：91. 1996；中国植物志30（1）：121. 图版29. 1996.—*Houpoea officinalis* (Rehder & E. H. Wilson) N. H. Xia & C. Y. Wu in Fl. China 7：65. 2008.

落叶乔木。叶大，近革质，7~9片聚生于枝端，先端凹缺，成2个钝圆的浅裂片，但幼苗

当年生枝

植株的一部分

之叶先端钝圆，并不凹缺。花被片9~12（17），厚肉质，外轮3片淡绿色，长圆状倒卵形，长8~10厘米，宽4~5厘米，盛开时常向外反卷，内两轮白色。聚合果基部较窄。花期4—5月，果期10月。

产于安徽、浙江、江西、福建、湖南、广东、广西。熊岳树木园有栽培。

木材供板料、家具、雕刻、细木工、乐器、铅笔杆等用。树皮入药，功用同厚朴。花芽、种子亦供药用。

（4）荷花玉兰（中国植物志、Flora of China）**广玉兰 洋玉兰**

Magnolia grandiflora L. in Syst. Nat. ed. 10, 2：1802. 1759；Fl. China 7：62. 2008；中国植物志 30（1）：125. 1996.

常绿乔木。叶厚革质，椭圆形。花白色，有芳香，直径15~20厘米；花被片9~12，厚肉质，倒卵形；花丝扁平，紫色，花药内向，药隔伸出成短尖；雌蕊群椭圆体形，密被长茸毛；心皮卵形，花柱呈卷曲状。聚合果圆柱状长圆形或卵圆形。花果期5—10月。

原产于北美洲东南部。大连有少量栽培。

为著名的园林观赏植物。木材致密、坚实，可作装饰材料及家具。花、叶、嫩梢可提取芳香油。叶主治高血压。花有祛风散寒、止痛作用。

花期

花枝

果期

植株

（5）光叶木兰（中国植物志、Flora of China）

Magnolia dawsoniana Rehd. et Wils. in Sargent, Pl. Wils. 1：397. 1913；中国树木志 1：457.图138. 1983；中国植物志30（1）：128. 图版30. 1996.—*Yulania dawsoniana*（Rehder & E.H.Wilson）D.L.Fu in J. Wuhan Bot. Res. 19：198. 2001；Fl. China 7：72. 2008.

落叶乔木。叶纸质，倒卵形或椭圆状倒卵形，先端圆钝，具短急尖，基部楔形。花被片

9~12，白色，外面带红色，近相似，狭长圆状匙形或倒卵状长圆形；雄蕊紫红色，雌蕊群狭圆柱形。聚合果圆柱形，部分心皮不育而稍弯曲。花期4—5月，果期9—10月。

产于四川中部高海拔林间。大连英歌石植物园有栽培。

优美的庭园观赏树种，早已被欧美园艺界引种栽培。

花侧面观

植株的一部分

花正面观

（6）白木兰（辽宁植物志、东北植物检索表）玉兰（中国植物志、Flora of China）白玉兰

Magnolia denudata Dasr. in Lam. Encycl. Bot. 3：675. 1791；中国植物志30（1）：131. 1996；辽宁植物志（上册）：453. 图版184：1. 1988；东北植物检索表（第二版）：174. 图版80：2. 1995.—*Yulania denudata*（Desr.）D.L.Fu in J. Wuhan Bot. Res. 19：198. 2001；Fl. China 7：74. 2008.

6a. 白木兰（原变种）

var. denudata

落叶乔木。叶片倒卵形等，中部以下渐狭呈楔形，背面被长绢毛。花先于叶开放，单生枝顶，白色；花被片9，每3片排成1轮，每轮形状相似，长圆状倒卵形；雄蕊多数，长约12毫米，螺旋状排列在伸长的花托上。聚合果圆柱形，果梗有毛；蓇葖果顶端圆形。花期5—6月，果期8—9月。

自然分布于我国长江流域。大连、丹东等地有栽培。

著名的庭园观赏树木。材质优良，纹理直，结构细，供家具、细木工等用。种子可榨油。花蕾有通窍、祛风、散寒作用。

果枝

花期

叶

叶背面被长绢毛

叶正反面对比

6b. 飞黄玉兰（栽培变种）黄玉兰

cv. ‘Feihuang’

花黄色。大连有栽培。

花正面观

花侧面观

植株的一部分

（7）二乔木兰（中国植物志）二乔玉兰（Flora of China）朱砂玉兰

Magnolia soulangeana（Lindl.）Soul-Bod. in Mem. Soc. L. Paris 269. 1826；中国植物志30（1）：132. 1996.—*Yulania×soulangeana*（Soul.-Bod.）D.L.Fu in J. Wuhan Bot. Res. 19：198. 2001；Fl. China 7：77. 2008.

为玉兰与紫玉兰（*Magnolia liliflora*）的杂交种。落叶小乔木。叶纸质，倒卵形，先端短急尖，2/3以下渐狭成楔形，下面多少被柔毛。花先叶开放，紫色或有时近白色；花被片6~9，外轮3片约为内轮长的2/3。聚合果长约8厘米；蓇葖卵圆形或倒卵圆形，熟时黑色。花期3—4月，果期9—10月。

喜肥沃、湿润而排水良好的土壤。大连等地有栽培。

花大色艳，观赏价值很高，是城市绿化的极好花木。树皮、叶、花均可提取芳香浸膏。

果期

花侧面观

花期

叶

叶背面多少被柔毛

（8）**望春玉兰**（中国植物志、Flora of China）

Magnolia biondii Pampan. in Nuov. Giorn. Bot. Ital. n. ser. 17：275. 1910；中国植物志30（1）：136. 图版34：1-10. 1996.—*Yulania biondii*（Pampan.）D. L. Fu in J. Wuhan Bot. Res. 19：198. 2001；Fl. China 7：74. 2008.

落叶乔木。叶椭圆状披针形至卵形。花先叶开放；花被9，外轮3片紫红色，近狭倒卵状条形，长约1厘米，中内两轮近匙形，白色，外面基部常紫红色，内轮的较狭小；雌蕊群长1.5~2厘米。聚合果圆柱形，常因部分不育而扭曲。花期4月，果熟期9月。

自然分布于陕西、甘肃、河南、湖北、四川等省。旅顺口有栽培。

优良的庭园绿化树种。亦可作玉兰及其他同属种类的砧木。花蕾是辛夷的正品，用于头痛、鼻塞流浊涕。

花正面观

花侧面观

植株的一部分

（9）**星花木兰**（辽宁植物志、东北植物检索表、中国植物志、Flora of China）星玉兰日本毛玉兰

Magnolia stellata Maxim. in Bull. Acad. Sci. St. Petersb. 17：419. 1872；辽宁植物志（上册）：453. 图版183. 1988；东北植物检索表（第二版）：174. 图版80：6. 1995.—*M. tomentosa* Thunb. in Trans. L. Soc. Bot. 2：336. 1794；中国植物志30（1）：139. 1996.—*Yulania stellata*（Maxim.）N.H. Xia in Fl. China 7：75. 2008.

落叶小乔木或灌木。叶片倒卵形，基部楔形，表面暗绿色，背面淡绿色，革质。花先于叶开放，花蕾紫色，花白色或淡紫红色；花被片15~22，近等长，长倒披针形或长圆形，外面被紫色条纹，花后稍反曲；雄蕊多数，心皮无毛。聚合果扭转。花期5月，果期9月。

原产于日本。大连、旅顺口等地有栽培。

花色淡雅，花形优美，是一种颇具发展前景的城市园林观赏树种。

果期

花

花期

（10）**紫木兰**（辽宁植物志、东北植物检索表）**紫玉兰**（中国植物志、Flora of China）辛夷

Magnolia liliflora Desr. in Lam. Encycl. Bot. 3：675. 1791；中国植物志30（1）：140. 1996；辽宁植物志（上册）：456. 图版184：2. 1988；东北植物检索表（第二版）：174. 图版80：3. 1995.—*Yulania liliiflora*（Desr.）D.L.Fu in J. Wuhan Bot. Res. 19：198. 2001；Fl. China 7：75. 2008.

落叶灌木。叶片倒卵形，全缘，表面暗绿色，背面淡绿色。花叶同时开放；花被片9，外轮3片较小，萼片状，披针形，长2~3厘米，紫绿色；内轮的长圆状倒卵形，长8~10厘米，外面紫色或紫红色，里面带白色。聚合果圆柱形，紫褐色至褐色。花期5月，果期8—9月。

花侧面观

植株的一部分

我国湖北有自然分布，大连、盖州（熊岳）有栽培。

优良庭园观赏树。花蕾用作镇痛剂，主治头痛、疮毒痈、鼻炎、鼻窦炎等。

2. 鹅掌楸属 Liriodendron L.

落叶乔木。叶互生，具长柄，托叶与叶柄离生，叶片先端平截或微凹，近基部具1对或2列侧裂。花无香气，单生枝顶，与叶同时开放，两性，花被片9~17，3片1轮，近相等，药室外向开裂；雌蕊群无柄，心皮多数，螺旋状排列，分离，最下部不育，每心皮具胚珠2颗，自子房顶端下垂。聚合果纺锤状，成熟心皮木质，种皮与内果皮愈合，顶端延伸成翅状，成熟时自花托脱落，花托宿存；种子1~2颗，具薄而干燥的种皮。

辽宁栽培1种。

鹅掌楸（辽宁植物志、东北植物检索表、中国植物志、Flora of China）**马褂树**

Liriodendron chinense（Hemsl.）Sarg. in Trees et Shrubs. 1：103. t52. 1903；Fl. China 7：91. 2008；中国植物志30（1）：196. 图版56. 1996；辽宁植物志（上册）：456. 图版185. 1988；东北植物检索表（第二版）：174. 图版80：7. 1995.

落叶乔木。叶马褂状，下面苍白色。花杯状，花被片9，绿色，外轮3片，萼片状，向外弯垂，内两轮6片，直立，花瓣状，具黄色纵条纹；花药长10~16毫米，花丝长5~6毫米，花期时雌蕊群超出花被之上，心皮黄绿色。聚合果花期5月，果期9—10月。

自然分布于我国长江流域以南。大连、盖州有栽培。

　　树干挺直，树冠伞形，叶形奇特，为珍贵的观赏树种。木材是建筑、造船、家具、细木工的优良用材，亦可制胶合板；果实、叶治疗咳嗽、呼吸道感染。树皮、根也可药用。

花正面观

叶

植株的一部分

花背面观

五味子科 Schisandraceae

　　木质藤本。单叶互生，叶柄细长。花单性，雌雄异株；花被片6~24，排成2至多轮。雄蕊多数，少有4或5枚，分离或部分或全部合生成肉质的雄蕊群；雌蕊12~120枚，离生，数至多轮排成球形或椭圆形的雌蕊群，每心皮有倒生的胚珠2~3颗，很少1颗，开花时聚生于短的肉质花托上，果期时聚生于不伸长的花托上而成球状聚合果，或散生于伸长的花托上而成穗状的聚合果。

　　辽宁产1属1种。

五味子属 Schisandra Michx.

木质藤本。叶纸质，边缘膜质下延至叶柄成狭翅。花单性，雌雄异株，少有同株，单生于叶腋或苞片腋，由于节间密，常在短枝上呈数朵簇生状，少有同一花梗有2~8朵花呈聚伞状花序；花被片5~12（-20），通常中轮的最大，外轮和内轮的较小；雄蕊5~60枚，雌蕊12~120枚。雌蕊群的花托圆柱形或圆锥形、发育时明显伸长；聚合果长穗状。

五味子（辽宁植物志、东北植物检索表、中国植物志、Flora of China）北五味子

Schisandra chinensis (Turcz.) Baill. in Hist. Pl. 1：148. 1868；Fl. China 7：46. 2008；中国植物志30（1）：252. 图版72：12-20. 1996；辽宁植物志（上册）：458. 图版186. 1988；东北植物检索表（第二版）：176. 图版80：1. 1995.

落叶木质藤本。叶片广椭圆形、倒卵形或卵形。花单性，雌雄同株或异株，雄花多生枝条的基部或下部，雌花生中上部，单生或2~4花簇生叶腋；花被片6~9，乳白色。浆果近球形，红色，肉质。花期5月，果期8—9月。

生于阔叶林或山沟溪流旁。产于本溪、凤城、宽甸、桓仁、岫岩、丹东、西丰、新宾、清原、建昌、海城、盖州、普兰店、瓦房店、庄河等地。

茎、叶和果可提取芳香油。果实为祛痰、滋补收敛药。嫩叶可食。嫩茎做调料。

果实初期

雄花正面观

果实成熟期

花侧面观

花

雌花正面观

蜡梅科 Calycanthaceae

落叶或常绿灌木。单叶对生，全缘或近全缘；羽状脉；有叶柄。花两性，辐射对称，单生于侧枝的顶端或腋生，通常芳香，黄色、黄白色或褐红色或粉红白色，先叶开放；花被片多数，螺旋状着生于杯状的花托外围，花被片形状各式，最外轮的似苞片，内轮的呈花瓣状。聚合瘦果着生于坛状的果托之中，瘦果内有种子1颗。

辽宁栽培1属1种2变种。

蜡梅属 Chimonanthus Lindl.

直立灌木。叶对生，落叶或常绿，纸质或近革质，叶面粗糙，羽状脉，有叶柄。花腋生，芳香，直径0.7~4厘米；花被片15~25，黄色或黄白色，有紫红色条纹，膜质；雄蕊5~6，着生于杯状的花托上；心皮5~15，离生，每心皮有胚珠2颗或1颗败育。果托坛状，被短柔毛；瘦果长圆形，内有种子1个。

蜡梅（中国植物志、Flora of China）腊梅 巴豆花

Chimonanthus praecox（L.）Link. in Enum. Pl. Hort. Berol. 2：66. 1822；Fl. China 7：93. 2008；中国植物志30（2）：7. 图版3. 1979.

落叶灌木。叶卵圆形至卵状椭圆形。花先叶开放，芳香；花被片圆形至匙形，内部花被片比外部花被片短，基部有爪；花丝比花药长或等长，花药向内弯；心皮基部被疏硬毛，花柱长达子房3倍，基部被毛。果托近木质化，坛状或倒卵状椭圆形。花果期3—11月。

自然分布于山东、江苏、安徽、浙江、江西、湖南、湖北、河南、陕西等省。大连有少量栽培，在避风向阳处长势良好。

观赏植物。根、叶有理气止痛、散寒解毒作用，花有解暑生津作用，种子可作泻药。

常见栽培以下两个品种：

素心蜡梅var. *concolor* Makino（ in Bot. Mag.（Tokyo）23：23. 1909.），花被纯黄色。

馨口蜡梅var. *grandiflorus*（Lindl.）Makino（in Bot. Mag.（Tokyo）24：301. 1910.），叶及花均较大，外轮花被黄色，内轮黄色上有紫色条纹。

果期   花侧面观   花期

素心蜡梅

馨口蜡梅

樟科 Lauraceae

常绿或落叶乔木或灌木，仅有无根藤属（Cassytha）为缠绕性寄生草本。叶互生、对生、近对生或轮生，具柄，通常革质，有时为膜质或坚纸质，全缘，极少有分裂。花序有限，稀如无根藤属者为无限；或为圆锥状、总状或小头状；或为假伞形花序。花通常小，白或绿白色，有时黄色，有时淡红而花后转红，通常芳香。果为浆果或核果。

辽宁产1属1种1变型。

山胡椒属 Lindera Thunb.

常绿或落叶乔木、灌木，具香气。叶互生，全缘或3裂。花单性，雌雄异株，黄色或绿黄色；伞形花序在叶腋单生或在腋生短枝上2至多数簇生；总苞片4，交互对生；花被片6，有时为7~9，通常脱落；雄花能育雄蕊9，偶有12；雌花子房球形或椭圆形，退化雄蕊通常9。果圆形或椭圆形，浆果或核果，幼果绿色，熟时红色，后变紫黑色，内有种子1枚。

三桠乌药（辽宁植物志、东北植物检索表、中国植物志、Flora of China）三桠钓樟

Lindera obtusiloba Bl. in Mus. Bot. Lugd. Bat. 1（21）：325. 1851；Fl. China 7：152. 2008；中国植物志31：413. 图版107：1-9. 1982；辽宁植物志（上册）：460. 图版187. 1988；东北植物检索表（第二版）：176. 图版100：3. 1995.

a. 三桠乌药（原变型）

f. obtusiloba

落叶乔木或灌木。叶互生，近圆形，全缘或3裂，上面深绿色，下面苍白色。伞形花序无总梗，内有花5朵，花被片6；雄花能育雄蕊9，退化雌蕊长椭圆形；雌花花被片内轮略短，退化雄蕊条形，子房椭圆形。果实成熟前红色，成熟后紫黑色。花果期3—9月。

生于山沟及山坡阔叶林中。产于庄河、金州、普兰店、大连、长海、东港、岫岩等地。

种子含油量达60%，油可供医药及轻工原料。枝叶含芳香油0.4%~0.6%，可用于化妆

品、皂用香精等。木材致密，可供细木工用。树皮有活血舒筋、散瘀消肿作用。

雌花

雄花

果期

叶正反面对比

b. **长毛三桠乌药**（变型）（辽宁植物志、东北植物检索表）

f. **villosa**（Blume）Kitag. in Neo-Lineam. Fl. Mansh. 319. 1979；辽宁植物志（上册）：462. 1988；东北植物检索表（第二版）：176. 1995.

叶背面密被长绢毛。产于大连、丹东、金州等地。

叶背面密被毛

毛茛科 Ranunculaceae

多年生或一年生草本，少有灌木或木质藤本。叶通常互生或基生，少数对生，单叶或复叶，通常掌状分裂。花两性，少有单性，雌雄同株或雌雄异株，辐射对称，稀为两侧对称，单生或组成各种聚伞花序或总状花序。萼片下位，4~5，或较多，或较少，绿色，或花瓣不存在或转化成分泌器官，时常较大，呈花瓣状，有颜色。花瓣存在或不存在，下位，4~5，或较多，常有蜜腺并常转化成分泌器官，这时常比萼片小得多，呈杯状、筒状、二唇状，基部常有囊状或筒状的距。雄蕊下位，多数，有时少数。心皮分生，少有合生。果实为蓇葖或瘦果，少数为蒴果或浆果。

辽宁产1属4种1变种。

铁线莲属 Clematis L.

多年生木质或草质藤本，或为直立灌木或草本。叶对生，或与花簇生，偶尔茎下部叶互生，三出复叶至二回羽状复叶或二回三出复叶，少数为单叶。花两性，稀单性；聚伞花序或为总状、圆锥状聚伞花序，有时花单生或1至数朵与叶簇生；萼片4，或6~8，直立呈钟状、管状，或开展，花蕾时常镊合状排列，花瓣不存在，雄蕊多数，心皮多数。瘦果，宿存花柱伸长呈羽毛状，或不伸长而呈喙状。

分种检索表

1. 茎攀援或基部直立而上部攀援。
  2. 萼片蓝紫色，退化雄蕊匙形或披针形。
    3. 萼片狭卵形或卵状披针形，退化雄蕊成花瓣状，披针形或线状披针形，与萼片等长或微短；小叶卵状披针形或菱状椭圆形，边缘有整齐的锯齿或分裂 …… 1. 长瓣铁线莲 C. macropetala Ledeb.
    3. 萼片椭圆形至椭圆状披针形，退化雄蕊线形，先端加宽呈匙形，比萼片短1/2；小叶长圆状披针形，边缘具不整齐的锯齿 …… 2. 半钟铁线莲 C. sibirica var. ochotensis (Pallas) S. H. Li & Y. H. Huang
  2. 萼片黄色或浅紫色，退化雄蕊近匙形，比萼片短约1/2；三出复叶，小叶卵状心形，边缘有整齐的锯齿 ………………………………………………………… 3. 朝鲜铁线莲 C. koreana Kom.
1. 茎直立。叶为三出复叶，小叶广椭圆状卵形、卵形至近圆形，顶小叶先端3浅裂；花萼蓝紫色，下部连合呈筒状，中上部向外反卷 …………………… 4. 大叶铁线莲 C. heracleifolia DC.

（1）长瓣铁线莲（辽宁植物志、东北植物检索表、中国植物志、Flora of China）大瓣铁线莲

Clematis macropetala Ledeb. in Ic. Pl. Ross. 1：5，tab. 2. 1829；Fl. China 6：386. 2001；中国植物志28：138. 图版14. 1980；辽宁植物志（上册）：519. 图版214：4-5. 1988；东北植物检索表（第二版）：195. 图版90：6. 1995.

木质藤本。二回三出复叶，小叶片9枚，纸质，卵状披针形或菱状椭圆形，两侧的小叶片常偏斜，边缘有整齐的锯齿或分裂。花单生当年生枝顶端；花萼钟状；萼片4枚，蓝色或淡紫色，狭卵形或卵状披针形，退化雄蕊呈花瓣状、披针形或线状披针形，与萼片等长或微短。瘦果倒卵形，宿存花柱向下弯曲，被灰白色长柔毛。花期7月，果期8月。

生于荒山坡、草坡岩石缝中及林下。产于建昌、凌源。

茎有利尿通淋作用。全草有消食健胃、散结作用。

（2）**西伯利亚铁线莲**（东北植物检索表、中国植物志、Flora of China）

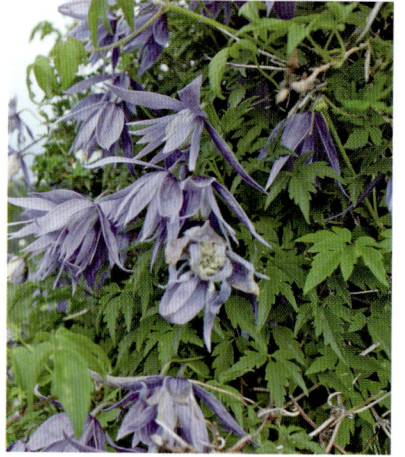
植株的一部分

Clematis sibirica（L.）Mill. in Gard. Dict. ed. 8. 12. 1768；Fl. China 6：385. 2001；中国植物志28：135. 图版40. 1980；东北植物检索表（第二版）：195. 图版90：8. 1995.

2a. 西伯利亚铁线莲（原变种）

var. sibirica

辽宁不产。

2b. 半钟铁线莲（东北植物检索表、中国植物志、Flora of China）

var. ochotensis（Pallas）S. H. Li & Y. H. Huang in Fl. Plant. Herb. Chinae Bor.-Or. 3：179. 1975；Fl. China 6：385. 2001. —*C. ochotensis*（Pall.）Poir. in Encycl. Meth. Suppl. 2：298. 1812；中国植物志28：137. 图版13. 1980；东北植物检索表（第二版）：195. 1995.

花侧面观

木质藤本。茎圆柱形。三出复叶至二回三出复叶；小叶片3~9枚，长圆状披针形，边缘具不整齐的锯齿。花单生当年生枝顶，钟状；萼片4枚，淡蓝色，椭圆形至椭圆状披针形；退化雄蕊线形，先端加宽呈匙形，比萼片短一半；雄蕊短于退化雄蕊。瘦果倒卵形，棕红色，微被淡黄色短柔毛。花期5—6月，果期7—8月。

植株的一部分

生于海拔600~1200米的山谷、林边及灌丛中。产于凌源。

叶

花正面观

（3）**朝鲜铁线莲**（辽宁植物志、东北植物检索表、中国植物志、Flora of China）

Clematis koreana Kom. in Act. Hort. Petrop. 18：438. 1901；Fl. China 6：384. 2001；中国植物志28：135. 图版39. 1980；辽宁植物志（上册）：519. 图版214：1-3. 1988；东北植物检索表（第二版）：195. 图版90：5. 1995.

木质藤本或亚灌木。三出复叶；小叶卵状心形。花单生叶腋或枝顶；花萼钟状，下垂；萼片4枚，淡黄色或浅紫色，卵状披针形，外面被白色柔毛；退化雄蕊线形，中部加宽呈匙状，被柔毛，长为萼片的1/2；外轮雄蕊退化呈花瓣状。瘦果倒卵形，棕红色，宿存花柱被浅灰色长柔毛。花期5月，果期7月。

生于红松林及针阔混交林内和灌木丛中。产于本溪、桓仁、宽甸、凤城、庄河等地。

果实上的柔毛压成粉末能治疮及痔疮；根有祛风湿、通经络作用。

花正面观

花侧面观

果序

植株的一部分

（4）**大叶铁线莲**（辽宁植物志、东北植物检索表、中国植物志、Flora of China）**草牡丹**

Clematis heracleifolia DC. in Syst. 1：138. 1818；Fl. China 6：370. 2001；中国植物志28：93. 图版3. 1980；辽宁植物志（上册）：521. 图版215：1-4. 1988；东北植物检索表（第二版）：193. 图版90：3. 1995.

4a. 大叶铁线莲（原变种）

var. heracleifolia

多年生直立草本或半灌木。叶为三出复叶，小叶广椭圆状卵形、卵形至近圆形，顶小叶先端3浅裂。聚伞花序顶生或腋生；花杂性，雄花与两性花异株；花萼蓝紫色，下部连合呈筒状。瘦果椭圆形，被短柔毛，宿存花柱有白色长柔毛。花期8—9月，果期10月。

　　生于山坡、灌丛、阔叶林下、沟谷。产于铁岭、沈阳、长海、庄河、岫岩、海城、本溪、凤城、宽甸、丹东、朝阳、喀左等地。

　　全草及根可入药，治关节疼痛。

叶

花序

果序

植株

4b. 卷萼铁线莲（变种）（辽宁植物志、东北植物检索表）

var. **davidiana**（Dcne. ex Verlot）O. Kuntze in J. L. Soc. Bot. 23：4. 1886；辽宁植物志（上册）：522. 图版215：5-6. 1988；东北植物检索表（第二版）：193. 图版90：4. 1995.

花侧面观

植株的一部分

顶生小叶广椭圆形、菱状椭圆形至倒卵形，基部楔形，先端不分裂，稀3浅裂；萼片中上部反卷，反卷部分宽5~12毫米，花丝比花药短。

生境同原变种。产于鞍山、海城、凤城、丹东、锦州、绥中、朝阳、建平、建昌等地。

小檗科 Berberidaceae

灌木或多年生草本，稀小乔木，常绿或落叶。茎具刺或无。叶互生、稀对生或基生，单叶或1~3回羽状复叶；叶脉羽状或掌状。花序顶生或腋生，花单生，簇生或组成总状花序、穗状花序、伞形花序、聚伞花序或圆锥花序；花两性，辐射对称，花被通常3基数，偶2基数，稀缺如；萼片6~9，常花瓣状，离生，2~3轮；花瓣6，扁平，盔状或呈距状，或变为蜜腺状。浆果、蒴果、菁葖果或瘦果。种子1至多数。

辽宁产2属6种，其中栽培2种。

分属检索表

1. 叶为单叶；小叶通常具齿 ································· **1. 小檗属 Berberis** L.
1. 叶为2~3回羽状复叶；小叶全缘 ····················· **2. 南天竹属 Nandina** Thunb.

1. 小檗属 Berberis L.

落叶或常绿灌木。枝通常具刺，单生或3~5分杈。单叶互生，着生于侧生的短枝上，通常具叶柄，叶片与叶柄连接处常有关节。花序为单生、簇生、总状、圆锥或伞形花序；花3数；萼片通常6，2轮排列，稀3或9，1轮或3轮排列，黄色；花瓣6，黄色。浆果球形、椭圆形、长圆形、卵形或倒卵形，通常红色或蓝黑色。

辽宁产5种，其中栽培1种。

分种检索表

1. 刺3~7分杈，叶状或部分叶状。
　2. 叶较小，长1~2厘米；刺细而尖，3~7分叉或部分叶状；花单生；浆果倒卵形
　　　　····································· **1. 刺叶小檗 B. sibirica** Pall.
　2. 叶较大，长6~10厘米；刺明显叶状或掌状3~7分杈；总状花序，花3~7；浆果球形
　　　　································· **2. 掌刺小檗 B. koreana** Palib.
1. 刺单一或3分杈。
　3. 刺单一或为不显著的3杈状刺；叶全缘或稀有不明显锯齿；总状花序或成簇生状，花2~15，稀单花。
　　4. 刺单一，细长，长达1.8厘米；叶较小，倒卵形，长5~30毫米，全缘；短总状或簇生状花序，花2~5，稀单花。栽培 ················· **3. 小檗 B. thunbergii** DC.

4. 刺3分杈，不显著，长约5毫米；叶较大，倒披针形，长2~6（10）厘米，全缘或稀有不明显锯齿；总状花序，花4~15 ·················· **4. 细叶小檗 B. poiretii** Sehneid.

3. 刺常3分杈，稀单一，粗大；叶缘具密的刺状细锯齿，叶椭圆形至卵状椭圆形，长3~9厘米；总状花序，具10~25花 ·················· **5. 大叶小檗 B. amurensis** Ruprecht

（1）**刺叶小檗**（辽宁植物志、东北植物检索表）**西伯利亚小檗**（中国植物志、Flora of China）

Berberis sibirica Pall. in Reise Prov. Russ. 2. Anh. 737. 1773；Fl. China 19：729. 2011；中国植物志29：90. 图版16：9-14. 2001；辽宁植物志（上册）：545. 图版227：8. 1988；东北植物检索表（第二版）：210. 图版98：3. 1995.

落叶灌木。茎刺3-5-7分杈，细弱。叶纸质，倒卵形、倒披针形或倒卵状长圆形，先端圆钝，具刺尖。花单生；萼片2轮，外萼片长圆状卵形，内萼片倒卵形；花瓣倒卵形，先端浅缺裂。浆果倒卵形，红色。花期5—7月，果期8—9月。

生于高山碎石坡、陡峭山坡、荒漠地区、林下。产于朝阳。

根皮和茎皮入蒙药，有清热、解毒、止泻、止血、明目之功效。

植株

植株的一部分

（2）**掌刺小檗**（辽宁植物志、东北植物检索表）**朝鲜小檗**

Berberis koreana Palib. in Trudy Glavn. Bot. Sada 17：22. 1899；辽宁植物志（下册）：1167. 图版524：5. 1992；东北植物检索表（第二版）：210. 图版98：2. 1995.

落叶灌木。株高1米左右，1年生枝条紫红色，具棱，直径3~5毫米，木质部黄色，髓白色。刺掌状，3~7裂，长8~10毫米，黄褐色；叶片椭圆形或倒卵状椭圆形。总状花序长4~6厘米，有花10~20朵，花瓣倒卵形。浆果球形，红色。花期4月，果期9月。

生于山坡灌丛。产于建昌、桓仁。

为观赏、水土保持良好树种。可作圆球或绿篱使用，也可片植、列植于花坛、草坪上。

茎

果序

植株的一部分

（3）小檗（辽宁植物志、东北植物检索表）日本小檗（中国植物志、Flora of China）腾小檗

Berberis thunbergii DC. in Reg. Veg. Syst. 2: 9. 1821；Fl. China 19：751. 2011；中国植物志29：155. 2001；辽宁植物志（上册）：546. 图版228：3-4. 1988；东北植物检索表（第二版）：210. 图版98：5. 1995.

落叶灌木。短枝基部生有单一或3分权的刺。叶于短枝端数片丛生，叶片倒卵形或椭圆形，全缘。花序伞形或近簇生，花黄色；小苞片3，卵形；萼片6，外轮萼片小，内轮萼片稍大；花瓣6，倒卵形。浆果长椭圆形，熟时红色，有宿存花柱。花果期5—9月。

原产于日本。沈阳、大连等地有栽培。

是优良的观叶、观花、观果树种，适于草坪、花坛、假山、池畔点缀，并可用作绿篱。根皮药用，有清热燥

果期

植株的一部分

花

植株

湿、泻火解毒作用。嫩叶和果实可食。

注：辽宁常见栽培紫叶小檗'Atropurea'，在阳光充足的情况下，叶常年紫红色，为观叶佳品。

| 花侧面观 | 植株的一部分 | 植株 |

（4）细叶小檗（辽宁植物志、东北植物检索表、中国植物志、Flora of China）泡小檗 三棵针

Berberis poiretii Schneid. in Mitt. Deutsch. Dendr. Ges. 180. 1906；Fl. China 19：753. 2011；中国植物志29：160. 2001；辽宁植物志（上册）：546. 图版228：1-2. 1988；东北植物检索表（第二版）：210. 图版98：4. 1995.

落叶灌木。枝条开展，短枝基部通常生有3~5叉状小刺。叶丛生刺腋，倒披针形、狭倒披针形或披针状匙形，基部渐狭成短柄状，先端急尖或钝，有短刺尖。总状花序；花鲜黄色，花瓣6，倒卵形，较萼片稍短。浆果长圆形，鲜红色，柱头宿存。花果期5—9月。

生于山坡路旁或溪边。产于沈阳、鞍山、本溪、凤城、宽甸、昌图、新宾、清原、凌源、建昌、兴城、锦州等地。

根皮含小檗碱、小檗胺，有药用价值。嫩叶和果实可食。

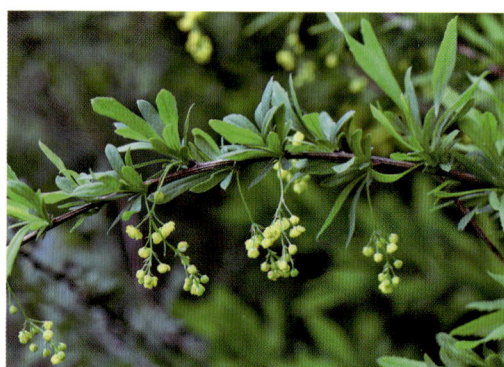

| 果期 | 花 | 花期 |

（5）大叶小檗（辽宁植物志、东北植物检索表）黄芦木（中国植物志、Flora of China）

Berberis amurensis Ruprecht in Bull. Acad. Sci. St. Petersb. 15：260. 1857；Fl. China 19：762. 2011；中国植物志29：189. 2001；辽宁植物志（上册）：544. 图版227：1-7. 1988；东北植物检索表（第二版）：211. 图版98：1. 1995.

落叶灌木。刺3分杈或单一，坚硬。叶簇生刺腋的短枝上；叶片长圆形，边缘具密刺尖锯齿。总状花序生短枝顶端叶丛中，花淡黄色，直径约5毫米；萼片6，外轮萼片卵形，内轮萼片倒卵形；花瓣6，长卵形，较花萼稍短。浆果鲜红色。花期5—6月，果期8—9月。

生于山地林缘、溪边或灌木丛中。产于本溪、凤城、盖州、桓仁、宽甸、庄河、大连、凌源、建平、朝阳等地。

根及根皮有清热燥湿、泻火解毒、消炎止痛、健胃功效。嫩叶和果实可食。

花

果期

花期

花序

2. 南天竹属 Nandina Thunb.

常绿灌木，无根状茎。叶互生，2~3回羽状复叶，叶轴具关节；小叶全缘，叶脉羽状。大型圆锥花序顶生或腋生；花两性，3数，具小苞片；萼片多数，螺旋状排列，由外向内逐渐增大；花瓣6，较萼片大；雄蕊6，1轮，与花瓣对生。浆果球形，红色或橙红色，顶端具宿存花柱。

辽宁栽培1种。

南天竹（中国植物志、Flora of China）南天竺 竺竹

Nandina domestica Thunb. in Fl. Jap.：9. 1784；Fl. China 19：715. 2011；中国植物志29：52. 图版11. 2001.

常绿小灌木。叶互生，3回羽状复叶。圆锥花序直立；花小，白色，具芳香，直径6~7毫米；萼片多轮，外轮萼片卵状三角形，长1~2毫米，向内各轮渐大；花瓣长圆形，先端圆钝；雄蕊6，子房1室。浆果球形，熟时红色。花果期5—11月。

分布于我国长江流域及陕西、河北、山东、湖北等省。大连有栽培。

常用的观叶、观果植物。全株有毒。根、茎、叶、果实可药用。

果序

花

叶

植株

防己科 Menispermaceae

攀援或缠绕藤本，稀直立灌木或小乔木。叶螺旋状排列，单叶，稀复叶，叶柄两端肿胀。聚伞花序，或由聚伞花序再作圆锥花序式、总状花序式或伞形花序式排列，极少退化为单花；花通常小而不鲜艳，单性，雌雄异株，通常2被，较少单被；萼片通常轮生，有时螺旋状着生；花瓣通常2轮，较少1轮。核果，外果皮革质或膜质，中果皮通常肉质，内果皮骨质或有时木质，较少革质，表面有皱纹或有各式凸起，较少平坦。

辽宁产1属1种。

木防己属 Cocculus DC.

木质藤本，很少直立灌木或小乔木。叶非盾状，全缘或分裂，具掌状脉。聚伞花序或聚伞圆锥花序，腋生或顶生；雄花：萼片6（或9），排成2（或3）轮，花瓣6，雄蕊6或9；雌花：萼片和花瓣与雄花的相似，退化雄蕊6或没有，心皮6或3，花柱柱状，柱头外弯伸展。核果倒卵形或近圆形，稍扁，花柱残迹近基生，果核骨质，背肋两侧有小横肋状雕纹。

木防己（辽宁植物志、东北植物检索表、中国植物志、Flora of China）青藤

Cocculus orbiculatus (L.) DC. in Syst. Nat. 1: 523. 1817; Fl. China 7: 12. 2008; 中国植物志30（1）：32. 图版7: 1-8. 1996.—*C. trilobus* (Thunb.) DC. in Syst. Nat. 1: 522 . 1818; 辽宁植物志（上册）：556. 图版233. 1988；东北植物检索表（第二版）：214. 图版100：2. 1995.

落叶木质藤本。叶片纸质至近革质，形状变异极大，边全缘或3裂，有时掌状5裂。聚伞花序顶生或腋生，被柔毛。雄花：萼片6，外轮卵形或椭圆状卵形，内轮阔椭圆形至近圆形；花瓣6，下部边缘内折，抱着花丝，顶端2裂。核果近球形，红色至紫红色。花期6—8月，果期9—10月。

生于丘陵、山坡低地、路旁草地及低山灌木丛中。产于大连、旅顺口、长海等地。

根状茎有祛风止痛、行水消肿作用，用于风湿痛、神经痛、咽喉痛、水肿、毒蛇咬伤。

果序

雄花序

叶

植株的一部分

马兜铃科 Aristolochiaceae

草质或木质藤本、灌木或多年生草本，稀乔木。单叶互生，具柄，叶片全缘或3~5裂，基部常心形。花两性，有花梗，单生、簇生或排成总状、聚伞状或伞房花序，顶生、腋生或生于老茎上，花色通常艳丽而有腐肉臭味；花被辐射对称或两侧对称，花瓣状，1轮，稀2轮，花被管钟状、瓶状、管状、球状或其他形状；檐部圆盘状、壶状或圆柱状，具整齐或不整齐3裂，或为向一侧延伸成1~2舌片，裂片镊合状排列。蒴果菁葖果状、长角果状或为浆果状；种子多数，常藏于内果皮中。

辽宁产1属1种。

马兜铃属 Aristolochia L.

草质或木质藤本，稀亚灌木或小乔木，常具块状根。叶互生，全缘或3~5裂，基部常心形；羽状脉或掌状3~7出脉。花排成总状花序，稀单生，腋生或生于老茎上；苞片着生于总花梗和花梗基部或近中部；花被1轮，花被管基部常膨大，形状各种，中部管状，劲直或各种弯曲，檐部展开或成各种形状。蒴果室间开裂或沿侧膜处开裂。

木通马兜铃（辽宁植物志、东北植物检索表、中国植物志、Flora of China）木通
Aristolochia manshuriensis Kom. in Act. Hort. Peterop. 22：112. 1903；Fl. China 5：262. 2003；中国植物志24：210. 图版48：7-9. 1988；辽宁植物志（上册）：569. 图版240. 1988；东北植物检索表（第二版）：218. 图版103：1. 1995.

落叶木质大藤本。叶片卵状心形或近圆形。花单生短枝叶腋；花被筒成呈蹄形弯曲，由基部向上逐渐膨大，外面淡绿黄色，具紫色条纹，里面褐色或黄绿色，近顶端处突然内曲如烟斗状，顶端3裂。蒴果圆柱状，有6棱，成熟时开裂成6瓣。花期5月，果期8—9月。

生于山坡杂木林内或河流附近潮湿地。产于清原、新宾、桓仁、宽甸等地。

藤茎有清心火、利尿、通乳作用，治口舌生疮、尿路感染、水肿、乳汁不通等。

花

蒴果

叶

芍药科 Paeoniaceae

灌木、亚灌木或多年生草本。叶通常为二回三出复叶。单花顶生，或数朵生枝顶、茎顶和茎上部叶腋，有时仅顶端一朵开放，直径4厘米以上；苞片2~6，披针形，叶状，大小不等，宿存；萼片3~5，花瓣5~13，栽培者多为重瓣；雄蕊多数，离心发育，花丝狭线形，花药黄色；花盘杯状或盘状，革质或肉质，完全包裹或半包裹心皮或仅包心皮基部；心皮多为2~3，稀4~6或更多，离生，向上逐渐收缩成极短的花柱，柱头扁平，向外反卷。蓇葖成熟时沿心皮的腹缝线开裂；种子数颗，黑色、深褐色。

本科仅1属，辽宁栽培1种和1变种。

芍药属 Paeonia L.

属的特征同芍药科。

牡丹（辽宁植物志、东北植物检索表、中国植物志、Flora of China）木芍药 洛阳花
Paeonia suffruticosa Andr. in Bot. Rep. 6：t. 373. 1804；Fl. China 6：128. 2001；中国植物志27：41. 图版1：1-3. 1979；辽宁植物志（上册）：576. 图版243. 1988；东北植物检索表（第二版）：220. 图版104：4. 1995.

a. 牡丹（原变种）

var. **suffruticosa**

落叶灌木。叶为1~2回三出复叶；顶生小叶广卵形，3浅裂至中裂；侧生小叶狭卵形，较小，不等2~3浅裂或不裂。花单生枝顶；萼片5，绿色，卵圆形，不等大；花瓣5，多为重瓣，玫瑰色、白色或红紫色，倒卵形。蓇葖果密被黄褐色毛。花期5月，果期6—7月。

原产于陕西，大连、丹东、东港、朝阳等地有栽培。

花大美丽，是著名的观赏植物。根皮有清热凉血、活血散瘀作用。

蓇葖果

果期

花期

b. **紫斑牡丹**（变种）（中国植物志）

var. **papaveracea**（Andr.）Kerner in Hort. Semperv. 5：t. 473. 1816；中国植物志27：45. 图版3：1–3. 1979.

叶为2~3回羽状复叶，小叶不分裂，稀不等2~4浅裂；花大，花瓣白色，花瓣内面基部具深紫色斑块。分布于四川北部、甘肃南部、陕西南部。丹东等地有栽培。

植株

植株的一部分

猕猴桃科 Actinidiaceae

乔木、灌木或藤本，常绿、落叶或半落叶；毛被发达。叶为单叶，互生。花序腋生，聚伞式或总状式，或简化至1花单生。花两性或雌雄异株，辐射对称；萼片5片，稀2~3片，覆瓦状排列；花瓣5片或更多，覆瓦状排列，分离或基部合生；雄蕊10（-13），分2轮排列，或无数；心皮无数或少至3枚，子房多室或3室，花柱分离或合生为一体。果为浆果或蒴果。

辽宁产1属4种，其中栽培1种。

猕猴桃属 Actinidia Lindl.

落叶、半落叶至常绿藤本。叶为单叶，互生。花白色、红色、黄色或绿色，雌雄异株，单生或排成简单的或分歧的聚伞花序，腋生或生于短花枝下部，有苞片；萼片5片，间有2~4片的，分离或基部合生，覆瓦状排列，极少为镊合状排列，雄蕊多数；子房上位，多室，有中轴胎座，胚珠多数；在雄花中存在退化子房。果为浆果，秃净，少数被毛，球形、卵形至柱状长圆形。

分种检索表

1. 小枝具实心的髓，髓白色 ……………………… 1. 木天蓼 A. polygama（Sieb. et Zucc.）Planch. ex Maxim.
1. 小枝具片状髓，髓白色或褐色。
　2. 髓褐色；花药黄色；萼片宿存；叶质较薄，上半部通常变白色或粉红色；果实顶端尖
　　………………………………………………… 2. 狗枣猕猴桃 A. kolomikta（Maxim. et Rupr.）Maxim.
　2. 髓白色或浅褐色。
　　3. 花药暗紫色；叶质厚，稍革质，暗绿色；萼片花后脱落；果圆球形至柱状长圆形，长2~3厘米，无毛，无斑点，不具宿存萼片 …… 3. 软枣猕猴桃 A. arguta（Sieb. et Zucc.）Planch. ex Miq.
　　3. 花药黄色；叶纸质，倒阔卵形至倒卵形或阔卵形至近圆形；萼片花后宿存；果黄褐色，近球形、圆柱形等，长4~6厘米，被茸毛、长硬毛 …… 4. 中华猕猴桃 A. chinensis Planch.

（1）木天蓼（辽宁植物志、东北植物检索表）葛枣猕猴桃（中国植物志、Flora of China）葛枣子

Actinidia polygama（S. et Z.）Planch ex Maxim. in Mem. Acad. Sci. St. Petersb. Sav. Etrang. 9：64. 1859；Fl. China 12：339. 2007；中国植物志49（2）：216. 图版60：1-3. 1984；辽宁植物志（上册）：580. 图版245：4. 1988；东北植物检索表（第二版）：223. 图版105：2. 1995.

落叶大型木质藤本。小枝具实心的髓，髓白色。叶片广卵形或卵状长圆形，边缘有线形细锯齿，灰蓝绿色。花单生或1~3朵腋生；花瓣5，白色、淡黄色，倒卵状圆形。浆果长圆形，黄色至淡橘红色，有喙；萼片宿存。花期6—7月，果期9—10月。

生于杂木林中。产于凤城、本溪、宽甸、岫岩、鞍山、庄河等地。

果实可食或酿酒，治疝气及腰痛；枝叶、根亦供药用。

果实　　　　　　　　　　　小枝具实心髓　　　　　　　　　　植株的一部分

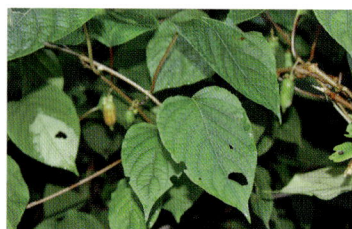

（2）**狗枣猕猴桃**（辽宁植物志、东北植物检索表、中国植物志、Flora of China）**狗枣子　深山木天蓼**

Actinidia kolomikta（Maxim. et Rupr.）Maxim. in Mem. Acad. Sci. St. Petersb. Sav. Etrang 9：63. 1859；Fl. China 12：338. 2007；中国植物志49（2）：212. 图版59：1. 1984；辽宁植物志（上册）：582. 图版245：3. 1988；东北植物检索表（第二版）：223. 图版105：3. 1995.

落叶大型木质藤本。小枝具片状髓，髓褐色。叶片膜质至薄纸质，顶端或中部以上常变为黄白色或紫红色。雌雄异株，雄花大部分为3朵腋生；雌花或两性花单生；花瓣圆形至倒卵形，白色或玫瑰红色。浆果长圆形，顶端有宿存的花柱及萼片。花期6—7月，果期9—10月。

雌花正面观

花序

生于阔叶林或针阔混交林中。产于宽甸、桓仁、凤城、本溪、西丰、鞍山、新宾、清原、庄河等地。

果实可食，也可酿酒及入药。树皮可纺绳、织麻布。

果实

叶

（3）**软枣猕猴桃**（辽宁植物志、东北植物检索表、中国植物志、Flora of China）**软枣子**

Actinidia arguta（Sieb. et Zucc.）Planch. ex Miq. in Ann. Mus. Bot. Ludg. Bat. 3：15. 1867；Fl. China 12：337. 2007；中国植物志49（2）：205. 图版57：1-5. 1984；辽宁植物志（上册）：582. 图版245：1-2. 1988；东北植物检索表（第二版）：223. 图版105：1. 1995.

落叶大型木质藤本。小枝具片状髓，髓白色。叶互生；叶片稍厚，革质或纸质，卵圆形、椭圆形或长圆形。腋生聚伞花序，花3~6朵；花瓣5，白色，倒卵圆形。浆果球形至长圆形，两端稍扁平，顶端有钝短尾状喙，萼片脱落。花期6—7月，果期8—9月。

生于阔叶林或针阔混交林中。产于西丰、清原、桓仁、凤城、本溪、岫岩、庄河、瓦房店、绥中等地。

果实可食，有强壮、解热、健胃、止血作用。枝叶可作农药。

果序

花序

花枝

小枝具空心髓

（4）**中华猕猴桃**（中国植物志、Flora of China）阳桃　羊桃　羊桃藤　藤梨　猕猴桃

Actinidia chinensis Planch. in Journ. Arn. Arb. 33：49-50. 1952；Fl. China 12：349. 2007；中国植物志49（2）：260. 图版73：1-6. 1984.

落叶大型藤本；幼枝被长硬毛或刺毛。髓白色至淡褐色，片层状。叶倒阔卵形，侧脉5~8对。聚伞花序1~3花，花初放时白色，放后变淡黄色，有香气。果黄褐色，近球形至椭圆形，长4~6厘米，被茸毛、长硬毛，成熟时秃净或不秃净，具小而多的淡褐色斑点；宿存萼片反折。花期6—7月，果期8—9月。

自然分布于我国南部地区低海拔山林中，在大连西郊野生环境的林下有多处发现，长势良

大连西郊野生株

果期

庭院栽培株

| 叶 | 幼年期 | 幼年枝梢 |

好，但未见花果，估计是游人食果后留下了种子。同时，也见少量庭院栽培，结果情况良好。果实供食用。根、叶治水肿、消化不良、胎盘滞留。

悬铃木科 Platanaceae

落叶乔木。叶互生，大型单叶，有长柄，具掌状脉，掌状分裂，偶有羽状脉而全缘。花单性，雌雄同株，排成紧密球形的头状花序，雌雄花序同形，生于不同的花枝上，雄花头状花序无苞片，雌花头状花序有苞片。果为聚合果，由多数狭长倒锥形的小坚果组成，基部围以长毛，每个坚果有种子1个；种子线形，胚乳薄，胚有不等形的线形子叶。

在第三纪时广泛分布于北美、欧洲及亚洲；现代只有1属，辽宁栽培3种。

悬铃木属 Platanus L.

属的特征同科。

分种检索表

1. 叶深裂或浅裂，中裂片长不大于宽；每果枝具球状果序1~3，小坚果下部的长毛不比果长，不突出于果序外。
　2. 叶中裂片宽大于长；每果枝具球状果序1（-2），小坚果下部的长毛仅为果的一半长
　　　…………………………………………………………… 1. 一球悬铃木 P. occidentalis L.
　2. 叶中裂片长宽近等；每果枝具球状果序（1-）2~3，小坚果下部的长毛与果等长或稍短
　　　…………………………………………………… 2. 二球悬铃木 P. acerifolia（Aiton）Willd.
1. 叶深裂，中裂片长大于宽；每果枝具（2-）3~6个球状果序，小坚果下部的长毛比果长，突出于果序外
　　　………………………………………………………………… 3. 三球悬铃木 P. orientalis L.

（1）一球悬铃木（辽宁植物志、东北植物检索表、中国植物志、Flora of China）美国梧桐

Platanus occidentalis L. in Sp. Pl. 417. 1753; Fl. China 9：45. 2003；中国植物志35

（2）：121. 1979；辽宁植物志（上册）：673. 1988；东北植物检索表（第二版）：263. 图版123：2. 1995.

　　落叶大乔木。树皮乳白色，小块状剥落。叶柄长4~7厘米，密被柔毛；叶片广卵形，通常3浅裂，稀5浅裂，长比宽略小。花通常4~6数；雄花萼片及花瓣均较小；雌花花瓣长为萼片的4~5倍。头状果序球形，每果枝有1（~2）个；小坚果基部茸毛长为小坚果1/2。花期5月，果期9—10月。

　　原产于欧洲东南部及亚洲西部，我国晋代即已经引种。大连有栽培。

　　树干高大，枝叶茂盛，生长迅速，耐修剪，为优良行道树种。

花期

枯叶期

树干

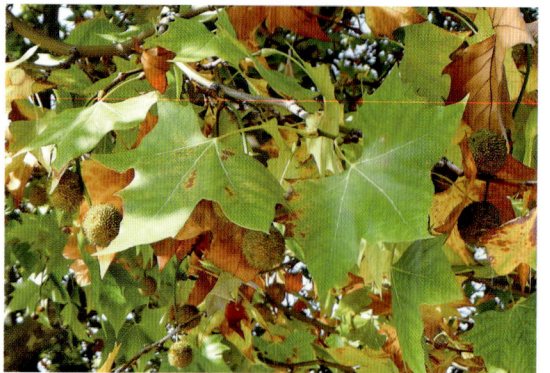

植株的一部分

　　（2）二球悬铃木（辽宁植物志、东北植物检索表、中国植物志、Flora of China）英国梧桐

Platanus acerifolia（Aiton）Willd. in Sp. Pl. 4：474. 1797；Fl. China 9：44. 2003；中国植物志35（2）：120. 图版26. 1979.—*P. hispanica* Muenchh. in Hausvater 5：229. 1770；辽宁植物志（上册）：671. 图版283. 1988；东北植物检索表（第二版）：262. 图版123：1. 1995.

　　落叶乔木。为一球悬铃木和三球悬铃木的杂交种。叶柄长3~10厘米，密被黄色柔毛；叶片基部截形或微心形，上部通常为3~5掌状分裂，中裂片广三角形，长宽近相等，各裂片边缘有少数粗大牙齿。花通常4数。果枝具头状果序1~2个，稀3个，通常下垂；小坚果基部茸毛长与小坚果等长或稍短。花期5月。

原产于欧洲，广泛种植于世界各地。大连、丹东、鞍山等地有栽培。

树干高大，枝叶茂盛，生长迅速，耐修剪，为优良行道树种。

果枝　　　　　　　　　　　　花序　　　　　　　　　　　　植株上部

（3）三球悬铃木（辽宁植物志、东北植物检索表、中国植物志、Flora of China）法国梧桐

Platanus orientalis L. in Sp. Pl. 417. 1753；Fl. China 9：44. 2003；中国植物志35（2）：120. 1979；辽宁植物志（上册）：671. 1988；东北植物检索表（第二版）：262. 图版123：3. 1995.

落叶乔木。树皮薄片状脱离。叶片广卵形，基部楔形或截形，上部掌状分裂。花4数；雄球状花序无柄，基部有长毛，萼片短小，雄蕊远比花瓣长；雌球状花序通常有柄，萼片有毛，花瓣倒披针形，心皮5。果枝有球形头状果序3~6个；小坚果基部茸毛比小坚果长。花期5月，果期9—10月。

原产于欧洲东南部及亚洲西部，我国晋代即已经引种。大连有栽培。

树干高大，枝叶茂盛，生长迅速，耐修剪，为优良行道树种。

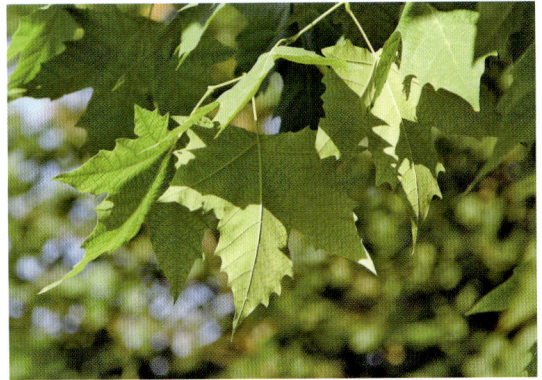

果序　　　　　　　　　　　　　　　　叶

金缕梅科 Hamamelidaceae

常绿或落叶乔木和灌木。叶互生，很少是对生的，全缘或有锯齿，或为掌状分裂，具羽状脉或掌状脉。花排成头状花序、穗状花序或总状花序，两性，或单性而雌雄同株，稀雌雄异株，有时杂性；异被，放射对称，或缺花瓣，少数无花被；花瓣与萼裂片同数，线形、匙形或鳞片状；雄蕊4~5数，或更多；子房半下位或下位，亦有为上位，2室，上半部分离；花柱2，有时伸长，柱头尖细或扩大。果为蒴果，常室间及室背裂开为4片，外果皮木质或革质，内果皮角质或骨质。

辽宁栽培1属1种。

枫香树属 Liquidambar L.

落叶乔木。叶互生，有长柄，掌状分裂，具掌状脉，边缘有锯齿。花单性，雌雄同株，无花瓣。雄花多数，排成头状或穗状花序，再排成总状花序；每一雄花头状花序有苞片4个，无萼片及花瓣；雄蕊多而密集，花丝与花药等长。雌花多数，聚生在圆球形头状花序上，有苞片1个；萼筒与子房合生，萼裂针状，宿存，有时或缺。头状果序圆球形，有蒴果多数；蒴果木质，室间裂开为2片，果皮薄，有宿存花柱或萼齿；种子多数。

北美枫香（胶皮枫香树）

Liquidambar styraciflua L. in Sp. Pl. 999. 1753.

大型落叶阔叶树种。叶片5~7裂，互生，长10~18厘米，叶柄长6.5~10厘米，春、夏叶色暗绿，秋季叶色变为黄色、紫色或红色。无花被，雄蕊4~8（10），花柱2，柱头内向弯曲。头状果序圆球形，有蒴果多数；蒴果木质，有宿存花柱及萼齿。花期5月，果期8—9月。

原产于美国东南部。大连有作绿化树种栽培。

植株

叶

枝

树干

虎耳草科 Saxifragaceae

草本、灌木、小乔木或藤本。单叶或复叶，互生或对生。通常为聚伞状、圆锥状或总状花序，稀单花；花两性，稀单性，下位或多少上位，稀周位，一般为双被，稀单被；花被片4~5基数，稀6~10基数，覆瓦状、镊合状或旋转状排列；萼片有时花瓣状；花冠辐射对称，稀两侧对称，花瓣一般离生；雄蕊（4-）5~10，或多数；心皮2，稀3~5（-10），通常多少合生；子房上位、半下位至下位；花柱离生或多少合生。蒴果、浆果、小蓇葖果或核果。

辽宁产4属25种6变种，其中栽培8种。

分属检索表

1. 叶对生；果实为蒴果。
  2. 叶有星状毛；花5数，雄蕊10~15 ·················· 1. 溲疏属 Deutzia Thunb.
  2. 叶无星状毛。
    3. 伞房花序或圆锥花序；边花不育，具3~5增大成花瓣状的萼片；中央花两性，能育
      ·················· 2. 绣球属（绣球花属）Hydrangea L.
    3. 总状花序；花全部能育 ·················· 3. 山梅花属 Philadelphus L.
1. 叶互生；果实为浆果 ·················· 4. 茶藨子属 Ribes L.

1. 溲疏属 Deutzia Thunb.

落叶灌木，稀半常绿，通常被星状毛。小枝中空或具疏松髓心，表皮通常片状脱落。叶对生，具叶柄，边缘具锯齿。花两性，组成圆锥花序、伞房花序、聚伞花序或总状花序，稀单花，顶生或腋生；萼筒钟状，与子房壁合生，木质化，裂片5，果时宿存；花瓣5，花蕾时内向镊合状或覆瓦状排列，白色、粉红色或紫色；雄蕊10，稀12~15；花盘环状，扁平；子房下位，稀半下位，3~5室；花柱3~5，离生，柱头常下延。蒴果3~5室，室背开裂。

辽宁产4种1变种。

分种检索表

1. 花1~3朵。
  2. 叶背面淡绿色，散生4~8条辐射状星毛，毛斜状，不连续覆盖叶背
    ·················· 1. 李叶溲疏 D. baroniana Diels
  2. 叶背面灰白色，密被6~12条辐射状星毛，毛紧贴叶背面，并连续覆盖叶背面
    ·················· 2. 大花溲疏 D. grandiflora Bunge
1. 花多数，组成伞房花序。

3. 萼筒除边缘被微柔毛其他部分无毛，花及果实无毛；叶背面无毛

　　·· 3. **光萼溲疏** D. glabrata Kom.

3. 萼筒密被星状毛，花及果实有星状毛；叶背面或多或少有毛

　　·· 4. **小花溲疏** D. parviflora Bunge

（1）**李叶溲疏**（辽宁植物志、东北植物检索表）**钩齿溲疏**（中国植物志、Flora of China）

Deutzia baroniana Diels in Bot. Jahrb. Syst. 29：372. 1900；Fl. China 8：387. 2001.—*D. hamata* Koehne in Engl. Bot. Jahrb. 34（75）：37. 1905；中国植物志34（2）：103. 图版15：8-14. 1992；东北植物检索表（第二版）：273. 图版130：4. 1995.—*D. prunifolia* Rehd in Pl. Wilson. 1：22. 1911；辽宁植物志（上册）：711. 图版302：1-4. 1988.

叶缘

落叶灌木。叶对生，叶片卵形，边缘具不规则的细锯齿，背面浅绿色，散生4~8条辐射状星毛。花序通常有1~3花；花瓣5，白色，长椭圆形，外面散生星状毛；雄蕊10，花丝上部有2齿；子房下位，花柱3~5，有星状毛。蒴果半球形，密被星状毛。花期4月下旬至5月，果期6—9月。

生于山坡岩石缝隙及向阳石砾山顶。产于鞍山、本溪、凤城、宽甸、岫岩、丹东、庄河、金州、瓦房店、大连、北镇、盖州、义县、葫芦岛、喀左等地。

早春优良观赏花木。

花序正面观

叶背面观

植株的一部分

（2）**大花溲疏**（辽宁植物志、东北植物检索表、中国植物志、Flora of China）**华北溲疏**

Deutzia grandiflora Bunge in Enum. Pl. Chin. Bor. 30. 1831；Fl. China 8：387. 2001；中国植物志34（2）：101. 图版15：1-7. 1992；辽宁植物志（上册）：711. 图版302：5-7. 1988；东北植物检索表（第二版）：273. 图版130：5. 1995.

落叶灌木。叶对生，叶片卵形或卵状披针形，背面灰白色，密生6~12条放射状星状毛，质粗糙。聚伞花序，1~3花生枝顶；花瓣5，白色，长圆形或长圆状倒卵形；雄蕊10，花丝上部具2齿；子房下位，花柱3~5。蒴果半球形，具宿存花柱。花期4—5月，果期6—9月。

多见于山谷、道路岩缝及丘陵低山灌木丛中。产于盖州、建平、凌源等地。
早春优良观赏花木。

花枝侧面观

花枝正面观

植株的一部分

（3）光萼溲疏（辽宁植物志、中国植物志、Flora of China）无毛溲疏（东北植物检索表）千层皮

Deutzia glabrata Kom. in Acta Hort. Petrop. 22：433. 1903；Fl. China 8：382. 2001；中国植物志34（2）：76. 图版9：1-4. 1992；辽宁植物志（上册）：712. 图版303：1-4. 1988；东北植物检索表（第二版）：273. 图版130：3. 1995.

落叶灌木。叶对生，有短柄，叶片矩圆形或卵形等。花序伞房状；萼筒除边缘被微柔毛，其他部分无毛；花瓣5，白色，无毛；雄蕊10，花丝无齿；子房下位，花柱3~4。蒴果近球形，无毛，花柱宿存。花期5月，果期9月。

生于山坡岩石间或陡山坡林下。产于庄河、瓦房店、普兰店、西丰、清原、鞍山、本溪、凤城、丹东、宽甸、桓仁、岫岩、北镇等地。

观赏花木，可栽植于庭园供观赏。

果序

花序背面观

花序侧面观

小枝

植株的一部分

（4）**小花溲疏**（辽宁植物志、东北植物检索表、中国植物志、Flora of China）**唐溲疏**

Deutzia parviflora Bunge in Enum. Pl. Chin. Bor. 31. 1831；Fl. China 8：382. 2001；中国植物志34（2）：77. 图版9：5-9. 1992；辽宁植物志（上册）：713. 图版303：8-10. 1988；东北植物检索表（第二版）：273. 1995.

4a. 小花溲疏（原变种）

var. parviflora

落叶灌木。叶背面有（6-）8~12条辐射状星毛，沿主脉有单毛，两面同色；伞房花序直径2~5厘米，多花；花序梗被长柔毛和星状毛；花冠直径8~15厘米；萼筒杯状，密被星状毛；花瓣白色，两面均被毛，花丝有齿。蒴果球形，有星状毛。花期5—6月，果期8—10月。

生于山谷林缘。产于义县、北镇、绥中、建昌、凌源等地。

观赏花木，可栽植于庭园供观赏。茎皮用于感冒、咳嗽。

果序

花侧面观

花序

叶对生

叶脉具单毛

4b. 东北溲疏（变种）（辽宁植物志、东北植物检索表、中国植物志、Flora of China）

var. **amurensis** Regel in Acad. Sci. St. Petersb. ser. 7，4（4）：63. tab. 5. fig. 7-13. 1861；Fl. China 8：383. 2001；中国植物志34（2）：79. 1992.—*D. amurensis*（Regel）Airy-Shaw in Kew Bull. 1934：179. 1934；辽宁植物志（上册）：713. 图版303：5-7. 1988；东北植物检索表（第二版）：273. 图版130：2. 1995.

与原变种的主要区别是：叶背面色淡，散生5~8

植株的一部分

条放射状毛，沿叶脉无单毛。

生境同原变种。产于西丰、清原、本溪、凤城、宽甸、桓仁、丹东、庄河、义县、凌源、建昌、建平等地。

2. 绣球属（绣球花属）Hydrangea L.

常绿或落叶亚灌木、灌木或小乔木，少数为木质藤本或藤状灌木。叶常2片对生或少数种类兼有3片轮生。聚伞花序排成伞形状、伞房状或圆锥状，顶生；花二型，极少一型，不育花存在或缺，生于花序外侧，花瓣和雄蕊缺或极退化，萼片大，花瓣状，2~5片，分离，偶有基部稍连合；孕性花较小，生于花序内侧，花萼筒状，与子房贴生，顶端4~5裂，萼齿小；花瓣4~5，分离，镊合状排列。蒴果2~5室，于顶端花柱基部间孔裂，顶端截平或突出于萼筒。

辽宁产4种，其中栽培3种。

分种检索表

1. 叶片长圆状卵形；伞房状聚伞花序或圆锥花序。
  2. 伞房状聚伞花序；叶背面灰白色，密被毛 ·················· 1. 东陵绣球花 H. bretschneideri Dipp.
  2. 圆锥花序；叶背面绿色，散生毛。栽培 ·················· 2. 圆锥绣球 H. paniculata Sieb.
1. 叶卵形至阔卵圆形；伞房状聚伞花序。
  4. 花多数不育；不育花萼片粉红色、淡蓝色或白色；雄蕊近等长
    ·················· 3. 绣球 H. macrophylla（Thunb.）Seringe
  4. 花多数可育；不育花萼片白色、淡绿色或淡黄白色；雄蕊不等长
    ·················· 4. 乔木绣球 H. arborescens L.

（1）东陵绣球花（辽宁植物志）东陵绣球（东北植物检索表、中国植物志、Flora of China）东陵八仙花

Hydrangea bretschneideri Dipp. in Handb. Laubh. 3：320. fig. 171. 1893；Fl. China 8：418. 2001；中国植物志34（2）：231. 图版49：5-8. 1992；辽宁植物志（上册）：715. 图版304. 1988；东北植物检索表（第二版）：273. 图版101：5. 1995.

落叶小灌木。叶片长圆状卵形，边缘有突尖的锯齿，表面绿色，背面带灰白绿色。伞房状聚伞花序，多花，花轴与花梗被长柔毛，花异型；不孕花花径3~4厘米，萼裂片4，白色或

花序　　　　　　　　　　　叶　　　　　　　　　　　植株的一部分

淡绿黄色，外面常变紫色；能孕花白色，萼片5，花瓣5。蒴果卵球形，顶端突出部分圆锥形。花期6—7月，果期8—9月。

生于山谷溪边、山坡密林或疏林中。产于凌源、建昌。

优良的观赏植物。

（2）**圆锥绣球**（中国植物志、Flora of China）**大花绣球花**（辽宁植物志）**大花圆锥绣球**（东北植物检索表）

Hydrangea paniculata Sieb. in Nov. Act. Acad. Caes. Leop. Carol. 14（2）：691. 1829；Fl. China 8：417. 2001；中国植物志34（2）：228. 图版49：1-4. 1992.—*H. paniculata* Sieb. var. *grandiflora* Sieb. in Ill. Gartenztg. 81. tab. 6. 1866；辽宁植物志（上册）：716. 图版305. 1988；东北植物检索表（第二版）：273. 1995.

落叶灌木。小枝褐色，光滑。叶片长圆形，边缘有内弯的细尖锯齿。圆锥花序大，顶生。不孕花多；萼片4，倒卵形，全缘，白色，后变紫色或黄色。能孕花白色，芳香。蒴果椭圆形，顶端突出部分圆锥形。花期8—9月，果期10月。

生于山谷、山坡疏林下或山脊灌木丛中。辽宁各地栽培。

全株含黏液可作糊料；药用有清热抗疟等效；花大美丽可供观赏。

不孕花（大）与孕花（小）

花枝

群落

茎叶

（3）**绣球**（中国植物志）**八仙花 八仙绣球**

Hydrangea macrophylla（Thunb.）Seringe in DC. Prodr. 4：15. 1830；中国植物志34（2）：226. 1992.

常绿灌木。叶倒卵形或阔椭圆形。伞房状聚伞花序近球形，花密集，多数不育。不育花萼片4，近圆形或阔卵形，粉红色、淡蓝色或白色。孕性花极少数，具2~4毫米长的花梗；萼筒倒圆锥状，与花梗疏被卷曲短柔毛，萼齿卵状三角形；花瓣长圆形。蒴果陀螺状，花期6—8月。

分布于我国长江流域以南，大连有少量露地栽培，避风向阳处越冬状况良好。

根、叶、花有清热、截疟、杀虫作用。

11月植株

7月植株

花序的一部分

（4）**乔木绣球　雪山八仙花　光滑绣球**

Hydrangea arborescens L. in Sp. Pl. 1：397. 1753.

落叶灌木，株高达1~3米。叶片对生，卵形或椭圆状卵形，不裂，基部心形、截形或楔形，边缘具锯齿，先端渐尖至急，背面绿色。顶生伞房花序，花径可达20厘米以上；花梗1~2.5毫米；不育花无或有，萼片白色、淡绿色或淡黄白色，裂片3~4（−5），倒卵形至宽卵形、圆形或椭圆形。两性花：萼筒贴生于子房近顶端，萼片三角形，全缘，先端锐尖或渐尖；花瓣早落，白色至淡黄白色，椭圆形至狭卵形；心皮2（−3）；花柱2（−3），离生。蒴果半球状。花期6—10月。

原种产于美国东部。大连有栽培。

花序

群落

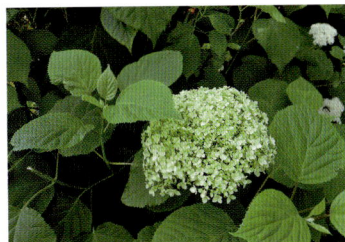

植株的一部分

3. 山梅花属 Philadelphus L.

直立灌木，稀攀援。叶对生，全缘或具齿，离基3或5出脉。总状花序，常下部分枝呈聚伞状或圆锥状排列，稀单花；花白色，芳香，筒陀螺状或钟状，贴生于子房上；萼裂片4（−5）；花瓣4（−5），旋转覆瓦状排列；雄蕊13~90，花丝扁平，分离，稀基部连合，花药卵形或长圆形，稀球形；子房下位或半下位，花柱（3）4（−5），合生，稀部分或全部离生。蒴果4（−5），瓣裂，外果皮纸质，内果皮木栓质。

辽宁产6种2变种，其中栽培2种。

分种检索表

1. 枝与花梗有毛。
　2. 花萼外面疏被短柔毛。
　　3. 花柱无毛；叶质较薄 ··· 1. 堇叶山梅花 P. tenuifolius Rupr.
　　3. 花柱有毛；叶近革质。
　　　4. 花序由5~7花组成；叶卵形或椭圆状卵形 ······················· 2. 东北山梅花 P. schrenkii Rupr.
　　　4. 花序由9~14花组成；叶通常广卵形 ················· 3. 千山山梅花 P. tsianschanensis Wang et Li
　2. 花萼外面密被紧贴糙伏毛。栽培 ································· 4. 山梅花 P. incanus Koehne
1. 枝与花梗无毛。
　5. 叶背面脉腋有白毛；花柱分裂至中部。栽培 ······················· 5. 洋山梅花 P. coronarius L.
　5. 叶背面无毛或脉腋有褐色毛；花柱上部分裂 ············· 6. 京山梅花 P. pekinensis Rupr.

（1）**堇叶山梅花**（辽宁植物志、东北植物检索表）**薄叶山梅花**（中国植物志、Flora of China）

Philadelphus tenuifolius Rupr. ex Maxim. in Bull. Phys. Math. Acad. Sci. St. Petersb. 15：133. 1856；Fl. China 8：396. 2001；中国植物志 34（2）：147. 图版28：1-3. 1992；辽宁植物志（上册）：720. 图版307：4-5. 1988；东北植物检索表（第二版）：275. 图版130：7. 1995.

落叶灌木。枝与花梗有毛。叶卵形，质较薄。总状花序有花3~9朵；花序轴长3~5厘米，黄绿色；花萼外面疏被微柔毛；裂片卵形，先端急尖；花瓣白色，卵状长圆形，顶端圆，稍2裂；花柱无毛。蒴果倒圆锥形。花期6—7月，果期8—9月。

生于杂木林中。产于西丰、清原、新宾、鞍山、本溪、宽甸等地。

观赏花木。根、果实有药用价值。

果枝

叶

植株的一部分

果枝的一部分

（2）东北山梅花（辽宁植物志、东北植物检索表、中国植物志、Flora of China）辽东山梅花

Philadelphus schrenkii Rupr. in Bull. Phys. Math. Acad. Sci. St. Petersb. 15：365. 1857；Fl. China 8：397. 2001；中国植物志34（2）：148. 图版28：4-6. 1992；辽宁植物志（上册）：720. 图版307：1-3. 1988；东北植物检索表（第二版）：275. 图版130：8. 1995.

2a. 东北山梅花（原变种）

var. **schrenkii**

落叶灌木。叶卵形，近革质。总状花序具5~7朵花，花轴与花梗密生短柔毛；萼筒钟状，疏被柔毛，裂片4，三角状卵形，外面无毛或疏被毛，里面密被毛；花瓣4，倒卵状圆形；花盘无毛；花柱下部被毛，上部4裂。蒴果球状倒圆锥形。花期6月，果期8—9月。

花序正面观

叶

花解剖：示柱头下部有毛

植株

植株的一部分

生于山坡杂木林内。产于西丰、清原、鞍山、瓦房店、普兰店、庄河、本溪、凤城、宽甸等地。

观赏花木。干可作雨伞柄。嫩叶可食。

2b. 毛盘山梅花（变种）（中国植物志、Flora of China）

var. **mandshuricus**（Maxim.）Kitagawa in Lineam. Fl. Mansh. 253. 1939；Fl. China 8：397. 2001；中国植物志34（2）：150. 1992.

本变种与原变种不同点在于：叶阔卵形，长6~8厘米，宽4~5厘米，先端急尖，基部阔圆形；花瓣近圆形；花盘和花柱均被微柔毛。花期6月。产于桓仁等地。

果序

（3）千山山梅花（辽宁植物志、东北植物检索表、中国植物志、Flora of China）

Philadelphus tsianschanensis Wang et Li in Ill. Fl. Ligneous Pl. N.-E. China 561. Pl. 95. fig. 175. 1955；Fl. China 8：397. 2001；中国植物志34（2）：150. 1992；辽宁植物志（上册）：721. 图版307：6-7. 1988；东北植物检索表（第二版）：277. 图版130：6. 1995.

落叶灌木。枝与花梗有毛。叶近革质，对生，阔卵形，先端短渐尖，基部圆形，边缘具疏锯齿；叶脉离基出3~5条。总状花序有花9~14朵；花萼黄绿色，外面疏被微柔毛；萼筒稍四棱形，萼裂片卵形，先端急尖；花瓣白色，花柱有毛。蒴果半球形。花期6月，果期8—9月。

生于山坡杂木林中。产于鞍山（千山）、岫岩、凤城、本溪、宽甸、辽阳等地。

观赏花木。

花序

果序

花柱有毛

叶

植株的一部分

（4）山梅花（中国植物志、Flora of China）白毛山梅花

Philadelphus incanus Koehne in Gartenfl. 45：562. 1896；Fl. China 8：398. 2001；中国植物志34（2）：155. 图版30：1-5. 1992.

落叶灌木。叶卵形，先端急尖，基部圆形，边缘具疏锯齿，上面被刚毛，下面密被白色长粗毛。总状花序有花5~7朵；花萼外面密被紧贴糙伏毛；花瓣白色，卵形或近圆形；雄蕊30~35；花柱无毛，近先端稍分裂，柱头棒形。蒴果倒卵形。花期5—6月，果期7—8月。

自然分布于山西、陕西、甘肃、河南、湖北、安徽和四川等省。沈阳有少量栽培。

常作庭园观赏植物。根皮用于挫伤、腰胁痛、胃痛、头痛。

果序的一部分

小枝

叶缘

植株的一部分

（5）洋山梅花（辽宁植物志、东北植物检索表）

Philadelphus coronarius L. in Sp. Pl. 473. 1753；辽宁植物志（上册）：720. 1988；东北植物检索表（第二版）：275. 1995.

落叶灌木。枝与花梗无毛。叶卵形，基部广楔形或圆形，先端渐尖，边缘疏生乳头状小锯齿，背面脉腋有白毛。总状花序，常具5~7花；花瓣4，卵圆形，白色，芳香；雄蕊多数；子房半下位；花柱分裂至中部，无毛。蒴果钟形，4瓣裂。花期6月，果期8—9月。

原产于南欧。熊岳有栽培。

观赏花木。

（6）**京山梅花**（辽宁植物志、东北植物检索表）**太平花**（中国植物志、Flora of China）

Philadelphus pekinensis Rupr. in Bull. Phys. Math. Acad. Sci. St. Petersb. 15：365. 1857；Fl. China 8：396. 2001；中国植物志34（2）：144. 图版27：1-4. 1992；辽宁植物志（上册）：717. 图版306. 1988；东北植物检索表（第二版）：275. 1995.

6a. 京山梅花（原变种）

var. pekinensis

落叶灌木。枝与花梗无毛。叶对生，叶片卵形，基部阔楔形，叶背面无毛或脉腋有褐色毛。总状花序，通常有5~7朵花；花序轴长3~5厘米；花瓣4，白色；雄蕊多数，比花瓣稍短；子房下位，4室；花柱上部3~4丝裂，无毛。蒴果钟形。花期5月，果期8—9月。

生于山坡阔叶林中。产于北镇、义县、葫芦岛、朝阳、建昌、凌源等地。

优良观赏花木。根有解热镇痛、截疟作用。

示花梗和花柱　　　　　　　叶　　　　　　　植株的一部分

6b. 长叶太平花（变种）（中国植物志）

var. lanceolatus S. Y. Hu in Journ. Arn. Arb. 36：95. 1955；中国植物志34（2）：145. 1992.

与原变种的主要区别是：叶披针形，长4~6.5厘米，宽1~2厘米，先端短渐尖，基部楔形；花序轴长1.5~2.5厘米。产于凌源。

果序　　　　　　　　花期　　　　　　　　叶

4. 茶藨子属 Ribes L.

落叶、稀常绿或半常绿灌木。叶具柄，单叶互生，稀丛生，常3~5（-7）掌状分裂，稀不分裂。花两性或单性而雌雄异株，5数，稀4数；总状花序，有时花数朵组成伞房花序或几无总梗的伞形花序，或花数朵簇生，稀单生；萼筒辐状、碟形、盆形、杯形、钟形、圆筒形或管形，下部与子房合生，上部直接转变为萼片；萼片5（4），常呈花瓣状；花瓣5（4），小，与萼片互生，有时退化为鳞片状，稀缺花瓣；雄蕊5（4），花柱通常先端2浅裂或深裂至中部或中部以下，稀不分裂；子房下位，极稀半下位。果实为多汁的浆果，顶端具宿存花萼。

辽宁产12种3变种，其中栽培4种。

分种检索表

1. 枝无刺。
　2. 花单性，雌雄异株。
　　3. 总状花序。
　　　4. 叶近圆形，3~5裂，裂片钝，表面无毛，基部截形；花萼裂片尖；浆果近球形
　　　　　…………………………………………………… 1. 长白茶藨 R. komarovii A. Pojark.
　　　4. 叶掌状3~5裂，裂片尖，表面有伏毛，基部近截形或微心形；花萼裂片钝；浆果广椭圆形或倒卵
　　　　　形 …………………………………………… 2. 尖叶茶藨 R. maximowiczianum Kom.
　　3. 伞形花序，浆果红褐色，叶掌状3~5裂
　　　　　………………………………………… 3. 华茶藨 R. fasciculatum var. chinense Maxim.
　2. 花两性。
　　5. 小枝、叶及浆果散生黄色腺点，稀浆果无腺点。
　　　6. 萼裂片近直立，花淡黄绿色或黄白色。浆果黑色，无腺点。栽培
　　　　　………………………………………………… 4. 美国茶藨 R. americanum Mill.
　　　6. 萼裂片反卷，花淡紫红色或白色。浆果黑色，疏生腺体。栽培 ……… 5. 黑果茶藨 R. nigrum L.
　　5. 小枝、叶及浆果均无腺点。
　　　7. 枝直立或近直立。
　　　　8. 花序长达16厘米，萼筒短，钟形或平展，浅绿色或带黄色，花瓣浅黄绿色；浆果红色
　　　　　………………………………………… 6. 东北茶藨 R. mandshuricum（Maxim.）Kom.
　　　　8. 花序长2~5厘米，萼筒长管状，花萼黄色，花瓣红色；浆果黑色。栽培
　　　　　………………………………………………… 7. 香茶藨 R. odoratum Wendl.
　　　7. 枝横卧；总状花序短，长达4厘米，花带红色，较少；叶密集，质薄
　　　　　……………………………………………………… 8. 矮茶藨 R. triste Pall.
1. 枝有刺。
　9. 花单性，雌雄异株；小枝节上有1对刺。
　　10. 叶倒卵状楔形，3浅裂，宽1~3厘米，无毛；花淡黄绿色
　　　　　………………………………………………… 9. 楔叶茶藨 R. diacanthum Pall.
　　10. 叶近圆形，掌状3~5深裂；叶柄及花序轴密被短柔毛及腺毛；花黄绿色
　　　　　………………………………………………… 10. 腺毛茶藨 R. giraldii Jancz.
　9. 花两性。
　　11. 小枝密生细针刺。叶两面被短毛；花单生或1~3朵簇生；浆果紫黑色，多黄色细刺
　　　　　………………………………………………… 11. 刺果茶藨 R. burejense Fr. Schmidt.
　　11. 小枝节上有1~3粗刺；叶近圆形，3~5浅裂；浆果有毛。栽培 … 12. 圆醋栗茶藨 R. uva-crispa L.

（1）长白茶藨（辽宁植物志、东北植物检索表）长白茶藨子（中国植物志、Flora of China）

Ribes komarovii A. Pojark. in Acta Inst. Bot. Acad. Sci. USSR ser. 1，2：209. fig. 16. 1936；Fl. China 8：450. 2001；中国植物志34（2）：341. 1992；辽宁植物志（上册）：723. 图版308：4-6. 1988；东北植物检索表（第二版）：277. 图版131：2. 1995.

1a. 长白茶藨（原变种）

var. komarovii

落叶灌木。枝无刺。叶近圆形，3~5裂，裂片钝，表面无毛，基部截形。雌雄异株，总状花序；雄花序具10余朵花，雌花序有5~11花，花小，带绿色，萼裂片尖。浆果球形，红色，直径7~8毫米。花期5—6月，果期8—9月。

生于山坡阔叶林中或林缘。产于清原、本溪、凤城、宽甸、桓仁、庄河等地。

可作庭园绿化树种。浆果可以酿酒或制果酱。

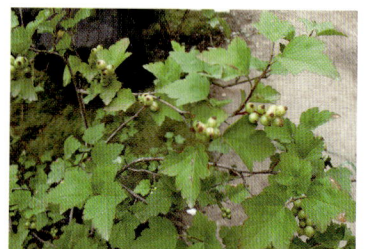

果序　　　　　　　　　　叶　　　　　　　　　植株的一部分

1b. 楔叶长白茶藨（变种）（辽宁植物志、东北植物检索表）

var. cuneifolium Liou in Ill. Fl. Lign. Pl. N.-E. Chin. 259. 图版93：164. 1955；辽宁植物志（上册）：723. 图版308：7. 1988；东北植物检索表（第二版）：277. 图版131：3. 1995.

与原变种的主要区别是：叶为卵状楔形，长3~5厘米，宽2.5~4厘米，基部广楔形。产于清原、本溪、凤城、桓仁等地。

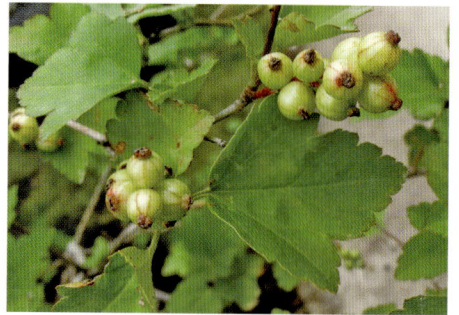

植株的一部分

（2）尖叶茶藨（辽宁植物志、东北植物检索表）尖叶茶藨子（中国植物志、Flora of China）北方茶藨

Ribes maximowiczianum Kom. in Acta Hort. Petrop. 22：443. 1903；Fl. China 8：451. 2001；中国植物志34（2）：342. 图版70：9-10. 1992；辽宁植物志（上册）：723. 图版308：1-3. 1988；东北植物检索表（第二版）：277. 图版131：4. 1995.

落叶灌木。枝无刺。叶掌状3~5裂，裂片尖，表面有伏毛，基部近截形或微心形。雌雄异株，短总状花序；雄花序具花10余朵；雌花序具花10朵以下；萼裂片钝。果序具1~5果，浆果广椭圆形或倒卵形，橘红色。花期5—6月，果期8—9月。

生于混交林中或林下。产于本溪、宽甸、凤城等地。

可供庭园观赏。浆果可食，味酸，可制果酱、果汁或酿酒。

  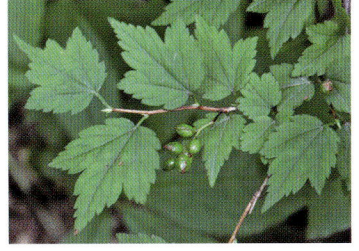

果枝　　　　　　　　　　　　叶背面观　　　　　　　　　　　植株的一部分

（3）**簇花茶藨子**（中国植物志、Flora of China）**蔓茶藨子**

Ribes fasciculatum Sieb. et Zucc. in Abh. Bayer. Akad. Wiss. Math. Phys. 4（2）：189（Fam. Nat. Fl. Jap. 1：81）1845；Fl. China 8：444. 2001；中国植物志34（2）：361. 图版64：8. 1992.

3a. 簇花茶藨子（原变种）

var. fasciculatum

辽宁不产。

3b. 华茶藨（变种）（辽宁植物志、东北植物检索表）**华蔓茶藨子**（中国植物志）

Ribes fasciculatum var. **chinense** Maxim. in Bull. Acad. Sci. St. Petersb. 19：264. 1874；Fl. China 8：444. 2001；中国植物志34（2）：362. 1992；辽宁植物志（上册）：725. 图版309. 1988；东北植物检索表（第二版）：277. 图版131：8. 1995.

落叶灌木。枝无刺。叶片近圆形，裂片卵形，基部心形或截形，边缘具不整齐的锯齿。花单性，雌雄异株。雄花4~5朵簇生成伞形花序，雌花2~4朵簇生，花瓣5，黄绿色。浆果近球形，成熟时红色。花期4—5月，果期8—9月。

生于山坡灌木林下。产于旅顺口和大连西郊。

观赏花木。果实可酿酒或做果酱。

  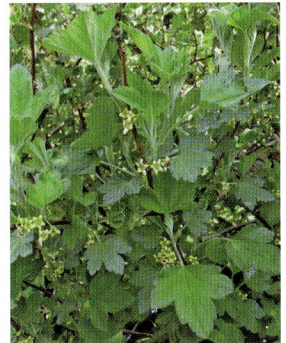

果序　　　　　　　　　　　　花枝　　　　　　　　　　　植株的一部分

（4）**美国茶藨**（东北植物检索表）**美洲茶藨子**（中国植物志、Flora of China）

Ribes americanum Mill. in Gard. Dict. Abridg. ed. 8. 1768；Fl. China 8：438. 2001；中国植物志34（2）：322. 1992；东北植物检索表（第二版）：277. 图版132：9. 1995.

落叶直立灌木。枝无刺。叶近圆形或宽卵圆形，基部心脏形或近截形，两面具金黄色腺点，掌状3~5裂。花两性；总状花序具花8~20余朵，下垂；花萼浅黄白色，外面具短柔毛；萼片后期反折；花瓣浅黄白色，无毛。果实近球形，黑色，无腺点。花果期5—7月。

原产于北美洲。辽宁有庭园栽植。

为北方绿化树种，果实供生食及加工用。

（5）**黑果茶藨**（辽宁植物志、东北植物检索表）**黑茶藨子**（中国植物志、Flora of China）**黑加仑**

Ribes nigrum L. in Sp. Pl. 201. 1753；Fl. China 8：438. 2001；中国植物志34（2）：321. 图版68：1-3. 1992；辽宁植物志（上册）：727. 图版310：4-5. 1988；东北植物检索表（第二版）：277. 图版132：4. 1995.

落叶直立灌木。枝无刺。叶近圆形，基部心脏形，掌状3~5浅裂。花两性；总状花序下垂或呈弧形，具花4~12朵；花萼浅黄绿色或浅粉红色，具短柔毛和黄色腺体，萼裂片反卷；花瓣卵圆形，先端圆钝。果实近圆形，熟时黑色，疏生腺体。花期5—6月，果期7—8月。

自然分布于黑龙江、内蒙古、新疆。沈阳、西丰、开原、抚顺、新宾、本溪、桓仁、喀左等地有栽培。

果实富含多种维生素、糖类和有机酸等，供制果酱、果酒及饮料等。

叶

花序

植株

果实

（6）**东北茶藨**（辽宁植物志、东北植物检索表）**东北茶藨子**（中国植物志、Flora of China）**灯笼果**

Ribes mandshuricum（Maxim.）Kom. in Acta Hort. Petrop. 22：437. 1903；Fl. China 8：439. 2001；中国植物志34（2）：315. 图版67：1-4. 1992；辽宁植物志（上册）：727. 图版310：1-3. 1988；东北植物检索表（第二版）：277. 图版132：2. 1995.

6a. 东北茶藨（原变种）

var. **mandshuricum**

落叶灌木。枝无刺。叶片掌状3裂或5裂，基部心形，中裂片较侧裂片长，幼时两面被灰白色平贴短柔毛，下面甚密，成长时逐渐脱落，老时毛甚稀疏。花两性，花序长达16厘米，花黄绿色，萼裂片反卷，雄蕊长，外露。浆果球形，红色。花期5—6月，果期7—10月。

生于阔叶林或针阔叶混交林下。产于西丰、清原、本溪、宽甸、桓仁、丹东、凌源、普兰店、庄河等地。

种子可榨油。果实可食，制果酱或酿酒；也可药用，有解表作用，用于感冒。

果枝

花期

叶

叶被毛

6b. 光叶东北茶藨（变种）（辽宁植物志、东北植物检索表）光叶东北茶藨子（中国植物志、Flora of China）

var. **subglabrum** Kom in Acta Hort. Petrop. 22：439. 1903；Fl. China 8：439. 2001；中国植物志34（2）：317. 1992；辽宁植物志（上册）：729. 1988；东北植物检索表（第二版）：277. 1995.

与原变种的区别是：叶片幼时上面无毛，下面灰绿色，沿叶脉稍有柔毛，仅在脉腋间毛较密；花序较短，长3~8厘米；萼片狭小，长1~2毫米。

生于山坡林下或沟谷。产于西丰、鞍山、本溪、桓仁等地。

果序

叶

（7）香茶藨（辽宁植物志、东北植物检索表）香茶藨子（中国植物志、Flora of China）黄丁香

Ribes odoratum Wendl. in Bartling & Wendl., Beitr. Bot. 2：15. 1825；Fl. China 8：437. 2001；中国植物志34（2）：297. 图版68：4-5. 1992；辽宁植物志（上册）：729. 图版311. 1988；东北植物检索表（第二版）：279. 图版131：1. 1995.

落叶灌木。枝无刺。小枝、叶及浆果均无腺点。叶柄长1.5~3厘米，密被短柔毛；叶片卵形至圆状肾形，基部广楔形、截形或近圆形，3~5深裂。总状花序具5~10花，花两性；萼筒长管状，花萼黄色，花瓣红色。浆果球形或椭圆形，黄色或黑色。花期5月，果期7月。

原产于美国。沈阳、熊岳、大连等地有栽培。

优良园林观赏树种。果实可食。

花序

植株

植株的一部分

（8）矮茶藨（东北植物检索表）矮茶藨子（中国植物志、Flora of China）

Ribes triste Pall. in Nov. Acta Acad. Sci. Petrop. 10. 1（Hist.）：238. 1797；Fl. China 8：436. 2001；中国植物志34（2）：319. 1992；东北植物检索表（第二版）：279. 图版132：7. 1995.

落叶矮小灌木，近匍匐。枝无刺。叶肾形或圆肾形，常3或5浅裂，叶质薄。花两性；总状花序短而疏松，俯垂，具花3~7朵；花瓣红色或紫红色；雄蕊与花瓣近等长或稍短，花丝红色或紫红色，花药白色或红色。果实卵球形，红色，无毛。花期5—6月，果期7—8月。

生于云杉、冷杉林下或针、阔叶混交林下及杂木林内。产于凤城。

（9）楔叶茶藨（东北植物检索表）双刺茶藨子（中国植物志、Flora of China）二刺茶藨

Ribes diacanthum Pall. in Reise Russ. Reich. 3：722. tab. 1. fig. 2. 1776；Fl. China 8：447. 2001；中国植物志34（2）：355. 图版73：1-2. 1992；东北植物检索表（第二版）：279. 图版131：5. 1995.

落叶灌木。枝有刺。叶倒卵圆形，基部楔形，两面无毛，掌状3裂。花单性，雌雄异株，组成总状花序；雄花序下垂，具花10~20朵；雌花序具花10~15朵；花萼黄绿色；花瓣甚小，楔状圆形。果实球形或卵球形，红色或红黑色，无毛。花期5—6月，果期8—9月。

生于沙丘、沙质草原及河岸边。资料记载，辽宁可能有分布，待调查核实。

（10）腺毛茶藨（辽宁植物志、东北植物检索表）陕西茶藨子（中国植物志、Flora of China）老铁山茶藨

Ribes giraldii Jancz. in Bull. Intern. Acad. Sci. Cracovie Cl. Sci. Math. Nat. 1906；Fl. China 8：446. 2001；中国植物志34（2）：359. 图版73：5-7. 1992；辽宁植物志（上册）：725. 图版312：1-4. 1988；东北植物检索表（第二版）：279. 图版131：7. 1995.

10a. 腺毛茶藨（原变种）

var. giraldii

落叶灌木。小枝有刺。叶片掌状3~5深裂，中裂片较大，边缘有锯齿及腺毛或短柔毛，表面散生刺毛。总状花序，雌雄异株。雄花序长4~7厘米，花轴与花梗密生短柔毛，花多数，密集，花带黄绿色。果序具4~6果；浆果红色，球形，具腺毛。花期5月，果期8—9月。

生于山坡、沟谷或海岸岩石上。产于金州、大连、旅顺口。

果实可酿酒或做果酱。果期观赏价值较高。

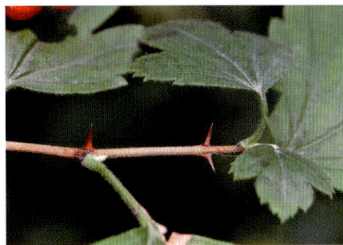

果期　　　　　　　　　　花期　　　　　　　　　　枝

10b. 旅顺茶藨子（变种）（中国植物志、Flora of China）

var. **polyanthum** Kitagawa in Bot. Mag. Tokyo 49：226. 1935；Fl. China 8：446. 2001；中国植物志34（2）：360. 1992.

本变种叶柄、叶两面和花序上的腺毛较原变种稀少，叶基部宽楔形至近截形；雄花序花多而紧密；子房微具柔毛；果实无腺毛。

生境同原变种。产于旅顺口、大连、熊岳、法库。

小枝

植株的一部分

10c. 楔叶腺毛茶藨（变种）（辽宁植物志）滨海茶藨子（中国植物志、Flora of China）

var. **cuneatum** Wang et Li，东北木本植物图志254. 562. 1955；Fl. China 8：446. 2001；中国植物志34（2）：360. 1992；辽宁植物志（上册）：725. 1988.

本变种叶基部楔形，叶柄和叶两面具稀疏柔毛和腺毛；果实无腺毛。

生于滨海荒山林下。产于大连。

果枝

叶

植株的一部分

（11）刺果茶藨（辽宁植物志、东北植物检索表）刺果茶藨子（中国植物志、Flora of China）刺梨

Ribes burejense Fr. Schmidt in Mem. Acad. Sci. St. Petersb. Sav. Etrang. ser. 7. 12（2）：42. 1868；Fl. China 8：435. 2001；中国植物志34（2）：293. 1992；辽宁植物志（上册）：729. 图版 312：5-7. 1988；东北植物检索表（第二版）：279.

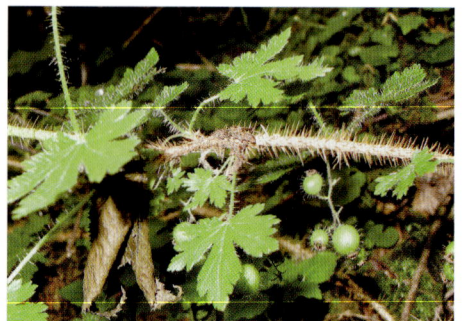

植株的一部分

图版131：10. 1995.

　　落叶灌木。枝密生细针刺。叶片掌状3~5裂，基部心形，裂片边缘具圆牙。花两性，1~2朵；花梗有短毛及带柄的腺毛；萼筒广钟形，萼裂片5，长圆形，有毛，暗褐色或红褐色；花瓣5，菱形或披针形，淡粉红色。浆果圆形，紫黑色，有细针刺。花期5月，果期7—8月。

　　生于山地针阔混交林中或溪流旁。产于旅顺口、金州及辽宁东部山区。

　　果实可食，可制果酱、果汁或酿酒。茎枝、果实有清热燥湿、利水、调经作用。

　　（12）**圆醋栗茶藨（辽宁植物志）圆茶藨（东北植物检索表）欧洲醋栗（中国植物志、Flora of China）**

　　Ribes uva-crispa L. in Sp. Pl. 201. 1753.— *R. grossularia* L. in Sp. Pl. 201. 1753；辽宁植物志（上册）：730. 1988；东北植物检索表（第二版）：280. 图版131：11. 1995.—*R. reclinatum* L. in Sp. Pl. 201. 1753；Fl. China 8：434. 2001；中国植物志34（2）：295. 1992.

　　落叶灌木。小枝节上有1~3粗刺。叶圆形或近肾形，两面被短柔毛，掌状3~5裂。花两性，2~3朵组成短总状花序或单生叶腋；花萼绿白色并染有红色，外面被柔毛；萼片花期反折；花瓣浅绿白色，稀红色。浆果球形，有毛，黄绿色或红色。花期5—6月，果期7—8月。

　　原产于欧洲。丹东、法库、西丰、鞍山、海城等地有栽培。

　　果实供生食或制作果酱、果酒及饮料等。

花期

花

果实成熟前

果实成熟期

注：本种为多型性种，果实大小、颜色和毛被等变异幅度较大，有的植物学家将其划分为若干种下等级，如 var. *glabrum* Koch，果实无毛；var. *glandulososetosum* Koch，果实密被柔毛和腺毛；var. *pubescens* Koch，果实具柔毛。

蔷薇科 Rosaceae

草本、灌木或乔木，落叶或常绿。叶互生，稀对生，单叶或复叶，有显明托叶，稀无托叶。花两性，稀单性，通常整齐，周位花或上位花；花轴上端发育成花托，在花托边缘着生萼片、花瓣和雄蕊；萼片和花瓣同数，通常4~5，覆瓦状排列，稀无花瓣，萼片有时具副萼；雄蕊5至多数，稀1或2；心皮1至多数，花柱与心皮同数。蓇葖果、瘦果、梨果或核果，稀蒴果。

辽宁产4亚科25属125种27变种13变型，其中栽培71种8变种11变型。

亚科检索表

1. 果实为开裂的蓇葖果，通常1~5（-12）聚合在一起，稀为蒴果；心皮1~5（-12）；叶通常无托叶，稀有托叶 ·· Ⅰ. 绣线菊亚科 Spiraeoideae Agardh
1. 果实为梨果、核果或瘦果，不开裂；叶有托叶。
　2. 不为梨果；子房上位，稀下位。
　　3. 瘦果或小核果，萼片宿存；心皮多数；通常为复叶，稀单叶 ······ Ⅱ. 蔷薇亚科 Rosoideae Focke
　　3. 核果，萼片通常脱落；心皮1，稀2或5；单叶 ·················· Ⅲ. 李亚科 Prunoideae Focke
　2. 梨果或浆果状，稀小核果状梨果；子房下位、周位，稀上位；心皮（1-）2~5，与杯状花托内壁合生 ·· Ⅳ. 苹果亚科 Maloideae Weber

绣线菊亚科 Spiraeoideae Agardh

灌木，稀草本，单叶，稀复叶，叶片全缘或有锯齿，常不具托叶，稀具托叶；心皮1~5（-12），离生或基部合生；子房上位，具2至多数悬垂的胚珠；果实成熟时多为开裂的蓇葖果，稀蒴果。

辽宁产6属28种8变种，其中栽培11种。

分属检索表

1. 果实为蓇葖果，开裂；种子无翅；花径不超过2厘米。
　2. 单叶。
　　3. 心皮5，稀（1）3~4；有托叶或无。

　　4. 心皮离生；蓇葖果不膨大，沿腹缝线开裂；无托叶 ························· **1. 绣线菊属 Spiraea** L.

　　4. 心皮基部合生；蓇葖果膨大，沿背腹两缝线开裂；有托叶

　　　　·· **2. 风箱果属 Physocarpus**（Cambess.）Maxim.

　　3. 心皮1~2；有托叶，早落。

　　　5. 花序总状或圆锥状；萼筒钟状至筒状；蓇葖果有2~10（–12）粒种子

　　　　　　··· **3. 绣线梅属 Neillia** D. Don.

　　　5. 花序圆锥状；萼筒杯状；蓇葖果有1~2粒种子

　　　　　·· **4. 小米空木属 Stephanandra** Sieb. & Zucc.

　2. 奇数羽状复叶，有托叶；心皮5，基部合生 ········· **5. 珍珠梅属 Sorbaria**（Ser.）A. Br. ex Aschers.

1. 果实为蒴果；种子有翅；花直径2厘米以上；单叶，无托叶 ············· **6. 白鹃梅属 Exochorda** Lindl.

1. 绣线菊属 Spiraea L.

　　落叶灌木。单叶互生，边缘有锯齿或缺刻，有时分裂，稀全缘，羽状叶脉，或基部有3~5出脉，通常具短叶柄，无托叶。花两性，稀杂性，成伞形、伞形总状、伞房或圆锥花序；萼筒钟状；萼片5，通常稍短于萼筒；花瓣5，常圆形，较萼片长；雄蕊15~60，着生在花盘和萼片之间；心皮5（3~8），离生。蓇葖果5，常沿腹缝线开裂，内具数粒细小种子。

　　辽宁产20种7变种，其中栽培8种。

分种检索表

1. 圆锥花序，塔形或长圆形，生于当年生长枝顶端；花粉红色；叶长圆状披针形至披针形

　　··· **1. 柳叶绣线菊 S. salicifolia** L.

1. 不为圆锥花序。

　2. 复伞房花序。

　　3. 花序大，生于当年生直立新枝顶端。

　　　4. 花序被短柔毛，花通常粉红色；叶卵形至卵状椭圆形，先端极尖。栽培

　　　　　··· **2. 粉花绣线菊 S. japonica** L.

　　　4. 花序无毛，花白色；叶卵形或长圆状卵形 ··············· **3. 华北绣线菊 S. fritschiana** Schneid.

　　3. 花序较小，于去年生短枝上侧生；花白色。

　　　5. 冬芽先端钝，具数枚外露鳞片；叶背面密被长柔毛，至少近顶部有锯齿；花序被长柔毛。栽培

　　　　　··· **4. 翠蓝绣线菊 S. henryi** Hemsl.

　　　5. 冬芽先端急尖或渐尖，具2枚外露鳞片；叶全缘或中部以上有少数锯齿；花序被短柔毛。

　　　　6. 叶卵状长圆形至倒卵状长圆形，全缘，两面无毛；叶柄长2~6毫米

　　　　　　··· **5. 毛果绣线菊 S. trichocarpa** Nakai

　　　　6. 叶卵形至倒卵形，中部以上有钝齿，背面被短柔毛；叶柄长2毫米。栽培

　　　　　　··· **6. 楔叶绣线菊 S. canescens** D. Don

　2. 不为复伞房花序。

　　7. 花序为具总梗的伞形或伞形总状花序，基部常具叶。

　　　8. 冬芽具数枚外露鳞片。

9. 叶有锯齿或缺刻，有时分裂。

 10. 叶、花序和果均无毛。

  11. 叶先端急尖或短渐尖。

   12. 叶菱状披针形至菱状倒披针形，不分裂，羽状脉。栽培

    ………………………………………… 7. **麻叶绣线菊** S. cantoniensis Lour.

   12. 叶菱状长卵形至菱状倒卵形，常3~5浅裂，3~5出脉。栽培

    ………………………… 8. **菱叶绣线菊** S. vanhouttei（Briot）Zabel.

  11. 叶先端圆钝。

   13. 叶近圆形，常3裂，基部圆形或近心形……………… 9. **三裂绣线菊** S. trilobata L.

   13. 叶菱状卵形至倒卵圆形，中部以上具圆钝缺刻状齿或不明显3~5浅裂

    …………………………………………… 10. **绣球绣线菊** S. blumei G. Don

 10. 叶背面被毛；花序和果有毛或无毛。

  14. 花序无毛；果仅腹缝有毛；叶菱状卵形至椭圆形，先端急尖，基部广楔形

   ………………………………………… 11. **土庄绣线菊** S. pubescens Turcz.

  14. 花序和果均有毛。

   15. 叶片下面被短柔毛；花序被柔毛。叶背面被短柔毛，菱状卵形至椭圆形，稀倒卵形，

    先端常3裂，裂片有锯齿 ……………… 12. **金州绣线菊** S. nishimurae Kitag.

   15. 叶片下面密被茸毛。

    16. 萼片卵状披针形；叶片菱状卵形至倒卵形，锯齿尖锐，下面密被黄色茸毛。栽培

     …………………………………………… 13. **中华绣线菊** S. chinensis Maxim.

    16. 萼片三角形或卵状三角形；叶片菱状卵形，先端多急尖，锯齿较钝，下面密被白色

     茸毛 …………………………………… 14. **毛花绣线菊** S. dasyantha Bunge

 9. 叶全缘或仅先端有不整齐锯齿。叶背面及果均被毛；花序疏松。

  17. 小枝近无毛；叶长1~2.5毫米，背面被稀疏柔毛……… 15. **欧亚绣线菊** S. media Schmidt

  17. 小枝密被柔毛；叶长1.5~4.5厘米，背面密被长绢毛 … 16. **绢毛绣线菊** S. sericea Turcz.

8. 冬芽具2枚外露鳞片；叶缘有锯齿；雄蕊长于花瓣，萼片于果期反折。

 18. 叶长圆形至长卵圆形，基部楔形或圆形，中部以上有单锯齿；小枝具显著棱角

  ………………………………………… 17. **曲萼绣线菊** S. flexuosa Fisch. ex Camb.

 18. 叶广卵形，基部圆形或广楔形，边缘有重锯齿或不规则缺刻状锯齿；小枝具明显棱角

  ………………………………………… 18. **石蚕叶绣线菊** S. chamaedryfolia L.

7. 花序为无总梗的伞形花序，基部无叶或具极少数叶。

 19. 叶卵形至长卵状披针形，长1.5~3厘米，背面被短柔毛；花重瓣。栽培

  ………………………………………… 19. **李叶绣线菊** S. prunifolia Sieb. & Zucc.

 19. 叶线状披针形，长2.5~4厘米，背面无毛；花单瓣。栽培

  ………………………………………… 20. **珍珠绣线菊** S. thunbergii Sieb. ex Blume

（1）**柳叶绣线菊**（辽宁植物志）绣线菊（东北植物检索表、中国植物志、Flora of China）空心柳

Spiraea salicifolia L. in Sp. Pl. 489. 1753；Fl. China 9：50. 2003；中国植物志36：9. 图版1：1-3. 1974；辽宁植物志（上册）：735. 图版313. 1988；东北植物检索表（第二版）：284. 图版136：8. 1995.

落叶直立灌木。叶片长圆状披针形至披针形。花序为长圆状或塔状圆锥花序，生当年生长枝顶端；花冠直径5~7毫米；萼筒钟状，萼裂片三角形；花瓣卵形，粉红色，先端圆钝。蓇葖果直立，花柱顶生，倾斜开展，宿存萼片常反折。花期6—8月，果期8—9月。

生于山坡下、路旁、河流岸旁。产于宽甸、桓仁、本溪、新宾、清原、庄河等地。

优良观赏植物和蜜源植物。根或全草治跌打损伤、关节疼痛、周身疼痛、咳嗽痰多。

花序　　　　　　　　　　茎叶　　　　　　　　　　植株

（2）粉花绣线菊（辽宁植物志、东北植物检索表、中国植物志）**绣线菊**（Flora of China）日本绣线菊

Spiraea japonica L. in Suppl. Pl. 262. 1781；Fl. China 9：51. 2003；中国植物志36：12. 1974；辽宁植物志（上册）：736. 图版314：1-2. 1988；东北植物检索表（第二版）：288. 图版136：7. 1995.

2a. 粉花绣线菊（原变种）

var. japonica

落叶直立灌木。叶卵形至卵状椭圆形，先端极尖，背面被短柔毛。复伞房花序生当年生的直立新枝顶端，花朵密集，密被短柔毛；花直径4~7毫米；花瓣卵形至圆形，粉红色；雄蕊远较花瓣长。蓇葖果半开张，萼片常直立。花期6—7月，果期8—9月。

原产于日本、朝鲜。辽宁各地有栽培。

枝叶茂密，开花繁盛，可布置草坪及小路角隅等处，或种植于门庭两侧，或布置花坛、花径，也可配置花篱。

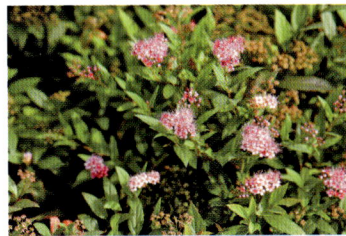

果序　　　　　　　　　　花序　　　　　　　　　　植株

2b. 光叶粉花绣线菊（变种）（辽宁植物志、东北植物检索表）**粉花绣线菊光叶变种**（中国植物志）光叶绣线菊（Flora of China）

var. **fortunei** (Planchon) Rehd. in Bailey, Cycl. Am. Hort. 1703；Fl. China 9：52. 2003；中国植物志36：14. 1974；辽宁植物志（上册）：736. 图版314：4.1988；东北植物检

索表（第二版）：288. 1995.

此变种较高大，叶片长圆披针形，先端短渐尖，基部楔形，边缘具尖锐重锯齿，长5~10厘米，上面有皱纹，两面无毛，下面有白霜。复伞房花序直径4~8厘米，花粉红色，花盘不发达。盖州有栽培。

叶正面观

叶背面观

2c. 无毛粉花绣线菊（变种）（辽宁植物志、东北植物检索表）**粉花绣线菊无毛变种**（中国植物志）**无毛绣线菊**（Flora of China）

var. **glabra**（Regel）Koidz. in Bot. Mag. Tokyo 23：167. 1909；Fl. China 9：52. 2003；中国植物志36：14. 1974；辽宁植物志（上册）：736. 图版314：3. 1988；东北植物检索表（第二版）：288. 1995.

叶片卵形至长椭圆形，先端尖，基部楔形至圆形，长3.5~9厘米，边缘有尖锐重锯齿，两面无毛。复伞房花序无毛，直径可达12厘米，花粉红色。沈阳、盖州有栽培。

【附】常见栽培以下杂交种：

金山绣线菊 Spiraea × bumalda cv. 'Gold Mound' 由粉花绣线菊与白花绣线菊杂交育成。新叶金黄色，夏季渐变黄绿色。

金焰绣线菊 Spiraea × bumalda cv. 'Gold Flame' 春天的叶有红有绿，夏天全为绿色，秋天叶变为铜红色。

金山绣线菊

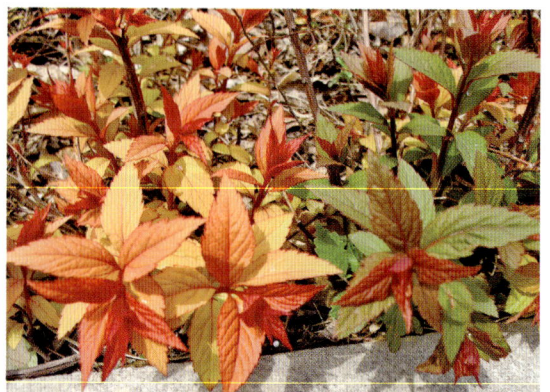

金焰绣线菊

（3）**华北绣线菊**（辽宁植物志、东北植物检索表、中国植物志、Flora of China）**费氏绣线菊**

Spiraea fritschiana Schneid. in Bull. Herb. Boiss. Ser. 2. 5：347. 1905；Fl. China 9：53. 2003；中国植物志36：16. 1974；辽宁植物志（上册）：738. 图版315：1-3. 1988；东北植物检索表（第二版）：288. 图版136：1. 1995.

3a. 华北绣线菊（原变种）

var. fritschiana

落叶灌木。枝条粗壮，小枝具明显棱角，有光泽，嫩枝紫褐色至浅褐色。叶片卵形至椭圆长圆形，边缘有锯齿，上面深绿色，无毛，稀沿叶脉有稀疏短柔毛，下面浅绿色，具短柔毛。复伞房花序顶生当年生直立新枝上，多花；花序无毛，花白色。蓇葖果直立，无毛或沿腹缝有短柔毛，花柱顶生。花期6月，果期7—8月。

生于杂木林中、林缘、多石砾地等处。产于凌源、北镇、建昌、建平、朝阳、喀左、义县、鞍山、海城、盖州等地。

园林观赏植物和蜜源植物。根、果实有清热止咳作用。

果序

果枝

花序

叶背面观

3b. 大叶华北绣线菊（Flora of China）华北绣线菊大叶变种（中国植物志）

var. angulata (Schneid.) Rehd. in Sarg. Pl. Wils. 1：453. 1913；Fl. China 9：54. 2003；中国植物志36：17. 1974.

叶片长圆卵形，长2.5~8厘米，宽1.5~3厘米，两面无毛，基部圆形。果穗直径3~8厘米。产于辽西。

3c. **小叶华北绣线菊**（辽宁植物志、东北植物检索表、Flora of China）华北绣线菊小叶变种（中国植物志）

var. **parvifolia** LiouLiou，东北木本植物图志279. 563. 图版98：186. 1955；Fl. China 9：54. 2003；中国植物志36：17. 1974；辽宁植物志（上册）：739. 图版315：4. 1988；东北植物检索表（第二版）：288. 图版136：2. 1995.

叶片小，宽卵形、卵状椭圆形或近圆形，长1.5~3厘米，宽1~2厘米，两面无毛，基部圆形。果穗直径3~6厘米。产于建平、建昌、凌源、喀左、义县、北镇等地。

（4）**翠蓝绣线菊**（辽宁植物志、东北植物检索表、中国植物志、Flora of China）翠蓝茶 亨利绣线菊

Spiraea henryi Hemsl. in Journ. L. Soc. Bot. 23：225. t. 6. 1887；Fl. China 9：55. 2003；中国植物志36：23. 图版3：5-10. 1974；辽宁植物志（上册）：752. 1988；东北植物检索表（第二版）：288. 1995.

落叶灌木。小枝圆形。叶片椭圆形，全缘或具少数粗锯齿，下面密生细长柔毛。复伞房花序密集在侧生短枝顶端，被长柔毛；花直径5~6毫米；萼筒钟状，内外两面均被细长柔毛；花瓣白色，雄蕊几与花瓣等长。蓇葖果具细长柔毛。花期4—5月，果期7—8月。

自然分布于陕西、甘肃、湖北、四川、贵州、云南等地。沈阳、熊岳有栽培。

为优良观赏花木和蜜源植物。

（5）**毛果绣线菊**（辽宁植物志、东北植物检索表、中国植物志、Flora of China）石嘣子

Spiraea trichocarpa Nakai in Journ. Coll. Sci. Univ. Tokyo 26（1）：173. 1909；Fl. China 9：60. 2003；中国植物志36：31. 图版3：18-19. 1974；辽宁植物志（上册）：740. 图版316：1-3. 1988；东北植物检索表（第二版）：288. 图版136：6. 1995.

落叶灌木。叶片长圆形，全缘或仅先端有数牙齿，两面无毛。复伞房花序着生在侧生小枝顶端，多花，密被短柔毛；花直径5~7毫米；萼筒钟状，萼裂片三角形，外面近无毛，内面微短柔毛；花瓣白色。蓇葖果直立，密被黄褐色短柔毛。花期5—6月，果期7—9月。

常生于河岸及溪流旁的杂木林中。产于辽宁东部山区。

为优良观赏花木和蜜源植物。

花序　　　　　　　　　　花序侧面观　　　　　　　　　小枝

叶背面观

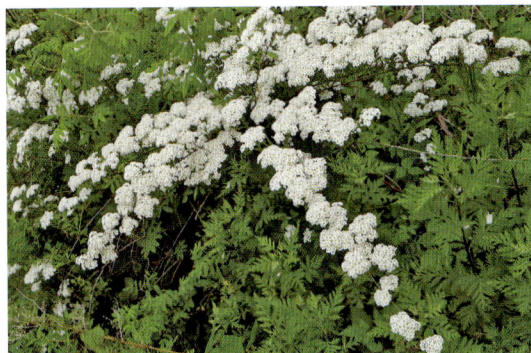

植株的一部分

（6）楔叶绣线菊（辽宁植物志、东北植物检索表、中国植物志、Flora of China）铁刷子

Spiraea canescens D. Don in Prodr. Fl. Nepal. 227. 1825；Fl. China 9：59. 2003；中国植物志36：30. 1974；辽宁植物志（上册）：740. 图版316：4–5. 1988；东北植物检索表（第二版）：288. 图版136：5. 1995.

落叶灌木。叶片卵形至倒卵状披针形，边缘自中部以上有3~5钝锯齿，背面被短柔毛。复伞房花序密具短柔毛，多花；花直径5~6毫米；花瓣近圆形，先端钝，白色或淡粉色；雄蕊等长或稍长于花瓣。蓇葖果具短柔毛，具直立或开展萼片。花期7—8月，果期10月。

自然分布于西藏南部及东南部，沈阳市有栽培。

为优良观赏花木和蜜源植物。

花序

叶

植株的一部分

叶背面观

（7）麻叶绣线菊（辽宁植物志、东北植物检索表、中国植物志、Flora of China）麻叶绣球

Spiraea cantoniensis Lour. in Fl. Cochinch. 1：322. 1790；Fl. China 9：62. 2003；中

国植物志36：33. 图版4：16-17. 1974；辽宁植物志（上册）：740. 图版317：5. 1988；东北植物检索表（第二版）：288. 图版137：7. 1995.

落叶灌木。叶、花序和果均无毛。叶菱状披针形至菱状倒披针形，不分裂，先端急尖或短渐尖，羽状脉。伞形花序具多数花朵；萼筒钟状，萼片三角形；花瓣近圆形或倒卵形，先端微凹或圆钝，白色；雄蕊稍短于或等长于花瓣。蓇葖果直立开张。花期4—5月，果期7—9月。

自然分布于广东、广西、福建、浙江、江西等地。大连市有栽培。

庭园栽培供观赏。根、叶、果实有清热、凉血、祛瘀、消肿止痛作用。

（8）**菱叶绣线菊**（辽宁植物志、东北植物检索表、中国植物志、Flora of China）**范氏绣线菊**

Spiraea vanhouttei（Briot）Zabei in Garten-Zeit.（Wittmack）3：496. 1884；Fl. China 9：63. 2003；中国植物志36：34. 图版4：9-10. 1974；辽宁植物志（上册）：743. 图版317：6. 1988；东北植物检索表（第二版）：288. 图版137：6. 1995.

落叶灌木。小枝拱形弯曲，红褐色。叶片菱状长卵形或菱状倒卵形，先端急尖、通常具不明显3~5裂片。伞形花序具总梗，花多数；花梗、萼筒和萼裂片外面均无毛；花瓣白色；雄蕊20~22，比花瓣短一半以上。蓇葖果稍开展，宿存萼片直立。花期5—6月，果期9月。

分布于我国山东、江苏、广东、广西、四川等地。大连、盖州等地有栽培。

为优良观赏花木和蜜源植物。

花序

植株的一部分

（9）**三裂绣线菊**（辽宁植物志、东北植物检索表、中国植物志、Flora of China）**团叶绣球**

Spiraea trilobata L. in Mant. Pl. 2：244. 1771；Fl. China 9：63. 2003；中国植物志36：34. 图版4：5-8. 1974；辽宁植物志（上册）：743. 图版317：1-4. 1988；东北植物检索表（第二版）：288. 图版137：4. 1995.

落叶灌木。小枝细，开展。叶片近圆形，先端钝，通常3裂，背面灰绿色。伞形花序具总梗，有花15~30朵；苞片线形或倒披针形，先端深裂成细裂片；蓇葖果开张，无毛或仅沿腹缝微具短柔毛，花柱顶生稍倾斜，具直立萼片。花直径6~8毫米；萼筒钟状，外面无毛，内面有稀短柔毛；花瓣广倒卵形，先端常微凹，白色。花期5—6月，果期7—8月。

生于向阳山坡或灌木丛中。产于凌源、建平、北镇、绥中、大连、旅顺口、长海等地。

为优良观赏花木和蜜源植物。叶、果实有活血祛瘀、消肿止痛作用。

花序

植株的一部分

（10）**绣球绣线菊**（辽宁植物志、东北植物检索表、中国植物志、Flora of China）**珍珠绣球**

Spiraea blumei G. Don in Gen. Hist. Dichlam. Pl. 2：518. 1832；Fl. China 9：63. 2003；中国植物志36：37. 图版4：18-21. 1974；辽宁植物志（上册）：743. 图版317：7-8. 1988；东北植物检索表（第二版）：288. 图版137：8. 1995.

落叶灌木。叶、花序和果均无毛。叶片菱状卵形至倒卵形，边缘中部以上有少数圆钝缺刻状锯齿或3~5浅裂。伞形花序有总梗，具花10~25朵；花瓣宽倒卵形，白色；雄蕊18~20，较花瓣短。蓇葖果较直立，无毛。花期4—6月，果期8—10月。

生于向阳山坡、杂木林内或路旁。产于建昌、建平、凌源、海城、本溪、凤城、开原等地。

为优良观赏花木和蜜源植物。叶可代茶。根有调气止痛、散瘀、利湿作用，用于瘀血、腹胀满、跌打损伤、疮毒等。

花序

花序侧面观

植株的一部分

叶

（11）**土庄绣线菊**（辽宁植物志、东北植物检索表、中国植物志、Flora of China）**柔毛绣线菊**

Spiraea pubescens Turcz. in Bull. Soc. Nat. Moscou 5：190. 1832；Fl. China 9：62. 2003；中国植物志36：38. 图版4：1-4. 1974；辽宁植物志（上册）：744. 图版318：1-3. 1988；东北植物检索表（第二版）：288. 图版137：1. 1995.

11a.　**土庄绣线菊**（原变种）

var. pubescens

落叶灌木。枝开展，稍弯曲。叶菱状卵形至椭圆形，先端急尖，基部广楔形，上面有稀疏柔毛，下面被灰色短柔毛。伞形花序具总梗，有花15~30朵，无毛；花瓣卵形或半圆形，白色，雄蕊约与花瓣等长。蓇葖果张开，仅在腹缝线被短柔毛。花期5—6月，果期7—8月。

生于向阳多石山坡灌木丛中及林间空地。产于辽宁各地。

优良观赏花木。茎髓有药用价值，用于水肿。

蓇葖果

花序

花序北面观

叶背面观

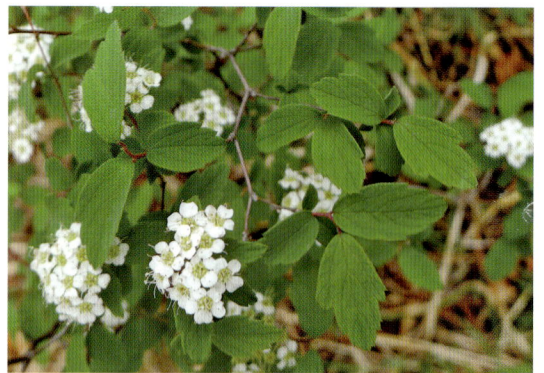

植株的一部分

11b.　**白背土庄绣线菊**（变种）（辽宁植物志、东北植物检索表）

var. hypoleuca Nakai in Jour. Jap. Bot. 19：361. 1943；辽宁植物志（上册）：744. 1988；东北植物检索表（第二版）：288. 1995.

叶背白色，脉上有疏柔毛或整个叶面被疏伏毛。产于北镇、凌源等地。

叶背面观

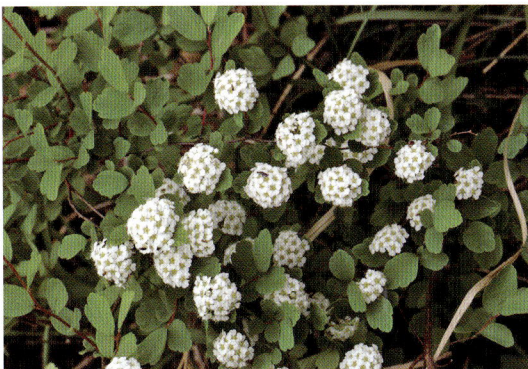

植株的一部分

（12）金州绣线菊（辽宁植物志、东北植物检索表、中国植物志、Flora of China）

Spiraea nishimurae Kitag. in Bot. Mag. Tokyo 48：610. 1934；Fl. China 9：60. 2003；中国植物志36：39. 图版4：11–15. 1974；辽宁植物志（上册）：745. 图版318：4–5. 1988；东北植物检索表（第二版）：289. 图版137：2. 1995.

落叶灌木，多分枝，小枝呈"之"字形弯曲。叶背面被短柔毛，菱状卵形至椭圆形，稀倒卵形，先端常3裂，裂片有锯齿。伞形花序生带叶的侧生小枝顶端，具花7~25朵，有毛；花直径5~6毫米，花瓣白色。蓇葖果基部和腹部具柔毛。花期5—6月，果期8月。

生于山坡半阳处岩石上或疏林下。产于金州、盖州。

为优良观赏花木。

果序

花序

小枝

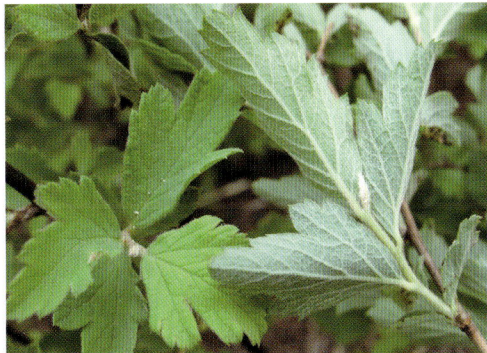

叶正反面对比

（13）**中华绣线菊**（辽宁植物志、中国植物志、Flora of China）**铁黑汉条 华绣线菊**

Spiraea chinensis Maxim. in Acta Hon. Petrop. 6：193. 1879；Fl. China 9：61. 2003；中国植物志36：41. 1974；辽宁植物志（上册）：752. 1988.

落叶灌木。叶片菱状卵形至倒卵形，边缘有缺刻状粗锯齿。伞形花序具花16~25朵；花直径3~4毫米；萼筒钟状，外面有稀疏柔毛，内面密被柔毛；花瓣近圆形，白色；雄蕊短于花瓣或与花瓣等长。蓇葖果开张，全体被短柔毛。花期3—6月，果期6—10月。

自然分布于西北、西南等地，熊岳树木园有栽培。

为优良观赏花木。

花序

花序侧面观

叶背面观

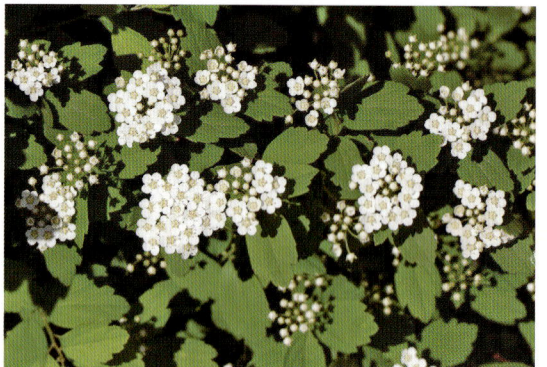

植株的一部分

（14）**毛花绣线菊**（辽宁植物志、东北植物检索表、中国植物志、Flora of China）**茸毛绣线菊**

Spiraea dasyantha Bunge in Mem. Div. Sav. Acad. Sci. St. Petersb. 2：97. 1835；Fl. China 9：61. 2003；中国植物志36：42. 1974；辽宁植物志（上册）：746. 图版318：6. 1988；东北植物检索表（第二版）：289. 图版137：3. 1995.

落叶灌木。小枝细瘦，呈明显的"之"字形弯曲。叶背面密被白色茸毛，菱状卵形，先端急尖。伞形花序具总梗，密被灰白色茸毛，具花10~20朵；花直径4~8毫米；花萼外面密被白色茸毛；花瓣宽倒卵形至近圆形，白色。蓇葖果被茸毛。花期5—6月，果期7—8月。

生于向阳干旱坡地。产于凌源。

为优良观赏花木和蜜源植物。

果序

花

叶背面观

植株的一部分

植株

（15）欧亚绣线菊（辽宁植物志、东北植物检索表、中国植物志、Flora of China）石棒绣线菊

Spiraea media Schmidt，Oesterr. Baumz. 1：53. t. 54. 1792；Fl. China 9：66. 2003；中国植物志36：52. 图版6：1-7. 1974；辽宁植物志（上册）：746. 图版319：1-3. 1988；东

北植物检索表（第二版）：289. 图版138：1. 1995.

落叶直立灌木。叶片椭圆形至披针形，全缘或先端有2~5锯齿，两面无毛或下面脉腋间微被短柔毛，有羽状脉。伞形总状花序无毛，常具9~15朵花；花直径0.7~1厘米；花瓣近圆形，白色；雄蕊长于花瓣。蓇葖果外被短柔毛，具反折萼片。花期5—6月，果期6—8月。

生于多石山地、山坡草原或疏密杂木林内。产于桓仁。

为优良观赏花木和蜜源植物。根、叶、种子有祛风湿、健脾驱虫作用，用于吐泻、蛔虫病、风湿关节痛等。

（16）**绢毛绣线菊**（辽宁植物志、东北植物检索表、中国植物志、Flora of China）

Spiraea sericea Turcz. in Fl. Baic. −Dah. 1：358. 1842；Fl. China 9：66. 2003；中国植物志36：53. 1974；辽宁植物志（上册）：747. 图版319：4. 1988；东北植物检索表（第二版）：289. 图版138：2. 1995.

落叶灌木。叶片椭圆形，全缘或不孕枝上的叶有2~4锯齿，上面深绿色，被稀疏短柔毛，下面带灰绿色，密被伏生的长绢毛，具显著的羽状脉。伞形总状花序；花直径4~5毫米；花瓣近圆形，长与宽各2~3毫米，白色。蓇葖果被短柔毛，具反折萼片。花期6月，果期7—8月。

生于干旱山坡、杂木林内或林缘草地上。产于凤城、桓仁。

为优良观赏花木和蜜源植物。茎、叶用于湿疹。

注：本种的枝条与叶片形状近似欧亚绣线菊*S. media* Schmidt，唯后者幼枝无毛或近无毛，叶片下面不具绢毛，花序较稀疏，雄蕊多，可以区别。

花序

花序背面观

叶背面观

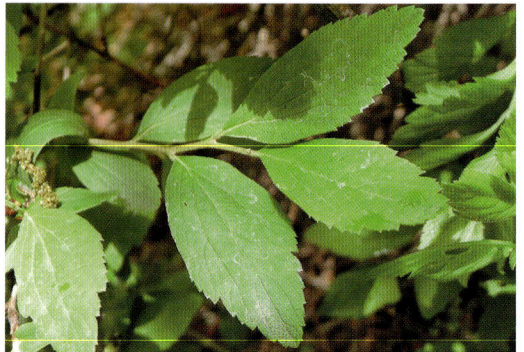

小枝

（17）曲萼绣线菊（辽宁植物志、东北植物检索表、中国植物志、Flora of China）

Spiraea flexuosa Fisch. ex Camb. in Ann. Sci. Nat. 1：365. t. 26. 1824；Fl. China 9：68. 2003；中国植物志36：54. 1974；辽宁植物志（上册）：747. 图版320：3-4. 1988；东北植物检索表（第二版）：289. 图版138：6. 1995.

17a. 曲萼绣线菊（原变种）

var. **flexuosa**

落叶灌木。叶片长圆椭圆形，常在先端或中部以上有单锯齿，稀全缘，下面有稀疏短柔毛或无毛，具白霜。伞形总状花序直径1~2厘米，有花4~10朵；花直径5~8毫米；花瓣白色或淡粉色；雄蕊20，长于花瓣。蓇葖果具短柔毛，萼片反折。花期5—6月，果期8—9月。

生于针叶阔叶混交林下或林边、河岸以及沙丘、岩石坡地。产于本溪。

为优良观赏花木和蜜源植物。花有生津止渴、利水作用。

果序

小枝

植株的一部分

17b. 柔毛曲萼绣线菊（变种）（东北植物检索表、Flora of China）曲萼绣线菊柔毛变种（中国植物志）

var. **pubescens** Liou，东北木本植物图志：288. 图版102：200. 1955；Fl. China 9：68. 2003；中国植物志36：55. 1974；东北植物检索表（第二版）：289. 1995.

叶片下面具短柔毛，沿叶脉较多，基部圆形，花序被稀疏柔毛。生于杂木林中。辽宁有记载。

（18）石蚕叶绣线菊（辽宁植物志、东北植物检索表、中国植物志、Flora of China）乌苏里绣线菊

Spiraea chamaedryfolia L. in Sp. Pl. 489. 1753；Fl. China 9：68. 2003；中国植物志36：55. 1974；辽宁植物志（上册）：749. 图版320：1-2. 1988；东北植物检索表（第二版）：289. 图版138：5. 1995.

花序

小枝

植株的一部分

落叶灌木。叶片广卵形，基部圆楔形或圆形，先端急尖，边缘有细锐单锯齿和重锯齿。伞房状花序，具花5~12朵；花萼外面无毛，萼筒广钟状，内面具短柔毛；花瓣广卵形，白色；雄蕊35~50，长于花瓣。蓇葖果有伏生短柔毛，宿存萼片常反折。花期5—6月，果期7—9月。

生于山坡杂木林或针阔混交林中，海拔900米左右。产于清原、本溪、宽甸等地。

为优良观赏花木和蜜源植物。

（19）李叶绣线菊（辽宁植物志、东北植物检索表、中国植物志、Flora of China）李叶笑靥花 笑靥花

Spiraea prunifolia Sieb. & Zucc. in Fl. Jap. 1：131. t. 70. 1835；Fl. China 9：70. 2003；中国植物志36：59. 1974；辽宁植物志（上册）：750. 1988；东北植物检索表（第二版）：289. 1995.

19a. 李叶绣线菊（变种）

var. prunifolia

落叶灌木。叶片卵形至长圆披针形，先端急尖，基部楔形，边缘有细锐单锯齿，上面幼时微被短柔毛，老时仅下面有短柔毛，具羽状脉；叶柄长2~4毫米，被短柔毛。伞形花序无总梗，具花3~6朵，基部着生数枚小形叶片；花重瓣，直径达1厘米，白色。花期3—5月。

自然分布于陕西、湖北、湖南、山东、江苏、浙江、江西、安徽等地。大连、沈阳等地有栽培。

各地庭园习见栽培供观赏。根用于咽喉痛。

19b. 单瓣李叶绣线菊（变种）（辽宁植物志、东北植物检索表、Flora of China）李叶绣线菊单瓣变种（中国植物志）

var. simpliciflora Nakai in Fl. Sylv. Kor. 4：18. f. 7. 1916；Fl. China 9：70. 2003；中国植物志36：60. 1974；辽宁植物志（上册）：750. 图版：321：6. 1988；东北植物检索表（第二版）：289. 图版138：4. 1995.

花瓣单瓣。大连、沈阳、丹东等地有栽培。

（20）珍珠绣线菊（辽宁植物志、东北植物检索表、中国植物志、Flora of China）喷雪花 珍珠花

Spiraea thunbergii Sieb. ex Blume in Bijdr. Fl. Nederl. Ind. 1115. 1826；Fl. China 9：70. 2003；中国植物志36：60. 1974；辽宁植物志（上册）：751. 图版321：1-5 1988；东北植物检索表（第二版）：289. 图版138：3. 1995.

落叶灌木。叶片线状披针形，边缘自中部以上有尖锐锯齿，两面无毛。伞形花序具花3~7朵；花直径6~8毫米；萼筒钟状，萼片三角形或卵状三角形，内面有稀疏短柔毛；花瓣倒卵形或近圆形，白色；雄蕊18~20，长约为花瓣的1/3。蓇葖果开张，无毛。花期4—5月，果期7月。

原产于华东。大连、沈阳、熊岳、丹东等地有栽培。

花朵密集如积雪，叶片薄细如鸟羽，甚为美丽。根用于咽喉痛。

果期

花期

花枝

叶背面观

植株的一部分

2. 风箱果属 Physocarpus（Cambess.）Maxim.

落叶灌木，枝条开展。单叶，互生，边缘有锯齿，通常基部3裂，叶脉3出，有叶柄和托叶。花序顶生，伞形总状；萼筒杯状，萼片5，镊合状排列；花瓣5，略长于萼片，白色或稀粉红色；雄蕊20~40；雌蕊1~5，基部合生，子房1室。蓇葖果常膨大，沿背腹两缝开裂，内有种子2~5粒。

辽宁栽培2种。

亚科检索表

1. 叶缘有重锯齿，叶片基部心形或近心形，花梗、花萼密被星状毛，蓇葖果微被星状毛
·· 1. 风箱果 P. amurensis（Maxim.）Maxim.
1. 叶边锯齿较钝，叶片基部楔形至宽楔形，花梗和花萼无毛或有稀疏柔毛，蓇葖果无毛
·· 2. 无毛风箱果 P. opulifolius（L.）Maxim.

（1）风箱果（辽宁植物志、东北植物检索表、中国植物志、Flora of China）托盘幌 阿穆尔风箱果

Physocarpus amurensis（Maxim.）Maxim. in Acta Hort. Petrop. 6：221. 1879；Fl. China 9：77. 2003；中国植物志36：81. 图版15：1-4. 1974；辽宁植物志（上册）：757. 图版325：1-2. 1988；东北植物检索表（第二版）：284. 图版135：3. 1995.

落叶灌木。叶片三角状卵形至广卵形，先端急尖或渐尖，基部心形或近心形，边缘有重锯齿，下面微被星状毛与短柔毛；叶柄微被柔毛或近于无毛。伞形总状花序，总花梗和花梗密被星状柔毛；花梗长1~1.8厘米；萼筒杯状，外面被星状柔毛；花瓣白色，雄蕊20~30，花药紫色。蓇葖果具长尖头，外微被星状毛。花期6月，果期7—8月。

自然分布于我国黑龙江、河北。沈阳、鞍山、大连等地有栽培。

观赏树种，可植于亭台周围、丛林边缘及假山旁边。

果序

花侧面观

花序

叶

（2）无毛风箱果（荚蒾叶风箱果）

Physocarpus opulifolius（L.）Maxim. in Trudy Imp. S.–Petersburgsk. Bot. Sada. 6: 220. 1879.

落叶灌木。株高1~2米。叶边锯齿较钝，叶片基部楔形至宽楔形。花梗和花萼无毛或有稀疏柔毛，花瓣白色，雄蕊20~30，花药紫色。果实成熟后膨大呈卵形，果外光滑。花期5月中下旬，果期7—8月。

原产于北美。大连、瓦房店、旅顺口、金州、长海、丹东等地栽培。

叶、花、果均有观赏价值，适合庭院观赏，也可作路篱、镶嵌材料和带状花坛背衬等。

常见栽培的品种主要有：

紫叶风箱果cv.‘Summer wine’叶紫色至酒红色。

金叶风箱果cv.'Darts gold'叶黄色。

金叶风箱果花序

紫叶风箱果的成熟蓇葖果

紫叶风箱果花序

紫叶风箱果

紫叶风箱果+金叶风箱果

紫叶风箱果的幼蓇葖果

3. 绣线梅属 Neillia D. Don

落叶灌木，稀亚灌木；枝条开展。单叶互生，常成2行排列，边缘有重锯齿或分裂，常有显著托叶。顶生总状花序或圆锥花序，两性花，苞片早落；萼筒钟状至筒状，萼片5，直立；花瓣5，白色或粉红色，约与萼片等长；雄蕊10~30，生于萼筒边缘；心皮1（-2-5），具2~10（-12）枚胚珠成两列，花柱直立。蓇葖果藏于宿存萼筒内，成熟时沿腹缝线开裂，内有种子多数。

辽宁产1种。

东北绣线梅（辽宁植物志、东北植物检索表、中国植物志、Flora of China）

Neillia uekii Nakai in Bot. Mag. Tokyo 26：3. 1912；Fl. China 9：80. 2003；中国植物志36：90. 图版13：9-10. 1974；辽宁植物志（上册）：758. 1988；东北植物检索表（第二版）：284. 图版135：1. 1995.

落叶直立灌木。叶片卵形至椭圆卵形，边缘有重锯齿和羽状分裂。总状花序，具花10~

花序

花枝

植株的一部分

植株

25朵，微被短柔毛或星状毛；花直径5~6毫米；花瓣匙形，先端钝，白色；雄蕊15，略短于花瓣。蓇葖果具宿萼，外被腺毛及短柔毛。花期5月末，果期8月。

生于干旱山坡灌木丛中。产于桓仁、宽甸等地。

可用于园林绿化。

4. 小米空木属 Stephanandra Sieb. & Zucc.

落叶灌木。单叶，互生，边缘有锯齿和分裂，具叶柄与托叶。顶生圆锥花序，稀伞房花序；花小形，两性；萼筒杯状，萼片5；花瓣5，约与萼片等长；雄蕊10~20，花丝短；心皮1，花柱顶生，有2个倒生胚珠。蓇葖果偏斜，近球形，熟时自基部开裂，含1~2球形光亮种子。

辽宁产1种。

小米空木（辽宁植物志、东北植物检索表、中国植物志）**深裂野珠兰**（Flora of China）

Stephanandra ncise（Thunb.）Zabel in Gart.–Zeit.（Wittmack）4：510. f. 1885；Fl. China 9：82. 2003；中国植物志36：96. 图版15：9-11. 1974；辽宁植物志（上册）：759. 图版325：3-4. 1988；东北植物检索表（第二版）：289. 图版135：4. 1995.

落叶灌木。小枝细弱，常呈"之"字形弯曲。叶片卵形，边缘通常3~4深裂，表面绿色，背面灰白色或淡绿色。顶生疏松聚伞状圆锥花序；花直径约4毫米；花瓣倒卵形，白色；雄蕊10，短于花瓣。蓇葖果近球形，2~3毫米，外被柔毛。花期5月末至6月，果期7—9月。

生于干旱山坡灌木丛中或沟边溪流旁草地。产于岫岩、桓仁、宽甸、凤城、东港、长海等地。

根药用，治咽喉痛。

果期

花背面观

花期

花序

花正面观

5. 珍珠梅属 Sorbaria（Ser.）A. Br. ex Aschers.

落叶灌木；冬芽卵形，具数枚互生外露的鳞片。羽状复叶，互生，小叶有锯齿，具托叶。花小型成顶生圆锥花序；萼筒钟状，萼片5，反折；花瓣5，白色，覆瓦状排列；雄蕊20~50；心皮5，基部合生，与萼片对生。蓇葖果沿腹缝线开裂，含种子数枚。

辽宁产2种。

分种检索表

1. 雄蕊20~25，约与花瓣等长；叶背面脉腋间簇生柔毛；圆锥花序宽短而疏松
··· 1. 华北珍珠梅 S.kirilowii（Regel）Maxim.

1. 雄蕊40~50，长为花瓣的1.5~2倍；叶背面无毛或近无毛；圆锥花序狭长而紧密
··· 2. 珍珠梅 S. sorbifolia（L.）A. Br.

（1）华北珍珠梅（辽宁植物志、东北植物检索表、中国植物志、Flora of China）吉氏珍珠梅

Sorbaria kirilowii（Regel）Maxim. in Acta Hort. Petrop. 6：225. 1879；Fl. China 9：76. 2003；中国植物志36：77. 图版1：3-6. 1974；辽宁植物志（上册）：756. 图版324. 1988；东北植物检索表（第二版）：284. 图版134：1. 1995.

落叶灌木。枝条开展；小枝圆柱形。奇数羽状复叶，具小叶13~19。顶生圆锥花序，分枝斜出，无毛；花梗长约3毫米；苞片线状披针形，全缘；花直径5~7毫米；花瓣白色；雄蕊

20~25，约与花瓣等长。蓇葖果长圆柱形，无毛。花期6—8月，果期9—10月。

生于山坡阳处、杂木林中。产于北镇、义县、鞍山等地。

夏季优良的观花灌木。根、叶、果实有清热凉血、祛痰、消肿、止痛作用。

花序

叶

（2）**珍珠梅**（辽宁植物志、东北植物检索表、中国植物志、Flora of China）**花楸珍珠梅 东北珍珠梅**

Sorbaria sorbifolia (L.) A. Br. in Aschers. Fl. Brandenb. 177. 1864；Fl. China 9：75. 2003；中国植物志36：75. 图版11：1-2. 1974；辽宁植物志（上册）：754. 图版323：1-3. 1988；东北植物检索表（第二版）：284. 图版134：3. 1995.

2a. 珍珠梅（原变种）

var. sorbifolia

落叶灌木。枝开展；小枝稍弯曲。奇数羽状复叶，小叶7~17对，具侧脉12~16对，上下两面无毛或近无毛。顶生圆锥花序大，总花梗和花梗均被星状毛或短柔毛，果期逐渐脱落；花径10~12毫米；萼筒钟状，外面微被短柔毛；花瓣白色；雄蕊40~50，比花瓣长1.5~2倍。花期7—9月，果期9—10月。

生于山坡疏林、山脚、溪流沿岸。产于营口、海城、庄河、岫岩、凤城、宽甸、本溪、桓仁、新宾、清原、西丰等地。

优良观赏花木。茎皮有活血祛瘀、消肿止痛作用。

小叶正面观

叶

| 花序 | 花序枝 | 小叶背面观 |

2b. 星毛珍珠梅（变种）（辽宁植物志、东北植物检索表、Flora of China）**珍珠梅星毛变种**（中国植物志）

var. **stellipila** Maxim. in Acta Hort. Petrop. 6：223. 1879；Fl. China 9：76. 2003；中国植物志36：76. 1974；辽宁植物志（上册）：756. 图版323：4. 1988；东北植物检索表（第二版）：284. 图版134：2. 1995.

叶片具侧脉18~22对，叶背面有或疏或密的星状毛；花序及叶轴密被星状毛；子房密被白色柔毛。产于岫岩、本溪、清原、西丰、盖州等地。

| 叶 | 小叶背面观 |

6. 白鹃梅属 Exochorda Lindl.

落叶灌木。单叶，互生，全缘或有锯齿，有叶柄。两性花，多大形，顶生总状花序；萼筒钟状，萼片5，短而宽；花瓣5，白色，宽倒卵形，有爪，覆瓦状排列；雄蕊15~30，花丝较短，着生在花盘边缘；心皮5，合生，花柱分离，子房上位。蒴果具5脊，倒圆锥形，5室，沿背腹两缝开裂，每室具种子1~2粒。

辽宁产2种，其中栽培1种。

分种检索表

1. 叶全缘；花梗长5毫米以上；雄蕊15。栽培 ┄┄┄┄┄┄┄┄ 1. **白鹃梅** E. racemosa（Lindl.）Rehd.

1. 叶缘中部以上有锯齿；花梗长不及5毫米；雄蕊25 ┄┄┄┄┄┄ 2. **齿叶白鹃梅** E. serratifolia S. Moore

（1）白鹃梅（辽宁植物志、东北植物检索表、中国植物志、Flora of China）总花白鹃梅

Exochorda racemosa（Lindl.） Rehd. in Sarg. Pl. Wils. 1：456. 1913；Fl. China 9：83. 2003；中国植物志36：99. 图版16：1-3. 1974；辽宁植物志（上册）：761. 图版326：3. 1988；东北植物检索表（第二版）：284. 图版134：4. 1995.

落叶灌木。叶片长椭圆形至长圆状倒卵形，全缘。总状花序，有花5~10朵；花直径2.5~4厘米；萼筒浅钟状，萼裂片三角状宽卵形，先端急尖或钝，黄绿色；花瓣倒卵形，先端钝，基部有短爪，白色；雄蕊15~20。蒴果倒圆锥形。花期5月，果期6—8月。

分布于山西、河南、安徽等地。大连、盖州、沈阳有栽培。

优良观赏树木。花蕾用开水烫后晒干可作蔬菜。根皮、树皮用于腰骨酸痛。

果枝　　　　　　　　　　花　　　　　　　　　　植株的一部分

（2）齿叶白鹃梅（辽宁植物志、东北植物检索表、中国植物志、Flora of China）榆叶白鹃梅

Exochorda serratifolia S. Moore in Hook. Ic. Pl. 13：t. 1255. 1877；Fl. China 9：83. 2003；中国植物志36：100. 图版16：8-10. 1974；辽宁植物志（上册）：762. 图版326：1-2. 1988；东北植物检索表（第二版）：284. 图版134：5. 1995.

落叶灌木。叶片椭圆形或长圆倒卵形，基部楔形或宽楔形，中部以上有锐锯齿，下面全

果枝　　　　　　　　　　花　　　　　　　　　　花枝

群落　　　　　　　　　　叶　　　　　　　　　　植株的一部分

缘，幼叶下面微被柔毛，老叶两面均无毛，羽状网脉，侧脉微呈弧形。总状花序，有花4~7朵；花直径3~4厘米；花瓣白色；雄蕊25，花丝极短。蒴果光滑无毛，倒圆锥形，具脊棱，5室。花期5—6月，果期7—8月。

生于山坡、河边、灌木丛中。产于朝阳、北票、建平、喀左、凌源、铁岭、鞍山等地。优良观赏花木。嫩叶可食。

蔷薇亚科 Rosoideae Focke

灌木或草本，复叶稀单叶，有托叶；心皮常多数，离生，各有1~2悬垂或直立的胚珠；子房上位，稀下位；果实成熟时为瘦果，稀小核果，着生在花托上或在膨大肉质的花托内。

辽宁产6属26种8变种5变型，其中栽培15种4变种3变型。

分属检索表

1. 瘦果或核果生于扁平、凸起或微凹的花托上。
　2. 灌木，稀草本；单叶或复叶。
　　3. 叶对生；花4数；果为小核果 ·························· 1. 鸡麻属 Rhodotypos Sieb. et Zucc.
　　3. 叶互生；花5数。
　　　4. 花无副萼，花瓣黄色；茎无刺；果为瘦果 ·················· 2. 棣棠花属 Kerria DC.
　　　4. 花有副萼。
　　　　5. 茎有刺，稀无刺；花瓣白色或红色；果为核果，聚生在花托上而成浆果状聚合果
　　　　　　·· 3. 悬钩子属 Rubus L.
　　　　5. 茎无刺；花瓣黄色或白色；果为瘦果 ············ 4. 委陵菜属 Potentilla L.
　2. 常绿半灌木；单叶，不分裂；花无副萼，萼片与花瓣各为8~9；花柱宿存 ··· 5. 仙女木属 Dryas L.
1. 瘦果生于坛状、杯状或管状花托内；花托干燥，常变硬。灌木；茎或枝有刺；瘦果多数，生于坛状花托内 ·· 6. 蔷薇属 Rosa L.

1. 鸡麻属 Rhodotypos Sieb. et Zucc.

灌木。单叶对生，卵圆形，边缘具尖锐重锯齿；托叶膜质，带形，离生。花两性，单生于枝顶；萼筒碟形，萼片4，叶状，覆瓦状排列，有小型副萼片4枚，与萼片互生；花瓣4，白色，倒卵形，有短爪；雄蕊多数，排列成数轮，插生于花盘周围，花盘肥厚，顶端缩缢盖住雌蕊；雌蕊4，花柱细长，柱头头状；每心皮有2胚珠，下垂。核果1~4，外果皮光滑干燥。

辽宁产1种。

鸡麻（辽宁植物志、东北植物检索表、中国植物志、Flora of China）白棣棠

Rhodotypos scandens (Thunb.) Makino in Bot. Mag. Tokyo 27：126. 1913；Fl. China 9：192. 2003；中国植物志37：4. 1985；辽宁植物志（上册）：764. 图版328. 1988；东北植

物检索表（第二版）：305. 图版149：3. 1995.

落叶灌木。叶片卵形，边缘有尖锐重锯齿。花单生新枝顶端；花直径3~5厘米；花瓣4，近圆形，基部具爪，先端钝，白色；雄蕊多数，长约为花瓣的1/2；花柱约与雄蕊等长。果实近斜椭圆形，褐黑色，有光泽，包于宽大宿存的萼片中。花期5月，果期7月。

生于山沟林中。产于长海县（海洋岛），沈阳、北镇等地有栽培。

观赏花木。果实入药，治血虚肾亏。

花枝

植株

植株的一部分

2. 棣棠花属 Kerria DC.

灌木，小枝细长。单叶，互生，具重锯齿；花两性，大而单生；萼筒短，碟形，萼片5，覆瓦状排列；花瓣黄色，长圆形或近圆形，具短爪；雄蕊多数，排列成数组，花盘环状，被疏柔毛；雌蕊5~8，分离，生于萼筒内；花柱顶生，直立，细长，顶端截形。瘦果侧扁，无毛。

辽宁栽培1种1变种。

棣棠花（辽宁植物志、东北植物检索表、中国植物志、Flora of China）鸡蛋黄花 土黄条

Kerria japonica（L.）DC. in Trans. L. Soc. 12：157. 1817；Fl. China 9：192. 2003；中国植物志37：3. 1985；辽宁植物志（上册）：764. 图版327：1-4. 1988；东北植物检索表（第二版）：295. 图版149：1. 1995.

a. 棣棠花（原变种）

var. **japonica**

落叶灌木。小枝具棱角，绿色。叶片卵形或三角状卵形，边缘具尖锐重锯齿。花单生当年生侧枝顶端；花直径3~4.5厘米；萼筒扁平，萼裂片卵形，先端急尖，全缘；花瓣黄色，

果

花

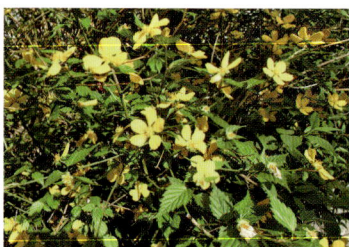

植株的一部分

广椭圆形，基部具短爪，先端微凹。果实棕黑色，萼片宿存。花期4—5月。

分布于我国南方，大连、盖州有栽培。

观赏花木。枝叶、花有止咳化痰、健脾、祛风、清热解毒作用。

b. **重瓣棣棠花**（变种）（辽宁植物志、东北植物检索表、中国植物志）

var. **plena** Schneid in I11. Handb. Laubh. 1：502. tab. 305. fig. b. 1906.；中国植物志37：3. 1985；辽宁植物志（上册）：764. 图版327：5. 1988；东北植物检索表（第二版）：298. 图版149：2. 1995.

花重瓣。大连、盖州有栽培。

花　　　　　　　　　叶　　　　　　　　　植株

3. 悬钩子属 Rubus L.

落叶，稀常绿灌木、半灌木或多年生匍匐草本。茎直立、攀援、平铺、拱曲或匍匐，具皮刺、针刺或刺毛及腺毛，稀无刺。叶互生，单叶、掌状复叶或羽状复叶，边缘常具锯齿或裂片，有叶柄；托叶与叶柄合生。花两性，稀单性而雌雄异株，组成聚伞状圆锥花序、总状花序、伞房花序或数朵簇生及单生；花萼5裂，稀3~7裂；萼片直立或反折，果时宿存；花瓣5，稀缺，直立或开展，白色或红色；雄蕊多数，心皮多数，花柱近顶生，子房1室。果实为由小核果集生于花托上而成的聚合果，红色、黄色或黑色。

辽宁产6种，其中栽培3种。

分种检索表

1. 复叶。

　2. 羽状复叶，小叶3~5；托叶与叶柄合生。

　　3. 叶背面密被白色或灰白色茸毛。

　　　4. 植株被刺毛和柔毛，无腺毛。

　　　　5. 茎伏卧或匍匐；小叶3，菱状卵圆形至倒卵形，先端圆钝或急尖；花粉红色或紫红色；果无毛
　　　　…………………………………………………………… 1. **茅莓悬钩子** R. **parvifolius** L.

　　　　5. 茎直立；小叶3~5，卵状椭圆形，先端短渐尖至渐尖或急尖；花白色；果实被柔毛。栽培
　　　　…………………………………………………………………… 2. **覆盆子** R. **idaeus** L.

　　　4. 植株密被刺毛、针刺和腺毛；小叶3~5；花白色，常5~9朵成伞房花序；果密被柔毛
　　　　………………………………………………………… 3. **库页悬钩子** R. **sachalinensis** Levl.

3. 叶背面绿色，无茸毛，仅沿主脉被疏柔毛；植株被刺毛和针刺，偶有腺毛。栽培
.... 4. 绿叶悬钩子 R. komarovii Nakai
2. 掌状复叶，小叶 (3-) 5 (-7)。栽培 .... 5. 黑莓 R. allegheniensis Porter
1. 单叶。灌木，有皮刺；叶卵形至长卵形，分裂，有小皮刺和柔毛；托叶与叶柄合生
.... 6. 山楂叶悬钩子 R. crataegifolius Bunge

（1）**茅莓悬钩子**（辽宁植物志、东北植物检索表）**茅莓**（中国植物志、Flora of China）

Rubus parvifolius L. in Sp. Pl. 1197. 1753；Fl. China 9：213. 2003；中国植物志37：68. 1985；辽宁植物志（上册）：768. 图版329：3-5. 1988；东北植物检索表（第二版）：312. 图版149：4. 1995.

落叶灌木。小枝密被灰白色柔毛和稀疏小刺。奇数羽状复叶，具3小叶，偶有5。伞房状花序顶生，部分腋生，具数朵花；花瓣圆卵形，粉红色至紫红色；花柱长于雄蕊或近等长，带粉红色。聚合果球形，红色。花期5月末至6月，果期8月。

生于山坡灌木丛、山沟多石质地以及杂木林中和林缘。产于西丰、宽甸、本溪、桓仁、凤城、丹东、东港、庄河、长海、大连、金州、瓦房店、盖州、营口、绥中等地。

果实可食。全株有舒筋活血、消肿止痛、祛风收敛及清热解毒等功效。

果期　　　　　　　　　　　　　　花期　　　　　　　　　　　　　　叶背面观

（2）**覆盆子**（东北植物检索表）**复盆子**（中国植物志、Flora of China）**茸毛悬钩子 树莓**

Rubus idaeus L. in Sp. Pl. 492. 1753；Fl. China 9：208. 2003；中国植物志37：55. 1985；东北植物检索表（第二版）：312. 图版149：6. 1995.

落叶灌木。枝褐色或红褐色，幼时被茸毛状短柔毛，疏生皮刺。小叶3~7枚，长卵形或椭圆形，下面密被灰白色茸毛。总花梗和花梗均密被短柔毛和疏密不等的针刺，花瓣白色。果实近球形，直径1~1.4厘米，红色或橙黄色，密被短茸毛。花期5—6月，果期8—9月。

我国北方及欧洲、北美有自然分布。宽甸、凤城、庄河等地有栽培。

果供食用，又可入药，有明目、补肾作用。

果枝

花枝

植株的一部分

叶背面观

（3）库页悬钩子（辽宁植物志、东北植物检索表、中国植物志、Flora of China）

Rubus sachalinensis Levl. in Fedde，Repert. Sp. Nov. 6：332. 1909；Fl. China 9：207. 2003；中国植物志37：59. 1985.—*R. matsumuranus* Levl. et Vant. in Bull. Soc. Agric. Sci. Arts Sarthe 40：66. 1905；辽宁植物志（上册）：769. 图版330：1-3. 1988；东北植物检索表（第二版）：310. 图版149：5. 1995.

落叶灌木或矮小灌木。小枝被较密直立针刺。小叶常3枚，不孕枝上有时具5小叶。花5~9朵成伞房状花序，顶生或腋生，稀单花腋生；花直径约1厘米；花瓣舌状或匙形，白色，短于萼片，基部具爪。果实卵球形，红色，具茸毛。花期6—7月，果期8—9月。

生于山坡湿地密林下、疏林内、林间草地。产于宽甸、岫岩、凤城等地。

果供食用及制果酱。根、全草有解毒、止血、止带、祛痰、消炎作用。

果期

花序

小枝

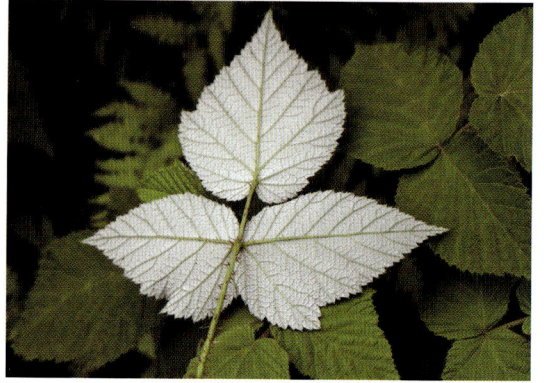
叶背面观

（4）绿叶悬钩子（辽宁植物志、东北植物检索表、中国植物志、Flora of China）

Rubus komarovii Nakai in Chosenshokubutsu 1：304. 1914；Fl. China 9：210. 2003；中国植物志37：64. 1985.—*R. kanayamensis* Levl in Bull. Soc. Bot. France 53：549. 1906；辽宁植物志（上册）：772. 1988；东北植物检索表（第二版）：312. 1995.

叶背面观

植株的一部分

植株

　　落叶灌木。茎直立，密被针刺。奇数羽状复叶，具3小叶；叶柄与叶轴均被柔毛和稀疏小皮刺。花白色，数朵成短总状或短伞房状花序，顶生或腋生；雄蕊与花瓣等长；花柱比雄蕊短。聚合果近球形，直径约0.8厘米，红色，外面密被短柔毛。花期5—6月，果期8—9月。

　　分布于黑龙江、吉林，大连、沈阳有栽培。

　　果实可鲜食，有补肾、明目功效。

（5）黑莓（黑马林 黑树莓 紫树莓）

Rubus allegheniensis Porter in Bull. Torrey Bot. Club 23（4）：153. 1896.

　　落叶灌木。枝条紫红色，被有白蜡质，枝条下垂；茎上有硬刺或无刺。掌状复叶，小叶（3-）5（-7），无光泽。花白色或淡粉色。浆果黑红色、黑色或橙黄色，圆头形，花托上的众多小核果排列较紧密，与花托不分离。花期6月，果期9月。

　　原产于北美。旅顺口、金州、沈阳等地有栽植。

　　果味多汁、甜酸，品质上等。

果序

花序

小枝

植株的一部分

（6）山楂叶悬钩子（辽宁植物志、东北植物检索表）**牛叠肚**（中国植物志、Flora of China）蓬累悬钩子

Rubus crataegifolius Bunge in Enum. Pl. China Bor. 24. 1833；Fl. China 9：236. 2003；中国植物志37：117. 1985；辽宁植物志（上册）：767. 图版329：1-2. 1988；东北植物检索表（第二版）：312. 图版150：3. 1995.

落叶灌木，茎直立，小枝具直立针状皮刺。单叶互生；叶片广卵形至近圆卵形，边缘常为3~5掌状浅裂至中裂。花2~6朵簇生枝顶成短伞房状花序，或1~2朵生叶腋；花直径1~1.5厘米；花瓣卵状椭圆形，白色。聚合果近球形，暗红色。花期6月，果期8—9月。

生于山坡灌木丛或林边。产于辽宁各地。

果实生食，也可制果酱、果酒。果和根补肝肾，祛风湿；叶治疗关节炎、癫痫。

果期

果序

果枝

花期

花序

花枝

4. 委陵菜属 Potentilla L.

多年生草本，稀为一年生草本或灌木。茎直立、上升或匍匐。叶为奇数羽状复叶或掌状复叶；托叶与叶柄不同程度合生。花通常两性，单生、聚伞花序或聚伞圆锥花序；萼筒下凹，多呈半球形，萼片5，镊合状排列，副萼片5，与萼片互生；花瓣5，通常黄色，稀白色或紫红色；雄蕊通常20枚，稀减少或更多；雌蕊多数，着生在微凸起的花托上，彼此分离。瘦果多数，着生在干燥的花托上，萼片宿存。

辽宁栽培2种。

分种检索表

1. 花黄色；羽状复叶，小叶3~7，长椭圆形 ················· 1. **金露梅** P. fruticosa L.

1. 花白色；羽状复叶，小叶3~5，椭圆形 ················· 2. **银露梅** P. glabra Lodd.

（1）**金露梅**（东北植物检索表、中国植物志、Flora of China）**金蜡梅 金老梅**

Potentilla fruticosa L. in Sp. pl. 495. 1753；Fl. China 9：292. 2003；中国植物志37：244. 图版36：1-2. 1985；东北植物检索表（第二版）：298. 图版142：9. 1995.

落叶灌木。羽状复叶密集，小叶3~7，长椭圆形，先端急尖，基部楔形，全缘；叶柄短，有柔毛；托叶膜质，披针形。花单生或数朵成伞房状；花黄色，直径2~3厘米，副萼片披针形；萼筒外面有柔毛，萼裂片卵形；花瓣圆形。瘦果密生长柔毛。花果期6—9月。

辽宁有野生记载，但近年调查未见；大连有栽培。

叶、果可提制栲胶。叶有清暑热、益脑、清心、调经、健胃作用。

花序

植株的一部分

（2）**银露梅**（东北植物检索表、中国植物志、Flora of China）**银老梅**

Potentilla glabra Lodd. in Bot. Cab. 10：t. 914. 1824；Fl. China 9：293. 2003；中国植物志37：247. 1985；东北植物检索表（第二版）：298. 1995.

落叶灌木。叶为羽状复叶，有小叶3~5；小叶片椭圆形，全缘，两面绿色。顶生单花或数朵，花梗细长，被疏柔毛；花直径1.5~2.5厘米；萼片卵形，急尖或短渐尖，外面被疏柔毛；花瓣白色，倒卵形，顶端圆钝。瘦果表面被毛。花果期6—11月。

产于内蒙古、河北、山西、陕西、甘肃、青海、安徽、湖北、四川、云南等地。沈阳有栽培。

叶治牙病和黄水病。花治牙病、肺病、胸肋胀痛。

花

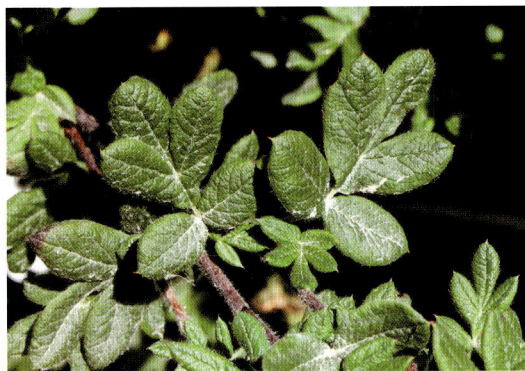
叶正面观

5. 仙女木属 Dryas L.

矮小常绿半灌木；茎丛生或稍匍匐地面。单叶互生，边缘外卷，全缘至近羽状浅裂，下面白色；托叶贴生于叶柄，宿存。花茎细，直立，仅生1朵两性花，少为杂性花；萼筒短，凹下，有腺毛6~10，宿存；花瓣（6-）8（-10），白色，有时黄色，倒卵形；雄蕊多数，离生，成2轮；花盘和萼筒结合；心皮多数，离生，花柱顶生。瘦果多数，顶端有白色羽毛状宿存花柱。

辽宁产1种。

宽叶仙女木（变种）（辽宁植物志、东北植物检索表）东亚仙女木（中国植物志、Flora of China）

Dryas octopetala var. **asiatica**（Nakai）Nakai in Fl. Sylv. Kor. 7：47. t. 17. 1918; Fl. China 9：286. 2003; 中国植物志37：219. 图版32：1-5. 1985; 辽宁植物志（下册）：1170. 图版529：1-3. 1992; 东北植物检索表（第二版）：293. 图版140：3. 1995.

常绿半灌木，高3~6厘米。茎丛生，匍匐，基部多分枝。叶亚革质，椭圆形或近圆形，边缘外卷，有圆钝锯齿。花茎密生毛；花直径1.5~2厘米；花瓣倒卵形，白色，先端圆形；雄蕊多数，花丝长4~5毫米；花柱有绢毛。瘦果矩圆卵形，褐色，有长柔毛。花果期7—8月。

生于高山草原。产于桓仁。

果期

花期

植株

植株的一部分

6. 蔷薇属　Rosa L.

直立、蔓延或攀援灌木。叶互生，奇数羽状复叶，稀单叶；小叶边缘有锯齿。花单生或成伞房状，稀复伞房状或圆锥状花序；萼筒（花托）球形、坛形至杯形，颈部缢缩；萼片5，稀4，开展，覆瓦状排列；花瓣5，稀4，开展，覆瓦状排列；雄蕊多数分为数轮，着生在花盘周围；心皮多数，稀少数，着生在萼筒内，离生；花柱顶生至侧生，外伸，离生或上部合生。瘦果木质，多数稀少数，着生在肉质萼筒内形成蔷薇果。

辽宁产14种8变种5变型，其中栽培9种4变种3变型。

分种检索表

1. 萼筒坛状；瘦果着生在萼筒边周及基部。
　2. 托叶离生或仅基部贴生，脱落；花托无毛；伞形花序；花瓣白色或黄色，单瓣或重瓣。栽培
　　 ··· 1. 木香花 R. banksiae Ait.
　2. 托叶与叶柄合生，宿存；不为伞形花序。
　　3. 托叶篦齿状或有不规则锯齿；花柱合生，伸出花托口外，与雄蕊近等长；多花，成伞房花序或圆锥花序，花白色，单瓣。
　　　4. 托叶篦齿状；小叶质较薄，背面被柔毛，表面通常无光泽；枝仅具皮刺，无刺毛；圆锥花序。栽培 ··· 2. 野蔷薇 R. multiflora Thunb.
　　　4. 托叶有不规则锯齿，不为篦齿状；小叶质较厚，两面无毛，表面有光泽；枝具皮刺和刺毛；伞房花序 ·· 3. 伞花蔷薇 R. maximowicziana Regel.
　　3. 托叶全缘或具细腺齿；花柱离生，短于雄蕊；花单生或2~3朵集生，稀数朵集生。
　　　5. 花柱伸出花托口外，长约为雄蕊1/2或近等长；小叶通常3~5，无毛；花红色、粉红色至白色，重瓣；萼片常羽裂。栽培 ·· 4. 月季花 R. chinensis Jacq.
　　　5. 花柱不伸出花托口外，或微露出形成头状。
　　　　6. 花黄色。
　　　　　7. 小叶具单锯齿，下面无腺，近圆形。栽培 ···················· 5. 黄刺玫 R. xanthina Lindl.
　　　　　7. 小叶具重锯齿，下面有腺，倒卵状椭圆形，叶基楔形。栽培
　　　　　　 ··· 6. 樱草蔷薇 R. primula Bouleng.
　　　　6. 花不为黄色。
　　　　　8. 萼片羽状分裂，果实成熟时多数脱落。
　　　　　　9. 小叶长不超过1.5厘米，背面密被腺体；花梗、花萼有腺毛。
　　　　　　　 ·· 7. 锈红蔷薇 R. rubiginosa L.
　　　　　　9. 小叶长2厘米以上，背面无腺体；花梗、花萼无腺毛。栽培
　　　　　　　 ··· 8. 犬蔷薇 R. canina L.
　　　　　8. 萼片不分裂，果实成熟时宿存。
　　　　　　10. 小叶7~13，长不超过1.5厘米，背面被疏柔毛；花白色或带粉色，萼片不分裂；花梗有腺毛果熟时萼片宿存，果纺锤形或长卵圆形 ······· 9. 长白蔷薇 R. koreana Kom.
　　　　　　10. 小叶3~9，长2厘米以上。
　　　　　　　11. 小枝和皮刺密被茸毛；小叶宽，质厚，5~9，表面有明显皱纹，背面密被茸毛和

腺体；花紫红色，花梗密被腺毛和茸毛；果扁球形；皮刺密集

　　　　　　　　　　　　　　　　………………………… 10. 玫瑰 R. rugosa Thunb.

11. 小枝和皮刺均无毛，或仅幼时被疏柔毛；小叶质较薄，表面无明显皱纹；果不为扁球形。

　　12. 小叶7~9，背面有白霜和腺体；皮刺细直，枝干下部常无针刺或少有针刺；花粉红色，花梗无毛或有腺毛；果近球形 …… 11. 刺玫蔷薇 R. davurica Pall.

　　12. 小叶背面无白霜和腺体；皮刺细直，常较稀疏，枝干下部常有密集针刺。

　　　　13. 花梗短，长5~10毫米，被腺毛；托叶下部常有一对皮刺；小叶（5）7~9，长1~3厘米。栽培 ……………… 12. 美丽蔷薇 R. bella Rehd. et Wils.

　　　　13. 花梗长10毫米以上；托叶下部常有成对的皮刺，小叶3~7，长2.5~5.5厘米，背面无腺毛，叶轴有腺毛；花梗密被腺毛；果长椭圆形至卵状椭圆形

　　　　　　　　　　　　　　………………………… 13. 刺蔷薇 R. acicularis Lindl.

1. 萼筒杯状；瘦果着生在基部凸起的花托上；花柱离生不外伸。栽培 … 14. 缫丝花 R. roxburghii Tratt.

（1）**木香花**（辽宁植物志、东北植物检索表、中国植物志、Flora of China）**木香 七里香**

Rosa banksiae Ait., Hort. Kew. ed 2. 3：258. 1811；Fl. China 9：378. 2003；中国植物志37：445. 1985；辽宁植物志（上册）：790. 1988；东北植物检索表（第二版）：307. 1995.

常绿攀援小灌木。小枝有短小皮刺，老枝上的皮刺较大，有时枝条无刺。托叶离生或仅基部贴生，脱落；小叶3~7；小叶片椭圆状卵形；小叶柄和叶轴有稀疏柔毛和散生小皮刺。伞形花序，花直径1.5~2.5厘米；萼片卵形，全缘；花瓣重瓣至半重瓣，白色。花期4—5月。

自然分布于四川、云南。大连、沈阳有栽培。

观赏花木。根皮有收敛、止痛、止血作用。

（2）**野蔷薇**（辽宁植物志、东北植物检索表、中国植物志、Flora of China）**多花蔷薇**

Rosa multiflora Thunb. in Fl. Jap. 214. 1784；Fl. China 9：370. 2003；中国植物志37：428. 1985；辽宁植物志（上册）：787. 图版336：1-3. 1988；东北植物检索表（第二版）：307. 图版146：1. 1995.

2a. 野蔷薇（原变种）

var. multiflora

2aa. 野蔷薇（原变型）

f. multiflora

落叶灌木。枝斜上或蔓生，具皮刺。奇数羽状复叶，具小叶5~9。圆锥状伞房花序；花梗无毛或有腺毛，基部具苞片；萼裂片边缘常具不规则线状裂片或全缘，外面微被腺毛和短柔毛；花瓣倒卵形，白色。果球形，直径约7毫米，褐红色，萼片脱落。花果期5—9月。

产于江苏、山东、河南等地。辽宁各地常见栽培。

观赏花木。花、果及根均可入药，具有利尿、收敛活血、通络祛风等功效。

果序

花

托叶

叶

植株的一部分

2ab. 白玉堂（变型）（辽宁植物志、东北植物检索表、中国植物志）

f. **albo-plena** Yu et Redoute in Bull. Bot. Res. Harbin1（4）：12. 1981；中国植物志 37：429. 1985；辽宁植物志（上册）：788. 图版336：7. 1988；东北植物检索表（第二版）：307. 图版146：2. 1995.

花重瓣，白色。辽宁各地广泛栽培。

花背面观

花序

托叶

叶背面观

2b. 荷花蔷薇（变种）（辽宁植物志、东北植物检索表）**七姊妹**（中国植物志）

var. **carnea** Rehd. et Wils in Redoute, Roses, 2：67. t. 1821；中国植物志37：429. 1985；辽宁植物志（上册）：788. 1988；东北植物检索表（第二版）：307. 1995.

花粉红色至淡粉红色，重瓣。辽宁各地广泛栽培。

花序

2c. 七姊妹（变种）（辽宁植物志）

var. **platyphylla** Thory in Redoute, Roses 2：69. tab. 1821；辽宁植物志（上册）：788. 1988.

花紫红色至深蔷薇色，重瓣。辽宁各地广泛栽培。

果期

花期

托叶

（3）伞花蔷薇（辽宁植物志、东北植物检索表、中国植物志、Flora of China）**蔓野蔷薇 钩脚藤**

Rosa maximowicziana Regel. in Acta Hort. Petrop. 5：378. 1878；Fl. China 9：373. 2003；中国植物志37：435. 图版69：5-6. 1985；辽宁植物志（上册）：789. 图版336：4-6. 1988；东北植物检索表（第二版）：307. 图版146：3. 1995.

3a. 伞花蔷薇（原变型）

f. maximowicziana

落叶灌木。枝弓形，具皮刺和刺毛。奇数羽状复叶，小叶片7~9，质较厚，两面无毛；托叶有不规则锯齿，不为篦齿状。伞房花序；萼片外面无毛或微具柔毛；花瓣倒三角状卵形，白色。蔷薇果球形或近球形，直径约0.8厘米，红色，萼片脱落。花果期6—10月。

生长在林缘和灌木丛

茎

植株的一部分

中。产于宽甸、凤城、丹东、岫岩、庄河、长海、普兰店、瓦房店、绥中等地。

优良庭园观赏花木，也可作嫁接月季的砧木。果实可药用。

果枝

花

托叶

植株

3b. 腺萼伞花蔷薇（变型）（辽宁植物志、东北植物检索表）

f. **adenocalyx** Nakai in Bot. Mag. Tokyo 30：235. 1916；辽宁植物志（上册）：790. 图版336：8. 1988；东北植物检索表（第二版）：307. 1995.

花托及花萼被腺毛。产于岫岩、绥中等地。

花萼

（4）**月季花**（辽宁植物志、中国植物志、Flora of China）**月季**（东北植物检索表）**月月红**

Rosa chinensis Jacq. in Obs. Bot. 3：7. t. 55. 1768；Fl. China 9：368. 2003；中国植物志37：422. 图版67：4—7. 1985；辽宁植物志（上册）：786. 1988；东北植物检索表（第二版）：307. 图版146：4. 1995.

4a. 月季花（原变种）

var. chinensis

常绿或半常绿灌木。奇数羽状复叶，具小叶3~7。花常数朵集生；花梗长1~5厘米，常具腺毛；花直径约5厘米；萼裂片卵形，先端尾状尖，具腺毛；花重瓣；花柱伸出花托口外，长约为雄蕊的1/2。蔷薇果椭圆形或梨形，红色，萼片宿存。花期5—9月，果期6—11月。

原产于中国，辽宁各地有栽培。

有"花中皇后"之美誉。花及根有活血祛瘀、拔毒消肿功能。

果实

花解剖：示萼片

花

4b. 单瓣月季花（变种）（中国植物志、Flora of China）

var. spontanea（Rehd. et Wils.）Yu et Ku，中国植物志37：423. 1985.Fl. China 9：368. 2003；

月季花原始种，枝条圆筒状，有宽扁皮刺，小叶片3~5，花瓣红色，单瓣，萼片常全缘，稀具少数裂片。大连等地有栽培。

花萼

植株的一部分

托叶

植株的一部分

（5）黄刺玫（辽宁植物志、东北植物检索表、中国植物志、Flora of China）黄刺莓

Rosa xanthina Lindl. in Ros. Monogr. 132. 1820；Fl. China 9：352. 2003；中国植物志37：378. 图版57：5-6. 1985；辽宁植物志（上册）：775. 图版331. 1988；东北植物检索表（第二版）：307. 图版146：6. 1995.

5a. 黄刺玫（原变型）

f. xanthina

落叶灌木。枝常为拱形，具皮刺。奇数羽状复叶；小叶7~13。花单生短枝顶端，直径约4厘米，重瓣或半重瓣；花瓣广倒卵形，长约2厘米，先端微凹，黄色。花期5—6月，果期7—8月。

花

植株的一部分

阳性树种，在稍庇荫下也能生长，宜栽于排水良好的砂质壤土中。辽宁各地有栽培。

观赏花木。果实可酿酒或做果酱，并可用于医疗工业；花可提取芳香油。

5b. 单瓣黄刺玫（变型）（辽宁植物志、东北植物检索表、中国植物志）

f. normalis Rehd. et Wils. in Sarg. Pl. Wils. 2：342. 1915；中国植物志37：378. 1985；辽宁植物志（上册）：777. 图版331：3. 1988；东北植物检索表（第二版）：307. 图版146：7. 1995.

花为单瓣。蔷薇果近球形，直径约1厘米，红褐色，平滑，宿存萼片反折。花期5—6月，果期7—8月。辽宁各地有栽培。

果枝

花枝

（6）**樱草蔷薇**（东北植物检索表、中国植物志、Flora of China）**大马茄子**

Rosa primula Bouleng. in Bull. Jard. Bot. Bruxell. 14：121. 1936；Fl. China 9：352. 2003；中国植物志37：379. 1985；东北植物检索表（第二版）：310. 1995.

落叶直立小灌木。小枝散生皮刺。小叶7~15；小叶片椭圆形；叶轴、叶柄有稀疏腺；托叶卵状披针形，大部贴生叶柄，边缘有不明显锯齿和腺。花直径2.5~4厘米；花瓣淡黄或黄白色，先端微凹。果卵球形，直径约1厘米，红色或黑褐色，萼片反折宿存。花期5—7月，果期7—11月。

自然分布于河北、河南、山西、甘肃、陕西、四川等地。沈阳有栽培。

观赏花木。

（7）**锈红蔷薇 白玉山蔷薇**（辽宁植物志、东北植物检索表、Flora of China）

Rosa rubiginosa L. in Mant. Pl. Altera 564. 1771.—*R. baiyushanensis* Q. L. Wang in Bull. Bot. Res. Harbin 4（4）：207. f.1. 1984；Fl. China 9：365. 2003；辽宁植物志（上册）：784. 图版335. 1988；东北植物检索表（第二版）：307. 图版147：1. 1995.

落叶灌木。小枝黄褐色，具皮刺；老枝褐紫色，具稀疏皮刺。奇数羽状复叶，具小叶5或7，背面密被腺体。花粉红色，外围3枚萼片羽状分裂。果实微椭圆形，橙红色，有刺毛；萼片多数脱落；果梗具腺毛。花期6月，果期9月。

原产于欧洲和西亚。旅顺口有栽培。

果枝

花背面观

花序

叶

植株的一部分

（8）犬蔷薇（辽宁植物志、东北植物检索表）欧洲蔷薇

Rosa canina L. in Sp. Pl. 1：491. 1753；辽宁植物志（上册）：786. 1988；东北植物检索表（第二版）：307. 图版147：3. 1995.

落叶灌木。枝常呈拱形。小枝具稀疏钩状皮刺。奇数羽状复叶，小叶5~7。花托卵形，平滑无毛；花直径约4厘米，粉红色至白色；萼裂片卵状披针形，先端常膨大如叶状，部分萼片边缘羽状分裂。果实卵球形至椭圆形，鲜红色，萼片脱落。花期5—6月，果期9—10月。

花萼

果实

花期

托叶

叶背面观

植株的一部分

原产于欧洲。沈阳、熊岳、大连、旅顺口等地有栽培。

观赏花木。果实可食。

（9）长白蔷薇（东北植物检索表、中国植物志、Flora of China）

Rosa koreana Kom. in Acta Hort. Petrop. 18：434. 1901；Fl. China 9：351. 2003；中国植物志37：374. 图版58：3-4. 1985；东北植物检索表（第二版）：307. 图版147：4. 1995.

落叶灌木。枝紫褐色，密生针刺。奇数羽状复叶，小叶常7~13枚，椭圆形，边缘有内曲的锐锯齿，叶轴和叶柄有柔毛或腺体，托叶大部与叶柄合生。花单生，白色或带粉红色；萼片狭披针形，边缘及里面有白色短柔毛。果实纺锤形，橘红色。花期5—6月，果熟期9—10月。

生于阴湿而排水良好的针叶林或针阔混交林下。产于凤城、庄河等地。

果含维生素C，可供药用，又可制果酱等食品；花瓣含芳香油，可食用。

果序

花背面观

枝

花枝

（10）玫瑰（辽宁植物志、东北植物检索表、中国植物志、Flora of China）海蓬蓬 刺玫菊

Rosa rugosa Thunb. in Fl. Jap. 213. 1784；Fl. China 9：358. 2003；中国植物志37：401. 1985；辽宁植物志（上册）：777. 图版332：1-2. 1988；东北植物检索表（第二版）：307. 图版148：1. 1995.

10a. 玫瑰（原变种）

var. rugosa

10aa. 玫瑰（原变型）

f. rugosa

落叶灌木。小枝被黄色茸毛并密生皮刺和刺毛。奇数羽状复叶，小叶5~9，有皱褶。花直径6~8厘米；萼裂片全缘，外面被茸毛和腺毛，内面密被茸毛；花瓣广倒卵圆形，紫红色。果扁球形，直径约2厘米，深红色，具宿存开展的萼片。花果期6—9月。

生于沿海低地及海岛。产于庄河、长海、金州、大连、东港、盖州等地。

观赏花木。花蕾有行气解郁、和血、止痛作用。

果期

花期

10ab. 重瓣紫玫瑰（变型）（辽宁植物志、东北植物检索表）紫花重瓣玫瑰（中国植物志）

f. **plena**（Regel）Rehd. in J. Arnold Arbor. 10（2）：98. 1929；中国植物志37：402. 1985；辽宁植物志（上册）：778. 图版332：4-5. 1988；东北植物检索表（第二版）：307. 图版148：3. 1995.

花紫色，重瓣。产于金州、葫芦岛、北镇、彰武、沈阳、大连等地。

花

植株

10ac. 白玫瑰（变型）（辽宁植物志、东北植物检索表）白花单瓣玫瑰（中国植物志）

f. **alba**（Ware）Rehd. in Bibl. Cult. Trees and Shrubs 306. 1949；中国植物志37：402. 1985；辽宁植物志（上册）：778. 1988；东北植物检索表（第二版）：307. 1995.

花单瓣，白色。沈阳有栽培。

花

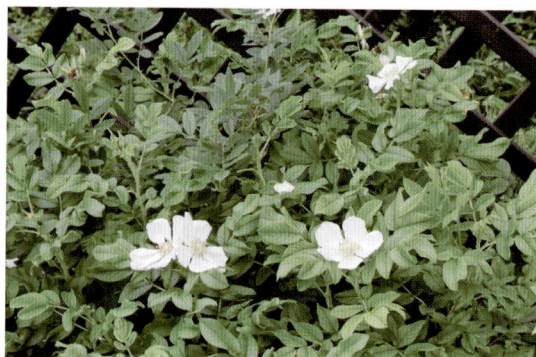

植株的一部分

10b. 稀刺玫瑰（变种）（辽宁植物志、东北植物检索表）

var. chamissoniana Mey. in Mem. Acad. Sci. St. Petersb. Ser. 6.（6）：34. 184. 1847；辽宁植物志（上册）：778. 图版332：3. 1988；东北植物检索表（第二版）：310. 图版148：2. 1995.

皮刺稀少，小叶狭，表面皱纹不甚明显。产于金州、北镇、庄河、沈阳、鞍山有栽培。

（11）刺玫蔷薇（辽宁植物志）山刺玫（东北植物检索表、中国植物志、Flora of China）

Rosa davurica Pall. in Fl. Ross. 1，2：61. 1788；Fl. China 9：359. 2003；中国植物志37：402. 图版62：1~3. 1985；辽宁植物志（上册）：779. 图版333：1~3. 1988；东北植物检索表（第二版）：310. 图版148：4. 1995.

11a. 刺玫蔷薇（原变种）

var. davurica

落叶灌木。小枝细，光滑，具稀疏皮刺。奇数羽状复叶，互生；小叶片长椭圆形或长卵状椭圆形，背面灰绿色，有腺点和稀疏短柔毛。花单生叶腋，或2~3朵簇生；花直径3~4厘米；萼片不分裂，宿存；花瓣粉红色。蔷薇果近球形，红色。花期6—7月，果期8—9月。

生于山坡、山脚及路旁灌木丛中。产于辽宁各地。

果实可做果酱、果酒料；花制玫瑰酱或提取香精等。花、果实均可药用。

植株

花

果序

植株的一部分

11b. 长果刺玫蔷薇（变种）（辽宁植物志）长果山刺玫（东北植物检索表）

var. **ellipsoidea** Nakai in Chong. Ill. Man. Kor. Trees and Shrubs 318. tab. 476. 1943；辽宁植物志（上册）：780. 图版333：4. 1988；东北植物检索表（第二版）：310. 图版148：5. 1995.

果实纺锤形、倒卵状长椭圆形至卵状长椭圆形。产于桓仁、本溪、岫岩等地。

11c. 光叶山刺玫（变种）（中国植物志、Flora of China）

var. **glabra** Liou，东北木本植物图志：314. 1955；Fl. China 9：359. 2003；中国植物志37：403. 1985.

小叶较原变种稍大，长可达4厘米，下面无粒状腺体，通常无毛，仅沿脉有短柔毛。辽宁有记载。

11d. 多刺山刺玫（变种）（中国植物志、Flora of China）

var. **setacea** Liou，东北木本植物图志：314. 1955；Fl. China 9：359. 2003；中国植物志37：402. 1985.

小枝上密生大小不等的皮刺；小叶下面有或无粒状腺体，通常无毛，仅在下面沿脉上有短柔毛。产于鞍山、沈阳等地。

多刺山刺玫

长果刺玫蔷薇

11e. 深山蔷薇（辽宁植物志、东北植物检索表）

var. **alpestris** (Nakai) M. Kitagawa in Neo-lineamenta florae Manshuricae 382. 1979. - *R. marretii* Level. in Fedde. Repert. 8：281. 1910；辽宁植物志（上册）：780. 图版334：4-5. 1988；东北植物检索表（第二版）：310. 图版148：7. 1995.

与刺玫蔷薇*R. davurica* Pall.区别是，本种小叶片狭小；花梗无腺毛和刺毛；萼片外面无刺毛；花瓣外面无毛；果实近球形。分布于我国吉林、黑龙江等地，盖州等地有栽培。

（12）美丽蔷薇（辽宁植物志、东北植物检索表）美蔷薇（中国植物志、Flora of China）油瓶子

Rosa bella Rehd. et Wils. in Sarg. Pl. Wils. 2：341. 1915；Fl. China 9：361. 2003；中国植物志37：407. 1985；辽宁植物志（上册）：784. 1988；东北植物检索表（第二版）：310. 1995.

落叶灌木。小枝散生皮刺，老枝常密被针刺。小叶5~9；小叶柄和叶轴有腺毛和小皮刺；托叶宽平，边缘有腺齿。花单生或2~3朵集生；花梗和萼筒被腺毛；萼片卵状披针形，全缘，外面有腺毛；花瓣粉红色。果椭圆状卵球形，猩红色，有腺毛。花期5—7月，果期8—10月。

产于吉林、内蒙古、河北、山西、河南等地。沈阳、大连、瓦房店等地有栽培。

观赏花木。花可提取芳香油并制玫瑰酱，药用则有理气、活血、调经、健胃作用；果能养血活血。

果实

果序

花背面观

托叶

叶

植株的一部分

（13）刺蔷薇（辽宁植物志、东北植物检索表、中国植物志、Flora of China）大叶蔷薇

Rosa acicularis Lindl. in Ros. Monogr. 44. 1820；Fl. China 9：360. 2003；中国植物志37：403. 图版62：4-5. 1985；辽宁植物志（上册）：782. 图版334：1-3. 1988；东北植物检索表（第二版）：310. 图版148：6. 1995.

落叶灌木。老枝下部密被小皮刺；皮刺细直，黄褐色。奇数羽状复叶，具小叶片5~7，背面无腺毛，叶轴有腺毛。花1~3朵生枝顶；花梗密被腺毛和刺毛；萼裂片先端长尾状，外面具腺毛和刺毛；花瓣粉红色。蔷薇果长椭圆形，果梗密被腺毛和刺

果枝

毛。花果期6—9月。

生于海拔800米以上山坡及山顶林中。产于庄河、宽甸、桓仁、本溪等地。

花和果实可食，也可做染料。叶大花艳，可栽培观赏。

花正面观

花背面观

叶

托叶

茎

叶背面观

（14）缫丝花（中国植物志）刺梨（Flora of China）文光果

Rosa roxburghii Tratt. in Ros. Monogr. Z：233. 1823；Fl. China 9：381. 2003；中国植物志37：452. 1985.

落叶灌木。小枝基部有皮刺。小叶9~15，边缘有细锐锯齿，叶轴和叶柄散生小皮刺；托叶大部贴生叶柄，离生部分钻形，边缘有腺毛。花序有花1~3朵；花瓣重瓣至半重瓣，淡红色或粉红色。果扁球形，绿红色，外面密生针刺。花期5—7月，果期8—10月。

自然分布于西北、西南、华东等地。长海有栽培。

花朵美丽，栽培供观赏用。果实有解暑、消食作用。

果枝

植株

花枝

李亚科 Prunoideae Focke

乔木或灌木，有时具刺；单叶，有托叶；花单生，伞形或总状花序；花瓣常白色或粉红色，稀缺；雄蕊10至多数；心皮1，稀2~5，子房上位，1室，内含2悬垂胚珠；果实为核果，含1稀2种子，外果皮和中果皮肉质，内果皮骨质，成熟时多不裂开或极稀裂开。

辽宁产3属29种8变种8变型，其中栽培16种3变种8变型。

亚科检索表

1. 枝具腋生青灰色的枝刺，髓心片状；花柱侧生，胚珠直立 ⋯⋯⋯⋯⋯⋯ 1. 扁核木属 Prinsepia Royle.
1. 枝无刺，稀有刺但不为腋生，髓心充实；花柱顶生，胚珠下垂。
   2. 果实无纵沟，无白霜。总状花序具10花以上，花序基部有叶，稀无叶 ⋯⋯ 2. 稠李属 Padus Mill.
   2. 果实有纵沟，常被茸毛或白霜。如果果实无纵沟，无白霜，则花单生、簇生或为伞形花序或10花以下成伞房总状花序 ⋯⋯⋯⋯⋯⋯⋯⋯⋯⋯⋯⋯⋯⋯⋯⋯⋯⋯⋯ 3. 李属 Prunus L.

1. 扁核木属 Prinsepia Royle.

落叶直立或攀援灌木，有枝刺。单叶互生或簇生，有短柄；叶片全缘或有细齿。花两性，排成总状花序或簇生和单生，生于叶腋或侧枝顶端；萼筒宿存，杯状，具有圆形不相等的5个裂片，在芽中覆瓦状排列；花瓣5，白色或黄色；雄蕊10或多数，分数轮着生在萼筒口部花盘边缘，花丝较短；心皮1，无柄，花柱近顶生或侧生，柱头头状。核果椭圆形或圆筒形，肉质；核革质，平滑或稍有纹饰；种子1个，直立，长圆筒形，种皮膜质。

辽宁产2种，其中栽培1种。

分种检索表

1. 花多朵排成总状花序，花瓣白色，雄蕊多数，排成数轮；枝刺上有叶。栽培
   ⋯⋯⋯⋯⋯⋯⋯⋯⋯⋯⋯⋯⋯⋯⋯⋯⋯⋯⋯⋯⋯⋯⋯⋯ 1. 扁核木 P. utilis Royle
1. 花簇生稀单生，花瓣黄色，雄蕊10，成2轮排列；枝刺上无叶
   ⋯⋯⋯⋯⋯⋯⋯⋯⋯⋯⋯⋯⋯⋯ 2. 东北扁核木 P. sinensis（Oliv.）Oliv. ex Bean

（1）扁核木（辽宁植物志、东北植物检索表、中国植物志、Flora of China）青刺尖 枪刺果

Prinsepia utilis Royle in Ill. Bot. Himal. 206. t. 38. f. 1. 1835；Fl. China 9：390. 2003；中国植物志38：4. 图版1：1-2. 1986；辽宁植物志（上册）：823. 1988；东北植物检索表（第二版）：324. 1995.

落叶灌木。小枝绿色或带灰绿色；枝刺长可达3.5厘米，刺上生叶。叶片长圆形或卵状披针形，全缘或有浅锯齿。花多数成总状花序；萼筒杯状，外面被褐色短柔毛，萼片半圆形或宽卵形，边缘有齿，比萼筒稍长；花瓣白色，雄蕊多数。核果长圆形，紫褐色或黑紫色。花期4—5月，果期8—9月。

自然分布于云南、贵州、四川、西藏等地。熊岳有栽培记录。

嫩尖可当蔬菜食用。根、叶有清热解毒、活血消肿作用。果实有消食健胃作用。

（2）**东北扁核木**（辽宁植物志、东北植物检索表、中国植物志）**东北蕤核**（Flora of China）辽宁扁核木

Prinsepia sinensis（Oliv.）Oliv. ex Bean, Kew Bull. 1909：354. 1909；Fl. China 9：390. 2003；中国植物志38：6. 1986；辽宁植物志（上册）：821. 图版349. 1988；东北植物检索表（第二版）：324. 图版157：1. 1995.

落叶灌木。小枝红褐色；枝刺直立或弯曲，刺长6~10毫米，通常不生叶。叶片长圆状披针形，全缘，偶有稀疏细锯齿。花1~4朵簇生叶腋；花径1~1.5厘米；花瓣倒卵状圆形，先端圆钝，黄色，雄蕊10。果扁球形，两侧扁平，红色。花期4—5月，果期8—9月。

生于山沟杂木林及林缘灌丛中。产于庄河、宽甸、凤城、桓仁、本溪、清原等地。

材质坚实细腻，有一定工艺价值。果实酸甜，可食。种子有清肝明目作用。

果实

果枝

花

树干

小枝

植株的一部分

2. 稠李属 Padus Mill.

落叶小乔木或灌木；分枝较多。叶片在芽中呈对折状，单叶互生，具齿，稀全缘；叶柄通常在顶端有2个腺体或在叶片基部边缘上具2个腺体。花多数，成总状花序，基部有叶或无叶，生于当年生小枝顶端；萼筒钟状，裂片5；花瓣5，白色，先端通常啮蚀状，雄蕊10至多数，雌蕊1，周位花，子房上位，心皮1，柱头平。核果卵球形，外面无纵沟，中果皮骨质，

成熟时具有1个种子。

辽宁产2种2变种。

分种检索表

1. 叶背面散生褐色腺点；花序基部通常不具叶；雄蕊与花瓣近等长；树皮黄褐色，有光泽
·· **1. 斑叶稠李** P. maackii（Rupr.）Kom.
1. 叶背面无褐色腺点；花序基部具数枚叶片；雄蕊长约为花瓣之半；树皮灰黑色 **2. 稠李** P. avium Mill.

（1）**斑叶稠李**（辽宁植物志、东北植物检索表、中国植物志、Flora of China）**山桃稠李**

Padus maackii（Rupr.）Kom. in Kom. & Klobukova-Alison，Key Pl. Far. East. Reg. URSS 2：657. 1932；Fl. China 9：422. 2003；中国植物志38：94. 图版16：6-7. 1986.—*Prunus maackii* Rupr. in Bull. Acad. Sci. St. Petersb. 15：361. 1857；辽宁植物志（上册）：343. 图版357：3. 1988；东北植物检索表（第二版）：324. 图版157：4. 1995.

落叶乔木或小乔木。树皮黄褐色，有光泽，片状剥落。叶片椭圆形，表面无毛，背面散生褐色腺点。总状花序，基部通常无叶；花瓣倒卵形，白色；雄蕊约与花瓣等长；花柱具微毛。核果卵球形，黑色或褐黑色，无纵沟和白霜。花期5月，果期8月。

生于林中溪流旁、林缘。产于庄河、桓仁、本溪、宽甸等地。

木材纹理细，可用于细木工。良好的蜜源植物。果实可食。

果枝

树干

叶背面观

叶正反面对比

（2）稠李（辽宁植物志、东北植物检索表、中国植物志、Flora of China）臭李 稠梨

Padus avium Mill. in Gard. Dict.（ed. 8）no. 1. 1778；Flora of China 9：423. 2003.—*P. racemosa*（Lam.）Gilib. in Pl. Rar. Comm. Lithuan. 74. 310. 1785；中国植物志 38：96. 1986.—*Prunus padus* L. in Sp. Pl. 473. 1753；辽宁植物志（上册）：845. 图版 357：1. 1988；东北植物检索表（第二版）：324. 图版157：2. 1995.

2a. 稠李（原变种）

var. avium

落叶乔木。树皮灰黑色。叶片椭圆形、倒卵形等，先端渐尖，边缘有锐锯齿，背面无褐色腺点，无毛或沿中脉被短柔毛；叶柄顶端两侧各有1腺体。总状花序下垂，基部具少数叶片；花瓣倒卵形，白色；雄蕊多数，长约为花瓣1/2。核果近球形，黑色，无纵沟和白霜。花期4—5月，果期8—9月。

生于山中溪流沿岸及沟谷地带。产于丹东、宽甸、凤城、桓仁、本溪、沈阳、鞍山、庄河、凌源等地。

为良好的观花、观叶、观果树种。木材供建筑、家具或器具；叶入药，有镇咳之效；果可食。也是一种蜜源植物。

树干

果枝

叶背面观

花背面观

花枝

花正面观

2b. 多毛稠李（变种）（辽宁植物志、东北植物检索表）**毛叶稠李**（中国植物志、Flora of China）

var. **pubescens**（Regel & Tiling）T.C. Ku & B.M. Barthol. in Flora of China 9：423. 2003. —*P. racemosa*（Lam.）Gilib. var. *pubescens*（Regel & Tiling）Schneid. in Ill. Flandb. Laubh. 1：640. 1906；中国植物志38：97. 1986.—*Prunus padus* L. var. *pubescens* Reget et Tiling in Nouv. Mém. Soc. Imp. Naturalistes Moscou 11：79. 1858；辽宁植物志（上册）：845. 图版357：2. 1988；东北植物检索表（第二版）：324. 图版157：3. 1995.

幼枝和叶背面密被柔毛；花序长达16厘米。

生于山坡林中和河谷溪流旁。产于凤城、本溪、宽甸、西丰等地。

叶背面观

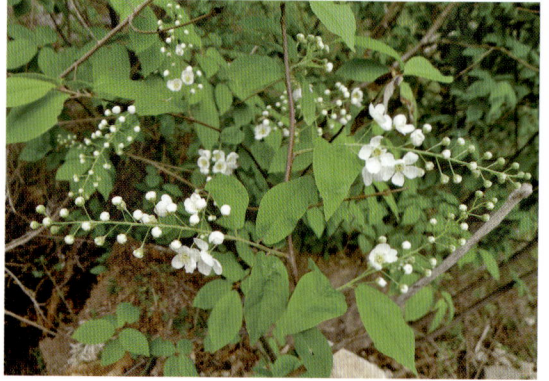

植株的一部分

2c. 北亚稠李（变种）（中国植物志、Flora of China）

var. **asiatica**（Kom.）T.C. Ku & B.M. Barthol. in Flora of China 9：423. 2003.—*P. racemosa*（Lam.）Gilib. var. *asiatica*（Kom.）Yu et Ku，中国植物志38：98. 1986.

本变种的主要特点为小枝和总状花序、花梗和总花梗均被短柔毛。花期4—6月，果期6—10月。

生于山坡、林缘或阔叶林中以及丘陵或河岸等处，海拔800米以上。辽宁有记载。

3. 李属 Prunus L.

落叶小乔木或灌木。单叶互生，有叶柄，在叶片基部边缘或叶柄顶端常有2小腺体。花单生或2~3朵簇生，具短梗，先叶开放或与叶同时开放；萼片和花瓣均为5数，覆瓦状排列；雄蕊多数，雌蕊1，周位花，子房上位，心皮无毛，1室具2个胚珠。核果，具有1个成熟种子，外面有沟，无毛，常被蜡粉；核两侧扁平，平滑，稀有沟或皱纹。

辽宁产25种6变种8变型，其中栽培15种3变种8变型。

分种检索表

1. 果实无纵沟，无白霜；幼叶于芽内对折。

  2. 乔木；腋芽单生；花单生或多花形成伞形花序或伞房总状花序

          ·· [1] 樱桃组 Sect. Cerasus（Adans）Focke

    3. 伞房总状花序，苞片宿存或脱落。

      4. 每花序有花3~10，苞片大，绿色，宿存；叶长3.5~9厘米，边缘有粗锐重锯齿

        ·· 1. 黑樱桃 P. maximowiczii Rupr.

      4. 每花序有花3~6，苞片小，绿褐色，脱落；叶长1.3~3.5厘米，边缘有圆钝细锯齿。栽培

        ··· 2. 圆叶樱桃 P. mahaleb L.

    3. 花单生、簇生、伞形或近伞形花序；苞片果期脱落。

      5. 花柱基部有短毛。

        6. 叶两面无毛或仅背面沿脉被疏毛；总花梗短于苞片；萼筒管状；花单瓣。栽培

          ·· 3. 东京樱花 P. yedoensis Matsum.

        6. 叶两面均被短柔毛，背面毛更密；总花梗长1~2.5厘米；萼筒钟状；花重瓣。栽培

          ···································· 4. 南殿樱 P. sieboldii（Carr.）Wittm.

      5. 花柱无毛。

        7. 叶缘锯齿长刺芒状，总花梗长1~3厘米；花重瓣，白色，稀淡粉红色。栽培

          ··· 5. 樱花 P. serrulata Lindl.

        7. 叶缘锯齿非刺芒状或具短刺芒，总花梗短或无。

          8. 花梗、萼筒均被短柔毛，稀无毛。

            9. 伞形花序无总梗或梗极短；花先叶开放。花序有花3~5，粉红色；叶长3~8厘米，宽2~3厘米；果熟时黑色；枝条直立或斜升，不下垂。栽培······ 6. 日本早樱 P. subhirtella Miq.

            9. 伞形或近伞形花序，有总花梗，长1厘米以下，短于总苞；每花序有花1~3，与叶同时开放；叶倒卵形、倒卵状椭圆形至卵状椭圆形 ········ 7. 山樱桃 P. leveilleana Koehneis

          8. 花梗与萼筒均无毛。

            10. 叶缘有圆钝锯齿；萼片反折；总花梗短；花白色。

              11. 叶背面被短柔毛；芽鳞反折；花序无叶状苞片；果味甜。栽培

                ·· 8. 欧洲甜樱桃 P. avium（L.）L.

              11. 叶背面无毛；芽鳞直立；花序基部常有叶状苞片；果味酸。栽培

                ···································· 9. 欧洲酸樱桃 P. cerasus Ledeb.

            10. 叶缘有锐重锯齿，稍具短芒；萼片直立；花无总梗或近无总梗；蔷薇色。栽培

              ·· 10. 大山樱 P. sargentii Rehd.

  2. 灌木，腋芽3枚并立，中间为叶芽，两侧为花芽 ··········· [2] 小樱桃组 Sect.Microcerasus Spach

    12. 小枝及叶两面均密被茸毛；叶宽大；萼筒管状，长为宽的2倍以上；子房有毛

                  ····················· 11. 毛樱桃 P. tomentosa Thunb.

    12. 小枝及叶均无毛或被微茸毛；叶狭小；萼筒钟形或杯状，长宽近相等；子房无毛或被疏毛。

      13. 叶倒卵状披针形或长圆状披针形，中部或中部以上最宽，基部楔形。

        14. 叶倒卵状狭披针形或倒卵状椭圆形，长2.5~4.5厘米，宽0.7~1.5厘米，叶柄长1~2毫米；小枝被短柔毛 ···························· 12. 欧李 P. humilis Bunge

        14. 叶椭圆状披针形或卵状长圆形，长3~8厘米，宽（1）1.5~3厘米，叶柄长3~6毫米；小枝无毛；花粉色或白色。栽培 ·························· 13. 麦李 P. glandulosa Thunb.

13. 叶卵形、椭圆状卵形至卵状披针形，中部以下最宽，基部圆形，叶柄长2~3毫米；花梗及花萼均无毛，花梗长5~12毫米，花白色至淡粉红色 ………………… **14. 郁李** P. japonica Thunb.

1. 果实有纵沟，常被茸毛或白霜。

15. 叶芽单生；花单生或2~3朵簇生；幼叶于芽内常席卷状。

16. 子房或果实无毛，有白霜；花梗细长 …………………………… [3] **李亚属** Subgen. Prunus.

17. 叶片下面被短柔毛，果红色、紫色或黄色和绿色，被蓝黑色果粉，通常有明显纵沟。栽培

…………………………………………………………………………… **15. 欧洲李** P. domestica L.

17. 叶片下面无毛或多少有微柔毛或沿中脉被柔毛；果黄色或红色，不被蓝黑色果粉。

18. 花通常3朵簇生，稀2；叶片下面无毛或微被柔毛；果核常有沟纹。

19. 果实大，直径5~7厘米，叶片光滑无毛。栽培 ………………… **16. 李** P. salicina Lindl.

19. 果实小，直径1.5~2.5厘米；果梗粗短，叶片下面多少被柔毛

……………………………………………………… **17. 东北李** P. ussuriensis Kov. et Kost.

18. 花单生或2朵并生；叶变红紫色，卵状椭圆形至倒卵状椭圆形。栽培

………………………… **18. 紫叶李** P. cerasifera Ehrh. f. atropurpurea（Jacq.）Rehd.

16. 子房及果实被茸毛；花近无梗或梗极短 ………… [4] **杏亚属** Subg. Armeniaca（Mill.）Nakai

20. 一年生枝灰褐色至红褐色。

21. 叶缘具单锯齿；花近无梗。

22. 乔木，高达10米；叶广卵形或椭圆状卵形，先端极尖或短渐尖；果球形，直径2.5厘米以上，白色、黄色或黄红色，果肉多汁，熟时不开裂，栽培 …… **19. 杏** P. armeniaca L.

22. 灌木或小乔木，高1.5~3米，枝直立；叶卵形或近圆形，先端尾状渐尖，两面无毛或背面脉腋簇生柔毛；花单瓣；果肉干燥，熟时开裂，核表面较平滑

………………………………………………………… **20. 西伯利亚杏** P. sibirica L.

21. 叶缘具重锯齿；花梗长5~6毫米；乔木，高达15米

………………………………………… **21. 东北杏** P. mandshurica（Maxim.）Koehne

20. 一年生枝绿色；叶边具小锐锯齿，幼时两面具短柔毛，老时仅下面脉腋间有短柔毛；果实黄色或绿白色，具短梗或几无梗；核具蜂窝状孔穴。栽培 **22. 梅** P. mume（Sieb.）Sieb. et Succ.

15. 腋芽并生，两侧为花芽，中间为叶芽；幼叶于芽内对折；子房及果实均被茸毛

………………………………………… [5] **桃亚属** Subgen. Amygdalus（L.）Benth. et Hook. f.

23. 乔木；果核表面有沟纹和孔穴；叶先端渐尖或长渐尖，不分裂，两面无毛。

24. 树皮粗糙，暗红褐色；叶缘锯齿圆钝；萼片外被短柔毛；果大，多汁。栽培

…………………………………………………………………… **23. 桃** P. persica（L.）Batsch.

24. 树皮光滑，暗紫红色；叶缘锯齿细，尖锐；萼片外面无毛；果小，果肉薄，干燥

…………………………………………………… **24. 山毛桃** P. davidiana（Carr.）Franch.

23. 灌木；果核表面无孔穴，仅有浅沟纹；萼片外面无毛；小枝无毛或近无毛；叶先端短渐尖，有时3裂，中裂片较长或有时具数齿牙而近近平截，背面被柔毛 ………… **25. 榆叶梅** P. triloba Lindl.

（1）**黑樱桃**（辽宁植物志、东北植物检索表、中国植物志、Flora of China）深山樱

Prunus maximowiczii Rupr. in Bull. Phys.-Math. Acad. Sci. St. Petersb. 15: 131. 1857；辽宁植物志（上册）：842. 图版356：1-3. 1988；东北植物检索表（第二版）：324. 图版157：5. 1995.— *Cerasus maximowiczii*（Rupr.）Kom. in Kom. et Klob.-Alis. Key pl.

Par. East Reg. URSS 2：567. 1932；中国植物志38：50. 图版6：12-13. 1986；Fl. China 9：408. 2003.

落叶乔木或小乔木。叶片倒卵形，边缘具粗重锯齿。花3~10朵成总状花序，苞片大，绿色，宿存；花直径约1.5厘米；花瓣倒卵形，白色；雄蕊多数，稍短于花瓣；花柱短于雄蕊。核果卵球形，外面光滑无沟，红色，后变黑色或黑紫色；核有皱纹。花期6月，果期8—9月。

生于阳坡杂木林中或有腐殖质土石坡上。产于本溪、桓仁、宽甸、鞍山等地。

观赏树种，花果期均有较高的观赏性。树皮可提取染料。木材可供细木工用。果实可食，有收敛止汗作用，还可治咽喉炎。

果序

花侧面观

花正面观

植株的一部分

（2）**圆叶樱桃**（中国植物志、Flora of China）**马哈利樱桃**（辽宁植物志）**少花圆叶樱桃**（东北植物检索表）

Prunus mahaleb L. in Sp. Pl. 1：474. 1753.—*P. mahaleb* var. *cupaniana*（Guss.）Friori et Paol. in Fl. Analyt d' Italia 1：561. 1896；辽宁植物志（上册）：843. 图版356：4. 1988；东北植物检索表（第二版）：324. 图版157：6. 1995.—*Cerasus mahaleb*（L.）Mill. in Gard. Dict. ed. 8. c. no. 4. 1759；Fl. China 9：413. 2003；中国植物志38：67. 1986.

落叶乔木。叶片倒卵状长圆形至广椭圆形，先端短突尖，边缘具圆钝细锯齿，背面沿中脉有短柔毛。花5~8朵，成短总状花序；苞片小，绿褐色，脱落；花直径约1.5厘米；萼筒钟状，花瓣白色。果近球形，直径约6毫米，黑紫色。花期4月下旬，果期7月。

原产于欧洲及西亚。大连有栽培。

可用作樱桃砧木。木材可用于制作烟斗。

（3）东京樱花（辽宁植物志、东北植物检索表、中国植物志、Flora of China）日本樱花

Prunus yedoensis Matsum. in Tokyo Bot. Mag. 15：100. 1901；辽宁植物志（上册）：836. 图版354：1-3. 1988；东北植物检索表（第二版）：324. 图版158：1. 1995.—*Cerasus yedoensis*（Matsum.）Yu et Li，中国植物志38：74. 1986；Fl. China 9：414. 2003.

植株的一部分（张立新 摄）

落叶乔木。叶片椭圆形，边缘具细锐重锯齿，两面无毛或仅背面沿脉被疏毛。2~5花排列呈总状花序，先于叶开放；总花梗短于苞片；花直径2~3厘米；花瓣粉红色至白色，花柱近基部有短柔毛。核果卵球形或近球形，直径约1厘米，黑色。花期4月下旬，果期7月。

原产于日本。大连、丹东等地有栽培。

园林观花树种，花大而芳香，盛开时繁花似锦，适宜丛植、群植、列植等。

果期

花序侧面观

花柱基部

叶缘有重锯齿

植株

植株的一部分

（4）南殿樱（辽宁植物志、东北植物检索表）

Prunus sieboldii（Carr.）Wittm. in Gartenfl. 51：272. 1902；辽宁植物志（上册）：836. 图版354：4-5. 1988；东北植物检索表（第二版）：324. 图版158：2. 1995.

落叶小乔木。叶片椭圆形至倒卵状椭圆形，边缘具尖锐重锯齿，两面均被短柔毛。总状或伞形总状花序，具2~4花，总梗长1~2.5厘米，具柔毛；花梗长1.5~2.5厘米，被短柔毛；花直径约3厘米；花萼筒钟状，花重瓣，粉红色，偶有白色，花柱基部具短柔毛。花期5月。

原产于日本。丹东、旅顺口有栽培。

园林观花树种，适宜丛植、群植、列植等。

（5）樱花（辽宁植物志、东北植物检索表）山樱花（中国植物志、Flora of China）

Prunus serrulata Lindl. in Trans. Hort. Soc. Lond. 7：238. 1828；辽宁植物志（上册）：839. 1988；东北植物检索表（第二版）：326. 1995.— *P. serrulata* Lindl. var. *spontanea*（Maxim.）Wils. in Cherries Jap. 28. 1916；辽宁植物志（上册）：839. 1988；东北植物检索表（第二版）：326. 1995.—*P. serrulata* Lindl. f. *fugenzo*（Makino）Makino in Bot. Mag. Tokyo 23：73. 1909；辽宁植物志（上册）：840. 图版355：5-7. 1988；东北植物检索表（第二版）：326. 图版158：5. 1995.—*Cerasus serrulata*（Lindl.）G. Don ex London in Hort. Brit. 480. 1830；Fl. China 9：416. 2003；中国植物志38：74. 图版9：3-4.1986.

落叶乔木。树皮平滑，深栗褐色。叶片卵圆形，边缘有锯齿，齿端刺芒状。花3~5朵成总状花序，总花梗长1~3厘米；花直径3~4厘米，先于叶开放或与叶同时开放；花萼筒钟状；花单瓣或重瓣，白色或粉红色；花柱无毛。果近球形，黑色。花期4月，果期7月。

生于山沟、溪旁及杂木林中。辽南有栽培。

观赏，并可作樱桃、日本樱花的砧木。种子有解毒、利尿、透疹作用。

单瓣樱花

淡粉重瓣樱花

粉红重瓣樱花

花柱

植株的一部分

重瓣樱花

（6）日本早樱（辽宁植物志、东北植物检索表）大叶早樱（中国植物志、Flora of China）

Prunus subhirtella Miq. in Ann. Mus. Lugd-Bat. 2：91. 1865；辽宁植物志（上册）：835. 1988；东北植物检索表（第二版）：326. 1995.—*Cerasus subhirtella*（Miq.）Sok. in Ann. Mus. Lugd-Bat. 2：91. 1865；Fl. China 9：414. 2003；中国植物志38：73. 1986.

6a. 日本早樱（原变种）

var. subhirtella

落叶乔木。枝条直立或斜升，不下垂。叶片卵形，边缘有尖锐重锯齿。伞形花序无总梗或梗极短；花先叶开放；花序有花3~5，粉红色；花梗、萼筒均被短柔毛，稀无毛。核果球形，黑色。花期4—5月上旬，果期6—7月。

原产于日本。丹东、大连、旅顺口有栽培。

优良的园林观赏植物。树皮和新鲜嫩叶可药用。

花序

花序侧面观

树干

植株

6b. 垂枝早樱（变种）（辽宁植物志、东北植物检索表）垂枝大叶早樱（中国植物志、Flora of China）

var. **pendula**（Maxim.）Tanaka in Useful Pl. Jap. 70. no. 620. 1891；辽宁植物志（上册）：835. 1988；东北植物检索表（第二版）：326. 1995.—*Cerasus subhirtella*（Miq.）Sok. var. *pendula*（Tanaka）Yu et Li，中国植物志38：74. 1986.

枝条开展成弯弓形，小枝下垂呈鞭状。旅顺口等地有栽培。

植株

花

（7）山樱桃（辽宁植物志、东北植物检索表）毛樱花（辽宁植物志）毛山樱花（东北植物检索表）毛叶山樱花（中国植物志）毛叶山樱桃（Flora of China）山桃 辽东山樱

Prunus leveilleana Koehneis in Pl. Wilson. 1（2）：250. 1912.—*P. verecunda*（Koidz.）Koehne in Feddes Repert. 11：271. 1912；辽宁植物志（上册）：837. 图版355：1-4. 1988；东北植物检索表（第二版）：326. 图版158：4. 1995.—*P. serrulata* Lindl. var. *pubescens*（Makino）Wils. in Cherries Japan 31. 1916；辽宁植物志（上册）：840. 1988；东北植物检索表（第二版）：326. 1995.—*Cerasus serrulata* var. *pubescens*（Makino）Yu et Li in Cherries Japan 31. 1916；Fl. China 9：417. 2003；中国植物志38：75.1986.

落叶乔木。树皮灰褐色，具环状条纹。叶片倒卵形，先端尾状渐尖。伞形或近伞形花序，有总花梗，长1厘米以下，短于总苞；每花序有花1~3，与叶同时开放；花梗、萼筒均被短柔毛；花直径2~3厘米，花瓣粉红色。核果卵球形，红紫色。花期4—5月，果期6—7月。

果枝

花侧面观

花枝

树干

叶

生于山坡阔叶林中、山谷溪流沿岸。产于东港、丹东、凤城、宽甸、桓仁、本溪、沈阳等地。

本种被选作欧洲甜樱桃的嫁接砧木。果实可食。

（8）**欧洲甜樱桃**（辽宁植物志、东北植物检索表、中国植物志、Flora of China）洋樱桃 欧洲樱桃

Prunus avium (L.) L. in Fl. Suec. ed. 2. 165. 1755；辽宁植物志（上册）：842. 1988；东北植物检索表（第二版）：326. 1995.—*Cerasus avium* (L.) Moench in Meth. Pl. 672. 1794；Fl. China 9：409. 2003；中国植物志38：57. 1986.

落叶乔木。叶片倒卵状长圆形，边缘具圆钝重锯齿，齿端有褐色腺，叶背面被短柔毛。花数朵成伞形花序，无总梗和叶状苞片；萼片全缘，开花后反折；花瓣白色或微带粉色，花柱无毛。核果球形，直径1.1~2.5厘米，暗红色至黑紫色，多汁，味甜。花期4—5月，果期6—7月。

原产于欧洲和西亚。大连、绥中、沈阳等地有栽培。

果实食用；药用有生津、开胃、利尿作用。木材轻柔，褐色，磨光好，可制家具等。

果期

花侧面观

花期

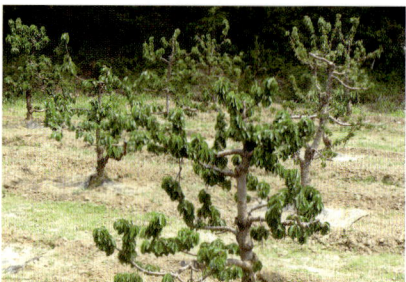
植株

（9）**欧洲酸樱桃**（东北植物检索表、中国植物志、Flora of China）樱桃

Prunus cerasus L. in Sp. Pl. 474. 1753；东北植物检索表（第二版）：326. 1995.—*Cerasus vulgaris* Mill. in Gard. Dict. ed.8. C. no. 1768；Fl. China 9：409. 2003；中国植物志38：57. 1986.

落叶乔木。叶片椭圆倒卵形等，基部楔形并常有2~4腺，叶边有细密重锯齿，叶背面无毛。花序伞形，有花2~4朵，花叶同开，基部常有直立叶状苞片；萼片边缘有腺齿，向下反折；花瓣白色，花柱有毛。核果近球形，直径12~15毫米，鲜红色，味酸。花果期4—7月。

原产于欧洲和西亚。大连、沈阳、鞍山等地有栽培。

果实食用。核有发表、透疹作用，叶有平喘、杀虫作用，果实有益气、祛风湿作用。

果实成熟期

花侧面观：示萼片

花序正面观

小枝

（10）大山樱（辽宁植物志、东北植物检索表）日本山樱

Prunus sargentii Rehd. in Mitt. Deutsch. Dendrol. Ges. 159. 1908；辽宁植物志（上

花序

植株的一部分

册）：837. 图版354：6~7. 1988；东北植物检索表（第二版）：326. 图版158：3. 1995.

落叶大乔木。树皮暗棕色，有环状条纹。叶柄长1.5~3厘米，具2腺体；叶片卵状椭圆形，边缘具尖锐重锯齿，齿尖微具刺芒。花2~4朵，近无总梗；花直径3~4厘米；萼片直立；花瓣倒卵形，蔷薇色，花柱无毛。核果近球形，黑紫色。花期4—5月，果期6—7月。

原产于日本、俄罗斯。旅顺口、大连有栽培。

花大而色艳，为樱花类的上品。

（11）毛樱桃（辽宁植物志、东北植物检索表、中国植物志、Flora of China）山樱桃 野樱桃

Prunus tomentosa Thunb. in Gl. Jap. 203. 1784；辽宁植物志（上册）：846. 图版351：1~3. 1988；东北植物检索表（第二版）：326. 图版159：5. 1995.—*Cerasus tomentosa* (Thunb.) Wall. in Numer. List. n. 715. 1829；Fl. China 9：406. 2003；中国植物志38：86. 图版15：1~2. 1986.

11a. 毛樱桃（辽宁植物志、东北植物检索表、中国植物志）山樱桃 野樱桃

var. **tomentosa**

落叶灌木或小乔木。小枝及叶两面均密被茸毛。叶片密集，倒卵形。花单生或2朵并生，直径1.5~2厘米，先于叶或与叶同时开放；萼筒管状，长为宽的2倍以上；花瓣狭倒卵形，淡粉红色至白色。果实球形，直径约1厘米，暗红色，被毛。花果期4—6月。

生于山坡灌丛中。产于丹东、宽甸、桓仁、本溪、庄河、大连、瓦房店、金州、鞍山、北镇、义县、沈阳等地。

花朵密集，可供观赏。也用于榆叶梅的嫁接砧木。果实可食，也可酿酒，还可入药，能调中益气，核仁有润肠利尿作用。

果期

花期

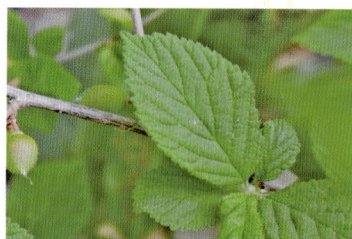
叶

11b. 白果樱桃

var. **leueocorpa** (kehder.) Z. S. M., comb. nov.—*Cerasus tomentosa* var. *leueocorpa* Kehder.

果实近白色。产于大连、凌源等地。

植株

果实

（12）欧李（辽宁植物志、东北植物检索表、中国植物志、Flora of China）**酸丁 钙果**

Prunus humilis Bunge in Mem. Acad. Sci. St. Petersb. 2：97. 1835；辽宁植物志（上册）：850. 图版359：1-2. 1988；东北植物检索表（第二版）：326. 图版159：3. 1995.—*Cerasus humilis*（Bge.）Sok. in Cep. Kyct. CCCP 3：751. 1954；Fl. China 9：408. 2003；中国植物志38：83. 图版14：1-3. 1986.

落叶小灌木。小枝被短柔毛。叶片倒卵状狭披针形，中部或中部以上最宽，基部楔形，边缘具细密锯齿。花单生或2~3朵簇生，直径约1.5厘米，与叶同时开放；花瓣椭圆状倒卵形，白色至淡粉红色。果近球形，直径1~1.5厘米，红色。花期4月下旬至5月，果期8月。

生于荒山坡或沙丘边。产于建昌、建平、朝阳、兴城、葫芦岛、绥中、彰武、北镇、义县、法库、铁岭、沈阳、鞍山、盖州、瓦房店、大连、金州、旅顺口、凤城等地。

果肉可食，仁可入药，茎可作饲料和编织材料。

白色花

粉色花

果期

花侧面观

花正面观

（13）麦李（中国植物志、Flora of China）

Prunus glandulosa Thunb. in Fl. Jap. 203. 1784.—*Cerasus glandulosa*（Thunb.）Lois. in Duham. Trait. Arb. Arbust. ed. augm. 5：33. 1812；Fl. China 9：408. 2003；中国植物志38：83. 图版14：5. 1986.

13a. 麦李（原变型）

f. glandulosa

辽宁不产。

13b. **重瓣粉红麦李**（变型）（辽宁植物志）**重瓣麦李**（东北植物检索表）

f. siensis（Pers.）Koehne in Sarg. Pl. Wils.1：265. 1912；辽宁植物志（上册）：848. 图

版359：3. 1988；东北植物检索表（第二版）：326. 图版159：4. 1995.

为麦李之变型。落叶灌木。小枝灰棕色或棕褐色。叶片长圆披针形或椭圆披针形，先端渐尖，基部楔形，最宽处在中部，边有细钝重锯齿。花单生或2朵簇生，花叶同开或近同开；花瓣重瓣，粉红色或淡粉红色；雄蕊多数；花柱比雄蕊稍长。花期5月。

分布于我国长江流域及其以南地区，大连、盖州、沈阳等地栽培。

常见栽培观赏，宜于草坪、路边、假山旁及林缘丛栽，也可作基础有栽植。

花背面观

花枝

植株的一部分

13c. 重瓣白花麦李（变型）（辽宁植物志）重瓣麦李（东北植物检索表）

f. albo-plena（Pers.）Koehne in Sarg. Pl. Wils.1：264. 1912；辽宁植物志（上册）：849. 1988；东北植物检索表（第二版）：328. 1995.

花重瓣白色；花梗无毛，长8~12毫米。大连、盖州、沈阳等地有栽培。

植株的一部分

（14）郁李（辽宁植物志、东北植物检索表、中国植物志、Flora of China）雀梅　寿李

Prunus japonica Thunb. in Fl. Jap. 201. 1784；辽宁植物志（上册）：847. 图版358：1-2. 1988；东北植物检索表（第二版）：328. 图版159：1. 1995.—*Cerasus japonica*（Thunb.）Lois. in Duham. Trait. Arb. Arbust. ed. augm. 5：33. 1812；Fl. China 9：407. 2003；中国植物志38：85. 1986.

14a. 郁李（原变种）

var. japonica

落叶灌木。叶片卵形等，中部以下最宽，基部圆形，边缘具锐重锯齿，叶柄长2~3毫

果实

花期

小枝

米。花1~3朵，簇生，花叶同开或先叶开放；花梗长5~10毫米；花梗及花萼均无毛；花瓣淡粉红色至白色。果实近球形，直径约1厘米，暗红色，微具腹缝。花期4—5月，果期7—8月。

生于山坡灌丛。产于西丰、桓仁、本溪、凤城等地。

核仁有健胃润肠、利水消肿作用。也可栽培观赏。果实可食。

14b. 东北郁李（变种）（辽宁植物志、东北植物检索表）

var. **engleri** Koehne in Fedde. Repert. 8：23. 1910；辽宁植物志（上册）：848. 图版358：3. 1988；东北植物检索表（第二版）：328. 图版159：2. 1995.

叶基部心形至浅心形，花梗长1~2厘米，花粉红色。产于岫岩、庄河、凤城、宽甸等地。

东北郁李

东北郁李的叶

14c. 长梗郁李（变种）（东北植物检索表、中国植物志、Flora of China）

var. **nakaii** (Levl.) Yu et Li in Jouen. Arn. Arb. 3：29. 1921；东北植物检索表（第二版）：328. 1995. —*C. japonica* (Thunb.) Lois. var. *nakaii* (Levl.) Yu et Li，中国植物志38：86. 1986；Fl. China 9：407. 2003.

叶片卵圆形，叶边锯齿较深，叶柄长3~5毫米。花梗长1~2厘米；花瓣粉红色。花期5月，果期6—7月。

长梗郁李

生于山地向阳山坡。沈阳有栽培。

（15）欧洲李（中国植物志、Flora of China）西洋李子 洋李

Prunus domestica L. in Sp. Pl. 475. 1753；Fl. China 9：402. 2003；中国植物志38：38. 图版5：3. 1986.

落叶乔木。叶片椭圆形，边缘有稀疏圆钝锯齿。花1~3朵，簇生短枝顶端；花直径1~1.5厘米；萼筒钟状，萼片卵形，内外两面均被短柔毛；花瓣白色或带绿晕。核果卵球形至长圆形，通常有明显侧沟，红色、紫色、绿色、黄色，常被蓝色果粉。花期5月，果期9月。

原产于西亚和欧洲。大连等地有栽培。

果实可食，还可用于感冒发烧、烦渴不安、泻痢等。种子有活血散瘀、利水生津作用。

果枝

植株的一部分

（16）李（辽宁植物志、东北植物检索表、中国植物志、Flora of China）李子

Prunus salicina Lindl. in Trans Hort. Soc. Lond. 7：239. 1828；Fl. China 9：403. 2003；中国植物志38：39. 图版5：4-5. 1986；辽宁植物志（上册）：833. 图版353：1-3. 1988；东北植物检索表（第二版）：328. 图版160：6. 1995.

落叶小乔木。叶片长圆状倒卵形或倒披针形，边缘具细钝重锯齿。花2~4朵簇生，直径1.5~2厘米；花瓣倒卵形或近椭圆形，白色；雄蕊约30枚，约与花瓣等长或稍短；花柱约与雄蕊等长或稍长。果实卵球形，有纵沟，无毛，有白霜。花期4月，果期7—8月。

分布于我国西北，国内外均有栽培。辽宁有栽培。

果实食用。叶、种子、果实有药用价值。

果期

花侧面观

花正面观

（17）东北李（辽宁植物志、东北植物检索表、中国植物志、Flora of China）

Prunus ussuriensis Kov. et Kost. in Bull. Appl. Bot. Genet. Pl. Breed. ser. 8. n 4：75. 1935；Fl. China 9：403. 2003；中国植物志38：40. 1986.—*P. salicina* Lindl. var. *mandshurica*（Skv.）Skv. et Bar.，东北木本植物图志：330. 1955；辽宁植物志（上册）：833. 图版353：4-5. 1988；东北植物检索表（第二版）：328. 图版160：7. 1995.

落叶树，株高2.5~3米，多分枝呈灌木状。叶片长圆形等，先端尖，基部楔形，叶背面被柔毛，幼叶较密，叶柄被柔毛。花1~3朵簇生，花瓣白色。核果较小，卵球形、近球形或长圆形，直径1.5~2.5厘米，紫红色。花期4—5月，果期6—9月。

生于沟谷溪流沿岸及林缘。产于凤城、本溪、清原、西丰等地。

抗寒性好，可作各种李的抗寒砧木。果实可食。

花枝

果实成熟前

果实

植株

植株的一部分

（18）樱桃李（中国植物志、Flora of China）樱李

Prunus cerasifera Ehrhart in Beitr. Naturk 4：17. 1789；Fl. China 9：402. 2003；中国植物志38：38. 1986。

18a. **樱桃李**（原变型）

f. **cerasifera**

辽宁不产。

18b. **紫叶李**（变型）（辽宁植物志、东北植物检索表、中国植物志、Flora of China）红叶李

f. **atropurpurea**（Jacq.）Rehd. in Bibl. Cult. Trees and Shrubs 320.1949；Fl. China 9：402. 2003；中国植物志38：39. 1986；辽宁植物志（上册）：834. 图版353：6. 1988；东北植物检索表（第二版）：328. 图版160：8. 1995.

落叶灌木或小乔木。枝条细长，常具刺，暗紫色。叶互生，叶片卵圆形，边缘有细锐重锯齿，两面均为紫红色。花直径2~2.5厘米，单生或2朵并生，粉红色，几乎与叶同时开放。

果近球形，暗红色有纵沟，被白霜。花期4月中旬，果期7月末。

　　性喜温暖湿润气候；喜光、耐旱、较耐寒，生性强健，对土壤要求不严。大连、沈阳等地有栽培。

　　整个生长季节叶子都为紫红色，为良好的观叶树种。果实可食。

果期

花

花期

植株

【附】紫叶矮樱 Prunus×cistena

　　是紫叶李和矮樱的杂交种。落叶灌木或小乔木。叶长卵形，先端渐尖，叶基部广楔形，叶缘有不整齐的细钝齿，叶面红色或紫色，背面色彩更红，新叶顶端鲜紫红色。花单生，直径1~1.5厘米，淡粉红色；花瓣5片，也见多瓣，微香；雄蕊多数。花期4—5月。

　　辽宁各地均有栽培。

　　优良园林绿化树种，观叶观花效果均佳。

花

花背面观

植株的一部分

（19）杏（辽宁植物志、东北植物检索表、中国植物志、Flora of China）杏树　杏花

Prunus armeniaca L. in Sp. Pl. 474. 1753；辽宁植物志（上册）：830. 图版352：5. 1988；东北植物检索表（第二版）：328. 图版160：5. 1995.—*Armeniaca vulgaris* Lam. in Encycl. Meth. Bot. 1：2. 1783；Fl. China 9：396. 2003；中国植物志38：25. 图版4：1–3. 1986.

落叶乔木。叶广卵形或椭圆状卵形，先端极尖或短渐尖，边缘具圆钝锯齿。花单生，直径2~3厘米，先于叶开放；花梗极短；花萼紫绿色，花瓣圆形或倒卵状圆形，先端圆钝，白色或淡粉红色，雄蕊短于花瓣。果实近球形，果肉多汁。花期4月，果期6—7月。

原产于亚洲西部，我国西藏有野生。辽宁有栽培。

果实可食。杏仁食用或药用，有润肺止咳、平喘、滑肠作用。材质坚硬，可用作小零件用材等。根系宽大，可作为固沙树种。

果期

果实成熟期

花期

【附】辽宁尚见栽培陕梅杏*Prunus armeniaca* 'Shanmei' 花大，重瓣，不结果。

花侧面观

花正面观

叶

（20）西伯利亚杏（辽宁植物志、东北植物检索表）山杏（中国植物志、Flora of China）

Prunus sibirica L. in Sp. Pl. 474. 1753；辽宁植物志（上册）：829. 图版352：3-4. 1988；东北植物检索表（第二版）：328. 图版160：4. 1995.—*Armeniaca sibirica*（L.）Lam. in Encycl. Meth. Bot. 1：3. 1783；Fl. China 9：398. 2003；中国植物志38：27. 图版4：4-5. 1986.

落叶灌木或小乔木。叶卵形或近圆形，先端尾状渐尖，两面无毛或背面脉腋簇生柔毛。花单生，先于叶开放，近无梗，花萼紫红色，花瓣粉红色至白色，雄蕊与花瓣近等长。果实近球形，腹缝较明显，外被短柔毛；果肉干燥，核表面较平滑。花期4月，果期6—7月。

生于阳坡杂木林中、固定沙丘上。产于北镇、阜新、建平、凌源、建昌、绥中、金州、沈阳等地。

常用作坡地造林树种。杏仁食用或药用，有降气、止咳平喘、润肠通便作用。

叶

果枝

花侧面观

花枝

植株

注：辽宁尚见栽培辽梅杏*Prunus sibirica* 'Liaomei'，花重瓣，约30片，叶两面被柔毛，背面较密，果核表面粗糙。产于北票、凌源。

（21）**东北杏**（辽宁植物志、东北植物检索表、中国植物志、Flora of China）**辽杏　山杏**

Prunus mandshurica（Maxim.）Koehne in Dents. Dendr. 318. 1893；辽宁植物志（上册）：831. 图版352：1—2. 1988；东北植物检索表（第二版）：328. 图版160：3. 1995.—*Armeniaca mandshurica*（Maxim.）Skv. in Bull. App. Bot. Genet. 22. 3：223. f. 7—9. 1929；Fl. China 9：399. 2003；中国植物志38：30. 1986.

果实

叶

花侧面观　　　　　　　　　花正面观　　　　　　　　　树干

落叶乔木。小枝紫褐色。叶片宽椭圆形至卵圆形，边缘具锐重锯齿。花单生，直径2.5~3厘米，先于叶开放；花梗长0.6~1厘米；花瓣倒卵圆形至近圆形，先端圆钝，粉红色。果实近球形，黄色，被柔毛，有果梗。花期4—5月初，果期7月。

生于向阳山坡林下。产于鞍山、盖州、营口、丹东、凤城、桓仁、宽甸、本溪、清原等地。

作观赏植物和固沙树种栽培。耐寒力强，可作栽培杏的砧木，是培育抗寒杏的优良原始材料。木质坚实，纹理美观，可制作各种家具。种子有降气、止咳平喘、润肠通便作用。

（22）梅（中国植物志、Flora of China）春梅 干枝梅 酸梅 乌梅

Prunus mume (Sieb.) Sieb. et Succ. in Fl. Jap. 1: 29. pl. 11. 1836.—*Armeniaca mume* Sieb. in Verh. Batav. Genoot. Kunst. Wetensch. 12 (1): 69. 1830; Fl. China 9: 400. 2003; 中国植物志38: 31. 图版4: 11-12. 1986.

22a. 梅（原变种）

var. **mume**

落叶小乔木。叶片卵形或椭圆形，缘具小锐锯齿。花1~2朵生芽内，香味浓，先于叶开放；花梗短，长1~3毫米；花萼通常红褐色，但有些品种为绿色（称绿萼梅花）；花瓣白色至粉红色。果实近球形，直径2~3厘米，黄色或绿白色，柔毛。花期5—6月，果期7—8月。

分布于我国长江以南各地。大连有栽培。

花背面观　　　　　　　　　绿萼梅花　　　　　　　　　植株的一部分

花蕾有开郁和中、化痰、解毒作用。果实可食，且有敛肺、涩肠、生津、安蛔作用。

22b. 杏梅（变种）

var. **bungo** Makino in 71. 1908.

枝和叶似山杏；花半重瓣，粉红色。大连等地有栽培观赏。

果期

花期（史军 摄）

【附】美人梅 Prunus × blireana cv.'Meiren'

由重瓣粉型梅花与紫叶李杂交而成。叶紫红色，叶片卵圆形，叶缘有细锯齿。花先叶开放，浅紫色，重瓣，花瓣15~17枚；萼筒宽钟状，萼片5枚，反曲至强烈反曲。花梗长约1.5厘米，常呈垂丝状；雄蕊辐射，短于花瓣；雌蕊1枚，花柱下部有毛。花期4—5月。

大连、长海等地有栽培。

优良的园林观赏、环境绿化的树种。果皮鲜紫红色，梅肉可鲜食。

花正面观

花侧面观

果实

枝干

植株的一部分

（23）桃（辽宁植物志、东北植物检索表、中国植物志、Flora of China）

Prunus persica（L.）Batsch. in Beytr. Entw. Pragm. Gesch. Natur. 1：30. 1801；辽宁植物志（上册）：825. 图版350：4-5. 1988；东北植物检索表（第二版）：328. 图版160：2.

1995.—*Amygdalus persica* L. in Sp. Pl. 677. 1753；Fl. China 9：394. 2003；中国植物志 38：17. 1986.

23a. 桃（原变种）

var. **persica**

落叶乔木。树皮粗糙，暗红褐色。叶片椭圆状披针形，叶缘锯齿圆钝。花单生，直径约 3厘米，先于叶开放；萼片外被短柔毛；花瓣倒卵形或长椭圆形，粉红色或白色。果肉多汁，肥厚。花期4—5月初，果期8—9月。

原产于我国，世界各地有栽培。辽宁有栽培。

果实食用。桃仁有镇咳祛痰作用，花能利尿泻下，枝叶、树胶和根均可入药。

果期

花期

23b. 蟠桃（变种）

var. **compressa**（Loud.）Yu et Lu

树冠开展，枝条短密。果实扁平，两端凹入；核小，圆形，有深沟纹。鞍山、大连等地有栽培。优质食用桃品种。

植株的一部分

注：本种栽培历史悠久，品种丰富，除了食用类型，尚有以下观赏类型：

白碧桃 f. alba-plena Schneid 花白色，重瓣。辽宁各地普遍栽培。

植株

植株的一部分

红碧桃 f. rubro-plena Schneid 花粉红色，重瓣。辽宁各地广泛栽培。

花

植株

植株的一部分

撒金碧桃 f. versicolor（Vanch.）Voss. 花红白相间，重瓣。辽宁各地广泛栽培。

花侧面观

花枝

植株上部

紫叶碧桃 f. atropurpurea Schneid. 幼叶鲜红色，花重瓣，桃红色。辽宁各地广泛栽培。

花侧面观

花枝

群落

菊花桃 cv. 'Chrysanthemoides' 花复瓣，菊花型，花瓣30枚左右。大连等地有栽培。

花侧面观

植株

植株的一部分

（24）山毛桃（辽宁植物志、东北植物检索表）山桃（中国植物志、Flora of China）野桃 北京桃

Prunus davidiana (Carr.) Franch. in Nouv. Arch. Mus. Hist. Nat. Paris，ser. 2.5：255. 1883；辽宁植物志（上册）：826. 图版350：1–3. 1988；东北植物检索表（第二版）：330. 图版260：1. 1995.—*Amygdalus davidiana* (Carr.) de Vos ex Henry in Rev. Hort 290. f.120. 1902；Fl. China 9：394. 2003；中国植物志38：20. 图版3：1–3. 1986.

落叶乔木。树皮光滑，暗紫红色。叶片狭卵状披针形，边缘有细锐锯齿。花单生，直径约2.5厘米，先于叶开放；萼片外面无毛；花瓣倒卵形，淡粉红色或白色。果小，果肉薄，干燥。花期3—4月，果期8月。

生于山坡、山谷、荒野疏林及灌丛内，也见栽培。产于凌源，沈阳、鞍山、大连等地有栽培。

早春开花树种。种仁含油率45%，出油率34.46%，可供制肥皂、润滑油等；种仁还供药用，能破血行瘀、润燥滑肠。

果期

花期

树干

白花

粉花

果核

（25）**榆叶梅**（辽宁植物志、东北植物检索表、中国植物志、Flora of China）**榆梅 小桃红**

Prunus triloba Lindl. in Gard. Chron. 1857：268. 1857；辽宁植物志（上册）：827. 图版351：4–6. 1988；东北植物检索表（第二版）：330. 图版159：6. 1995.—*Amygdalus triloba* (Lindl.) Ricker in Proc. Biol. Soc. Wash. 30：18. 1917；Fl. China 9：392. 2003；中国植物志38：14. 1986.

25a. 榆叶梅（原变型）

f. triloba

落叶灌木。小枝无毛或近无毛。叶片倒卵状圆形，先端短渐尖，有时3裂，中裂片较长或有时具数齿牙而近平截，背面被柔毛。花1~2朵生叶腋，先于叶开放；花梗长4~8毫米；萼片外面无毛；花瓣粉红色。果实近球形；红色，外被短柔毛；果核球形，表面无孔穴，仅有浅沟纹。花果期4—6月。

生于低至中海拔的坡地、沟旁林下或林缘。产于凌源、建平、阜新等地，各地普遍栽培。

北方常见早春花木。种子有润燥、滑肠、下气、利水作用。枝条治黄疸、小便不利。

  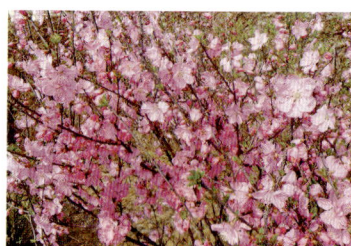

果期　　　　　　　　　　花背面观　　　　　　　　　　花期

25b. 重瓣榆叶梅（变型）

f. multiplex（Bunge）Rehder in Journ. Arb. 5：216. 1924；辽宁植物志（上册）：829. 1988；东北植物检索表（第二版）：330. 1995.

花重瓣，萼裂片常在10枚以上，花梗比萼筒长。辽宁有栽培。

25c. 兰枝（变型）

f. petzoldii（K. Koch）Q. L. Wang，辽宁植物志（上册）：829. 1988；东北植物检索表（第二版）：330. 1995.

花重瓣，10枚或更多，深红色；萼裂片10枚；花梗约与萼筒等长。辽宁有栽培。

兰枝　　　　　　　　　　　重瓣榆叶梅

苹果亚科 **Maloideae Weber**

灌木或乔木，单叶或复叶，有托叶；心皮（1-）2~5，多数与杯状花托内壁连合；子房下位、半下位，稀上位，（1-）2~5室，各具2、稀1至多数直立的胚珠；果实成熟时为肉质的梨果，稀浆果状或小核果状。

辽宁产10属42种3变种，其中栽培29种1变种。

亚科检索表

1. 心皮成熟时变为坚硬骨质小核状，1~5枚。
  2. 叶全缘；枝无刺 ·· 1. 栒子属 Cotoneaster B. Ehrhart.
  2. 叶有锯齿或裂片；枝通常有刺
    3. 叶常绿；心皮5，各有成熟的胚珠2枚 ····················· 2. 火棘属 Pyracantha Roem.
    3. 叶凋落，稀半常绿；心皮1~5，各有成熟的胚珠1枚 ········· 3. 山楂属 Crataegus L.
1. 心皮成熟时变为革质或纸质；梨果。
  4. 复伞房花序或圆锥花序，有花多朵。
    5. 单叶常绿，稀凋落；总花梗及花梗常有瘤状突起；心皮在果实成熟时仅顶端与萼筒分离，不裂开 ·································· 4. 石楠属 Photinia Lindl.
    5. 单叶或复叶，均凋落；总花梗及花梗无瘤状突起。
      6. 单叶或复叶，心皮2~4，稀5，全部或大部分与花托合生 ········· 5. 花楸属 Sorbus L.
      6. 单叶，心皮5，仅下部与花托合生 ········· 6. 腺肋花楸属 Aronia Medikus
  4. 伞形总状花序或总状花序或簇生状，有时单花。
    7. 每心皮内含多数种子；花柱基部合生；花单生或簇生；萼片脱落 ·································· 7. 木瓜属 Chaenomeles Lindl.
    7. 每心皮含1~2种子；花序伞形总状或总状。
      8. 花序伞形总状；子房和果实2~5室，每室具种子2。
        9. 花柱离生；果实具多数石细胞 ····················· 8. 梨属 Pyrus L.
        9. 花柱基部合生；果实多无石细胞 ····················· 9. 苹果属 Malus Mill.
      8. 花序总状，稀花单生；子房和果实有不完全的6~10室，每室具种子1；梨果小 ·································· 10. 唐棣属 Amelanchier Medic.

1. 栒子属 Cotoneaster B. Ehrhart.

落叶、常绿或半常绿灌木，有时为小乔木状。叶互生，有时成两列状，柄短，全缘。花单生，2~3朵或多朵成聚伞花序；萼筒钟状、筒状或陀螺状，有短萼片5；花瓣5，白色、粉红色或红色，直立或开张；雄蕊常20，稀5~25；花柱2~5，离生，子房下位或半下位。果实小型梨果状，红色、褐红色至紫黑色，先端有宿存萼片，内含1~5小核；小核骨质，常具1种子。

辽宁产7种，栽培4种。

分种检索表

1. 花序有花3~15朵，极稀到20朵；叶片中型。
　　2. 花瓣粉红色，直立；果红色或黑色；叶背面密被茸毛。
　　　　3. 果红色，无毛或被微柔毛。
　　　　　　4. 花2~5（7）朵，花序长不及叶片之半，花直径7~8毫米。萼筒萼片全无毛
　　　　　　　　·· 1. 全缘栒子 C. integerrimus Medic.
　　　　　　4. 花3~7朵，花序长约与叶片相等，花直径6~7毫米。萼片外面无毛，内面先端沿边缘有白色柔毛
　　　　　　　　·· 2. 细弱栒子 C. gracilis Rehd. & Wils.
　　　　3. 果黑色或蓝黑色，有蜡粉；叶卵状椭圆形或广卵形。栽培
　　　　　　·· 3. 黑果栒子 C. melanocarpus Lodd.
　　2. 花瓣白色，平展；果红色。
　　　　5. 花梗和萼筒均无毛；叶片下面无毛·················· 4. 水栒子 C. multiflorus Bge.
　　　　5. 花梗和萼筒外面有稀疏柔毛；叶片下面有短柔毛········ 5. 毛叶水栒子 C. submultiflorus Popov
1. 花单生，稀2~3（7）朵簇生；果实红色；叶片多小形，长不足2厘米，先端圆钝或急尖。
　　6. 平铺矮生灌木；花1~2朵。果实近无柄，小核3稀2。栽培
　　　　·· 6. 平枝栒子 C. horizontalis Dcne.
　　6. 直立灌木；花2~3（4）朵。果实有短柄，2小核。栽培
　　　　·· 7. 散生栒子 C. divaricatus Rehd. & Wils.

（1）全缘栒子（辽宁植物志、东北植物检索表、中国植物志、Flora of China）全缘栒子木

Cotoneaster integerrimus Medic. in Gesch. Bot. 85. 1793；Fl. China 9：97. 2003；中国植物志36：147. 1974；辽宁植物志（上册）：853. 图版360：2-4. 1988；东北植物检索表（第二版）：317. 图版153：8. 1995.

落叶灌木。枝条粗壮。叶片宽椭圆形或近圆形，全缘，背面密被灰白色茸毛；叶柄长2~5毫米，有茸毛。聚伞花序有花2~7朵，下垂，长不及叶片的1/2；花瓣直立，粉红色；雄蕊

果期

花

叶背面观

植株的一部分

15~20，与花瓣近等长。果实近球形，红色，无毛，具2~4小核。花果期5—9月。

产于内蒙古、新疆、河北。朝阳有少量野生，沈阳、大连有栽培。

枝叶、果实有祛风湿、止血、消炎作用。

（2）细弱栒子（辽宁植物志、中国植物志、Flora of China）细弱灰栒子

Cotoneaster gracilis Rehd. & Wils. in Sarg. Pl. Wils. 1：167. 1912；Fl. China 9：97. 2003；中国植物志36：148. 1974；辽宁植物志（上册）：853. 图版360：1. 1988.

落叶灌木。叶片卵形，全缘，背面密被白色茸毛。聚伞花序长与叶片相等，具花3~7朵；花直径6~7毫米；花瓣直立，近圆形，粉红色；萼片外面无毛，内面仅先端沿边缘有白

果实

果枝

花枝

叶背面观

色柔毛。果实倒卵形，红色，外面微具柔毛，常具2小核。花期5—6月，果期8—9月。

生于海拔较高的山坡或河滩地灌木丛中。产于凌源。

叶、果实有止血、接骨作用。

注：本种与全缘栒子*C. integerrimus* Medic. 相近，后者叶片较大，先端多急尖，但花序较短尚不及叶片的1/2，花朵较大，枝条粗壮，易于区分。

（3）黑果栒子（辽宁植物志、东北植物检索表、中国植物志、Flora of China）黑果栒子木 黑果灰栒子

Cotoneaster melanocarpus Lodd. in Bot. Cab. 16：t. 1531. 1828；Fl. China 9：98. 2003；中国植物志36：156. 1974；辽宁植物志（上册）：855. 1988；东北植物检索表（第二版）：317. 图版153：7. 1995.

落叶灌木。叶片卵状椭圆形，全缘，背面被白色茸毛。花3~15朵成聚伞花序，总花梗和花梗具柔毛，下垂；花直径约7毫米；花瓣直立，近圆形，粉红色；雄蕊20，短于花瓣。果实近球形，直径6~7毫米，蓝黑色，有蜡粉，内具2~3小核。花期5—6月，果期8—9月。

产于内蒙古、黑龙江、吉林、河北、甘肃、新疆。沈阳有栽培。

枝叶、果实有祛风湿、止血、消炎作用，用于风湿痹痛、刀伤出血。

注：本种与全缘栒子*C. integerrimus* Medic. 近似，分布地区大致相同，唯后者花序较短，仅有2~4（6）花，果实红色，可以区分。

果与叶

植株的一部分

（4）水栒子（辽宁植物志、东北植物检索表、中国植物志、Flora of China）栒子木 多花栒子

Cotoneaster multiflorus Bge. in Ledeb. Fl. Alt. 2：220. 1830；Fl. China 9：94. 2003；中国植物志36：131. 图版21：1-3. 1974；辽宁植物志（上册）：852. 图版360：5. 1988；东北植物检索表（第二版）：317. 图版153：9. 1995.

落叶灌木。叶片卵形等，背面幼时稍有茸毛，后渐脱落。聚伞花序具花5~10朵，花梗长约5毫米，花瓣白色；雄蕊18个，稍短于花瓣；花柱2，比雄蕊短，子房顶端密生柔毛。果实

红色，近球形，直径约8毫米，具1小核。花期5—6月，果期8—9月。

　　生于山坡灌木丛、杂木林中。产于朝阳、建平、大连、金州等地。

　　春季密生白花，秋季红果累累，供观赏。可作苹果矮化砧木。枝叶用于烫伤、烧伤。

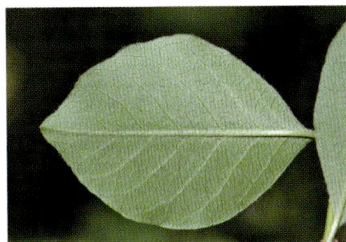

果实成熟期　　　　　　　　　　　　花期　　　　　　　　　　　　叶背面观

（5）毛叶水栒子（中国植物志、Flora of China）

Cotoneaster submultiflorus Popov in Bull. Soc. Nat. Moscou. n. ser. 44：126. 1935；Fl. China 9：94. 2003；中国植物志36：132. 1974.

　　落叶直立灌木。叶片卵形、菱状卵形至椭圆形，全缘，背面具短柔毛；叶柄长4~7毫米，微具柔毛。花多数，成聚伞花序，总花梗和花梗具长柔毛；花直径8~10毫米，花瓣白色；雄蕊15~20，短于花瓣。果实近球形，亮红色，具1小核。花期5—6月，果期9月。

　　生于岩石缝间或灌木丛中。产于朝阳、大连等地。

　　用途同水栒子。

果枝　　　　　　　　　　　　　　花序　　　　　　　　　　　　叶背面观

（6）平枝栒子（中国植物志、Flora of China）栒刺木　岩楞子

Cotoneaster horizontalis Dcne. in Fl. Serr. 22：168. 1877；Fl. China 9：105. 2003；中国植物志36：172. 图版22：4-9. 1974.

　　落叶或半常绿匍匐灌木。枝水平开张呈整齐两列状。叶片近圆形，全缘。花1~2朵，近

果期　　　　　　　　　　　　　　花　　　　　　　　　　　　花期

无梗，直径5~7毫米；花瓣直立，倒卵形，先端圆钝，粉红色；雄蕊约12，短于花瓣。果实近球形，直径4~6毫米，鲜红色，常具3小核。花期5~6月，果期9~10月。

自然分布于陕西、甘肃、湖北、湖南、四川、贵州、云南。大连等地栽培。

花和果实及深秋的红叶均有观赏价值。根、全草有清热化湿、止血止痛作用。

（7）**散生栒子**（中国植物志、Flora of China）**张枝栒子**

Cotoneaster divaricatus Rehd. & Wils. in Sarg. Pl. Wils. 1：157. 1912；Fl. China 9：106. 2003；中国植物志36：173. 1974.

落叶直立灌木。叶片椭圆形，先端急尖，基部宽楔形，全缘。花2~4朵，直径5~6毫米；花瓣直立，卵形或长圆形，先端圆钝，粉红色；雄蕊10~15，比花瓣短；花柱2，短于雄蕊。果实椭圆形，有短柄，直径5~7毫米，红色，有稀疏毛，具1~3核。花期4—6月，果期9—10月。

生于多石砾坡地及山沟灌木丛中。沈阳有栽培。

叶　　　　　　　　　　小枝　　　　　　　　　植株的一部分

2. 火棘属 Pyracantha Roem.

常绿灌木或小乔木，常具枝刺；芽细小，被短柔毛。单叶互生，具短叶柄，边缘有圆钝锯齿、细锯齿或全缘；托叶细小，早落。花白色，成复伞房花序；萼筒短，萼片5；花瓣5，近圆形，开展；雄蕊15~20，花药黄色；心皮5，在腹面离生，在背面约1/2与萼筒相连，每心皮具2胚珠，子房半下位。梨果小，球形，顶端萼片宿存，内含小核5粒。

辽宁栽培1种。

火棘（中国植物志、Flora of China）**火把果 救军粮 救命粮 红子**

Pyracantha fortuneana（Maxim.）Li in Journ. Arn. Arb. 25：420. 1944；Fl. China 9：109. 2003；中国植物志36：180. 1974.

常绿灌木。叶片倒卵形，边缘有钝锯齿。复伞房花序；花直径约1厘米；萼筒钟状；萼片三角卵形，先端钝；花瓣白色，近圆形；雄蕊20，花柱5，子房上部密生白色柔毛。果实近球形，直径约5毫米，橘红色或深红色。花期3—5月，果期8—11月。

分布于我国陕西、河南、江苏、浙江、福建、湖北、湖南、广西等地。大连有栽培。

果实磨粉可食。根有清热凉血作用，叶有清热解毒作用，果实有消积止痢作用。

果期

花期

3. 山楂属 Crataegus L.

落叶灌木，稀半常绿灌木或小乔木，通常具刺，很少无刺。单叶互生，有锯齿，深裂或浅裂，稀不裂，有叶柄与托叶。伞房花序或伞形花序，极少单生；萼筒钟状，萼片5；花瓣5，白色，极少数粉红色；雄蕊5~25；心皮1~5，大部分与花托合生，仅先端和腹面分离，子房下位至半下位。梨果，先端有宿存萼片；心皮熟时为骨质，成小核状，各具1种子。

辽宁产8种2变种，其中栽培6种1变种。

分种检索表

1. 叶羽状深裂，侧脉达裂片先端或裂片分裂处。
  2. 果径1.5厘米左右，小核3~5。 ……………………………………… 1. 山楂 C. pinnatifida Bunge
  2. 果径1.1厘米左右，小核1。栽培 …………………………… 2. 欧洲山楂 C. laevigata（Poir.）DC.
1. 叶羽状浅裂，侧脉达裂片先端，分裂处无侧脉。
  3. 幼枝、叶背面、花梗及总花梗均密被柔毛。
    4. 枝刺长1.5~3.5厘米；托叶边缘具腺齿；果熟时红色。栽培
    …………………………………………………… 3. 毛山楂 C. maximowiczii Schneid.
    4. 枝刺长达4.5厘米；托叶边缘具锐齿；果熟时黑色。栽培… 4. 绿肉山楂 C. chlorosarca Maxim.
  3. 花梗及总花梗无毛；幼枝、叶背面被微毛或无毛。
    5. 叶基部楔形，两面微被短柔毛；果实血红色，直径1厘米，小核3（5）
    …………………………………………………… 5. 血红山楂 C. sanguinea Pall.
    5. 叶基部截形或广楔形；果径小于1厘米。
      6. 叶无裂片或仅有1~3对浅裂片，小核3。栽培 …… 6. 冬绿王山楂 C.viridis 'Winter King'.
      6. 叶有3~7对浅裂片，小核2~4。
        7. 子房顶端无毛；叶菱状卵形或椭圆状卵形，具3~5对浅裂片；果实橘红色，直径6~8毫米，小核2~4，栽培 ……………… 7. 光叶山楂 C. dahurica Koehne ex C. K. Schneid.
        7. 子房顶端有柔毛；叶广卵形，有5~7对浅裂片；果实红色，直径8~10毫米，小核2~3。栽培 ……………………………………… 8. 甘肃山楂 C. kansuensis Wils.

（1）山楂（辽宁植物志、东北植物检索表、中国植物志、Flora of China）山里红

Crataegus pinnatifida Bunge in Mem. Div. Sav. Acad. Sci. St. Petersb. 2：100. 1835；Fl. China 9：112. 2003；中国植物志36：189. 图版26：9-10. 1974；辽宁植物志（上册）：856. 图版361：1. 1988；东北植物检索表（第二版）：317. 图版153：2. 1995.

1a. 山楂（原变种）

var. pinnatifida

落叶乔木。皮刺长1~2厘米。叶片广卵形，羽状深裂，侧脉达裂片先端或裂片分裂处。伞房花序具多花，花梗及总花梗均被或疏或密的柔毛，萼筒外密被柔毛；花瓣白色。果近球形，深红色，有浅色斑点，内具3~5小核，果直径1~1.5厘米。花果期5—10月。

生于山坡林缘及灌木丛中。产于辽宁各地。

为大果山楂的砧木。果实生食或做果酱，入药有健胃、消积化滞、舒气散瘀作用。

  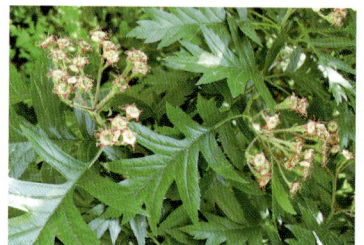

果枝　　　　　　　　　　花枝　　　　　　　　植株的一部分

1b. 无毛山楂（变种）（辽宁植物志、东北植物检索表）山楂无毛变种（中国植物志、Flora of China）

var. **psilosa** C. K. Schn. in Ill. Handb. Laubb. 1：769. 1906；Fl. China 9：113. 2003；中国植物志36：191. 1974；辽宁植物志（上册）：857. 图版361：2-3. 1988；东北植物检索表（第二版）：317. 图版153：3. 1995.

叶片、总花梗、花梗以及花萼均光滑无毛。产于宽甸、凤城、桓仁、本溪、鞍山、新宾、西丰、北镇等地。

果枝　　　　　　　　　　花序正面观

花序侧面观

植株的一部分

1c. 大果山楂（变种）（辽宁植物志、东北植物检索表）**山里红**（中国植物志、Flora of China）

var. **major** N. E. Br. in Gard. Chron. n. ser. 26：621. f. 121. 1886；Fl. China 9：112. 2003；中国植物志36：190. 1974；辽宁植物志（上册）：857. 图版361：4. 1988；东北植物检索表（第二版）：317. 图版153：4. 1995.

果型大，直径达3厘米；叶片大，分裂较浅，托叶亦较大。辽宁各地普遍栽培。

果期

花序

植株的一部分

（2）欧洲山楂（园林树木1600种）**钝裂叶山楂**

Crataegus laevigata（Poir.）DC. in A. P. de Candolle and A. L. P. P. de Candolle, Prodr. 2：630. 1825；园林树木1600种：260. 2010.

落叶小乔木，高达5米；枝刺长2.5~3厘米。叶广卵形至倒卵形，长达5厘米，3~5裂，缘有锯齿。花白色，直径1~1.2厘米，花药粉红或紫色；5~15朵组成伞房花序。果近球形，直径1~1.5厘米，深红亮丽，小核1。有红花、粉花、红花重瓣、白花重瓣、黄果等品种。花期5月，果期10月。

原产于欧洲、西亚及北非。大连有引种，生长良好。

用于园林观赏。果可食。

品种之一：红花山楂

果枝

花

植株的一部分

（3）**毛山楂**（辽宁植物志、东北植物检索表、中国植物志、Flora of China）**马氏山楂**

Crataegus maximowiczii Schneid. in Ill. Handb. Laubh. 1：771. f. 437 a-b. 438 a-c. 1906；Fl. China 9：115. 2003；中国植物志36：197. 1974；辽宁植物志（上册）：857. 图版362：1. 1988；东北植物检索表（第二版）：317. 图版153：6. 1995.

落叶灌木或小乔木。枝刺长1.5~3.5厘米。幼枝、叶背面、花梗及总花梗均密被柔毛。叶片宽卵形，羽状浅裂，侧脉达裂片先端，分裂处无侧脉。复伞房花序，多花，花瓣白色。果实球形，红色，幼时被柔毛，以后脱落无毛；萼片宿存，反折。花期5—6月，果期8—9月。

分布于黑龙江、吉林、内蒙古。辽宁有栽培。

果可食，还有消积、降压、开胃作用，用于肉食积滞、高血压症、脾胃虚弱。

果实成熟时

果实成熟前

小枝

（4）**绿肉山楂**（中国植物志、Flora of China）**毛黑山楂**（辽宁植物志、东北植物检索表）

Crataegus chlorosarca Maxim. in Bull. Soc. Nat. Moscou 54（1）：20. 1879；Fl. China 9：117. 2003；中国植物志36：205. 1974.—*C. jozana* Schneid. in Ill. Handb. Laubh. 1：774. 1906；辽宁植物志（上册）：859. 图版362：2. 1988；东北植物检索表（第二版）：317. 1995.

落叶小乔木。通常刺少，刺长1~1.5厘米。叶片三角卵形至宽卵形，先端尖，边缘有锐锯齿，通常具3~5对分裂不等的浅裂片，两面散生短柔毛；叶柄有短柔毛。伞房花序少花，总花梗和花梗均无毛。果实近球形，成熟后黑色，具有绿色果肉，未成熟时红色；小核4~5，内面两侧有凹痕。花期5—6月，果期8—9月。

原产于日本。熊岳有栽培。

花可欣赏。果实可食用。

果实解剖

果序

叶

（5）**血红山楂**（东北植物检索表）**辽宁山楂**（中国植物志、Flora of China）

Crataegus sanguinea Pall. in Fl. Ross. 1（1）：25. 1784；Fl. China 9：115. 2003；中国植物志36：199. 1974；东北植物检索表（第二版）：318. 图版153：1. 1995.

落叶灌木或小乔木；刺短粗或无刺；幼枝散生柔毛，后脱落。叶片宽卵形或菱状卵形，基部楔形，两面微被短柔毛。伞房花序，多花密集；花梗及总花梗无毛；花直径约8毫米；花瓣白色。果实近球形，直径约1厘米，血红色，小核3，稀5。花期5—6月，果期7—8月。

生于山坡或河沟旁杂木林中。辽宁有记载。

常栽培作绿篱。果实有健胃消食作用。

果枝

植株的一部分

（6）**冬绿王山楂**

Crataegus viridis 'Winter King'

落叶灌木或乔木，株高0.8~1.5米。成熟的树皮深灰色或黑色，粗糙，有的发白呈浅灰色，薄层片状脱落。新生枝条通常是略带红色，光滑无毛，1年左右的树枝是灰色至红褐色，老枝灰色，光滑；树枝上的刺很少，2年左右的树枝略带黑色。叶柄长0.7~2.5厘米，长度是叶片的1/3左右；叶片椭圆形、卵圆形或倒披针形等，较薄，基部楔形至圆形，无裂片或每边1~3个裂片，边缘有

花序

锯齿，叶脉直行，有时一半向叶缘弯曲，每边有3~5（-7）条，表面通常无毛，背面叶腋有丛生毛。花序有花3~10（-50）朵；花的直径10（13）~15（18）毫米；萼片全缘；花药乳白色。梨果橙色至深红色，少数黄色，不具粉霜，球形，直径5~8厘米；萼片内弯；果核3个。花期5月，果期10月。

　　原产于北美。大连有栽培。

　　用于园林观赏。果可食。

果实　　　　　　　　　　　果枝　　　　　　　　　植株的一部分

　　（7）光叶山楂（辽宁植物志、东北植物检索表、中国植物志、Flora of China）

Crataegus dahurica Koehne ex C. K. Schneid. in Ill. Handb. Laubh. 1：773. f. 437 n-o. 438 g-i. 1906；Fl. China 9：115. 2003；中国植物志36：199. 1974；辽宁植物志（上册）：859. 1988；东北植物检索表（第二版）：318．图版153：5. 1995.

　　落叶灌木或小乔木。刺细长，有时无刺。叶菱状卵形或椭圆状卵形，具3~5对浅裂片，叶基部截形或广楔形。复伞房花序，多花；花直径约1厘米；花瓣近圆形，白色；子房顶端无毛。果实近球形，直径6~8毫米，橘红色或橘黄色，小核2~4。花期5月，果期8月。

　　产于黑龙江、内蒙古。沈阳有栽培。

　　果实有健胃消食作用。

　　注：本种与血红山楂C. sanguinea Pall.极为近似，前人曾将本种列为血红山楂的无毛变种。两者的区别在于本种的果实颜色较浅，具2~4小核，叶片大部分菱状卵形，通常两面无毛。

  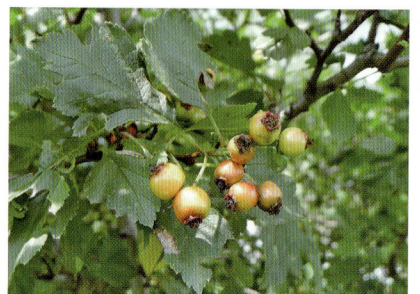

叶　　　　　　　　　　　枝　　　　　　　　　植株的一部分

　　（8）甘肃山楂（辽宁植物志、东北植物检索表、中国植物志、Flora of China）面旦子

Crataegus kansuensis Wils. in Journ. Arn. Arb. 9：58. 1928；Fl. China 9：116. 2003；中国植物志36：201. 图版26：1-4. 1974；辽宁植物志（上册）：859. 1988；东北植物检索表（第二版）：318. 1995.

落叶灌木或乔木。枝刺多，锥形。花梗及总花梗无毛；幼枝、叶背面被微毛或无毛。叶片宽卵形，有5~7对浅裂片。伞房花序，花8~18朵；花直径8~10毫米；花瓣白色；子房顶端有柔毛。果实近球形，直径8~10毫米，红色或橘黄色，小核2~3。花期5月，果期7—9月。

产于甘肃、山西、河北、陕西、贵州、四川。沈阳有栽培。

果实有消食化滞、散瘀止血作用，用于消化不良。

4. 石楠属 Photinia Lindl.

落叶或常绿乔木或灌木。叶互生，革质或纸质，有托叶。花两性，多数，成顶生伞形、伞房或复伞房花序，稀成聚伞花序；萼筒杯状、钟状或筒状，有短萼片5；花瓣5，开展；雄蕊20，稀较多或较少；心皮2，稀3~5，花柱离生或基部合生，子房半下位，2~5室，每室2胚珠。果实为2~5室小梨果，微肉质，成熟时不裂开，先端或1/3部分与萼筒分离，有宿存萼片，每室有1~2种子；种子直立，子叶平凸。

辽宁栽培1种。

红叶石楠

Photinia × fraseri

杂交种。常绿灌木，高1~2米，株形紧凑。茎直立，下部绿色，茎上部紫色或红色，多有分枝。叶片革质，互生长椭圆形至倒卵状披针形，下部叶绿色或带紫色，上部嫩叶鲜红色或紫

叶

植株上部

植株

群落

红色。顶生复伞房花序，花白色。果黄红色，直径7~10毫米。花期5—7月，果期9—10月。

大连有栽培，用于园林绿化。

5. 花楸属 Sorbus L.

落叶乔木或灌木。叶互生，有托叶，单叶或奇数羽状复叶。花两性，多数成顶生复伞房花序；萼片和花瓣各5；雄蕊15~25；心皮2~5，部分离生或全部合生；子房半下位或下位，2~5室，每室具2胚珠。果实为2~5室小型梨果，子房壁成软骨质，各室具1~2种子。

辽宁产2种1变种。

分种检索表

1. 奇数羽状复叶；果球形，萼片宿存 ················· 1. 花楸 S. pohuashanensis（Hance）Hedl.
1. 单叶；果长圆形、椭圆形或卵形，萼片完全脱落
　　 ················· 2. 水榆花楸 S. alnifolia（Sieb. et Zucc.）K. Koch.

（1）花楸（辽宁植物志）花楸树（东北植物检索表、中国植物志、Flora of China）百华花楸

Sorbus pohuashanensis（Hance）Hedl. in Svensk. Vet. Akad. Handl. 35：33. 1901；Fl. China 9：150. 2003；中国植物志36：325. 1974；辽宁植物志（上册）：861. 图版363：1-2. 1988；东北植物检索表（第二版）：320. 图版156：1. 1995.

落叶乔木。奇数羽状复叶，小叶5~7对，边缘有细锐锯齿。复伞房花序具多数密集花朵；花直径6~8毫米；花瓣广卵形或近圆形，白色，内面微具短柔毛；雄蕊20，几乎与花瓣等长；花柱3，基部具短柔毛，比雄蕊短。果实近球形，红色或橘红色。花期6月，果期9—10月。

生于山坡、山谷杂木林中。产于桓仁、宽甸、凤城、本溪、新宾、岫岩、庄河、盖州、营口、鞍山等地。

果实可食，且有健胃补虚作用；茎、茎皮有清肺止咳作用。

果序

叶

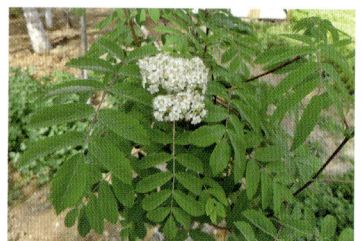

植株的一部分

（2）水榆花楸（辽宁植物志、东北植物检索表、中国植物志、Flora of China）水榆

Sorbus alnifolia（Sieb. et Zucc.）K. Koch. in Ann. Mus. Bot. Lugd.－Bat. 1：249. 1864；Fl. China 9：164. 2003；中国植物志36：298. 1974；辽宁植物志（上册）：861. 图版363：3. 1988；东北植物检索表（第二版）：320. 图版156：2. 1995.

2a. 水榆花楸（变种）

var. alnifolia

落叶乔木。叶片卵形至椭圆状卵形，边缘具不规则重锯齿，有时微浅裂。复伞房花序较疏松，花梗长10~25毫米，花直径10~18毫米；萼筒钟状，萼裂片三角形，外面无毛，内面密被白色茸毛；花瓣卵形或近圆形，白色。果实椭圆形等，红色或黄色。花期5月，果期8—9月。

生于山坡、山沟或山顶混交林或灌木丛中，也见栽培。产于辽宁各地。

木材供建筑家具等用；树皮提制栲胶，纤维可造纸。初夏白花密集，秋季红果累累，深秋叶变红色，因而是优良的园林风景树。果实食用和酿酒，药用治肾炎、关节疼痛。

| 果枝 | 花枝 | 植株的一部分 |

2b. 裂叶水榆花楸（变种）（辽宁植物志、东北植物检索表）水榆花楸裂叶变种（中国植物志、Flora of China）

var. **lobulata**（Koidz.）Rehd. in Sarg. Pl. Wils. 2：275. 1915；Fl. China 9：164. 2003；中国植物志36：299. 1974；辽宁植物志（上册）：861. 图版363：4. 1988；东北植物检索表（第二版）：320. 图版156：3. 1995.

叶片边缘有裂片和重锯齿，基部浅心形、近圆形或楔形。

生于林中。产于金州、绥中。

6. 腺肋花楸属 Aronia Medikus

落叶灌木。茎直立，树皮灰色或棕色，光滑。单叶互生；托叶宿存，叶柄处并生，狭三角形，边缘腺状；叶片椭圆形至倒卵圆形，边缘细锯齿状，羽状脉，表面无毛或具腺柔毛。伞房花序侧生或顶生，具腺柔毛；苞片和小苞片变为腺体；花5~12（−20）朵，有花梗；萼筒钟状，萼片5，直立，三角形；花瓣5，白色或淡粉色，椭圆形至球形；雄蕊16~22，与花瓣等长；心皮5，下部与花托合生，有毛；子房下位。梨果红色或黑色，倒卵形或近球形，6~9（−11）毫米；萼片宿存；心皮软；每个梨果有种子1~8个。

辽宁栽培1种。

黑果腺肋花楸（大连植物彩色图谱）黑果花楸 野樱莓 不老莓

Aronia melanocarpa Elliott in Sketch Bot. S. Carolina 1（6）：557. 1821.

落叶灌木，树高1.5~2.5米，丛状树形。树皮光滑，多年生枝条灰褐色，新梢淡褐色；皮孔圆形，灰色。冬芽赤褐色，圆锥形，为混合芽。叶片互生，单叶椭圆形，叶缘重锯齿，叶脉羽状，深绿而光滑。复伞房花序6~8厘米，由10~40朵小花组成；花为完全花，白色；花冠直径1.5厘米，花萼花瓣各5枚，离生雄蕊15~18枚，花药为背着药，粉红色；雌蕊为合生心皮，5小室，每室1~2个胚珠，子房下位。浆果，果实甜酸略有微涩味，球形，果皮紫黑色，果肉暗红色。花期5月中旬，果期8月中旬。

原产于美国东北部。大连有栽培。

新品园林绿化树种。果实可用于加工果汁、果酒、果酱、罐头、果脯等食品和饮料。

果序

花序

植株的一部分

植株

果实成熟前

7. 木瓜属 Chaenomeles Lindl.

落叶或半常绿灌木或小乔木，有刺或无刺。单叶互生，具齿或全缘，有短柄和托叶。花单生或簇生；萼片5，全缘或有齿；花瓣5，大形，雄蕊20或多数排成两轮；花柱5，基部合生，子房5室，每室具有多数胚珠排成2行。梨果大型，萼片脱落，花柱常宿存，内含多数褐色种子。

辽宁栽培3种。

分种检索表

1. 枝无刺；花单生，后叶开放，萼片反折；托叶膜质 ………… 1. 木瓜 Ch. sinensis（Thouin）Koehne
1. 枝有刺；花簇生，先叶或与叶同时开放，萼片直立；托叶草质。

2. 叶卵形至长椭圆形，幼时背面无毛或有短柔毛，叶缘有锐锯齿；花柱基部无毛或微具毛。栽培
………………………………………………………… 2. **皱皮木瓜 Ch. speciosa**（Sw.）Nakai

2. 叶椭圆形至披针形，幼时背面密被褐色茸毛，叶缘有刺芒状锯齿；花柱基部被柔毛或绵毛。栽培
………………………………………………… 3. **毛叶木瓜 Ch. cathayensis**（Hemsl.）Schneid.

（1）**木瓜**（辽宁植物志、东北植物检索表、中国植物志、Flora of China）**榠楂 木李**

Chaenomeles sinensis（Thouin）Koehne in Gatt. Pomac. 29. 1890；Fl. China 9：172. 2003；中国植物志36：350. 1974；辽宁植物志（上册）：865. 1988；东北植物检索表（第二版）：317. 1995.

落叶灌木或小乔木。枝无刺。叶片椭圆卵形，边缘有芒状锯齿。花单生叶腋，后叶开放；花梗长5~10毫米；花直径2.5~3厘米；萼片反折；花瓣倒卵形，淡粉红色。果实长椭圆形，暗黄色，木质，味芳香，果梗短。花期4月，果期9—10月。

原产于我国，大连、旅顺口、金州有栽培。

春可赏花，秋可观果。果实有和脾敛肺、平肝舒筋、清暑消毒、祛风湿作用。

果期

花期

植株的一部分

花

（2）**皱皮木瓜**（辽宁植物志、东北植物检索表、中国植物志、Flora of China）**贴梗海棠 贴梗木瓜**

Chaenomeles speciosa（Sw.）Nakai in Jap. Journ. Bot. 4：331. 1929；Fl. China 9：172. 2003；中国植物志36：351. 图版48：1-5. 1974；辽宁植物志（上册）：862. 图版364. 1988；东北植物检索表（第二版）：317. 图版156：4. 1995.

落叶灌木。枝具刺。叶片倒卵形，边缘具锐齿。花先于叶开放，3~5朵簇生；花梗短粗；花直径3~5厘米；花瓣卵形或近圆形，猩红色，稀淡红色或白色。果实球形或卵球形，黄色或绿黄色，味芳香。花期5月，果期9—10月。

产于陕西、甘肃、四川、贵州、云南、广东。大连、盖州等地有栽培。

观赏花木。果实有平肝舒筋、和胃化湿作用。

果期

花

花期

植株

（3）**毛叶木瓜**（辽宁植物志、东北植物检索表、中国植物志、Flora of China）**木桃 木瓜海棠**

Chaenomeles cathayensis（Hemsl.）Schneid. in Ill. Handb. Laubh. 1：730. f. 405 p-p2. f. 406 e-f. 1906；Fl. China 9：172. 2003；中国植物志36：352. 1974；辽宁植物志（上册）：865. 1988；东北植物检索表（第二版）：317. 1995.

落叶灌木至小乔木。枝具短刺。叶椭圆形至披针形，幼时背面密被褐色茸毛，叶缘有刺芒状锯齿。花先叶开放，2~3朵簇生，花梗短粗或近无梗；花瓣淡红色或白色；花柱下半部被柔毛或绵毛。果实卵球形，黄色有红晕，味芳香。花期3—5月，果期9—10月。

产于陕西、甘肃、江西、湖北、湖南、四川、云南、贵州、广西。大连有栽培。

观赏花木。果实治消化不良、胃溃疡。

8. 梨属 Pyrus L.

落叶乔木或灌木，稀半常绿乔木，有时具刺。单叶，互生，有叶柄与托叶。花先于叶开放或同时开放，伞形总状花序；萼片5，反折或开展；花瓣5，具爪，白色稀粉红色；雄蕊15~30，花药通常深红色或紫色；花柱2~5，离生，子房2~5室，每室有2胚珠。梨果，果肉多汁，富石细胞，子房壁软骨质；种子黑色或黑褐色，种皮软骨质，子叶平凸。

辽宁产7种，其中栽培5种。

分种检索表

1. 萼片宿存；花柱4~5。
  2. 叶缘锯齿尖锐刺芒状。
    3. 果黄色、黄绿色或带红晕，直径2~6厘米，果梗长1~2厘米；叶缘刺芒长；花柱5
      ·· 1. 秋子梨 P. ussuriensis Maxim.
    3. 果褐色，直径1.5~2.5厘米，果梗长1.5~3厘米；叶缘刺芒短；花柱4
      ·· 2. 河北梨 P. hopeiensis Yu
  2. 叶缘锯齿圆钝；花柱5；果黄色，直径2~7厘米，果梗长2.5~4厘米。栽培
    ·· 3. 西洋梨 P. communis L.
1. 萼片脱落；花柱2~5。
  4. 叶缘锯齿尖锐短刺芒状，齿尖向内靠贴；花柱4~5。
    5. 果黄色；叶基部广楔形。栽培 ·············· 4. 白梨 P. bretschneideri Rehd.
    5. 果褐色；叶基部圆形或近心形。栽培 ········· 5. 沙梨 P. pyrifolia（Burm. f.）Nakai
  4. 叶缘锯齿无刺芒，齿尖开展；花柱2~3。
    6. 果实近球形，2~3室，直径0.5~1厘米；幼枝、花序和叶片下面均被茸毛。栽培
      ·· 6. 杜梨 P. betulifolia Bunge
    6. 果实球形或卵形，3~4室，直径2~2.5厘米；幼枝、花序和叶片下面具茸毛，不久脱落。栽培
      ··· 7. 褐梨 P. phaeocarpa Rehd.

（1）秋子梨（辽宁植物志、东北植物检索表、中国植物志、Flora of China）花盖梨 山梨 野梨

Pyrus ussuriensis Maxim. in Bull. Acad. Sci. St. Petersb. 15：132. 1857；Fl. China 9：174. 2003；中国植物志36：356. 图版49：1-2. 1974；辽宁植物志（上册）：865. 图版365：1-2. 1988；东北植物检索表（第二版）：320. 图版155：1. 1995.

落叶乔木。叶片卵形，叶缘刺芒长。花序密集，有花5~7朵；花直径3~3.5厘米；花瓣倒卵形或广卵形，白色；雄蕊20，短于花瓣，花药紫色；花柱5，离生。果实近球形，黄色、黄绿色或带红晕，萼片宿存，果梗长1~2厘米。花期5月，果期8—10月。

野生种常见于山脊和河谷的杂木林中。产于辽宁各地。

果实供鲜食或加工用，药用于胸闷胀满、消化不良、呕吐、热泻。木材供雕刻。幼苗可作梨的抗寒砧木。

注：栽培品种很多，常见的有香水梨、南国梨、红消梨、花盖梨、京白梨等。

果实

花

叶

（2）河北梨（辽宁植物志、东北植物检索表、中国植物志、Flora of China）

Pyrus hopeiensis Yu，植物分类学报8：232. 1963；Fl. China 9：174. 2003；中国植物志36：359. 图版49：6-10. 1974；辽宁植物志（上册）：866. 图版365：3. 1988；东北植物检索表（第二版）：320. 图版155：2. 1995.

果实

落叶乔木。叶片卵形至近圆形，叶缘刺芒短。伞形总状花序，具花6~8朵，花梗长12~15毫米；花瓣白色；雄蕊20，长不及花瓣的1/2；花柱4，与雄蕊近等长。果实球形或卵形，直径1.5~2.5厘米，褐色，顶端萼片宿存，外面具多数斑点。花期4月，果期8—9月。

生于山坡丛林边。产于凌源、盖州等地。

果实可食。花期观赏性强。

叶背面观

植株的一部分

叶缘

（3）西洋梨（辽宁植物志、中国植物志）洋梨（东北植物检索表）

Pyrus communis L. in Sp. Pl. 459. 1753；中国植物志36：361. 1974；辽宁植物志（上册）：866. 1988；东北植物检索表（第二版）：320. 1995.

落叶乔木。叶片卵形至椭圆形，边缘有圆钝锯齿。伞房花序，具花6~9朵；花直径2.5~3厘米；花瓣白色；花柱5，基部有柔毛。果实倒卵形或近球形，直径2~7厘米，黄色，稍带红晕，具斑点；萼片宿存；果梗长2.5~4厘米。花期4月，果期7—9月。

原产于欧洲及亚洲西部。辽宁南部有栽培。

果实后熟后可食用，芳香多汁，品味佳良。

大连金石滩尚见栽培重瓣品种，花重瓣。

果期

花

叶

重瓣西洋梨

（4）白梨（辽宁植物志、东北植物检索表、中国植物志、Flora of China）鸭梨　白挂梨　罐梨

Pyrus bretschneideri Rehd. in Proc. Am. Acad. Arts Sci. 50：231. 1915；Fl. China 9：177. 2003；中国植物志 36：364. 1974；辽宁植物志（上册）：868. 图版366：3. 1988；东北植物检索表（第二版）：320. 图版155：4. 1995.

落叶乔木。叶片卵形，边缘有尖锐锯齿，齿尖有短刺芒，基部广楔形。伞房花序，有花7~10朵；花直径2~3.5厘米；花瓣卵形，基部具短爪，白色；花柱4~5，与雄蕊近等长。果实卵形或近球形，顶端萼片脱落，黄色，有细密斑点。花期4月，果期8—9月。

果期

我国北部地区习见栽培。辽宁各地栽培。

果实品质良好，鲜食或加工用。果实熬成的膏有止咳平喘、养阴清肺作用。

注：主要栽培品种有鸭梨、雪花梨、莱阳梨、明月梨等。

花

花序

叶缘

（5）沙梨（辽宁植物志、东北植物检索表、中国植物志、Flora of China）麻安梨

Pyrus pyrifolia（Burm. f.）Nakai in Bot. Mag. Tokyo 40：564. 1926；Fl. China 9：177. 2003；中国植物志36：365. 1974；辽宁植物志（上册）：868. 图版366：1. 1988；东北植物检索表（第二版）：320. 图版155：5. 1995.

落叶乔木。叶片卵状椭圆形等，边缘有刺芒锯齿，基部圆形或近心形。伞形总状花序，具花6~9朵；花直径2.5~3.5厘米；花瓣卵形，白色；雄蕊20，长约等于花瓣之半；花柱4~5，约与雄蕊等长。果实近球形，浅褐色，有浅色斑点，萼片脱落。花期4月，果期8月。

果枝

适宜生长在温暖而多雨的地区。辽宁有栽培。

（6）杜梨（辽宁植物志、东北植物检索表、中国植物志、Flora of China）棠梨 土梨

Pyrus betulifolia Bunge in Mem. Div. Sav. Acad. Sci. St. Petersb. 2：101. 1835；Fl. China 9：177. 2003；中国植物志36：366. 图版50：1-4. 1974；辽宁植物志（上册）：869. 图版366：2. 1988；东北植物检索表（第二版）：320. 图版155：3. 1995.

落叶乔木。叶片菱状卵形，叶缘锯齿无刺芒，齿尖开展。伞房花序，有花10~15朵；总花梗及花梗被灰白色茸毛；花瓣白色；花柱2~3。果实近球形，直径5~10毫米，褐色，有淡

花

叶缘

植株的一部分

色斑点；萼片早落；果梗长2~3厘米，被茸毛或微被茸毛。花期4月下旬，果期8—9月。

分布于我国华北、西北及华中地区。大连、沈阳等地有栽培。

幼苗可作梨的砧木。木材致密，可做家具。枝叶用于霍乱、吐泻、反胃吐食等。树皮用于皮肤溃疡。果实有消食止痢作用。

（7）褐梨（中国植物志、Flora of China）

Pyrus phaeocarpa Rehd. in Proc. Am. Acad. Arts Sci. 50：235. 1915；Fl. China 9：177. 2003；中国植物志36：367. 1974.

落叶乔木。幼枝、花序、叶柄、叶背面多少具茸毛，后脱落。叶片椭圆卵形至长卵形，边缘有尖锐锯齿。伞形总状花序，有花5~8朵；花直径约3厘米；花瓣卵形，白色；雄蕊20，长约花瓣之半；花柱3~4，稀2。果实球形或卵形，直径2~2.5厘米，褐色，有斑点，萼片脱落；果梗长2~4厘米。花期4月，果期8—9月。

分布于河北、山东、山西、陕西、甘肃。大连有少量栽培。

果实形小，品质不佳，常作梨的砧木。

果实

叶缘

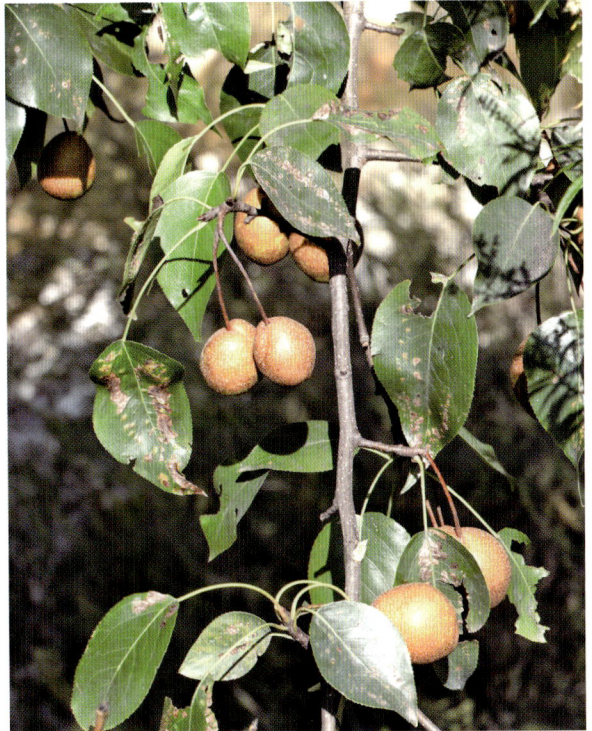

植株的一部分

【附】和尚梨（辽宁植物志、东北植物检索表）

Pyrus corymbifera Nakai in Bot. Mag. Tokyo 49：345. 1935；辽宁植物志（上册）：869. 1988；东北植物检索表（第二版）：320. 1995.

主要特征是枝条、叶柄、叶片均无毛。叶柄长2.6~5.7厘米；叶片圆形、广卵形或广椭圆形，长5.2~10.3厘米，宽3.8~6.4厘米，边缘具无芒的尖锐锯齿；果梗无毛，长3.4~4.8厘米，果长1.7~2.0厘米，直径1.2~1.5厘米，萼早落。特征与褐梨的主要区别是：本种枝条、叶柄、叶片均无毛；褐梨幼枝、花序、叶柄、叶背面多少具茸毛；本种果实直径1.2~1.5厘米，褐梨果实直径2~2.5厘米。

生于山坡。模式标本产于金州大黑山。未见符合特征的标本。Species 2000定本种为存疑种。待研究。

9. 苹果属 Malus Mill.

落叶稀半常绿乔木或灌木。单叶互生，叶片有齿或分裂，有叶柄和托叶。伞形总状花序；花瓣近圆形或倒卵形，白色、浅红至艳红色；雄蕊15~50，具有黄色花药和白色花丝；花柱3~5，基部合生，子房下位，3~5室，每室有2胚珠。梨果，通常不具石细胞或少数种类有石细胞，萼片宿存或脱落，子房壁软骨质，3~5室，每室有1~2粒种子；种皮褐色或近黑色，子叶平凸。

辽宁产10种，其中栽培7种。

分种检索表

1. 萼片脱落；花柱3~5，果小，直径不超过1.5厘米。
 2. 叶不分裂，在芽中呈席卷状。
  3. 萼片披针形，稀卵形，长于萼筒。
   4. 花白色或淡粉色。
    5. 花白色。
     6. 果实近球形，红色或黄红色，直径1厘米以下；萼片先端渐尖，完全脱落；花柱基部有长柔毛；叶柄、叶脉、花梗及萼筒外部均无毛 …………… 1. 山荆子 M. baccata（L.）Borkh.
     6. 果实椭圆形或倒卵形，直径8~12毫米，红色；叶柄、叶脉、花梗及萼筒外部均被疏柔毛 ……………………………… 2. 毛山荆子 M. mandshurica（Maxim.）Kom. ex Juz.
    5. 花淡粉色。果倒卵球形，紫红色…… 3. 金县山荆子 M. jinxianensis J.Q. Deng & J.Y. Hong
   4. 花粉红色；果直径多在1厘米以上，通常直径1~1.5厘米；萼片多数脱落，部分宿存。栽培 …………………………………………… 4. 西府海棠 M. micromalus Makino
  3. 萼片三角状卵形，与萼筒等长或稍短。栽培 …………… 5. 垂丝海棠 M. halliana Koehne
 2. 叶3~5浅裂或不裂，在芽中呈对折状，基部圆形或广楔形。栽培 ……………………………………………………………… 6. 三叶海棠 M. sieboldii（Regel）Rehd.
1. 萼片宿存；花柱4（5）；果实大，直径通常在2厘米以上。
 7. 萼片先端渐尖，比萼筒长，果实基部下陷。
  8. 叶缘锯齿钝；果实扁球形至球形，萼洼下陷。栽培 …………… 7. 苹果 M. pumila Mill.
  8. 叶缘锯齿尖锐；果实卵形，萼洼微凸。
   9. 果较大，直径4~5厘米，果梗长不过2厘米。栽培 …………… 8. 花红 M. asiatica Nakai
   9. 果较小，直径2~2.5厘米，果梗长2~3.5厘米。栽培 …… 9. 楸子 M. prunifolia（Willd.）Borkh.
 7. 萼片先端急尖，比萼筒短或等长；果实常为黄色，基部不下陷。栽培 ……………………………………………………………… 10. 海棠 M. spectabilis（Ait.）Borkh.

（1）山荆子（辽宁植物志、东北植物检索表、中国植物志、Flora of China）山定子

Malus baccata (L.) Borkh. in Handb. Forst. 2：1280. 1803；Fl. China 9：181. 2003；中国植物志36：375. 图版5：1-3. 1974；辽宁植物志（上册）：872. 图版367：1-2. 1988；东北植物检索表（第二版）：318. 图版154：1. 1995.

落叶乔木。叶片椭圆形，边缘有锯齿。伞形花序，具花4~6朵；花梗细长；萼筒外面无毛，萼裂片披针形，全缘，外面无毛，内面密被茸毛；花瓣白色，花柱4~5，基部有长柔毛。果实近球形，红色或黄红色，梗洼和萼洼稍陷入，萼片脱落。花期4—6月，果期8—10月。

生于山坡、山谷杂木林中及溪流旁。产于辽宁各地。

优良的观赏树种和蜜源植物。幼苗供苹果、花红和海棠果的嫁接砧木。木材纹理通直、结构细致，用于印刻雕版、细木工、工具把等。果实可食或酿酒、做饮料，也有药用价值。

果枝　　　　　　　　　　　花　　　　　　　　　　花侧面观

（2）毛山荆子（辽宁植物志、东北植物检索表、中国植物志、Flora of China）

Malus mandshurica (Maxim.) Kom. ex Juz. in Fl. URSS 9：371. 1939；Fl. China 9：181. 2003；中国植物志36：376. 图版51：4-7. 1974.—*M. baccata* (L.) Borkh. var. *mandshurica* (Maxim.) Schneid. in Ill. Handb. Laubholzk. 1：721. f. 397. 1906；辽宁植物志（上册）：872. 图版367：3. 1988；东北植物检索表（第二版）：318. 图版154：2. 1995.

落叶乔木。叶片卵形至倒卵形，先端尖，边缘有细锯齿，基部锯齿浅钝近于全缘；叶柄、花梗及萼筒外面均具稀疏短柔毛。伞形花序；花白色；花柱4，稀5，基部具茸毛。果实椭圆形或倒卵形，直径8~12毫米，红色，萼片脱落。花期5—6月，果期8—9月。

生于山坡杂木林中、山顶、山沟。产于大连、旅顺口及辽宁东部山区。

用途同山荆子。

果期　　　　　　　　花背面观　　　　　　　植株的一部分

（3）金县山荆子（东北植物检索表、Flora of China）

Malus jinxianensis J.Q. Deng & J.Y. Hong in Acta Phytotax. Sin. 25（4）：326. pl.1. 1987；Fl. China 9：181. 2003.— *M. baccata*（L.）Borkh. var. *jinxianensis*（J. Q. Deng et T. Y. Hong）C. Y. Li，东北植物检索表（第二版）：318. 1995.

落叶乔木。叶片形状变异较大，椭圆形至卵形，边缘具细锐锯齿；叶柄和叶幼时有短柔毛，不久脱落。伞形花序有花3~6朵；花梗无毛；花萼外面无毛；萼片卵形，先端尾尖，全缘；花瓣淡粉红色；雄蕊长短不齐，为花瓣长的一半；花柱3~4，基部稍连合，并具白色微柔毛，稍短于雄蕊。果实直径约1厘米，倒卵球形，紫红色，萼痕较大。花期5月，果期10月。

生于山坡杂木林中。产于旅顺口、金州等地。

用途同山荆子。

花

花序

植株的一部分

（4）西府海棠（辽宁植物志、东北植物检索表、中国植物志、Flora of China）小果海棠 子母海棠

果期

花

花期

Malus micromalus Makino in Bot. Mag. Tokyo 22：69. 1908；Fl. China 9：185. 2003；中国植物志36：386. 1974；辽宁植物志（上册）：877. 图版368：4. 1988；东北植物检索表（第二版）：318. 图版154：6. 1995.

落叶小乔木。叶片长椭圆形，边缘有锐锯齿。伞房花序，有花4~7朵，集生小枝顶端；花直径约4厘米；花瓣近圆形或长椭圆形，粉红色。果实近球形，直径1~1.5厘米，萼洼与梗洼均下陷，萼片多数脱落，部分宿存。花期4—5月，果期8—9月。

分布于我国华北、西北。辽宁各地栽培。

为园林观赏佳品。果味酸甜，可供鲜食及加工，药用于泻痢。

注：栽培品种很多，果实形状、大小、颜色和成熟期均有差别。

（5）**垂丝海棠**（辽宁植物志、东北植物检索表、中国植物志、Flora of China）**垂枝海棠**

Malus halliana Koehne in Gatt. Pomac. 27. 1890；Fl. China 9：183. 2003；中国植物志36：380. 图版51：16-17. 1974；辽宁植物志（上册）：872. 图版367：4. 1988；东北植物检索表（第二版）：318. 图版154：3. 1995.

落叶乔木。小枝细弱。叶片卵形等，边缘有圆钝细锯齿。伞房花序，具花4~6朵；花梗细弱，下垂；花直径3~3.5厘米；萼裂片三角状卵形，先端钝；花瓣常在5数以上，倒卵形，粉红色。果实梨形或倒卵形，直径6~8毫米，略带紫色，萼片脱落。花期4—5月，果期9—10月。

分布于江苏、浙江、安徽、陕西、四川、云南等地。大连有栽培。

花正面观

果成熟期

花枝

典型的早春观花、秋季观果植物。花有调经活血作用。

（6）三叶海棠（辽宁植物志、东北植物检索表、中国植物志、Flora of China）山茶果野黄子

Malus sieboldii（Regel）Rehd. in Sarg. Pl. Wils. 2：293. 1915；Fl. China 9：186. 2003；中国植物志36：388. 图版52：1-3. 1974；辽宁植物志（上册）：877. 图版369. 1988；东北植物检索表（第二版）：318. 图版154：7. 1995.

落叶灌木。叶片卵形等，边缘有锐锯齿，新枝上的叶片锯齿粗钝，常3浅裂。花4~8朵集生小枝顶端；花直径2~3厘米；萼裂片三角状卵形，全缘；花瓣长椭圆状倒卵形，淡粉红色。果梗长2~3厘米；果实近球形，红色或黄褐色，萼片脱落。花期4—5月，果期8—10月。

生于山坡杂木林或灌木丛中。旅顺口、金州、丹东、盖州等地有栽培。

早春观花、秋季观果植物。果实有消食健胃作用，主治饮食积滞。

果期　　　　　　　　花期　　　　　　　　植株的一部分

（7）苹果（辽宁植物志、东北植物检索表、中国植物志、Flora of China）西洋苹果

Malus pumila Mill. in Gard. Dict. ed. 8. M. no. 3. 1768；Fl. China 9：183. 2003；中国植物志36：381. 1974；辽宁植物志（上册）：874. 图版368：1-2. 1988；东北植物检索表（第二版）：318. 图版154：4. 1995.

落叶乔木。叶片椭圆形等，边缘具圆钝锯齿。伞房花序，具花3~7朵；花梗长1~2.5厘米，密被茸毛；花直径3~4厘米；花瓣倒卵形，白色，含苞待放时带粉红色。果实多为扁球形，直径2厘米以上，萼洼下陷，萼片宿存。花期5月，果期7—10月。

原产于欧洲及亚洲中部。辽南、辽西大量栽培。

著名果树，果实生食或加工，还可酿酒。观赏价值也较高。

果枝　　　　　　　　花序　　　　　　　　植株

（8）花红（辽宁植物志、东北植物检索表、中国植物志、Flora of China）沙果

Malus asiatica Nakai in Matsumura in Ic. Pl. Koisik. 3：t. 155. 1915；Fl. China 9：

184. 2003；中国植物志36：383. 1974；辽宁植物志（上册）：874. 1988；东北植物检索表（第二版）：320. 1995.

落叶乔木。叶片卵形或椭圆形，边缘有细锐锯齿。伞房花序；花直径3~4厘米；花瓣倒卵形，淡粉红色。果实卵形或近球形，直径4~5厘米，黄或红色，基部陷入；萼片宿存，肥厚隆起。花期4—5月，果期8—9月。

分布于内蒙古、河北、河南、山东、陕西、四川、贵州等地。辽南有栽培。

果食用，且可药用，有止渴、化滞、涩精作用。

果实基部观

果序

植株的一部分

（9）楸子（辽宁植物志、东北植物检索表、中国植物志、Flora of China）海棠果

Malus prunifolia（Willd.）Borkh. in Theor. –Prakt. Handb. Forst. 2：1278. 1803；Fl. China 9：184. 2003；中国植物志36：384. 1974；辽宁植物志（上册）：876. 图版368：3. 1988；东北植物检索表（第二版）：320. 图版154：5. 1995.

落叶小乔木。叶片卵形或椭圆形，边缘有细锐锯齿。近伞形花序，有花4~10朵；花直径4~5厘米；花瓣倒卵形，白色，未开放时粉红色。果梗细长；果实卵形，直径2~2.5厘米，红色，萼洼微凸，萼片宿存肥厚。花期4—5月，果期8—9月。

分布于华北、西北。辽宁各地有栽培。

早春观花、秋季观果植物，也是苹果的优良砧木。果实可供食用及加工。

果期　　　　　　　　　　花期　　　　　　　　　　叶

（10）海棠（辽宁植物志）海棠花（东北植物检索表、中国植物志、Flora of China）

Malus spectabilis （Ait.） Borkh. in Theor. –Prakt. Handb. Forst. 2：1279. 1803；Fl. China 9：185. 2003；中国植物志36：385. 1974；辽宁植物志（上册）：876. 1988；东北植物检索表（第二版）：320. 1995.

落叶乔木。叶互生，椭圆形，边缘有紧贴细锯齿。花序近伞形，有花4~6朵；花直径4~5厘米；花瓣卵形，白色，在芽中呈粉红色。果梗细长，先端增粗，长3~4厘米；果实近球形，直径1.5~2厘米，黄色；萼片宿存，基部不下陷，梗洼隆起。花期4—5月，果期8—9月。

分布于华北、华东等地。辽南有栽培。

本种为我国著名观赏树种，果实可食。

果期　　　　　　　　　　　　花期

10. 唐棣属 Amelanchier Medic.

落叶灌木或乔木。单叶，互生，有锯齿或全缘，有叶柄和托叶。花序顶生总状，稀单生；苞片早落；萼筒钟状，萼片5，全缘；花瓣5，细长，长圆形或披针形，白色；雄蕊10~20；花柱2~5。梨果近球形，浆果状，具宿存、反折的萼片和膜质的内果皮；种子4~10，直立，子叶平凸。

辽宁产2种，其中栽培1种。

分种检索表

1. 叶边仅上半部有锯齿，基部全缘；花梗及总花梗无毛，嫩叶下面仅在中脉附近稍具柔毛。栽培
   ·· 1. 唐棣 A. sinica（Schneid.）Chun
1. 叶边全部有锯齿；花梗、总花梗及嫩叶下面均密被茸毛
   ·· 2. 东亚唐棣 A. asiatica（Sieb. & Zucc.）Endl. ex Walp.

（1）唐棣（中国植物志、Flora of China）枎栘 红栒子

Amelanchier sinica（Schneid.）Chun in Chin. Econ. Trees 168. f. 62 1921；Fl. China 9：190. 2003；中国植物志36：403. 图版55：1–4. 1974.

落叶小乔木。叶片卵形或长椭圆形，通常在中部以上有细锐锯齿，基部全缘。总状花序，多花；萼片披针形，外面近于无毛或散生柔毛；花瓣长圆披针形，白色。果实近球形或扁圆形，直径约1厘米，蓝黑色；萼片宿存，反折。花期5月，果期9—10月。

产于河南、甘肃、陕西、湖北、四川。沈阳有栽培。

美丽观赏树木，花穗下垂，花瓣细长，白色而有芳香，栽培供观赏；树皮供药用。

叶

植株

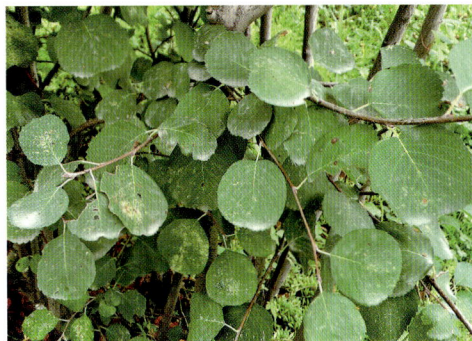

植株的一部分

（2）东亚唐棣（辽宁植物志、东北植物检索表、中国植物志、Flora of China）毛枎栘

Amelanchier asiatica（Sieb. & Zucc.）Endl. ex Walp. in Rep. Bot. Syst. 2：55. 1843；Fl. China 9：190. 2003；中国植物志36：404. 1974；辽宁植物志（上册）：879.

1988；东北植物检索表（第二版）：317. 1995.

落叶乔木或灌木。叶片卵形至长椭圆形，边缘有细锐锯齿，幼时下面密被灰白色或黄褐色茸毛。总状花序下垂；萼筒钟状，外面密被茸毛；萼片披针形，全缘，相当萼筒的2倍；花瓣细长，白色。果实近球形或扁球形；萼片宿存，反折。花期4—5月，果期8—9月。

产于浙江、安徽、江西。大连、盖州有栽培。《东北植物检索表》（第一版，1959年）记载，凤城凤凰山有自然分布，待调查核实。

观花观果的好树种。树皮有益肾、散瘀、止痛作用。果实可食。

果期

花期

树干

叶正反面观

果枝

花侧面观

豆科 Leguminosae

　　乔木、灌木、亚灌木或草本，直立或攀援。叶常绿或落叶，通常互生，稀对生，常为1回或2回羽状复叶，少数为掌状复叶或3小叶、单小叶，或单叶。花两性，稀单性，辐射对称或两侧对称，通常排成总状花序、聚伞花序、穗状花序、头状花序或圆锥花序；花被2轮；萼片（3-）5（6），分离或连合成管，有时二唇形，稀退化或消失；花瓣（0-）5（6），常与萼片的数目相等，稀较少或无；雄蕊通常10枚，有时5枚或多数；雌蕊通常由单心皮所组成，稀较多且离生；子房上位，1室；花柱和柱头单一，顶生。果为荚果，成熟后沿缝线开裂或不裂，或断裂成含单粒种子的荚节；种子通常具革质或有时膜质的种皮。

　　辽宁产18属44种5变种5变型，其中栽培15种3变种5变型。

分属检索表

1. 花辐射对称，花瓣镊合状排列；乔木或灌木；雄蕊多数、无定数；荚果不开裂或几乎不开裂，也不横裂 ……………………………………………………………………… 1. 合欢属 Albizia Durazz.
1. 花两侧对称，花瓣覆瓦状排列；雄蕊有定数。
  2. 花冠不为蝶形，最上面1花瓣在最里面，各瓣形状相似；雄蕊通常分离。
    3. 叶为羽状复叶。
      4. 乔木，通常有刺，刺粗壮，常分歧；叶为1~2回偶数羽状复叶；雄蕊6~10，近等长 ……………………………………………………………………… 2. 皂荚属 Gleditsia L.
      4. 乔木、灌木或草本，通常无刺；叶为1回偶数羽状复叶；雄蕊正常数为10，但通常上面3~5个不存在或为退化雄蕊，最下面3个雄蕊的花药常最长 …………… 3. 番泻决明属 Senna Miller
    3. 叶为单叶，全缘；花在老干上簇生或呈总状花序，具不相等的花瓣；荚果在腹缝线上具狭翅 …………………………………………………………………………… 4. 紫荆属 Cercis L.
  2. 花冠蝶形，各花瓣极不相似，最上面1瓣（旗瓣）在最外面，其他4瓣成对生的2对（仅紫穗槐属各瓣退化只有1旗瓣）；雄蕊通常合生成两体或单体，少有分离。
    5. 雄蕊10，分离或仅基部合生。叶为奇数羽状复叶。
      6. 荚果扁平，含1至数粒种子，不在种子间缢缩成串珠状 …………………………………………………………………… 5. 马鞍树属 Maackia Rupr. et Maxim.
      6. 荚果圆筒形，含少数至多数种子，在种子间缢缩成串珠状 …………… 6. 槐属 Sophora L.
    5. 雄蕊10，合生成单体或两体，除紫穗槐属外，一般具显著的雄蕊管。
      7. 花药二型。花丝连合成一多少闭合的雄蕊管，上部分离；小托叶缺，或甚小。子房具胚珠1至多粒；荚果具种子1至多粒。大型3小叶，叶柄长；花柱不内卷，子房具柄；小乔木 …………………………………………………………………… 7. 毒豆属 Laburnum Fabr.
      7. 花药通常均为一式。
        8. 叶通常为具3小叶的复叶，总状花序，木质藤本 ………………… 8. 葛属 Pueraria DC.
        8. 叶通常为具4至多枚小叶的复叶（稀仅有1~3小叶）。
          9. 叶为偶数羽状复叶。木本植物；叶轴先端为针刺状 … 9. 锦鸡儿属 Caragana Fabr.
          9. 叶为奇数羽状复叶。
            10. 植株具贴生的丁字毛；药隔顶端具腺体或延伸成小毫毛 …………………………………………………………………… 10. 木蓝属 Indigofera L.
            10. 植株不具贴生的丁字毛（仅黄耆属有时植株被丁字毛）；药隔顶端不具任何附属体。
              11. 叶具腺点；荚果通常含1种子而不裂开；花仅有旗瓣，翼瓣及龙骨瓣不存在 …………………………………………………………… 11. 紫穗槐属 Amorpha L.
              11. 叶不具腺点；荚果通常含种子2至多数；花通常为具5花瓣的蝶形花。
  12. 木质藤本植物 ……………………………………………… 12. 紫藤属 Wisteria Nutt.
  12. 草本、灌木或乔木，不为木质藤本。
    13. 荚果扁平，呈带状长圆形 …………………………………… 13. 刺槐属 Robinia L.
    13. 荚果不扁平，膨大或不同程度膨胀，或为圆筒形。
      14. 花柱后方具纵列的须毛；旗瓣常较宽而开展或向后翻。
        15. 灌木；总状花序；花黄色 ………………………………… 14. 鱼鳔槐属 Colutea L.
        15. 草本或半灌木；总状花序；花蓝紫色或红色 ………… 15. 苦马豆属 Sphaerophysa DC.

14. 花柱通常光滑无毛；旗瓣直立或开展。
　　16. 荚果具数节或稀为1节，各节荚的边缘一侧较短而直，另一侧边缘较长呈弓形弯曲，亦即背缝线在种子之间深凹入与腹缝线相接而且荚果均具细长的子房柄
　　　　……………………………… 16.长柄山蚂蝗属 Podocarpium（Benth.）Yang et Huang
　　16. 荚果仅具1节或1至数节，各节荚的两侧边缘略均等。
　　　　17. 叶为具多数小叶的奇数羽状复叶（稀为具3~7小叶或仅具1小叶）；荚果具2至数节，稀为1节 ……………………………………………………… 17. 岩黄耆属 Hedysarum L.
　　　　17. 叶具3小叶；荚果仅具1节1粒种子 …………………… 18. 胡枝子属 Lespedeza Michx.

1. 合欢属 Albizia Durazz.

乔木或灌木，稀为藤本。2回羽状复叶，互生；羽片1至多对；总叶柄及叶轴上有腺体；小叶对生，1至多对。花小，常2型，5基数，两性，稀可杂性，组成头状花序、聚伞花序或穗状花序，再排成腋生或顶生的圆锥花序；花萼钟状或漏斗状，具5齿或5浅裂；花瓣常在中部以下合生成漏斗状，上部具5裂片；雄蕊20~50枚，花丝突出于花冠之外，基部合生成管；子房有胚珠多颗。荚果带状，扁平，果皮薄，种子间无间隔，不开裂或迟裂；种子圆形或卵形，扁平，无假种皮，种皮厚，具马蹄形痕。

辽宁产2种，其中栽培1种。

分种检索表

1. 小叶比较大，长（1.5-）1.8~4.5厘米，宽0.7~2厘米。花初白色，后变黄。栽培
………………………………………………………………… 1. 山槐 A. kalkora（Roxb.）Prain.
1. 小叶比较小，长（1.5-）1.8厘米以下，宽1厘米以下。花粉红色 ……… 2. 合欢 A. julibrissin Durazz.

（1）山槐（中国植物志、Flora of China）山合欢 夜合

Albizia kalkora（Roxb.）Prain. in Journ. As. iat Soc. Bengal 66：661. 1897；Fl. China 10：64. 2010；中国植物志39：62. 图版22：1-3. 1988.

落叶小乔木或灌木。2回羽状复叶；羽片2~4对，小叶5~14对。花初白色，后变黄；花萼管状，5齿裂；花冠中部以下连合呈管状，裂片披针形，花萼、花冠均密被长柔毛；雄蕊基

植株　　　　　　　　　　叶　　　　　　　　　植株的一部分

部连合呈管状。荚果带状，嫩荚密被短柔毛，老时无毛。花期5—6月，果期8—10月。

分布于华北、西北、华东、华南至西南部各省区。大连有栽培观赏。

木材耐水湿。花美丽，可植为风景树。未展开的幼芽可食用。根、树皮、花有舒筋活血、止痛作用。

（2）**合欢**（辽宁植物志、东北植物检索表、中国植物志、Flora of China）芙蓉树

Albizia julibrissin Durazz. in Mag. Tosc. 3：11. 1772；Fl. China 10：65. 2010；中国植物志39：65. 图版23：1-4. 1988；辽宁植物志（上册）：881. 图版370. 1988；东北植物检索表（第二版）：334. 图版162：1. 1995.

落叶乔木。2回偶数羽状复叶，互生，具5~15对羽片。花萼绿色，筒状钟形，先端5浅裂；花冠中部以下合生成筒状，顶端5裂，比萼长；雄蕊多数，花丝丝状，细长，基部连合，红色；子房1室，花柱白色。荚果扁平，长圆状线形。花期6—7月，果熟期9—10月。

在长海、大连偶见野生于向阳山坡，大连、沈阳等地有栽培。

夏季观花树种。树皮及花有安神、活血、止痛、驱虫作用。嫩叶和花均可食。

果枝　　　　　　　　　　　　花　　　　　　　　　　　　小叶

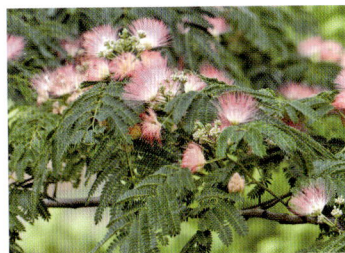

野生植株　　　　　　　　　栽培植株　　　　　　　　植株的一部分

2. 皂荚属 Gleditsia L.

落叶乔木或灌木；干和枝通常具分枝的粗刺。叶互生，常簇生，1回和2回偶数羽状复叶常并存于同一植株上；叶轴和羽轴具槽；小叶多数，近对生或互生，基部两侧稍不对称或近于对称，边缘具细锯齿或钝齿，少有全缘。花杂性或单性异株，淡绿色或绿白色，组成腋生或少有顶生的穗状花序或总状花序，稀为圆锥花序；萼裂片3~5，近相等；花瓣3~5，稍不等，与萼裂片等长或稍长；雄蕊6~10，伸出；花柱短，柱头顶生。荚果扁，不裂或迟开裂；种子1至多颗，卵形或椭圆形，扁或近柱形。

辽宁产3种1变种1变型，其中栽培1种2变型。

分种检索表

1. 小叶大，长2.5厘米以上，边缘具不规则齿牙；荚果长6厘米以上，具种子多颗。
  2. 小叶3~10对，卵形或椭圆形，顶端钝；子房无毛或仅缝线处和基部被柔毛。
    3. 荚果挺直、不扭转；枝刺圆柱形。栽培 ·························· 1. 皂荚 G. sinensis Lam.
    3. 荚果扭转；枝刺扁平 ······················· 2. 山皂荚 G. japonica Miq.
  2. 小叶11~18对，椭圆状披针形，顶端急尖；子房被灰白色茸毛。栽培
    ·················· 3b. 无刺美国皂荚 G. triacanthos f. inermis (L.) C.K. Schneid.
1. 小叶小，长6~24毫米，全缘，植株上部的小叶远比下部的为小；荚果长3~6厘米，具1~3颗种子
    ·················· 4. 野皂荚 G. microphylla Gordon ex Y. T. Lee

（1）皂荚（东北植物检索表、中国植物志、Flora of China）皂角

Gleditsia sinensis Lam. in Encycl. 2：465. 1786；Fl. China 10：38. 2010；中国植物志39：86. 图版29：6-10. 1988；东北植物检索表（第二版）：348. 1995.

落叶乔木。枝上的棘刺圆柱形，常分枝。叶为1回羽状复叶；小叶2~9对。花杂性，黄白色，组成总状花序；花序腋生或顶生，被短柔毛。荚果带状，劲直或扭曲。花期3—5月，果期5—12月。

分布于华北、西北、华东、华南。大连有栽培。

木材供家具、车辆用材；荚果煎汁可代肥皂；荚瓣、种子有祛痰通窍作用；刺有消肿排脓、杀虫治癣作用。

刺

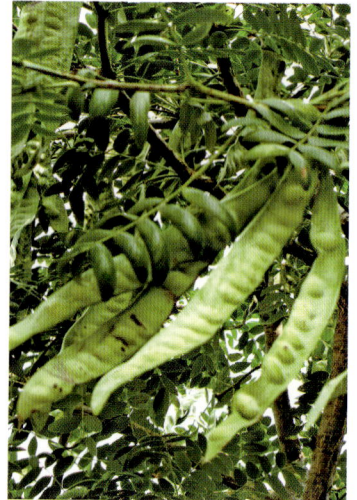

果期

（2）山皂荚（东北植物检索表、中国植物志、Flora of China）山皂角（辽宁植物志）

Gleditsia japonica Miq. in Ann. Mus. Bot. Lugd.–Bat. 3：53. 1867；Fl. China 10：38. 2010；中国植物志39：88. 图版29：1-5. 1988；辽宁植物志（上册）：885. 图版372. 1988；东北植物检索表（第二版）：348. 图版162：5. 1995.

2a. 山皂荚（原变型）

f. japonica

落叶乔木。枝上的棘刺略扁，分枝。叶互生，短枝上叶常数叶簇生，为偶数羽状复叶，小叶2~6对，新枝上叶为2回羽状复叶。雌雄异株，总状花序。荚果扁平，暗赤褐色，呈不规则的旋钮状。花期6—7月，果期9—10月。

生于山沟、阔叶林、山坡。产于沈阳、鞍山、海城、本溪、凤城、宽甸、桓仁、丹东、大连、北镇、绥中等地。

木材供家具、车辆用材；荚果煎汁可代肥皂；荚瓣、种子入药，有祛痰通窍作用，岫岩民间还用荚果煮水喝治痔疮；刺入药，有消肿排脓、杀虫治癣作用。嫩芽可食。豆荚、种子、叶及茎皮有毒。

植株的一部分

果实扭曲

树干

雄花

2b. 无刺山皂荚（变型）（东北植物检索表）

f. inarmata Nakai in J. Jap. Bot. 27：130. 1952；东北植物检索表（第二版）：348. 1995.

茎及枝上无刺。大连有栽培。

树干

小枝

（3）美国皂荚（中国植物志、Flora of China）

Gleditsia triacanthos L. in Sp. Pl. 1056. 1753；Fl. China 10：38. 2010；中国植物志39：85. 1988.

3a. 美国皂荚（原变型）

f. triacanthos

辽宁不产。

3b. 无刺美国皂荚（变型）

f. inermis （L.）C.K. Schneid. in Ill. Handb. Laubholzk. 2：12. 1907.

落叶乔木或小乔木。枝条无刺。叶为1回或2回羽状复叶；小叶11~18对，纸质，椭圆状披针形。花黄绿色；雄花：单生或数朵簇生组成总状花序；雌花：组成较纤细的总状花序，花较少。荚果带形，扁平，镰刀状弯曲或不规则旋钮。花期4—6月；果期10—12月。

原产于美国。大连有栽培供观赏。

供观赏，也作绿篱和行道树。荚果含有29%的糖分，牲畜喜食。木材坚实，纹理较粗，颇耐用，为建筑、车辆、支柱等用材。

小叶

复叶

群落

（4）野皂荚（中国植物志、Flora of China）山皂角 短荚皂角

Gleditsia microphylla Gordon ex Y. T. Lee in Journ. Arn. Arb. 57：29. 1976；Fl. China 10：37. 2010；中国植物志39：82. 1988.

落叶灌木或小乔木。枝灰白色至浅棕色；刺长针形。叶为1回或2回羽状复叶；小叶5~12对，薄革质，斜卵形至长椭圆形。花杂性，绿白色，近无梗，簇生，组成穗状花序或顶生的圆锥花序。荚果扁薄，斜椭圆形或斜长圆形，红棕色至深褐色。花期6—7月，果期7—10月。

生于山坡阳处或路边。产于凌源。

花枝

植株的一部分

群落

3. 番泻决明属 Senna Miller

草本、灌木或小乔木。偶数羽状复叶；小叶对生；叶轴和叶柄有的有腺体。花腋生或总状花序顶生；无小苞片。萼片5；花瓣5，等长，通常是黄色；雄蕊10，花丝直立，有时10个等长可育，有时3个近轴的雄蕊退化，6~7个可育。荚果或者不裂，或者沿着1个或多个接合处缓慢开裂；开裂后不卷曲，有时荚片会破裂成去籽的关节；种子多数。

辽宁栽培2种。

分种检索表

1. 小叶5~10对；荚果近圆筒形，长仅5~10厘米 ························· 1. 槐叶决明 S. sophera（L.）Link.

1. 小叶3对；荚果近四棱柱形，长达15厘米 ························· 2. 决明 S. tora（L.）Roxb.

（1）**槐叶决明**（中国植物志、Flora of China）**茳芒决明**

Senna sophera (L.) Link. in Fl. Ind., ed. 2: 347. 1832; Fl. China 10: 31. 2010. —*Cassia sophera* L. in Sp. Pl. 379. 1753; 中国植物志39: 125. 1988.

落叶亚灌木或灌木；枝带草质，有棱。小叶5~10对，椭圆状披针形，顶端急尖或短渐尖。花数朵组成伞房状总状花序，腋生和顶生；花瓣黄色。荚果较短，长仅5~10厘米，初时扁而稍厚，成熟时近圆筒形而多少膨胀。花期7—9月；果期10—12月。

分布于我国中部、南部各省区。大连、沈阳等地有栽培。

嫩叶和嫩荚供食用。根有强壮利尿、健胃、消炎、止痛作用。种子有清热、解毒作用。

花序

荚果

植株

（2）**决明**（辽宁植物志、东北植物检索表、中国植物志、Flora of China）**草决明 假花生**

Senna tora (L.) Roxb. in Fl. Ind., ed. 2: 340. 1832; Fl. China 10: 32. 2010. —*Cassia tora* L. in Sp. Pl. 211. 1753; 中国植物志39: 126. 1988; 辽宁植物志（上册）: 887. 图版373: 3-5. 1988; 东北植物检索表（第二版）: 346. 图版170: 1. 1995.

灌木状草本。茎上部有疏柔毛。叶为偶数羽状复叶，具2~4对小叶；小叶倒卵形，两侧不均等，全缘。花黄色，通常2朵生叶腋；苞线形；萼片卵形或卵状披针形，外面密被毛；花瓣倒卵形或椭圆形，基部具短爪。荚果线形，细长而具4棱。花期7—9月，果期9—10月。

原产于美洲热带地区。大连、瓦房店、兴城等地有栽培。

种子有清热明目、润肠通便作用。全草治流感及感冒。

果序

花序

花正面观

群落

植株

4. 紫荆属　Cercis L.

灌木或乔木。叶互生，单叶，全缘或先端微凹，具掌状叶脉。花两侧对称，两性，紫红色或粉红色，具梗，排成总状花序单生于老枝上或聚生成花束簇生于老枝或主干上，通常先于叶开放；花萼短钟状，微歪斜，红色；花瓣5，近蝶形，具柄，不等大；雄蕊10枚，分离；子房具短柄，有胚珠2~10颗，花柱线形，柱头头状。荚果扁狭长圆形，两端渐尖或钝，于腹缝线一侧常有狭翅，不开裂或开裂；种子2至多颗，近圆形，扁平。

辽宁栽培1种1变型。

紫荆（辽宁植物志、东北植物检索表、中国植物志、Flora of China）**紫珠　箩筐树**

Cercis chinensis Bunge in Mem. Acad. Sci. St. petersb. Sav. Etrang. 2：95. 1833；Fl. China 10：6. 2010；中国植物志39：144. 图版22：5-7. 1988；辽宁植物志（上册）：884. 1988；东北植物检索表（第二版）：346. 图版162：4. 1995.

a. **紫荆**（原变型）

f. **chinensis**

落叶乔木，经栽培常成为灌木。叶片近圆形，先端急尖，基部深心形，全缘。花先于叶开放，4~10朵花簇生老枝上；小苞2枚，广卵形；花玫瑰红色。荚果长圆形，扁平，长约10厘米，宽约1厘米，具网状脉纹，有2~8粒种子。花期4—5月，果期9—10月。

分布于华北、华东、西南及华中。大连普遍栽培。

观赏花木。树皮、花梗可入药，有解毒消肿作用；种子可制农药，有驱杀害虫作用，还具有清热凉血、祛风解毒、活血通经、消肿止痛等功效。

果期

花期

苗期

群落

植株上部

b. 白花紫荆（变型）（中国植物志）

f. **alba** Hsu in Acta Phytotax. Sin. 11：193. 1966；中国植物志39：145. 1988.

花为白色。大连有栽培。

花

植株的一部分

5. 马鞍树属 Maackia Rupr. et Maxim.

落叶乔木或灌木。奇数羽状复叶，互生；小叶对生或近对生，全缘。总状花序单一或在基部分枝；花两性，多数，密集；花萼膨大，钟状，5齿裂；花冠白色，旗瓣倒卵形、长椭圆状倒卵形或倒卵状楔形，瓣片反卷，翼瓣斜长椭圆形，基部戟形，龙骨瓣稍内弯，斜半箭形，背部稍叠生；雄蕊10，花丝基部稍连合；花柱稍内弯，柱头小，顶生。荚果扁平，长椭圆形至线形，有种子1~5粒；种子长椭圆形，压扁，种皮薄，褐色或褐黄色，平滑。

辽宁产1种。

櫰槐（辽宁植物志、东北植物检索表）**朝鲜槐**（中国植物志、Flora of China）**山槐 高丽槐**

Maackia amurensis Rupr. et Maxim. in Bull. Phys.- Math. Acad. Imp. Sci. Petersb. 15：128，143. 1856；Fl. China 10：96. 2010；中国植物志40：59. 图版18：1-5. 1994；辽宁植物志（上册）：894. 图版375：1-5. 1988；东北植物检索表（第二版）：357. 图版181：1. 1995.

落叶乔木。奇数羽状复叶；小叶对生或近对生，7~11枚。总状或复总状花序顶生，花密；萼钟状，5浅裂；花冠白色，长约10毫米。荚果扁平，线状长圆形，褐色，沿缝线开裂。花期6—7月，果期8—10月。

生于阔叶林内、林边、溪流、灌木丛间。产于庄河、瓦房店、绥中、凌源、桓仁、盖州、沈阳、抚顺等地。

木质坚硬，可做家具、车轮、马鞍，并可作建筑及细木工用材；树叶可洗涤衣服；树皮可提取黄色染料；种子可榨油，嫩茎叶可食，茎皮有毒，枝用于风湿病。

树干

植株

果枝

花序

花序的一部分

6. 槐属 Sophora L.

落叶或常绿乔木、灌木、亚灌木或多年生草本，稀攀援状。奇数羽状复叶；小叶多数，全缘。花序总状或圆锥状，花白色、黄色或紫色；花萼钟状或杯状，萼齿5；旗瓣形状、大小多变，翼瓣单侧生或双侧生，形状与大小多变，龙骨瓣与翼瓣相似；雄蕊10；花柱直或内弯，柱头棒状或点状。荚果圆柱形或稍扁，串珠状，果皮肉质、革质或壳质，有时具翅，不裂或有不同的开裂方式；种子1至多数。

辽宁产2种1变种2变型，其中栽培1变种2变型。

分种检索表

1. 灌木，高达1米余；荚果呈不明显的串珠状 ……………………………… 1. 苦参 S. flavescens Ait.

1. 乔木，高达10米以上；荚果呈明显串珠状 ……………………………… 2. 槐 S. japonica L.

（1）苦参（辽宁植物志、东北植物检索表、中国植物志、Flora of China）**地槐 野槐**

Sophora flavescens Ait. in Alt. Hort. Kew ed. 1, 2：43. 1789；Fl. China 10：90. 2010；中国植物志40：81. 图版25：1-6. 1994；辽宁植物志（上册）：892. 图版374：1-6. 1988；东北植物检索表（第二版）：368. 图版181：5. 1995.

落叶直立灌木或半灌木。主根粗壮，圆柱形，味苦。叶片卵状长圆形至近广披针形。总状花序顶生并于顶部腋生，比叶长；萼斜钟状5浅裂，萼齿短三角状，表面被疏柔毛；花瓣淡黄色或黄白色。荚果圆筒状，种子间缢缩，呈不明显的念珠状。花期6—8月，果期8—9月。

多生长在山坡草地、砂地及河岸砾质地等处。产于辽宁各地。

根供药用，有清热燥湿、祛风杀虫作用，还可作农业杀虫剂。茎皮纤维可作纺织原料。根和种子有毒。

根

果枝

花序

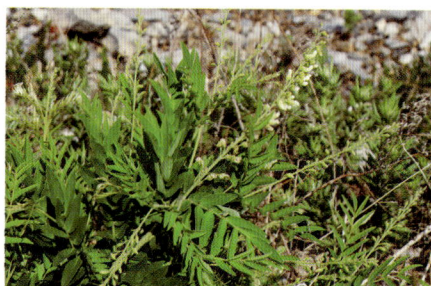

植株

（2）槐（辽宁植物志、东北植物检索表、中国植物志、Flora of China）**国槐 白槐**

Sophora japonica L. in Mant. 1：68. 1767；Fl. China 10：92. 2010；中国植物志40：92. 图版27：13-18. 1994；辽宁植物志（上册）：892. 图版374：7-12. 1988；东北植物检索表（第二版）：365. 图版181：4. 1995.

2a. 槐（原变种）

var. japonica

2aa. 槐（原变型）

f. japonica

落叶乔木。奇数羽状复叶，具7~15小叶。圆锥花序顶生；花冠蝶形，黄白色。圆锥花序顶生；萼钟状，先端5浅裂；花冠蝶形，黄白色。荚果种子间缢缩而呈念珠状，下垂。花期7—8月，果期9—10月。

生于山坡、林缘肥沃湿润土壤。产于绥中、凌源、朝阳、建平、喀左、兴城、葫芦岛等地，沈阳、鞍山、海城、岫岩、丹东、庄河、大连等地有栽培。

木材可供建筑及家具用。花可提炼黄色染料；果实、花、枝叶、树皮供药用。花、叶、茎皮和荚果有毒。

国槐大道

果序

花

叶

2ab. 龙爪槐（变型）（辽宁植物志、东北植物检索表、中国植物志）

f. **pendula** Hort. apud Loud. in Arb. Brit. 2：564. 1838；中国植物志40：93. 1994.—var. *pendula* Loudon ex Swee in Hort. Brit. 107. 1827；辽宁植物志（上册）：894. 1988；东北植物检索表（第二版）：365. 1995.

树冠如伞，大枝弯曲扭转，小枝下垂，冠层可达50~70厘米厚。辽宁各地广泛栽培。

| 早春 | 春季 | 夏季 |

2ac. 五叶槐（变型）（中国植物志）

f. **oligophylla** Franch. in Nouv. Arch. Mus. Hist. Nat. Paris ser. 3，5：25. 1883；中国植物志40：93. 1994.

复叶只有小叶1~2对，集生叶轴先端成为掌状，或仅为规则的掌状分裂，下面常疏被长柔毛。大连等地有栽培。

| 植株 | 叶 | 植株的一部分 |

2b. 堇花槐（变种）（中国植物志）

var. **violacea** Carr. in Rev. Hort. 465. 1865；中国植物志40：94. 1994.

小叶上面多少被柔毛，翼瓣和龙骨瓣紫色，旗瓣白色或先端带有紫红脉纹。大连有栽培。

| 花侧面观 | 花序 | 植株的一部分 |

2c. 金枝槐（栽培变种）黄金槐

Sophora japonica cv. 'Golden Stem'

每年11月至翌年5月，枝干为金黄色。幼芽及嫩叶淡黄色，5月上旬转绿黄，秋季9月后又转黄。优良的绿化美化树种。大连等地有栽培。

发叶期

枝

枯叶期

7. 毒豆属 Laburnum Fabr.

落叶乔木或小乔木。掌状三出复叶，具叶柄；小叶全缘。总状花序顶生于无叶枝端，下垂；萼近二唇形或不对称的钟形，萼齿不明显；花冠黄色，旗瓣卵形或圆形，翼瓣倒卵形，龙骨瓣弯曲，短于翼瓣，瓣柄均分离；雄蕊单体，合生成闭合的雄蕊筒，花药两型，长短交互，底着和背着；子房具柄，胚珠多数，花柱无毛，上弯，柱头顶生。荚果线形，扁平，具颈，缝线增厚，2瓣裂。种子肾形，无种阜，珠柄甚短。

辽宁栽培1种。

毒豆（中国植物志）金莲花 苏格兰金莲树 黄花藤 黄金树

Laburnum anagyroides Medic. in Vorles. Churpf. Phys. −Okon. Gem 2：363. 1787；中国植物志42（2）：417. 图版108：16−17. 1998.

落叶小乔木。叶对生，广卵形，背面被白色柔毛。圆锥花序顶生，花序长达30~45厘米；花冠黄色，下唇裂片微凹，内面有2条黄色脉纹及淡紫褐色斑点。蒴果，成熟时2瓣裂；种子长圆形，扁平，宽3毫米以上，两端有长毛。花期5月，果期9月。

原产于美国中部。大连有栽培。

是西方受欢迎的庭园植物，宜用于景观长廊绿化、点缀草坪或作行道树。

花正面观

花序

叶

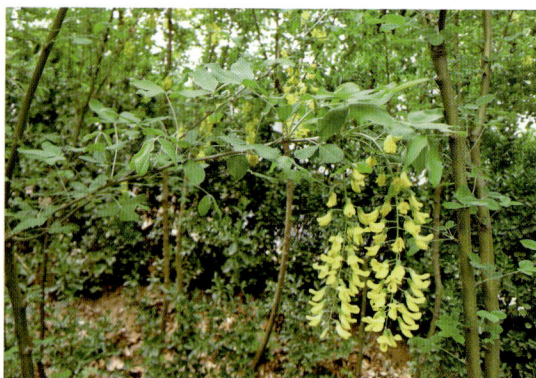

植株的一部分

8. 葛属 Pueraria DC.

缠绕藤本，茎草质或基部木质。叶为具3小叶的羽状复叶；托叶基部着生或盾状着生，有小托叶；小叶大，卵形或菱形，全裂或具波状3裂片。总状花序或圆锥花序腋生而具延长的总花梗或数个总状花序簇生于枝顶；花序轴上通常具稍凸起的节；花通常数朵簇生于花序轴的每一节上。荚果线形，稍扁或圆柱形，2瓣裂；果瓣薄革质；种子间有或无隔膜，或充满软组织；种子扁，近圆形或长圆形。

辽宁产1种。

野葛（辽宁植物志、东北植物检索表）**葛**（中国植物志）**葛麻姆**（Flora of China）

Pueraria montana var. **lobata**（Willd.）Sanjappa & Pradeep in Sanjappa Legumes India. 288. 1992；Flora of China 10：246. 2010.—*P. lobata*（Willd.）Ohwi in Bull. Tokyo Sci. Mus. 18：16. 1947；中国植物志41：224. 图版55：1-10. 1995；辽宁植物志（上册）：984. 图版385：7. 1988；东北植物检索表（第二版）：365. 图版181：7. 1995.

落叶木质藤本。枝灰褐色，微具棱，疏生褐色硬毛。羽状三出复叶；顶小叶菱状卵形，侧小叶斜广卵形。总状花序腋生，比叶短，总花梗贴生白色短柔毛，密花；花冠紫色。荚果长圆形，扁平，密被黄褐色长硬毛。花期7—8月，果期9—10月。

生于山坡、草丛、路旁等处。产于本溪、桓仁、鞍山、宽甸、丹东、大连、凌源等地。

茎皮纤维供纺织及造纸原料；块根可制葛粉食用；葛粉与花入药，能解热透疹、生津止渴、解毒、止泻；种子可榨油。葛花有解酒作用，也可食用。

花序

花序的一部分

荚果　　　　　　　　　　　　　　　叶　　　　　　　　　　　　植株的一部分

9. 锦鸡儿属 Caragana Fabr.

灌木，稀为小乔木。偶数羽状复叶或假掌状复叶，有2~10对小叶；叶轴顶端常硬化成针刺，刺宿存或脱落；托叶宿存并硬化成针刺，稀脱落；小叶全缘，先端常具针尖状小尖头。花梗单生、并生或簇生叶腋，具关节；苞片1或2，着生在关节处，有时退化成刚毛状或不存在；花萼管状或钟状，基部偏斜，萼齿5，常不相等；花冠黄色，少有淡紫色、浅红色，有时旗瓣带橘红色或土黄色；二体雄蕊。荚果筒状或稍扁。

辽宁产8种1变种，其中栽培3种。

分种检索表

1. 小叶2对，成假掌状排列。
　　2. 花黄色，不带红色亦不变红色，旗瓣为广椭圆状倒卵形。栽培
　　…………………………………………………… 1. 金雀锦鸡儿 C. frutex（L.）K. Koch.
　　2. 花黄色稍带红色或红色不明显但后期渐变红色，旗瓣狭倒卵形或近倒卵形。
　　　　3. 嫩枝、叶、花梗、萼、子房、荚果均被灰白色短柔毛 ……… 2. 毛掌叶锦鸡儿 C. leveillei Kom.
　　　　3. 全株无毛 …………………………………………………… 3. 红花锦鸡儿 C. rosea Turcz.
1. 小叶4~10对，呈羽状排列。
　　4. 花梗2~4簇生，或同株上偶有单生的；为高达数米的灌木或小乔木状；小叶4~6（7）对，长1~2.5
　　　（3）厘米；龙骨瓣基部钝三角状。栽培 ……………… 4. 树锦鸡儿 C. arborescens（Amm.）Lam.
　　4. 花梗单生，少为同株上有2个簇生的；小叶一般长1.5厘米以下；龙骨瓣基部不为钝三角状。
　　　　5. 龙骨瓣基部楔形；小叶5~9对，背面被疏毛或无毛；子房有柔毛。栽培
　　　　…………………………………………………………… 5. 东北锦鸡儿 C. manshurica Kom.
　　　　5. 龙骨瓣基部截形或钝三角形。
　　　　　　6. 植株高1至数米；小叶长8~15（20）毫米，先端具微凸的刺尖或不明显，少有具较明显的刺尖；
　　　　　　　萼长与宽近相等或长稍大于宽；托叶刺不太明显（至多长3~6毫米）或有的不硬化成刺或常脱
　　　　　　　落；花长16~20毫米 ………………………………… 6. 极东锦鸡儿 C. fruticosa（Pall.）Bess.
　　　　　　6. 植株高0.3~1（1.3）米；小叶长3~10（13）毫米，先端具锐利的刺尖；萼长明显大于宽；托叶硬
　　　　　　　化成明显的锐利的刺，刺长5~9（12）毫米，宿存；花长20~25（29）毫米。
　　　　　　　　7. 花长20~22毫米，龙骨瓣基部截形；萼为筒状或筒状钟形，果期与果实基部紧贴（即宽度近相
　　　　　　　　　等）；小叶多为6~10对；托叶刺特别显著 ………………… 7. 金州锦鸡儿 C. litwinowii Kom.

7. 花长22~25（29）毫米，龙骨瓣基部钝圆形或钝三角状；萼为筒状钟形或钟形，果期萼筒上口通常宽于果实基部而不全紧贴；小叶6~8对 …………… 8. **小叶锦鸡儿 C. microphylla** Lam.

（1）**金雀锦鸡儿**（辽宁植物志、东北植物检索表）**黄刺条**（中国植物志）**黄刺条锦鸡儿**（Flora of China）

Caragana frutex（L.）K. Koch in Deutsch. Dendr. 1：48. 1869；Fl. China 10：544. 2010；中国植物志42（1）：65. 图版4：1-7. 1993；辽宁植物志（上册）：919. 1988；东北植物检索表（第二版）：343. 图版168：1. 1995.

灌木。枝条细长，褐色、黄灰色或暗灰绿色，有条棱，无毛。假掌状复叶有4片小叶；小叶倒卵状倒披针形，先端圆形或微凹，具刺尖，基部楔形，两面绿色。花梗单生或并生，上部有关节，无毛；花冠黄色。荚果筒状。花期5—6月，果期7月。

产于新疆。庄河等地有少量栽培。

庭园栽培供观赏。

花　　　　　　　　　　　　　　　　叶

（2）**毛掌叶锦鸡儿**（东北植物检索表、中国植物志、Flora of China）**母猪鬃**

Caragana leveillei Kom. in Acta Hort. Petrop. 29：207. t. 5（A）. 1909；Fl. China 10：542. 2010；中国植物志42（1）：59. 图版17：1-7. 1993；东北植物检索表（第二版）：343. 图版168：4. 1995.

2a. 毛掌叶锦鸡儿（原变种）

var. leveillei

落叶灌木。嫩枝、叶、花梗、花萼、子房、荚果均被灰白色短柔毛。小叶4，假掌状排

花　　　　　　　　荚果　　　　　　　　叶

列，倒卵形至倒披针形。花单生，长2~3厘米；花梗长1~2厘米，中部以上有关节；花萼近圆筒形，基部偏斜；花冠黄色，或带浅红色或全为紫色。荚果近圆筒形。花果期4—6月。

生于干旱山坡及山顶部。产于大连。

果实有清热解毒作用；花有养血安神作用；根有祛风止痛、祛痰止咳作用。

2b. 光果毛掌叶锦鸡儿（变种）

var. **legumengalabet** Q. Zh. Han et Sh. Y. Wang

果实无毛或有微毛。产于大连。

光果毛掌叶锦鸡儿

（3）红花锦鸡儿（辽宁植物志、东北植物检索表、中国植物志、Flora of China）金雀儿 紫花锦鸡儿

Caragana rosea Turcz. in Prim. Fl. Amur. 470. 1859；Fl. China 10：542. 2010；中国植物志42（1）：60. 图版4：22-29. 1993；辽宁植物志（上册）：919. 图版387：7. 1988；东北植物检索表（第二版）：343. 图版168：2. 1995.

落叶直立灌木。假掌状复叶；小叶4，掌状排列。花单生，花梗长6~13毫米，通常于中下部有一关节，被毛；萼筒状钟形，萼齿三角形，表面有疏短毛；花冠黄色，通常带堇色或

花

花枝

植株的一部分

果枝

为浅红色，凋谢时变红紫色。荚果为稍扁的圆筒形，先端尖。花期4—5月，果期6—7月。

生于山坡、山脊及灌木丛中。产于北镇、黑山、凌源等地，大连、沈阳、盖州等地有栽培。

庭园栽培供观赏。根有健脾强胃、活血催乳、利尿通经作用。

（4）树锦鸡儿（辽宁植物志、东北植物检索表、中国植物志、Flora of China）蒙古锦鸡儿

Caragana arborescens（Amm.）Lam. in Encycl. 1：615. 1783；Fl. China 10：537. 2010；中国植物志42（1）：40. 图版11：8-14. 1993；辽宁植物志（上册）：921. 图版388. 1988；东北植物检索表（第二版）：343. 图版169：4. 1995.

落叶灌木或小乔木。树皮灰绿色，小枝暗绿褐色或黄褐色。偶数羽状复叶，具5~7对小叶。花2~5朵簇生短枝上或单生，花梗长2~6厘米，被短柔毛，于上部有关节；萼广钟形或钟形，5浅裂，被疏柔毛；花冠黄色。荚果扁圆柱形，先端尖，褐色。花果期5—8月。

生于林间、林缘。大连、沈阳、盖州等地有栽培。

为我国北方水土保持和固沙造林树种。种子含油量10%~14%，油可制肥皂和油漆。根皮入药，有通乳、利湿作用。

果期

花期

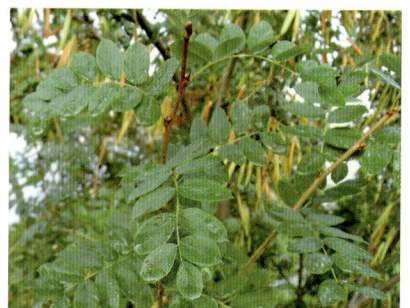

叶

（5）东北锦鸡儿（东北植物检索表、中国植物志、Flora of China）骨担草

Caragana manshurica Kom. in Acta Hort. Petrop. 29：336. t. 16（A）. 1909；Fl. China 10：538. 2010；中国植物志42（1）：42. 1993；东北植物检索表（第二版）：346.

1995.

落叶灌木。羽状复叶有5~10对小叶；托叶硬化成针刺，宿存或脱落；小叶薄膜质，倒卵状椭圆形或长圆形，先端具刺尖。花梗常单生，很少2个并生，上部具关节；花萼管状宽钟形，萼齿不明显，有缘毛；花冠黄色。荚果膨胀或圆筒状，稍扁，无毛。花期5月，果期7—8月。

生于干旱山坡及林缘。辽西有栽培。

用途同树锦鸡儿。

花枝

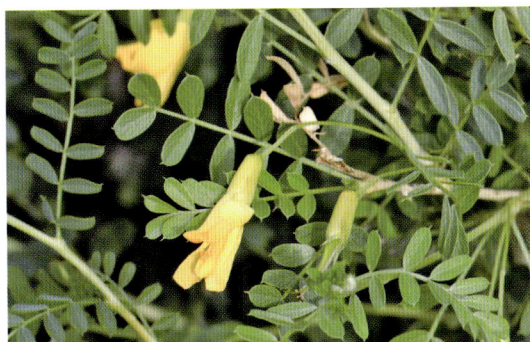
植株的一部分

（6）极东锦鸡儿（东北植物检索表、中国植物志、Flora of China）

Caragana fruticosa (Pall.) Bess. in Cat. Pl. Hort. Cremen. 116. 1816；Fl. China 10：537. 2010；中国植物志42（1）：39. 图版10：22-28. 1993；东北植物检索表（第二版）：346. 图版169：1. 1995.

灌木。羽状复叶有4~6对小叶；托叶针刺状，脱落或宿存；小叶长圆形，先端有时稍凹，具针刺。花梗单生，很少并生，长8~12毫米，关节在上部；花萼钟状，长宽近相等，萼齿很短，齿缘被短柔毛；花冠淡黄色。荚果圆筒状，先端短渐尖。花期6月，果期7月。

生于山坡灌木丛中。产于宽甸。

果枝

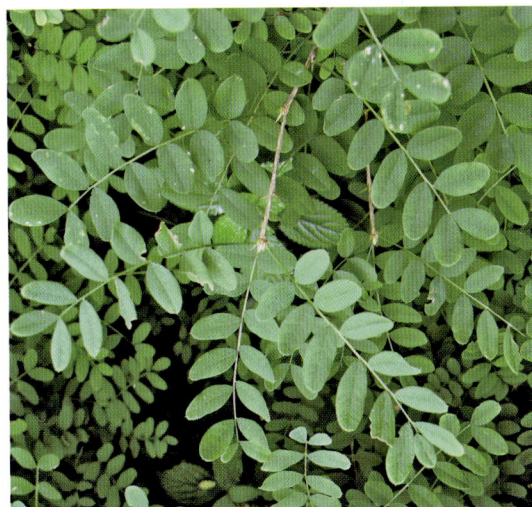
植株的一部分

（7）金州锦鸡儿（辽宁植物志、东北植物检索表、中国植物志、Flora of China）

Caragana litwinowii Kom. in Acta Hort. Petrop. 29：340. t. 16（C）. 1909；Fl. China 10：539. 2010；中国植物志42（1）：46. 图版10：15-21. 1993；辽宁植物志（上册）：920. 图版387：6. 1988；东北植物检索表（第二版）：346. 图版169：2. 1995.

落叶小灌木。托叶硬化成长1.2~1.3厘米的褐色针刺；叶柄密被毛；偶数羽状复叶，小叶8~10对，被短柔毛。花单生或有时2~3朵集生；花梗长7~10毫米，于中下部有关节，被短柔毛；萼筒状钟形或筒状，5浅裂，被疏毛；花冠黄色，长20~22毫米。花期5月。

生于山坡及山顶。产于金州和葫芦岛。

可作观赏花木栽培，用于山坡绿化。

果期：示果梗

花期

群落

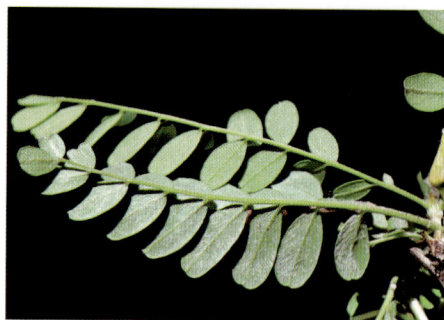
叶背面观

（8）小叶锦鸡儿（辽宁植物志、东北植物检索表、中国植物志、Flora of China）雪里注

Caragana microphylla Lam. in Encycl. 1：615. 1783；Fl. China 10：539. 2010；中国植物志42（1）：46. 图版13：1. 1993；辽宁植物志（上册）：921. 图版387：1-5. 1988；东北植物检索表（第二版）：346. 图版169：3. 1995.

8a. 小叶锦鸡儿（原变种）

var. **microphylla**

落叶灌木。枝黄色至黄褐色，长枝上常有托叶硬化成3~10毫米的刺。偶数羽状复叶，具6~8（10）对小叶，两面贴生丝状毛。花单生或2~3朵集生；花梗长10~20毫米，于上部有关节，被密毛；萼筒状钟形或钟形，被毛，萼齿广三角形；花冠黄色。荚果圆筒形，稍扁，具锐尖头。花果期6—9月。

生于山坡、沙丘与干旱坡地。产于大连、长海、沈阳、义县、建平等地。

固沙植物和观赏植物。嫩茎叶可食。全草、果实有清热解毒、滋阴养血作用。

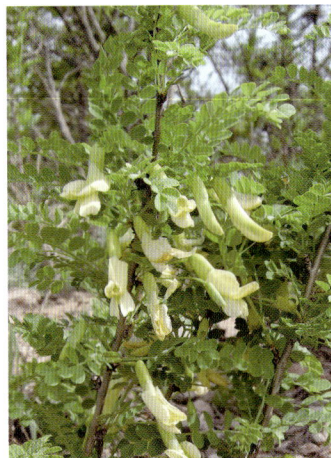

果期　　　　　　　　　　　花　　　　　　　　　　　花期

8b. 多毛小叶锦鸡儿（变种）（辽宁植物志）

var. daurica Kom. in Act. Hort. Petrop.29（2）：348.1909；辽宁植物志（上册）：921. 1988.

小叶灰色至灰绿色，两面密生绢毛。彰武、沈阳有栽培。

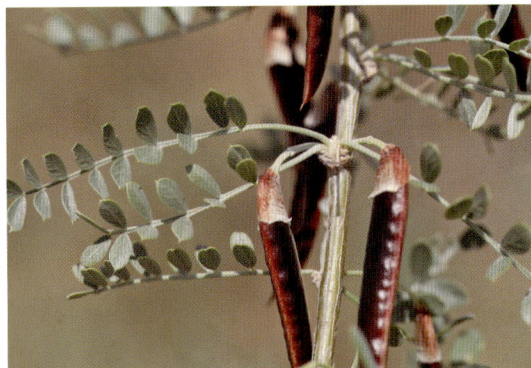

叶　　　　　　　　　　　　　　　植株的一部分

10. 木蓝属 Indigofera L.

灌木或草本，稀小乔木。奇数羽状复叶，偶为掌状复叶、3小叶或单叶；小叶通常对生，稀互生，全缘。总状花序腋生，少数成头状、穗状或圆锥状；花萼钟状或斜杯状，萼齿5；花冠紫红色至淡红色，偶为白色或黄色；雄蕊二体，花药同型；子房无柄，花柱线形，柱头头状。荚果线形或圆柱形，稀长圆形或卵形或具4棱，内果皮通常具红色斑点；种子肾形、长圆形或近方形。

辽宁产2种1变种。

分种检索表

1. 花较小，长4~5毫米；小叶2~4对，长0.5~1.5厘米；总状花序比叶长，花紫色或红紫色
··· **1. 铁扫帚 I. bungeana** Walp.
1. 花较大，长15~18毫米；小叶3~5对，长1.5~5厘米；总状花序比叶短或近等长，花粉红色
··· **2. 花木蓝 I. kirilowii** Maxim. ex Palib.

（1）**铁扫帚**（辽宁植物志、东北植物检索表）**河北木蓝**（中国植物志、Flora of China）**本氏木蓝**

Indigofera bungeana Walp. in Linnaea 13：525. 1839；Fl. China 10：158. 2010；中国植物志40：306. 图版92：9-12. 1994；辽宁植物志（上册）：911. 1988；东北植物检索表（第二版）：352. 1995.

落叶直立灌木。羽状复叶，小叶2~4对，对生，椭圆形，上面绿色，疏被丁字毛，下面苍绿色，丁字毛较粗。总状花序比叶长；花较小，长4~5毫米，花冠紫色或紫红色。荚果线状圆柱形，被白色丁字毛。花期5—6月，果期8—10月。

生于山坡、草地或河滩地。产于凌源及瓦房店西部。

全草有清热止血、消肿生肌作用，用于创伤、肿毒、口疮、吐血。

果期

叶

花期（白瑞兴　摄）

植株

（2）**花木蓝**（辽宁植物志、东北植物检索表、中国植物志、Flora of China）**山绿豆 花槐蓝**

Indigofera kirilowii Maxim. ex Palib. in Act. Hort. Petrop. 17：62. t. 4. 1898；Fl. China 10：146. 2010；中国植物志40：264. 图版79：3-6. 1994；辽宁植物志（上册）：

912. 图版375：6-10. 1988；东北植物检索表（第二版）：352. 图版181：2. 1995.

2a. 花木蓝（原变种）

var. kirilowii

落叶小灌木。枝灰褐色，有棱。奇数羽状复叶互生；小叶3~5对，卵形或近圆形。总状花序比叶短或略相等，也见长于叶；花梗长3毫米；花长15~18毫米，花冠粉红色。荚果圆柱形，褐色至赤褐色，无毛。花期5—6月，果期8—10月。

生于向阳山坡、山脚或岩隙间。产于凌源、朝阳、阜新、建平、北镇、义县、葫芦岛、沈阳、本溪、鞍山、岫岩、盖州、大连、旅顺口、金州等地。

茎皮纤维可制人造棉或造纸；枝条可编筐；种子含油、淀粉，可食用或酿酒。根有消炎镇痛、舒筋活络作用，用于疮毒、风湿关节痛。

果枝

植株

群落

花侧面观

2b. 白花花木蓝（变种）（辽宁植物志、东北植物检索表）

var. **alba** Q Zh. Han in Bull. Bot. Lab. North-East. Forest. Inst. No. 8：108. 1980；辽宁植物志（上册）：912. 1988；东北植物检索表（第二版）：352. 1995.

植株较矮小，花白色。产于旅顺口老铁山。

11. 紫穗槐属 Amorpha L.

落叶灌木或亚灌木。叶互生，奇数羽状复叶，小叶多数，小，全缘，对生或近对生。花小，组成顶生、密集的穗状花序；花萼钟状，5齿裂，近等长或下方的萼齿较长，常有腺点；蝶形花冠退化，仅存旗瓣1枚，蓝紫色，向内弯曲并包裹雄蕊和雌蕊，翼瓣和龙骨瓣不存在；雄蕊10，下部合生成鞘；花柱外弯，柱头顶生。荚果短，长圆形，镰状或新月形，不开裂，表面密布疣状腺点；种子1~2颗，长圆形或近肾形。

辽宁产1种。

紫穗槐（辽宁植物志、东北植物检索表、中国植物志、Flora of China）穗花槐 板条

Amorpha fruticosa L. in Sp. Pl. 713. 1753; Fl. China 10：120. 2010; 中国植物志41：346. 图版83：9-15. 1995; 辽宁植物志（上册）：912. 图版384. 1988; 东北植物检索表（第二版）：334. 图版162：2. 1995.

落叶灌木，丛生。奇数羽状复叶，互生；小叶11~25，卵状长圆形或长圆形。总状花序密花，花梗短；萼钟状，5齿裂，萼齿三角形，边缘有白色柔毛；花冠蓝紫色或暗紫色。荚果长圆形，弯曲，表面有多数凸起的瘤状腺点。花期5—6月，果期7—9月。

原产于美国。辽宁地区历史上有栽培，现有野生或半野生状态。

为蜜源植物和绿化植物。枝叶作绿肥；枝条用以编筐；果实含芳香油，可作调香原料；种子含油17.04%，适于做油漆、肥皂、甘油和润滑油。花有清热、凉血、止血作用。

果期

花期

花序

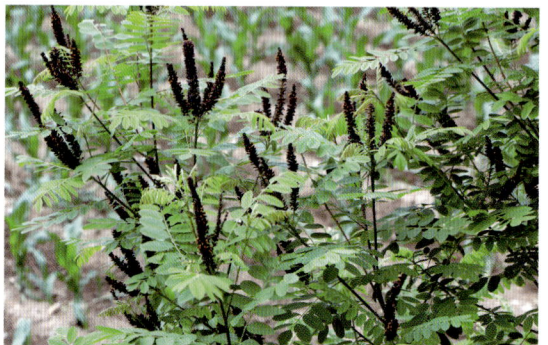
植株的一部分

12. 紫藤属 Wisteria Nutt.

落叶大藤本。奇数羽状复叶，互生；小叶全缘；具小托叶。总状花序顶生，下垂；花多数，散生于花序轴上；花萼杯状，萼齿5，略呈二唇形；花冠蓝紫色或白色，通常大；雄蕊二体，对旗瓣的1枚离生或在中部与雄蕊管黏合，花丝顶端不扩大，花药同型；花柱圆柱形上弯，柱头点状顶生。荚果线形，伸长，具颈，种子间缢缩，迟裂，瓣片革质，种子大，肾形，无种阜。

辽宁栽培2种1变种。

分种检索表

1. 茎左旋；小叶4~6对；花序长10~35厘米；花上下几同时开放，长2~2.5厘米，花梗长2~3厘米，旗瓣先端截形，无毛，最下1枚萼齿长于两侧萼齿 ⋯⋯⋯⋯⋯⋯⋯⋯⋯⋯ **1. 紫藤** W. sinensis（Sims）Sweet
1. 茎右旋；小叶6~9对；花序长30~90厘米；花自下而上顺序开放，长1.5~2厘米，淡紫色至蓝紫色 ⋯⋯⋯⋯⋯⋯⋯⋯⋯⋯⋯⋯⋯⋯⋯⋯⋯⋯⋯⋯⋯⋯ **2. 多花紫藤** W. floribunda DC.

（1）**紫藤**（辽宁植物志、东北植物检索表、中国植物志、Flora of China）**藤花　藤罗花**
Wisteria sinensis（Sims）Sweet in Hort. Brit. 121. 1827；Fl. China 10：188. 2010；中国植物志40：184. 图版56：1-5. 1994；辽宁植物志（上册）：914. 图版385：1-6. 1988；东北植物检索表（第二版）：374. 图版181：6. 1995.

落叶藤本。枝褐色，稍有棱。奇数羽状复叶，互生，有小叶3~6对。总状花序密花，被

果期

花序

秋色

藤干

叶

褐色柔毛；花梗长1~2厘米，被毛；萼钟状，5齿裂，萼齿短，被短柔毛；花冠紫色，芳香。荚果坚硬，长而侧扁，略呈线状倒披针形，密被茸毛。花期5—6月，果期8—9月。

分布于华北、西北、华东、华中、华南及西南。大连、沈阳、丹东等地有栽培。

优良庭院观赏树。树皮纤维可供编织；嫩叶及花可食；种子有小毒，可治筋骨疼。紫藤皮具有杀虫、止痛、祛风、通络等功效。

（2）多花紫藤（中国植物志）藤萝

Wisteria floribunda DC. in Prodr. 2：390. 1825；中国植物志40：188. 图版56：6. 1994.

2a. 多花紫藤（原变种）

var. floribunda

落叶藤本。茎右旋。羽状复叶；小叶5~9对。总状花序生当年生枝的枝梢，自下而上顺序开花；花萼杯状，与花梗同被密绢毛，上方2萼齿甚钝，圆头，下方3齿锐尖，最下1齿甚长；花冠紫色至蓝紫色。荚果倒披针形，密被茸毛。花期4—5月，果期5—7月。

原产于日本。我国长江以南普遍栽培。大连有栽培。

用途同紫藤。

花期

茎右旋

叶

植株

2b. 白花藤（变种）白花紫藤

var. alba Bailey.

与原变种的主要区别是花近白色。大连有栽培。

花序

花

植株的一部分

13. 刺槐属 Robinia L.

乔木或灌木。奇数羽状复叶；托叶刚毛状或刺状；小叶全缘；具小叶柄及小托叶。总状花序腋生，下垂；花萼钟状，5齿裂，上方2萼齿近合生；花冠白色、粉红色或玫瑰红色；雄蕊二体，对旗瓣的1枚分离，其余9枚合生；子房具柄，花柱钻状，顶端具毛，柱头小，顶生。荚果扁平，沿腹缝浅具狭翅，果瓣薄；种子长圆形或偏斜肾形，无种阜。

辽宁栽培2种2变种1变型。

分种检索表

1. 灌木；小枝密被刺毛，枝不具托叶性针刺；花蔷薇紫色 ………………………… 1. **毛刺槐** R. hispida L.
1. 乔木；小枝无毛或幼时微有柔毛，枝具托叶性针刺；花白色 …………… 2. **刺槐** R. pseudoaeacia L.

（1）**毛刺槐**（东北植物检索表）**毛洋槐**（中国植物志、Flora of China）**红花刺槐 江南槐**

Robinia hispida L. in Mant. 101. 1767；Fl. China 10：320. 2010；中国植物志40：229. 图版71：9-17. 1994；东北植物检索表（第二版）：365. 1995.

落叶丛生大灌木，株形密集，高和冠幅均可达3米；枝及花梗密被红色刺毛。奇数羽状复叶，小叶7~15个，近圆或长圆形，长2~5厘米。总状花序，具花3~7朵，花冠玫瑰红或淡紫色。荚果线形，扁平，密被腺刚毛，先端急尖，果颈短。花期5—6月，果期7—10月。

茎

植株

植株的一部分

原产于美国东南部。大连等地有栽培。

耐寒、耐旱，生长快，耐修剪，萌蘖力强，抗盐碱能力强，是园林绿化的好树种。

（2）刺槐（辽宁植物志、东北植物检索表、中国植物志、Flora of China）**洋槐**

Robinia pseudoacacia L. in Sp. Pl. 722. 1753; Fl. China 10：320. 2010；中国植物志 40：228. 图版71：1-8. 1994；辽宁植物志（上册）：916. 图版386. 1988；东北植物检索表（第二版）：365. 图版181：3. 1995.

2a. 刺槐（原变种）

var. pseudoacacia

2aa. 刺槐（原变型）

f. pseudoacacia

落叶乔木。树皮灰黑褐色，纵裂；枝具托叶性针刺。奇数羽状复叶，互生，具9~19小叶。总状花序腋生；萼钟状，具不整齐的5齿裂，表面被短毛；花冠白色，芳香。荚果扁平，线状长圆形，褐色，光滑，2瓣裂。花果期5—9月。

原产于北美洲。辽宁各地常见栽培。

绿化树种和蜜源植物。材质坚硬，可做家具、农具；花可食。茎皮、根、叶有利尿、止血作用。

花期

果期

枝刺

2ab. 红花洋槐（变型）红花槐 紫花槐

f. decaisneana Vass.

花紫红色。原产于北美。辽宁各地常见栽培。

花序

植株

植株的一部分

2b. 无刺洋槐（变种）（辽宁植物志、东北植物检索表）

var. **ineimis**（Mirbel）Rehd. in Cat. Hort. Mopspel. 136. 1813；辽宁植物志（上册）：917. 1988；东北植物检索表（第二版）：365. 1995.

枝不具托叶性针刺。大连、沈阳有栽培。

2c. 伞洋槐（变种）（辽宁植物志）**伞形洋槐**（中国植物志）

var. **umbraculifera** DC. in Moller's Deutsch. Gartn.–Zeit. 18：630（h）. 1903；中国植物志40：229. 1994；辽宁植物志（上册）：917. 1988.

枝稠密无刺，树冠近球形，很少开花结果。大连有栽培。

14. 鱼鳔槐属 Colutea L.

灌木或小灌木。奇数羽状复叶，稀羽状3小叶；小叶全缘，对生。总状花序腋生，具长总花梗；花萼钟状，萼齿5，近相等或上边2齿较短小，外面被毛；花冠多为黄色或淡褐红色；雄蕊二体，上方一枚分离，其余9枚合生成管，花药同形；花柱内弯，沿上部腹面有髯毛，柱头内卷或钩曲。荚果膨胀如膀胱状，先端尖或渐尖，不开裂或仅在顶端2瓣裂；种子多数，肾形，无种阜。

辽宁栽培1种。

鱼鳔槐（辽宁植物志、东北植物检索表、中国植物志、Flora of China）

Colutea arborescens L. in Sp. Pl. 723. 1753；Fl. China 10：504. 2010；中国植物志42（1）：3. 图版1：8-15. 1993；辽宁植物志（上册）：918. 1988；东北植物检索表（第二版）：346. 图版162：3. 1995.

落叶灌木。羽状复叶，小叶7~13片；小叶长圆形至倒卵形，先端微凹或圆钝，具小尖头，上面绿色，无毛，下面灰绿色，疏生短伏毛。总状花序生6~8花；花冠鲜黄色。荚果长卵形，两端尖，带绿色或近基部稍带红色。花期5—7月，果期7—10月。

原产于欧洲。大连、盖州曾有栽培。

花、果均有较好的观赏性，应用于花坛、花境中作配衬植物。

果期

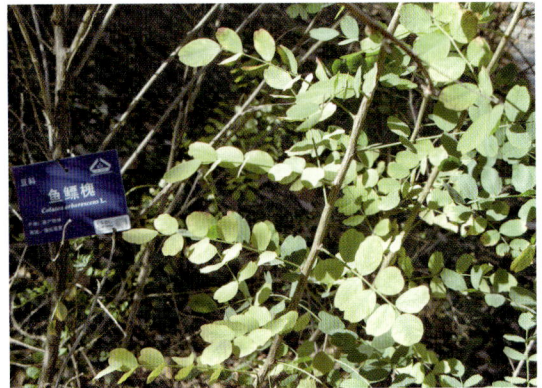

植株的一部分

15. 苦马豆属 Sphaerophysa DC.

小灌木或多年生草本。奇数羽状复叶；小叶3至多数，全缘。总状花序腋生；花萼具5齿，萼齿近等大或上边2齿靠拢；花冠红色；雄蕊二体，花药同形；花柱内弯，近轴面具纵列髯毛，柱头顶生，头状或偏斜。荚果膨胀，近无毛，几不开裂，基部具长果顶，腹缝线稍内凹，果瓣膜质或革质；种子多数，肾形，珠柄丝状。

辽宁产1种。

苦马豆（辽宁植物志、东北植物检索表、中国植物志、Flora of China）羊尿泡 红花土豆子

Sphaerophysa salsula（Pall.）DC. in Prodr. 2：271. 1825；Fl. China 10：505. 2010；中国植物志42（1）：7. 图版2：8-14. 1993.—*Swainsonia salsula*（Pall.）Taub. in Prodr. 2：271. 1825；辽宁植物志（上册）：917. 图版376：1-3. 1988；东北植物检索表（第二版）：368. 图版171：3. 1995.

落叶半灌木或多年生草本。茎直立或下部匍匐；枝开展，具纵棱脊，被灰白色丁字毛。小叶11~21片，下面被细小白色丁字毛。总状花序常较叶长，生6~16花；花冠初呈鲜红色，后变紫红色。荚果椭圆形至卵圆形，膨胀，外面疏被白色柔毛。花期5—8月，果期6—9月。

生于山坡、草原、荒地、沙滩、沟渠旁及盐池周围。产于彰武。

植株作绿肥及饲料。地上部分用于产后出血、子宫松弛及降血压等。

花序　　　　　　　　　　　　叶　　　　　　　　　　　植株的一部分

16. 长柄山蚂蝗属 Podocarpium（Benth.）Yang et Huang

多年生草本或亚灌木状。根茎多少木质。叶为羽状复叶；小叶3~7，全缘或浅波状；有托叶和小托叶。花序顶生或腋生，或有时从能育枝的基部单独发出，总状花序，少为稀疏的圆锥花序；具苞片，通常无小苞片，每节通常着生2~3花。荚果具细长或稍短的果颈（子房柄），有荚节2~5；荚节通常为斜三角形或略呈宽的半倒卵形；种子通常较大，种脐周围无边状的假种皮。

辽宁产1种。

羽叶山马蝗（辽宁植物志、东北植物检索表）羽叶长柄山蚂蝗（中国植物志、Flora of China）

Hylodesmum oldhamii（Oliver）H. Ohashi & R. R. Mill. in Edinburgh J. Bot. 57：180. 2000；Fl. China 10：279. 2010.—*Desmodium oldhamii* Oliver in Journ. L. Soc. Bot 9：165. 1865；辽宁植物志（上册）：948. 图版400：1-3. 1988；东北植物检索表（第二版）：348. 图版161：1. 1995.—*Podocarpium oldhami*（Oliv.）Yang et Huang in Bot. Lab. North-East Forest. Inst. no. 4. 6. 1979；中国植物志41：49. 1995.

落叶小灌木。枝条有棱。羽状复叶；小叶5~7，披针形，先端渐尖，基部楔形，两面疏生短柔毛。圆锥花序顶生，疏松，花序轴密生黄色短柔毛；花萼钟状，萼齿三角形；花冠粉红色，长7毫米；子房有柄。荚果有两个荚节；荚节半菱形。花期7—8月，果期8—9月。

生于山谷、沟边、灌木丛中。产于庄河、鞍山、凤城、岫岩、本溪、桓仁等地。

根及全株有祛风活血、利尿、杀虫作用。

果序　　　　　　　　　花序　　　　　　　　　植株下部

17. 岩黄耆属 Hedysarum L.

一年生或多年生草本，稀为半灌木或灌木。叶为奇数羽状复叶，托叶2，干膜质，与叶对生；小叶全缘。花序总状，稀为头状，腋生；苞片卵形、披针形或钻状；小苞片2，刚毛状，着生于花萼基部；花萼钟状或斜钟状，萼齿5；花冠紫红色、玫瑰红色、黄色或淡黄白色；雄蕊为9+1的两体；花柱丝状，包于雄蕊管内，上部与雄蕊管共同屈曲，柱头小，顶生。果实为节荚果，节荚圆形、椭圆形、卵形或菱形等，具明显隆起的脉纹，不开裂。

辽宁产2变种。

山竹岩黄耆（中国植物志）山竹子（东北）

Hedysarum fruticosum Pall. in Reise Ross Reich. 3：752. 1776；中国植物志42（2）：182. 1993.

a. 山竹岩黄耆（原变种）

var. fruticosum

辽宁不产。

b. 蒙古岩黄耆（变种）（中国植物志）山竹岩黄耆（辽宁植物志、东北植物检索表）

var. mongolicum Turcz. in Act. Hort. Petrop. 19：211. 1902；中国植物志42（2）：

183. 图版46：7-11. 1993；东北植物检索表（第二版）：350. 图版172：4. 1998. —*H. mongolicum* Turcz. in Bull. Soc. Nat. Mosc. 15：781. 1842；辽宁植物志（上册）：942. 图版398：1-7. 1988.

落叶半灌木或小半灌木。奇数羽状复叶，小叶片椭圆形，背面密被短柔毛。总状花序腋生，花序与叶近等高，花序轴被短柔毛，具4~14朵花；花冠紫红色。荚果2~3节；节荚椭圆形，两侧膨胀，具细网纹，成熟荚果具细长的刺。花期7—8月，果期8—9月。

生于半固定沙丘、流动沙丘及砂质草地。产于彰武。

c. 木岩黄耆（变种）（辽宁植物志、东北植物检索表、中国植物志）

var. **lignosum** (Trautv.) Kitag. in Rep. First Sci Exped. Manch. Sect. IV. 4：89. 1936；中国植物志42（2）：183. 1993；东北植物检索表（第二版）：350. —*H. mongolicum* Turcz. var. *lignosum* (Trautv.) Kitag. in Rep. First Sci Exped. Manch. Sect. IV. 4：89. 1936；辽宁植物志（上册）：943. 图版398：8. 1988.

小叶较狭；花序常超出叶；子房和荚果无毛和刺。生于固定或半固定沙丘和沙地。产于彰武。

18. 胡枝子属 Lespedeza Michx.

多年生草本、半灌木或灌木。羽状复叶具3小叶；托叶小，钻形或线形，宿存或早落，无小托叶；小叶全缘，先端有小刺尖，网状脉。花2至多数组成腋生的总状花序或花束；苞片小，宿存，小苞片2，着生于花基部；花常2型；一种有花冠，结实或不结实，另一种为闭锁花，花冠退化，不伸出花萼，结实。荚果卵形、倒卵形或椭圆形，稀稍呈球形，双凸镜状，常有网纹；种子1颗。

辽宁产11种2变种1变型。

分种检索表

1. 不具无瓣花。
　2. 总状花序比叶短，总花梗短缩或近无总花梗 ⋯⋯⋯⋯⋯⋯⋯ 1. 短梗胡枝子 L. cyrtobotrya Miq.
　2. 总状花序比叶长，常形成圆锥花序，总花梗显著。
　　3. 小叶先端急尖至长渐尖，上面被疏短毛，下面贴生短柔毛；花萼5裂至中部 ⋯⋯⋯⋯⋯⋯⋯⋯⋯⋯⋯⋯⋯⋯⋯⋯⋯⋯ 2. 宽叶胡枝子 L. maximowiczii Schneid.
　　3. 小叶先端钝圆或微凹，上面无毛，下面被疏柔毛，老时渐无毛；花萼5浅裂 ⋯⋯⋯⋯⋯⋯⋯⋯⋯⋯⋯⋯⋯⋯⋯⋯⋯⋯ 3. 胡枝子 L. bicolor Turcz.
1. 具无瓣花。
　4. 总花梗纤细。
　　5. 花紫色；总花梗不为毛发状、稍粗 ⋯⋯⋯⋯⋯⋯ 4. 多花胡枝子 L. floribunda Bunge.
　　5. 花黄白色；总花梗毛发状 ⋯⋯⋯⋯⋯ 5. 细梗胡枝子 L. virgata (Thunb.) DC.
　4. 总花梗粗壮。
　　6. 萼裂片狭披针形，花萼长为花冠的1/2以上。

　　7. 植株密被黄褐色茸毛；小叶质厚，椭圆形或卵状长圆形；无瓣花簇生于叶腋呈球形
　　　　………………………………… 6. **茸毛胡枝子** L. tomentosa（Thunb.）Sieb. ex Maxim.

　　7. 植株被粗硬毛或柔毛。

　　　　8. 茎通常稍斜升，不分枝或远离基部分枝；小叶下面被贴伏的短柔毛；花序较叶短或与叶近等
　　　　　　长 ……………………………………… 7. **兴安胡枝子** L. davurica（Laxm.）Schindl.

　　　　8. 茎斜升或平卧，常自基部多分枝；小叶下面被灰白色粗硬毛；花序明显超出叶
　　　　　　………………………………………………………………… 8. **牛枝子** L. potaninii Vassi.

　6. 萼裂片披针形或三角形，花萼长不及花冠之半。

　　9. 小叶较狭，长为宽的10倍，长圆状线形，长2~4厘米，宽2~4毫米，先端钝或微凹，具小刺尖，
　　　　基部狭楔形；总状花序具3~4（-5）朵花，总花梗长0.5~1厘米
　　　　………………………………………………………… 9. **长叶胡枝子** L. caraganae Bunge

　　9. 小叶较宽，长为宽的5倍以下；总状花序具3~7或2~6朵花。

　　　　10. 小叶长1.5~3.5厘米，宽（2-）3~7毫米，先端稍尖或钝圆，有小刺尖，基部渐狭。总状花序
　　　　　　稍超出叶，有3~7朵排列较密集的花；花冠白色或淡黄色，旗瓣基部带紫斑，花期不反卷或
　　　　　　稀反卷。荚果宽卵形，稍超出宿存萼 ……………… 10. **尖叶胡枝子** L. juncea（L. f.）Pers.

　　　　10. 小叶长1~2（-2.5）厘米，宽0.5~1（-1.5）厘米，先端钝圆或微凹，基部宽楔形或圆形。总
　　　　　　状花序与叶近等长，具2~6朵花；花冠白色，旗瓣基部带紫斑，花期反卷。荚果倒卵形，短
　　　　　　于宿存萼………………………………… 11. **阴山胡枝子** L. inschanica（Maxim.）Schindl.

（1）短梗胡枝子（辽宁植物志、东北植物检索表、中国植物志、Flora of China）短序
胡枝子

Lespedeza cyrtobotrya Miq. in Ann. Mus. Bot. Lugd. -Bat. 3：47. 1867；Fl. China
10：304. 2010；中国植物志41：133. 图版32：1-7. 1995；辽宁植物志（上册）：950. 图版
401：9-14. 1988；东北植物检索表（第二版）：355. 图版175：2. 1995.

　　落叶灌木，多分枝。三出复叶，小叶广卵形或倒卵形，先端圆或微凹，具小刺尖。总状
花序腋生，比叶短或与叶近等长；总花梗短缩或近无总花梗，密被白毛；花冠红紫色。荚果
斜卵形，稍扁，表面具脉纹且被密毛。花期7—8月，果期9月。

　　生于山坡、灌木丛中或杂木林中。产于西丰、彰武、抚顺、岫岩、宽甸、凤城、丹东、
盖州、兴城、金州、大连、庄河、普兰店、瓦房店等地。

　　茎皮纤维可制人造棉或造纸，枝条可作饲料及绿肥。嫩芽和种子可食。叶用于水肿。

花　　　　　　　　　　　　　花枝　　　　　　　　　　　　植株

（2）宽叶胡枝子（东北植物检索表、中国植物志、Flora of China）

Lespedeza maximowiczii Schneid. in Ill. Handb. Laubh. 2：113. fig. 70i. 71h- i. 1907；Fl. China 10：305. 2010；中国植物志41：139. 图版33：8. 1995；东北植物检索表（第二版）：355. 1995.

落叶直立灌木。羽状复叶具3小叶；小叶宽椭圆形或卵状椭圆形，先端渐尖到急尖，具短刺尖，上面暗绿色，被疏短毛，下面淡绿色，贴生短柔毛。总状花序腋生，超出叶；花萼钟状，5裂至中部；花冠紫红色。荚果卵状椭圆形，被短柔毛。花期7—8月，果期9—10月。

生于山坡或杂木林下。产于长海、金州。

用途同胡枝子。

果序　　　　　　　　　花侧面观　　　　　　　　　花正面观

叶背面观　　　　　　　　　　　叶正面观

（3）胡枝子（辽宁植物志、东北植物检索表、中国植物志、Flora of China）帚条 随军茶

Lespedeza bicolor Turcz. in Bull. Soc. Nat. Mosc. 13：69. 1840；Fl. China 10：306. 2010；中国植物志41：143. 图版34：1-8. 1995；辽宁植物志（上册）：950. 图版401：1-8. 1988；东北植物检索表（第二版）：355. 图版175：1. 1995.

3a. 胡枝子（原变种）

var. **bicolor**

3aa. 胡枝子（原变型）

f. **bicolor**

　　落叶灌木，多分枝。三出复叶，小叶先端通常钝圆或微凹，上面无毛，下面被疏柔毛，老时渐无毛。总状花序比叶长，常形成圆锥花序；总花梗长4~10厘米，小花长约2毫米，被密毛；花萼5浅裂，裂片短于萼筒；花冠红紫色，长约10毫米。荚果歪倒卵形，稍扁，表面具网脉，密被柔毛。花果期7—9月。

　　生于荒山坡的灌木丛或杂木林间。产于辽宁各地。

　　可作绿肥及饲料，也是水土保持的良好树种。根为清热解毒药，治疮疖、蛇咬伤。嫩芽和种子可食。

果序

花侧面观

花枝

叶背面观

植株的一部分

3ab. 垂枝胡枝子（变型）（东北植物检索表）

f. **pendula** Tung et Lu in Bull. Bot. Res. in Harbin 8（4）：102. 1988；东北植物检索表（第二版）：355. 1995.

　　枝条明显下垂。产于大连等地。

花枝

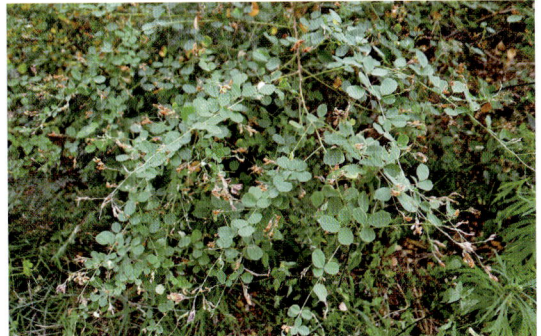

植株的一部分

3b. 白花胡枝子（变种）

var. **alba Bean**

花白色。产于长海（大长山岛）、瓦房店（交流岛）。

花（史军 摄）

植株的一部分（史军 摄）

（4）**多花胡枝子**（辽宁植物志、东北植物检索表、中国植物志、Flora of China）铁鞭草

Lespedeza floribunda Bunge. in Pl. Mongh. –Chin. 1：13. 1835；Fl. China 10：307. 2010；中国植物志41：148. 图版38：1-8. 1995；辽宁植物志（上册）：952. 图版402：9. 1988；东北植物检索表（第二版）：355. 图版175：5. 1995.

落叶小灌木。羽状复叶具3小叶；小叶表面被疏伏毛，背面密被白色伏柔毛。总状花序腋生；总花梗细长，明显超出叶，花多数；小苞片卵形，先端急尖；花萼被柔毛，5深裂；花冠紫色或蓝紫色。荚果广卵形，超出宿存萼，密被柔毛。花期6—9月，果期9—10月。

植株的一部分

生于山坡与旷野。产于大连、旅顺口、金州、瓦房店、阜新、朝阳、凌源、喀左、建平、北镇、锦州、葫芦岛等地。

为水土保持植物。也可作家畜饲料及绿肥；全草味涩，性凉，有消积、散瘀作用。

果枝

花序

叶

（5）**细梗胡枝子**（辽宁植物志、东北植物检索表、中国植物志、Flora of China）

Lespedeza virgata (Thunb.) DC. in Prodr. 2：350. 1825；Fl. China 10：307. 2010；中国植物志41：148. 图版38：9-11. 1995；辽宁植物志（上册）：952. 图版402：8. 1988；东北植物检索表（第二版）：355. 图版175：4. 1995.

5a. **细梗胡枝子**（原变种）

var. **virgata**

落叶小灌木。羽状复叶具3小叶；小叶椭圆形，背面密被伏毛；叶柄长1~2厘米，被白色伏柔毛。总状花序腋生，通常具3朵稀疏的花；总花梗纤细，毛发状，被白色伏柔毛，显著超出叶；花黄白色，具无瓣花。荚果近圆形，通常不超出萼。花期7—9月，果期9—10月。

生于石山山坡。产于辽南。

全草有清热、止血、截疟、镇咳作用，用于疟疾、中暑。

花枝

植株的一部分

花序

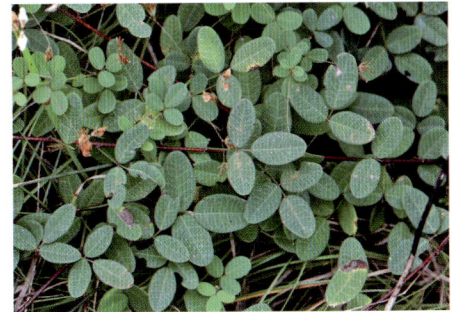
茎叶

5b. **大细梗胡枝子**（变种）（辽宁植物志、东北植物检索表、中国植物志、Flora of China）

var. **macrovirgata** (Kitagawa) Kitagawa in Lineam. Fl. Mansh. 289. 1839；Fl. China 10：308. 2010；中国植物志41：150. 1995；辽宁植物志（上册）：952. 1988；东北植物检索表（第二版）：355. 1995.

茎生叶及总花梗较粗壮，被开展的毛；叶质较厚，卵状长圆形，长3~3.5厘米，宽1~1.5厘米，先端圆形；花萼较大，长约7毫米。模式标本采自旅顺口。

（6）茸毛胡枝子（辽宁植物志、东北植物检索表、中国植物志、Flora of China）毛胡枝子 山豆花

Lespedeza tomentosa (Thunb.) Sieb. ex Maxim. in Act. Hort. Petrop. 2：376. 1873；Fl. China 10：308. 2010；中国植物志41：150. 图版39：8-9. 1995；辽宁植物志（上册）：952. 图版402：1-7. 1988；东北植物检索表（第二版）：357. 图版175：3. 1995.

落叶灌木。茎直立，全株密被黄褐色茸毛。羽状复叶具3小叶；小叶表面被短伏毛，背面密被黄褐色茸毛。总状花序顶生或于茎上腋生，总花梗粗壮；花具短梗，密被黄褐色茸毛；花萼密被毛，5深裂；花冠黄色或黄白色。荚果倒卵形，表面密被毛。花果期7—10月。

生于干旱的山坡及干草地。产于西丰、开原、法库、阜新、朝阳、建昌、北镇、葫芦岛、绥中、沈阳、抚顺、本溪、丹东、鞍山、营口、庄河、金州、大连等地。

可作饲料和绿肥。根有清热、止血、镇咳、滋补作用；嫩枝、叶可药用。

花序

叶背面观

植株下部

（7）兴安胡枝子（辽宁植物志、东北植物检索表、中国植物志、Flora of China）达呼里胡枝子

Lespedeza davurica (Laxm.) Schindl. in Fedde, Repert. Sp. Nov. 22：274. 1926；Fl. China 10：308. 2010；中国植物志41：151. 图版39：1-7. 1995；辽宁植物志（上册）：954. 图版403：1-5. 1988；东北植物检索表（第二版）：357. 图版175：6. 1995.

落叶小灌木。茎常稍斜升，单一或数个簇生，老枝黄褐色或赤褐色，被短柔毛或无毛，幼枝绿褐色，有细棱，被白色短柔毛。羽状复叶具3小叶；小叶长圆形，背面伏生短柔毛。花序较叶短或与叶近等长；总花梗密生短柔毛；小苞片披针状线形，有毛；花萼5深裂，萼齿长为花冠长1/2以上，外被白毛；花冠白色或黄白色。荚果包于萼内，倒卵形，有毛。花期7—8月，果期9—10月。

生于干旱山坡、草地、路旁及海滨沙地。产于西丰、法库、彰武、凌源、喀左、建昌、建平、北镇、兴城、绥中、沈阳、抚顺、本溪、金州、大连等地。

为优质饲用植物；耐干旱，可作水土保持及固沙植物。嫩芽和种子可食。

植株

植株的一部分

花侧面观

花正面观

叶背面观

（8）牛枝子（东北植物检索表、中国植物志、Flora of China）**牛筋子**

Lespedeza potaninii Vass. in Not. Syst. Herb. Inst. Bot. Acad. Sci. USSR 9：202. 1946；Fl. China 10：309. 2010；中国植物志41：153. 图版 39：10-11. 1995；东北植物检索表（第二版）：357. 图版 175：9. 1995.

落叶半灌木。茎斜升或平卧，基部多分枝，有细棱，被粗硬毛。羽状复叶具3小叶，小叶狭长圆形，背面被灰白色粗硬毛。总状花序腋生；总花梗长，明显超出叶；花疏生；花萼密被长柔毛，5深裂，萼齿长为花冠长1/2以上；花冠黄白色。荚果倒卵形，密被毛，包于宿存萼内。花期7—9月，果期9—10月。

生于荒漠草原、草原带的砂质地、砾石地、丘陵。产于昌图、凌源、大连等地。

用途同兴安胡枝子。

花序

花侧面观

花序明显超出叶

植株

（9）长叶胡枝子（东北植物检索表、中国植物志、Flora of China）**长叶铁扫帚**

Lespedeza caraganae Bunge in Pl. Mongh. - Chin. 11. 1935；Fl. China 10：309. 2010；中国植物志41：155. 1995；东北植物检索表（第二版）：357. 1995.

落叶直立灌木。羽状复叶具3小叶；小叶长圆状线形，长为宽的10倍，先端钝或微凹，具小刺尖，基部狭楔形。总状花序腋生；总花梗长0.5~1厘米，密生白色伏毛，具3~5朵花；花萼狭钟形，5深裂；花冠显著超出花萼，白色或黄色。有瓣花的荚果长圆状卵形，长4.5~5毫米，宽约2毫米，疏被白色伏毛，先端具喙，长约1.5毫米，疏被白色伏毛；闭锁花的荚果倒卵状圆形，长约3毫米，宽约2.5毫米，先端具短喙。花期6—9月，果期10月。

生于山坡上。产于大连、长海等地。

用途同兴安胡枝子。

果期

花侧面观

叶背面观

植株

植株的一部分

（10）**尖叶胡枝子**（辽宁植物志、东北植物检索表）**尖叶铁扫帚**（中国植物志、Flora of China）**细叶胡枝子**

Lespedeza juncea（L. f.）Pers. in Syn. 2：318. 1807；Fl. China 10：310. 2010；中国植物志41：156. 图版41：1–8. 1995；辽宁植物志（上册）：954. 图版403：6. 1988；东北植物检索表（第二版）：357. 图版175：7. 1995.—*L. hedysaroides*（Pall.）Kitagawa var. *subsericea*（Kom.）Kitagawa in Lineam. Fl. Mansh. 289. 1939；东北木本植物图志348. 图版117：261. 1955.

10a. 尖叶胡枝子（原变型）

f. juncea

落叶小灌木，全株被伏毛。羽状复叶具3小叶；小叶长1.5~3.5厘米，宽（2-）3~7毫米，先端稍尖或钝圆，有小刺尖，基部渐狭。总状花序腋生，稍超出叶，3~7朵花排列成近伞形花序；花冠白色或黄色，旗瓣基部带紫斑，旗瓣花期不反卷或稀反卷。荚果宽卵形，稍超出宿存萼。花期7—8月，果期9—10月。

果期

生于山坡灌木丛间。产于西丰、开原、铁岭、彰武、朝阳、建平、凌源、建昌、葫芦岛、沈阳、本溪、清原、新宾、抚顺、鞍山、庄河、普兰店、金州等地。

用途同兴安胡枝子。

植株

植株的一部分

10b. 白花尖叶胡枝子（新变型）

f. **albiflorum** S. M. Zhang in Addenda p. 615

花冠白色，且旗瓣上没有紫斑。生于山坡。产于北镇。

植株

植株的一部分

10c. 紫花尖叶胡枝子（新变型）

f. **purpureum** S. M. Zhang in Addenda p. 615

花冠紫色，且旗瓣上无色斑。生于山坡。产于大连。

植株的一部分

植株

（11）**阴山胡枝子**（辽宁植物志、东北植物检索表、中国植物志、Flora of China）白指甲花

Lespedeza inschanica（Maxim.）Schindl. in Engl. Bot. Jahrb. 49：603. 1913；Fl. China 10：310. 2010；中国植物志41：158. 图版41：11. 1995；辽宁植物志（上册）：955. 1988；东北植物检索表（第二版）：357. 图版175：8. 1995.

落叶灌木。茎直立或斜升，下部近无毛，上部被短柔毛。羽状复叶具3小叶；小叶长圆形，长1~2（-2.5）厘米，宽0.5~1（-1.5）厘米，先端钝圆或微凹，基部宽楔形或圆形，背面密被伏毛。总状花序腋生，与叶近等长，具2~6朵花；花萼5深裂，萼齿长不及花冠的1/2；花冠白色，龙骨瓣先端带紫色，旗瓣花期反卷。荚果倒卵形，密被伏毛，短于宿存萼。花果期7—10月。

生于干旱山坡。产于法库、凌源、建昌、锦州、北镇、绥中、抚顺、鞍山、本溪、丹东、庄河、金州、大连等地。

全草有活血、利水、止痛作用。

植株的一部分

叶背面观

蒺藜科 Zygophyllaceae

多年生草本、半灌木或灌木，稀为一年生草本。托叶常宿存；单叶或羽状复叶，小叶常对生，有时互生，肉质。花单生或2朵并生于叶腋，有时为总状花序，或为聚伞花序；花两性，辐射对称或两侧对称；萼片5，有时4，覆瓦状或镊合状排列；花瓣4~5，覆瓦状或镊合状排列；雄蕊与花瓣同数，或比花瓣多1~3倍。果革质或脆壳质，或为2~10分离或连合果瓣的分果，或为室间开裂的蒴果，或为浆果状核果。

辽宁产1属1种1变种。

白刺属 Nitraria L.

落叶灌木，高0.5~2米。枝先端常成硬针刺。单叶，质厚，肉质，全缘或顶端齿裂；托叶小。顶生或腋生聚伞花序，蝎尾状；花小，白色或黄绿色；萼片5，花瓣5；雄蕊10~15；子房上位，3室，柱头卵形。浆果状核果，外果皮薄，中果皮肉质多浆，内果皮骨质。

辽宁产1种1变种。

白刺（辽宁植物志、东北植物检索表）小果白刺（中国植物志、Flora of China）车廧

Nitraria sibirica Pall. in Fl. Ross. 1：80. 1784；Fl. China 11：42. 2008；中国植物志43（1）：120. 图版35：3-4.9B. 1998；辽宁植物志（上册）：1004. 图版423. 1988；东北植物检索表（第二版）：378. 图版189：6. 1995.

a. 白刺（原变种）

var. sibirica

落叶矮小灌木，株高0.5~1米。小枝灰白色，先端刺状，嫩时具白绢毛。叶无柄；叶片倒卵状长圆形，基部狭楔形，先端圆钝，具小突尖，全缘。花小，黄绿色，排成顶生聚伞花序。核果浆果状，椭圆形，熟时深紫红色。花期5—6月，果期7—8月。

生于盐渍低洼地、海边沙地、荒漠地。产于葫芦岛、盘山、大连等地。

抗盐碱、固沙植物。枝、叶、果实可作饲料。果实酸甜可食，还可入药，有健脾胃、助消化、安神、解表、下乳之功效。

植株的一部分

花序

植株

植株的一部分

b. 球果白刺（变种）（辽宁植物志、东北植物检索表）

var. globicaarpa （Kitag.） Kitag. in Neo- Lineam. Fl. Mansh. 421. 1979；辽宁植物志（上册）：1005. 1988；东北植物检索表（第二版）：378. 1995.

成熟核果球状，直径约7毫米。产于大洼县。

果序

大戟科 Euphorbiaceae

乔木、灌木或草本，稀为木质或草质藤本；木质根，稀为肉质块根；常有乳状汁液。叶互生，少有对生或轮生，单叶，稀为复叶，或叶退化呈鳞片状；具羽状脉或掌状脉。花单性，雌雄同株或异株，单花或组成各式花序，通常为聚伞或总状花序；萼片分离或在基部合生，覆瓦状或镊合状排列；花瓣有或无；雄蕊1枚至多数，花丝分离或合生成柱状；子房上位，3室，稀2或4室或更多或更少，花柱与子房室同数，分离或基部连合，顶端常2至多裂，柱头形状多变。果为蒴果，常从宿存的中央轴柱分离成分果爿，或为浆果状或核果状。

辽宁产2属2种。

分属检索表

1. 亚灌木；雌雄同株；有花瓣；雄花2~4朵簇生；无宿存果轴 ·············· 1. 雀舌木属 Leptopus Decne.
1. 灌木；雌雄异株；无花瓣；雄花多朵簇生；有宿存果轴 ·················· 2. 白饭树属 Flueggea Willd.

1. 雀舌木属 Leptopus Decne.

灌木，稀多年生草本。茎直立。单叶互生，全缘，羽状脉；叶柄通常较短；托叶2，着生于叶柄基部的两侧。花雌雄同株，稀异株，单生或簇生于叶腋；花梗纤细，稍长；花瓣通常比萼片短小，并与之互生，多数膜质；萼片、花瓣、雄蕊和花盘腺体均为5，稀6。蒴果成熟时开裂为3个2裂的分果爿。

辽宁产1种。

雀儿舌头（辽宁植物志、东北植物检索表、中国植物志、Flora of China）**黑钩叶 断肠草**

Leptopus chinensis（Bunge）Pojark. in Not. Syst. Herb. Inst. Bot. Acad. Sci. URSS. 20：274. 1960；Fl. China 11：172. 2008；中国植物志44（1）：18. 图版3：1-3. 1994；辽宁植物志（上册）：1012. 图版426. 1988；东北植物检索表（第二版）：386. 图版190：2. 1995.

落叶小灌木。多分枝。叶互生；叶片卵状椭圆形或卵状披针形。花单性，雌雄同株，稀异株，单生或2~4朵簇生叶腋；花梗线状，比叶柄长，被短柔毛。雄花花瓣5，白色；雌花花瓣小，不足1毫米。蒴果扁球形，棕黄色，果梗下垂。花期5—8月，果期7—10月。

生于山坡阴处。产于建昌、绥中、兴城、大连等地。

株型紧凑，为水土保持林下木，或用于园林绿化，是良好的地被材料。未开花的幼嫩枝叶有毒，羊多食可致死。根入药，有理气止痛的功效。叶可杀虫。

花

蒴果

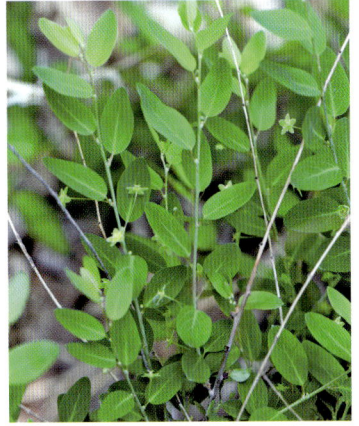

植株的一部分

2. 白饭树属 Flueggea Willd.

直立灌木或小乔木，通常无刺。单叶互生，常排成2列；具有托叶。花小，雌雄异株，稀同株，单生、簇生或组成密集聚伞花序；苞片不明显；无花瓣。雄花：花梗纤细；萼片4~7，覆瓦状排列，雄蕊4~7。雌花：萼片与雄花的相同；花盘碟状或盘状；子房3（稀2或4）室，分离，花柱3，分离。蒴果，圆球形或三棱形，基部有宿存的萼片，果皮革质或肉质，3片裂或不裂而呈浆果状。

辽宁产1种。

一叶萩（中国植物志、Flora of China）**叶底珠**（辽宁植物志、东北植物检索表）**狗杏条**
Flueggea suffruticosa（Pall.）Baill. in Etud. Gen. Euphorb. 502. 1858；Fl. China 11：178. 2008；中国植物志44（1）：69. 图版19：4–9. 1994. —*Securinega suffruticosa*（Pall.）Rechder in Journ. Arn. Arb. 13：338. 1932；辽宁植物志（上册）：1012. 图版427. 1988；东北植物检索表（第二版）：386. 图版190：5. 1995.

落叶灌木。叶互生；叶片椭圆形、长圆形或倒卵状椭圆形。花小，单性，雌雄异株，淡黄色；雄花数朵簇生叶腋，有短梗；雌花单生或2~3簇生。蒴果三棱状扁球形，红褐色，3浅裂。花期6—7月，果期8—9月。

生于干旱山坡灌木丛中及山坡向阳处。产于辽宁各地。

叶、花有祛风活血、补肾强筋作用。较嫩的茎叶可食用。全株有毒。

植株的一部分

雄花枝

果序

雌花枝

芸香科 Rutaceae

　　常绿或落叶乔木，灌木或草本，稀攀援性灌木，通常有油点。叶互生或对生。单叶或复叶。花两性或单性，稀杂性同株，辐射对称，很少两侧对称；聚伞花序，稀总状或穗状花序，更少单花，甚或叶上生花；萼片4或5片，离生或部分合生；花瓣4或5片，很少2~3片，离生，极少下部合生，极少无花瓣与萼片之分。果为蓇葖、蒴果、翅果、核果，或具革质果皮、或具翼、或果皮稍近肉质的浆果。

　　辽宁产5属7种1变种，其中栽培4种。

分属检索表

1. 叶互生，羽状复叶或指状三出复叶。
　2. 茎枝有刺。
　　3. 茎枝具皮刺；指状三出复叶；柑果 …………………………………… 1. 柑橘属 Citrus L.
　　3. 茎枝具棘刺；羽状复叶；蓇葖果 …………………………… 2. 花椒属 Zanthoxylum L.
　2. 茎枝无刺；指状三出复叶；翅果 ………………………………………… 3. 榆橘属 Ptelea L.
1. 叶对生，羽状复叶。
　4. 蓇葖果，每果瓣有种子1~2 ……………………………… 4. 四数花属 Tetradium Loureiro
　4. 浆果状核果，内有种子2~5 ………………… 5. 黄檗属（黄柏属）Phellodendron Rupr.

1. 柑橘属 Citrus L.

　　小乔木。枝有刺，新枝扁而具棱。多为复叶，密生有芳香气味的透明油点。花两性，或因发育不全而趋于单性，单花腋生或数花簇生，或为少花的总状花序；花萼杯状，3~5浅裂；花瓣5片，白色或背面紫红色，芳香；雄蕊大多20~25枚，子房7~15室或更多，柱头大，花盘明显，有蜜腺。柑果。

辽宁栽培1种。

枳（辽宁植物志、中国植物志、Flora of China）**枸枳**（东北植物检索表）**枸橘**

Citrus trifoliata L. in Sp. Pl. ed. 2 1101 1763；Fl. China 11：91. 2008.—*Poncirus trifoliata*（L.）Rafin. in Sylva Tellur. 143. 1838；中国植物志43（2）：165. 图版44. 1997；辽宁植物志（上册）：1047. 图版444. 1988；东北植物检索表（第二版）：390. 图版194：3. 1995.

落叶灌木或小乔木。分枝多，稍扁平，具棱角，密生粗长棘刺。三出复叶，互生；叶柄长1~3厘米，有翅；小叶近革质，倒卵形或椭圆形。花白色；花瓣5，长圆状倒卵形。柑果球形，直径3~5厘米，黄绿色至橙黄色，密被短毛，有香气。花期5月，果期8—10月。

产于我国中部。大连有栽培。

花、叶、果皮、种子均可提取芳香油；果有疏肝、和胃、理气、止痛作用。

叶

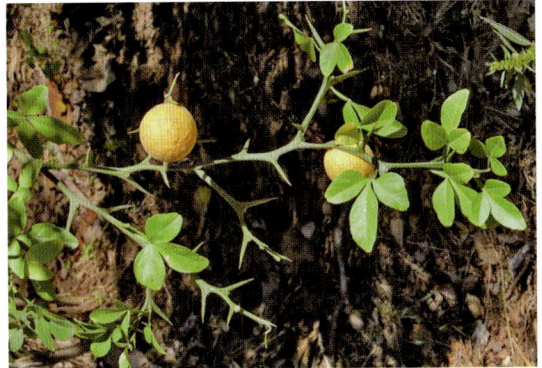

植株的一部分

2. 花椒属 Zanthoxylum L.

乔木或灌木，或木质藤本，常绿或落叶。茎枝有皮刺，稀无皮刺（中国不产）。叶互生，奇数羽叶复叶，稀单或3小叶，小叶互生或对生。圆锥花序或伞房状聚伞花序，顶生或腋生；花单性，若花被片排列成1轮，则花被片4~8片，无萼片与花瓣之分，若排成2轮，则外轮为萼片，内轮为花瓣，均4或5片；雄花的雄蕊4~10枚，退化雌蕊垫状凸起，花柱2~4裂，稀不裂；雌花无退化雄蕊，或有则呈鳞片或短柱状，极少有个别的雄蕊具花药，花柱靠合或彼此分离而略向背弯，柱头头状。蓇葖果，外果皮红色，有油点，内果皮干后软骨质，成熟时内外果皮彼此分离，每分果瓣有种子1粒，极少2粒。

辽宁产3种，其中栽培2种。

分种检索表

1. 皮刺细长；叶轴无翅；小叶13~21，椭圆状披针形；花被明显地分化为萼片与花瓣，排成2轮，5数；果实蓝黑色 ·········· **1. 山花椒** Z. schinifolium Sieb. et Zucc.

1. 皮刺扁宽；叶轴具狭翅；小叶5~11，卵形或卵状长圆形；花被片5~8，排成1轮；果实褐红色或紫红色。
　2. 小叶两面密被透明腺点；雌蕊或成熟的果有伸出的子房柄；外果皮表面有粗大半透明腺点，平伏或突起。栽培 ……………………………………………… 2. **野花椒** Z. simlans Hance.
　2. 小叶两面无腺点；雌蕊或成熟的果无子房柄；外果皮表面密生疣状突起腺点。栽培
　……………………………………………………… 3. **花椒** Z. bungeanum Maxim.

（1）山花椒（辽宁植物志、东北植物检索表）青花椒（中国植物志、Flora of China）崖椒

Zanthoxylum schinifolium Sieb. et Zucc. in Abh. Akad. Munchen 4：137. 1846；Fl. China 11：62. 2008；中国植物志43（2）：39. 图版10：10. 1997；辽宁植物志（上册）：1041. 图版441. 1988；东北植物检索表（第二版）：391. 图版193：5. 1995.

落叶灌木。树皮暗灰色，多皮刺，皮刺细长。奇数羽状复叶，小叶13~21，叶轴无翅。伞房状圆锥花序，单性，雌雄异株；花被明显地分化为萼片与花瓣，排成2轮，5数。蓇葖果1~3，带绿色或褐色，被腺点，顶端有极短的喙。花期7—8月，果期9—10月。

生于山坡疏林中。产于绥中、营口、凤城、宽甸、岫岩、庄河、金州、大连等地。

种子可榨油，供工业用。果皮既是调料，又主治胃腹冷痛、呕吐、泄泻、蛔虫病。嫩叶、嫩果和花均可食。

果实

花序

植株的一部分

（2）野花椒（辽宁植物志、东北植物检索表、中国植物志、Flora of China）刺椒 黄椒 大花椒

Zanthoxylum simulans Hance. in Ann. Sci. Nat. Bot. ser. 5，5：208. 1866；Fl. China 11：65. 2008；中国植物志43（2）：52. 图版8：4-8，10：6. 1997；辽宁植物志（上册）：1039. 图版440：1-3. 1988；东北植物检索表（第二版）：391. 图版193：3. 1995.

灌木或小乔木；枝干散生基部宽而扁的锐刺。奇数羽状复叶；小叶5~15片，对生，叶轴具狭翅；小叶两面密被透明腺点。花序顶生；花被片5~8片，淡黄绿色；雌蕊或成熟的果有伸出的子房柄；外果皮表面有粗大半透明腺点，平伏或突起。花期3—5

果实

月，果期7—9月。

产于青海、甘肃、山东、河南、安徽、江苏、浙江、湖北、江西、台湾、福建、湖南及贵州东北部。凌源、熊岳、庄河、普兰店、大连等地有栽培。

叶和果是调料。根有祛风湿、止痛作用，种子有利尿消肿作用，叶、果皮也药用。种子可榨油，供工业用。

果序　　　　　　　　　叶　　　　　　　　　叶背面观

（3）花椒（辽宁植物志、东北植物检索表、中国植物志、Flora of China）**大椒　秦椒蜀椒**

Zanthoxylum bungeanum Maxim. in Bull. Acad. Sci. St.–Petersb. 16：212. 1871；Fl. China 11：64. 2008；中国植物志43（2）：44. 图版10：4. 1997；辽宁植物志（上册）：1040. 图版440：4-6. 1988；东北植物检索表（第二版）：391. 图版193：4. 1995.

落叶小乔木。茎干上的刺常早落，枝有短刺，皮刺扁宽。叶有小叶5~13片，叶轴常有甚狭窄的叶翼；小叶对生，两面无腺点。花序顶生或生侧枝之顶；花被片5~8片，黄绿色；雌蕊或成熟的果无子房柄；外果皮表面密生疣状突起腺点。花期5月，果期8—10月。

分布于我国北部至西南，大连、营口等地有栽培。

果实为调料，药用有温中止痛、杀虫止痒作用。嫩叶可食用，老叶可制农药。种子可榨油，供工业用。

果序　　　　　　　　　叶背面观　　　　　　　　　植株的一部分

3. 榆橘属 Ptelea L.

落叶小乔木或灌木。叶互生，很少对生，指状3~5小叶，有透明油点，小叶无柄。聚伞花序，花单性或杂性；萼片及花瓣均5或4片；萼片基部合生；花瓣覆瓦状排列，外面有短细毛；雄花的雄蕊5或4枚，与花瓣互生；雌花有退化雄蕊5或4枚，子房3或2室，花柱短，纤细，柱头2或3浅裂。翅果扁圆形，有2~3宽阔、具明显脉纹的膜质翅，内果皮坚韧，通常每室有1种子。

辽宁栽培1种。

榆桔（辽宁植物志、东北植物检索表）**榆橘**（中国植物志）**翅果三叶椒**

Ptelea trifoliata L. in Sp. Pl. ed. 1, 118. 1753；中国植物志43（2）：103. 图版25. 1997；辽宁植物志（上册）：1048. 图版445. 1988；东北植物检索表（第二版）：390. 图版194：4. 1995.

落叶灌木。叶互生，有3小叶，小叶无柄，卵形至长椭圆形，中央1片小叶的基部楔尖，全缘或边缘细齿裂。伞房状聚伞花序；花蕾近圆球形；花淡绿或黄白色，略芳香；花瓣椭圆形或倒披针形，边缘被毛。翅果外形似榆钱，扁圆，网脉明显。花期5月，果期8—9月。

原产于美国。大连、熊岳有栽种。

树皮药用，果实带苦味。

植株的一部分　　　　　　　　　叶　　　　　　　　　树干

4. 四数花属 Tetradium Loureiro

常绿或落叶灌木或乔木，无刺。叶及小叶均对生，常有油点。聚伞圆锥花序；花单性，雌雄异株；萼片及花瓣均4或5片；花瓣镊合或覆瓦状排列；雄花的雄蕊4或5枚，花丝被疏长毛，退化雌蕊短棒状，不分裂，或4~5裂；雌蕊由4或5个离生心皮组成，退化雄蕊有花药而无花粉，或无花药则呈鳞片状，花柱彼此贴合，柱头头状。蓇葖果，成熟时沿腹、背二缝线开裂，每分果瓣种子1或2粒，外果皮有油点，内果皮干后薄壳质或呈木质，干后蜡黄色或棕色。

辽宁产1种。

臭檀（辽宁植物志）**臭檀吴茱萸**（东北植物检索表）**臭檀吴萸**（中国植物志、Flora of China）

Tetradium daniellii（Benn.）T.G.Hartley in Gard. Bull. Singapore 34：105 1981；Fl. China 11：68. 2008.—*Evodia daniellii*（Benn.）Hemsl. in Journ. L. Soc. Bot. 22：104. 1886；中国植物志43（2）：76. 1997；辽宁植物志（上册）：1043. 图版442. 1988；东北植物检索表（第二版）：390. 图版193：2. 1995.

落叶乔木。树皮暗灰色。奇数羽状复叶，小叶7~11。聚伞状圆锥花序顶生，雌雄异株；花小形，通常5数，白色；萼片5，卵状三角形；花瓣5，狭卵状椭圆形。蓇葖果紫红色或红褐色，果皮布有透明腺点，分果先端有尖喙。花期6—7月，果期9月。

生于沟边及疏林，也见栽培。产于金州、大连、旅顺口、绥中、凌源等地。

花期、果期观赏价值均很高。木材可供制家具及农具；果实药用及榨油；枝叶含芳香油；树皮含鞣质，均可提取利用。

树干

果期

花期

果序

花

果实

5. 黄檗属（黄柏属）　Phellodendron Rupr.

落叶乔木。成年树的树皮较厚，纵裂，且有发达的木栓层，内皮黄色，味苦。叶对生，奇数羽状复叶，叶缘常有锯齿。花单性，雌雄异株，圆锥状聚伞花序，顶生；萼片、花瓣、雄蕊及心皮均为5数，花柱短，柱头头状。核果蓝黑色，近圆球形，有小核4~10个；种子卵状椭圆形，种皮黑色，骨质。

辽宁产1种1变种。

黄檗（辽宁植物志、东北植物检索表、中国植物志、Flora of China）黄波罗

Phellodendron amurense Rupr. in Bull. Phys. Math. Acad. Sci. St.–Petersb. 15：353. 1857；Fl. China 11：76. 2008；中国植物志43（2）：100. 1997；辽宁植物志（上册）：1049. 图版446：1–6. 1988；东北植物检索表（第二版）：390. 图版194：2. 1995.

a. 黄檗（原变种）

var. **amurense**

落叶乔木。木栓层发达，柔软，内皮鲜黄色。奇数羽状

果序

复叶，小叶5~13，叶面无毛，叶背仅基部中脉两侧有白色软毛或无毛，秋季落叶前毛被大多脱落。花单性，雌雄异株，聚伞状圆锥花序；花瓣5，黄绿色。浆果状核果，圆球形，成熟后黑色。花期5—6月，果期9—10月。

生于山坡杂木林中或山间谷地。产于辽宁各地。

树皮有清热燥湿、泻火除蒸、解毒疗疮作用。木栓层可作软木塞、浮标、救生圈等；内皮可作染料。叶可提取芳香油。

花序

树干

叶

b. 毛黄檗（变种）（辽宁植物志、东北植物检索表）

var. **molle**（Nakai）S. H. Li et S. Z. Liou，辽宁植物志（上册）：1051. 图版446：7. 1988；东北植物检索表（第二版）：390. 1995.

叶背面沿脉具较明显的短柔毛。产于盖州、丹东、岫岩、鞍山等地。

叶背面观

叶正面观

棟科 Meliaceae

乔木或灌木，稀为亚灌木。叶互生，很少对生，通常羽状复叶，很少3小叶或单叶；小叶对生或互生。花两性或杂性异株，辐射对称，通常组成圆锥花序，间为总状花序或穗状花序；通常5基数，间为少基数或多基数；花瓣4~5，少有3~7，雄蕊4~10，花丝合生或分离；子房上位，1~5室；花柱单生或缺，柱头盘状或头状，顶部有槽纹或有小齿2~4个。果为蒴果、浆果或核果，开裂或不开裂；果皮革质、木质或很少肉质；种子有胚乳或无胚乳，常有假种皮。

辽宁栽培2属2种。

分属检索表

1. 果为蒴果；羽状复叶 ·· 1. **香椿属 Toona** Roem.
1. 果为核果；1~3回羽状复叶 ···································· 2. **棟属 Melia** L.

1. 香椿属 Toona Roem.

乔木。叶互生，羽状复叶；小叶全缘，很少有稀疏的小锯齿。花小，两性，组成聚伞花序，再排列成顶生或腋生的大圆锥花序；花瓣5，远长于花萼，与花萼裂片互生，分离；雄蕊5，分离，与花瓣互生；花盘厚，肉质，成一个具5棱的短柱；子房5室，花柱线形，顶端具盘状的柱头。果为蒴果，革质或木质，5室，室轴开裂为5果瓣。

辽宁栽培1种。

香椿（辽宁植物志、东北植物检索表、中国植物志、Flora of China）**春芽树**

Toona sinensis（A. Juss.）Roem. in Fam. Nat. Reg. Veg. Syn. 1：139. 1846；Fl. China 11：113. 2008；中国植物志43（3）：37. 图版9：1-5. 1997；辽宁植物志（上册）：1056. 图版449. 1988；东北植物检索表（第二版）：393. 图版199：1. 1995.

落叶乔木。偶数羽状复叶，有特殊气味；小叶5~10对。圆锥花序顶生，下垂，多花；萼小，杯状，具5钝齿或浅波状；花瓣5，白色，卵状长圆形，基部黄色，顶端钝。蒴果木质，椭圆状，深褐色，成熟时5瓣裂。花期6月中旬，果期10月。

产于华北、华东、中部、南部和西南部等地；大连、鞍山、北镇等地有栽培。

芽期

木材为家具良材，又可造船和建筑用；嫩叶可食；种子可榨油；根皮、叶、嫩枝及果有收敛止血、祛湿止痛作用。

花

果期

落叶期

2. 楝属 Melia L.

落叶乔木或灌木。叶互生，1~3回羽状复叶。圆锥花序腋生，多分枝，由多个二歧聚伞花序组成；花两性；花萼5~6深裂，覆瓦状排列；花瓣白色或紫色，5~6片，分离；雄蕊管圆筒形，管顶有10~12齿裂，花药10~12枚；花盘环状；子房近球形，3~6室，花柱细长，柱头头状，3~6裂。果为核果，近肉质，核骨质，每室有种子1颗。

辽宁栽培1种。

楝（中国植物志、Flora of China）**楝树 苦楝 紫花树**

Melia azedarach L. in Sp. Pl. 384. 1753；Fl. China 11：130. 2008；中国植物志43（3）：100. 图版22：6-7. 1997.

落叶乔木。2~3回奇数羽状复叶。圆锥花序约与叶等长；花芳香；花萼5深裂；花瓣淡紫色，倒卵状匙形；雄蕊管紫色，花药10枚；子房近球形，5~6室，花柱细长，柱头头状，顶端具5齿，不伸出雄蕊管。核果球形至椭圆形。花期4—5月，果期10—12月。

广泛分布于亚洲热带和亚热带地区。大连有栽培。

树皮及根皮有驱虫疗癣作用，果实有疏肝行气、止痛、驱虫作用。

成熟果实

花序

叶

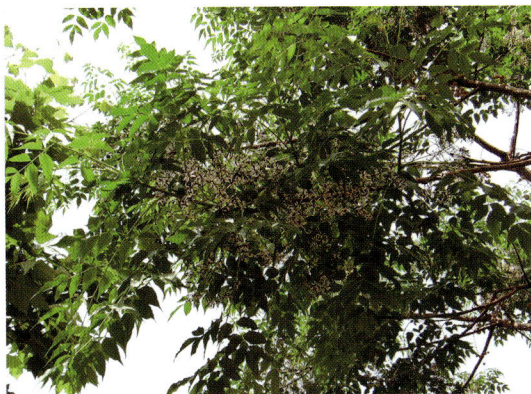

植株的一部分

苦木科 Simaroubaceae

　　落叶或常绿的乔木或灌木。叶互生，有时对生，通常成羽状复叶，少数单叶。花序腋生，成总状、圆锥状或聚伞花序，少为穗状花序；花小，辐射对称，单性、杂性或两性；萼片3~5，镊合状或覆瓦状排列；花瓣3~5，分离，少数退化，镊合状或覆瓦状排列；雄蕊与花瓣同数或为花瓣的2倍，花丝分离；子房通常2~5裂，花柱2~5，柱头头状。果为翅果、核果或蒴果，一般不开裂。

　　辽宁产2属2种1变种。

分属检索表

1. 小叶7~15，边缘有锯齿；花序腋生；雄蕊4~5；小核果 ………… 1. **苦木属（苦树属）** Picrasma Bl.
1. 小叶13~25，边缘仅基部有1~4粗齿；花序顶生；雄蕊10；翅果 ………… 2. **臭椿属** Ailanthus Desf.

1. 苦木属（苦树属） Picrasma Bl.

　　落叶乔木，全株有苦味。叶为奇数羽状复叶，小叶对生或近对生。花序腋生，由聚伞花序再组成圆锥花序；花单性或杂性，4~5基数，花梗下半部具关节；萼片小，宿存；花瓣比萼片长，在雌花中的宿存；雄蕊4~5；心皮2~5，分离，在雄花中的退化或仅有痕迹，花柱基部合生，上部分离，柱头分离。果为核果，外果皮薄，肉质，内果皮骨质。

　　辽宁产1种1变种。

　　苦木（辽宁植物志、东北植物检索表）苦树（中国植物志、Flora of China）苦楝树 熊胆树

　　Picrasma quassioides（D. Don）Benn. in Pl. Jav. Rar. 198. 1844；Fl. China 11：102. 2008；中国植物志43（3）：7. 1997；辽宁植物志（上册）：1054. 图版448：1-4. 1988；东

北植物检索表（第二版）：391. 图版194：6. 1995.

a. 苦木（原变种）

var. quassioides

落叶乔木，全株有苦味。叶互生，奇数羽状复叶；小叶9~15，边缘具不整齐的粗锯齿，叶面无毛，背面仅幼时沿中脉和侧脉有柔毛。雌雄异株；腋生复聚伞花序，花序轴密被黄褐色微柔毛；花瓣4~5，卵形。核果成熟后蓝绿色，萼宿存。花期4—5月，果期6—9月。

生于山地杂木林中。产于长海、宽甸、桓仁、丹东等地。

木材供制车辆、农具等；叶可饲椿蚕；树皮可提取栲胶；种子油可作精密仪器润滑油。皮及果有清热利湿、收敛止痛之效；叶、树皮可作土农药。

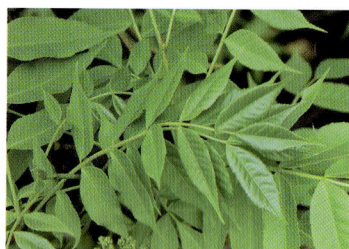

果序　　　　　　　　花序　　　　　　　　叶

b. 毛果苦木（变种）（辽宁植物志、东北植物检索表）

var. dasycarpa（Kitag.）S. Z. Liou ，辽宁植物志（上册）：1054. 图版448：5-6. 1988；东北植物检索表（第二版）：393. 图版194：7. 1995.

叶厚纸质，背面密被柔毛；子房密生毛；果实微被短毛。产于大连、旅顺口、蛇岛、长海等地。

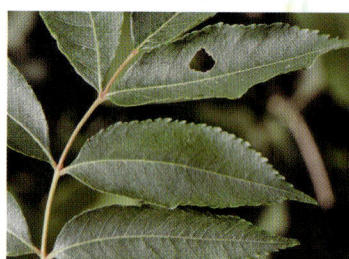

果实　　　　　　　　小叶背面观　　　　　　　　小叶正面观

2. 臭椿属 Ailanthus Desf.

落叶或常绿乔木或小乔木。叶互生，奇数羽状复叶或偶数羽状复叶；小叶13~41，对生或近于对生，基部偏斜，先端渐尖。花小，杂性或单性异株，圆锥花序生于枝顶的叶腋；萼片5，覆瓦状排列；花瓣5，镊合状排列；花盘10裂；雄蕊10，着生于花盘基部，但在雌花中的雄蕊不发育或退化；花柱2~5，分离或结合，但在雄花中仅有雌花的痕迹或退化。翅果长椭圆形，种子1颗生于翅的中央。

辽宁产1种。

臭椿（辽宁植物志、东北植物检索表、中国植物志、Flora of China）椿树 樗 臭树

Ailanthus altissima（Mill.）Swingle in Journ. Wash. Acad. Sci. 6：459. 1916；Fl. China 11：101. 2008；中国植物志43（3）：4. 图版1：1–7. 1997；辽宁植物志（上册）：1052. 图版447. 1988；东北植物检索表（第二版）：391. 图版194：5. 1995.

落叶乔木，树皮平滑而有直纹。奇数羽状复叶，有小叶13~27，小叶两侧各具1或2个粗锯齿。圆锥花序顶生，直立；花小，多数，白色带绿，雌雄异株；萼片5，花瓣5，雄蕊10，子房由5心皮组成，柱头5裂。翅果长椭圆形。花期4—5月，果期8—10月。

生于山坡或林中。产于鞍山、岫岩、盖州、瓦房店、普兰店、庄河、大连、凌源等地。

木材供制车辆、农具等；叶可饲椿蚕；树皮可提取栲胶；种子油可作精密仪器润滑油。皮及果有清热利湿、收敛止痛之效；叶、树皮可作土农药。

雌花

果枝

叶

雄花序

【附】红叶臭椿 cv.'Hongye'，春季叶片均呈紫红色，5月中旬渐变为棕红色、棕绿色，6月中旬以后才完全转变为深绿色。花期以后随着秋梢的生长，枝条顶部的新生叶片仍呈鲜艳的紫红色。大连有栽培。

植株

植株的一部分

漆树科 Anacardiaceae

乔木或灌木，稀为木质藤本或亚灌木状草本。叶互生，稀对生，单叶，掌状3小叶或奇数羽状复叶。花小，辐射对称，两性或多为单性或杂性，排列成顶生或腋生的圆锥花序；通常为双被花，稀为单被或无被花；花瓣3~5，分离或基部合生，脱落或宿存。果实为核果、坚果，中果皮具树脂。种子无胚乳，胚大而多肉质、弯曲，子叶厚。

辽宁产4属6种2变种，其中栽培3种。

分属检索表

1. 花为单被花 ………………………………………………………… 1. **黄连木属** Pistacia L.
1. 花有花萼和花瓣。
　2. 奇数羽状复叶或羽状3小叶；果序上无不孕花。
　　3. 叶轴通常具狭翅；圆锥花序顶生；果被腺毛和具节柔毛或单色，成熟后红色
　　………………………………………………… 2. **盐肤木属** Rhus（Tourn.）L. emend. Moench
　　3. 叶轴通常无翅；圆锥花序腋生；果无毛或疏被微柔毛或刺毛，成熟后黄绿色
　　………………………………………………… 3. **漆属** Toxicodendron（Tourn.）Mill.
　2. 单叶；果序上有多数不孕花 …………………………… 4. **黄栌属** Cotinus（Tourn.）Mill.

1. 黄连木属 Pistacia L.

乔木或灌木，落叶或常绿。叶互生，无托叶，奇数或偶数羽状复叶，稀单叶或3小叶；小叶全缘。总状花序或圆锥花序腋生；花小，雌雄异株；雄花：苞片1；花被片3~9：雄蕊3~5，稀达7；雌花：苞片1；花被片4~10，膜质，半透明，无不育雄蕊。核果近球形，无毛，外果皮薄，内果皮骨质。

本属为东北新记录属。辽宁产1种。

黄连木（中国植物志、Flora of China）**木黄连 药树 凉茶树**

Pistacia chinensis Bunge in Mem. Div. Acad. St. Petersb. 2：89（Enum. Pl. Chin. Bor. 15）. 1833；Fl. China 11：345. 2008；中国植物志45（1）：92. 图版28：1-4. 1980.

落叶乔木。偶数或奇数羽状复叶互生，有小叶5~9对；小叶对生或近对生，纸质，披针形等，先端渐尖，基部偏斜，全缘。花单性异株，先花后叶，圆锥花序腋生；花小，雄花花被片2~4，雌花花被片7~9。核果倒卵状球形，略压扁，直径约5毫米，成熟时紫红色。花期5月，果期10月。

生于山林中。产于旅顺口。

叶芽可作蔬菜，并可代茶，药用有清热解毒、止渴作用。木材鲜黄色，可提取黄色染料，材质坚硬致密，可作家具和细工用材。种子榨油可作润滑油或制皂。

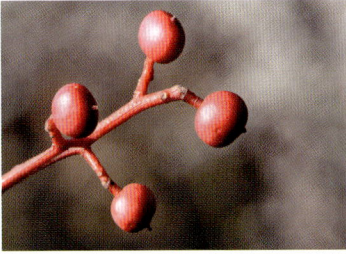

果实

叶

植株

2. 盐肤木属 Rhus（Tourn.）L. emend. Moench

落叶灌木或乔木。叶互生，奇数羽状复叶、3小叶或单叶。花小，杂性或单性异株，多花，排列成顶生聚伞圆锥花序或复穗状花序；花萼5裂，裂片覆瓦状排列，宿存；花瓣5，覆瓦状排列；雄蕊5，着生在花盘基部，在雄花中伸出；花盘环状；花柱3，基部多少合生。核果球形，略压扁，被毛，成熟时红色，外果皮与中果皮连合，中果皮非蜡质。

辽宁产3种，其中栽培2种。

分种检索表

1. 小叶7~13，叶轴具狭翅 ·································· 1. 盐肤木 Rh. chinellsis Mill.
1. 小叶9~13，叶轴无翅。
　2. 小叶羽裂 ···································· 2. 羽裂火炬树 Rh. dissecta Thunb.
　2. 小叶不羽裂 ···································· 3. 火炬树 Rh. typhina L.

（1）**盐肤木**（辽宁植物志、东北植物检索表、中国植物志、Flora of China）五倍子树

Rhus chinensis Mill. in Gard. Dict. ed. 8，7. 1768；Fl. China 11：346. 2008；中国植物志45（1）：100. 1980；辽宁植物志（上册）：1065. 图版453. 1988；东北植物检索表（第二版）：395. 图版198：1. 1995.

落叶小乔木。奇数羽状复叶，小叶7~13，叶轴具狭翅，边缘具粗锯齿，背面密被灰褐色毛。圆锥花序，顶生，密被灰褐色毛。核果球形，略压扁，被具节柔毛和腺毛，成熟时红色。花期8—9月，果期10月。

生于山坡、沟谷、杂木林中。产于绥中、沈阳、盖州、金州、大连、庄河、长海、普兰店、本溪、丹东、宽甸、桓仁等地。

果泡水代醋用，生食酸咸止渴。种子可榨油。根、叶、花及果均可供药用。

植株的一部分

果期

花期

叶

（2）羽裂火炬树 深裂叶火炬树

Rhus dissecta Thunb. in Phytogr. Bl. 1：29. 1803.

落叶灌木或小乔木。树冠开展至开张。小枝柔软而光滑。羽状复叶，小叶羽裂，暗绿色，秋季变为亮橙红色。雌雄异株，圆锥花序顶生。果实成簇，深红色。花期6月，果期9—10月。

原产于北美。大连有少量栽培。

用途同火炬树。

花序

小叶背面观

植株

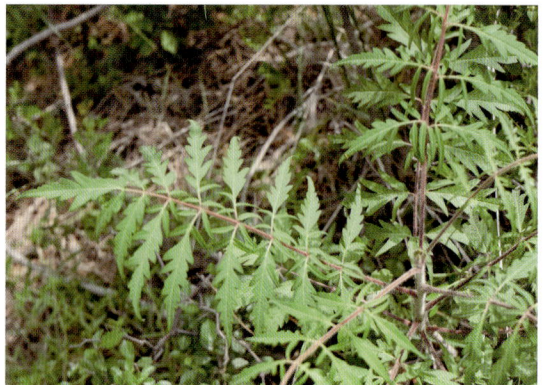
植株的一部分

（3）火炬树（辽宁植物志、东北植物检索表）鹿角漆

Rhus typhina L. in Cent. Pl. II 14. 1756；辽宁植物志（上册）：1065. 1988；东北植物检索表（第二版）：395. 1995.

落叶小乔木或灌木。小枝有密茸毛，棕褐色；奇数羽状复叶，小叶9~13，披针状长圆形，基部圆形或楔形，先端渐尖，边缘具细锯齿，嫩叶有茸毛。雌雄同株，圆锥花序顶生，长10~20厘米，密被灰褐色毛。果实深红色，有密毛。花期6月，果期9—10月。

原产于北美。辽宁各地栽培。

果序亮红似火炬，观赏性较好。但是，扩散能力极强，不宜植于保护区周边。

雌株

花序

雄株

叶

3. 漆属 Toxicodendron（Tourn.）Mill.

落叶乔木或灌木，稀为木质藤本，具白色乳汁。叶互生，奇数羽状复叶或掌状3小叶；小叶对生。花序腋生，聚伞圆锥状或聚伞总状；花小，单性异株；花瓣5，覆瓦状排列，通常具褐色羽状脉纹，开花时先端常外卷。核果近球形或侧向压扁，外果皮薄、脆，成熟时与中果皮分离，中果皮厚，白色蜡质，具褐色纵向树脂道条纹，与内果皮连合，果核坚硬，骨质。

辽宁产2种。

分种检索表

1. 叶柄长4~8厘米，小叶侧脉15~25对，表面中脉密被卷曲柔毛，其余被平伏柔毛，背面密被柔毛或仅脉上较密；圆锥花序长8~15厘米；核果极偏斜，长大于宽
   ………………………………………… 1. **木蜡树** T. sylvestre（Sieb. et Zucc.）O. Kuntze
1. 叶柄长7~14厘米，小叶侧脉10~15对，表面通常无毛或仅沿中脉疏被柔毛，背面沿脉被平展柔毛，稀近无毛；圆锥花序长15~30厘米；核果对称，宽大于长
   ………………………………………… 2. **漆** T. vernicifluum（Stokes）F. A. Barkl.

（1）**木蜡树**（东北植物检索表、中国植物志、Flora of China）山漆树 野毛漆

Toxicodendron sylvestre（Sieb. et Zucc.）O. Kuntze in Rev. Gea. Pl. 154. 1891；Fl. China 11：351. 2008；中国植物志45（1）：118. 图版34：4-5. 1980；东北植物检索表（第二版）：395. 1995.

落叶乔木。奇数羽状复叶，小叶3~7对，叶轴和叶柄圆柱形，密被黄褐色茸毛；小叶对生，纸质，卵形、长圆形等，基部不对称，全缘，侧脉15~25对。花序圆锥状，长不超过叶长之半，密被锈色茸毛；花黄色。核果极偏斜，长大于宽。花期5—6月，果期8—10月。

生于林中。《大连地区植物志》记载产于普兰店俭汤乡，待进一步调查核实。

（2）**漆**（辽宁植物志、东北植物检索表、中国植物志、Flora of China）山漆 大木漆

Toxicodendron vernicifluum（Stokes）F. A. Barkl. in Ann. Midl. Nat. 24：680. 1940；Fl. China 11：351. 2008；中国植物志45（1）：111. 图版31：1-3. 1980；辽宁植物志（上册）：1063. 图版452. 1988；东北植物检索表（第二版）：395. 图版198：3. 1995.

落叶乔木。叶柄长7~14厘米；奇数羽状复叶互生，小叶9~15，侧脉10~15对，叶轴圆柱形，被微柔毛。圆锥花序长15~30厘米，与叶近等长，被黄灰色柔毛，花黄绿色。果序下垂，核果对称，宽大于长，略压扁，外果皮黄色，无毛，具光泽。花期5—6月，果期8—10月。

生于向阳山坡林内。产于旅顺口、普兰店、庄河、岫岩、本溪、宽甸、新宾、桓仁等地。

我国最重要的特用经济树种之一，生漆为优良涂料，防腐性能好；果皮可提取蜡；叶、根可做土农药；木材可制家具、乐器及装饰品；叶、根可做土农药；干漆做中药，有通经、驱虫、镇咳功效。

叶柄

果实（张日升　摄）　　　　叶背面观　　　　植株的一部分

4. 黄栌属 Cotinus（Tourn.）Mill.

落叶灌木或小乔木。单叶互生，全缘或略具齿。聚伞圆锥花序顶生；花小，杂性，仅少数发育，花梗纤细，长为花直径的4~6倍，多数不孕花花后花梗伸长，被长柔毛；花萼5裂，裂片覆瓦状排列，宿存；花瓣5，长为萼片的2倍，略开展；雄蕊5，比花瓣短；花柱3，侧生，短，柱头小而不显。核果小，暗红色至褐色，肾形，极压扁，侧面中部具残存花柱。

辽宁产2变种，其中栽培1变种。

黄栌（中国植物志、Flora of China）

Cotinus coggygria Scop. in Fl. Carn. ed. 2，1：220. 1772；Fl. China 11：344. 2008；中国植物志45（1）：96. 1980.

a. 黄栌（原变种）

var. **coggygria**

辽宁不产。

b. 毛黄栌（变种）（辽宁植物志、东北植物检索表、中国植物志、Flora of China）

var. **pubescens** Engl. in Bot. Jahrb. 1：403. 1881；Fl. China 11：344. 2008；中国植物志45（1）：97. 1980；辽宁植物志（上册）：1067. 图版454. 1988；东北植物检索表（第二版）：395. 1995.

花序的一部分

落叶灌木。小枝灰色，被短柔毛。叶柄圆筒形，长2~6厘米，密被短柔毛；叶片多为阔椭圆形，稀圆形，全缘，表面深绿色，背面浅绿色，侧脉明显，尤其沿脉密被灰白色绢状柔毛。圆锥花序无毛或近无毛，花小，黄色。核果肾形，无毛。花果期5—6月。

生于阴湿的石缝或溪沟边。产于朝阳，大连、盖州、沈阳等地有栽培。

叶背面

秋季观叶树种。树皮、叶可提取栲胶；叶含芳香油；木材可提取黄色染料，也可用作家具、器具及建筑装饰、雕刻用材。枝叶有清热、解毒、消炎作用，治急性传染性肝炎。

植株的一部分

花序轴无毛

c. **光叶黄栌**（变种）（辽宁植物志）**红叶**（东北植物检索表、中国植物志）**灰毛黄栌**（Flora of China）

var. **cinerea** Engl. in Bot. Jahrb. 1：403. 1881；Fl. China 11：344. 2008；中国植物志 45（1）：97. 1980；辽宁植物志（上册）：1067. 图版455. 1988；东北植物检索表（第二版）：395. 图版198：2. 1995.

叶片卵圆形或倒卵形，基部广楔形或圆形，先端圆或微凹，两面或背面被灰色柔毛。圆锥花序有柔毛，果序上有许多伸长成紫色羽毛状不孕性花梗，花杂性，同株。果实肾形，无毛。大连、盖州、沈阳等地有栽培。

果序的一部分

花序的一部分

花与叶柄

叶背面观

植株的一部分

注：尚见栽培以下2个品种：

美国红栌 'Royal Purple'，叶紫色，秋叶鲜红色。

紫叶黄栌 'Purpureus'，叶深紫色，有金属光泽。

美国黄栌

槭树科 Aceraceae

乔木或灌木，落叶稀常绿。叶对生，具叶柄，单叶稀羽状或掌状复叶。花序伞房状、穗状或聚伞状；花小，绿色或黄绿色，稀紫色或红色，整齐，两性、杂性或单性，雄花与两性花同株或异株；萼片5或4，覆瓦状排列；花瓣5或4，稀不发育；雄蕊4~12，通常8；子房上位，2室，花柱2裂仅基部连合，稀大部分连合，柱头常反卷。翅果。

辽宁产1属19种3变种1变型，其中栽培10种1变种1变型。

槭属 Acer L.

乔木或灌木，落叶或常绿。叶对生，单叶或复叶。花序由着叶小枝的顶芽生出，下部具叶，或由小枝旁边的侧芽生出，下部无叶；花小，整齐，雄花与两性花同株或异株，稀单性，雌雄异株；萼片与花瓣均5或4，稀缺花瓣；雄蕊4~12，通常8，生于花盘内侧、外侧，稀生于花盘上；子房2室，花柱2裂稀不裂，柱头通常反卷。果实系2枚相连的小坚果，凸起或扁平，侧面有长翅，张开成各种大小不同的角度。

辽宁产19种3变种1变型，其中栽培10种1变种1变型。

分种检索表

1. 叶为单叶。
  2. 叶掌状3~7裂。
    3. 裂片通常无锯齿。
      4. 叶3裂。
        5. 叶常自叶片中段以上3裂，裂片全缘，侧裂片与中裂片大小近于相等。翅果张开呈锐角或近于直立。栽培 ………………………………………………… 1. 三角槭 A. buergerianum Miq.
        5. 叶基部近于截形，深3裂几达于叶片长度的4/5，裂片长圆形或长圆披针形，全缘或中段以上有2~3枚粗锯齿。翅果张开近于直角。栽培
          ……………………………… 2. 细裂槭 A. pilosum var. stenolobum（Rehder）W. P. Fang
      4. 叶5或7裂。
        6. 枝条有木栓质的翼；叶掌状5中裂。栽培 ………………………… 3. 瘤枝槭 A. campestre L.
        6. 枝条无木栓质的翼；叶5或7裂。
          7. 叶基部浅心形或近截形；翅长为小坚果的2~3倍，宽5~10毫米
            ……………………………………………………………… 4. 色木槭 A. mono Maxim.
          7. 叶基部截形，稀微心形；翅与小坚果近等长，宽10~12毫米
            ……………………………………………………… 5. 元宝槭 A. truncatum Bunge
    3. 裂片有锯齿。
      8. 花红色。叶掌状3~5裂。栽培 ………………………………… 6. 美国红枫 A. rubrum L.
      8. 花黄色。

9. 叶无毛。

  10. 叶掌状5深裂，边缘具缺刻状深锯齿。栽培。

    11. 叶长大于宽。栽培 ·· **7. 银槭 A. saccharinum** L.

    11. 叶长宽近相等。栽培 ···································· **8. 挪威槭 A. platanoides** L.

  10. 叶3裂，边缘具不规则的缺刻状重锯齿。

    12. 叶较大，近圆形，长7~15厘米，宽7~13厘米，3~5浅裂；幼枝绿色；翅果张开呈钝角或近平角 ···························· **9. 青楷槭 A. tegmentosum** Maxim.

    12. 叶较小，卵状三角形，长3~7厘米，3（5）裂，中裂片比侧裂片大；幼枝带紫红色；翅果张开呈锐角或直角 ····· **10. 茶条槭 A. tataricum subsp. ginnala**（Maxim.）Wesm.

 9. 叶背面或沿叶脉密被毛。

  13. 叶5（7）裂，背面密被茸毛；长总状花序，长8~10厘米，花多而密集；翅果小，长1.2~2厘米，张开呈直角或锐角 ············· **11. 花楷槭 A. ukurunduense** Trautv. et C.A.Mey.

  13. 叶（3）5裂，背面疏生毛或沿脉密被毛；短总状花序，花少；翅果较大，张开呈钝角。

    14. 叶背面及中脉上被带黄色的毛，边缘疏生粗齿牙；翅果长3.5~4厘米，小坚果有粗脉棱 ··· **12. 髭脉槭 A. barbinerve** Maxim.

    14. 叶背面仅沿叶脉密被灰褐色毡毛，边缘具齿牙状重锯齿；翅果长2.5~3厘米，小坚果无粗脉棱 ······································ **13. 小楷槭 A. komarovii** Pojark.

2. 叶掌状7~13裂。

 15. 叶裂不少于9。

  16. 叶9~13裂，裂片不及叶的1/4。栽培 ··················· **14. 钝翅槭 A. shirasawanum** Koidz.

  16. 叶9或11裂，裂深达叶片的1/2~1/3。叶柄及花梗有毛；萼片紫色，花瓣白色或淡黄色 ························· **15. 紫花槭 A. pseudo-sieboldianum**（Pax.）Kom.

 15. 叶7或9裂，叶柄和花梗无毛；花紫色，翅果张开呈钝角或平角。栽培

    ·· **16. 鸡爪槭 A. palmatum** Thunb.

1. 叶为复叶。

 17. 小叶3；伞房花序，花杂性，雄花与两性花异株。

  18. 叶缘具疏锯齿；花3~5；翅果长3~3.5厘米，无毛 ········· **17. 东北槭 A. mandshuricum** Maxim.

  18. 叶具2~3粗齿，稀近全缘；花3；翅果长4~4.5厘米，被粗毛 ······· **18. 三花槭 A. triflorum** Kom.

 17. 小叶3~7（9）；花单性，雌雄异株，雄花组成聚伞花序，雌花排成总状。栽培

    ·· **19. 梣叶槭 A. negundo** L.

（1）三角槭（中国植物志）三角枫（Flora of China）

Acer buergerianum Miq. in Ann. Mus. Lugd. Bat. 2：88. 1865；Fl. China 11：534. 2008；中国植物志46：183. 图版55：1. 1981.

落叶乔木。叶纸质，椭圆形或倒卵形，通常浅3裂。顶生伞房花序；萼片5，黄绿色，卵形；花瓣5，淡黄色，狭窄披针形或匙状披针形。翅果黄褐色，小坚果特别凸起，翅张开成锐角或近于直立。花期4月，果期8月。

分布于山东、河南、江苏、浙江、安徽、江西、湖北等地。大连、长海有栽培。

夏季浓荫覆地，入秋叶色暗红，宜孤植、丛植作庭荫树，也可作行道树及护岸树。

果序

植株的一部分

（2）细裂槭（中国植物志）细裂枫（Flora of China）

Acer pilosum var. **stenolobum**（Rehder）W. P. Fang, Acta Phytotax. Sin. 11：163. 1966；Fl. China 11：538. 2008.—*A. stenolobum* Rehd. in J. Arnold Arbor. 3：216. 1922；中国植物志46：176. 1981.

落叶小乔木。叶纸质，基部近于截形，深3裂，裂片长圆披针形；叶柄细瘦，淡紫色，上面有浅沟。伞房花序；花淡绿色，雄花与两性花同株；萼片5，卵形；花瓣5，与萼片等长或略短。翅果成熟后淡黄色，翅张开呈钝角或近于直角。花期4月，果期9月。

产于内蒙古、山西、宁夏、陕西和甘肃。沈阳有栽培。

可以作为绿化树种栽培。

树干

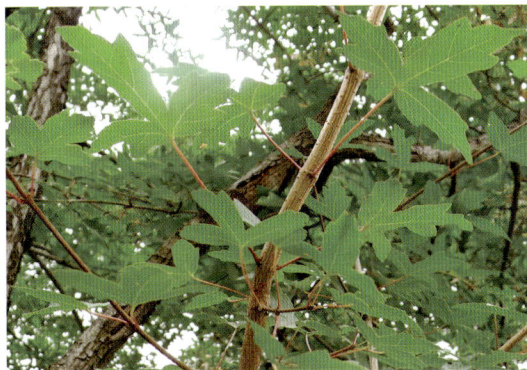

植株的一部分

（3）瘤枝槭（大连植物彩色图谱）木栓槭 栓皮槭

Acer campestre L. in Sp. Pl. 1055. 1753.

落叶小乔木，高达15米。树冠宽阔；树皮带褐灰色，长裂；枝条有木栓质的翼。叶为广卵形，掌状5中裂，中央的裂片最大，基部心形，先端锐尖或钝尖，边缘无锯齿。雌雄同株，伞房花序。翅果水平开展。花期5—6月，果期9—10月。

原产于欧洲。大连有栽培。

生长迅速，树冠广阔，可作行道树或庭园树。

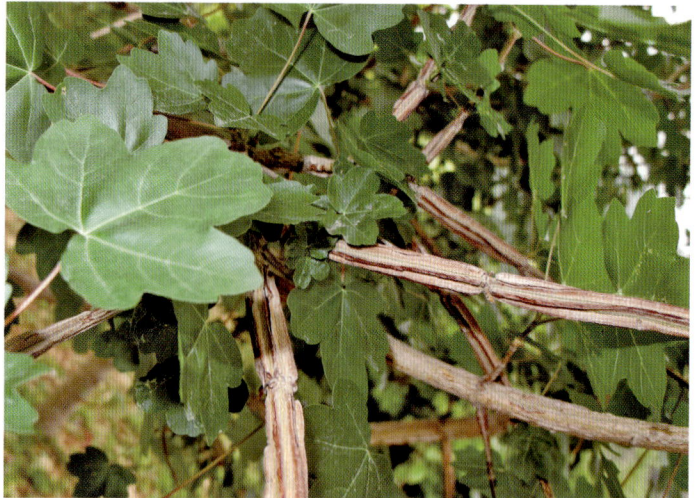

叶 　　　　　　　　　　　　　　　　　　　植株的一部分

（4）色木槭（辽宁植物志、东北植物检索表、中国植物志）五角枫（Flora of China）

Acer mono Maxim. in Bull. Phys.–Math. Acad. Sc. St. Petersb. 15：126. 1857；中国植物志46：94. 图版19：1. 1981；辽宁植物志（上册）：1073. 图版457. 1988；东北植物检索表（第二版）：397. 图版196：4. 1995.—*A. pictum* subsp. *mono*（Maximowicz）H. Ohashi in J. Jap. Bot. 68：321 1993；Fl. China 11：522. 2008.

落叶大乔木。树皮灰色或灰褐色，粗糙，浅纵裂。叶片掌状5裂，稀7裂，基部稍呈心形或近截形。伞房花序生枝端；花杂性同株；萼片5，绿色；花瓣5，淡黄色。翅果淡黄褐色，小坚果卵圆形，翅多开展为钝角，且为小坚果长的1.5倍左右。花期5月，果期9月。

生于林中、林缘及河岸两旁。产于辽宁各地。

我国北方重要观叶树种。还是良好的蜜源植物。木材坚韧，供制家具、农具等；嫩叶可代茶和菜；枝叶入药，有祛风除湿、活血化瘀作用。

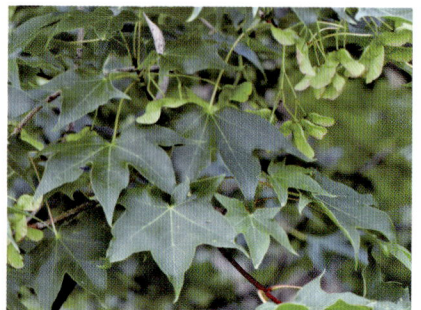

雄花 　　　　　　　　　　翅果 　　　　　　　　　　植株的一部分

（5）元宝槭（辽宁植物志、东北植物检索表、中国植物志、Flora of China）平基槭

Acer truncatum Bunge in Mem. Acad. Sc. St. Petersb. Sav. Etr. 2：84 1835；Fl. China 11：521. 2008；中国植物志46：93. 图版18：2. 1981；辽宁植物志（上册）：1071. 图版456. 1988；东北植物检索表（第二版）：397. 图版196：5. 1995.

落叶小乔木。单叶对生；叶片掌状5裂。伞房花序顶生枝端，花6~10朵；花杂性，雄花与两性花同株；萼片5，淡黄色或黄绿色，长圆形；花瓣5，淡黄色或白色。翅果淡黄色或淡褐色；小坚果卵圆形，压扁，翅较狭，翅与小坚果几乎同长。花期4—5月，果期9月。

生于林中。产于新宾、沈阳、盖州、凤城、宽甸、东港、庄河、朝阳、北镇、彰武等地。

园林绿化的好树种，秋季叶变红，尤为绚丽。还是良好的蜜源植物。种仁含油量达50%，为优质食用油；木材坚硬，供建筑、家具等；根皮入药，祛风除湿、舒筋活络。

翅果

两性花

雄花序

植株的一部分

（6）美国红枫（大连植物彩色图谱）红花槭 沼泽枫 红糖槭

Acer rubrum L. in Sp. Pl. 1055. 1753.

落叶乔木，树型直立向上。叶掌状3~5裂，叶长10厘米，叶表面亮绿色，叶背泛白，部分有白色茸毛。雌雄同株。花红色。果有翅，翅为小坚果的2~3倍。花期4月，果期8—9月。

原产于美国北部以及加拿大大部分地区。大连有栽培。

在园林绿化中被广泛应用，常用作彩色行道树、干旱地防护林树种和风景林树种。

翅果

花序

秋叶

植株的一部分

（7）银槭（辽宁植物志、东北植物检索表）银白槭

Acer saccharinum L. in Sp. Pl. 1055. 1753；辽宁植物志（上册）：1083. 图版462：2. 1988；东北植物检索表（第二版）：397. 1995.

落叶乔木。树皮灰褐色；幼枝暗紫褐色，散布长圆形皮孔。单叶对生；叶掌状5深裂，中央裂片有时再3裂，各裂片先端渐尖，边缘具缺刻状重锯齿，锯齿先端具突尖，表面暗绿色，背面灰白色。花单性；萼片绿色，无花瓣。翅果开展为锐角。花期4—8月，果期9—10月。

原产于美国东部。熊岳、沈阳有栽培。

优良的绿化树种，秋天最漂亮。

植株的一部分

树干

（8）挪威槭（大连植物彩色图谱）挪威枫 挪威黄金枫

Acer platanoides L. in Sp. Pl. 1055. 1753.

落叶乔木，树冠卵圆形。枝条粗壮，树皮表面有细长的条纹。叶柄红色，叶片光滑宽大。雌雄同株，花黄色。翅果，翅为小坚果的3~4倍。花期5月初。

原产于欧洲。大连有栽培。

树形美观，树荫浓密，是良好的行道树。

注：尚有紫叶挪威槭、金边挪威槭等品种。

群落

果序

叶

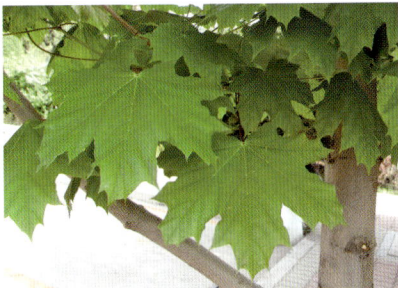

花序

（9）青楷槭（辽宁植物志、东北植物检索表、中国植物志、Flora of China）青楷子 辽东槭

Acer tegmentosum Maxim. in Bull. Phys. Math. Acad. Sc. St. Petersb. 15：125. 1856；Fl. China 11：540. 2008；中国植物志46：236. 图版69：3-4. 1981；辽宁植物志（上

册）：1080. 图版461：1-2. 1988；东北植物检索表（第二版）：397. 图版197：1. 1995.

落叶乔木。树皮平滑，灰绿色，具黑色条纹。单叶对生；叶片稍纸质，广卵形，上部为3浅裂，两侧裂片较小且稍展开。花淡绿色，杂性，同株，后于叶开放；总状花序顶生。翅果黄褐色，翅开展为140°左右。花期5月，果期9月。

生于海拔500~1000米的疏林中。产于新宾、本溪、凤城、桓仁、宽甸、庄河等地。

树干极具观赏性，可作观赏树木栽培。

注：大连曾经引种了"葛萝槭"，经研究，其实就是青楷槭。

雌花

果序

树干

雄花

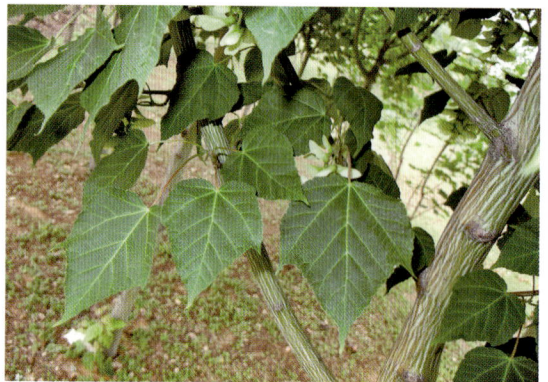
叶

（10）鞑靼槭（Flora of China）

Acer tataricum L. in Sp. Pl. 1054 1753；Fl. China 11：545. 2008.

10a. 鞑靼槭（原亚种）

subsp. **tataricum**

辽宁不产。

10b. 茶条槭（辽宁植物志、东北植物检索表、中国植物志、Flora of China）茶条枫树

subsp. **ginnala**（Maxim.）Wesm. in Bull. Soc. Roy. Bot. Belgique 29：31 1890；Fl. China 11：545. 2008.—*A. ginnala* Maxim. in Bull. Phys.—Math. Acad. Sc. St. Petersb. 15：126. 1856；中国植物志46：136. 图版36：1. 1981；辽宁植物志（上册）：1077. 图版461：3-6. 1988；东北植物检索表（第二版）：397. 图版197：2. 1995.

落叶灌木或小乔木。树皮灰褐色，平滑或粗糙，浅纵裂。单叶对生；叶片卵形或长卵

形，长尖头，有时再分裂为3浅裂。伞房花序，顶生，花多而密，杂性，同株，黄白色。翅果深褐色，小坚果长圆形；果翅常带红色，翅微展开呈锐角。花期5—6月，果期9月。

生于山坡、稀疏林下及林缘。产于西丰、抚顺、清原、本溪、凤城、桓仁、庄河、瓦房店、营口等地。

良好的庭园观赏树，也可作绿篱及小型行道树。叶、芽有清热明目作用，用于肝热目赤、视物昏花。

翅果

果期

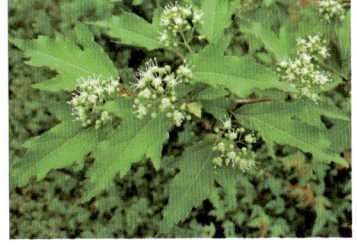

花期

（11）花楷槭（辽宁植物志、东北植物检索表、中国植物志、Flora of China）花楷子

Acer ukurunduense Trautv. et C. A. Mey. in Middendorf. Reise Sibir. 1：24. 1856；Fl. China 11：546. 2008；中国植物志46：143. 图版39：3−4. 1981；辽宁植物志（上册）：1078. 图版460：1. 1988；东北植物检索表（第二版）：397. 图版196：2. 1995.

落叶乔木。单叶对生，叶片广卵形或近圆形，基部心形，5~7裂，中裂片较宽，侧裂片

果枝

花枝

叶背面观

果序

较狭，背面密被茸毛。总状花序生短枝上；花黄绿色，杂性，雌雄异株。翅果幼嫩时淡红色，成熟时黄褐色，常呈直立的穗状果序，翅果张开呈直角或锐角。花期5月，果期9月。

生于海拔500~1500米的疏林中。产于桓仁、宽甸、本溪、新宾等地。

（12）髭脉槭（辽宁植物志、东北植物检索表、中国植物志）**簇毛枫**（Flora of China）**辽吉槭树**

Acer barbinerve Maxim. in Mel. Biol. 6：368. 1868；Fl. China 11：543. 2008；中国植物志46：241. 图版71：1-2. 1981；辽宁植物志（上册）：1080. 图版462：1. 1988；东北植物检索表（第二版）：397. 图版196：6. 1995.

落叶乔木。树干平滑，淡黄色或淡褐色。单叶对生，叶广卵形，基部心形或近截形，3~5裂，背面及中脉上被带黄色的毛。花单性，黄绿色，雌雄异株，雄花序短总状，雌花序伞房状。翅果黄褐色，开展为120°左右。花期5—6月，果期9月。

生于海拔500~1200米的疏林中或林边。产于新宾、桓仁、宽甸、本溪、凤城、庄河等地。

  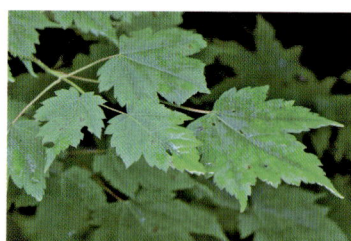

| 果序 | 叶背面观 | 植株的一部分 |

（13）小楷槭（辽宁植物志、东北植物检索表、中国植物志）**小楷枫**（Flora of China）

Acer komarovii Pojark. in Fl. URSS 14：611. 1949；Fl. China 11：542. 2008；中国植物志46：227. 图版66：1-4. 1981；辽宁植物志（上册）：1078. 图版460：2-3. 1988；东北植物检索表（第二版）：397. 图版196：3. 1995.

落叶小乔木。单叶对生；叶片卵圆形，基部心形，通常掌状分裂，背面仅沿叶脉密被灰褐色毡毛，边缘具齿牙状重锯齿。花黄绿色，单性，雌雄异株；总状花序，花与叶同时开放。翅果黄褐色，开展近直角，翅向内曲；果梗红褐色。花期5月，果期9月。

生于海拔800~1200米的疏林中。产于新宾、桓仁、本溪、庄河等地。

可作观赏树木栽培。

花序

花枝

果序

叶背面观

（14）钝翅槭 白泽槭

Acer shirasawanum Koidz. in J. Coll. Sci. Imp. Univ. Tokyo 32（1）：38. 1911.

14a. 钝翅槭（原变种）

var. shirasawanum

落叶小灌木，枝条密集，树冠圆整。树皮光滑。嫩枝细长，无毛。单叶对生，叶近圆形，掌状（7-）9~13浅裂，裂片披针形有齿；先端渐尖，基部心形。花朵直径1厘米，有5个暗紫红色的萼片，花瓣小，5个，白色（很快脱落），雄蕊红色；雄花两性花同株，花序既有雌花又有雄花，或只有雄花，早春刚长出叶子后就会在顶端长出10~20直立的伞状花序。翅果，初期亮红色，成熟后变成棕色。

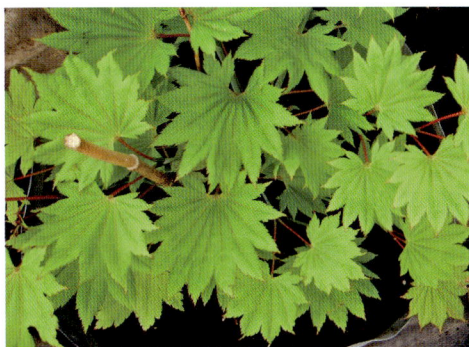

植株的一部分

原产于北美。大连有栽培。

是现代庭院绿化的一棵新星，树形优美，叶形漂亮。

14b. 金叶钝翅槭（栽培变种）金叶白泽槭 金元宝

Acer shirasawanum cv.‘Jordan’

春季新生叶片为金黄色，初夏叶片则变为黄绿色，进入秋季叶片转变成红色到橙红色。观叶效果极佳。

叶

植株

（15）紫花槭（辽宁植物志、东北植物检索表、中国植物志）紫花枫（Flora of China）假色槭

Acer pseudo-sieboldianum（Pax.）Kom. in Acta Hort. Petrop. 22：725. 1904；Fl. China 11：524. 2008；中国植物志46：121. 图版30：3-4. 1981；辽宁植物志（上册）：1074. 图版458：1-2. 1988；东北植物检索表（第二版）：397. 图版196：1. 1995.

15a. 紫花槭（原变种）

var. pseudo-sieboldianum

落叶乔木。叶片圆形，基部广深心形，常9~11裂，裂深达叶片的1/3~1/2。伞房花序，具长梗；花10~16朵，杂性，同株，后于叶开放；萼片5，紫色，长圆形；花瓣5，黄色。翅果嫩时紫色，成熟时紫黄色，翅倒卵形，开展近90°。花期5—6月，果期9月。

果期

生于阔叶林、针阔混交林及林缘。产于宽甸、桓仁、凤城、清原、本溪、抚顺、沈阳、盖州、北镇、鞍山、岫岩、瓦房店、庄河等地。

我国东北最美丽的红叶树种。木材细密，供建筑及器具等用；种子可榨油，含油量8.28%；树皮及叶可提取栲胶。

果序

秋色

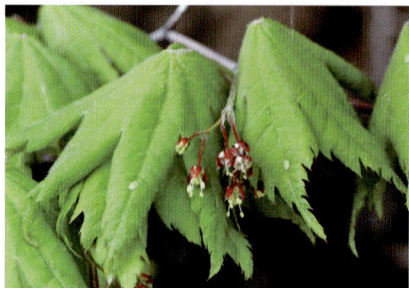

花序

15b. 小果紫花槭（变种）（辽宁植物志、东北植物检索表、中国植物志）

var. koreanum Nakai in Journ. Coll. Sc. Tokyo 26（1）：136. t. 10, f. 1. 1909；中国植物志46：123. 1981；辽宁植物志（上册）：1076. 图版458：3. 1988；东北植物检索表（第二版）：397. 1995.

叶较小，9中裂。翅果淡紫色，开展近平角，翅长圆形。产于桓仁、岫岩等地。

果序

植株的一部分

（16）鸡爪槭（辽宁植物志、东北植物检索表、中国植物志）鸡爪枫（Flora of China）

Acer palmatum Thunb. in Nova Acta Reg. Soc. Sc. Upsal. 4：40. 1783；Fl. China 11：526. 2008；中国植物志46：129. 图版32：4. 1981；辽宁植物志（上册）：1076. 图版 459：1-2. 1988；东北植物检索表（第二版）：397. 1995.

16a. 鸡爪槭（原变种）

var. **palmatum**

16aa. 鸡爪槭（原变型）

f. **palmatum**

落叶乔木。树干平滑，深灰色。单叶对生；叶片掌状5~9浅裂。伞房花序，生枝端；花杂性，雄花与两性花同株；萼片5，花瓣5，均为淡红色。翅果平滑，小坚果卵圆形，翅狭长，两翅开展近平角或钝角。花期5月，果期10月。

分布于长江流域各省，大连有栽培。

秋季红叶树种之一。枝叶有止痛、解毒作用，用于腹痛，外用于背疽、痈疮。

翅果

花序

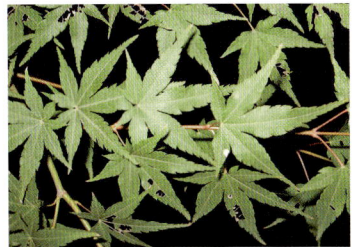

植株的一部分

16ab. 红槭（变型）（辽宁植物志、中国植物志）

f. **atropurpureum**（Van Houtte）Schewerim in Gard. Chron. n.s.，16：137. 1881；中国植物志46：129.1981；辽宁植物志（上册）：1076. 图版459：3. 1988.

叶掌状深裂，裂片5~9。嫩叶红色，老叶终年紫红色。翅果，幼时紫红色，成熟时黄棕色。大连有栽培。观叶效果极佳。

叶

植株

植株的一部分

群落

16b. 羽毛槭（变种）（中国植物志）

var. **dissectum**（Thunb.）K. Koch in Arch. Néerl. Sci. Exact. Nat. 2：449. 1867；中国植物志46：129.1981.

单叶对生，掌状7裂，裂片披针形，先端锐尖，尾状。大连有栽培。

枯叶期

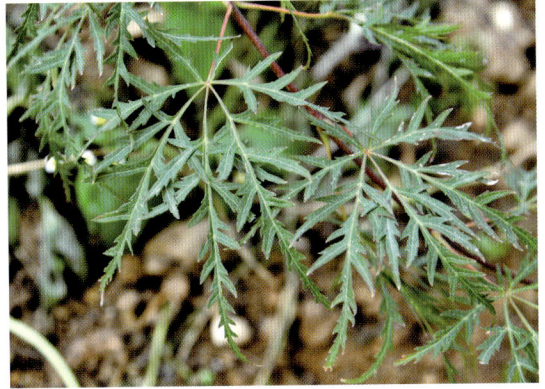

绿叶期

（17）东北槭（辽宁植物志、东北植物检索表、中国植物志）东北枫（Flora of China）白牛槭 关东槭

Acer mandshuricum Maxim. in Bull. Acad. Sc. St.—Petersb. 22：238. 1867；Fl. China 11：552. 2008；中国植物志46：267. 图版79：3. 1981；辽宁植物志（上册）：1084. 图版464. 1988；东北植物检索表（第二版）：399. 图版197：3. 1995.

落叶乔木。三出复叶，小叶叶缘具疏锯齿。伞房花序，顶生，具短梗；花3~5朵，杂性，雌花与两性花同株；花黄绿色，后于叶开放。翅果褐色，无毛；小坚果突起呈馒头状；翅开展近直角。花期5—6月，果期9月。

生于杂木林中。产于辽阳、新宾、清原、桓仁、庄河等地。

入秋后叶色变红，鲜艳夺目，为点缀庭园的良好观叶树种。材质坚韧，可做家具。

叶

雌花

果

两性花

（18）三花槭（辽宁植物志、东北植物检索表、中国植物志）三花枫（Flora of China）扭筋槭 伞花槭

Acer triflorum Kom. in Act Hort. Petrop. 18：430. 1901；Fl. China 11：551. 2008；中国植物志46：264. 1981；辽宁植物志（上册）：1083. 图版463：1-2. 1988；东北植物检索表（第二版）：399. 图版197：4. 1995.

18a. 三花槭（原变种）

var. triflorum

落叶小乔木。三出复叶，小叶纸质，边缘具2~3粗齿，稀近全缘。伞房花序，三花聚生，生短枝上，花梗具褐色毛；花杂性，同株，黄绿色。翅果黄褐色；小坚果中央部凸出，密被淡黄色柔毛；翅宽，张开呈锐角或近于直角。花期4—5月，果期9月。

生于针阔混交林中或阔叶杂木林中。产于新宾、宽甸、桓仁、凤城、本溪、庄河等地。

入秋后叶色变红，鲜艳夺目，为点缀庭园的良好观叶树种。

雄花序

果序

秋色

叶背面观

18b. 革叶三花槭（变种）（辽宁植物志、中国植物志）

var. aubcoriacea Komarov in Acta Hort. Petrop. 22：730.1904；中国植物志46：266. 1981；辽宁植物志（上册）：1083. 图版463：3-4. 1988.

叶革质或近于革质，下面有小的乳头状突起。

生于海拔400~1000米的林边或石质山坡。产于清原、桓仁。

叶

（19）梣叶槭（辽宁植物志、东北植物检索表、中国植物志）复叶枫（Flora of China）复叶槭 糖槭 美洲槭

Acer negundo L. in Sp. Pl. ed. 1. 1056. 1753；Fl. China 11：553. 2008；中国植物志46：272. 图版82：2. 1981；辽宁植物志（上册）：1086. 图版465. 1988；东北植物检索表（第二版）：399. 图版197：5. 1995.

落叶乔木。羽状复叶，小叶3~7。花单性，雌雄异株，先于叶开放；雄花序最初呈紧凑的束形，后下垂成伞房状，雄蕊5，花丝伸长，毛发状，花药线形；雌花序下垂，疏总状花序。翅果扁平，淡黄褐色，翅开展为70°左右。花期4—5月，果期9月。

原产于北美洲。辽宁各地栽培。

生长迅速，树冠广阔，可作行道树或庭园树。木材制家具，纤维可造纸。早春开花，花蜜很丰富，是很好的蜜源植物。

雌花序

雄花序

果枝

各种叶形

植株

【附】常见栽培金叶复叶槭。

苗圃

植株

植株的一部分

无患子科 Sapindaceae

乔木或灌木，有时为草质或木质藤本。羽状复叶或掌状复叶，很少单叶，互生。聚伞圆锥花序顶生或腋生；花通常小，单性，很少杂性或两性，辐射对称或两侧对称；雄花：萼片4或5，有时6片；花瓣4或5，很少6片，有时无花瓣或只有1~4个发育不全的花瓣；雄蕊5~10，通常8，偶有多数。雌花：花被和花盘与雄花相同，不育雄蕊的外貌与雄花中能育雄蕊常相似，但花丝较短，花药有厚壁，不开裂；雌蕊由2~4心皮组成，花柱顶生或着生在子房裂片间，柱头单一或2~4裂。果为室背开裂的蒴果，或不开裂而浆果状或核果状。

辽宁产2属3种1变种，其中栽培1种1变种。

分属检索表

1. 果膨大，呈囊状，果皮膜质或纸质，1~2回羽状复叶或2回三出复叶。圆锥花序，花黄色
   ··· 1. 栾树属 Koelreuteria Laxm.
1. 果不膨大，果皮厚，木栓质；奇数羽状复叶；总状花序，花白色 ··· 2. 文冠果属 Xanthoceras Bunge

1. 栾树属 Koelreuteria Laxm.

落叶乔木或灌木。叶互生，1回或2回奇数羽状复叶；小叶互生或对生，通常有锯齿或分裂，很少全缘。聚伞圆锥花序大型，顶生，很少腋生；花杂性同株或异株，两侧对称；花瓣4或5片，略不等长，具爪，瓣片内面基部有深2裂的小鳞片；雄蕊通常8枚，有时较少，花丝分离，常被长柔毛；子房3室，花柱短或稍长，柱头3裂或近全缘。蒴果膨胀，卵形、长圆形或近球形，具3棱，室背开裂为3果瓣。

辽宁产2种，其中1种为栽培。

分种检索表

1. 1回或不完全的二羽状复叶，小叶边缘有稍粗大、不规则的钝锯齿，近基部的齿常疏离而呈深缺刻状；蒴果圆锥形，顶端渐尖 ······················· 1. 栾树 K. paniculata Laxm.
1. 2回羽状复叶；小叶边缘有小锯齿，无缺刻；蒴果椭圆形、阔卵形或近球形，顶端圆或钝。栽培
   ··· 2. 复羽叶栾树 K. bipinnata Franch.

（1）栾树（辽宁植物志、东北植物检索表、中国植物志、Flora of China）木栾 黑色叶树

Koelreuteria paniculata Laxm. in Nov. Comm. Akad. Sci. Petrop. 16：561-564. t. 18.

1772；Fl. China 12：9. 2007；中国植物志47：55. 图版
19：1-5. 1985；辽宁植物志（上册）：1088. 图版466.
1988；东北植物检索表（第二版）：399. 图版198：5. 1995.

落叶乔木。树皮暗褐色。奇数羽状复叶，小叶7~15。
圆锥花序顶生；花黄色；萼不整齐5深裂；花瓣4，偏向一
侧，狭长圆形，基部心形，两侧呈耳状，稍厚，具爪，有
灰白色长柔毛。蒴果呈长卵形，膜质囊状，3瓣裂。花期6
月，果熟期9月。

生于山坡杂木林中。产于旅顺口（蛇岛）、瓦房店、凌
源等地。辽宁各地栽培。

观赏植物和蜜源植物。木材制家具，纤维可造纸。花果
有清肝明目、清热止咳作用，还能做黄色染料。嫩芽可食。

植株的一部分

果期

花

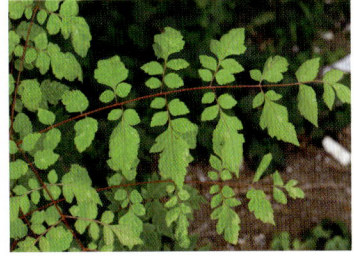
叶

（2）复羽叶栾树（中国植物志、Flora of China）

Koelreuteria bipinnata Franch. in Bull. Soc. Bot. France 33：463. Pl. 29-30. 1886；
Fl. China 12：9. 2007；中国植物志47：56. 图版19：6. 1985.—*K. bipinnata* var. *integrifolio-la* (Merr.) T. Chen in Acta Phytotax. Sinica 17：38. 1979；中国植物志47：56. 1985.

落叶乔木。叶平展，2回羽状复叶；小叶9~17片，互生，全缘或边缘有内弯的小锯齿。
圆锥花序大型；萼5裂达中部，裂片有缘毛及流苏状腺体，边缘呈啮蚀状；花瓣4，长圆状披
针形。蒴果椭圆形或近球形，具3棱，淡紫红色，老熟时褐色。花期7—9月，果期8—10月。

产于云南、贵州、四川、湖北、湖南、广西、广东等地。大连有栽培。

速生树种，常栽培于庭园供观赏。花能清肝明目、清热止咳，又为黄色染料。

小叶

叶

果序

树干

果期

花期

种子

花

2. 文冠果属 Xanthoceras Bunge

灌木或乔木。奇数羽状复叶，小叶有锯齿。总状花序；苞片较大，卵形；花杂性，雄花和两性花同株，但不在同一花序上，辐射对称；萼片5，长圆形，覆瓦状排列；花瓣5，阔倒卵形，具短爪，无鳞片；雄蕊8，内藏；子房椭圆形，3室，花柱顶生，直立，柱头乳头状。蒴果近球形或阔椭圆形，有3棱角，室背开裂为3果瓣，3室，果皮厚而硬；种子每室数颗，扁球状，种皮厚革质。

辽宁产1种。

文冠果（辽宁植物志、东北植物检索表、中国植物志、Flora of China）文冠树 文官果

Xanthoceras sorbifolium Bunge. in Enum. Pl. China Bor. Coll. 11. 1831；Fl. China 12：7. 2007；中国植物志47：72. 图版26. 1985；辽宁植物志（上册）：1089. 图版467. 1988；东北植物检索表（第二版）：399. 图版198：4. 1995.

a. 文冠果（原变种）

var. **sorbifolium**

落叶灌木或小乔木。小叶4~8对，披针形或近卵形。两性花的花序顶生，雄花序腋生；

萼片两面被灰色茸毛；花瓣白色，基部紫红色或黄色，有清晰的脉纹，爪之两侧有须毛；花盘的角状附属体橙黄色。蒴果近球形，种子黑色而有光泽。花期春季，果期秋初。

辽西有少量野生，其他地方有栽培。

木本油料植物，也是观花小乔木和蜜源植物。种子嫩时白色可食，风味似板栗。木材坚实致密，纹理美，是制作家具及器具的好材料。木材或枝叶有祛风除湿、消肿止痛、收敛作用。

果枝

两性花

两性花序

雄花序

植株的一部分

b. 紫花文冠果（栽培变种）

cv. ‘**Purpurea**’

花瓣初为黄绿色，后渐变为紫红色。沈阳、熊岳有栽培。

植株的一部分

植株

七叶树科 Hippocastanaceae

乔木稀灌木，落叶稀常绿。叶对生，系3~9枚小叶组成的掌状复叶。聚伞圆锥花序，侧生小花序系蝎尾状聚伞花序或二歧式聚伞花序。花杂性，雄花常与两性花同株；不整齐或近于整齐；花瓣4~5，与萼片互生，大小不等，基部爪状；雄蕊5~9，着生于花盘内部，长短不等；子房上位，卵形或长圆形，3室，花柱1，柱头小而常扁平。蒴果1~3室，平滑或有刺，种子球形。

辽宁栽培1属3种。

七叶树属 Aesculus L.

落叶乔木，稀灌木。叶对生，为3~9枚小叶组成的掌状复叶；小叶长圆形，倒卵形或披针形，边缘有锯齿。聚伞圆锥花序顶生，直立，侧生小花序系蝎尾状聚伞花序。花杂性，雄花与两性花同株，大型，不整齐；花萼钟形或管状，上段4~5裂，大小不等，排列成镊合状；花瓣4~5，倒卵形、倒披针形或匙形，基部爪状，大小不等；雄蕊5~8，通常7，着生于花盘的内部；子房上位，3室，花柱细长不分枝，柱头扁圆形。蒴果1~3室，平滑稀有刺，胞背开裂；种子仅1~2枚发育良好，近于球形或梨形。

辽宁栽培3种。

分种检索表

1. 花深粉红色 ·· 1. 红花七叶树 A. × carnea Zeyh.
1. 花白色或淡黄色，有红色斑点。
 2. 小叶无柄或近无柄；花序粗大，圆锥形；蒴果有疣状突起 ······ 2. 日本七叶树 A. turbinata Blume
 2. 小叶有柄；花序狭小，近圆柱形；蒴果平滑 ···························· 3. 七叶树 A. chinensis Bunge

（1）红花七叶树（大连植物彩色图谱）变色木

Aesculus × carnea Zeyh. in Verz. Gew. Gart. Schwezingen 12. 1818.

落叶乔木。为欧洲七叶树和北美红花七叶树的杂交种，树高9~12米。小枝粗壮，栗褐色，光滑无毛。叶掌形复叶，小叶5~7枚，倒卵状长椭圆形。顶生圆锥花序，花小，深粉红色，略带红色，具黄色斑点。果球形或倒卵形，红褐色。花期5月，果熟期9—10月。

原产于北美洲大陆。大连有栽培。

良好的观花观叶园林树种，适用于人行步道、公园、广场绿化。

植株

植株的一部分

（2）日本七叶树（辽宁植物志、东北植物检索表、中国植物志、Flora of China）七叶枫树

Aesculus turbinata Blume in Rumphia 3：195. 1847；Fl. China 12：4. 2007；中国植物志46：288. 1981；辽宁植物志（上册）：1093. 1988；东北植物检索表（第二版）：401. 1995.

落叶乔木。掌状复叶对生；小叶5~7，无柄，边缘具不规则细钝齿。圆锥花序顶生，粗大，直立；花萼管状或管状钟形，5裂，边缘纤毛状，外面有茸毛；花瓣4~5，近圆形，白色或淡黄色，有红色斑点。果实倒卵圆形，深棕色，有疣状突起。花期5~7月，果期9月。

原产于日本。丹东、沈阳、大连有栽培。

树冠广阔，可作行道树和庭园树；木材细密，供制造器具和建筑用。

（3）七叶树（辽宁植物志、东北植物检索表、中国植物志、Flora of China）娑罗子

Aesculus chinensis Bunge in Mém. Acad. Imp. Sci. St.-Pétersbourg，Divers Savans 2：84. 1832；Fl. China 12：2. 2007；中国植物志46：276. 图版83：1-5. 1981；辽宁植物志（上册）：1091. 图版468. 1988；东北植物检索表（第二版）：401. 图版199：2. 1995.

落叶乔木。掌状复叶，小叶5~7枚，有柄。花序圆筒形，小花序常由5~10朵花组成；花杂性，雄花与两性花同株，花瓣4，白色。果实平滑，近球形或倒卵圆形，黄褐色，成熟时3瓣裂。花期5—6月，果期9—10月。

我国秦岭有野生，大连、盖州有栽培。

树干端直，花繁叶茂，可作庭园树或行道树。种子有理气宽中、和胃止痛作用。

发叶期

果期

花期

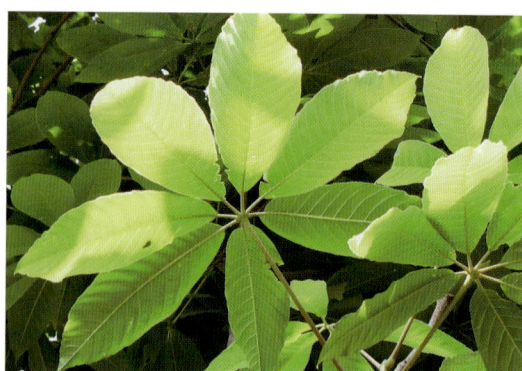

| 果序 | 花序 | 叶 |

冬青科 Aquifoliaceae

乔木或灌木，常绿或落叶；单叶，互生，稀对生或假轮生。花小，辐射对称，单性，稀两性或杂性，雌雄异株，排列成腋生、腋外生或近顶生的聚伞花序、假伞形花序、总状花序、圆锥花序或簇生，稀单生；花瓣4~6片；雄蕊与花瓣同数，且与之互生，花丝短，花药2室，内向，纵裂；或4~12，1轮，花丝短而粗或缺，药隔增厚，花药延长或增厚成花瓣状；花盘缺；子房上位，心皮2~5，合生，2至多室。果通常为浆果状核果，具2至多数分核。

辽宁栽培1属1种。

冬青属 Ilex L.

常绿或落叶乔木或灌木；单叶互生，稀对生。花序为聚伞花序或伞形花序，单生于当年生枝条的叶腋内或簇生于2年生枝条的叶腋内，稀单花腋生；花小，白色、粉红色或红色，辐射对称，异基数，常由于败育而呈单性，雌雄异株。果为浆果状核果，通常球形，成熟时红色，稀黑色。

枸骨（中国植物志、Flora of China）猫儿刺 老虎刺

Ilex cornuta Lindl. et Paxt. in Flow. Garn. 1：43, fig. 27. 1850；Fl. China 12：389. 2007；中国植物志44（2）：85. 图版11：5-8. 1999.

常绿灌木或小乔木。叶片厚革质，四角状长圆形或卵形，先端具3枚尖硬刺齿。花淡黄色，4基数：花萼盘状，裂片膜质，阔三角形；花冠辐状，花瓣长圆状卵形，反折，基部合生。果球形，成熟时鲜红色。花期4~5月，果期10—12月。

分布于长江以南各省。金州、旅顺口近年有栽培，避风向阳处可以越冬。

果期观赏性极好。种子含油，可作肥皂原料，树皮可作染料和提取栲胶，木材软韧，可用作牛鼻栓。枝叶用于肺痨咳嗽、劳伤失血、腰膝痿弱等；果实用于淋浊、筋骨疼痛等。

果期

花序

小枝

植株

卫矛科 Celastraceae

常绿或落叶乔木、灌木或藤本灌木及匍匐小灌木。单叶对生或互生，少为3叶轮生并类似互生。花两性或退化为功能性不育的单性花，杂性同株，较少异株；聚伞花序1至多次分枝，具有较小的苞片和小苞片；花4~5数，花萼花冠分化明显，极少萼冠相似或花冠退化，花萼基部通常与花盘合生，花萼分为4~5萼片，花冠具4~5分离花瓣，少为基部贴合，雄蕊与花瓣同数。多为蒴果，亦有核果、翅果或浆果。

辽宁产3属13种3变种，其中栽培1种。

分属检索表

1. 灌木或乔木；叶对生；聚伞花序或单生，花盘扁平，蒴果4~5裂 ············· 1. 卫矛属 Euonymus L.
1. 藤本；叶互生；总状或圆锥花序，花盘杯状。
2. 蒴果，室背3裂 ·· 2. 南蛇藤属 Celastrus L.
2. 蒴果有3翅，不开裂 ·· 3. 雷公藤属 Tripterygium Hook. F.

1. 卫矛属 Euonymus L.

常绿、半常绿或落叶灌木或小乔木，或倾斜、披散以至藤本。叶对生，极少为互生或3叶轮生。花为三出至多次分枝的聚伞圆锥花序；花两性，较小，直径一般5~12毫米；花部4~5数，花萼绿色，多为宽短半圆形；花瓣较花萼长大，多为白绿色或黄绿色，偶为紫红色。蒴果近球状、倒锥状，不分裂或上部4~5浅凹，或4~5深裂至近基部，果皮平滑或被刺突或瘤突，心皮背部有时延长外伸呈扁翅状，成熟时胞间开裂，果皮完全裂开或内层果皮不裂而与外层分离在果内突起呈假轴状。

辽宁产10种2变种，其中栽培1种。

分种检索表

1. 常绿或半常绿灌木或小乔木。
  2. 常绿灌木或小乔木，直立；叶倒卵形或椭圆形，革质，有光泽。栽培　1. **冬青卫矛** E. japonicus Thunb.
  2. 半常绿灌木，稍蔓生；叶广椭圆形或倒卵形 ………… 2. **扶芳藤** E. fortunei（Turcz.）Hand.-Mazz.
1. 落叶灌木或小乔木。
  3. 花通常4基数。
    4. 枝无小黑瘤。
      5. 枝有木栓翅，稀无翅；叶椭圆形或倒卵形，两面无毛 ……… 3. **卫矛** E. alatus（Thunb.）Sieb.
      5. 枝无翅。
        6. 蒴果无翅。
          7. 叶柄较短，为叶片长的1/6~1/5。
            8. 叶披针状椭圆形，基部楔形，先端渐尖，叶柄长5~12毫米
               ……………………………………………… 4. **华北卫矛** E. maackii Rupr.
            8. 叶长圆状卵形，基部圆，先端尖，叶柄长约5毫米。栽培
               …………………………………… 5. **西南卫矛** E. hamiltonianus Wall.
          7. 叶柄较长，长7~30毫米，为叶片长的1/4~1/3，叶片卵形或椭圆形
             ……………………………………………… 6. **白杜卫矛** E. bungeanus Maxim.
        6. 蒴果有4个长翅；叶长倒卵形 ……………………… 7. **翅卫矛** E. macropterus Rupr.
    4. 枝有多数小黑瘤；叶倒卵形或长圆形 ………… 8. **瘤枝卫矛** E. verrucosus Scop.
  3. 花通常5基数。
    9. 蒴果近球形，无翅；叶卵形 …………………………… 9. **球果卫矛** E. oxyphyllus Miq.
    9. 蒴果具三角形短翅；叶倒卵形 ………… 10. **东北卫矛** E. sachalinensis（F.Schmidt）Maxim.

（1）冬青卫矛（辽宁植物志、东北植物检索表、中国植物志、Flora of China）大叶黄杨 正木

Euonymus japonicus Thunb. in Nov. Act. Soc. Sci. Upsal. 3：218. 1781；Fl. China 11：452. 2008；中国植物志45（3）：14. 图版1：1-3. 1999；辽宁植物志（上册）：1099. 图版471：1-2. 1988；东北植物检索表（第二版）：403. 图版200：11. 1995.

1a. 冬青卫矛（原变种）

var. **japonicus**

常绿灌木；小枝4棱，具细微皱突。叶革质，有光泽，倒卵形或椭圆形。聚伞花序5~12花；小花梗长3~5毫米；花白绿色，直径5~7毫米；花瓣近卵圆形，长宽各约2毫米。蒴果近球状，直径约8毫米，淡红色，假种皮橙红色。花期6—7月，果熟期9—10月。

分布于我国中部和日本。大连等地有栽培。

庭院观赏树种。树皮含硬橡胶，亦有利尿、强壮作用。

花

植株的一部分

冬季群落

塑形植株

树干

1b. 金心大叶黄杨（栽培变种）

cv. '**Aureomarginatus**' 叶片沿中脉有黄斑。大连有栽培。

金心大叶黄杨

1c. 北海道黄杨（栽培品种）

cv.'Cuzhi'

系冬青卫矛与日本黑黄杨杂交产生的新品种。常绿阔叶树种，高达8~10米。叶革质，卵形或长椭圆形，叶缘呈浅波状，正面呈深绿色，背面为浅绿色。花浅黄色，直径为0.1~1厘米。蒴果近球形，有4浅沟，直径1~2厘米，嫩时浅绿色，向阳面为褐红色。种子近圆球形，11月成熟，成熟时果皮自动开裂。大连有栽培。

果枝　　　　　　　　花枝　　　　　　　　群落

（2）扶芳藤（中国植物志、Flora of China）胶州卫矛（中国植物志）胶东卫矛（辽宁植物志、东北植物检索表）

Euonymus fortunei（Turcz.）Hand.–Mazz. in Symb. Sin. 7：660. 1933；中国植物志45（3）：9. 1999；Fl. China 11：452. 2008. —*E. kiautschovicus* Loes. in Engl. Bot. Jahrb. 30：453. 1902；中国植物志45（3）：9. 1999；辽宁植物志（上册）：1099. 图版471：3. 1988；东北植物检索表（第二版）：403. 图版200：10. 1995.

半常绿灌木。茎直立，枝常披散式依附他物，下部枝有须状随生根。叶纸质，倒卵形，边缘有极浅锯齿。聚伞花序，花较疏散，2~3次分枝；花黄绿色，4数。蒴果近圆球状；种子

果实　　　　　　　　　　　　　　花

下部枝有须状随生根　　　　　　植株　　　　　　　植株的一部分

黑色，假种皮橙红色。花期7月，果期10月。

生于山谷林中多岩石处。产于长海、旅顺口（蛇岛）等地。

绿化效果不错。茎、叶有散痛止血、舒筋活络作用，用于鼻衄、脱疽、风湿痛、跌打损伤、漆疮。

（3）卫矛（辽宁植物志、东北植物检索表、中国植物志、Flora of China）鬼箭羽　扁榆

Euonymus alatus (Thunb.) Sieb. in Verh. Batav. Genoot. Kunst. Wetensch. 12：49. 1830；Fl. China 11：448. 2008；中国植物志45（3）：63. 图版11：5-7. 1999；辽宁植物志（上册）：1101. 图版472：1-3. 1988；东北植物检索表（第二版）：403. 图版200：3. 1995.

3a. 卫矛（原变种）

var. alatus

落叶灌木；小枝常具2~4列宽阔木栓翅。叶卵状椭圆形等，边缘具细锯齿，两面光滑无毛。聚伞花序1~3花；花白绿色，直径约8毫米，4数；萼片半圆形；花瓣近圆形。蒴果1~4深裂；种子椭圆状，种皮褐色或浅棕色，假种皮橙红色。花期5—6月，果期7—10月。

生于针阔混交林中、林缘及山坡草地。产于鞍山、瓦房店、大连、庄河、东港等地。

带栓翅的枝条入中药，叫"鬼箭羽"，有破血、止痛、通经、泻下、杀虫等功效；种子油作工业用油。秋季叶色鲜红，是良好的观叶树种。嫩芽可食。

果枝

花枝

栓翅枝

蒴果裂开后

3b. 毛脉卫矛（变种）（辽宁植物志、东北植物检索表、中国植物志）

var. **pubescens** Maxim. in Bull. Acta Sci. St Petersb. 27：454. 1881；中国植物志 45（3）：63. 图版11：8. 1999；辽宁植物志（上册）：1101. 图版472：4-5. 1988；东北植物检索表（第二版）：403. 1995.

叶片多为倒卵椭圆形，叶背脉上被短毛。产于铁岭、西丰、沈阳、抚顺、清原、新宾、桓仁、宽甸、凤城、丹东、庄河、岫岩、本溪、鞍山、北镇、喀左等地。

毛脉卫矛

（4）华北卫矛（辽宁植物志、东北植物检索表）**白杜**（中国植物志、Flora of China）

Euonymus maackii Rupr. in Bull. Phy.-Math Acad Sc. St.-Petersb. 15：358. 1857；Fl. China 11：459. 2008；中国植物志45（3）：47. 1999；辽宁植物志（上册）：1101. 图版473：1-3. 1988；东北植物检索表（第二版）：403. 图版200：8. 1995.

落叶灌木或小乔木。枝无翅。叶柄长5~12毫米，为叶片长的1/6~1/5；叶片披针状长圆形，基部楔形，先端渐尖。聚伞花序，具10余朵花，4数；花瓣长圆形，带黄白色。蒴果无

果期

果序

花

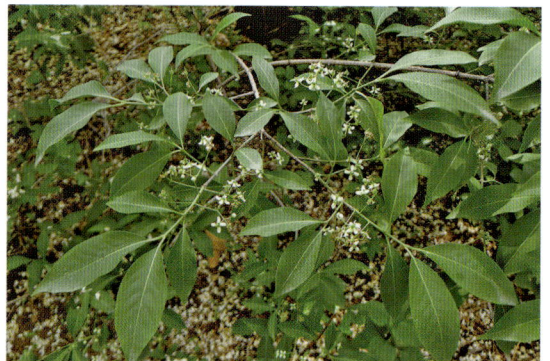

花期

翅，倒圆锥形，4深裂；种子红色，假种皮橘红色。花期5—6月，果期9月。

生于河岸、溪谷、杂木林中或坡地。产于彰武、阜新、义县、葫芦岛、沈阳、西丰、抚顺、鞍山、营口、金州、大连、庄河、桓仁、丹东、本溪等地。

种子含油49%，供工业用；木材黄白色，致密，稍硬，可供器具及细木工雕刻；根皮含硬橡胶；嫩叶可代茶。根、树皮有止痛作用，主治膝关节痛；枝叶解毒，外用治漆疮。

（5）**西南卫矛**（中国植物志、Flora of China）**短柄卫矛**（东北植物检索表）

Euonymus hamiltonianus Wall. in Fl. Ind. ed. Carey. 403. 1762；Fl. China 11：457. 2008；中国植物志45（3）：48. 1999.—*E. sieboldianus* Blume in Bijdr. 1147 1827；东北植物检索表（第二版）：403. 1995.

落叶小乔木，高5~6米；枝条无栓翅，但小枝的棱上有时有4条极窄木栓棱，叶较大，卵状椭圆形、长方椭圆形或椭圆披针形，长7~12厘米，宽7厘米，叶柄较粗，短的不到1厘米，长的可达5厘米。蒴果较大，直径1~1.5厘米。花期5—6月，果期9—10月。

一般生长于山地林中。产于长海矾坨子岛、旅顺口蛇岛、新宾、本溪等地。

本种叶形多变，以椭圆形、叶基宽圆者为最典型。

小枝

植株的一部分

（6）**白杜卫矛**（辽宁植物志、东北植物检索表）**桃叶卫矛　丝棉木　明开夜合**

Euonymus bungeanus Maxim. in Prim. Fl. Amur. 470. 1859；辽宁植物志（上册）：1103. 图版473：4-5. 1988；东北植物检索表（第二版）：405. 图版200：9. 1995.

6a.　**白杜卫矛**（原变种）

var. **bungeanus**

落叶小乔木。枝无翅。叶柄长7~30毫米，为叶片长的1/4~1/3，叶片卵形或椭圆形。聚伞花序3至多花，花4数，淡白绿色或黄绿色。蒴果倒圆心状，4浅裂；种子长椭圆状，种皮棕黄色，假种皮橙红色。花期5—6月，果期9月。

生于林边、路旁或山坡肥沃湿润土壤中。产于沈阳、西丰、鞍山、普兰店、大连、彰武、阜新、朝阳、建昌、凌源等地。

庭院栽培供观赏。根、树皮有止痛作用，主治膝关节痛；枝叶解毒，外用治漆疮。

果期

花

花期

秋色

6b. 蒙古卫矛（变种）（辽宁植物志、东北植物检索表）

var. **mongolicus**（Nakai）Kitag. in Rep. Inst. Sci. Res. Manchoukuo 3（App. 1）：307. 1939；辽宁植物志（上册）：1103. 图版473：6. 1988；东北植物检索表（第二版）：405. 1995.

叶柄长1.4~2.8厘米，叶片较宽，广椭圆形至卵状三角形，基部广楔形至截形；果熟时带红色，种子具深红色的假种皮。

生境同原变种。产于北镇、凌源。

注：中国植物志、物种2000均定本种为华北卫矛*E. maackii* Rupr.的同物异名。

（7）翅卫矛（辽宁植物志、东北植物检索表）黄心卫矛（中国植物志、Flora of China）黄瓢子

Euonymus macropterus Rupr. in Bull. Phys.−Math. Acad. Petersb. 15：359. 1875；Fl. China 11：443. 2008；中国植物志45（3）：85. 1999；辽宁植物志（上册）：1103. 图版474：4-6. 1988；东北植物检索表（第二版）：405. 图版200：5. 1995.

落叶灌木。叶纸质，倒卵形至近椭圆形，基部多为窄楔形，边缘具极稀浅细密锯齿；叶柄长2~8毫米。聚伞花序3~13花，常具1~2对分枝，2对分枝时常紧密总状排列或聚生在花序梗顶端；小花梗细弱；花黄色，4数。蒴果有4个长翅。花期5—6月，果期8—9月。

生于山地林中。产于清原、本溪、宽甸、桓仁、丹东、庄河等地。

树皮含硬橡胶，种子可榨油。

花序

蒴果

植株的一部分

（8）**瘤枝卫矛**（辽宁植物志、东北植物检索表）**少花瘤枝卫矛**（中国植物志、Flora of China）

Euonymus verrucosus Scop. in Fl. Carniol. Ed. 2，1：166. 1771；Fl. China 11：462. 2008—*E. verrucosus* Scop. var. *pauciflorus*（Maxim.）Regel in Fl. Ussur. 41. 1861；中国植物志45（3）：54. 1999.—*E. pauciflorus* Maxim. in Prim. Fl. Amur. 74. 1859；辽宁植物志（上册）：1106. 图版475：2-4. 1988；东北植物检索表（第二版）：405. 图版200：4. 1995.

落叶灌木；小枝常被黑褐色瘤突。叶纸质，倒卵形或长方倒卵形，近无柄。聚伞花序1~5花；花序梗细长；花紫红色或红棕色，4基数；萼片有缘毛；花瓣近圆形。蒴果黄色或极浅黄色，倒三角状，上部4裂稍深；种子棕红色，假种皮红色。花期6月，果期9月。

生于山地灌木丛中。产于西丰、新宾、本溪、宽甸、桓仁、凤城、庄河等地。

树皮含硬橡胶，种子可榨油。

花期

蒴果

小枝

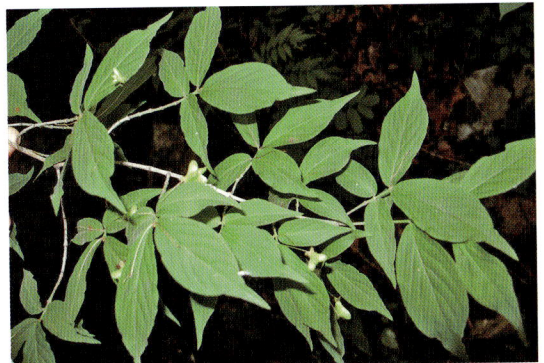

植株的一部分

（9）**球果卫矛**（辽宁植物志、东北植物检索表）**垂丝卫矛**（中国植物志、Flora of China）

Euonymus oxyphyllus Miq. in Ann. Mus. Bat. Lugd.-Bot. 2：86. 1865；Fl. China 11：443. 2008；中国植物志45（3）：78. 图版15：3. 1999；辽宁植物志（上册）：1106. 图版475：1. 1988；东北植物检索表（第二版）：405. 图版200：7. 1995.

落叶灌木。叶卵圆形或椭圆形，边缘有细密锯齿；叶柄长4~8毫米。聚伞花序宽疏；花序梗细长，顶端3~5分枝，每分枝具一个三出小聚伞花序；花淡绿色，5数；花瓣近圆形。蒴果近球状，无翅，仅果皮背缝处常有突起棱线；果序梗细长下垂。花期6月，果期9月。

生于低山坡地杂木林内。产于大连。

仅见一个小区域有少量分布，长势也弱，应注意保护。

果实

果枝

小枝

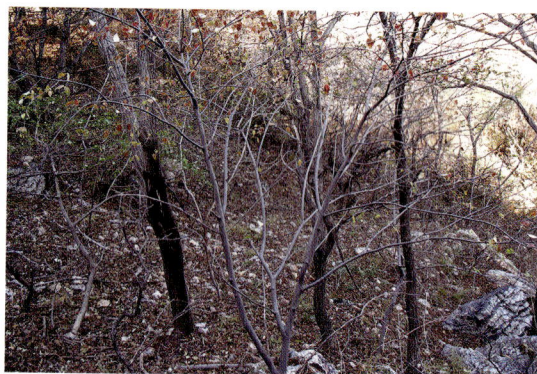
植株

（10）**东北卫矛**（Flora of China）**短翅卫矛**（辽宁植物志、东北植物检索表）**凤城卫矛**（中国植物志）

Euonymus sachalinensis（F.Schmidt）Maxim. in Bull. Acad. Imp. Sci. Saint-Pétersbourg III，27：446 1881；Fl. China 11：443. 2008.—*E. planipes*（Koehne.）Koehne. in Mitt. Deutsch. Dendrol. Ges. 15：62. 1906；辽宁植物志（上册）：1106. 图版474：1-3. 1988；东北植物检索表（第二版）：405. 图版200：6. 1995.—*E. maximowiczianus*（Prokh.）Varosh in Seed List State Bot. Gard. Acad. Sci. USSR 9：612. 1954；中国植物志45（3）：79. 1999.

落叶灌木。枝伸长，暗褐色或带红色，小枝褐绿色。叶柄长5~10毫米；叶椭圆状菱形或卵形。复聚伞花序；花梗直立，花径4~6毫米；花瓣绿白色，5基数。蒴果扁球形，具4~5棱，每棱具短翅，翅三角形，红色。花期5月，果期9月。

生于阔叶林或针阔混交林中。产于西丰、清原、本溪、凤城、宽甸、岫岩、鞍山、盖州、营口、庄河等地。

果实多为五角星形，成熟后变红，酷似红五星，产地百姓称其为"五星树"。可作观果树种栽培。

果枝

花

蒴果

叶

2. 南蛇藤属 Celastrus L.

落叶或常绿藤状灌木。单叶互生，边缘具各种锯齿，叶脉为羽状网脉。花通常功能性单性，异株或杂性，稀两性，聚伞花序成圆锥状或总状，有时单出或分枝，腋生或顶生，或顶生与腋生并存；花黄绿色或黄白色，5数；雄蕊着生花盘边缘，稀出自扁平花盘下面，花丝一般丝状，在雌花中花丝短，花药不育；子房上位，胚珠基部具杯状假种皮，柱头3裂，每裂常又2裂，在雄花中雌蕊小而不育。蒴果类球状，通常为黄色，顶端常具宿存花柱，基部有宿存花萼，成熟时室背开裂。

辽宁产2种1变种。

分种检索表

（1）刺南蛇藤（辽宁植物志、东北植物检索表）刺苞南蛇藤（中国植物志、Flora of China）

Celastrus flagellaris Rupr. in Bull. Acad. Sci. St. Petersb. 15：357. 1857；Fl. China 11：471. 2008；中国植物志45（3）：117. 图版24：3-4. 1999；辽宁植物志（上册）：1109. 图版476：1-2. 1988；东北植物检索表（第二版）：403. 图版200：1. 1995.

落叶灌木或藤本。托叶钩刺状。叶互生，叶片广卵形或广椭圆形。花单性，1~3朵花组成聚伞花序；萼钟形，5裂，裂片长圆形或圆形；花瓣5，匙状长圆形，淡黄绿色。蒴果近球形，黄色，裂开成3瓣。种子1~6，假种皮橘红色。花期5月，果期7—8月。

生于林下、河边、石坡上。产于清原、本溪、宽甸、丹东、大连、长海、瓦房店、岫岩等地。

根、茎、果有祛风湿、活血止痛作用；种子含油51%，供工业用。

花

植株

果序

茎叶

（2）南蛇藤（辽宁植物志、东北植物检索表、中国植物志、Flora of China）老鸦雀食穷搅藤子

Celastrus orbiculatus Thunb. in Fl. Jap. 42. 1784；Fl. China 11：471. 2008；中国植物志45（3）：112. 图版24：1-2. 1999；辽宁植物志（上册）：1108. 图版476：3-4. 1988；东北植物检索表（第二版）：403. 图版200：2. 1995.

2a. 南蛇藤（原变种）

var. **orbiculatus**

落叶灌木或藤本。托叶不为钩刺状，脱落。叶片近圆形或倒卵圆形，背面光滑。聚伞花序顶生或腋生，花杂性；花瓣5，长圆状卵形，淡绿色。蒴果通常橙黄色，近球形，顶部有刺尖，开裂为3瓣；种子白色，有深红色肉质假种皮。花期5—7月，果期8—9月。

生于丘陵、山沟或多石灰质山坡的灌木丛中。产于辽宁各地。

根皮为优质纤维；种子含油46%，供工业用。根、藤、叶能祛风活血、消肿止痛、解毒；果实能安神镇静。也是优良的绿化用藤本植物。全株有毒。

雌花序

蒴果

雄花序

枝

植株的一部分

2b. 热河南蛇藤（变种）（辽宁植物志、东北植物检索表）

var. **jeholensis** (Nakai) Kitag. in Journ. Jap. Bot.29：170. 1954；辽宁植物志（上册）：1109. 1988；东北植物检索表（第二版）：403. 1995.

植株较大，叶长圆形至广椭圆形，先端渐尖，背面延脉疏被粗毛；蒴果直径10~12毫米，3~4瓣裂，假种皮橘红色。

生境同原变种。产于辽西地区。

果枝

蒴果

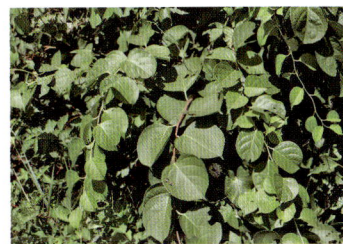
植株的一部分

3. 雷公藤属 Tripterygium Hook. F.

藤本灌木；小枝常有4~6锐棱，表皮密被细点状与表皮同色的皮孔。叶互生，有柄。圆锥聚伞花序，常单歧分枝，小聚伞有2~3花，花序梗及分枝均较粗壮，小花梗通常纤细；花杂性，5数，白色、绿色或黄绿色，一般直径3~5毫米，多为两性；萼片5；花瓣5；雄蕊5，着生花盘外缘，花丝细长，花药侧裂；花柱通常圆柱状，柱头常稍膨大。蒴果细窄，具3膜质翅包围果体；种子1，细窄，无假种皮。

辽宁产1种。

雷公藤（中国植物志、Flora of China）**东北雷公藤**（辽宁植物志、东北植物检索表、中国植物志）

Tripterygium wilfordii Hook. F. in Gen. Pl. 1：368. 1862；Fl. China 11：486. 2008；中国植物志45（3）：178. 图版45：1-6. 1999.—*T. regelii* Sprague et Takeda in Kew Bull. 1912：223. 1912；中国植物志45（3）：181. 图版45：12-16. 1999；辽宁植物志（上册）：1172. 图版530：1-3. 1992；东北植物检索表（第二版）：405. 图版200：12. 1995.

落叶灌木状藤本。叶纸质，椭圆形或长方卵形，边缘有明显圆齿；叶柄长1~1.5厘米，被短毛。聚伞圆锥花序，花序梗、分枝及小花梗均密被短毛；花白绿色或白色。蒴果翅较薄，近方形，果体窄卵形或线形，长达果翅的2/3，侧脉与主脉平行。花期6—7月，果期7—8月。

生于山地林缘。产于桓仁、丹东、岫岩、凤城。

根、叶、花、果实有大毒，有祛风解毒、杀虫作用，用于风湿关节痛、腰腿痛、末梢神经炎、麻风、骨髓炎、手指疔疮等。

果序（李忠宇 摄）

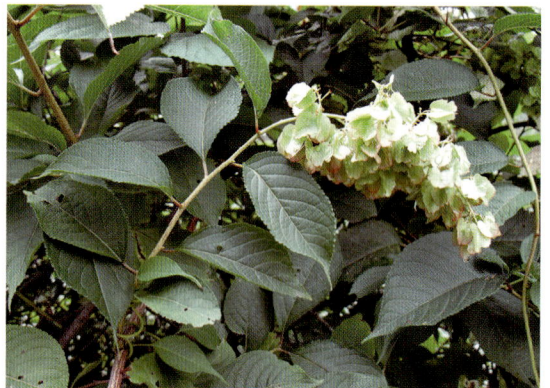

植株的一部分（李忠宇 摄）

黄杨科 Buxaceae

常绿灌木、小乔木或草本。单叶，互生或对生，羽状脉或离基三出脉。花小，整齐，无花瓣；单性，雌雄同株或异株；花序总状或密集的穗状，有苞片；雄花萼片4，雌花萼片多为6，雄蕊多为4；雌蕊由2~3心皮组成，子房上位，2~3室，花柱2~3，常分离，宿存，具多少向下延伸的柱头。果实为室背裂开的蒴果，或肉质的核果状果。

辽宁栽培1属2种。

黄杨属 Buxus L.

常绿灌木或小乔木；小枝四棱形。叶对生，革质或薄革质，全缘，羽状脉，常有光泽，具短叶柄。花单性，雌雄同株，花序腋生或顶生，总状、穗状或密集的头状，有苞片多片，雌花1朵，生花序顶端，雄花数朵，生花序下方或四周；花小；雄花：萼片4，分内外2列，雄蕊4，和萼片对生，不育雌蕊1；雌花：萼片6，子房3室，花柱3，柱头常下延。果实为蒴果，球形或卵形，熟时沿室背裂为3片，宿存花柱角状，每片两角上各有半月花柱，外果皮和内果皮脱离；种子长圆形，有3侧面，种皮黑色，有光泽。

分种检索表

1. 叶广倒卵形、广椭圆形或卵状椭圆形，表面侧脉明显。栽培

 ·· 1. 黄杨 B. sinica（Rehd. et Wils.）M. Cheng.

1. 叶狭椭圆形，表面侧脉不明显。栽培 ························· 2. 小叶黄杨 B. microphylla S. et Z.

（1）黄杨（辽宁植物志、东北植物检索表、中国植物志、Flora of China）黄杨木 瓜子黄杨 锦熟黄杨

Buxus sinica（Rehd. et Wils.）M. Cheng，中国植物志45（1）：37. 1980；Fl. China 11：327. 2008；辽宁植物志（上册）：1113. 图版478：1–3. 1988；东北植物检索表（第二版）：407. 图版201：1. 1995.

常绿灌木或小乔木。叶革质，广椭圆形等，长1.5~2.5（3.5）厘米，宽0.8~1.5（2.0）厘米，侧脉明显。花序腋生，头状，花密集；雄花约10朵，外萼片卵状椭圆形，内萼片近圆形，雄蕊连花药长4毫米；雌花萼片长3毫米，子房较花柱稍长，花柱粗扁，柱头倒心形，下延达花柱中部。蒴果近球形。花期4月，果期6—7月。

小枝

果期

花期

产于我国中部，大连有栽培。

庭院栽培作绿篱。茎有祛风除湿、理气止痛作用，根、叶、果实也药用。

（2）小叶黄杨（东北植物检索表）朝鲜黄杨（辽宁植物志）

Buxus microphylla S. et Z. in Abh. Math.-Phys. Cl. Königl. Bayer. Akad. Wiss. 4（2）：142. 1846；东北植物检索表（第二版）：407. 图版201：2. 1995.—*B. sinica* var. *koreana*（Nakai ex Rehd.）Q. L. Wang，辽宁植物志（上册）：1113. 图版478：4. 1988.

常绿灌木，高约1米。叶革质，叶片长8~15毫米，宽4~8毫米，边缘反卷，表面侧脉不甚明显。花序腋生，头状，花密集。蒴果近球形。花期4月，果期6—7月。

原产于朝鲜。大连、盖州有栽培。

在园林中可作绿篱、魔纹花坛以及各种图案造型。全株有止血、散血作用。

植株的一部分

花期

花枝

果期

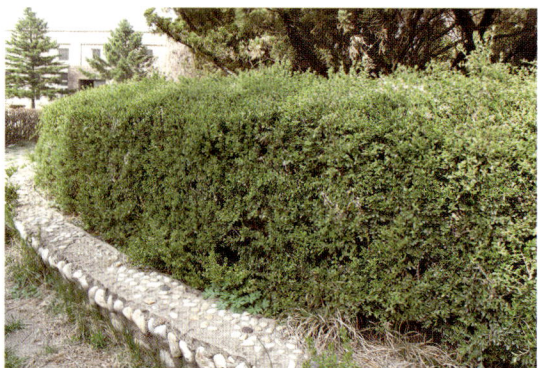
树篱

省沽油科 Staphyleaceae

乔木或灌木。叶对生或互生，奇数羽状复叶或稀为单叶；叶有锯齿。花整齐，两性或杂性，稀为雌雄异株，圆锥花序；萼片5，分离或连合，覆瓦状排列；花瓣5，覆瓦状排列；雄蕊5，互生；花盘通常明显，且多少有裂片，有时缺；子房上位，2~4室。果实为蒴果状，常为多少分离的蓇葖果或不裂的核果或浆果；种子数枚，肉质或角质。

辽宁产1属1种。

省沽油属 Staphylea L.

落叶灌木或小乔木；叶对生，有托叶，小叶3~5或羽状分裂，具小托叶，圆锥花序或腋生总状花序，花白色，下垂，花整齐，两性，花瓣5，直立，与花萼近等大，覆瓦状排列，花盘平截，花萼被毛，边缘具不相连的裂齿，雄蕊5，等大，直立，子房基部2~3裂，花柱多数，柱头头状。蒴果薄膜质，小泡状膨大2~3室，每室1~4种子；种子近圆形，无假种皮，胚乳肉质，子叶扁平。

省沽油（辽宁植物志、东北植物检索表、中国植物志、Flora of China）水条

Staphylea bumalda DC. in Prodr. 2: 2. 1825; Fl. China 11: 499. 2008; 中国植物志46: 20. 图版5: 1-3. 1981; 辽宁植物志（上册）: 1111. 图版477. 1988; 东北植物检索表（第二版）: 405. 图版201: 3. 1995.

落叶灌木。树皮紫红色或灰褐色，有纵棱。复叶对生，柄长2.5~3厘米，具3小叶。圆锥花序顶生，直立，花白色；萼片长椭圆形，浅黄白色；花瓣5，白色，倒卵状长圆形，较萼片稍大，长5~7毫米；雄蕊5，与花瓣略等长。蒴果膀胱状。花期5—6月，果期8—9月。

生于路旁、山地或丛林中。产于庄河、本溪、凤城、桓仁、宽甸等地。

种子含油17.57%，种子油可制肥皂及油漆。茎皮可作纤维。花期具有较好的观赏性。根药用，用于产后瘀血不净。果实也入药，用于干咳。嫩芽可食。

果期

果实

花序

花正面观

叶

鼠李科 Rhamnaceae

灌木、藤状灌木或乔木，稀草本，通常具刺。单叶互生或近对生；托叶小，早落或宿存，或有时变为刺。花小，整齐，两性或单性，稀杂性，雌雄异株，常排成聚伞花序、穗状圆锥花序、聚伞总状花序、聚伞圆锥花序，或有时单生或数个簇生，通常4基数，稀5基数。核果、浆果状核果、蒴果状核果或蒴果，1~4室，具2~4个分核，每分核具1种子。

辽宁产2属11种2变种，其中栽培1种1变种。

分属检索表

1. 叶具基生三出脉，通常具托叶刺，枝端不呈刺状；肉质核果，内具1核 ……… 1. 枣属 Ziziphus Mill.
1. 叶具羽状脉，托叶不成刺状，枝端常呈刺状；浆质核果，具2~4核 …………… 2. 鼠李属 Rhamnus L.

1. 枣属 Ziziphus Mill.

落叶或常绿乔木，或藤状灌木；枝常具皮刺。叶互生，托叶通常变成针刺。花小，黄绿色，两性，5基数，常排成腋生具总花梗的聚伞花序，或腋生或顶生聚伞总状或聚伞圆锥花序；萼片卵状三角形或三角形，内面有凸起的中肋；花瓣具爪，倒卵圆形或匙形，有时无花瓣，与雄蕊等长。核果圆球形或矩圆形，不开裂，顶端有小尖头，基部有宿存的萼筒，中果皮肉质或软木栓质，内果皮硬骨质或木质，1~2室，稀3~4室，每室具1种子。

辽宁产1种2变种，其中栽培1种1变种。

枣（辽宁植物志、东北植物检索表、中国植物志、Flora of China）红枣 枣树

Ziziphus jujuba Mill. in Gard. Dict. ed. 8, no. 1. 1768; Fl. China 12: 120. 2007; 中国植物志48（1）: 133. 1982; 辽宁植物志（上册）: 1115. 1988; 东北植物检索表（第二版）: 409. 1995.

a. 枣（原变种）

var. **jujub**

落叶小乔木或呈灌木状。枝折曲，具托叶刺。叶片近革质，卵形等。花蜡黄色或微带绿色，具短梗，2~8花簇生叶腋或单生；肉质花盘5裂；花柱2裂。核果卵形至柱状长卵形，熟时暗红色或淡栗褐色，果肉味甘美。花期5—7月，果期8—9月。

辽宁各地栽培。

果实食用，有养胃、健脾、益血、滋补、强身作用。花期较长，芳香多蜜，为良好的蜜源植物。

| 果实成熟期 | 花期 | 植株的一部分 |

b. **无刺枣**（变种）（辽宁植物志、东北植物检索表、中国植物志、Flora of China）

var. **inemmis**（Bunge）Rehd. in Journ. Arn. Arb. 3：22. 1922；Fl. China 12：120. 2007；中国植物志48（1）：135. 1982；辽宁植物志（上册）：1116. 1988；东北植物检索表（第二版）：409. 1995.

长枝无皮刺；幼枝无托叶刺。辽宁有栽培。

c. **酸枣**（变种）（辽宁植物志、东北植物检索表、中国植物志、Flora of China）

var. **spinosa**（Bunge）Hu ex H. F. Chow. in Fam. Trees Hopei 307，f. 118. 1934；Fl. China 12：121. 2007；中国植物志48（1）：135. 1982；辽宁植物志（上册）：1116. 1988；东北植物检索表（第二版）：409. 1995.

常为灌木，形成高1.0~1.5米的密灌丛。但是在辽西凌源和努鲁儿虎山东麓，尚残存着小面积的酸枣矮林，酸枣高度5~12米，胸径达30~40厘米。由此可以看出，酸枣原为乔木或小乔木，只是在反复破坏后形成灌丛。叶较小，核果小，近球形或短矩圆形，直径0.7~1.2厘米，具薄的中果皮，味酸，核两端钝。

生于向阳或干旱山坡、山谷、丘陵等地。产于大连、海城、北镇、锦州、兴城、绥中、朝阳、建平、建昌、喀左、凌源等地。

酸枣仁入药，有镇定安神作用。花芳香多蜜腺，为华北地区的重要蜜源植物之一；枝具

| 果期 | 花期 | 植株 |

锐刺，常用作绿篱。种子有小毒。

d. 龙爪枣（栽培变种）（中国植物志）

cv. 'Tortuosa'

主干、枝条均扭曲生长，甚至叶柄、叶片也扭曲生长。果实较小，呈圆柱形，稍弯曲，果面高低不平，呈扭曲状。大连有栽培。

冬季

发叶期

植株

2. 鼠李属 Rhamnus L.

灌木或乔木，无刺或小枝顶端常变成针刺。叶互生或近对生，稀对生，具羽状脉。花小，两性，或单性、雌雄异株，稀杂性，单生或数个簇生，或排成腋生聚伞花序、聚伞总状或聚伞圆锥花序，黄绿色；花瓣4~5，短于萼片，兜状，基部具短爪，顶端常2浅裂，稀无花瓣；雄蕊4~5枚，背着药，为花瓣抱持，与花瓣等长或短于花瓣；花盘薄，杯状；子房上位，球形，花柱2~4裂。浆果状核果倒卵状球形或圆球形，基部为宿存萼筒所包围，具2~4分核，分核骨质或软骨质，开裂或不开裂，各有1种子；种子倒卵形或长圆状倒卵形，背面或背侧具纵沟，或稀无沟。

辽宁产9种。

分种检索表

1. 枝端具明显的顶芽，有时仅在枝分权处有短刺。
  2. 叶缘锯齿齿尖不为刺芒状。顶芽及腋芽卵圆形，鳞片淡褐色 ………… 1. 鼠李 Rh. davurica Pall.
  2. 叶缘锯齿齿尖为刺芒状。顶芽长卵形，紫黑色 ………………… 2. 锐齿鼠李 Rh. arguta Maxim.
1. 枝端具针刺，概不具顶芽。
  3. 叶互生，稀兼近对生。
    4. 花萼花梗被疏短柔毛，叶两面有密毛 ………………… 3. 朝鲜鼠李 Rh. koraiensis Schneid.
    4. 花萼花梗无毛，叶表面伏生糙毛或短毛，背面沿脉及脉腋有疏毛或无毛
      …………………………………………………………… 4. 东北鼠李 Rh. yoshinoi Makino.
  3. 叶对生或近对生，稀兼互生。
    5. 全株无毛或近无毛。
      6. 小枝灰褐色，无光泽；叶狭椭圆形或狭长圆形，稀披针状椭圆形或椭圆形，长2~12厘米
        …………………………………………………… 5. 乌苏里鼠李 Rh. ussuriensis J. Vass.
      6. 小枝暗紫色，平滑而有光泽；叶近圆形、卵圆形、菱状倒卵形或菱状卵形，长1~6厘米。叶柄
        较长，长1~2厘米 ………………………………… 6. 金刚鼠李 Rh. diamantiaca Nakai
    5. 全株多少有毛。叶柄短，长通常在1厘米以下，被密柔毛或上面沟内有细柔毛。
      7. 小枝及叶柄密被短柔毛；叶较大，长2~6厘米，宽1.2~4厘米，近圆形或倒卵状圆形，背面全部
        或沿脉被柔毛，侧脉3~4对，表面凹下，背面凸出 ………… 7. 圆叶鼠李 Rh. globosa Bunge
      7. 小枝及叶柄有微细柔毛；叶较小，长1.2~4厘米，宽0.8~2.5厘米，卵形、菱状倒卵形或菱状椭
        圆形；叶柄长4~15毫米。
        8. 小枝灰色；叶纸质，卵形或卵状披针形，背面沿脉或脉腋被白色短柔毛；种子背面具长为
          种子4/5的宽沟…………………………………… 8. 卵叶鼠李 Rh. bungeana J. Vass.
        8. 小枝褐色；叶厚纸质，菱状倒卵形或菱状椭圆形，背面脉腋窝孔内被疏短柔毛；种子背侧
          具长为种子4/5的狭沟 ………………………… 9. 小叶鼠李 Rh. parvifolia Bunge

（1）鼠李（辽宁植物志、东北植物检索表、中国植物志、Flora of China）大叶鼠李 老鸹眼 臭李子

Rhamnus davurica Pall. in Reise Russ. Reich. 3, append. 721. 1776；Fl. China 12：155. 2007；中国植物志48（1）：67. 1982；辽宁植物志（上册）：1119. 图版480. 1988；东北植物检索表（第二版）：407. 图版202：3. 1995.

落叶灌木或小乔木。枝顶端常有大的淡褐色的芽，有时仅在枝分权处有短刺。叶对生或近对生，或在短枝上簇生，宽椭圆形或卵圆形，侧脉每边4~6条。花单性，雌雄异株，4基数，有花瓣。核果球形，黑色，具2分核，基部有宿存的萼筒；果梗长1~1.2厘米。花期5—6月，果期7—10月。

果枝

生于山间沟旁、杂木林中及灌丛中。产于凤城、丹东、桓仁、宽甸、本溪、瓦房店、庄河等地。

树皮有清热通便作用，果实有清热利湿、止咳祛痰、解毒杀虫作用。

枝端有顶芽

植株

植株的一部分

（2）锐齿鼠李（辽宁植物志、东北植物检索表、中国植物志、Flora of China）牛李子梅叶鼠李

Rhamnus arguta Maxim. in Mem. Acad. Sci. St. Petersb. ser. 7，10：11. 1866；Fl. China 12：152. 2007；中国植物志48（1）：58. 1982；辽宁植物志（上册）：1121. 图版481. 1988；东北植物检索表（第二版）：407. 图版202：1. 1995.

落叶灌木或小乔木。枝端具有长卵形、紫黑色的顶芽，有时具针刺。叶薄纸质或纸质，近对生或对生，或兼互生，在短枝上簇生，卵状心形或卵圆形，侧脉每边4~5条。花单性，雌雄异株，4基数，具花瓣。核果球形或倒卵状球形，具3~4个分核，成熟时黑色。花期5—6月，果期6—9月。

常生于山坡灌木丛中。产于铁岭、沈阳、抚顺、北镇、锦州、义县、北票、建平、建昌、大连等地。

种子榨油，可作润滑油；茎叶及种子有毒，熬成液汁可作杀虫剂。

枝端有时具刺

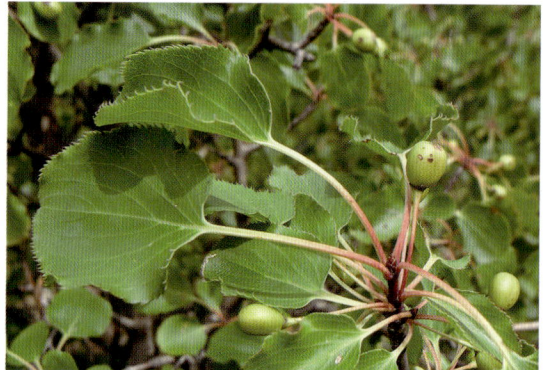

植株的一部分

（3）朝鲜鼠李（辽宁植物志、东北植物检索表、中国植物志、Flora of China）

Rhamnus koraiensis Schneid. in Notizbl. Bot. Gart. Mus. Berl. 5：77. 1908；Fl. China 12：160. 2007；中国植物志48（1）：81. 图版22：1–2. 1982；辽宁植物志（上册）：

1123. 图版483. 1988；东北植物检索表（第二版）：407. 1995.

　　落叶灌木；枝端具针刺。叶纸质，互生或在短枝上簇生，宽椭圆形，叶宽2厘米以上，侧脉每边4~6条，两面有密毛。花单性，雌雄异株，4基数，有花瓣，黄绿色，被微毛；花萼、花梗、果梗被短柔毛。核果倒卵状球形，具1~2分核。花期4—5月，果期6—9月。

　　生于低海拔的杂木林或灌木丛中。产于宽甸、桓仁、丹东、岫岩等地。

　　种子油可作润滑油；果实可作紫色染料。

果序　　　　　　　　　　　　小枝　　　　　　　　　　　　枝端

　　（4）东北鼠李（辽宁植物志、东北植物检索表、中国植物志、Flora of China）长梗鼠李（辽宁植物志、中国植物志）

Rhamnus yoshinoi Makino in Bot. Mag.（Tokyo）18：97. 1904；东北植物检索表（第二版）：407. 图版202：6. 1995.—*R. schneideri* L. et V. in Fedde, Rep. Sp. Nov. 6：265. 1908；Fl. China 12：162. 2007；中国植物志48（1）：87. 图版18：1-2. 1982；辽宁植物志（上册）：1127. 1988.—*R. schneiberi* L. et V. var. *manshurica* Nakai in Bot. Mag. Tokyo 31：274. 1917；Fl. China 12：162. 2007；中国植物志48（1）：88. 1982；辽宁植物志（上册）：1127. 图版484. 1988.

　　落叶灌木；多分枝，枝端具针刺。叶互生或在短枝上簇生，椭圆形，表面散生短毛，背面无毛，侧脉每边3~6条，两面凸起；叶柄上面有沟，被短柔毛。花单性，雌雄异株，黄绿色，花萼、花梗无毛。核果具2分核。花期5—6月，果期7—10月。

　　生于向阳山坡或灌木丛中。产于宽甸、桓仁、丹东、庄河等地。

　　芽和嫩叶可食；树皮及果实可作黄色染料，也可入药。

果梗无毛

植株的一部分

（5）乌苏里鼠李（辽宁植物志、东北植物检索表、中国植物志、Flora of China）老鸹眼 老乌眼

Rhamnus ussuriensis J. Vass. in Not. Syst. Inst. Bot. Acad. Sci. URSS 8：115. 1940；Fl. China 12：155. 2007；中国植物志48（1）：67. 1982；辽宁植物志（上册）：1118. 图版479. 1988；东北植物检索表（第二版）：407. 图版202：5. 1995.

落叶灌木；全株无毛或近无毛。小枝灰褐色，无光泽，枝端常有刺，枝对生或近对生。叶对生或近对生，稀互生，或在短枝端簇生，狭椭圆形或狭矩圆形，侧脉每边4~5。花单性，雌雄异株，4基数，有花瓣。核果黑色，具2分核，基部有宿存的萼筒；果梗长6~10毫米。花期4—6月，果期6—10月。

常生于河边、山地林中或山坡灌木丛中。产于铁岭、沈阳、北镇、锦州、新宾、清原、抚顺、鞍山、岫岩、本溪、桓仁、宽甸、瓦房店、庄河、凤城、丹东等地。

枝、叶有毒，可作农药。木材坚硬，可供车辆、辘轳、细工雕刻等用。

果枝

偶见叶互生

叶背面观

叶对生

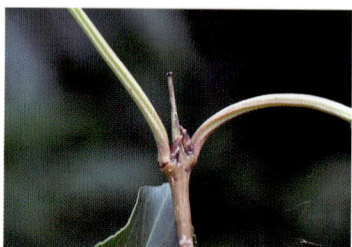
枝端刺

（6）金刚鼠李（辽宁植物志、东北植物检索表、中国植物志、Flora of China）

Rhamnus diamantiaca Nakai in Bot. Mag. Tokyo 31：98. 1917；Fl. China 12：155. 2007；中国植物志48（1）：65. 图版18：3-4. 1982；辽宁植物志（上册）：1123. 1988；东

果枝

植株的一部分

北植物检索表（第二版）：409. 图版202：7. 1995.

落叶灌木。全株近无毛。小枝暗紫色，平滑而有光泽，顶端具针刺。叶柄长1~2厘米；叶纸质，对生或近对生，偶有互生，近圆形、卵圆状菱形或椭圆形，边缘具圆齿状锯齿。花单性，雌雄异株。果梗长7~8毫米；核果近球形或倒卵状球形，黑色或紫黑色；种子背沟开口为种子长的1/4~1/3。花期5—6月，果期7—9月。

生于沟边或林中。产于抚顺、清原、新宾、桓仁、宽甸、本溪、凤城、鞍山等地。

（7）**圆叶鼠李**（辽宁植物志、东北植物检索表、中国植物志、Flora of China）**辽东鼠李**

Rhamnus globosa Bunge in Mem. Sav. Etr. Acad. Sci. St. Petersb. 2：88. 1833；Fl. China 12：152. 2007；中国植物志48（1）：59. 1982；辽宁植物志（上册）：1121. 1988；东北植物检索表（第二版）：409. 图版202：4. 1995.

落叶灌木。小枝顶端具针刺。小枝、叶柄、果柄均被短柔毛；叶纸质，对生或近对生，稀兼互生，或在短枝上簇生，近圆形，背面全部或沿脉被柔毛，侧脉3~4对，叶缘不为刺芒状。花单性，雌雄异株，4基数，有花瓣。核果球形，具2~3分核。花期4—5月，果期6—10月。

生于山坡、林下或灌木丛中。产于金州、大连。

果实烘干、捣碎和红糖水煎服可治肿毒。根皮、茎、叶用于瘰疬、哮喘等。

果期　　　　　　花期　　　　　　叶对生

（8）**卵叶鼠李**（中国植物志、Flora of China）**麻李**

Rhamnus bungeana J. Vass. in Not. Syst. Inst. Bot. Acad. Sci. URSS 8：123. 1940；Fl. China 12：151. 2007；中国植物志48（1）：55. 图版19：1-3. 1982.

落叶小灌木。小枝灰褐色，枝端具针刺。叶对生或近对生，稀兼互生，或在短枝上簇

雌花枝　　　　　　果期

雄花

植株

生，纸质，卵形，背面沿脉被白色短柔毛；叶柄具微柔毛。花黄绿色，单性，雌雄异株，4基数；花梗有微柔毛。核果倒卵状球形，具2分核；种子背面有长为种子4/5的纵沟。花期4—5月，果期6—9月。

常生于山坡阳处或灌木丛中。产于大连。

（9）小叶鼠李（辽宁植物志、东北植物检索表、中国植物志、Flora of China）玻璃枝 麻绿 叫驴子

Rhamnus parvifolia Bunge in Enum. Pl. China Bor. 14. 1831；Fl. China 12：152. 2007；中国植物志48（1）：57. 1982；辽宁植物志（上册）：1121. 图版482. 1988；东北植物检索表（第二版）：409. 图版202：2. 1995.

灌木。小枝紫褐色，枝端有针刺。叶柄上面沟内有细柔毛。叶纸质，对生或近对生，稀兼互生，在短枝上簇生，菱状倒卵形等，侧脉2~4对，两面凸出。雌雄异株，花黄绿色，4基数；花梗无毛。核果倒卵状球形，具2分核，种子背面具较窄的纵沟。花期4—5月，果期6—9月。

生于向阳山坡。产于大连、沈阳、北镇、朝阳、锦州、义县、北票、建平、建昌、凌源、喀左、绥中、兴城等地。

果实有清热泻下、消瘰疬作用，主治腹满便秘、疥癣瘰疬。

果枝

植株一部分

葡萄科 Vitaceae

攀援木质藤本，稀草质藤本，具有卷须，或直立灌木，无卷须。单叶、羽状或掌状复叶，互生。花小，两性或杂性同株或异株，排列成伞房状多歧聚伞花序、复二歧聚伞花序或圆锥状多歧聚伞花序，4~5基数；花瓣与萼片同数，分离或凋谢时呈帽状黏合脱落；雄蕊与花瓣对生，在两性花中雄蕊发育良好，在单性花雌花中雄蕊常较小或极不发达，败育；子房上位。果实为浆果，有种子1至数颗。

辽宁产3属7种4变种1变型，其中栽培2种。

分属检索表

1. 圆锥花序；花瓣于顶部互相黏着，花后呈帽状脱落 ┄┄┄┄┄┄┄┄┄┄ 1. 葡萄属 Vitis L.
1. 聚伞花序；花瓣离生，花后不呈帽状脱落。
  2. 花盘明显，与子房分离；卷须发达而两歧，顶端不膨大成吸盘状　2. 蛇葡萄属 Ampelopsis Michaux.
  2. 花盘不明显，与子房连在一起；卷须顶端膨大成吸盘状
  ┄┄┄┄┄┄┄┄┄┄┄┄┄┄┄┄┄ 3. 爬山虎属（地锦属）Parthenocissus Planch.

1. 葡萄属 Vitis L.

木质藤本，有卷须。叶为单叶、掌状或羽状复叶。花5数，通常杂性异株，稀两性，排成聚伞圆锥花序；萼呈碟状，萼片细小；花瓣凋谢时呈帽状黏合脱落；花盘明显，5裂；雄蕊与花瓣对生，在雌花中不发达，败育；子房2室，每室有2颗胚珠；花柱纤细，柱头微扩大。果实为一肉质浆果，有种子2~4颗。

辽宁产2种1变种。

分种检索表

1. 叶基部深心形，弯缺较小，边缘具粗齿；果较大；种子淡白色。栽培 ┄┄┄┄ 1. 葡萄 V. vinifera L.
1. 叶基部心形，弯缺较大，边缘的齿较小；果小；种子带红色 ┄┄┄┄ 2. 山葡萄 V. amurensis Rupr.

（1）葡萄（辽宁植物志、东北植物检索表、中国植物志、Flora of China）菩提子

Vitis vinifera L. in Fl. Sp. 293. 1753; Fl. China 12：219. 2007；中国植物志48（2）：166. 1998；辽宁植物志（上册）：1129. 图版485：5-6. 1988；东北植物检索表（第二版）：411. 图版105：4. 1995.

落叶木质藤本。叶卵圆形，显著3~5浅裂或中裂，叶基部深心形。圆锥花序密集或疏散，多花；花蕾倒卵圆形；花瓣5，呈帽状黏合脱落。果实球形或椭圆形，较大；种子淡白色。花期4—5月，果期8—9月。

原产于亚洲西部。辽宁各地普遍栽培。

果实为著名的果品，药用能祛湿利尿；根和藤也可药用，主治风湿骨痛、水肿。

果实成熟期

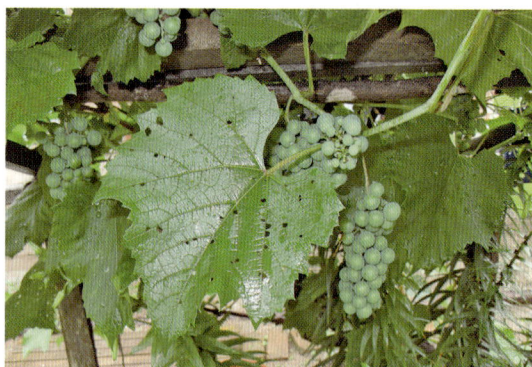

果实成熟前

（2）山葡萄（辽宁植物志、东北植物检索表、中国植物志、Flora of China）阿穆尔葡萄

Vitis amurensis Rupr. in Bull. Acad. Sci. St. Petersb. 15：266. 1857；Fl. China 12：218. 2007；中国植物志48（2）：165. 1998；辽宁植物志（上册）：1128. 图版485：1-4. 1988；东北植物检索表（第二版）：411. 图版105：5. 1995.

2a. 山葡萄（原变种）

var. **amurensis**

落叶木质藤本。叶互生，叶片广卵形，3（5）浅裂或中裂或不分裂，基部心形。圆锥花序与叶对生，雌雄异株，花多数，黄绿色；雌花序成圆锥状而分歧，长9~15厘米；雄花序形状不等，长7~12厘米。浆果，球形，黑色或黑蓝色。花期5—6月，果期8—9月。

生于山坡、沟谷林中或灌木丛中。产于辽宁各地。

果实生食或酿酒；种子榨油。果、根、藤入药，果主治烦热口渴、尿路感染、小便不利；根、藤主治多种疼痛。还可作培育葡萄的砧木。嫩茎叶可食。

果序

花序

叶

叶背面观

2b. 毛叶山葡萄（新亚种）

subsp. **pubescens** S. M. Zhang in Addenda p. 614

本亚种与原亚种的区别在于：叶背面密被紧贴叶面的蛛丝状毛，蛛丝状毛不但数量多，而且覆盖全部叶面；叶背面网格状叶脉明显凸起。生于山坡、灌木丛中。产于旅顺口。

小枝

叶背面观

叶缘

植株的一部分

2. 蛇葡萄属 Ampelopsis Michaux.

木质藤本。卷须2~3分枝。叶为单叶、羽状复叶或掌状复叶，互生。花5数，两性或杂性同株，组成伞房状多歧聚伞花序或复二歧聚伞花序；花瓣5，展开，各自分离脱落，雄蕊5，花盘发达，边缘波状浅裂；花柱明显，柱头不明显扩大；子房2室，每室有2个胚珠。浆果球形，有种子1~4颗。

辽宁产3种3变种1变型。

分属检索表

1. 叶为掌状复叶或掌状全裂。
  2. 叶轴及小叶柄有狭翅；植株无毛 ·························· 1. 白蔹 A. japonica（Thunb.）Makino
  2. 叶轴无翅；植株无毛或叶背面有疏毛·················· 2. 乌头叶蛇葡萄 A. aconitifolia Bunge
1. 单叶，浅裂或中裂，有时3全裂。
  3. 叶3浅裂，背面淡绿色；小枝及叶有毛；果实成熟时为鲜蓝色
    ·················· 3. 东北蛇葡萄 A. glandulosa var. brevipedunculata（Maxim.）Momiy.
  3. 叶3~5中裂至深裂，背面苍白色；小枝光滑或有微毛；果实成熟时淡黄色
    ·················· 4. 葎叶蛇葡萄 A. humulifolia Bunge

（1）白蔹（辽宁植物志、东北植物检索表、中国植物志、Flora of China）五爪藤

Ampelopsis japonica（Thunb.）Makino in Tokyo Bot. Mag. 17：113. 1903；Fl. China 12：182. 2007；中国植物志48（2）：46. 图版6：3-8. 1998；辽宁植物志（上册）：1133. 图版487：1-3. 1988；东北植物检索表（第二版）：411. 图版203：1. 1995.

木质藤本；植株无毛。叶轴及小叶柄有狭翅；叶为掌状3~5小叶，小叶片羽状深裂或小叶边缘有深锯齿而不分裂。聚伞花序通常集生花序梗顶端，直径1~2厘米，通常与叶对生；花瓣5，卵圆形。果实球形，成熟后带白色。花期5—6月，果期7—9月。

生于山坡地边、灌木丛或草地。产于沈阳、大连、金州、普兰店、抚顺、凌源、昌图、营口等地。

全株及块根有清热解毒、消肿止痛作用；外用可治烫伤、冻疮，又可作农药。

果实　　　　　　　　　　　　植株　　　　　　　　　　　植株的一部分

（2）乌头叶蛇葡萄（辽宁植物志、东北植物检索表、中国植物志、Flora of China）草白蔹 草葡萄

Ampelopsis aconitifolia Bunge in Mem. Div. Sav. Acad. Sci. St. Petersb. 2：86. 1835；Fl. China 12：182. 2007；中国植物志48（2）：45. 1998；辽宁植物志（上册）：1132. 图版487：4-5. 1988；东北植物检索表（第二版）：411. 图版203：2. 1995.

2a. 乌头叶蛇葡萄（原变种）

var. **aconitifolia**

落叶木质藤本。植株无毛或叶背面有疏毛。叶为掌状5小叶，小叶3~5羽裂；叶轴无翅。花序为疏散的伞房状复二歧聚伞花序；花瓣5，卵圆形。果实近球形，成熟时淡黄色，有种子2~3颗。花期5—6月，果期8—9月。

生于沙质地、荒野或干旱山坡。产于金州、瓦房店、沈阳、彰武等地。

根皮有散瘀消肿、祛腐生肌作用，用于骨折、跌打损伤、痈肿、风湿关节痛。

果序

叶

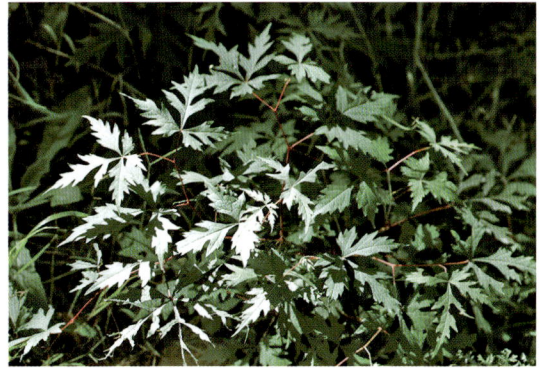
植株的一部分

2b. 掌叶蛇葡萄（变种）（辽宁植物志、东北植物检索表）掌裂蛇葡萄（中国植物志、Flora of China）

var. **glabra** Diels. in Bot. Jahrb. Syst. 29：465. 1900；辽宁植物志（上册）：1133. 图版487：6. 1988；东北植物检索表（第二版）：411. 图版203：3. 1995.—*A. delavayana* Planch. var. *glabra*（Diels & Gilg）C. L. Li in Chin. J. Appl. Envirn. Biol. 2（1）：48. 1996；Fl. China 12：182. 2007；中国植物志48（2）：44. 1998.

叶3~5掌状全裂，小叶通常菱形而宽阔，中央小叶不分裂或浅裂，边缘具粗牙齿。

生境同原变种。产于彰武。

植株

植株的一部分

果序

（3）蛇葡萄（Frola of China）

Ampelopsis glandulosa（Wallich）Momiyama，Bull. Univ. Mus. Univ. Tokyo. 2：78. 1971；Fl. China 12：179. 2007.

3a. 蛇葡萄（原变种）

var. **glandulosa**

辽宁不产。

3b. 东北蛇葡萄（变种）（中国植物志、Flora of China）蛇葡萄（辽宁植物志、东北植物检索表）

var. **brevipedunculata**（Maxim.）Momiy. in J. Jap. Bot. 52：30 1977；Fl. China 12：180. 2007.—*A. heterophylla*（Thunb.）Sieb. & Zucc. var. *brevipedunculata*（Regel）C. L. Li in Chin. J. Appl. Envirn. Biol. 2（1）：47. 1996；中国植物志48（2）：38. 1998.—*A. brevipedunculata*（Maxim.）Trautv. in Acta Hort. Petrop. 8：176. 1883；辽宁植物志（上册）：1130. 图版486：1-2. 1988；东北植物检索表（第二版）：411. 图版203：4. 1995.

落叶木质藤本。小枝及叶有毛；叶片广卵形，3浅裂，稀5浅裂，长宽近相等。二歧聚伞花序与叶对生，花细小，黄绿色；萼片5，稍分裂；花瓣5，长圆形，镊合状排列。果实为浆果，球形，成熟时鲜蓝色。花果期6—8月。

生于山坡及林下。产于抚顺、沈阳、葫芦岛、建昌、建平、北镇、大连、金州、普兰店、瓦房店、庄河、长海、盖州、岫岩、桓仁、西丰等地。

果实可酿酒；根茎入药，能清热解毒、消肿祛湿。

果期

果序

花期

花序

3c. 光叶蛇葡萄（变种）（辽宁植物志、东北植物检索表、中国植物志、Flora of China）

var. **hancei** (Planch.) Momiy. in J. Jap. Bot. 52：30. 1977；Fl. China 12：180. 2007.—*A. heterophylla* (Thunb.) Sieb. & Zucc. var. *hancei* Planch. in DC. Monogr. Phan. 5：457. 1887；中国植物志48（2）：37. 1998.—*A. brevipedunculata*（Maxim.）Trautv. var. *maximowiczii*（Regel.）Rehd. in Bail. Gent. Herb.1：36. 1920；辽宁植物志（上册）：1131. 1988；东北植物检索表（第二版）：411. 1995.

幼枝及叶平滑无毛或近无毛；叶质稍厚，3~5中裂，裂隙具圆弯缺；花梗稍长。

生境同原变种。产于大连、盖州、西丰、凌源等地。

果序　　　　　　　　　　　　叶　　　　　　　　　　　植株的一部分

（4）葎叶蛇葡萄（辽宁植物志、东北植物检索表、中国植物志、Flora of China）七角白蔹 葎叶白蔹

Ampelopsis humulifolia Bunge in Mem. Div. Sav. Acad. Sci. St. Petersb. 2：86. 1835；Fl. China 12：181. 2007；中国植物志48（2）：41. 图版6：2. 1998；辽宁植物志（上册）：1131. 图版486：3-4. 1988；东北植物检索表（第二版）：411. 图版203：6. 1995.

4a. 葎叶蛇葡萄（原变型）

f. humulifolia

落叶木质藤本。小枝光滑或有微毛。叶互生，具长柄，叶片质厚，广卵形，长宽近相等，3~5中裂至深裂，背面苍白色。聚伞花序与叶对生，较疏散，总花梗较细且长于叶柄，花小形，黄绿色。浆果球形，淡黄色。花期6—7月，果期8—9月。

生于山沟地边或灌木丛林缘或林中。产于大连、瓦房店、旅顺口、金州、鞍山、本溪、阜新、凌源、建平、建昌、绥中、北镇、开原、彰武、营口、盖州等地。

根皮有活血散瘀、解毒、生肌长骨、祛风除湿作用，用于跌打损伤、骨折、疮疖肿痛、风湿关节痛。

果序　　　　　　　　　　　　叶　　　　　　　　　　　植株的一部分

4b. 三叶白蔹（变型）（辽宁植物志、东北植物检索表）

f. trisecta（Nakai）Kitag. in J. Jap. Bot. 34：7. 1957.—var. *trisecta* Nakai in Rep. First Sci. Exped. Manch. Sect.4（1）：8. 1934；辽宁植物志（上册）：1131. 图版486：5. 1988；东北植物检索表（第二版）：411. 图版203：5. 1995.

叶3全裂，侧裂片斜卵形，常呈不等的2深裂或中裂，中央裂片广菱形。

生境同原变种。产于彰武。

茎上部叶

幼苗

3. 爬山虎属（地锦属）　Parthenocissus Planch.

木质藤本。卷须总状多分枝，嫩时顶端膨大或细尖微卷曲而不膨大，后遇附着物扩大成吸盘。叶为单叶、3小叶或掌状5小叶，互生。花5数，两性，组成圆锥状或伞房状疏散多歧聚伞花序；花瓣展开，各自分离脱落；雄蕊5；花柱明显；子房2室，每室有2个胚珠。浆果球形，有种子1~4颗。

辽宁产2种，其中栽培1种。

分种检索表

1. 叶为复叶，具掌状5小叶。栽培 ························· 1. 五叶地锦 P. quinquefolia（L.）Planch.
1. 叶为单叶，3裂，稀具3小叶 ······················· 2. 爬山虎 P. tricuspidata（Sieb. et Zucc.）Planch.

（1）**五叶地锦**（辽宁植物志、东北植物检索表、中国植物志、Flora of China）美国地锦　美国爬山虎

Parthenocissus quinquefolia（L.）Planch. in DC. Monogr. Phan. 5：448. 1887；Fl. China 12：176. 2007；中国植物志48（2）：20. 1998；辽宁植物志（上册）：1136. 图版488：3. 1988；东北植物检索表（第二版）：411. 图版203：8. 1995.

落叶攀援木质藤本。叶互生，具长柄，掌状复叶具5小叶，稍革质。圆锥状二歧聚伞花序较疏散，与叶对生，花轴及花梗皆无毛；萼近5齿，截形；花瓣5，黄绿色；雄蕊5；雌蕊1，子房2室。浆果球形，成熟时呈蓝黑色、稍带白霜。花期7—8月，果期9—10月。

原产于北美。辽宁各地栽培。

垂直绿化的好材料，生长健壮、迅速，适应性强，可覆盖墙面、山石，给庭园、假山、建筑增添色彩。

果序

花序

秋叶

叶

（2）爬山虎（辽宁植物志、东北植物检索表）地锦（中国植物志、Flora of China）爬墙虎

Parthenocissus tricuspidata (Sieb. et Zucc.) Planch. in DC. Monogr. Phan. 5：452. 1887；Fl. China 12：175. 2007；中国植物志48（2）：21. 图版4：1-6. 1998；辽宁植物志（上册）：1135. 图版488：1-2. 1988；东北植物检索表（第二版）：411. 图版203：7. 1995.

落叶木质藤本。叶互生，在短枝端两叶呈对生状，广卵形，顶端通常3裂、3深裂或部分叶不分裂，有时在幼株上及基部枝上的叶较小且成掌状3小叶。聚伞花序常腋生短枝端；花两性、黄绿色。浆果球形，成熟时蓝黑色。花期6—7月，果期9—10月。

常攀援于墙壁或岩石上。产于丹东、凤城、桓仁、营

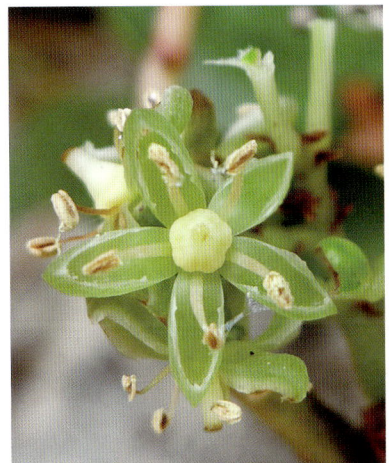
花

口、庄河、瓦房店、金州、
大连等地。

攀援绿化植物，庭院栽
植供观赏。根、茎入药，有活
血、祛风、止痛作用，主治产
后血瘀、腹中有块、风湿筋骨
疼痛、偏头痛等；果可酿酒。

果序

不裂叶

三裂叶

攀树生长

攀墙生长

椴树科 Tiliaceae

乔木、灌木或草本。单叶互生，稀对生，具基出脉。花两性或单性雌雄异株，辐射对称，排成聚伞花序或再组成圆锥花序；苞片早落，有时大而宿存；萼片通常5数，有时4片，分离或多少连生，镊合状排列；花瓣与萼片同数，分离，有时或缺；雄蕊多数，稀5数，离生或基部连生成束；子房上位，花柱单生，有时分裂，柱头锥状或盾状，常有分裂。果为核果、蒴果、裂果，有时浆果状或翅果状，2~10室。

辽宁产2属5种6变种1变型，其中栽培1种。

分属检索表

1. 花无花盘；花序梗贴生大苞片；乔木 ·················· 1. 椴树属 Tilia L.
1. 花有花盘；花序梗无贴生大苞片；常为灌木 ·················· 2. 扁担杆属 Grewia L.

1. 椴树属 Tilia L.

落叶乔木。单叶，互生，有长柄，基部常为斜心形。花两性，白色或黄色，排成聚伞花序，花序柄下半部常与长舌状的苞片合生；萼片5片；花瓣5片，覆瓦状排列，基部常有小鳞片；雄蕊多数，离生或连合成5束；退化雄蕊呈花瓣状，与花瓣对生；子房5室，每室有胚珠2颗，花柱简单，柱头5裂。果实圆球形或椭圆形，核果状，稀为浆果状，不开裂，稀干后开裂，有种子1~2颗。

辽宁产4种5变种，其中栽培1种。

分种检索表

1. 小枝密被黄褐色星状毛；叶背面密被星状毛，边缘粗齿具芒状尖；花有退化雄蕊

　　………………………………………………………………… 1. 糠椴 T. mandshurica Rupr. et Maxim.

1. 小枝无毛，稀有长疏毛；叶背面无毛，仅脉腋处具簇毛。

　　2. 当年生枝褐色；花有5个花瓣状退化雄蕊 …………………………… 2. 蒙椴 T. mongolica Maxim.

　　2. 当年生枝绿色或淡褐色；花无退化雄蕊。

　　　　3. 当年生枝绿色；叶长5~12厘米，宽4~12厘米，基部斜心形；果具明显4~5棱，顶端有1短喙

　　　　……………………………………………………………………… 3. 大叶欧椴 T. platyphyllos Scop.

　　　　3. 当年生枝绿色或淡褐色；叶长4.8~8厘米，宽4~7厘米，基部心形；果无棱无喙

　　　　………………………………………………………………………………… 4. 紫椴 T. amurensis Rupr.

（1）糠椴（辽宁植物志、东北植物检索表）辽椴（中国植物志、Flora of China）菩提树

Tilia mandshurica Rupr. et Maxim. in Bull. Acad. Sci. St. Ptersb. 16：124. 1856；Fl. China 12：242. 2007；中国植物志49（1）：54. 图版12：1-5. 1989；辽宁植物志（上册）：1140. 图版490：1-2. 1988；东北植物检索表（第二版）：413. 图版204：5. 1995.

1a. 糠椴（原变种）

var. mandshurica

落叶乔木。小枝密被黄褐色星状毛；叶卵圆形，先端短尖，基部斜心形或截形，长5~11厘米，宽5~10厘米，背面密被灰色星状茸毛，边缘粗齿具芒状尖。聚伞花序，花有花瓣状、比花瓣略小的退化雄蕊。果实球形，有5条不明显的棱。花期7月，果实成熟期9月。

生于山间、沟谷、杂木林中。产于辽宁各地。

花侧面观

树干

果序

花正面观

小枝

优良的行道树及庭院绿化树种，也是蜜源植物。枝条韧皮纤维可制麻袋等。木材可制家具、胶合板等。果可榨油。嫩芽可食。花有发汗解热、抑菌作用，用于感冒、水肿、口腔破溃、咽喉肿痛。

叶

叶背面观

1b. 棱果糠椴（变种）（辽宁植物志、东北植物检索表）**棱果辽椴**（中国植物志、Flora of China）

var. **megaphylla**（Nakai）Liou et Li in Ill. Man. Woody Pl. N.-E. Prov. 418. 1955；Fl. China 12：243. 2007；中国植物志49（1）：56. 1989；辽宁植物志（上册）：1141. 图版490：3. 1988；东北植物检索表（第二版）：413. 图版204：6. 1995.

叶片较原变种略大；果实倒卵形或倒卵状长圆形，有5条明显的棱，密被星状毛。产于丹东。

1c. 瘤果糠椴（变种）（辽宁植物志）**疣果糠椴**（东北植物检索表）**瘤果辽椴**（中国植物志、Flora of China）

var. **tuberculata** Liou et Li，东北木本植物图志：565. 1955；Fl. China 12：242. 2007；中国植物志49（1）：56. 1989；辽宁植物志（上册）：1141. 图版490：4. 1988；东北植物检索表（第二版）：413. 图版204：8. 1995.

苞片较小，长仅3.5~5.5厘米；果实有大形的瘤状突起。产于鞍山（千山）。

（2）蒙椴（辽宁植物志、东北植物检索表、中国植物志、Flora of China）**白皮椴 小叶椴**

Tilia mongolica Maxim. in Bull. Acad. Sci. Petersb. 26：433. 1880；Fl. China 12：246. 2007；中国植物志49（1）：62. 1989；辽宁植物志（上册）：1141. 图版491：1-3. 1988；东北植物检索表（第二版）：413. 图版204：9. 1995.

落叶乔木。树皮灰褐色，有不规则薄片状脱落。当年生枝褐色，无毛或有极疏的长绵毛。叶阔卵形或圆形，长3~5.5厘米，宽3~5厘米，先端渐尖，常出现3裂，背面无毛，仅脉腋处具簇毛，边缘粗齿无芒尖。聚伞花序，雄蕊多数，退化雄蕊5，线形，与花瓣对生。果

当年生枝褐色

果序

花

叶

叶缘

植株的一部分

实倒卵形，被毛，有棱或有不明显的棱。花期7月。

生于向阳山坡及岩石间隙或沙丘上。产于营口及辽西等地。

优良的行道树及庭院绿化树种，也是蜜源植物。枝条韧皮纤维可制麻袋等；木材可制家具、胶合板等；花入药；果可榨油。

（3）**大叶欧椴**（辽宁植物志、东北植物检索表）**阔叶椴 欧洲大叶椴**

Tilia platyphyllos Scop. in Fl. Carniol. Ed. 2，1：373. 1771；辽宁植物志（上册）：1141. 图版491：4-5. 1988；东北植物检索表（第二版）：413. 图版204：10. 1995.

落叶大乔木。树皮暗灰色；当年生枝绿色，有较稀疏的灰白色柔毛或近无毛。叶片广卵形或近圆形，基部斜心形。聚伞花序，花序梗有稀疏短硬毛；苞片广倒披针形，网脉明显；花瓣淡黄色，无退化雄蕊。果球形，具明显的4~5肋，密被带淡灰褐色的短茸毛，先端具1短喙。花期6—7月，果熟期9月。

花侧面观

花序

植株

叶

植株的一部分

原产于欧洲。大连有栽培。

优良的行道树及庭院绿化树种，也是蜜源植物。枝条韧皮纤维可制麻袋等；木材可制家具、胶合板等；花入药；果可榨油。

（4）**紫椴**（辽宁植物志、东北植物检索表、中国植物志、Flora of China）籽椴

Tilia amurensis Rupr. in Fl. Cauc. 253. 1869；Fl. China 12：246. 2007；中国植物志 49（1）：63. 图版14：5-8. 1989；辽宁植物志（上册）：1138. 图版489：1-3. 1988；东北植物检索表（第二版）：413. 图版204：1. 1995.

4a. 紫椴（原变种）

var. amurensis

落叶乔木。树皮灰色或暗灰色。当年生枝绿色或带淡褐色，无毛或初有灰白色稀疏蛛丝状柔毛。叶广卵形或卵圆形，长4.8~8厘米，宽4~7厘米，基部心形，先端呈尾状，边缘有粗尖锯齿，齿先端具内弯的芒尖。聚伞花序；花瓣5，黄白色，倒披针形；雄蕊多数，无退化雄蕊。果球形或椭圆形，无棱无喙，被褐色短茸毛。花期6—7月，果熟期9月。

当年生枝绿色

果序

生于山坡及阔叶红松林中。产于瓦房店、普兰店、庄河、建昌及辽东地区等地。

木材可供建筑、雕刻、细木工等用。树皮含大量纤

花序

树干

叶背面观

维，可用来编席、制麻袋、制绳缆，也可以作家具、垫褥的填充料。优良的蜜源植物。嫩芽可食。花有发汗解热、抑菌作用。

4b. 裂叶紫椴（变种）（辽宁植物志、东北植物检索表、中国植物志）

var. tricuspidata Lion et Li，东北木本植物图志：565. 1955；中国植物志49（1）：65. 1989；辽宁植物志（上册）：1140. 图版489：5. 1988；东北植物检索表（第二版）：413. 图版204：3. 1995.

花枝

叶上部明显3浅裂。产于金州。

4c. 朝鲜紫椴（变种）（辽宁植物志、东北植物检索表）

var. koreana Nakai in Bot. Mag.33：61. 1919；辽宁植物志（上册）：1140. 图版489：4. 1988；东北植物检索表（第二版）：413. 图版204：2. 1995.

果为梨形。产于金州。

4d. 小叶紫椴（变种）（辽宁植物志、东北植物检索表、中国植物志、Flora of China）

var. taquetii (Schneid.) Liou et Li，东北木本植物图志：420. 1955；Fl. China 12：247. 2007；中国植物志49（1）：63. 1989；辽宁植物志（上册）：1140. 图版489：6. 1988；东北植物检索表（第二版）：413. 图版204：4. 1995.

小枝及幼叶背面密被棕色星状毛，后渐脱落，叶较原变种小。辽宁东部山区有分布。

2. 扁担杆属 Grewia L.

乔木或灌木。叶互生，具基出脉，有锯齿或有浅裂。花两性或单性雌雄异株，通常3朵组成腋生的聚伞花序；萼片5片，分离，外面被毛，内面秃净，稀有毛；花瓣5片，比萼片短；腺体常为鳞片状，着生于花瓣基部，常有长毛；雌雄蕊柄短，秃净；雄蕊多数，离生；子房2~4室，每室有胚珠2~8颗，花柱单生，顶端扩大，柱头盾形，全缘或分裂。核果常有纵沟，收缩成2~4个分核，具假隔膜。

辽宁产1种1变种。

扁担杆（中国植物志、Flora of China）

Grewia biloba G. Don. in Gen. Hist. 1：549. 1831；Fl. China 12：254. 2007；中国植物志49（1）：94. 图版23. 1989.

a. 扁担杆（原变种）

var. biloba

落叶灌木。叶片卵形或菱状卵形，薄革质，基部圆形至楔形，先端尖至狭尖，两面有稀疏星状粗毛。聚伞花序；花萼5，乳黄色；花瓣5，乳黄色，长度仅为萼片的1/5~1/4；花有两种类型，一种雄蕊败育，一种雌蕊败育，前者花小而结果，后者花大而不结果，两种类型的花异株。核果，橙红色至红色，常呈完全结合的双球形，2~4裂。花期7月，果熟期9—10月。

生于山坡或山沟边。产于长海。

果实生食或酿酒。根、枝、叶有健脾养血、祛风湿、消瘤作用。

叶背面观

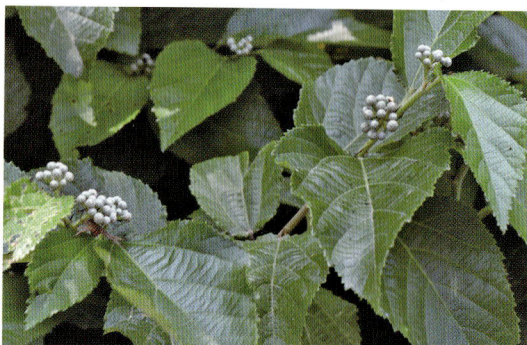

植株的一部分

b. 扁担木（变种）（辽宁植物志、东北植物检索表）**小花扁担杆**（中国植物志、Flora of China）

var. **parviflora**（Bunge）Hand.-Mazz. in Symb. Sin. 7：612. 1929；Fl. China 12：254. 2007；中国植物志49（1）：94. 1989.—*G. parviflora* Bunge in Mem. Sav. Etr. Acad. Sci. St. Petersb. 2：83. 1833；辽宁植物志（上册）：1144. 图版492. 1988；东北植物检索表（第二版）：413. 图版204：11. 1995.

与扁担杆的主要区别是：叶下面密被软茸毛。

生境同原变种。产于长海、大连、旅顺口、金州、凌源。

雌蕊败育的花

果枝

雄蕊败育的花

叶背面观

植株的一部分

锦葵科 Malvaceae

草本、灌木或乔木。叶互生，单叶或分裂，叶脉通常掌状，具托叶。花腋生或顶生，单生、簇生、聚伞花序至圆锥花序；花两性，辐射对称；萼片3~5片，分离或合生；其下面附有总苞状的小苞片3至多数；花瓣5片，彼此分离，但与雄蕊管的基部合生；雄蕊多数，连合成雄蕊柱，花药1室，花粉被刺；子房上位，花柱上部分枝或者为棒状。蒴果，常几枚果爿分裂，很少浆果状。

辽宁栽培1属1种。

木槿属 Hibiscus L.

草本、灌木或乔木。叶互生，掌状分裂或不分裂，具掌状叶脉，具托叶。花两性，5数，花常单生于叶腋间；小苞片5或多数，分离或于基部合生；花萼钟状，很少为浅杯状或管状，5齿裂，宿存；花瓣5，基部与雄蕊柱合生；雄蕊柱顶端平截或5齿裂，花药多数，生于柱顶；子房5室，花柱5裂，柱头头状。蒴果胞背开裂成5果爿。

木槿（辽宁植物志、东北植物检索表、中国植物志、Flora of China）

Hibiscus syriacus L. in Sp. Pl. 695.1753；Fl. China 12：291. 2007；中国植物志49（2）：75. 图版19：1–3. 1984；辽宁植物志（上册）：1152. 1988；东北植物检索表（第二版）：416. 图版205：6. 1995.

落叶灌木或小乔木。叶片卵形或菱状卵形，不裂或具深浅不同的3裂。花单生叶腋，有

白色花

粉色花

果期

植株的一部分

重瓣花

白、红、紫等色；萼钟形，裂片5~6，被星状毛和细短茸毛；花冠钟形，花瓣5，离生，有重瓣品种；雄蕊多数，子房5室，花柱顶端5裂。蒴果卵圆形，被有茸毛。花期7—10月，果期9—10月。

产于我国中部各省，辽宁各地栽培。

庭园观赏植物。茎皮纤维为人造纸或人造棉原料。全株有清热、凉血、利尿之功。嫩叶和白色花可食用。

梧桐科 Sterculiaceae

乔木或灌木，稀为草本或藤本。叶互生，单叶，稀为掌状复叶，通常有托叶。花序腋生，稀顶生，排成圆锥花序、聚伞花序、总状花序或伞房花序，稀为单生花；花单性、两性或杂性；萼片5枚，稀为3~4枚；花瓣5片或无花瓣，分离或基部与雌雄蕊柄合生，排成旋转的覆瓦状。果通常为蒴果或蓇葖，开裂或不开裂，极少为浆果或核果。

辽宁栽培1属1种。

梧桐属 Firmiana Marsili

乔木或灌木。叶为单叶，掌状3~5裂或全缘。花通常排成圆锥花序，稀为总状花序，单性或杂性；萼5深裂几至基部，萼片向外卷曲，稀4裂；无花瓣；雄花的花药10~15个，聚集在雌雄蕊柄的顶端成头状，有退化雌蕊；雌花的子房5室，基部围绕着不育的花药，花柱在基部连合，柱头与心皮同数而分离。果为蓇葖果，具柄，果皮膜质，在成熟前甚早就开裂成叶状；每蓇葖有种子1个或多个，着生在叶状果皮的内缘；种子圆球形。

梧桐（中国植物志、Flora of China）青桐 桐麻

Firmiana simplex （L.） W.Wight in Bull. Bur. Pl. Industr. U.S.D.A. 142：67 1909；Fl. China 12：311. 2007.–*F. platanifolia* （L. f.） Marsili in Sagg. Sci. Lett. Acc. Padova1：106–116. 1786；中国植物志49（2）：133. 图版37：1–7. 1984.

果实

花

植株

果期

　　落叶乔木。树皮青绿色，平滑。叶心形，掌状3~5裂。圆锥花序顶生，花淡黄绿色；萼5深裂几至基部，萼片条形，向外卷曲；雄花的雌雄蕊柄与萼等长；雌花的子房圆球形。蓇葖果膜质，有柄，成熟前开裂成叶状，每蓇葖果有种子2~4个。花期6—7月，果期9—10月。

　　我国从广东海南岛到华北均产。大连、旅顺口有栽培。

　　庭园观赏树木。木材轻软，为制木匣和乐器的良材。种子炒熟可食或榨油。树皮的纤维洁白，可用以造纸和编绳等。

瑞香科 Thymelaeaceae

　　落叶或常绿灌木或小乔木，稀草本。单叶互生或对生，全缘，基部具关节，羽状叶脉。花辐射对称，两性或单性，雌雄同株或异株，头状、穗状、总状、圆锥或伞形花序，有时单生或簇生，顶生或腋生；花萼通常为花冠状，白色、黄色或淡绿色，稀红色或紫色，常连合成钟状、漏斗状、筒状的萼筒，裂片4~5；花瓣缺，或鳞片状，与萼裂片同数。浆果、核果或坚果，稀为2瓣开裂的蒴果，果皮膜质、革质、木质或肉质。

　　辽宁产2属3种。

分属检索表

1. 下位花盘盘状或环形；头状花序或穗状花序；花萼筒内无鳞片 ·················· 1. 瑞香属 Daphne L.
1. 下位花盘裂片状或狭舌状；总状花序；花萼筒内有鳞片 ·················· 2. 荛花属 Wikstroemia Endl.

1. 瑞香属 Daphne L.

　　落叶或常绿灌木或亚灌木。叶互生，稀近对生，具短柄，无托叶。花通常两性，稀单性，整齐，通常组成顶生头状花序，稀为圆锥、总状或穗状花序，有时花序腋生，通常具苞片，花白色、玫瑰色、黄色或淡绿色；花萼筒短或伸长，钟形、筒状或漏斗状管形，顶端4

裂，稀5裂；无花瓣；雄蕊8或10，2轮，不外露；子房1室，花柱短，柱头头状。浆果肉质或干燥而革质，常为近干燥的花萼筒所包围，有时花萼筒全部脱落而裸露，通常为红色或黄色；种子1颗，种皮薄；胚肉质，无胚乳，子叶扁平而隆起。

辽宁产2种。

分种检索表

1. 叶互生；花带黄色 ·· 1. 长白瑞香 D. koreana Nakai.

1. 叶对生；花淡红色 ·· 2. 芫花 D. genkwa Sieb. et Zucc.

（1）长白瑞香（辽宁植物志、东北植物检索表）辣根草 祖师麻

Daphne koreana Nakai in J. Jap. Bot. 13：880. 1937；辽宁植物志（上册）：1156. 图版496. 1988；东北植物检索表（第二版）：416. 图版206：4. 1995.

落叶小灌木，有地下横走的根茎。树皮光滑，灰褐色或灰白色。枝条柔软，有皱褶；叶互生，倒卵状披针形。花两性，淡黄白色。浆果成熟时鲜红色或红色。花期4—5月，果期6—9月。

生于海拔600~1800米的针阔混交林及针叶林的林下和林缘。产于桓仁、本溪、凤城。

全草及根茎有舒筋活络、活血化瘀作用，治关节酸痛、手足麻木、痛经等。

果枝

植株的一部分

（2）芫花（辽宁植物志、东北植物检索表、中国植物志、Flora of China）芫花条

Daphne genkwa Sieb. et Zucc. in Fl. Jap. 1：137. t. 75. 1835；Fl. China 13：236. 2007；中国植物志52（1）：336. 图版54：6-11. 1999；辽宁植物志（上册）：1156. 1988；东北植物检索表（第二版）：416. 1995.

落叶灌木。叶对生，纸质，卵形，全缘。花比叶先开放，紫色或淡紫蓝色；花萼筒细瘦，筒状，裂片4；雄蕊8，花药黄色，卵状椭圆形，伸出喉部；子房长倒卵形，密被淡黄色柔毛，花柱短或无。果实肉质，白色，椭圆形。花期5月，果期6—7月。

生于山坡。产于瓦房店、长海、旅顺口。

观赏植物。茎皮纤维柔韧，可作造纸和人造棉原料。花蕾有泻水逐饮、解毒杀虫作用，

根有消肿、活血、止痛作用。全株可作农药。

| 果期 | 花期 | 植株的一部分 |

2. 荛花属 Wikstroemia Endl.

乔木、灌木或亚灌木，具木质根茎。叶对生或少有互生。花两性或单性，花序短总状、穗状或头状，顶生，很少为腋生的，无苞片；萼筒管状、圆筒状或漏斗状，顶端通常4裂，很少为5裂，伸张；无花瓣；雄蕊8枚，少有为10枚，排列为2轮；花柱短，柱头头状。核果干燥棒状或浆果状，萼筒凋落或在基部残存包果。

辽宁产1种。

河朔荛花（东北植物检索表、中国植物志、Flora of China）矮雁皮 老虎麻

Wikstroemia chamaedaphne Meisn. in DC. Prodr. 14：547. 1857；Fl. China 13：223. 2007；中国植物志52（1）：322. 1999；东北植物检索表（第二版）：418. 1995.

落叶小灌木，多分枝，枝具棱，无毛。叶对生或近对生，无毛，长2~2.5厘米，宽0.3~0.8厘米。花黄色，穗状花序或圆锥花序，顶生或腋生，被灰色短柔毛；花被筒状，裂片4，长8~10毫米，被黄色绢毛；雄蕊8。果卵形。花期6—8月，果期9月。

生于山坡及路旁。辽宁有记载。

茎叶可作土农药。花蕾有泻下逐水作用，用于水肿胀满、痰饮积聚、哮喘等。

胡颓子科 Elaeagnaceae

常绿或落叶直立灌木或攀援藤本，稀乔木，全体被银白色或褐色至锈盾形鳞片或星状茸毛。单叶互生，稀对生或轮生，全缘，羽状叶脉，具柄，无托叶。花两性或单性，稀杂性。单生或数花组成叶腋生的伞形总状花序，通常整齐，白色或黄褐色，具香气，虫媒花；花萼常连合成筒，顶端4裂，稀2裂，在子房上面通常明显收缩，花蕾时镊合状排列；无花瓣。果实为瘦果或坚果，为增厚的萼管所包围，核果状，红色或黄色。

辽宁产3属5种，其中栽培2种。

分属检索表

1. 花两性或杂性，花萼4裂。
　2. 雄蕊4 ·· 1. 胡颓子属 Elaeagnus L.
　2. 雄蕊8 ·· 2. 水牛果属 Shepherdia Nutt.
1. 花单性，多雌雄异株，花萼2裂 ···················· 3. 沙棘属 Hippophae L.

1. 胡颓子属 Elaeagnus L.

常绿或落叶灌木或小乔木，直立或攀援，通常具刺，稀无刺，全体被银白色或褐色鳞片或星状茸毛。单叶互生，全缘、稀波状，上面幼时散生银白色或褐色鳞片或星状柔毛，成熟后通常脱落，下面灰白色或褐色，密被鳞片或星状茸毛，通常具叶柄。花两性，稀杂性，单生或1~7花簇生于叶腋或叶腋短小枝上，成伞形总状花序；花萼筒状，上部4裂，下部紧包围子房，在子房上面通常明显收缩；雄蕊4，着生于萼筒喉部；花柱单一，细弱伸长，顶端常弯曲，柱头偏向一边膨大或棒状。果实为坚果，为膨大肉质化的萼管所包围，呈核果状，矩圆形或椭圆形，红色或黄红色。

辽宁产3种，其中栽培1种。

分种检索表

1. 灌木；果小，红色，多汁。
　2. 果椭圆形，长12~14毫米；萼筒圆筒形；叶椭圆形或卵形 ·········· 1. 木半夏 E. multiflora Thunb.
　2. 果卵圆形，长5~7毫米；萼筒漏斗状；叶椭圆形至倒卵状披针形······ 2. 牛奶子 E. umbellate Thunb.
1. 乔木或大灌木；果大，黄色，无汁，粉质或干棉质；叶椭圆状披针形至狭披针形。栽培
　·· 3. 沙枣 E. angustifolia L.

（1）木半夏（辽宁植物志、东北植物检索表、中国植物志、Flora of China）牛脱 羊不来 莓粒团

Elaeagnus multiflora Thunb. in Fl. Jap. 66. 1784；Fl. China 13：268. 2007；中国植物志52（2）：55. 图版16：1-3. 1983；辽宁植物志（上册）：1162. 图版498：8-9. 1988；东北植物检索表（第二版）：418. 图版206：3. 1995.

落叶直立灌木，通常无刺。叶膜质或纸质，椭圆形、卵形等，全缘。花白色，被银白色和散生少数褐色鳞片，常单生新枝基部叶腋；萼筒圆筒形。果实多汁，椭圆形，长12~14毫米，密被锈色鳞片，成熟时红色。花期5月，果期6—7月。

生于山坡、路旁。大连有记载，近年调查未见，待进一步调查核实。

果实、根、叶可治跌打损伤、痢疾、哮喘。果实在医药上亦作收敛用，食品工业上可做果酒和饴糖等。

（2）**牛奶子**（辽宁植物志、东北植物检索表、中国植物志、Flora of China）甜枣 秋胡颓子

Elaeagnus umbellate Thunb. in Fl. Jap. 66. t. 14. 1784；Fl. China 13：267. 2007；中国植物志52（2）：51. 1983；辽宁植物志（上册）：1160. 图版498：6-7. 1988；东北植物检索表（第二版）：418. 图版206：2. 1995.

落叶直立灌木，具长1~4厘米的刺。叶纸质或膜质，椭圆形。花较叶先开放，黄白色，芳香，密被银白色盾形鳞片，1~7朵簇生新枝基部；萼筒圆筒状漏斗形。果实多汁，几球形或卵圆形，幼时绿色，成熟时红色，被鳞片。花期4—5月，果期7—8月。

生于向阳疏林或灌木丛中。产于葫芦岛、庄河、长海、金州、大连等地。

果实食用或酿酒。叶作土农药杀棉蚜虫。根、叶、果实有清热利湿、止血作用。

花期

果期

（3）**沙枣**（辽宁植物志、东北植物检索表、中国植物志、Flora of China）银柳 红豆 桂香柳

Elaeagnus angustifolia L. in Sp. Pl. 176. 1753；Fl. China 13：264. 2007；中国植物志52（2）：40. 1983；辽宁植物志（上册）：1160. 图版498：1-5. 1988；东北植物检索表（第二版）：418. 图版206：1. 1995.

落叶乔木，幼枝密被银白色鳞片。叶矩圆状披针形至线状披针形，全缘。花银白色，密被银白色鳞片，常1~3花簇生叶腋；萼筒钟形，花药淡黄色，花柱上端甚弯曲。果大而无汁，椭圆形，黄色，密被银白色鳞片。花期5—6月，果期9月。

分布于我国东北、华北、西北等地，大连、盖州、沈阳、丹东等地栽培。

果实食用、酿酒等，还有强壮、健胃等作用。叶有清热解毒作用。花有止咳平喘作用。花可提芳香油，亦是优良蜜源。木材坚韧细密，可作家具、农具，亦可作燃料。

果期

花期

植株的一部分

2. 水牛果属 Shepherdia Nutt.

灌木或小乔木，具刺，被银鳞片或星状茸毛。单叶互生，全缘，上面幼时散生银白色或褐色鳞片或星状柔毛。花两性，稀杂性，生叶腋或叶腋短小枝上。雄花：花萼杯状4裂，无花冠，内藏雄蕊8，交替互生，有8个腺体。雌花：花萼杯状4裂，钟状，花萼长在子房顶部。花柱1，柱头倾斜。浆果，内含1枚种子。

辽宁栽培1种。

银水牛果 兔果 内布拉斯加茶藨子

Shepherdia argentea Nurr. in Gen. N. Amer. Pl. 2：240. 1818.

落叶灌木，株高5米左右。枝白色，有少许刺。叶小，银色，质地紧密，椭圆形，长2~6厘米。雌雄异株，花小，黄色。浆果血红或金黄色，具有银色斑点。花期5—6月，果期8—9月。

原产于美国北部。大连有栽培。

果实酸，可作为肉类的调味品，也可以制作果冻，储存一段时间后也可直接食用。

果实

果期

植株的一部分

3. 沙棘属 Hippophae L.

落叶直立灌木或小乔木，具刺；幼枝密被鳞片或星状茸毛，老枝灰黑色。单叶互生，对生或3叶轮生，线形或线状披针形，两端钝形，两面具鳞片或星状柔毛，成熟后上面通常无毛，无侧脉或不明显。单性花，雌雄异株；雌株花序轴发育成小枝或棘刺，雄株花序轴花后脱落；雄花先开放，生于早落苞片腋内，无花梗，花萼2裂，雄蕊4，花丝短，花药矩圆形；雌花单生叶腋，具短梗，花萼囊状，顶端2齿裂，子房上位，花柱短，微伸出花外，急尖。果实为坚果，为肉质化的萼管包围，核果状，近圆形或长矩圆形，长5~12毫米。

辽宁产1种。

沙棘（辽宁植物志、东北植物检索表、中国植物志、Flora of China）醋柳 酸刺

Hippophae rhamnoides L. in Sp. Pl. 1023. 1753; Fl. China 13: 271. 2007; 中国植物志52（2）: 64. 1983; 辽宁植物志（上册）: 1162. 1988; 东北植物检索表（第二版）: 418. 1995.

落叶灌木或乔木，棘刺较多，粗壮。叶几无柄，对生，纸质，狭披针形或矩圆状披针形，上面绿色，初被白色盾形毛或星状柔毛，下面银白色或淡白色，被鳞片。单性花，雌雄异株。果实圆球形，直径4~6毫米，橙黄色或橘红色。花期4—5月，果期9—10月。

常生于谷地、干涸河床地或山坡。产于建平、凌源、庄河等地。

耐旱，抗风沙，广泛用于水土保持，也是园林绿化的优良树种。果实广泛应用于食品、医药等领域，有化痰止咳、消食化滞、活血散瘀作用。

果期

植株

小枝

柽柳科 Tamaricaceae

灌木、半灌木或乔木。叶小，多呈鳞片状，互生，无托叶，通常无叶柄。花通常集成总状花序或圆锥花序，稀单生，通常两性，整齐；花萼4~5深裂，宿存；花瓣4~5，分离，花后脱落或有时宿存；下位花盘常肥厚，蜜腺状；雄蕊4~5或多数，常分离；雌蕊1，由2~5心皮构成，子房上位，1室；花柱短，通常3~5，分离，有时结合。蒴果，圆锥形，室背开裂。

辽宁产1属1种。

柽柳属 Tamarix L.

灌木或乔木，多分枝；枝条有两种：一种是木质化的生长枝，经冬不落，一种是绿色营养小枝，冬天脱落。叶小，鳞片状，互生，无柄，抱茎或呈鞘状。花集成总状花序或圆锥花序，春季开花，总状花序侧生在前一年生的生长枝上，或在当年生的生长枝上，集成顶生圆锥花序，或有的种两种开花习性兼而有之。蒴果圆锥形，室背3瓣裂。

辽宁产1种。

柽柳（辽宁植物志、东北植物检索表、中国植物志、Flora of China）**桧柽柳**（辽宁植物志）

Tamarix chinensis Lour. in Fl. Cochinch. 182. 1790；Fl. China 13：63. 2007；中国植物志50（2）：157. 图版43：1-7. 1990；辽宁植物志（上册）：1200. 图版516：1-5. 1988；东北植物检索表（第二版）：429. 图版212：4. 1995.—*T. juniperina* Bunge in Mem. Acad. Sci. Petersb. Sav. Etr. 2：103. 1835；辽宁植物志（上册）：1200. 图版516：6-8. 1988.

落叶灌木或小乔木。幼枝细长，扩展而下垂。叶极小，淡蓝绿色，钻形。圆锥花序，生当年生枝的顶端，花淡粉红色；花瓣5，倒卵状椭圆形，先端钝圆，宿存，先端2裂；雄蕊5，生花盘裂片间，较花瓣稍长；子房上位，花柱3。蒴果狭卵状锥形。花期春、夏季，果期夏、秋季。

喜生于潮湿盐碱地和沙荒地。产于盘山、金州、普兰店等地。

优良的盐碱地造林树种。枝条可供编织用；嫩枝及叶入药，能解表、利尿、祛风湿。

小枝

花枝

植株的一部分

大风子科 Flacortiaceae

常绿或落叶乔木或灌木。单叶，互生，稀对生和轮生。花两性或单性，雌雄异株或杂性同株，稀同序；单生或簇生，排成顶生或腋生的总状花序、圆锥花序、团伞花序；花瓣2~7片，稀更多或缺，稀为有翼瓣片，分离或基部连合，通常花瓣与萼片相似而同数，稀比萼片更多，覆瓦状排列，或镊合状排列，稀轮状排列；雄蕊通常多数。果实为浆果和蒴果，稀为核果和干果，有1至多粒种子。

辽宁栽培1属1种。

山桐子属 Idesia Maxim.

落叶乔木。单叶，互生，大型，边缘有锯齿；叶柄细长，有腺体。花雌雄异株或杂株，多数，呈顶生圆锥花序；花瓣通常无。雄花：花萼3~6片，绿色，有柔毛；雄蕊多数，着生在花盘上，花丝纤细，有软毛，花药椭圆形，2室，纵裂，有退化子房。雌花：淡紫色，花萼3~6片，两面有密柔毛；有多数退化雄蕊；子房1室，柱头膨大。浆果；种子多数，红棕色。

山桐子（中国植物志、Flora of China）水冬瓜　水冬桐

Idesia polycarpa Maxim. in Bull. Acad. Sci. St. Petersb. Ser. 3，10：485. 1866；Fl. China 13：124. 2007；中国植物志52（1）：56. 图版13：1–5. 1999.

落叶乔木，树皮淡灰色。叶薄革质或厚纸质，卵形或心状卵形，先端渐尖或尾状，基部通常心形，边缘有粗齿，上面无毛、深绿色，下面有白粉，沿脉有疏柔毛；叶柄长6~12厘米。花单性，雌雄异株或杂性；圆锥花序顶生下垂，花黄绿色，芳香。浆果紫红色。花期5月，果熟期10—11月。

产于西北、西南、中南、华东、华南等地。熊岳树

果期（于德林　摄）

树干

叶背面观

叶正面观

木园有栽培。

　　木材松软，可作建筑、家具、器具等的用材；为山地营造速生混交林和经济林的优良树种；花多芳香，有蜜腺，为养蜂业的蜜源资源植物；树形优美，为山地、园林的观赏树种；果实、种子均含油。

千屈菜科 Lythraceae

　　草本、灌木或乔木；枝通常四棱形。叶对生、稀轮生或互生，全缘。花两性，通常辐射对称，稀左右对称，单生或簇生，或组成顶生或腋生的穗状花序、总状花序或圆锥花序；花萼筒状或钟状；花瓣与萼裂片同数或无花瓣，雄蕊通常为花瓣的倍数；子房上位，通常无柄，2~16室，花柱单生，长短不一，柱头头状，稀2裂。蒴果革质或膜质，2~6室，稀1室，横裂、瓣裂或不规则开裂，稀不裂。

　　辽宁栽培2属2种。

分属检索表

1. 草本或灌木。叶对生或轮生，稀互生。花左右对称，单生或组成总状花序，生于叶柄之间，稀腋生或腋外生 ·· 1. 萼距花属 Cuphea Adans. ex P. Br.
1. 落叶或常绿灌木或乔木。叶对生、近对生或聚生于小枝的上部，全缘。花辐射对称，顶生或腋生的圆锥花序 ··· 2. 紫薇属 Lagerstroemia L.

1. 萼距花属 Cuphea Adans. ex P. Br.

　　草本或灌木，全株多数具有黏质的腺毛。叶对生或轮生，稀互生。花左右对称，单生或组成总状花序，生于叶柄之间，稀腋生或腋外生；小苞片2枚；萼筒延长而呈花冠状，有颜色，有棱12条，基部有距或驼背状突起，口部偏斜，有6齿或6裂片，具同数的附属体；花瓣6，不相等，稀只有2枚或缺；雄蕊11，稀9、6或4枚；子房通常上位，花柱细长，柱头头状，2浅裂。蒴果长椭圆形，包藏于萼管内，侧裂。

　　辽宁栽培1种。

　　萼距花（中国植物志）**虎氏萼距花　紫花满天星**

　　Cuphea hookeriana Walp. in Repert. Bot. Syst. 2：107. 1843；中国植物志52（2）：85. 图版21：7-8. 1983.

　　常绿灌木或亚灌木状草本。叶薄革质、披针形。花梗纤细；花萼基部上方具短距，带红色，密被黏质的柔毛或茸毛；花瓣6，其中上方2枚特大而显著，矩圆形，深紫色，波状，具爪，其余4枚极小，锥形，有时消失；雄蕊11~12枚，花丝被茸毛；子房矩圆形。花期夏季。

　　原产于墨西哥。我国南方常见露地栽培，大连有少量避风向阳处露地栽培。

具有较强的绿化功能和观赏价值。植株易成形，耐修剪；枝繁叶茂，叶色浓绿有光泽，花色美丽花期长。

植株

植株的一部分

2. 紫薇属 Lagerstroemia L.

落叶或常绿灌木或乔木。叶对生、近对生或聚生于小枝的上部，全缘。花两性，辐射对称，顶生或腋生的圆锥花序；花梗在小苞片着生处具关节；花萼半球形或陀螺形，革质，常具棱或翅，5~9裂；花瓣通常6，或与花萼裂片同数，基部有细长的爪，边缘波状或有皱纹；雄蕊6至多数，着生于萼筒近基部，花丝细长，长短不一；子房3~6室，花柱长，柱头头状。蒴果木质，基部有宿存的花萼包围，成熟时室背开裂为3~6果瓣。

辽宁栽培1种。

紫薇（中国植物志、Flora of China）痒痒树

Lagerstroemia indica L. in Syst. Nat. ed. 10 2：1076. 1759；Fl. China 13：279. 2007；中国植物志52（2）：94. 图版24：1-2. 1983.

落叶灌木或小乔木；树皮平滑，灰色或灰褐色。叶互生或有时对生，纸质，椭圆形。花淡红色、紫色或白色［称银薇 *L. indica* L. f. alba (Nichols.) Rehd.］，直径3~4厘米；花萼外面平滑无棱，裂片6；花瓣6，皱缩，具长爪；雄蕊36~42，外面6枚着生花萼上。蒴果椭圆状球形。花期6—9月，果期9—12月。

分布于我国华东、华南和西南各地。大连有栽培。

优良庭园观赏树。木材坚硬、耐腐，可作农具、家具、建筑等用材；茎、叶有祛风利湿、凉血散瘀作用，花有活血止血、清热作用。

果枝

花

秋叶

银薇

植株的一部分

石榴科 Punicaceae

落叶乔木或灌木。单叶，通常对生或簇生，有时呈螺旋状排列。花顶生或近顶生，单生或几朵簇生或组成聚伞花序，两性，辐射对称；萼革质，萼管与子房贴生，且高于子房，近钟形，裂片5~9，镊合状排列，宿存；花瓣5~9，多皱褶，覆瓦状排列；雄蕊生萼筒内壁上部，多数，花丝分离，子房下位或半下位，心皮多数。浆果球形，顶端有宿存花萼裂片，果皮厚；种子多数，种皮外层肉质，内层骨质。

辽宁栽培1属1种。

石榴属 Punica L.

属的特征同石榴科。

石榴（中国植物志、Flora of China）安石榴 海榴

Punica granatum L. in Sp. Pl. 1：472. 1753；Fl. China 13：283. 2007；中国植物志 52（2）：120. 1983.

落叶灌木或乔木，枝顶常成尖锐长刺。叶通常对生，纸质，矩圆状披针形。花1~5朵生

枝顶；萼筒通常红色或淡黄色，裂片略外展，卵状三角形；花瓣红色、黄色或白色；花丝长达13毫米；花柱长超过雄蕊。浆果近球形，淡黄褐色或淡黄绿色。花期夏季。果期秋季。

原产于亚洲中部。大连有栽培。

肉质的外种皮供食用。果皮有涩肠止血作用；根皮有毒，可驱绦虫和蛔虫。

果枝

花枝

植株的一部分

注：月季石榴cv. *nana* Pers 植株低矮，高约1米，枝密细而上伸，叶和花都较小，花重瓣。大连有栽培。

月季石榴

八角枫科 Alangiaceae

　　落叶乔木或灌木，稀攀援。单叶互生，有叶柄，无托叶，全缘或掌状分裂，基部两侧常不对称。花序腋生，聚伞状，极稀伞形或单生；花两性，淡白色或淡黄色，花瓣4~10，线形，花开后花瓣的上部常向外反卷；雄蕊与花瓣同数而互生或为花瓣数目的2~4倍；花盘肉质，子房下位，花柱位于花盘的中部，柱头头状或棒状。核果椭圆形、卵形或近球形，顶端有宿存的萼齿和花盘；种子1颗。

　　本科仅有1属。辽宁产1种。

八角枫属 Alangium Lam.

属的特征同八角枫科。

瓜木（东北植物检索表、中国植物志）三裂叶瓜木（辽宁植物志）三裂瓜木（Flora of China）八角枫

Alangium platanifolium （S. Et Z.） Harmus in Nat. Pflanzenfam. 3 （8）：261. 1898；中国植物志52（2）：163. 图版47. 1983；东北植物检索表（第二版）：449. 图版223：1. 1995.—A. *platanifolium* （S. Et Z.） Harmus var. *trilobum* （Miq.） Ohwi in Fl. Jap. Ed. Rev.：1437. 1965；Fl. China 13：307. 2007；辽宁植物志（上册）：1254. 图版538. 1988.

落叶灌木或小乔木。叶纸质，近圆形，顶端钝尖，基部近于心脏形或圆形，常偏斜，常有3~7浅裂。聚伞花序，通常有3~5花，花瓣6~7，白色或黄白色，线形而反卷。核果长卵圆形，长约1厘米，直径约7毫米，蓝黑色。花果期6—9月。

生于杂木林较阴处。产于庄河、北镇、鞍山、岫岩、凤城、桓仁等地。

树皮含鞣质；树皮纤维作人造棉；根皮入药，治风湿骨痛，也可作农药。根有毒，须根最毒。叶子和花的观赏价值较高，可作观赏植物栽培。

| 果序 | 花序 | 叶 |

山茱萸科 Cornaceae

落叶乔木或灌木，稀常绿或草本。单叶对生，稀互生或近于轮生，通常叶脉羽状，稀为掌状叶脉。花两性或单性异株，为圆锥、聚伞、伞形或头状等花序，有苞片或总苞片；花3~5数；花萼管状与子房合生，先端有齿状裂片3~5；花瓣3~5，通常白色，稀黄色、绿色及紫红色，镊合状或覆瓦状排列；雄蕊与花瓣同数而与之互生，子房下位，花柱短或稍长，柱头头状或截形。果为核果或浆果状核果；核骨质，稀木质。

辽宁产1属7种1变种，其中栽培3种1变种。

山茱萸属（楝木属）　Cornus L.

落叶乔木或灌木，枝常对生。叶纸质，对生，卵形、椭圆形或卵状披针形，全缘；叶柄绿色。花序伞形，常在发叶前开放，有总花梗；总苞片4，芽鳞状，革质或纸质，2轮排列，外轮2枚较大，内轮2枚稍小，开花后随即脱落；花两性，花萼管陀螺形，上部有4枚齿状裂片；花瓣4，黄色，近于披针形，镊合状排列；雄蕊4，花丝钻形，花药长圆形，2室；花盘垫状，明显；子房下位，2室；花柱短，圆柱形；柱头截形。核果长椭圆形；核骨质。

分种检索表

1. 叶互生或对生；伞房状聚伞花序无总苞片；核果球形或近于球形。
　2. 叶对生；果核顶端无孔穴。
　　3. 小枝血红色；叶背面粉白色，侧脉4~6对；核果乳白色或浅蓝白色，核两侧压扁状
　　…………………………………………………………………………… 1. 红瑞木 C. alba L.

3. 小枝黄绿色、红褐色或紫色；核果黑色或深蓝色，核两侧不成压扁状。

 4. 叶背面淡绿色，疏生短伏毛；侧脉4~5对。

  5. 小枝红褐色或紫色；叶卵状椭圆形，表面近光滑；萼齿三角状披针形

  …………………………………………………… 2. 朝鲜梾木 C. coreana Wanger.

  5. 小枝黄绿色至红褐色；叶长椭圆形至椭圆形，表面被伏毛；萼齿三角形

  …………………………………………………… 3. 毛梾 C. walteri Wanger.

 4. 叶背面灰白色，密生粗伏毛；侧脉5~7对 …………… 4. 沙梾 C. bretschneideri L. Henry

2. 叶互生，侧脉6~8对；果蓝黑色，果核顶端有近四方形孔

 …………………………………………………… 5. 灯台树 C. controversa Hemsl.

1. 叶对生；伞形花序或头状花序有芽鳞状或花瓣状的总苞片。

 6. 伞形花序上有绿色芽鳞状总苞片；花黄色；核果长椭圆形

 …………………………………………………… 6. 山茱萸 C. officinalis Sieb. et Zucc.

 6. 头状花序上有白色花瓣状的总苞片4，白色，卵形或卵状披针形，先端渐尖；果实为聚合状核果

 …………………………………………………… 7. 日本四照花 C. kousa F. Buerger ex Hance

（1）**红瑞木**（辽宁植物志、东北植物检索表、中国植物志、Flora of China）

Cornus alba L. in Mant. Pl. 1：40. 1767；Fl. China 14：210. 2005；辽宁植物志（上册）：1258. 图版540：1-4. 1988；东北植物检索表（第二版）：452. 图版224：2. 1995.—Swida alba Opiz in Seznam 94. 1852；中国植物志56：43. 图版15：1-6. 1990.

落叶灌木。树皮暗红色，小枝血红色。叶对生，卵形、椭圆形等，背面灰白色。圆锥状聚伞花序顶生，花轴与花梗有密毛；花萼筒卵状球形，被白毛，萼齿不明显，呈小三角状；花瓣4，白色。核果斜卵圆形，成熟时乳白色，花柱宿存。花期5—7月，果期7—8月。

生于溪流边或山地杂木林中。产于庄河、本溪、桓仁、宽甸等地。

种子含油约30%，供工业用。园林中多丛植草坪上或与常绿乔木相间种植。

果实

花序

花枝

景观

枝条

【附】金枝红瑞木（金枝梾木、黄瑞木）：小枝金黄色或黄色。丹东、大连等地栽培。用

于园林绿化，宜孤植、丛植于庭院、林缘、草坪等处。

花侧面观

花序

树干

小枝

（2）**朝鲜梾木**（辽宁植物志、中国植物志、Flora of China）**朝鲜山茱萸**（东北植物检索表）

Cornus coreana Wanger. in Repert. Spec. Nov. Regni Veg. 6：99. 1908；Fl. China 14：211. 2005；辽宁植物志（上册）：1258. 图版540：5-7. 1988；东北植物检索表（第二版）：452. 图版224：3. 1995.—*Swida coreana*（Wanger.）Sojak in Novit. Bot. Delect. Seminum Horti Bot. Univ. Carol. Prag.：10. 1960；中国植物志56：81. 图版31：4-7. 1990.

落叶乔木。小枝红褐色或紫色。叶对生，卵状椭圆形，表面近光滑。伞房状聚伞花序顶生，花小，白色，直径5毫米左右；花萼外侧被灰白色贴生短柔毛，萼齿三角状披针形；花瓣4，舌状披针形。核果球形，成熟时黑色。花期5月，果期10月。

树干

小枝

植株的一部分

生于向阳山坡及岩石缝间。我国特产，鞍山（千山）、熊岳有栽培。

木材红褐色，纹理致密，质地坚重，可供建筑、器具及细工等用材。

（3）**毛梾**（辽宁植物志、东北植物检索表、中国植物志、Flora of China）**车梁木 车梁山茱萸**

Cornus walteri Wanger. in Repert. Spec. Nov. Regni Veg. 6：99. 1908；Fl. China 14：214. 2005；辽宁植物志（上册）：1261. 图版541. 1988；东北植物检索表（第二版）：452. 图版224：4. 1995.—*Swida walteri*（Wanger.）Sojak in Novit. Bot. Delect. Seminum Horti Bot. Univ. Carol. Prag.：11. 1960；中国植物志56：78. 1990.

落叶乔木。小枝黄绿色至红褐色。叶对生，叶片椭圆形至长椭圆形，表面被伏毛。伞房状聚伞花序顶生；花白色，直径约1.2厘米；萼齿三角形，与花盘近等长；花瓣披针形，外面疏被柔毛。核果球形，黑色。花期6月，果期8—10月。

生于向阳山坡及岩石缝间。大连有野生和栽培。

木材坚硬，纹理细密、美观，可供家具、车辆、农具等用。

花枝　　花序的一部分　　植株

（4）**沙梾**（辽宁植物志、东北植物检索表、中国植物志、Flora of China）**毛山茱萸**

Cornus bretschneideri L. Henry in Jardin 309. 1899；Fl. China 14：210. 2005；辽宁植物志（上册）：1259. 图版540：8-9. 1988；东北植物检索表（第二版）：452. 图版224：5. 1995.—*Swida bretschneideri*（L. Henry）Sojak in Novit. Bot. Delect. Seminum Horti Bot. Univ. Carol. Prag.：10. 1960；中国植物志56：51. 图版18：5-10. 1990.

果序的一部分

落叶灌木或小乔木；树皮紫红色。幼枝圆柱形，带红色，老枝淡黄色。叶对生，卵形至长圆形，两面均被柔毛。伞房状聚伞花序顶生；花白色；花萼裂片尖齿状或尖三角形，外侧被有短柔毛。核果蓝黑色至黑色，近于球形，密被贴生短柔毛。花期6—7月，果期8—9月。

产于内蒙古、河北、山西、陕西、宁夏、甘肃、青海、河南、湖北等地。熊岳有栽培。

果枝

花序

植株

植株的一部分

（5）灯台树（辽宁植物志、东北植物检索表、中国植物志、Flora of China）瑞木　六角树　灯台山茱萸

Cornus controversa Hemsl. in Bot. Mag. 135：t. 8261. 1909；Fl. China 14：208. 2005；辽宁植物志（上册）：1256. 图版539. 1988；东北植物检索表（第二版）：452. 图版224：1. 1995.—*Bothrocaryum controversum*（Hemsl.）Pojark. in Bot. Mater. Gerb. Bot. Inst. Komarova Akad. Nauk S.S.S.R. 12：170. 1950；中国植物志56：38. 图版14：1-9. 1990.

落叶乔木。叶互生，常簇生枝梢，广卵形、广椭圆形，侧脉6~8对。伞房状聚伞花序，生新枝顶端；花小，白色；萼筒卵形，密生白色茸毛；花瓣4；雄蕊4，花丝比花瓣稍长；花柱细长，柱头头状。核果近球形，成熟后变为紫黑色。花期5—6月，果期9—10月。

生于杂木林内或溪流旁。产于清原、本溪、桓仁、凤城、宽甸、庄河、金州等地。

果实可以榨油。木材可作建筑、器具、雕刻等材料。枝干及叶美丽供观赏，可作行道树及庭园树。

植株的一部分

果期

花侧面观

花序

小枝

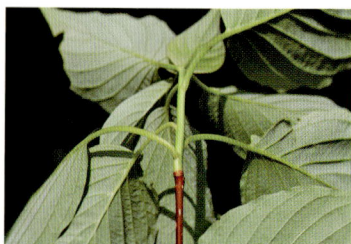

叶互生

（6）山茱萸（中国植物志、Flora of China）

Cornus officinalis Sieb. et Zucc. in Fl. Jap. 1：100. 1839；Fl. China 14：215. 2005；

中国植物志56：84. 图版32：1. 1990.

落叶乔木或灌木。叶对生，卵状披针形，全缘。伞形花序生枝侧，有总苞片4，卵形，厚纸质至革质；花小，黄色，两性，先叶开放；花萼裂片4，花瓣4，雄蕊4，子房下位，花柱圆柱形，柱头截形。核果长椭圆形，红色至紫红色。花期3—4月，果期9—10月。

自然分布于陕西、甘肃、山东、江苏、浙江、安徽、湖南等地。旅顺口、丹东有栽培。

花果期均有极好的观赏性。果实称"萸肉"，俗名枣皮，为收敛性强壮药，有补肝肾、止汗作用。

果期

果枝

花期

树干

（7）日本四照花（中国植物志）东瀛四照花

Cornus kousa F.Buerger ex Hance in J. L. Soc., Bot. 13：105 1873.—*Dendrobenthamia japonica*（DC.）Fang in Act. Phytotax. Sin. 2（2）：104. 1953；中国植物志56：101. 1990.

落叶小乔木；小枝纤细。叶对生，薄纸质，卵形或卵状椭圆形。头状花序球形，由40~50朵花聚集而成；总苞片4，白色，卵形或卵状披针形，先端渐尖；总花梗纤细，被白色贴生短柔毛；花小。果序球形，成熟时红色，微被白色细毛。花期初夏，果期9—10月。

原产于朝鲜和日本。大连有栽培。

美丽的庭园观花树种，树形整齐，白色总苞光彩耀目，秋叶变红色或红褐色。果实可食。

果期

花期

五加科 Araliaceae

乔木、灌木或木质藤本，稀多年生草本。叶互生，稀轮生，单叶、掌状复叶或羽状复叶。花整齐，两性或杂性，稀单性异株，聚生为伞形花序、头状花序、总状花序或穗状花序，通常再组成圆锥状复花序；萼筒与子房合生，边缘波状或有萼齿；花瓣5~10，通常离生，稀合生呈帽状体；雄蕊与花瓣同数而互生，有时为花瓣的2倍，或无定数，着生于花盘边缘；子房下位，2~15室，稀1室或多室至无定数；花柱与子房室同数，离生。果实为浆果或核果，外果皮通常肉质，内果皮骨质、膜质，或肉质而与外果皮不易区别。

辽宁产5属8种1变种，其中栽培1种。

分属检索表

1. 叶为掌状复叶或为单叶成掌状分裂；花瓣在花芽中为镊合状排列或为覆瓦状排列。
  2. 叶为单叶。
    3. 叶片在不育枝上的通常有裂片或裂齿，在花枝上的常不分裂。攀援灌木
      …………………………………………………………………… 1. 常春藤属 Hedera L.
    3. 叶成掌状分裂。直立灌木或乔木。
      4. 花柱仅基部合生；灌木，枝上生较长的针状细刺 ………… 2. 刺参属 Oplopanaxn Miq.
      4. 花柱全部合生成柱状；乔木，枝上生较短的向基部渐宽的坚硬的棘刺
      …………………………………………………………… 3. 刺楸属 Kalopanax Miq.
  2. 叶为掌状复叶 ………………………………………… 4. 五加属 Eleutherococcus Maximowicz
1. 叶为羽状复叶；花瓣在花芽中为覆瓦状排列 ………………………… 5. 楤木属 Aralia L.

1. 常春藤属 Hedera L.

常绿攀援灌木，有气生根。叶为单叶，叶片在不育枝上的通常有裂片或裂齿，在花枝上的常不分裂；叶柄细长，无托叶。伞形花序单个顶生，或几个组成顶生短圆锥花序；苞片小；花梗无关节；花两性；萼筒近全缘或有5小齿；花瓣5，在花芽中镊合状排列；雄蕊5；子房5室，花柱合生呈短柱状。果实球形。

辽宁栽培1种。

洋常春藤（大连植物彩色图谱）**英国常春藤**

Hedera helix L. in Sp. Pl. 202. 1753.

常绿攀援灌木，幼枝具褐色星状毛。叶二型，生育枝上的叶卵形，全缘；营养枝上的叶3~5裂，顶端裂片最长、最尖；叶浓绿色，有光泽，叶脉色浅。伞形花序。果实球形。花期9—11月，果期3—5月。

原产于欧洲。大连有少量露地栽培，长势良好。

叶形、叶色变化极多，四季常青，是室内外很受欢迎的攀援观赏植物。

植株

植株的一部分（示气生根）

2. 刺参属 Oplopanax Miq.

多刺灌木。叶为单叶，叶片掌状分裂，有叶柄。花两性或杂性，聚生为伞形花序，再组成圆锥花序；花梗无关节；萼筒近全缘或有明显的齿；花瓣5，在花芽中镊合状排列；雄蕊5；子房2室；花柱2，离生或合生至中部。果实球形。

辽宁产1种。

刺参（辽宁植物志、东北植物检索表、中国植物志、Flora of China）**东北刺人参**

Oplopanax elatus Nakai in Fl. Sylv. Kor. 16：38. 1927；Fl. China 13：441. 2007；中国植物志54：16. 图版2：7-8. 1978；辽宁植物志（上册）：1262. 图版542. 1988；东北植物检索表（第二版）：454. 图版225：4. 1995.

落叶灌木。小枝密生针状刺。叶互生或于枝端近簇生，叶柄密生针状刺；叶片通常掌状5~7浅裂，基部心形，边缘具不规则锯齿或牙齿，两面及边缘常有刺毛或小刺。花黄绿色，花瓣5，雄蕊5。核果近球形，红色或黄红色，具宿存的花柱。花期6—7月，果期9月。

花序

植株

花

生于海拔千米以上的落叶阔叶林下。产于本溪、桓仁、宽甸等地。

根、根状茎味甘，性温，有滋补强壮、解热、镇咳、调整血压作用。

3. 刺楸属 Kalopanax Miq.

有刺灌木或乔木。叶为单叶，在长枝上疏散互生，在短枝上簇生；叶柄长，无托叶。花两性，聚生为伞形花序，再组成顶生圆锥花序；花梗无关节；萼筒边缘有5小齿；花瓣5，在花芽中镊合状排列；子房2室；花柱2，合生成柱状，柱头离生。果实近球形。种子扁平。

辽宁产1种1变种。

刺楸（辽宁植物志、东北植物检索表、中国植物志、Flora of China）鼓钉刺 刺枫树

Kalopanax septemlobus (Thunb.) Koidz. in Bot. Mag. (Tokyo) 39: 306. 1925; Fl. China 13: 441. 2007; 中国植物志54: 76. 图版10: 11-14. 1978; 辽宁植物志（上册）: 1265. 图版543. 1988; 东北植物检索表（第二版）: 454. 图版225: 3. 1995.

a. 刺楸（原变种）

var. septemlobus

落叶乔木。树皮及小枝上生有坚利的棘刺。叶片掌状5~7浅裂至近中裂或有时深裂，基部心形，叶裂片三角状卵形至长圆状卵形、渐尖，叶缘有细锯齿，叶背幼时疏生短柔毛。花白色或淡绿黄色。浆果状核果球形，黑紫色。花期8—9月，果期9—10月。

生于山地疏林中、林缘或山坡上。产于本溪、桓仁、岫岩、凤城、宽甸、东港、盖州、庄河、金州、大连等地。

木材供建筑、家具、车辆、乐器、雕刻等用。嫩芽可食。树皮及叶可提制栲胶。种子含油约38%，可榨油，供工业用。根或根皮有清热凉血、祛风除湿、排脓生肌作用。

果序

树干

叶

b. 深裂刺楸（变种）（中国植物志）

var. maximowiczi (V. Houtte) Hand.- Mazz. in Symb. Sin. 7: 699. 1933; 中国植物志 54: 80. 1978.

叶片分裂较深，长达全叶片的3/4，裂片长圆状披针形，先端长渐尖，叶背密生长柔毛。

叶

幼株

生境同原变种。产于宽甸。

4. 五加属 Eleutherococcus Maximowicz

灌木，直立或蔓生，稀为乔木；枝有刺，稀无刺。叶为掌状复叶，有小叶3~5。花两性，稀单性异株；伞形花序或头状花序通常组成复伞形花序或圆锥花序；萼筒边缘有4~5小齿，稀全缘；花瓣5，稀4；雄蕊5，花丝细长；子房2~5室；花柱2~5，离生、基部至中部合生，或全部合生成柱状，宿存。果实球形或扁球形，有棱；种子的胚乳均一。

辽宁产3种，其中栽培1种。

分种检索表

1. 伞形花序总状排列，顶生的有总花梗，下部的无总花梗，各花在主轴节上轮生。
　2. 子房2室；花无梗，组成紧密的头状花序；枝上疏生尖锐的短刺或无刺，刺向基部渐宽而常稍扁，不为细长针状 ………………………………… 1. 无梗五加 E. sessiliflorus（Rupr. & Maxim.）S.Y.Hu
　2. 子房5室；花有梗，长1~2厘米，组成伞形花序；枝上生细长的针状刺，稀近无刺
　　………………………………………………… 2. 刺五加 E. senticosus（Rupr. & Maxim.）Maxim.
1. 伞形花序单生。花单性异株 ………………… 3. 异株五加 E. sieboldianus（Makino）Koidz.

（1）无梗五加（辽宁植物志、东北植物检索表、中国植物志、Flora of China）短梗五加　乌鸦子

Eleutherococcus sessiliflorus（Rupr. & Maxim.）S.Y.Hu in J. Arnold Arbor. 61：109. 1980；Fl. China 13：467. 2007.—*Acanthopanax sessiliflorus*（Rupr. et Maxim.）Seem. in J. Bot. 5：239. 1867；中国植物志54：115. 图版15：6-8. 1978；辽宁植物志（上册）：1266. 图版544：4-6. 1988；东北植物检索表（第二版）：454. 图版225：1. 1995.

灌木或小乔木；枝灰色，无刺或疏生刺。小叶3~5，纸质，倒卵形。头状花序紧密，球形，有花多数；总花梗长0.5~3厘米，花无梗；萼密生白色茸毛，边缘有5小齿；花瓣5，卵形，浓紫色。果实倒卵状椭圆球形，黑色，稍有棱。花期8—9月，果期9—10月。

生于山坡、溪流附近、林下、林边及灌木丛间。产于西丰、清原、新宾、桓仁、宽甸、本溪、凤城、岫岩、庄河、大连、沈阳、鞍山等地。

根皮有毒，东北亦称"五加皮"，有祛风化湿、健胃利尿之效，也可制"五加皮"药酒。嫩茎叶可食，果实可酿酒或制饮料。

果序　　　　　　　　　　　花序　　　　　　　　　　　植株的一部分

（2）刺五加（辽宁植物志、东北植物检索表、中国植物志、Flora of China）刺拐棒

Eleutherococcus senticosus（Rupr. & Maxim.）Maxim. in Prim. Fl. Amur. 132. 1859；Fl. China 13：468. 2007.—*Acanthopanax senticosus*（Rupr. et Maxim.）Harms in Nat. Pflanzenfam. 3（8）：50. 1897；中国植物志54：99. 图版12：7-10. 1978；辽宁植物志（上册）：1266. 图版544：1-3. 1988；东北植物检索表（第二版）：454. 图版225：2. 1995.

落叶灌木，多分枝。1~2年生草本，枝通常密生下向的针状皮刺，稀近无刺（曾被定为少刺五加f. subinermis Regel）。掌状复叶互生，具5小叶。伞形花序具多数花，排列呈球形，于枝端顶生1簇或数簇，花梗长1.2~2.5厘米，总花梗长4~12厘米；花紫黄色。果实近球形，有5棱，成熟时黑色。花果期7—9月。

果序

茎多刺

花序

茎无刺

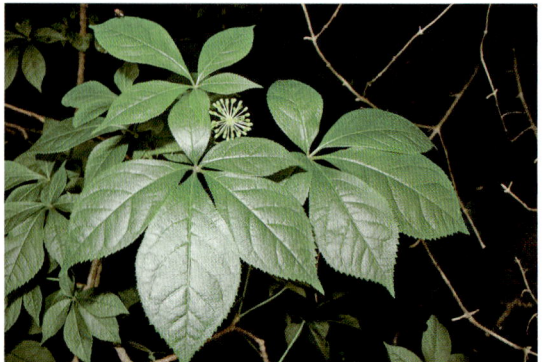
植株的一部分

生于山地林下及林缘。产于西丰、新宾、清原、桓仁、本溪、鞍山、宽甸、凤城、岫岩、庄河等地。

种子含油12.39%，供工业用；根皮及茎皮入药，有舒筋活血、祛风湿之效。嫩茎叶可食，果实可酿酒或制饮料。

（3）异株五加（中国植物志）席氏五加

Eleutherococcus sieboldianus（Makino）Koidz. in Acta Phytotax. Geobot. 8：52. 1939. —*Acanthopanax sieboldianus* Makino in Bot. Mag.（Tokyo）12：10. 1898；中国植物志54：94. 1978.

落叶灌木；枝细弱，拱形下垂。叶有小叶5~7，在长枝上互生，在短枝上簇生；小叶片膜质或纸质，倒卵形至长圆状倒卵形，边缘有钝锯齿，侧脉4~6对。伞形花序在短枝上单个顶生；花单性异株，淡绿色；萼无毛，边缘有5小齿。果实近球形，黑色。花期4—8月，果期6—10月。

产于安徽，沈阳、大连有栽培。

根皮作祛风化湿药和强壮药。嫩叶芽或嫩幼叶可食。

果期

花期

5. 楤木属 Aralia L.

小乔木、灌木或多年生草本，通常有刺，稀无刺。叶大，一至数回羽状复叶；托叶和叶柄基部合生，先端离生，稀不明显或无托叶。花杂性，聚生为伞形花序，稀为头状花序，再组成圆锥花序；花梗有关节；萼筒边缘有5小齿；花瓣5；雄蕊5，花丝细长；子房5室，稀2~4室；花柱5，稀2~4，离生或基部合生；花盘小，边缘略隆起。果实球形，有5棱，稀2~4棱。

辽宁产2种。

分种检索表

1. 小乔木，高2~8米；小枝疏生或密生细刺；花柱5，离生或仅基部合生
　　·· 1. 辽东楤木 A. elata（Miq.）Seem.
1. 多年生草本或半灌木，高约1.5（1）米；枝无刺；花柱5，结实时中下部合生
　　·· 2. 东北土当归 A. continentalis Kitag.

（1）**辽东楤木**（辽宁植物志、东北植物检索表、中国植物志、Flora of China）**刺龙牙 刺老牙**

Aralia elata（Miq.）Seem. in J. Bot. 6：134. 1868；Fl. China 13：484. 2007；中国植物志54：166. 1978；辽宁植物志（上册）：1268. 图版545. 1988；东北植物检索表（第二版）：454. 图版226：3. 1995.

落叶小乔木。小枝灰褐色，稍密生或疏生细刺。叶为2~3回单数羽状复叶，羽片有小叶9~13。花序顶生，总花轴较短，多数圆锥花序通常呈伞形；萼杯状，顶端具5萼齿；花淡黄白色，花瓣5，雄蕊5；子房5室，花柱5，离生或基部合生。果实球形，黑色。花果期8—10月。

生于阔叶林及针阔叶混交林内、林缘、林下以及山阴坡、沟边等处。产于西丰、抚顺、鞍山、本溪、桓仁、宽甸、庄河、普兰店、金州等地。

根皮入药，能健胃、利水、祛风除湿、活血止痛。幼嫩叶芽为上等食用野菜。种子含油量30%以上，可供制肥皂等用。

果期

果序

花序

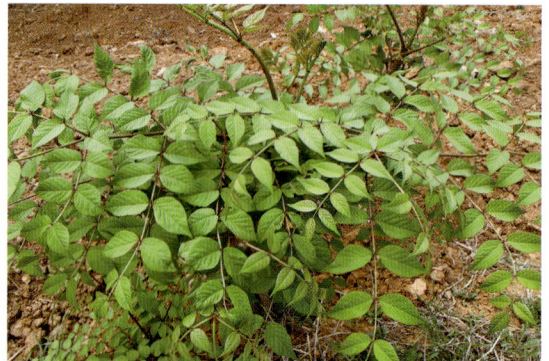
幼株

（2）**东北土当归**（辽宁植物志、东北植物检索表、中国植物志、Flora of China）**长白楤木**

Aralia continentalis Kitag. in Bot. Mag.（Tokyo）49：228. 1935；Fl. China 13：488. 2007；中国植物志54：170. 1978；辽宁植物志（上册）：1271. 图版546. 1988；东北植物检索表（第二版）：454. 图版226：2. 1995.

　　落叶多年生草本或半灌木。枝无刺。叶为2回或3回羽状复叶；羽片有小叶3~7。圆锥花序大，分枝紧密；萼无毛，边缘有5个三角形尖齿；花瓣5，三角状卵形；雄蕊5；子房5室；花柱5，基部合生，顶端离生。果实紫黑色，有5棱。花期7—8月，果期8—9月。

　　生于山地林边或灌木丛中。产于桓仁、本溪、凤城、新宾、清原、岫岩、鞍山、北镇、普兰店、庄河等地。

　　根有祛风活血作用，但有毒。嫩苗可食。

花序

植株

植株上部

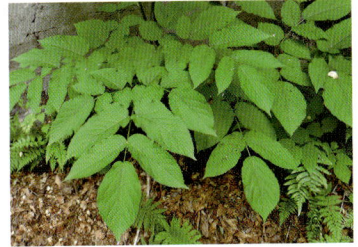

植株下部

鹿蹄草科 Pyrolaceae

　　常绿草本状小半灌木，具细长的根茎或为多年生腐生肉质草本植物。叶为单叶，基生，互生，稀为对生或轮生，有时退化成鳞片状叶。花单生或聚成总状花序、伞房花序或伞形花序，两性花，整齐；萼5（2~4或6）全裂或无萼片；花瓣5，稀3~4或6，雄蕊10，稀6~8及12；子房上位，5（4）心皮合生，花柱单一，柱头多少浅裂或圆裂。果为蒴果或浆果。

　　辽宁产3属6种。

分属检索表

1. 叶茎生，倒披针形或长圆状披针形；叶柄短；花聚成伞形花序或为单生；蒴果自顶部向下纵裂 ·· **1. 喜冬草属（梅笠草属）Chimaphila** Pursh.
1. 叶基生或茎下部生，圆形、卵形或肾形，具长柄；总状花序；花冠成碗状或钟状；蒴果裂缝边缘内有蛛丝状毛。
　　2. 花葶密生乳头状突起；花偏向一侧着生；花药顶孔不为管状；子房基部具花盘；叶数枚于茎下部排成1~3轮··· **2. 单侧花属 Orthilia** Rafin.
　　2. 花葶平滑；花不偏向一侧；花药顶孔管状；子房基部不具花盘；叶基生 ······ **3. 鹿蹄草属 Pyrola** L.

1. 喜冬草属（梅笠草属） Chimaphila Pursh.

小型草本状半灌木。叶对生或轮生。花聚生于茎之顶端，为伞形花序或伞房花序，有时单生；萼片5，宿存；花瓣5，雄蕊10，花丝短，下半部特膨大，花药有小角，短，顶孔开裂；花柱极短或近无花柱，柱头宽圆成盾状；花盘杯状。蒴果直立，由顶部向下5纵裂，裂瓣的边缘无毛。

辽宁产1种。

梅笠草（辽宁植物志）喜冬草（东北植物检索表、中国植物志、Flora of China）罗汉草 **Chimaphila japonica** Miq. in Ann. Mus. Bot. Lugduno-Batavi 2：165. 1866；Fl. China 14：246. 2005；中国植物志56：201. 图版71：1-5. 1990；辽宁植物志（下册）：2. 图版1：1-3. 1992；东北植物检索表（第二版）：489. 图版243：4. 1995.

常绿草本状半灌木。叶对生或3~4枚轮生，革质，阔披针形，边缘有锯齿，背面苍白色。花葶有细小疣，苞片1~2枚。花1~2，半下垂，白色，直径13~18毫米；花瓣倒卵圆形，雄蕊10，花柱极短，柱头5圆浅裂。蒴果扁球形。花期6—7月，果期7—8月。

生于针阔叶混交林、阔叶林或灌木丛下。产于桓仁、宽甸、鞍山等地。

叶有消炎、利尿、镇痛及滋补强壮作用。

花

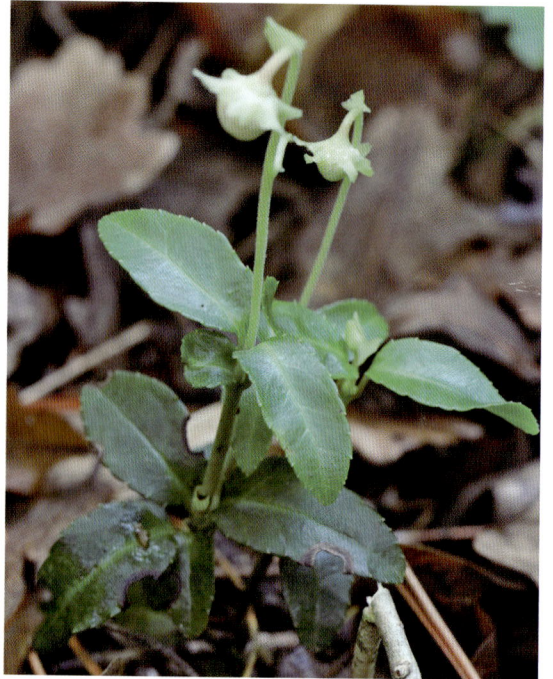

植株

2. 单侧花属 Orthilia Rafin.

常绿草本状小半灌木；叶在茎下部互生或近轮生。花小，聚成总状花序，偏向一侧；花序轴有细小疣；花萼5全裂；花瓣5，脱落性；花盘10齿裂；雄蕊10，直立，花药无小角，常有细小疣，花粉粒离生；花柱细长，直立，柱头盘状。蒴果由基部向上5纵裂，裂瓣的边缘有蛛丝状毛。

辽宁产1种。

单侧花（辽宁植物志、东北植物检索表、中国植物志、Flora of China）

Orthilia secunda（L.）House in Amer. Midl. Naturalist 7（4-5）：134. 1921；Fl. China 14：248. 2005；中国植物志56：198. 图版70：1-6. 1990；辽宁植物志（下册）：3. 1992；东北植物检索表（第二版）：489. 图版243：7. 1995.

常绿草本状小半灌木。叶3~5，轮生或近轮生，薄革质，长圆状卵形。花葶细，上部有疏细小疣；总状花序有8~15花，偏向一侧；花水平倾斜，或下部花半下垂，花冠卵圆形或近钟形，较小，直径4.5~5毫米，淡绿白色。蒴果近扁球形。花期7月，果期7—8月。

生于针阔叶混交林或暗针叶林下。产于鞍山（千山）。

全草治痢疾、肺虚痨咯血、衄血，外用治外伤出血、毒蛇咬伤。

植株下部

果序

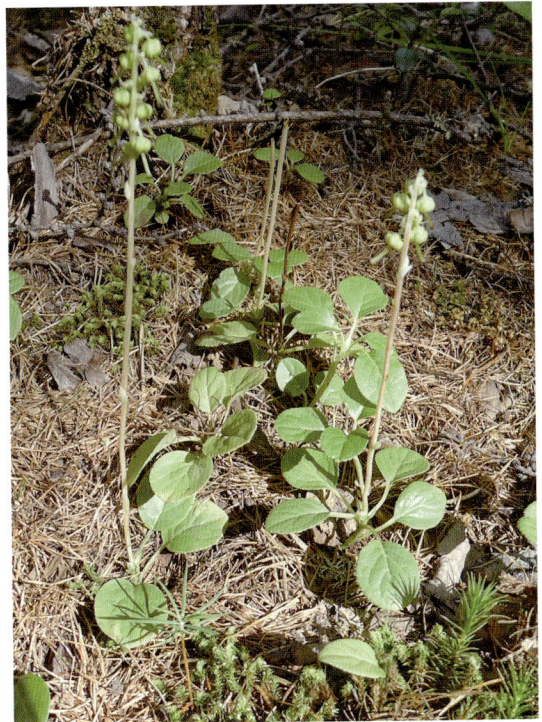

植株

3. 鹿蹄草属 Pyrola L.

小型草本状小半灌木；根茎细长。叶常基生，稀聚集在茎下部互生或近对生。花聚成总状花序；花萼5全裂，宿存；花瓣5，脱落性；雄蕊10，花丝扁平，无毛，花药有极短小角，成熟时顶端孔裂，子房上位，中轴胎座，5室，花柱单生，顶端在柱头下有环状突起或无，柱头5裂。蒴果下垂，由基部向上5纵裂，裂瓣的边缘常有蛛丝状毛。

辽宁产4种。

分种检索表

1. 叶肾形或圆肾形，基部深心形 ·················· **1. 肾叶鹿蹄草** P. renifolia Maxim.
1. 叶近圆形、广卵形或椭圆形，基部圆形、圆楔形或楔形。
　2. 花白色。
　　3. 萼片披针状三角形；花柱长10~12毫米，顶端增粗，无环状突起；苞片线状披针形；叶椭圆形或卵状椭圆形 ·················· **2. 日本鹿蹄草** P. japonica Klenze ex Alef.
　　3. 萼片披针形或舌形；花柱长10毫米以下，顶端有不明显的环状突起，果期环状突起明显；苞片舌形，稀卵状披针形；叶近圆形或宽卵形 ·················· **3. 兴安鹿蹄草** P. dahurica（H. Andr.）Kom.
　2. 花紫红色，花葶常带紫色；叶近圆形、圆卵形或卵状椭圆形，长2.5~5厘米 ·················· **4. 红花鹿蹄草** P. asarifolia subsp. incarnata（DC.）Haber & Hir. Takah.

（1）**肾叶鹿蹄草**（辽宁植物志、东北植物检索表、中国植物志、Flora of China）

Pyrola renifolia Maxim. in Mém. Acad. Imp. Sci. St.-Pétersbourg Divers Savans 9：190. 1859；Fl. China 14：253. 2005；中国植物志56：186. 图版60：6-10. 1990；辽宁植物志（下册）：4. 图版2：1. 1992；东北植物检索表（第二版）：489. 图版244：3. 1995.

常绿草本状半灌木。叶2~6，基生，薄革质，肾形，边缘有不整齐的疏细锯齿。总状花序有2~5花，花冠宽碗状，白色微带淡绿色；雄蕊10，花药黄色；花柱倾斜，伸出花冠，果期更明显；柱头5圆裂。蒴果扁球形。花期6—7月，果期7—8月。

生于山地针叶林下。产于大连、宽甸等地。

植株的一部分

（2）**日本鹿蹄草**（辽宁植物志、东北植物检索表、中国植物志、Flora of China）鳞叶鹿蹄草（东北植物检索表、中国植物志）

Pyrola japonica Klenze ex Alef. in Linnaea 28：57. 1856；Fl. China 14：251. 2005；中国植物志56：175. 图版64：1-6. 1990；辽宁植物志（下册）：6. 1992；东北植物检索表（第二版）：491. 图版244：7. 1995.—*P. subaphylla* Maxim. in Bull. Acad. Imp. Sci. Saint-

Petersbourg 11 （4）：433. 1867；中国植物志56：190. 图版68：1-5. 1990；东北植物检索表
（第二版）：491. 图版244：5. 1995.

常绿草本状半灌木。叶3~8，基生，近革质，椭圆形，近全缘或有不明显的疏锯齿。总状花序有3~12花，花倾斜，半下垂；花冠碗形，白色；雄蕊10；花柱长11~13毫米，倾斜，上部向上弯曲，顶端增粗，伸出花冠。蒴果扁球形。花期6—7月，果期8—9月。

生于海拔800~2000米的针阔叶混交林或阔叶林内。产于宽甸、辽阳、鞍山等地。

全草有补肾壮阳、收敛止血作用。

花

花序

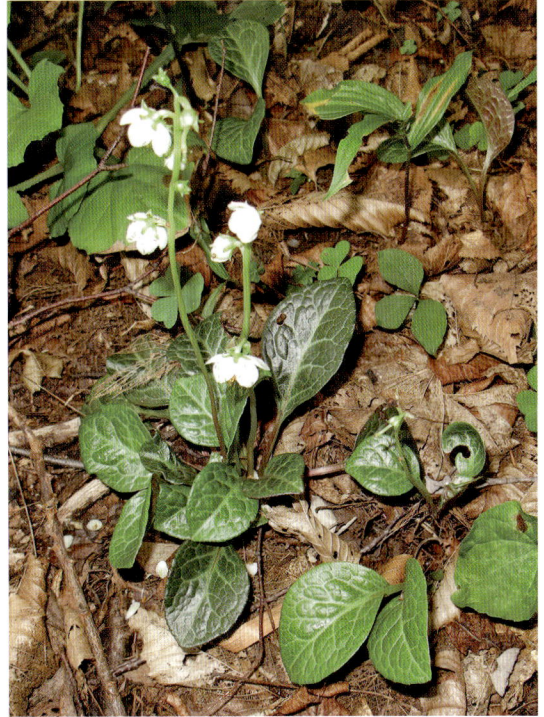

植株

（3）**兴安鹿蹄草**（东北植物检索表、中国植物志、Flora of China）**圆叶鹿蹄草**（辽宁植物志）

Pyrola dahurica（H. Andr.）Kom. in Trudy Imp. S.-Peterburgsk. Bot. Sada 39：96. 1923；Fl. China 14：251. 2005；中国植物志56：169. 图版61：5-8. 1990；东北植物检索表（第二版）：491. 图版244：9. 1995.—*P. rotundifolia* auct. non. L.；辽宁植物志（下册）：6. 1992.

常绿草本状半灌木。叶4~7，基生，革质，近圆形，边缘有疏圆齿或近全缘。总状花序有6~18花，花稍下垂；花冠白色；萼片狭披针形，约为花瓣的1/2；雄蕊10；花柱倾斜，上部向上弯曲，伸出花冠，柱头5浅圆裂。蒴果扁球形。花期6—7月，果期8—9月。

生于山地针叶林、针阔叶混交林或阔叶林下。产于辽宁东部山地。

全草用于风湿性关节炎、肾虚腰痛、神经衰弱、虚痨咳嗽、衄血、崩漏等。

植株

果序

花序

（4）细辛鹿蹄草（新拟）

Pyrola asarifolia Michx. in Fl. Bor.-Amer. 1：251. 1803.

4a. 细辛鹿蹄草（原亚种）

subsp. **asarifolia**

中国不产。

4b. 红花鹿蹄草（亚种）（辽宁植物志、东北植物检索表、中国植物志、Flora of China）

subsp. incarnata（DC.）Haber & Hir. Takah. in Bot. Mag.（Tokyo）101（1064）：492. 1988；Fl. China 14：249. 2005.—*P. incarnata* Fisch. ex DC. in Oesterr. Bot. Z. 52（10）：401. 1902；中国植物志56：173. 图版61：9-12. 1990；辽宁植物志（下册）：4. 图版2：2-5. 1992；东北植物检索表（第二版）：491. 图版244：4. 1995.

苗期

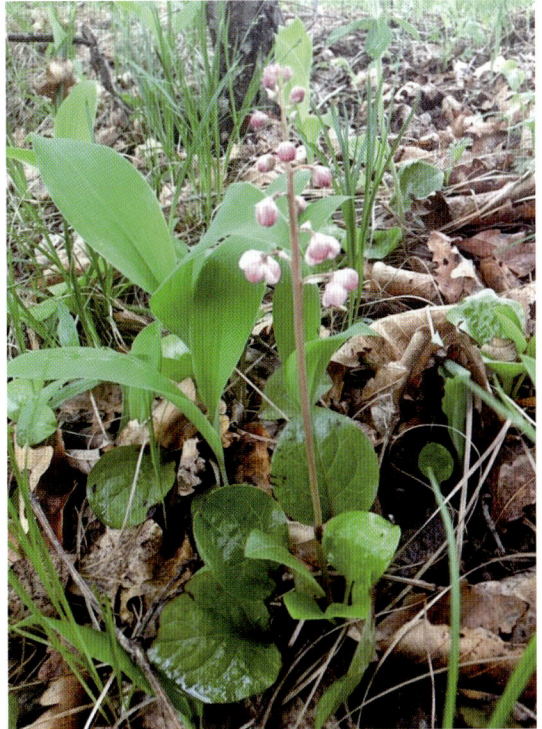

花期

常绿草本状半灌木。叶3~7，基生，薄革质，近圆形。总状花序，有7~15花，花稍下垂，花冠紫红色；雄蕊10，花药成熟为紫色；花柱倾斜，上部向上弯曲，顶端有环状突起，伸出花冠；柱头5圆裂。蒴果扁球形，带紫红色。花期6—7月，果期8—9月。

生于林下。产于宽甸、鞍山（千山）、开原等地。

全草有祛风湿、强筋骨、止血作用，用于风湿痹痛、腰膝无力、月经过多、久咳劳嗽。

杜鹃花科 Ericaceae

木本植物，灌木或乔木；通常常绿，少有半常绿或落叶。叶革质，少有纸质，互生，极少假轮生，稀交互对生。花单生或组成总状、圆锥状或伞形总状花序，顶生或腋生，两性，辐射对称或略两侧对称；具苞片；花萼4~5裂，宿存；花瓣合生呈钟状、坛状、漏斗状或高脚碟状，稀离生，花冠通常5裂，稀4、6、8裂。蒴果或浆果，少有浆果状蒴果；种子小，粒状或锯屑状。

辽宁产3属12种1变种2变型，其中栽培2种。

分属检索表

1. 蒴果。
  2. 叶线形，背面和幼枝密被锈褐色茸毛及腺鳞；花瓣深裂近离生，伞房花序 …… **1. 杜香属** Ledum L.
  2. 叶较宽，背面和幼枝无锈褐色毛；花瓣合生，总状花序、伞房花序、伞形花序或单生
  ………………………………………………… **2. 杜鹃属（杜鹃花属）** Rhododendron L.
1. 浆果；叶不下延成柄，表面皱纹不显；茎无残存之叶柄 ……… **3. 越桔属** Vaccinium L.

1. 杜香属 Ledum L.

常绿灌木，矮小，多分枝。叶具短柄，革质，条形或狭长圆形，全缘，边反卷，下面有白色或锈褐色绵毛或柔毛，揉之有香气。花小，白色，多花成顶生伞形总状花序；花萼小，5齿，宿存；花冠白色，花瓣离生至基部，覆瓦状排列；雄蕊5~8（-10），伸出，花丝丝状，花药小；花盘环状，8~10裂；子房卵球形，被鳞片，5室，花柱线形，柱头钝5裂。蒴果椭圆形或长圆形，从基部向上室间5瓣裂，具多数种子。

辽宁产1变种。

杜香（中国植物志、Flora of China）**细叶杜香 狭叶杜香 绊脚丝**

Ledum palustre L. Sp. Pl. 391. 1753；Fl. China 14：259. 2005；中国植物志57（1）：5. 图版1：1-4. 1999；东北植物检索表（第二版）：493. 图版245：4. 1995.

a. 杜香（原变种）

var. **palustre**

辽宁不产。

b. 宽叶杜香（辽宁植物志、东北植物检索表、中国植物志、Flora of China）

var. **dilatatum** Wahl. in Pl. Lapp. 103. 1812；Fl. China 14：260. 2005；中国植物志57（1）：7. 图版1：5-7. 1999；东北植物检索表（第二版）：493. 图版245：5. 1995.—*L. hypoleucum* Kom. in Izv. Bot. Sada Akad. Nauk SSSR 16：175. 1916；辽宁植物志（下册）：8. 图版6：3. 1992.

常绿小灌木。枝纤细，幼枝密被锈色绵毛。叶线状披针形或狭长圆形，宽0.4~1.5厘米，背面被毛。花多数，小型，乳白色；花梗细长，密生锈色茸毛；萼片5，卵圆形，宿存；雄蕊10。蒴果卵形，长3.5~4毫米，宿存花柱长2~4毫米。花期6—7月，果期7—8月。

生于针叶林下、林边、湿草地。产于桓仁。

全株可提取芳香油，花、果出油率较高。叶有化痰、止咳、平喘作用，用于咳嗽痰喘。

花序（张粤　摄）　　　　叶背面观（张粤　摄）　　　　植株的一部分（张粤　摄）

2. 杜鹃属（杜鹃花属） Rhododendron L.

灌木或乔木，有时矮小呈垫状，地生或附生。叶常绿或落叶、半落叶，互生，全缘，稀有不明显的小齿。花显著，通常排列成伞形总状或短总状花序，稀单花，通常顶生，少有腋生；花萼5（-6-8）裂或环状无明显裂片，宿存；花冠漏斗状、钟状、管状或高脚碟状，整齐或略两侧对称，5（-6-8）裂；雄蕊5~10，稀15~20（-27）；子房通常5室，少有6~20室，花柱细长劲直或粗短而弯弓状，宿存。蒴果自顶部向下室间开裂，果瓣木质，少有质薄者开裂后果瓣多少扭曲；种子多数，细小。

辽宁产10种，其中栽培2种。

分种检索表

1. 野生种。
  2. 植株被白色或褐色圆形腺鳞，幼嫩部位尤明显。
    3. 总状花序，多花，花小，直径约8毫米。
      4. 花冠黄色；花柱较果长约2倍 ………… 1. 辽西杜鹃 Rh. liaoxigensis S. L. Tung et Z. Lu
      4. 花白色；花柱与果近等长 ………………………………… 2. 照白杜鹃 Rh. micranthum Turcz.
    3. 花1~4（5），生枝端，单生或伞房花序，花直径1.2~4（5）厘米。
      5. 叶长1~1.5厘米，宽3~6毫米；花直径1.2~1.5厘米；蒴果长3~5毫米。低矮小灌木，茎常匍匐 ……………………………………………… 3. 高山杜鹃 Rh. lapponicum（L.）Wahl.
      5. 叶通常长2厘米以上；花直径2.5厘米以上；蒴果长1厘米以上。
        6. 半常绿灌木；叶片近革质，顶端钝圆，下面密被鳞片，鳞片覆瓦状或彼此邻接，或相距为其直径之半或1.5倍；花冠长1.3~2.3厘米 ………………… 4. 兴安杜鹃 Rh. dauricum L.
        6. 落叶灌木；叶片质薄，顶端锐尖、渐尖、稀钝，下面鳞片相距为其直径的2~4倍；花冠长2.3~2.8厘米 ………………… 5. 迎红杜鹃 Rh. mucronulatum Turcz.
  2. 植株无圆形腺鳞。
    7. 叶大，通常长4厘米以上，全缘；花直径3厘米以上。
      8. 主枝匍匐；花黄色；果梗长4~5厘米 ………………… 6. 牛皮杜鹃 Rh. aureum Georgi
      8. 主枝直立；花白色或粉红色；花梗短于2.5厘米。叶纸质，倒卵形，长5~6厘米，基部楔形，常（4）5片叶集生梢端，近平展，呈"大"字形，叶柄短或近无；花粉红色，稀白色，3~6朵生于枝端，常先叶开放………………… 7. 大字杜鹃 Rh. schlippenbachii Maxim.
    7. 叶长约1厘米，边缘上部有不明显的锯齿，被明显的疏长腺毛。花红紫色，直径约2厘米，花冠侧开裂至基部，花柱常于裂口处下弯；雄蕊暗紫色，比花冠短约1/2；1~3花生于具叶状苞片的幼枝上 ………………… 8. 苞叶杜鹃 Rh. redowskianum Maxim.
1. 栽培种。
  9. 落叶灌木；叶缘皱波状；花色有红、粉、橘红、橘黄等 …… 9. 红枫杜鹃 Rh. hybridum Ker Gawl.
  9. 半常绿灌木；叶缘不为皱波状；花粉紫色或淡紫色，花冠喉部有深紫红色斑点 ………………… 10. 淀川杜鹃 Rh. yedoense Maxim.

（1）辽西杜鹃（东北植物检索表、中国植物志、Flora of China）

Rhododendron liaoxigense S. L. Tung et Z. Lu in Bull. Bot. Res. Harbin 8（2）：155. 1988；Fl. China 14：304. 2005；中国植物志57（2）：147. 1994；东北植物检索表（第二版）：495. 1995.

灌木。叶近革质，倒卵状椭圆形，背面黄白色，密被黄褐色腺鳞。总状花序顶生；萼片

5，披针形；花冠黄色，裂片5，倒卵形；雄蕊10，略长于花冠，花柱长于花冠。蒴果短圆柱形，被腺鳞，宿存的花柱长于蒴果2倍以上。花期6月，果期7—8月。

生于山地。模式标本产于北票温泉东山海拔500米左右。但近年多位研究者在模式标本产地均未找到符合特征的植物。待进一步调查。

（2）照白杜鹃（辽宁植物志、东北植物检索表）照山白（中国植物志、Flora of China）白镜子

Rhododendron micranthum Turcz. in Bull. Soc. Imp. Naturalistes Moscou 10（7）：155. 1837；Fl. China 14：304. 2005；中国植物志57（2）：145. 图版32：1-5. 1994；辽宁植物志（下册）：11. 图版3：3-5. 1992；东北植物检索表（第二版）：495. 图版246：4. 1995.

常绿灌木。叶革质，互生，叶片长圆形。总状花序；花梗细，密生细柔毛；花萼5裂，裂片三角形，有毛；花冠白色，5深裂。蒴果长圆形，褐色，有疏腺鳞，由先端开裂，花柱与果实等长，宿存。花期6—8月，果期9月。

生于山地林下、灌木丛、山坡及石隙等处。产于建平、朝阳、北票、喀左、建昌、义县、凌源、绥中、北镇、本溪、丹东、鞍山、海城、营口、盖州、普兰店、庄河、大连等地。

枝叶入药，有祛风通络、调经止痛、化痰止咳之效。花、叶可提取芳香油。叶有杀虫功效，可制土农药。花供观赏。全株剧毒，幼叶毒性更大，牲畜误食易中毒死亡。

果枝

花枝

植株的一部分

秋色

花期

（3）高山杜鹃（中国植物志、Flora of China）毛毡杜鹃（辽宁植物志、东北植物检索表）

Rhododendron lapponicum（L.）Wahl. in Fl. Lapp. 104. 1812；Fl. China 14：291. 2005；中国植物志57（2）：110. 1994.–*Rh. confertissimum* Nakai in Bot. Mag.（Tokyo）31：

239. 1917；辽宁植物志（下册）：11. 1992；东北植物检索表（第二版）：496. 1995.

常绿低矮小灌木。茎常匍匐，多分枝。叶质稍厚，互生，长圆形，先端钝头，基部楔形，全缘，背面密被褐色腺鳞。先叶后花；花梗短，有腺鳞；花冠漏斗状，玫瑰色，直径1.2~1.5厘米；雄蕊7~10，花柱比雄蕊长。蒴果长卵形，褐色，被腺鳞。花期5—7月，果期9—10月。

生于高山草地。产于桓仁。

植株

（4）兴安杜鹃（辽宁植物志、东北植物检索表、中国植物志、Flora of China）映山红

Rhododendron dauricum L. in Sp. Pl. 1：392. 1753；Fl. China 14：327. 2005；中国植物志57（2）：211. 图版46：1-2. 1994；辽宁植物志（下册）：15. 1992；东北植物检索表（第二版）：496. 图版246：6. 1995.

半常绿灌木。小枝通常细而弯曲，节间短，暗灰色。叶互生，叶片近革质，顶端钝圆，下面密被鳞片，鳞片覆瓦状或彼此邻接，或相距为其直径之半或1.5倍。花1~4朵生枝端，先叶开放；花瓣5，花冠长1.3~2.3厘米，碟状至漏斗状，红紫色或紫红色。花期5—6月，果期7月。

生于石灰质山坡、石砬子、灌木丛中。产于北票、桓仁等地。

叶有祛痰止咳作用，治急、慢性气管炎，咳嗽；根有止痢作用，治肠炎、痢疾等。

植株的一部分

花

叶背面观

（5）迎红杜鹃（辽宁植物志、东北植物检索表、中国植物志、Flora of China）映山红

Rhododendron mucronulatum Turcz. in Bull. Soc. Imp. Naturalistes Moscou 10（7）：155. 1837；Fl. China 14：327. 2005；中国植物志57（2）：211. 图版46：3. 1994；辽宁植物志（下册）：13. 图版5：1-4. 1992；东北植物检索表（第二版）：496. 图版246：7. 1995.

5a. 迎红杜鹃（原变型）

f. mucronulatum

落叶灌木。小枝较粗且直，节间长，褐红色。叶片狭椭圆形，质薄，顶端锐尖、渐尖、稀钝，下面鳞片相距为其直径的2~4倍。花先于叶或与叶同时开放；花萼短，裂片5，有白缘毛；花冠漏斗状，长2.3~2.8厘米，淡紫红色，花冠外面下部有白色茸毛。蒴果短圆柱形，密被褐色腺鳞，花柱宿存。花期4—5月，果期6—7月。

生于山坡灌木丛中或石砬子上。产于辽宁各地。

叶有解表、清肺、止咳作用，可治感冒、头疼咳嗽、支气管炎等。

果期   花   花期

5b. 缘毛迎红杜鹃（变型）（辽宁植物志、东北植物检索表）

f. ciliatum（Nakai）Kitag. in Neo-Lineam. Fl. Mansh. 500. 1979；辽宁植物志（下册）：14. 图版5：5. 1992；东北植物检索表（第二版）：496. 1995.

叶表面及边缘有毛，花紫玫瑰色。

生境同原变型。产于北镇、鞍山、本溪、凤城、金州、大连等地。

花   花期   叶

5c. 白花迎红杜鹃（变型）（辽宁植物志、东北植物检索表）

f. album Nakai in Lee. Fl. Kor. 600. 1979；辽宁植物志（下册）：15. 1992；东北植物检索表（第二版）：496. 1995.

花白色。

生境同原变型。产于庄河、丹东等地。

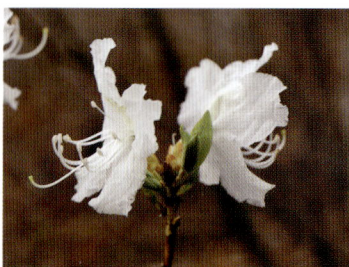

植株（张国成 摄）   花（李忠宇 摄）

（6）牛皮杜鹃（辽宁植物志、东北植物检索表、中国植物志、Flora of China）牛皮茶

Rhododendron aureum Georgi in Bemerk. Reise Russ. Reich. 1：51. 1775；Fl. China

14：368. 2005；中国植物志57（2）：143. 图版46：1-6. 1994.-*Rh. chrysanthum* Pallas in Reise Durch Verschiedne Provinz. 3：729. 1776；辽宁植物志（下册）：9. 图版3：1-2. 1992；东北植物检索表（第二版）：495. 图版246：1. 1995.

常绿矮小灌木。主枝匍匐。叶革质，倒披针形，背面淡绿色。顶生伞房花序，有花5~8朵；花梗直立，疏被红色柔毛；花萼具5个小齿裂，被丛卷毛；花冠钟形，淡黄色，5裂。蒴果长圆柱形，5裂，多少被茸毛。花期5—6月，果期7—9月。

生于高山草原地带或苔藓层上。产于桓仁。

叶内含有芳香油，可用作调香原料。根、茎、叶含鞣质，可提制栲胶。叶可代茶用。

果期

花期

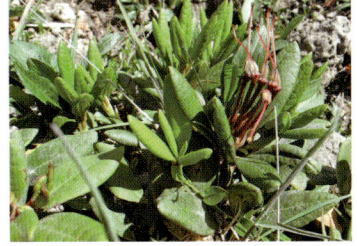

植株

（7）**大字杜鹃**（辽宁植物志、东北植物检索表、中国植物志、Flora of China）**达子香辛伯楷杜鹃**

Rhododendron schlippenbachii Maxim. in Bull. Acad. Imp. Sci. Saint-Petersbourg 15：226. 1871；Fl. China 14：432. 2005；中国植物志57（2）：370. 图版122：5-7. 1994；辽宁植物志（下册）：11. 图版4. 1992；东北植物检索表（第二版）：495. 图版246：2. 1995.

落叶灌木。常5片叶集生枝端，呈"大"字形。伞形花序，有花3~6朵；花梗密被腺毛；花萼5裂，外面及边缘具腺毛；花冠蔷薇色或白色至粉红色，具红棕色斑点；雄蕊10，部分伸出于花冠外；花柱比雄蕊长。蒴果长圆球形，密被腺毛。花期5—6月，果期7—9月。

常生于低海拔的山地阔叶林下或灌木丛中。产于宽

白花

花序

蒴果

叶

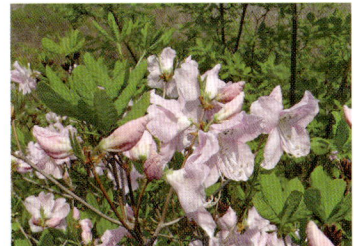

植株的一部分

甸、凤城、丹东、岫岩、本溪、鞍山、营口、庄河等地。

花大艳丽，可丛植或孤植于庭园供观赏。

（8）苞叶杜鹃（辽宁植物志、东北植物检索表）**叶状苞杜鹃**（中国植物志、Flora of China）云间杜鹃

Rhododendron redowskianum Maxim. in Mém. Acad. Imp. Sci. St.- Pétersbourg Divers Savans 9：189. 1859；Fl. China 14：455. 2005；中国植物志57（2）：436. 图版135：1-6. 1994；辽宁植物志（下册）：9. 1992；东北植物检索表（第二版）：495. 图版246：3. 1995.

低矮落叶小灌木。叶簇生，纸质，匙状倒披针形。总状伞形花序顶生，有花1~3朵；花梗被腺毛，具叶状苞片；花萼大，5深裂至基部；花冠辐状，紫红色，裂片5。蒴果卵球形，长6毫米。花期7—8月，果期9—10月。

生于高山上部、湿润的石质坡上。产于桓仁。

植株的一部分

花背面观

花正面观

群落

（9）红枫杜鹃

Rhododendron hybridum Ker Gawl. in Bot. Reg. 3：195. 1817.

杂交种。落叶灌木，高达1~2米。多分枝。叶倒卵形，长5~9厘米，边缘皱波状，夏季翠绿，秋季经霜后变红色。花直径10~15厘米，花色有红、粉、橘红、橘黄等。花期4—6月。

沈阳、大连、丹东等地有栽培。

红色花

橘色花

园林杜鹃品种，春观红花，秋观红叶，花叶俱佳。

（10）淀川杜鹃 朝鲜杜鹃

Rhododendron yedoense Maxim. in Gartenflora 35：565. 1886.

半常绿灌木。叶着生枝端，多为5枚，近轮生状，倒卵形，纸质，全缘，表面具柔毛。伞房花序，具2~5朵花，先于叶或与叶同时开放；花冠广钟形，直径6~7厘米，花冠喉部有深紫红色斑点；花重瓣，粉紫色或淡紫色。蒴果卵形，暗褐色。花期5—6月，果期7月。

原产于朝鲜。丹东有栽培。

朝鲜国花。花密而艳丽，可孤植、片植或群植于庭院、路边、草坪中、疏林下或阴山坡，也可与其他植物搭配种植。

注：尚有单瓣品种，商品名"黄杨杜鹃"。

单瓣花

花正面观

叶

栽培基地

植株

重瓣花

3. 越桔属 Vaccinium L.

灌木或小乔木，通常地生，少数附生。叶常绿，少数落叶，具叶柄，互生，稀假轮生。总状花序，顶生、腋生或假顶生，稀腋外生，或花少数簇生叶腋，稀单花腋生；通常有苞片和小苞片；花小形；花萼（4-）5裂，稀檐状不裂；花冠坛状、钟状或筒状，5裂，裂片短小，稀4裂或4深裂至近基部；雄蕊10或8，稀4，内藏，稀外露，花丝分离；子房与萼筒通常完全合生，稀与萼筒的大部分合生；花柱不超出或略超出花冠，柱头截平形，稀头状。浆果球形，顶部冠以宿存萼片。

辽宁产2种。

分种检索表

1. 叶缘有齿；果熟时红 ··· 1. 朝鲜越桔 V. koreanum Nakai
1. 叶全缘；果熟时黑紫色 ··· 2. 笃斯越桔 V. uliginosum L.

（1）**朝鲜越桔**（辽宁植物志、东北植物检索表）红果越桔（中国植物志、Flora of China）

Vaccinium koreanum Nakai in Trees Shrubs Japan 1：191. 1922；Fl. China 14：502. 2005；辽宁植物志（下册）：16. 图版6：1–2. 1992；东北植物检索表（第二版）：496. 图版245：11. 1995.—*Vaccinium hirtum* auct. non Thunb.：中国植物志57（3）：156. 图版38：6–7. 1991.

落叶小灌木。叶椭圆状卵形，通常长2厘米，宽1厘米，表面绿黄色，夏季常呈红色或有红斑，背面色稍浅。花序生枝端，有花2~3；花萼5裂，裂片广三角形；花冠钟形，粉红色。浆果椭圆形或长圆形，成熟时红色。花期5月末，果期9月。

生于山顶石砬上。产于宽甸、凤城、岫岩等地。

花果期均有观赏性。果实可以食用。

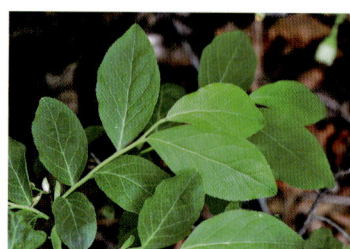

果实　　　　　　　　　　　花序　　　　　　　　　　　小枝

（2）**笃斯越桔**（辽宁植物志、东北植物检索表、中国植物志、Flora of China）笃斯 甸果 蓝莓

Vaccinium uliginosum L. in Sp. Pl. 1：350. 1753；Fl. China 14：502. 2005；中国植物志57（3）：156. 图版39：1. 1991；辽宁植物志（下册）：16. 1992；东北植物检索表（第

花序　　　　　　　　　　　植株的一部分

二版）：496. 图版245：10. 1995.

　　落叶小灌木。叶互生，倒卵形，背面灰绿色。花1~3朵，下垂；花萼4~5裂，宿存；花冠绿白色，壶形，有4~5个裂齿；雄蕊8~10，花药孔裂；子房下位，4~5室，花柱宿存。浆果近球形或椭圆形，成熟时黑紫色。花期6月，果期7月。

　　生于山坡。产于桓仁。

　　果实可生食，也可酿酒、制果汁。叶、果实有消炎、利水作用。

柿树科 Ebenaceae

　　乔木或直立灌木。叶为单叶，互生，很少对生，排成2列，全缘，具羽状叶脉。花多半单生，通常雌雄异株，或为杂性，雌花腋生，单生，雄花常生在小聚伞花序上或簇生，或为单生，整齐；花萼3~7裂，多少深裂，在雌花或两性花中宿存，常在果时增大；花冠3~7裂，早落。浆果多肉质。

　　辽宁栽培1属2种。

柿树属（柿属） Diospyros L.

　　落叶或常绿乔木或灌木。无顶芽。叶互生。花单性，雌雄异株或杂性；雄花常较雌花为小，组成聚伞花序，雄花序腋生在当年生枝上，或很少在较老的枝上侧生，雌花常单生叶腋；萼通常深裂，4（3~7）裂，有时顶端截平，绿色，雌花的萼结果时常增大；花冠壶形、钟形或管状，浅裂或深裂，4~5（3~7）裂；雄蕊4至多数，通常16枚；子房2~16室；花柱2~5枚，分离或在基部合生，通常顶端2裂；在雌花中有退化雄蕊或无雄蕊。浆果肉质，基部通常有增大的宿存萼；种子较大，通常两侧压扁。

分种检索表

1. 树皮灰黑色，鳞片状开裂；幼枝及叶具褐色毛；叶背面淡绿色；浆果卵圆形或扁球形，直径3.5~8厘米，熟后橘黄色或黄色 ·························· 1. 柿 D. kaki Thunb.
1. 树皮灰褐色，深裂成小方块状；幼枝及叶具灰色毛；叶背面苍白色；浆果近球形或椭圆形，直径1~1.5 厘米，熟后黑色 ························ 2. 黑枣 D. lotus L.

　　（1）柿（辽宁植物志、东北植物检索表、中国植物志、Flora of China） 柿树

Diospyros kaki Thunb. in Nova Acta Sor. Sc. Upsal. 3：208. 1780；Fl. China 15：225. 1996；中国植物志60（1）：141. 图版34：1. 1987；辽宁植物志（下册）：38. 1992；东北植物检索表（第二版）：506. 图版252：1. 1995.

　　落叶乔木。叶互生，叶片革质，长圆状卵形。雌雄异株或杂性而同株，花淡黄色；雄花成短聚伞花序，雌花单生叶腋；花萼4深裂，果熟时增大；花冠钟状，4裂，有毛。浆果卵形

植株的一部分

果枝

树干

花枝

至扁球形，成熟时橙红色。花期6月，果熟期10月。

　　分布于我国长江流域，辽西和辽南有栽培。

　　柿果食用。木材可供制纺织木梭、线轴、箱盒、工具柄、雕刻等用。柿果、柿蒂、柿霜及根和叶都可药用，其中果实有清热、润肺、止渴作用。

　　（2）**黑枣**（辽宁植物志）**君迁子**（东北植物检索表、中国植物志、Flora of China）**软枣 牛奶柿**

Diospyros lotus L. in Sp. Pl. 1057. 1753；Fl. China 15：224. 1996；中国植物志60（1）：105. 图版20：1-5. 1987；辽宁植物志（下册）：39. 图版17：1-2. 1992；东北植物检索表（第二版）：506. 图版252：2. 1995.

花侧面观

花期

　　落叶乔木。叶互生，叶片椭圆形，全缘。花单性，淡黄色，雌雄异株；雌花单生叶腋，雄花成短聚伞花序；花萼4裂，密生灰色柔毛，花冠钟形，4裂。浆果近球形至椭圆形，初熟时为淡黄色，后变为黑色。花期5—

果期

花正面观

小枝

6月，果熟期10月。

分布于我国华北、华东、西北、中南及西南各地，辽西和辽南有栽培。

成熟果实可供食用，入药可止消渴，去烦热。木材可作纺织木梭、雕刻、小用具等。树皮可供提取单宁和制人造棉。实生苗常用作柿树的砧木。

安息香科（野茉莉科）Styracaceae

乔木或灌木，常被星状毛或鳞片状毛。单叶，互生，无托叶。总状花序、聚伞花序或圆锥花序，很少单花或数花丛生，顶生或腋生；花两性，很少杂性，辐射对称；花萼杯状、倒圆锥状或钟状，通常顶端4~5齿裂，稀2或6齿或近全缘；花冠合瓣，极少离瓣，裂片通常4~5，很少6~8；雄蕊常为花冠裂片数的2倍，稀4倍或为同数而与其互生；花柱丝状或钻状，柱头头状或不明显3~5裂。核果而有一肉质外果皮或为蒴果，稀浆果，具宿存花萼。

辽宁产1属2种，其中栽培1种。

安息香属（野茉莉属）Styrax L.

乔木或灌木。单叶互生，多少被星状毛或鳞片状毛，极少无毛。总状花序、圆锥花序或聚伞花序，极少单花或数花聚生，顶生或腋生；花萼杯状、钟状或倒圆锥状，与子房基部完全分离或稍合生；顶端常5齿，稀2~6裂或近波状；花冠常5深裂，稀4或6~7深裂；雄蕊10枚，稀8~9或11~13枚；子房上位，上部1室，下部3室；花柱钻状，柱头3浅裂或头状。核果肉质，干燥，不开裂或不规则3瓣开裂，与宿存花萼完全分离或稍与其合生。

分种检索表

1. 叶二型，小枝下部两叶较小而近对生，上部的叶大而互生，广椭圆形至近圆形，背面密被星状茸毛；总状花序有10~20余花，白色或带粉红色 ·························· 1. 玉铃野茉莉 S. obassia Sieb. et Zucc.
1. 叶一型，全为互生，椭圆形至卵状椭圆形，背面疏被星状毛；总状花序花少，2~4花，白色。栽培 ·· 2. 野茉莉 S. japonicus Sieb. et Zucc.

（1）玉铃野茉莉（辽宁植物志）玉铃花（东北植物检索表、中国植物志、Flora of China）

Styrax obassis Sieb. et Zucc. in Fl. Jap. 1：93. 1839；Fl. China 15：255. 1996；中国植物志60（2）：82. 图版28：1-5. 1987；辽宁植物志（下册）：41. 图版18：1-4. 1992；东北植物检索表（第二版）：506. 图版252：3. 1995.

落叶小乔木。叶二型，小枝下部两叶较小而近对生，上部的叶大而互生，广椭圆形，背面密被星状茸毛。总状花序有花10~20朵；花白色或带粉红色，下垂；花萼钟形，密被星状毛；花冠5深裂，裂片长圆形。果实卵形，密生短毛。花期5—6月，果期8月。

生于山地杂木林中。产于本溪、桓仁、宽甸、凤城、丹东、岫岩、庄河等地。

木材材质坚硬，富弹性，纹理致密，加工容易，可作器具材、雕刻材、旋作材等细木工用材；花美丽、芳香，可提取芳香油及观赏。果实有消肿止痛、驱虫作用。

果序

花

花枝

叶

（2）野茉莉（辽宁植物志、东北植物检索表、中国植物志、Flora of China）黑茶花、茉莉苞

Styrax japonicus Sieb. et Zucc. in Fl. Jap. 1（5）：53. pl. 23. 1837；Fl. China 15：257. 1996；中国植物志60（2）：89. 图版31：1-7. 1987；辽宁植物志（下册）：41. 图版18：5-6. 1992；东北植物检索表（第二版）：506. 图版252：4. 1995.

落叶灌木或小乔木。叶一型，全为互生，椭圆形，背面疏被星状毛；叶柄上面有凹槽，疏被星状短柔毛。总状花序仅有2~4花，白色；花梗纤细，开花时下垂；花萼漏斗状，膜质；花冠裂片卵形。果实卵形，外面密被茸毛，有不规则皱纹。花期4—7月，果期9—11月。

从秦岭分布至黄河以南。熊岳有栽培记录。

全株有祛风除湿作用，花有清火作用。

山矾科 Symplocacea

灌木或乔木。单叶，互生。花辐射对称，两性稀杂性，排成穗状花序、总状花序、圆锥花序或团伞花序，很少单生；花通常为1枚苞片和2枚小苞片所承托；萼3~5深裂或浅裂，通常5裂；花冠裂片分裂至近基部或中部，裂片3~11片，通常5片；雄蕊通常多数，很少4~5枚；子房下位或半下位，花柱1，纤细，柱头小，头状或2~5裂。果为核果，顶端冠以宿存的萼裂片。

仅1属，辽宁产1种。

山矾属 Symplocos Jacq.

属的特征同山矾科。

白檀（辽宁植物志、东北植物检索表、中国植物志、Flora of China）白檀山矾 乌子树 茶叶花

Symplocos paniculata (Thunb.) Miq. in Ann. Mus. Bot. Lugduno-Batavum 3：102. 1867；Fl. China 15：252. 1996；中国植物志60（2）：72. 图版26：1-5. 1987；辽宁植物志（下册）：43. 图版17：3-5. 1992；东北植物检索表（第二版）：508. 图版252：5. 1995.

果期

花侧面观

花期

花正面观

落叶灌木或小乔木。叶膜质或薄纸质，阔倒卵形。圆锥花序；花萼长2~3毫米，萼筒褐色，裂片稍长于萼筒，淡黄色；花冠白色，长4~5毫米，5深裂几达基部；雄蕊40~60枚；子房2室，花盘具5凸起的腺点。核果熟时蓝色，卵状球形。花期5月，果期8月。

生于山坡、林下或灌木丛中。产于本溪、丹东、宽甸、桓仁、凤城、岫岩、鞍山、海城、庄河、金州、长海、绥中等地。

木材细密，是优质家具用材。种子可榨油，供制油漆、肥皂等用。根、叶均可入药，根治疗感冒发热、狂犬咬伤、毒蛇咬伤等，叶治外伤出血。

注：辽宁尚有记载琉璃山矾*Symplocos sawafutagi* H. Nagamasu。著者未见。待调查核实。

木犀科 Oleaceae

乔木，直立或藤状灌木。叶对生，稀互生或轮生，单叶、三出复叶或羽状复叶，稀羽状分裂；具叶柄，无托叶。花辐射对称，两性，稀单性或杂性，雌雄同株、异株或杂性异株，通常聚伞花序排列成圆锥花序，或为总状、伞状、头状花序，顶生或腋生，或聚伞花序簇生于叶腋，稀花单生；花萼4裂，有时多达12裂，稀无花萼；花冠4裂，有时多达12裂，浅裂、深裂至近离生，或有时在基部成对合生，稀无花冠；雄蕊2枚，稀4枚；子房上位，由2心皮组成2室，花柱单一或无花柱，柱头2裂或头状。果为翅果、蒴果、核果、浆果或浆果状核果。

辽宁产8属25种5亚种6变种8变型，其中栽培16种3变种7变型。

分属检索表

1. 果实为翅果。
　2. 单叶，全缘；果实卵形或椭圆形，扁平，周围具翅 ……………………… 1. 雪柳属 Fontanesia Labill.
　2. 羽状复叶；果实长圆形至线形，顶端具翅……………………… 2. 梣属（白蜡树属）Fraxinus L.
1. 果实为蒴果、核果或浆果。
　3. 蒴果，2裂；单叶，稀为3小叶或羽状复叶。
　　4. 花黄色；枝中空或具片状髓；叶缘常有齿 ……………… 3. 连翘属 Forsythia Vahl.
　　4. 花紫色、红色或白色；枝具实髓；叶全缘 ……………… 4. 丁香属 Syringa L.
　3. 核果或浆果。
　　5. 核果；花序多腋生，少数顶生。
　　　6. 花冠裂片在花蕾时呈覆瓦状排列；花多簇生，稀为短小圆锥花序 ……… 5. 木犀属 Osmanthus Lour.
　　　6. 花冠裂片在花蕾时呈镊合状排列；花常排列成圆锥花序。花大，花冠裂片长10~25毫米，基部合生成短管 …………………………………… 6. 流苏树属 Chionanthus L.
　　5. 浆果状核果或浆果。
　　　7. 浆果状核果或核果状而开裂；单叶对生；花序顶生，稀腋生；花两性；花小，有短或长的花冠筒 …………………………………… 7. 女贞属 Ligustrum L.
　　　7. 浆果；三出复叶或羽状复叶；花黄色或白色，稀为粉红色

　　　　…………………………………… 8. 茉莉属（素馨属）Jasminum L.

1. 雪柳属 Fontanesia Labill.

落叶灌木，有时呈小乔木状。小枝四棱形。叶对生，单叶，常为披针形；无柄或具短柄。花小，多朵组成圆锥花序或总状花序，顶生或腋生；花萼4裂，宿存；花冠白色、黄色或淡红白色，深4裂，基部合生；雄蕊2枚，着生于花冠基部，花丝细长，花药长圆形；子房2室，花柱短，柱头2裂，宿存。果为翅果，扁平，环生窄翅，每室通常仅有种子1枚。

辽宁产1种。

雪柳（辽宁植物志、东北植物检索表、中国植物志、Flora of China）**五谷树 雪杨**

Fontanesia fortunei Carr. in Rev. Hort. IV, 8：43. 1859；中国植物志61：4. 图版1：1-4. 1992；辽宁植物志（下册）：45. 图版19. 1992；东北植物检索表（第二版）：510. 图版253：2. 1995.—*F. philliraeoides* subsp. *fortunei* （Carrière）Yaltirik in P. H. Davis, Fl. Turkey. 6：147. 1978.；Fl. China 15：272. 1996.

落叶灌木或小乔木。叶片纸质，披针形等。圆锥花序顶生或腋生；花两性或杂性同株，白色，稍带绿色；花萼微小，杯状，深裂；花冠深裂至近基部；雄蕊伸出或不伸出花冠外，柱头2权。果黄棕色，倒卵形，扁平，先端微凹，边缘具窄翅。花期4—6月，果期6—10月。

生于山野、沟边、路旁。产于本溪、宽甸、凤城、岫岩、大连等地。

茎枝可编筐，茎皮可制人造棉；嫩叶晒干可代茶。

果期

花期

2. 梣属（白蜡树属）Fraxinus L.

落叶乔木，稀灌木。叶对生，奇数羽状复叶，稀在枝梢呈3枚轮生状，有小叶3至多枚；叶柄基部常增厚或扩大。花小，单性、两性或杂性，雌雄同株或异株；圆锥花序顶生或腋生于枝端，或着生于去年生枝上；花梗细；花芳香，花萼小，或退化至无花萼；花冠4裂至基部，白色至淡黄色，早落或退化至无花冠；雄蕊通常2枚，与花冠裂片互生，花丝通常短，或在花期迅速伸长伸出花冠之外；花柱较短，柱头多少2裂。果为含1枚或偶有2枚种子的坚果，扁平或凸起，先端迅速发育伸长成翅，翅长于坚果。

辽宁产5种1变种，其中栽培2种。

分种检索表

1. 圆锥花序生于去年生枝上；花单性，无花冠，先叶开放。
　2. 小叶7~11（13），近无柄，基部着生处密生黄褐色茸毛；叶轴具狭翅；翅果长圆状披针形，扭曲，无宿存花萼 ·· 1. 水曲柳 F. mandshurica Rupr.
　2. 小叶5~9，无柄或有柄，基部着生处无黄褐色茸毛；叶轴无翅；翅果狭长圆形，扁平，不扭曲，具宿存花萼
　　3. 小叶无柄或近无柄，果翅下延超过坚果的1/3，几乎达到中部。栽培
　　　 ·· 2. 红梣 F. pennsylvanica Marsh.
　　3. 小叶柄长0.5~1.5厘米，果翅下延不超过坚果的1/3处。栽培 ······· 3. 美国白梣 F. americana L.
1. 圆锥花序生于当年生有叶枝上；花两性；花冠有或无，与叶同时开放或后叶开放。
　4. 有花冠；叶长4~10厘米，小叶5，稀3或7，近菱状卵形，基部一对小叶不比其他小叶小或稍小
　　　 ·· 4. 小叶白蜡树 F. bungeana DC.
　4. 无花冠；叶长10厘米以上，基部一对小叶较小。
　　5. 叶长20厘米以下，小叶（5-）7（-9），椭圆形至卵状披针形，背面沿脉有白色短柔毛，小叶柄长3~5毫米；叶轴关节处常光滑；顶生小叶与侧生小叶近等大或稍大
　　　 ·· 5a. 梣 F. chinensis Roxb.
　　5. 叶长达27厘米，小叶（3-）5~7（-9），广卵形至倒卵形，背面沿脉被黄褐色柔毛，小叶柄长0.2~1.5厘米；叶轴关节处常有红褐色柔毛；顶生小叶显著大于侧生小叶
　　　 ······················· 5b. 大叶梣 F. chinensis subsp. rhynchophylla（Hance）A. E. Murray

（1）**水曲柳**（辽宁植物志、东北植物检索表、中国植物志、Flora of China）**东北梣**

Fraxinus mandshurica Rupr. in Bull. Cl. Phys.–Math. Acad. Imp. Sci. Saint–Pétersbourg 15：371. 1857；Fl. China 15：278. 1996；中国植物志61：37. 图版11：1-2. 1992；辽宁植物志（下册）：50. 图版21. 1992；东北植物检索表（第二版）：510. 图版254：1. 1995.

落叶大乔木。羽状复叶；小叶7~13枚，长圆形，近无柄，基部着生处密生黄褐色茸毛；叶轴具狭翅。圆锥花序生去年生枝上，先叶开放；雄花与两性花异株，无花冠；雄花序紧密，两性花序稍松散。翅果长圆状披针形，扭曲，果翅延至坚果基部，无花萼。花期5月，果熟期9—10月。

生于土壤湿润、肥沃之缓坡和山谷。产于南票、海城、瓦房店、普兰店、庄河及辽东山区等地。

材质致密、坚固而有弹性，抗水湿，可供建筑、造船、仪器、胶合板等用。树皮可作"秦皮"入药。

果实扭曲

小叶基部着生处密生黄褐色茸毛

果枝

叶正反面观

植株的一部分

（2）**红梣**（辽宁植物志、东北植物检索表）**美国红梣**（中国植物志）**毛白蜡 洋白蜡**

Fraxinus pennsylvanica Marsh. in Arbust. Amer. 51. 1785；中国植物志61：35. 图版 10：1-3. 1992；辽宁植物志（下册）：50. 1992；东北植物检索表（第二版）：510. 图版 254：2. 1995.—*F. pennsylvanica* Marsh. var. *subintegerrima*（Vahl）Fern. in Rhodora 49：159. 1947；中国植物志61：36. 1992；辽宁植物志（下册）：52. 1992；东北植物检索表 （第二版）：510. 1995.

落叶乔木。奇数羽状复叶，小叶（5-）7（-9）枚，无柄或下方1对小叶具短柄，顶生小 叶与侧生小叶几乎等大，上面黄绿色，无毛，下面淡绿色，疏被绢毛，脉上较密，叶轴无翅。 花雌雄异株，与叶同时开放；圆锥花序紧密，生前一年无叶之腋芽；萼钟状，4裂；无花冠。 翅果倒披针形，不扭曲，果翅仅延至坚果中部以上，花萼宿存。花期5月，果熟期9—10月。

原产于北美。大连、盖州有栽培。

为用材和庭院绿化树种。

翅果

果期

叶背面观

叶轴无翅

（3）美国白桦 美国白蜡 洋白蜡

Fraxinus americana L. in Sp. Pl. 1057. 1753.

落叶乔木。小叶7~9枚，上面暗绿色，光滑，下面苍白，沿脉和短柄处有柔毛，小叶柄长5~15毫米。雌雄异株。圆锥花序生于前一年无叶的侧枝上，无毛；花萼宿存。翅果长3~4厘米，果翅顶生，不下延或稍下延，顶端钝或微凹。花期5月，果期9—10月。

原产于北美。大连有少量实验栽培。

果序的一部分

果枝

叶正反面对比

翅果（张明波　摄）

植株

（4）小叶白蜡树（辽宁植物志、东北植物检索表）小叶桉（中国植物志、Flora of China）桉

Fraxinus bungeana DC. in Prodr. 8：275. 1844；Fl. China 15：277. 1996；中国植物志61：26. 图版7：5-7. 1992；辽宁植物志（下册）：52. 图版22：1-3. 1992；东北植物检索表（第二版）：510. 图版254：3. 1995.

落叶小乔木或为灌木状。奇数羽状复叶，对生；小叶柄长2~8毫米，小叶片通常5，稀3或7，卵形，边缘有锯齿。圆锥花序生当年生枝顶端或叶腋，与叶同放或后于叶；花萼小，裂片披针形；花瓣4，倒披针状线形。翅果倒披针形。花期5月，果熟期9—10月。

生于山坡、疏林、沟旁。产于凌源、喀左、绥中、建平、北票等地。

果序的一部分

花

花序

| 树干 | 植株 | 花枝 |

木材坚硬供制小农具。树皮入药，有清热燥湿、止痢、明目作用。

（5）**梣**（辽宁植物志、东北植物检索表）**白蜡树**（中国植物志、Flora of China）**白荆树 青榔木**

Fraxinus chinensis Roxb. in Fl. Ind. 1：150. 1820；Fl. China 15：277. 1996；中国植物志61：30. 图版8：7–10. 1992；辽宁植物志（下册）：53. 1992；东北植物检索表（第二版）：510. 图版254：4. 1995.

5a. 梣（原亚种）

subsp. chinensis

落叶乔木。奇数羽状复叶；小叶通常7，稀5和9，椭圆形，基部楔形，背面沿脉有白色短柔毛，顶生小叶与侧生小叶近等大或稍大；小叶柄长3~5毫米；叶轴关节处常光滑。花单性，雌雄异株，圆锥花序生当年生枝顶或叶腋；花萼钟状，宿存；无花冠。翅果倒披针形。花期4月，果熟期9—10月。

生于山坡、山沟、林下。产于庄河、凌源、丹东等地。

植株的一部分

生长迅速，主干直，木材坚韧而有弹性，纹理通直，是良好的制作工具柄、农具、船桨和运动器材用材。枝叶可放养白蜡虫。枝条柔韧，可以编制器物。树皮有清热燥湿、收敛、明目作用，叶有调经、止血、生肌作用，花有止咳、定喘作用。

5b. 大叶梣（辽宁植物志）花曲柳（东北植物检索表、中国植物志、Flora of China）苦枥白蜡树

subsp. rhynchophylla（Hance）A. E. Murray in Kalmia 13：6. 1983；Fl. China 15：278. 1996.—*F. rhynchophylla* Hance in J. Bot. 7：164. 1869；中国植物志61：29. 图版9：1–4. 1992；辽宁植物志（下册）：53. 图版22：4–6. 1992；东北植物检索表（第二版）：512. 图版254：5. 1995.

落叶乔木。奇数羽状复叶，长达27厘米，小叶5，稀3或7，萌枝小叶尚有9，广卵形等，顶生小叶显著大于侧生小叶，背面沿脉被黄褐色柔毛；小叶柄长0.2~1.5厘米；叶轴关节处常有红褐色柔毛。圆锥花序顶生或腋生当年生枝上，花杂性或单性异株；花萼钟状，4裂；无

花冠。翅果倒披针形，翅下延至坚果中部，具宿存萼。花期5月，果期9月。

生于山坡或落叶林中。产于建昌、朝阳、义县、北镇、法库、沈阳、鞍山、宽甸、丹东、庄河、普兰店、大连等地。

树皮有清热燥湿、止痢、明目作用。

翅果

果枝

树干

叶背面观

叶正面观

3. 连翘属 Forsythia Vahl.

直立或蔓性落叶灌木。枝中空或具片状髓。叶对生，单叶，稀3裂至三出复叶。花两性，1至数朵着生于叶腋，先于叶开放；花萼深4裂，多少宿存；花冠黄色，钟状，深4裂，裂片披针形、长圆形至宽卵形，较花冠管长；雄蕊2枚，着生于花冠管基部；花柱细长，柱头2裂；花柱异长，具长花柱的花，雄蕊短于雌蕊，具短花柱的花，雄蕊长于雌蕊。果为蒴果，2室，室间开裂，每室具种子多枚。

辽宁栽培4种1变种。

分种检索表

1. 枝在节间具片状髓。
  2. 叶椭圆形至椭圆状披针形或卵圆形，两面均无毛。
    3. 叶椭圆形至长圆状披针形，稀倒卵状披针形，通常中部以上有锯齿；花梗长约1厘米
      ………………………………………………………………… 1. 金钟花 F. viridissima Lindl.
    3. 叶卵圆形或广卵形，边缘有锯齿或近全缘；花梗极短 ……………… 2. 卵叶连翘 F. ovata Nakai
  2. 叶广卵形或近圆形，表面无毛，背面及叶柄疏生短柔毛 ……… 3. 东北连翘 F. mandschurica Uyeki
1. 枝在节间中空；叶卵形或长圆状卵形，萌生枝的叶有时为3小叶或3深裂
    ………………………………………………………………… 4. 连翘 F. suspensa（Thunb.）Vahl.

（1）金钟花（辽宁植物志、中国植物志、Flora of China）金钟连翘（东北植物检索表）迎春柳

Forsythia viridissima Lindl. in J. Hort. Soc. London 1：226. 1846；Fl. China 15：280. 1996；中国植物志61：45. 图版12：4-6. 1992；辽宁植物志（下册）：48. 图版20：1-3. 1992；东北植物检索表（第二版）：510. 图版253：3. 1995.

落叶灌木。枝在节间具片状髓。叶片长椭圆形至披针形，通常中部以上有锯齿，两面均无毛。花1~4朵着生叶腋；花梗约1厘米；花萼长3.5~5毫米，裂片绿色；花冠深黄色，内面基部具橘黄色条纹，反卷。果卵形或宽卵形，具皮孔。花期5月，果熟期10月。

分布于江苏、安徽、浙江、江西、福建、湖北、湖南、云南。大连等地有栽培。

果实有清热解毒、消痈散结作用。早春开花树种，庭院栽培供观赏。

花   叶   植株的一部分

（2）卵叶连翘（辽宁植物志、东北植物检索表、中国植物志）朝鲜连翘

Forsythia ovata Nakai in Bot. Mag.（Tokyo）31：104. 1917；中国植物志61：45. 图版14：1-2. 1992；辽宁植物志（下册）：47. 图版20：4. 1992；东北植物检索表（第二版）：510. 图版253：6. 1995.

落叶灌木。枝在节间具片状髓。叶片革质，卵形至近圆形，两面均无毛。花单生叶腋，花梗极短；花萼绿色或紫色，裂片卵形；花冠琥珀黄色，裂片长圆形至宽卵形。果卵球形至

花侧面观   花正面观   叶正面观

叶背面观   节间具片状髓   植株

椭圆状卵形，先端喙状渐尖至长渐尖，开裂时向外反折。花期4—5月，果熟期10月。

原产于朝鲜。丹东、大连等地栽培。

果实有清热解毒、消痈散结作用。早春开花树种，庭院栽培供观赏。

（3）东北连翘（辽宁植物志、东北植物检索表、中国植物志、Flora of China）直生连翘

Forsythia mandschurica Uyeki in J. Chosen Nat. Hist. Soc. 9：21. 1929；Fl. China 15：280. 1996；中国植物志61：47. 图版14：3-5. 1992；辽宁植物志（下册）：46. 图版20-7. 1992；东北植物检索表（第二版）：510. 图版253：4. 1995.

落叶灌木。枝在节间具片状髓。叶片纸质，宽卵形或近圆形，表面无毛，背面及叶柄疏生短柔毛。花单生叶腋；花萼长约5毫米，先端钝，边缘具睫毛；花冠黄色，长约2厘米，裂片披针形。果长卵形，先端喙状尖，开裂时向外反折。花期4—5月，果熟期10月。

生于山坡。凤城、岫岩有野生。沈阳、盖州、大连等地有栽培。

果实有清热解毒、消痈散结作用。早春开花树种，庭院栽培供观赏。

花侧面观

节间具片状髓

蒴果

幼叶背面密被毛

植株的一部分

植株下部

【附】春雪连翘

该品种是在组团栽植的东北连翘群落中发现开白花的一墩东北连翘，随即分株移栽到苗圃作为母树，采取反复扦插方式，培育子代苗获得。与东北连翘的主要区别是：花色白。

（4）连翘（辽宁植物志、东北植物检索表、中国植物志、Flora of China）黄寿丹 黄花杆

春雪连翘（右上角浅色花）
与东北连翘的花色比较

Forsythia suspensa （Thunb.） Vahl. in Enum. Pl. 1：39. 1804；Fl. China 15：279. 1996；中国植物志61：42. 图版12：1-3. 1992；辽宁植物志（下册）：47. 图版20：5-6. 1992；东北植物检索表（第二版）：510. 图版253：5. 1995.

4a. 连翘（原变种）

var. **suspensa**

落叶灌木。枝在节间中空。叶片卵形至椭圆形，萌生枝的叶有时为3小叶或3深裂。花1至数朵着生叶腋；花萼绿色，裂片与花冠管近等长；花冠黄色，裂片长圆形。果卵球形至长椭圆形，先端喙状渐尖，表面疏生皮孔。花期5月，果熟期10月。

沈阳、盖州、大连等地有栽培。

果实有清热解毒、消痈散结作用；叶治疗高血压、痢疾、咽喉痛等。

花侧面观

花正面观

枝节间中空

萌枝

植株

植株的一部分

4b. 垂枝连翘（变种）（辽宁植物志、东北植物检索表）

var. **sieboldii** Zabel in Gartenflora 34: 36. 1885；辽宁植物志（下册）: 48. 1992；东北植物检索表（第二版）: 510. 1995.

叶较小，枝细长而下垂。沈阳、盖州、大连等地有栽培。

花

植株

植株的一部分

【附 1】金脉连翘：叶脉金色。

植株的一部分

叶

【附 2】金叶连翘：叶面金色。

花期

苗期

4. 丁香属 Syringa L.

落叶灌木或小乔木。叶对生，单叶，稀复叶，全缘，稀分裂；具叶柄。花两性，聚伞花序排列成圆锥花序，顶生或侧生；花萼小，钟状，宿存；花冠漏斗状、高脚碟状或近辐状，裂片4枚；雄蕊2枚，着生于花冠管喉部至花冠管中部，内藏或伸出；子房2室，花柱丝状，短于雄蕊，柱头2裂。果为蒴果，微扁，2室，室间开裂。

辽宁产7种5亚种4变种8变型，其中栽培4种1变种7变型。

分种检索表

1. 花冠筒与萼等长或稍长，花丝较细长，伸出于花冠之外；花白色或黄白色。
 2. 叶卵形或椭圆状卵形，先端突尖或短渐尖，表面淡绿色，微皱；花白色；雄蕊长为花冠裂片2倍；果实先端钝 ………… 1b. 暴马丁香 S. reticulata subsp. amurensis（Rupr.）P.S.Green & M.C.Chang
 2. 叶卵状披针形，稀为卵形，先端渐尖至长渐尖，表面暗绿色，平滑；花黄白色；雄蕊与花冠裂片等长；果实先端锐尖 …… 1c. 北京丁香 S. reticulata subsp. pekinensis（Rupr.）P.S.Green & M.C.Chang

1. 花冠筒明显长于花萼，花丝极短，雄蕊内藏于花冠筒之中；花紫红色、淡紫、紫青色或白色。

  3. 具顶芽；花序顶生，花序轴基部有叶。

    4. 叶表面暗绿色，常明显皱褶，背面淡绿色，常有白粉；花淡粉红色，花冠筒较长，细圆柱形，裂片外展；小枝有疣状突起及星状毛 ·· 2a. 红丁香 S. villosa Vahl

    4. 叶表面绿色，不皱，背面灰绿色，有毛；花紫青色，花冠筒较短，漏斗形，裂片近于直立，先端内曲；小枝光滑无毛或疏生星状毛

    ·················· 2b. 辽东丁香 S. villosa subsp. wolfii（C.K.Schneid.）Jin Y.Chen & D.Y.Hong

  3. 通常无顶芽；花序发自侧芽；花序轴基部无叶。

    5. 单叶。

      6. 叶有毛，至少在叶背面沿中脉有毛；花冠直径约6毫米，花药紫色或带蓝灰色；果有疣状突起或近光滑；冬芽被短柔毛。

        7. 叶较大，长通常在3厘米以上。

          8. 叶广卵形或卵形，基部圆形，先端突尖至短渐尖，背面沿脉生有灰白色短柔毛。花序轴、花梗、花萼无毛；花序轴近四棱形；花紫色或淡紫色 ··· 3a. 巧玲花S. pubescens Turcz.

          8. 叶椭圆形、椭圆状卵形或卵状长圆形，基部楔形、广楔形至近圆形，表面有疏毛，背面有极密的短茸毛。小枝、花序轴、花梗上的毛较短而疏；花萼基部常被毛；叶端常呈歪斜的尾状渐尖 ·············· 3b. 毛叶丁香 S. pubescens subsp. patula（Palibin）M. Z. Chang

        7. 叶小，近圆形、广卵形至椭圆状卵形，长1~3（4）厘米

        ··· 4ba. 小叶蓝丁香 S. meyeri var. spontanea M. C. Chang

      6. 叶无毛；花冠直径8~10毫米，花药黄色；果实光滑；冬芽无毛。

        9. 叶不裂。

          10. 叶卵圆形、广卵圆形至肾形，基部常为心形；花冠筒长10~15毫米；花药着生在花冠筒中部稍上。

            11. 叶广卵形至肾形，宽大于长，先端短突尖；花冠筒长10~12毫米

            ·· 5a. 紫丁香 S. oblata Lindl.

            11. 叶卵圆形，长大于宽，先端短渐尖至渐尖，扭曲；花冠筒长12~15毫米

            ·················· 5b. 朝阳丁香 S. oblata subsp. dilatata（Nakai）P.S.Green & M.C.Chang

          10. 叶广卵形、卵形至卵状披针形，基部楔形、广楔形或圆形，稀为心形；花冠长约10毫米；花药着生在花冠筒喉部稍下。

            12. 叶较大，长6.5~12厘米，广卵形至长圆状卵形，基部圆形，稀为广楔形或浅心形，先端短渐尖至渐尖。栽培 ··· 6. 洋丁香 S. vulgaris L.

            12. 叶较小，长4~8厘米，卵状披针形至长圆状披针形，基部楔形、广楔形，先端渐尖。栽培 ·· 7. 什锦丁香 S. × chinensis Willd.

        9. 叶全缘或部分叶3~9裂，长圆状披针形，长1.5~3.5厘米，宽1~1.7厘米。栽培

        ·· 8. 花叶丁香 S. × persica L.

    5. 羽状复叶。栽培 ·· 9. 羽叶丁香 S. pinnatifolia Hemsl.

（1）日本丁香

Syringa reticulata（Blume）Hara in Journ. Jap. Bot. 17：21. 1941

1a. 日本丁香（原亚种）

var. reticulata

辽宁不产。

1b. 暴马丁香（亚种）（辽宁植物志、东北植物检索表、中国植物志、Flora of China）荷花丁香

subsp. amurensis（Rupr.）P.S.Green & M.C.Chang in Novon 5（4）：329. 1995；Fl. China15：286. 1996.—*S. reticulata*（Blume）Hara var. *mandschurica*（Maxim.）Hara in Journ. Jap. Bot. 17：21. 1941；辽宁植物志（下册）：68. 图版28：1-3. 1992；东北植物检索表（第二版）：512. 图版256：1. 1995.-*S. reticulata*（Blume）Hara var. *amurensis*（Rupr.）Pringle in Phytologia 52（5）：285. 1983；中国植物志61：81. 图版22：1-2. 1992.

落叶灌木或小乔木。单叶对生，厚纸质至革质，叶片卵形，先端尖，表面淡绿色，微皱。圆锥花序常侧生，顶芽缺；花冠白色，花冠筒较萼稍长；花丝约为花冠长的1.5倍，伸出花冠之外。蒴果两端钝，表面常有灰白色的小瘤。花期6月，果熟期9月。

植株的一部分

生于山坡混交林中或林缘。产于辽宁各山区。

木材重，可做茶叶筒、衣箱、食具及农具柄把等。树枝和树干含挥发油、鞣质及甾类物质等，可清肺祛痰、止咳平喘。亦可用作观赏植物；还可作洋丁香的砧木。

花序枝

叶

1c. 北京丁香（亚种）（辽宁植物志、东北植物检索表、中国植物志、Flora of China）臭多罗

subsp. pekinensis（Rupr.）P.S.Green & M.C.Chang in Novon 5：330. 1995；Fl. China15：286. 1996.—*S. pekinensis* Rupr. in Bull. Cl. Phys.-Math. Acad. Imp. Sci. Saint-Pétersbourg 15：371. 1857；中国植物志61：82. 图版22：3-5. 1992；辽宁植物志（下册）：69. 图版28：4-6. 1992；东北植物检索表（第二版）：512. 图版256：2. 1995.

大灌木或小乔木。叶片纸质，卵形至卵状披针形，表面暗绿色，平滑。花序由侧芽抽生；花萼长1~1.5毫米，截形或具浅齿；花黄白色；雄蕊与花冠裂片等长。果实先端锐尖，

花枝

花序枝

叶

光滑，稀疏生皮孔。花期5—8月，果期8—10月。

生于山坡灌木丛、山谷或沟边林下。产于凌源、北票、建平等地。

枝叶茂盛，北方庭园广为栽培供观赏。

（2）红丁香（辽宁植物志、东北植物检索表、中国植物志、Flora of China）香多罗沙树

Syringa villosa Vahl in Enum. Pl. Obs. 1：38. 1804；Fl. China 15：282. 1996；中国植物志61：59. 图版16：4-6. 1992；辽宁植物志（下册）：67. 图版27：1-3. 1992；东北植物检索表（第二版）：512. 图版257：4. 1995.

2a. 红丁香（原亚种）

subsp. **villosa**

丛生灌木。小枝有疣状突起及星状毛。叶片椭圆形，基部楔形，先端锐尖至渐尖，表面暗绿色，常明显皱褶，背面淡绿色，常有白粉。圆锥花序顶生；花淡粉红色，花冠筒较长，细圆柱形，裂片外展。蒴果圆柱形，表面无瘤状突起。花期5—6月，果熟期9月。

生于河边或山坡砾石地。产于辽西和辽南各地。

优良花木。花蕾有温胃散寒、降逆止呕作用。

花枝

果枝

叶

2b. 辽东丁香（辽宁植物志、东北植物检索表、中国植物志、Flora of China）

subsp. **wolfii** (C.K.Schneid.) Jin Y.Chen & D.Y.Hong in Acta Phytotax. Sin. 45：860 2007.—*S. wolfii* Schneid. in Repert. Spec. Nov. Regni Veg. 9：81. 1910；Fl. China 15：282. 1996；中国植物志61：55. 图版16：1-3. 1992；辽宁植物志（下册）：66. 图版27：4. 1992；东北植物检索表（第二版）：512. 图版257：5. 1995.—*S. wolfii* Schneid. var. *hirsuta* (Schneid.) Hutusima in Bull. Univ. For. Kyushu Univ. 10：103. 1938；辽宁植物志（下册）：67. 图版27：5. 1992；东北植物检索表（第二版）：516. 1995.

落叶直立灌木。小枝光滑无毛或疏生星状毛。叶片椭圆状长圆形，表面绿色不皱，背面灰绿色有毛，叶缘具睫毛。花序顶生，花序轴基部有叶；花紫青色，花冠筒较短，漏斗形，裂片近于直立，先端内曲。果实先端近骤凸或凸尖，皮孔不明显。花期6月，果期8月。

生于山坡杂木林中、灌木丛中、林缘或河边等处。产于凤城、本溪等地。

花

花萼

花解剖

花枝

蒴果

叶背面观

（3）巧玲花（辽宁植物志、中国植物志、Flora of China）

Syringa pubescens Turcz. in Bull. Soc. Nat. Moscou 13：73. 1840；Fl. China 15：283. 1996；中国植物志61：63. 图版18：1-3. 1992；辽宁植物志（下册）：57. 图版23：3-5. 1992.—*S. pubescens* Turcz. var. *hirsuta* Skv. et Wang in Ill. Fl. Lign. Pl.N.E.China475. 567. 1955；辽宁植物志（下册）：58. 图版23：6. 1992.

3a. 巧玲花（原亚种）

subsp. **pubescens**

落叶灌木。叶片卵形、卵圆形等，基部宽楔形至圆形，叶缘具睫毛，上面无毛，下面常沿叶脉被柔毛。圆锥花序由侧芽抽生，直立；花序轴与花梗、花萼略带紫红色；花冠紫色，盛开时呈淡紫色，后渐近白色。果长椭圆形，有明显皮孔，先端锐尖或具小尖头。花期5—6月，果期6—8月。

生于山坡、山谷灌木丛中或河边沟旁。鞍山（千山）有记录，待调查核实。

优良花木。树皮有清热、镇咳、利水作用。

3b. 毛叶丁香（亚种）（东北植物检索表）**关东巧玲花**（中国植物志、Flora of China）**关东丁香**（辽宁植物志、东北植物检索表）

subsp. **patula** (Palibin) M. Z. Chang in Invest. Stud. Nat. 10：34. 1990；Fl. China 15：283. 1996；中国植物志61：64. 1992；东北植物检索表（第二版）：516. 图版256：3. 1995.—*S. velutina* Kom. in Trudy Imp. S.-Peterburgsk. Bot. Sada 18：428. 1901；东北植物检索表（第二版）：516. 图版256：4. 1995；辽宁植物志（下册）：58. 图版24：1-2. 1992.

本亚种特点在于其小枝、花序轴、花梗和花萼均被微柔毛、短柔毛或近无毛；叶片卵状椭圆形、椭圆形、长椭圆形以至披针形，或倒卵形至近圆形，先端尾状渐尖，常歪斜，或近凸尖；花冠淡紫色、粉红色或白带蔷薇色，略呈漏斗状，长1~1.5厘米，花冠管长0.7~1.1厘米；花药淡紫色或紫色，着生于距花冠管喉部0~1毫米处。果实长椭圆形，有明显皮孔。花期5—7月，果期8—10月。

生于山坡灌木丛中。产于辽东山区。

花

蒴果

叶

叶背面观

植株的一部分

（4）**蓝丁香**（中国植物志、Flora of China）**南丁香**

Syringa meyeri Schneid. in Sargent, pl. Wils. 1：301. 1912；Fl. China 15：284. 1996；中国植物志61：68.1992.

4a. 蓝丁香（原变种）

var. **meyeri**

辽宁不产。

4b. 小叶蓝丁香（中国植物志、Flora of China）四季丁香（辽宁植物志、东北植物检索表）

var. **spontanea** M. C. Chang in Invest. Stud. Nat. 10：33. 1990；Fl. China 15：284. 1996；中国植物志61：68. 图版19：1-2. 1992；东北植物检索表（第二版）：516. 图版256：5. 1995.—*S. microphylla* Diels in Bot. Jahrb. Syst. 29：531. 1900；辽宁植物志（下册）：56. 图版23：1-2. 1992.

4ba. 小叶蓝丁香（原变型）

f. **spontanea**

落叶矮灌木。叶片近圆形，长1~2厘米，宽0.8~1.8厘米，近于掌状5出脉。圆锥花序直立，由侧芽抽生，稀顶生；花萼暗紫色，萼齿锐尖；花冠蓝紫色，花冠管近圆柱形，长约1.5厘米，裂片展开，先端内弯呈兜状而具喙。果长1~2厘米，具皮孔。花期5月，果期9—10月。

生于山坡石缝间。产于金州大黑山、大连市区的碴子山。

花期较长，每年开花2次，第一次4—6月，第二次8—9月，且树形较矮而雅致，北方各地常作园林观赏树种栽培。

  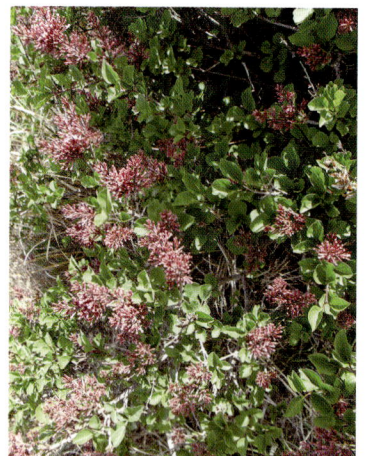

果序　　　　　　　　　　花序　　　　　　　　　　植株的一部分

4bb. 白花小叶蓝丁香（变型）（中国植物志）白花四季丁香（辽宁植物志、东北植物检索表）

f. **alba**（Wang, Fuh & Chao）M. C. Chang in Invest. Stud. Nat. 10：33. 1990；中国植物志61：69. 1992；东北植物检索表（第二版）：516. 1995.—*S. microphylla* f. alba（Wang, Fuh & Chao）Kitagawa in Neo-Lineam. Fl. Manshur. 511. 1979；辽宁植物志（下册）：56. 1992.

花白色。

生于山坡。产于金州大黑山。

花侧面观

花正面观

植株

（5）紫丁香（辽宁植物志、东北植物检索表、中国植物志、Flora of China）

Syringa oblata Lindl. in Gard. Chron. 1859：868. 1859；Fl. China 15：285. 1996；中国植物志61：71. 图版20：1-2. 1992；辽宁植物志（下册）：60. 图版26：1-3. 1992；东北植物检索表（第二版）：516. 图版256：7. 1995.

5a. 紫丁香（原亚种）

subsp. oblata

5aa. 紫丁香（原变种）

var. oblata

落叶灌木或小乔木。小枝、花序轴、花梗、苞片、花萼、幼叶两面及叶柄均无毛而密被腺毛。单叶对生，叶片厚纸质至革质，广卵圆形至肾形，通常宽大于长，基部心形，先端短突尖；萌枝上叶片常呈长卵形。花序发自侧芽；花序轴基部无叶；花冠大，紫红色。蒴果平

花枝

花侧面观

花正面观

果序

老叶叶面多皱

幼叶密被腺毛

滑，无瘤状突起。花期5月，果熟期9月。

生于山地或山沟，也有栽培。产于朝阳、北票、凌源、喀左、义县、阜新、北镇、盖州、本溪、凤城等地。

嫩叶可代茶。树皮有清热燥湿、止咳定喘作用。叶有清热、解毒、止咳、止痢作用。

5ab. 毛紫丁香（变种）（辽宁植物志、东北植物检索表、中国植物志）

var. **giraldii** (Lemoine) Rehd. in J. Arnold Arbor. 1：34. 1926；中国植物志61：73. 1992；辽宁植物志（下册）：62. 1992；东北植物检索表（第二版）：516. 1995.

小枝、花序和花梗除具腺毛外，常被微柔毛或短柔毛，或无毛；叶片基部通常为宽楔形、近圆形至截形，或近心形，上面除有腺毛外，尚被短柔毛或无毛，下面被短柔毛或柔毛，有时老时脱落；叶柄被短柔毛、柔毛或无毛。

生于海拔千米以上的山坡林下或灌木丛中。辽宁有记载，未见标本。

5ac. 白丁香（变种）（辽宁植物志、东北植物检索表、中国植物志）

var. **alba** Hort. ex Rehd. in Cycl. Amer. Hort. 4：1763. 1902；中国植物志61：72. 1992；辽宁植物志（下册）：62. 1992；东北植物检索表（第二版）：516. 1995.

花白色。

各地常见栽培。葫芦岛有野生。

花侧面观

花序

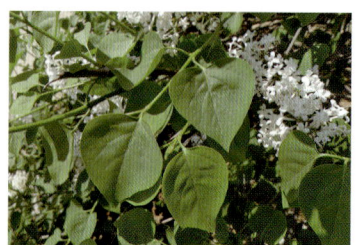

叶

5b. 朝阳丁香（亚种）（辽宁植物志、Flora of China）朝鲜丁香（东北植物检索表）

subsp. **dilatata** (Nakai) P.S.Green & M.C.Chang in Novon 5：329. 1995；Fl. China 15：285. 1996.—*S. dilatata* Nakai in Bot. Mag. (Tokyo) 32：128. 1918；辽宁植物志（下册）：62. 图版26：4-5. 1992；东北植物检索表（第二版）：516. 图版257：3. 1995. —*S. dilatata* Nakai f. *alba* (Skv.) S. D. Zhao in Ligneous Fl. Heilongjiang 493. 1986；辽宁植物志（下册）：63. 1992.—*S. dilatata* Nakai f. *violacea* (Skv.) S. D. Zhao，辽宁植物志（下

册）：63. 1992.—*S. dilatata* Nakai f. *rubra*（Skv.）S. D. Zhao，辽宁植物志（下册）：63. 1992.—*S. dilatata* Nakai var. *longituba* Skv. in Ill. Fl. Lign. Pl. N. E. China 566 1958；辽宁植物志（下册）：63. 1992；东北植物检索表（第二版）：516. 1995. —*S. dilatata* Nakai var. *pubescens* S. D. Zhao，辽宁植物志（下册）：63. 图版26：6-7. 1992；东北植物检索表（第二版）：516. 1995.

叶卵圆形，长大于宽，基部截形至广楔形，先端渐尖。

生于山坡灌木丛中。产于北票、凌源、建昌、北镇、鞍山（千山）、海城、凤城等地。

果序　　　　　　　　花枝　　　　　　　　叶

（6）洋丁香（辽宁植物志、东北植物检索表）欧丁香（中国植物志）

Syringa vulgaris L. in Sp. Pl. 9. 1753；中国植物志61：75. 图版20：3-6. 1992；辽宁植物志（下册）：65. 图版25：1-2. 1992；东北植物检索表（第二版）：516. 图版257：1. 1995.

6a. 洋丁香（原变型）

f. vulgaris

落叶灌木或小乔木。叶较大，广卵形等，无毛，基部圆形，稀为广楔形或浅心形，先端尖。圆锥花序由侧芽抽生；花序轴基部无叶；萼齿锐尖至短渐尖；花冠紫色或淡紫色，长0.8~1.5厘米，直径约1厘米；花药着生在花冠筒喉部稍下。果实光滑。花期4—5月，果熟期9月。

原产于东南欧。辽宁各地栽培。

木材坚韧，供制农具及器具之用；种子入药，嫩叶可代茶；花可提取芳香油。庭院栽培供观赏。

蒴果　　　　　　　　叶

植株

植株的一部分

6b. 白花重瓣洋丁香（变型）（辽宁植物志）

f. albipleniflora S. D. Zhao，辽宁植物志（下册）：65. 1992.

花白色，重瓣。大连有栽培。

6c. 蓝花洋丁香（变型）（辽宁植物志）**蓝花欧丁香**（中国植物志）

f. caerulea（Weston）Schelle in Bot. Univ. 1：289. 1770；中国植物志61：76. 1992；辽宁植物志（下册）：65. 1992.

圆锥花序较稀疏，花蓝色。

沈阳有栽培。

（7）什锦丁香（辽宁植物志、东北植物检索表、中国植物志）

Syringa × chinensis Willd.，Berlin. Baumz. 378. 1796；中国植物志61：76. 图版20：7. 1992；辽宁植物志（下册）：65. 图版25：3-4. 1992；东北植物检索表（第二版）：516. 图版257：2. 1995.

7a. 什锦丁香（原变型）

f. chinensis

落叶灌木。叶片卵状披针形至卵形，先端尖，基部楔形至近圆形，两面无毛；叶柄长0.5~1.5厘米，无毛。圆锥花序由侧芽抽生；花冠紫色或淡紫色，花冠管细弱，圆柱形，长0.6~1厘米，裂片呈直角开展，卵形至倒卵形；花药黄色。果实光滑。花期5月。

原产于欧洲。大连、沈阳有栽培。

庭院栽培供观赏。

7b. 白花什锦丁香（变型）（辽宁植物志、中国植物志）

f. alba（Kirchn.）Schelle in Beissner & al. Handb. Laubh.–Ben. 414. 1903；中国植物志61：77. 1992；辽宁植物志（下册）：66. 1992.

花白色。

7c. 淡红花什锦丁香（变型）（辽宁植物志）

f. metensis（Simon–Louis）Schelle in 1. C. 414；辽宁植物志（下册）：66. 1992.

花淡红色。

7d. 紫红花什锦丁香（变型）（辽宁植物志）

f. **saugeana** （Loud.）Mckelvey in Lilac.421. tab.134. 1928；辽宁植物志（下册）：66. 1992.

花紫红色。

7e. 重瓣什锦丁香（变型）（辽宁植物志、中国植物志）

f. **duplex** （Lemoine）Schelle in Beissner & al. , Handb. Laubh.-Ben. 415. 1903；中国植物志61：77. 1992；辽宁植物志（下册）：66. 1992.

花重瓣，紫色。

（8）花叶丁香（辽宁植物志、东北植物检索表、中国植物志）波斯丁香

Syringa × persica L. in Sp. Pl. 9. 1753；中国植物志61：78. 1992；辽宁植物志（下册）：60. 图版25：5-8. 1992；东北植物检索表（第二版）：516. 图版256：6. 1995.

8a. 花叶丁香（原变种）

var. **persica**

8aa. 花叶丁香（原变型）

f. **persica**

落叶小灌木。枝细弱，开展，直立或稍弓曲。叶全缘或部分叶3~9裂，长圆状披针形，无毛。花序由侧芽抽生；花序轴基部无叶；花萼无毛，具浅而锐尖的齿；花冠淡紫色，花冠筒明显长于花萼，花丝极短，雄蕊内藏于花冠筒之中。果实光滑。花期5月。

产于中亚、西亚、地中海地区至欧洲。大连、沈阳有栽培。

庭院栽培供观赏。

叶

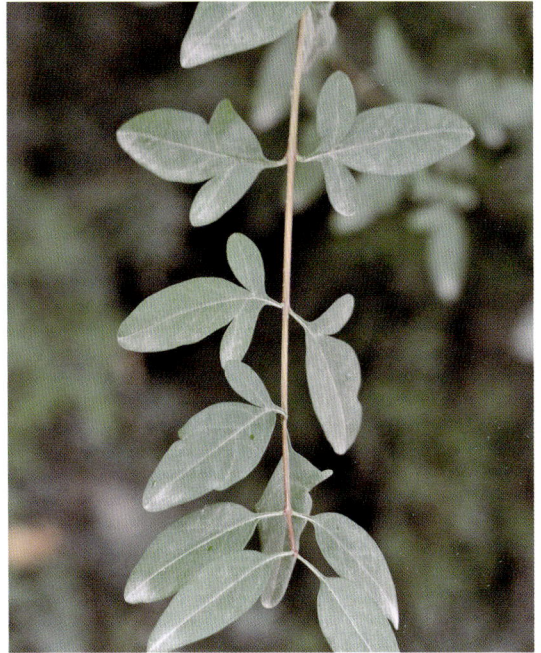

植株的一部分

8ab. 白花花叶丁香（变型）（辽宁植物志、东北植物检索表、中国植物志）

f. **alba** （Weston）Voss，Vilmor. Blumengart. 1：654. 1895；中国植物志61：78. 1992；辽宁植物志（下册）：60. 1992；东北植物检索表（第二版）：516. 1995.

花白色或带白色。花期5月。辽宁有栽培。

8b. 裂叶花叶丁香（变种）（辽宁植物志、东北植物检索表）

var. **laciniata** West. in Bot. Univ. 1：289. 1770；辽宁植物志（下册）：60. 1992；东北植物检索表（第二版）：516. 1995.

植株矮小，叶全部或部分3~9裂。辽宁有栽培。

（9）**羽叶丁香**（中国植物志、Flora of China）

Syringa pinnatifolia Hemsl. in Gard. Chron. ser. 3，39：68. 1906；Fl. China 15：286. 1996；中国植物志61：79. 图版21：4-5. 1992.

落叶直立灌木。羽状复叶，具小叶7~13枚，无小叶柄。圆锥花序由侧芽抽生，稍下垂；花序轴、花梗和花萼均无毛；花冠白色、淡红色，略带淡紫色，长1~1.6厘米，花冠管略呈漏斗状，长0.8~1.2厘米，裂片卵形、长圆形或近圆形，长3~4毫米；花药黄色。果长圆形，光滑。花期5—6月，果期8—9月。

产于内蒙古和宁夏交界的贺兰山地区以及陕西南部、甘肃、青海东部和四川西部。熊岳有栽培。

庭院栽培供观赏。根或枝干入药，具降气、温中、暖胃等功效。

苗

5. 木犀属 Osmanthus Lour.

常绿灌木或小乔木。叶对生，单叶，叶片厚革质或薄革质，两面通常具腺点；具叶柄。花两性，通常雌蕊或雄蕊不育而成单性花，雌雄异株或雄花、两性花异株，聚伞花序簇生于叶腋，或再组成腋生或顶生的短小圆锥花序；苞片2枚，基部合生；花萼钟状，4裂；花冠白色或黄白色，少数栽培品种为橘红色，呈钟状，圆柱形或坛状，浅裂、深裂，或深裂至基部，裂片4枚；雄蕊2枚，稀4枚；子房2室，花柱长于或短于子房，柱头头状或2浅裂，不育雌蕊呈钻状或圆锥状。果为核果，椭圆形或歪斜椭圆形，内果皮坚硬或骨质，常具种子1枚。

辽宁栽培1种。

木犀（中国植物志、Flora of China）**桂花**

Osmanthus fragrans Lour. in Fl. Cochinch. 29. 1790；Fl. China 15：292. 1996；中国植物志61：107. 图版29：4-6. 1992.

常绿乔木或灌木。叶片革质，椭圆形、长椭圆形或椭圆状披针形。聚伞花序；花冠黄白色（银桂）、淡黄色、黄色（金桂）或橘红色（丹桂）。果歪斜，椭圆形，长1~1.5厘米，呈紫黑色。花期9—10月，果期翌年3月。

为亚热带树种，北方以室内盆栽为主。旅顺口有露地栽培丹桂，此丹桂是以流苏树为母本嫁接而成，种植环境避风向阳。

优良观赏花木。花、果实及根有散寒祛结、化痰止咳、祛风湿作用。花为名贵香料。

花序

植株的一部分

植株

6. 流苏树属 Chionanthus L.

落叶灌木或乔木。叶对生，单叶；具叶柄。圆锥花序，疏松，由前一年生枝梢的侧芽抽生；花较大，两性，或单性雌雄异株；花萼深4裂；花冠白色，花冠管短，裂片4枚，深裂至近基部，裂片狭长；雄蕊2枚，稀4枚，着生于花冠管上；子房2室，花柱短，柱头2裂。果为核果，内果皮厚，近硬骨质，具种子1枚。

辽宁产1种。

流苏树（辽宁植物志、东北植物检索表、中国植物志、Flora of China）**茶叶树 糯米花**
Chionanthus retusus Lindl. et Paxt. in Paxton's Fl. Gard. 3：83. 1852；Fl. China 15：293. 1996；中国植物志61：119. 图版33：1-3. 1992；辽宁植物志（下册）：72. 图版29：4-6. 1992；东北植物检索表（第二版）：508. 图版253：1. 1995.

落叶灌木或乔木。叶片革质，长圆形等。聚伞状圆锥花序生枝端；单性而雌雄异株或为两性花；花冠白色，4深裂，裂片线状倒披针形，花冠管短；雄蕊藏于管内或稍伸出，柱头球形，稍2裂。果椭圆形，被白粉，呈蓝黑色或黑色。花期5月，果熟期9—10月。

生于山坡或河谷，喜生向阳处。产于凌源、金州、旅顺口（蛇岛）、盖州等地。

花洁白如雪，观赏效果极佳。木材可制器具。果可榨芳香油。花、嫩叶晒干可代茶，味香。叶有清热、止泻作用。

果枝

花

花序

植株的一部分

7. 女贞属 Ligustrum L.

落叶或常绿、半常绿的灌木、小乔木或乔木。叶对生，单叶，叶片纸质或革质，全缘；具叶柄。聚伞花序常排列成圆锥花序，多顶生于小枝顶端，稀腋生；花两性；花萼钟状；花冠白色，近辐状、漏斗状或高脚碟状，花冠管长于裂片或近等长，裂片4枚；雄蕊2枚，着生于近花冠管喉部；子房近球形，2室；花柱丝状，长或短，柱头肥厚，常2浅裂。果为浆果状核果，内果皮膜质或纸质，稀为核果状而室背开裂；种子1~4枚，种皮薄。

辽宁产6种，其中栽培5种。

分种检索表

1. 花冠管与裂片近等长。
　2. 果略弯曲，肾形或近肾形；花冠管与花萼等长或略长。叶片卵形至宽椭圆形。栽培
　　　………………………………………………………………… 1. **女贞** L. lucidum Ait.
　2. 果不弯曲，长圆形或椭圆形；花冠管长约为花萼2倍；叶片椭圆形或宽卵状椭圆形
　　　…………………………………………………………… 2. **日本女贞** L. japonicum Thunb.
1. 花冠管约为裂片长的2倍或更长。

3. 常绿灌木或小乔木；幼枝及花序无毛。

  4. 叶金黄色 ·· 3. 金叶女贞 L. × vicaryi Rehder

  4. 叶绿色 ··· 4. 卵叶女贞 L. ovalifolium Hassk

3. 落叶灌木；幼枝及花序有短柔毛。

  5. 花药达花冠裂片的1/2；花萼及花梗光滑无毛；叶厚纸质，边缘微向外反卷。栽培

  ·· 5. 蜡子树 L. leucanthum（S. Moore）P. S. Green

  5. 花药与花冠裂片等长；花萼及花梗具短柔毛；叶纸质

  ·· 6. 水蜡树 L. obtusifolium Sieb. et Zucc.

（1）女贞（辽宁植物志、东北植物检索表、中国植物志、Flora of China）青蜡树 大叶蜡树

Ligustrum lucidum Ait. in Hortus Kew. 1：19. 1810；Fl. China 15：302. 1996；中国植物志61：153. 1992；辽宁植物志（下册）：70. 1992；东北植物检索表（第二版）：512. 1995.

常绿灌木或乔木。幼枝及花序无毛。叶片革质，卵形至宽椭圆形，长6~12厘米，先端尖。圆锥花序顶生；花萼长1.5~2毫米；花冠长4~5毫米，花冠管长1.5~3毫米，裂片长2~2.5毫米，反折。果肾形，成熟时红黑色，被白粉。花期7月，果期10月。

分布于长江以南。大连有栽培。

种子油可制肥皂；花可提取芳香油；果含淀粉，可供酿酒或制酱油；枝、叶上放养白蜡虫，能生产白蜡。果实有滋补肝肾、明目乌发作用，叶具有解热镇痛作用。

植株

花序

植株的一部分

（2）日本女贞（中国植物志）女贞木 冬青木 冬女贞

Ligustrum japonicum Thunb. in Nova Acta Regiae Soc. Sci. Upsal. 3：207. 1780；中国植物志61：151. 图版42：4-6. 1992.

大型常绿灌木。叶片厚革质，椭圆形。圆锥花序塔形；花冠长5~6毫米，花冠管长3~3.5毫米，裂片与花冠管近等长或稍短，长2.5~3毫米；雄蕊伸出花冠管外，花丝几乎与花冠裂片等长。果长圆形或椭圆形，直立，呈紫黑色，外被白粉。花期6月，果期11月。

原产于日本。大连曾有少量嫁接栽培。

用于园林绿化。叶有清热解毒作用。叶、果实和树皮有毒。

花

叶

植株

植株的一部分

（3）金叶女贞（大连植物彩色图谱）金玉满堂

Ligustrum × vicaryi Rehder in J. Arnold Arbor. 28：256. 1947.

由金边女贞（*L.ovalifolium* var. *aureo-marginatum*）与欧洲女贞（*L. vulgale*）杂交而成。常绿或半常绿灌木。单叶对生，革质，长椭圆形；4—11月叶片呈金黄色，冬季呈黄褐色至红褐色。果实近球形，紫黑色。花期5—6月，果实成熟期10月下旬。

喜光，喜温暖，稍耐阴。在微酸性土壤生长迅速。辽宁各地栽培。

叶片呈金黄色，美丽别致，在园林配置上可以与金叶黄杨、红叶小檗、紫叶矮樱等植物搭配，成群成片地种植。

花序

小枝

植株

植株的一部分

（4）卵叶女贞（东北植物检索表、中国植物志）

Ligustrum ovalifolium Hassk. in Cat. Hort. Bot. Bogor. Alt. 119. 1844；中国植物志 61：171. 图版47：4-5. 1992；东北植物检索表（第二版）：512. 图版255：3. 1995.

半常绿灌木。叶片近革质、倒卵形、卵形或近圆形，长3~6厘米。圆锥花序塔形；花序轴具棱；花冠管长4~5毫米，裂片卵状披针形，长2~3毫米；雄蕊与花冠裂片近等长，花丝短

果序

树干

植株

花　　　　　　　　　　　　　小枝　　　　　　　　　　　植株的一部分

于裂片，花药宽披针形。果近球形，紫黑色。花期6—7月，果期11—12月。

原产于日本。大连庭院有栽培观赏。

（5）蜡子树（东北植物检索表、中国植物志、Flora of China）水白蜡 黄家榆

Ligustrum leucanthum（S. Moore）P. S. Green in Kew Bull. 50：384. 1995；Fl. China 15：306. 1996.—*L. molliculum* Hance in J. Bot. 20：291. 1882；中国植物志61：169. 图版46：3–5. 1992.—*L. acutissimum* Koehne in Festschr. Aschers. 192. 1904；东北植物检索表（第二版）：512. 1995.

落叶灌木或小乔木。幼枝及花序有短柔毛。叶片厚纸质，椭圆形等，先端尖或钝，两面多数有毛，边缘微向外反卷。圆锥花序着生小枝顶端；花萼及花梗光滑无毛；花萼长1.5~2毫米；花冠管长4~7毫米，花药达花冠裂片1/2~2/3处。果近球形，蓝黑色。花期6—7月，果期8—11月。

产于陕西、甘肃、江苏、安徽、浙江、江西、福建、湖北、湖南、四川等地。大连有栽培记录。

（6）水蜡树（东北植物检索表）辽东水蜡树（辽宁植物志、东北植物检索表、中国植物志、Flora of China）

Ligustrum obtusifolium Sieb. et Zucc. in Abh. Math.-Phys. Cl. Königl. Bayer. Akad. Wiss. 4（3）：168. 1846；东北植物检索表（第二版）：512. 图版255：2. 1995.—*L. obtusifo-*

果枝　　　　　　　　　　　　花序　　　　　　　　　　　枝叶

花侧面观

叶背面观

lium Sieb. & Zucc. subsp. *suave*（Kitag.）Kitag. in J. Jap. Bot. 40：134. 1965；Fl. China 15：306. 1996；中国植物志61：167. 图版46：2. 1992.—*L. suave*（Kitag.）Kitag. in Neo-Lineam. Fl. Manshur. 510. 1979；辽宁植物志（下册）：71. 图版29：1-3. 1992；东北植物检索表（第二版）：512. 图版255：1. 1995.

落叶灌木。叶纸质，较狭，长圆形或广倒披针形，先端钝或尖，两面无毛，或被稀疏短柔毛或仅沿下面中脉疏被短柔毛。圆锥花序生当年生枝顶端；花萼及花梗具短柔毛；花冠白色，4裂，花冠裂片较长而尖，花药短于花冠裂片。核果长圆状球形，长6~7毫米。花期6月，果期9月。

生于山坡。产于丹东、大连、长海、鞍山、沈阳等地。

优良的绿篱及整形树种。

8. 茉莉属（素馨属） Jasminum L.

小乔木，直立或攀援状灌木，常绿或落叶。叶对生或互生，稀轮生，单叶、三出复叶或为奇数羽状复叶，全缘或深裂。花两性，排成聚伞花序，聚伞花序再排列成圆锥状、总状、伞房状、伞状或头状；苞片常呈锥形或线形，有时花序基部的苞片呈小叶状；花常芳香；花萼钟状、杯状或漏斗状，具齿4~12枚；花冠常呈白色或黄色，稀红色或紫色，高脚碟状或漏斗状，裂片4~12枚，栽培时常为重瓣；雄蕊2枚，内藏，着生于花冠管近中部；花柱常异长，丝状，柱头头状或2裂。浆果双生或其中一个不育而成单生，果成熟时呈黑色或蓝黑色，果皮肥厚或膜质，果爿球形或椭圆形。

辽宁栽培1种。

迎春花（辽宁植物志、东北植物检索表、中国植物志、Flora of China）**迎春**

Jasminum nudiflorum Lindl. in Trans. Hort. Soc. London 1：153. 1846；Fl. China 15：311. 1996；中国植物志61：184. 图版49：1-2. 1992；辽宁植物志（下册）：44. 1992；东北植物检索表（第二版）：512. 图版255：4. 1995.

落叶灌木，直立或匍匐，枝条下垂，小枝四棱形。叶对生，三出复叶，小枝基部常具单叶。花单生；花萼绿色，裂片5~6枚，窄披针形；花冠黄色，直径2~2.5厘米，花冠管长0.8~2厘米，基部直径1.5~2毫米，向上渐扩大，裂片5~6枚，长圆形或椭圆形。花期4月。

分布于我国甘肃、陕西、四川、云南西北部、西藏东南部。大连有栽培。

优良的早春观赏树种。叶有解热消肿、止血、止痛作用；花有清热、利尿、解毒之效。

花

叶

植株

植株的一部分

马钱科 Loganiaceae

乔木、灌木、藤本或草本。单叶对生或轮生，稀互生；具叶柄。花通常两性，辐射对称，单生或孪生，或组成2~3歧聚伞花序，再排成圆锥花序、伞形花序或伞房花序、总状或穗状花序，有时也密集成头状花序或为无梗的花束；有苞片和小苞片；花萼4~5裂，裂片覆瓦状或镊合状排列；合瓣花冠，4~5裂，少数8~16裂。果为蒴果、浆果或核果；种子通常小而扁平或椭圆状球形，有时具翅。

辽宁栽培1属2种。

醉鱼草属 Buddleja L.

多为灌木，少有乔木和亚灌木或亚灌木状草本；植株通常被腺毛、星状毛或叉状毛。枝条通常对生，圆柱形或四棱形，棱上通常具窄翅。单叶对生，稀互生或簇生，全缘或有锯齿；羽状脉；叶柄通常短；托叶着生在两叶柄基部之间，呈叶状、耳状或半圆形，或退化成线状的托叶痕。花多朵组成圆锥状、穗状、总状或头状的聚伞花序；苞片线形；花4数；花萼钟状，外面通常密被星状毛；花冠高脚碟状或钟状，外面被毛或光滑。蒴果，室间开裂或浆果，不开裂；种子多颗，细小。

分种检索表

（1）**互叶醉鱼草**（中国植物志、Flora of China）白积梢 小叶醉鱼草

Buddleja alternifolia Maxim. in Bull. Acad. Imp. Sci. Saint-Pétersbourg III，26：494. 1880；Fl. China 15：331. 1996；中国植物志61：269. 图版71：1-9. 1992.

落叶灌木。叶片在长枝上互生，披针形；在短枝上簇生，椭圆形或倒卵形。花多朵组成簇生状或圆锥状聚伞花序；花序较短，密集，常生2年生的枝条上；花序梗极短，基部通常具有少数小叶；花梗长3毫米；花芳香。蒴果椭圆状，无毛。花期5—7月，果期7—10月。

分布于内蒙古、河北、山西、陕西、宁夏、甘肃、四川和西藏等省区。大连有栽培。

观赏花木。叶、花有祛风除湿、止咳化痰、散瘀、杀虫作用。

叶

植株的一部分

（2）**大叶醉鱼草**（中国植物志、Flora of China）白背叶醉鱼草 白壶子

Buddleja davidii Franch. in Arch. Mus. Hist. Nat. II，10：65. 1887；Fl. China 15：334. 1996；中国植物志61：300. 图版77：4-8. 1992.

落叶灌木。小枝外展而下弯，略呈四棱形。叶对生，叶片狭卵形。总状或圆锥状聚伞花序顶生；花冠淡紫色，喉部橙黄色，芳香，花冠管细长，花冠裂片近圆形；雄蕊着生花冠管内壁中部；花柱圆柱形，柱头棍棒状。蒴果狭椭圆形，淡褐色。花期5—10月，果期9—12月。

分布于陕西、甘肃、江苏、浙江、江西、湖北、湖南、广东等省。大连有栽培。

观赏花木。根皮、树叶有祛风散寒、活血止痛作用，用于风湿关节痛、跌打损伤、骨折等。

花序1

花序2

花序3

花序4

植株

植株的一部分

夹竹桃科 Apocynaceae

乔木，直立灌木或木质藤本，也有多年生草本；具乳汁或水液。单叶对生、轮生，稀互生，全缘，稀有细齿；羽状脉。花两性，辐射对称，单生或多花组成聚伞花序，顶生或腋生；花萼裂片5枚，稀4枚，基部合生成筒状或钟状；花冠合瓣，高脚碟状、漏斗状、坛状、钟状、盆状稀辐状，裂片5枚，稀4枚，覆瓦状排列；雄蕊5枚，着生在花冠筒上或花冠喉部，内藏或伸出，花丝分离，花药长圆形或箭头状；子房上位，稀半下位；花柱1枚，基部合生或裂开；柱头通常环状、头状或棍棒状。果为浆果、核果、蒴果或蓇葖。

辽宁产1属1种。

罗布麻属 Apocynum L.

直立半灌木，具乳汁。叶对生，稀近对生或互生，具柄，叶柄基部及腋间具腺体。圆锥状聚伞花序一至多歧，顶生或腋生；花萼5裂；花冠圆筒状钟形，整齐5裂，裂片的基部在花蕾时向右覆盖，花冠筒内面基部具副花冠，裂片5枚；雄蕊5枚，着生于花冠筒基部，与副花冠裂片互生；雌蕊1枚，柱头基部盘状，顶端钝，2裂，花柱短，子房半下位，由2枚离生心皮所组成。蓇葖2，平行或叉生，细而长，圆筒状；种子多数，细小，顶端具有一簇白色绢质的种毛；胚根在上。

罗布麻（辽宁植物志、东北植物检索表、中国植物志、Flora of China）茶叶花

Apocynum venetum L. in Sp. Pl. 213. 1753; Fl. China 16: 181. 1995; 中国植物志 63: 157. 图版52. 1977; 辽宁植物志（下册）: 99. 图版43. 1992; 东北植物检索表（第二

版）：525. 图版263：5. 1995.

　　落叶半灌木或多年生宿根草本，具乳汁。叶对生，长圆形、披针形至卵状披针形，边缘具细锯齿。花小，粉红色或淡紫红色，钟形；花盘边缘有蜜腺；子房由2离生心皮组成。蓇葖果双生，棒状，下垂。种子小，顶端有一簇白色种毛。花期6—8月，果期9—10月。

　　生于盐碱荒地、河流两岸等。产于新民、彰武、阜新、凌源、北镇、台安、盘山、大洼、康平、营口、岫岩、鞍山（千山）、金州、大连、长海等地。

　　优良蜜源植物。茎皮纤维为高级衣料、渔网丝、皮革线、高级用纸等原料，还用于国防工业、航空、航海等领域。嫩叶可代茶。叶有平肝安神、清热利水作用，全草有清火、降压、强心、利尿作用。

植株的一部分

花序

叶

萝藦科 Asclepiadaceae

　　具有乳汁的多年生草本、藤本、直立或攀援灌木；根部木质或肉质成块状。叶对生或轮生，具柄，全缘，羽状脉。聚伞花序通常伞形，有时成伞房状或总状，腋生或顶生；花两性，整齐，5数；花萼筒短，裂片5，双盖覆瓦状或镊合状排列，内面基部通常有腺体；花冠合瓣，辐状、坛状，稀高脚碟状，顶端5裂片，裂片旋转，覆瓦状或镊合状排列；副花冠通常存在，为5枚离生或基部合生的裂片或鳞片所组成，有时双轮。蓇葖双生，或因1个不发育而成单生；种子多数，其顶端具有丛生的白（黄）色绢质的种毛。

　　辽宁产2属3种。

分属检索表

1. 木质藤本；花丝离生，四合花粉生于匙形载粉器上 ················· 1. 杠柳属 Periploca L.
1. 草质藤本或茎部分木质化；花丝合生呈筒形，花粉粒连成块状；副花冠杯状，柱头短，不延伸；果皮无突起 ················· 2. 鹅绒藤属（白前属）Cynanchum L.

1. 杠柳属 Periploca L.

藤状灌木，具乳汁，除花外无毛；叶对生，具柄，羽状脉。聚伞花序疏松，顶生或腋生；花萼5深裂，裂片双盖覆瓦状排列，花萼内面基部有5个腺体；花冠辐状，花冠筒短，裂片5，通常被柔毛，向右覆盖；副花冠异形，环状，着生在花冠的基部，5~10裂，其中5裂延伸丝状，被毛；雄蕊5，生在副花冠的内面，花丝短，离生，背部与副花冠合生；子房由2枚离生心皮所组成，花柱极短，柱头盘状，顶端凸起，2裂。蓇葖2，叉生，长圆柱状；种子长圆形，顶端具白色绢质种毛。

辽宁产1种。

杠柳（辽宁植物志、东北植物检索表、中国植物志、Flora of China）**羊奶子 羊奶条 北五加皮**

Periploca sepium Bunge in Enum. Pl. China Bor. 43. 1835；Fl. China 16：195. 1995；中国植物志61：273. 图版94：1-6. 1977；辽宁植物志（下册）：101. 图版44. 1992；东北植物检索表（第二版）：531. 图版271：6. 1995.

落叶木质藤本。叶对生，叶片卵状披针形，革质。聚伞花序；花冠暗紫色，稀黄绿色，5深裂，花冠筒短，花冠裂片长圆状披针形，反折，中央加厚成纺锤形，里面密生白茸毛，外面无毛；副花冠环状，10裂，其中5裂延伸呈丝状。蓇葖果圆柱形。花期5—6月，果期7—10月。

生于沿海石砾山坡及干旱砂质地。产于彰武、葫芦岛、沈阳、本溪、盖州、大洼、庄河、长海、金州、大连等地。

攀援效果好，可用于垂直绿化。根皮、茎皮有祛风湿、壮筋骨、强腰膝作用。嫩茎叶可以食用。

蓇葖果

花冠黄绿色

花冠紫色

2. 鹅绒藤属（白前属）　Cynanchum L.

灌木或多年生草本，直立或攀援。叶对生，稀轮生。聚伞花序多数呈伞形状，多花着生，花小形或稀中形，各种颜色；花萼5深裂，基部内面有小腺5~10个或更多或无，裂片通常双盖覆瓦状排列；副花冠膜质或肉质，5裂或杯状或筒状，其顶端具各式浅裂片或锯齿，在各裂片的内面有时具有小舌状片。蓇葖双生或1个不发育，长圆形或披针形，外果皮平滑，稀具软刺，或具翅；种子顶端具种毛。

辽宁产2种。

分种检索表

1. 茎自基部缠绕；叶卵形或长卵形，基部多少向两侧扩展并呈耳状深心形；花白色
 ⋯⋯⋯⋯⋯⋯⋯⋯⋯⋯⋯⋯⋯⋯⋯⋯⋯⋯⋯⋯⋯⋯⋯⋯ **1. 白首乌 C. bungei** Decne.
1. 茎上部缠绕；叶卵形或椭圆形；花初为黄色，后渐变黑紫色 ⋯⋯⋯ **2. 变色白前 C. versicolor** Bunge

（1）白首乌（辽宁植物志、东北植物检索表、中国植物志、Flora of China）泰山何首乌 地葫芦

Cynanchum bungei Decne. in Prodr. 8：549. 1844；Fl. China 16：215. 1995；中国植物志61：322. 图版114：8-13. 1977；辽宁植物志（下册）：113. 图版50：1-5. 1992；东北植物检索表（第二版）：529. 图版265：1. 1995.

落叶攀援性半灌木。块根粗壮。叶对生，戟形，顶端渐尖，基部心形，两面被粗硬毛。伞形聚伞花序腋生，比叶为短；花冠白色，裂片长圆形；副花冠5深裂，裂片呈披针形，内面中间有舌状片。蓇葖单生或双生，披针形，向端部渐尖。花期6—7月，果期8—9月。

生于山坡、山谷或河坝、路边的灌木丛中。产于金州、凌源、建平、南票、北镇等地。

块根有补肝肾、强筋骨、益精血作用，茎有安神、祛风、止汗作用。

果期

花侧面观

花序

花序背面观

（2）变色白前（辽宁植物志、东北植物检索表、中国植物志、Flora of China）白龙须 蔓白薇

Cynanchum versicolor Bunge in Enum. Pl. China Bor. 44. 1833；Fl. China 16：221. 1995；中国植物志61：356. 图版128. 1977；辽宁植物志（下册）：116. 图版50：6-7. 1992；东北植物检索表（第二版）：531. 图版265：2. 1995.

落叶半灌木。茎上部缠绕，下部直立，全株被茸毛。叶对生，宽卵形或椭圆形。伞形聚 伞花序腋生；花冠初呈黄白色，渐变为黑紫色，枯干时呈暗褐色，钟状辐形；副花冠极低， 比合蕊冠为短，裂片三角形。蓇葖单生，宽披针形。花期6—8月，果期8—9月。

生于灌木丛中及溪流旁。产于凌海、绥中、鞍山、海城、盖州、庄河、瓦房店、普兰 店、金州、大连、长海等地。

根和根茎可药用，具有解热利尿作用。茎皮纤维可作造纸原料；根含淀粉，并可提制芳香油。

果序

植株

花序

茜草科 Rubiaceae

乔木、灌木或草本，有时为藤本。叶对生，有时轮生，通常全缘。花序各式，均由 聚伞花序复合而成，很少单花或少花的聚伞花序；花两性、单性或杂性，通常花柱异 长；萼通常4~5裂，很少更多裂，极少2裂；花冠合瓣，管状、漏斗状、高脚碟状或辐 状，通常4~5裂，很少3裂或8~10裂。浆果、蒴果或核果，或干燥而不开裂，或为分果， 有时为双果爿；种子裸露或嵌于果肉或肉质胎座中。

辽宁产1属1种。

野丁香属 Leptodermis Wall.

灌木，通常多分枝；茎圆柱状，小枝纤细。叶对生；托叶小，锐尖或刺状尖，宿存。花3至多朵，于枝顶或叶腋簇生或密集呈头状，通常近无梗，基部有2枚小苞片合生成具2凸尖的管，很少离生；萼管倒圆锥状，裂片5，很少4或6，革质，宿存；花冠白色或紫色，通常漏斗形，里面有毛，喉部无毛，裂片5，很少4或6，镊合状排列。蒴果圆柱形或卵形，5片裂至基部，每果瓣有1种子。

薄皮野丁香（辽宁植物志、东北植物检索表）薄皮木（中国植物志、Flora of China）白柴

Leptodermis oblonga Bunge in Enum. Pl. China Bor. 33. 1833；Fl. China 19：205. 2011；中国植物志71（2）：136. 图版35：6-13. 1999；辽宁植物志（下册）：120. 图版53. 1992；东北植物检索表（第二版）：535. 图版266：7. 1995.

落叶灌木。枝褐灰色，细弱。叶对生及假轮生，具短柄；叶片披针形或长圆状披针形。花2~10朵簇生于枝顶或叶腋；花冠淡红色，漏斗形，长12~18毫米，花冠筒长，裂片披针形。蒴果椭圆形，长5~6毫米，5裂至基部。花期6—8月，果期10月。

生于山坡、路边等向阳处，亦见于灌木丛中。绥中、建昌、凌源有分布。

旋花科 Convolvulaceae

草本、亚灌木或灌木，偶为乔木。茎缠绕或攀援，有时平卧或匍匐，偶有直立。叶互生，螺旋排列，寄生种类无叶或退化成小鳞片，通常为单叶。花通常美丽，单生于叶腋，或少花至多花组成腋生聚伞花序，有时总状、圆锥状、伞形或头状，极少为二歧蝎尾状聚伞花序。苞片成对，通常很小，有时叶状，有时总苞状。花整齐，两性，5数；花冠合瓣，漏斗状、钟状、高脚碟状或坛状。通常为蒴果，室背开裂、周裂、盖裂或不规则破裂，或为不开裂的肉质浆果，或果皮干燥坚硬呈坚果状。

辽宁产1属1种。

旋花属 Convolvulus L.

一年生或多年生平卧、直立或缠绕草本，直立亚灌木或有刺灌木。叶心形、箭形或戟形，或长圆形、狭披针形至线形，全缘，稀具浅波状至皱波状圆齿，或浅裂。花腋生，具总梗，由1至少数花组成聚伞花序或成密集具总苞的头状花序，或为聚伞圆锥花序；萼片5，等长或近等长；花冠整齐，钟状或漏斗状，白色、粉红色、蓝色或黄色，具5条通常不太明显的瓣中带；冠檐浅裂或近全缘；雄蕊及花柱内藏；雄蕊5，着生于花冠基部，花丝丝状，等长或不等长，通常基部稍扩大；子房2室，花柱1，丝状，柱头2，线形或近棒状。蒴果球形，2室，4瓣裂或不规则开裂；种子1~4，通常具小瘤突，无毛，黑色或褐色。

刺旋花（辽宁植物志、中国植物志、Flora of China）

Convolvulus tragacanthoides Turcz in Bull. Soc. Imp. Naturalistes Moscou 5：201. 1832；Fl. China 16：290. 1995；中国植物志64（1）：55. 1979；辽宁植物志（下册）：154. 图版67：1. 1992.

　　落叶匍匐亚灌木，全株被银灰色绢毛，高4~15厘米；小枝坚硬，具刺。叶狭线形或稀倒披针形，无柄。花1~6朵密集于枝端；萼片椭圆形，先端短渐尖，外面被棕黄色毛；花冠漏斗形，粉红色，5浅裂。蒴果球形，有毛。花期5—7月，果期7—8月。

　　生于海拔500米的石灰岩山地阳坡石质坡地上。仅见于建昌县的云山洞和赵屯一带。

花序

蒴果

植株

植株的一部分

紫草科 Boraginaceae

　　多数为草本，较少为灌木或乔木，一般被有硬毛或刚毛。叶为单叶，互生，极少对生。花序为聚伞花序或镰状聚伞花序，极少花单生。花两性，辐射对称，很少左右对称；花萼具5个基部至中部合生的萼片，大多宿存；花冠筒状、钟状、漏斗状或高脚碟状，一般可分筒部、喉部、檐部三部分，檐部具5裂片；雄蕊5，着生花冠筒部，稀上升到喉部；雌蕊由2心皮组成，子房2室，或由内果皮形成隔膜而成4室，花柱顶生或生在子房裂瓣之间的雌蕊基上；雌蕊基果期平或不同程度升高呈金字塔形至锥形。果实为含1~4粒种子的核果，或为子房4（–2）裂瓣形成的4（–2）个小坚果，果皮多汁或大多干燥，常具各种附属物。

　　辽宁栽培1属1种。

厚壳树属 Ehretia L.

乔木或灌木。叶互生，全缘或具锯齿，有叶柄。聚伞花序呈伞房状或圆锥状；花萼小，5裂；花冠筒状或筒状钟形，稀漏斗状，白色或淡黄色，5裂，裂片开展或反折；花药卵形或长圆形，花丝细长，通常伸出花冠外；子房圆球形，2室，花柱顶生，中部以上2裂，柱头2，头状或伸长。核果近圆球形，多为黄色、橘红色或淡红色，无毛，内果皮成熟时分裂为2个具2粒种子或4个具1粒种子的分核。

本属为新收录的东北木本植物属。也是东北紫草科唯一的木本植物野生及栽培记录。

粗糠树（中国植物志、Flora of China）破布子

Ehretia dicksonii Hance, Ann. Sci. Nat. Bot., ser. 4, 18：224. 1862; Fl. China 16：334. 1995.—*E. macrophylla* auct. non Wall.：中国植物志64（2）：15. 1989.

落叶乔木。叶宽椭圆形至倒卵形，先端尖，边缘具开展的锯齿，上面密生短硬毛，下面密生短柔毛；叶柄长1~4厘米，被柔毛。聚伞花序顶生，呈伞房状或圆锥状；花近无梗；花冠筒状钟形，白色至淡黄色，芳香。核果黄色，近球形，直径10~15毫米。花期6月，果期9月。

果枝

花序

花枝

树干

植株

产于西南、华南、华东、台湾、河南、陕西、甘肃南部和青海南部。旅顺口有栽培。可作观赏树种栽培。枝、叶、果实有清热解毒、消食健胃作用，用于食积腹胀、小儿消化不良。

马鞭草科 Verbenaceae

灌木或乔木，有时为藤本，极少数为草本。叶对生，很少轮生或互生，单叶或掌状复叶，很少羽状复叶。花序顶生或腋生，多数为聚伞、总状、穗状、伞房状聚伞或圆锥花序；花两性，极少退化为杂性，左右对称或很少辐射对称；花萼宿存，杯状、钟状或管状，稀漏斗状；花冠管圆柱形，管口裂为二唇形或略不相等的4~5裂，很少多裂。果实为核果、蒴果或浆果状核果，外果皮薄，中果皮干或肉质，内果皮多少质硬成核，核单一或可分为2或4个，偶尔有8~10个分核。

辽宁产4属6种1亚种1变型，其中栽培2种。

分属检索表

1. 果实不为干燥的蒴果，中果皮多少肉质。
　2. 掌状复叶或单叶；花冠二唇形 ·················· 1. 牡荆属（黄荆属）Vitex L.
　2. 单叶；花冠整齐。
　　3. 花小，花冠4裂；通常为腋生聚伞花序 ·················· 2. 紫珠属 Callicarpa L.
　　3. 花大，花冠5裂；为顶生或上部腋生聚伞花序或圆锥花序
　　　 ·················· 3. 赪桐属（大青属）Clerodendrum L.
1. 果实为干燥开裂的蒴果。叶全缘或有齿，不深裂成小叶；花萼通常深5裂，很少4或6裂；雄蕊显著伸出花冠外 ·················· 4. 莸属 Caryopteris Bunge

1. 牡荆属（黄荆属） Vitex L.

乔木或灌木；小枝通常四棱形。叶对生，有柄，掌状复叶，小叶3~8，稀单叶。花序顶生或腋生，聚伞花序，或为聚伞花序组成圆锥状、伞房状以至近穗状花序；苞片小；花萼钟状，稀管状或漏斗状，顶端近截平或有5小齿，有时略为二唇形，宿存；花冠白色、浅蓝色、淡蓝紫色或淡黄色，略长于萼，二唇形；雄蕊4，2长2短或近等长，内藏或伸出花冠外；子房近圆形或微卵形，2~4室；花柱丝状，柱头2裂。果实球形、卵形至倒卵形，中果皮肉质，内果皮骨质；种子倒卵形、长圆形或近圆形。

辽宁产1种1亚种1变型。

分种检索表

1. 匍匐灌木；单叶，广倒卵形或广椭圆形，先端圆或钝，全缘
　 ·················· 1. 单叶蔓荆 V. trifolia subsp. litoralis Steenis
1. 直立灌木；掌状复叶，小叶全缘或每边有少数粗锯齿 ·················· 2. 黄荆 V. negundo L.

（1）蔓荆（中国植物志）三叶蔓荆

Vitex trifolia L. in Sp. Pl. 638. 1753；中国植物志65（1）：138. 图69. 1982.

1a. 蔓荆（原亚种）

subsp. **trifolia**

辽宁不产。

1b. 单叶蔓荆（亚种）（中国植物志、Flora of China）蔓荆（辽宁植物志、东北植物检索表）

subsp. **litoralis** Steenis in Blumea 8：516 1957.—*Vitex trifolia* L. var. *simplicifolia* Cham. in Linnaea 107. 1832；中国植物志 65（1）：140. 图70. 1982.—*V. rotundifolia* L.f. in Suppl. Pl. 294. 1782；Fl. China 17：30. 1994；辽宁植物志（下册）：179. 图版78：5. 1992；东北植物检索表（第二版）：554. 图版277：3. 1995.

伏卧性落叶灌木。茎斜升，枝黄褐色。单叶对生；叶片广倒卵形，表面绿色、被灰白短茸毛，背面毛密。复总状花序；萼钟状，顶端5浅裂；花冠蓝色，筒状钟形，顶端5裂，上唇2浅裂，下唇3裂。核果小，球形，为宿存萼包被，熟时黑色。花期7—8月，果期8—10月。

生于海边、沙滩及河边。产于大连、金州、长海等地。

耐盐碱性好，耐瘠薄能力强，是盐碱地绿化、沙地治理的先锋植物。果有疏风散热作用，治感冒风热、神经性头痛、风湿骨痛。

果枝

花枝

叶背面观

植株

（2）**黄荆**（辽宁植物志、东北植物检索表、中国植物志、Flora of China）**五指风 布荆**

Vitex negundo L. in Sp. Pl. 638. 1753；Fl. China 17：30. 1994；中国植物志65（1）：141. 图版71. 1982；辽宁植物志（下册）：177. 图版78：4. 1992；东北植物检索表（第二版）：554. 图版277：4. 1995.

2a. 黄荆（原变种）

var. negundo

落叶直立灌木或小乔木。掌状复叶，具5小叶，两侧小叶渐小，全缘或有少数锯齿。圆锥花序；花序梗密被灰白毛；花萼钟状，顶端5齿裂，外被灰白茸毛；花冠淡蓝色，外面有微毛，顶端5裂，二唇形。核果近球形，熟时黑褐色，为宿存萼包围。花果期6—8月。

生于山坡路旁或灌木丛中。产于凌源。

茎皮可造纸及制人造棉。花和枝叶可提取芳香油。根、茎、叶有清热止咳、化痰截疟作用，果实有祛风、除痰、行气、止痛作用。

叶

植株的一部分

2b. 荆条（变种）（辽宁植物志、东北植物检索表、中国植物志、Flora of China）

var. heterophylla (Franch.) Rehd. in Journ. Arn. Arb. 28：258. 1947；Fl. China 17：31. 1994；中国植物志65（1）：145. 图版73. 1982；辽宁植物志（下册）：177. 图版78：1-3. 1992；东北植物检索表（第二版）：554. 图版277：5. 1995.

2ba. 荆条（变型）

f. heterophylla

本变型的主要特征是：小叶片边缘有缺刻状锯齿，浅裂至深裂。

生境同原变型。产于凌源、建平、朝阳、建昌、北镇、兴城、绥中、沈阳、大连、金州等地。

叶

叶背面观

植株的一部分

2bb. 白花黄荆（变型）

f. **albiflora** H. W. Jen & Y. J. Chang in J. Beijing Forest. Univ. 13（3）：2. 1991.

花白色。

生境同原变型。产于凌源。

花序

植株

2. 紫珠属 Callicarpa L.

直立灌木，稀为乔木、藤本或攀援灌木。叶对生，偶有3叶轮生，通常被毛和腺点。聚伞花序腋生；苞片细小，稀为叶状；花小，整齐；花萼杯状或钟状，稀为管状，顶端4深裂至截头状，宿存；花冠紫色、红色或白色，顶端4裂。果实通常为核果或浆果状，成熟时紫色、红色或白色，外果皮薄，中果皮通常肉质，内果皮骨质，熟后形成4个分核，分核内有种子1粒。

辽宁产2种。

分种检索表

1. 叶倒卵形、卵形或卵状椭圆形；花丝与花冠等长或稍长 ·············· 1. 日本紫珠 C. japonica Thunb.
1. 叶倒卵形或披针形；花丝长约为花冠的2倍 ················ 2. 白棠子树 C. dichotoma（Lour.）K. Koch

（1）日本紫珠（辽宁植物志、东北植物检索表、中国植物志、Flora of China）山紫珠紫珠

Callicarpa japonica Thunb. in Fl. Jap. 60. 1874；Fl. China 17：14. 1994；中国植物志65（1）：71. 图版37. 1982；辽宁植物志（下册）：179. 图版79：2. 1992；东北植物检索表（第二版）：554. 图版277：1. 1995.

落叶灌木；小枝圆柱形。叶片倒卵形等，顶端尖，边缘上半部有锯齿。聚伞花序细弱而短小；花萼杯状，萼齿钝三角形；花冠白色或淡紫色，长约3毫米；花丝与花冠等长或稍长。果实球形，直径约2.5毫米，紫红色。花期6—7月，果期8—10月。

生于山坡灌木丛间。产于大连、庄河等地。

花、果均有较高的观赏价值。根、叶、果实有清热、凉血、止血、消炎作用，用于各种出血。

果序

花期

花序

（2）白棠子树（东北植物检索表、中国植物志、Flora of China）小紫珠

Callicarpa dichotoma（Lour.）K. Koch in Dendr. 2：336. 1872；Fl. China 17：11. 1994；中国植物志65（1）：54. 图23. 1982；东北植物检索表（第二版）：554. 1995.

落叶小灌木。叶倒卵形或披针形，边缘仅上半部具数个粗锯齿，背面无毛，密生细小黄色腺点。聚伞花序细弱，2~3次分歧；花萼杯状，无毛；花冠紫色，无毛；花丝长约为花冠的2倍。果实球形，紫色。花期5—6月，果期7—11月。

生于溪边和山坡灌木丛中。大连有栽培记录，庄河有野生记录，近年调查未发现，待进一步研究。

根、茎、叶有收敛止血、祛风除湿作用，用于吐血、咯血、衄血、便血等。

3. 赪桐属（大青属）Clerodendrum L.

落叶或半常绿灌木或小乔木，少为攀援状藤本或草本。单叶对生，少为3~5叶轮生。聚伞花序或由聚伞花序组成疏展或紧密的伞房状或圆锥状花序，或短缩近头状，顶生、假顶生（生于小枝顶叶腋）或腋生；直立或下垂；花萼有色泽，钟状、杯状或很少管状，花后多少增大，宿存，全部或部分包被果实；花冠高脚杯状或漏斗状，顶端5裂，稀6裂；雄蕊通常4，花丝等长或2长2短，稀有5~6雄蕊；花柱线形，长或短于雄蕊，柱头2浅裂。浆果状核果，外面常有4浅槽或成熟后分裂为4分核。

辽宁产1种。

海州常山（辽宁植物志、东北植物检索表、中国植物志、Flora of China）臭梧桐 泡火桐

Clerodendrum trichotomum Thunb. in Fl. Jap. 256. 1784；Fl. China 17：42. 1994；中国植物志65（1）：186. 1982；辽宁植物志（下册）：181. 图版79：1. 1992；东北植物检索表（第二版）：554. 图版277：2. 1995.

落叶灌木或小乔木。叶对生；叶片广卵形。聚伞花序；苞叶状，椭圆形，早落；花萼宿存，花蕾时绿白色，后变紫红色，5深裂；花冠白色或带粉红色，花冠管细长，顶端5裂，裂片长圆形。核果近球形，成熟时蓝紫色，包于宿存花萼内。花期8—9月，果期9—10月。

生于丘陵、山坡、路旁、林边、沟谷及溪边丛林中。产于丹东、庄河、金州、大连等地。

花、果均有较高的观赏价值，为优良的园林观赏植物。根、叶有祛风除湿、降血压作用，带宿花萼的果或幼果有祛风湿、平喘作用。

叶

果序

花

花序

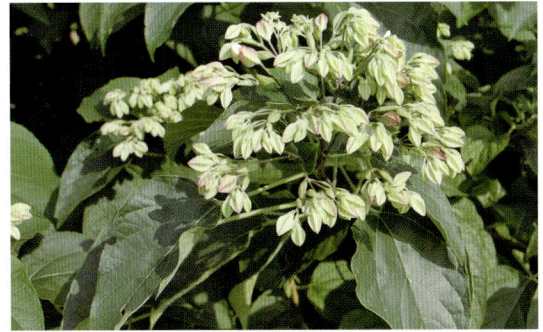
植株的一部分

4. 莸属 Caryopteris Bunge

直立或披散灌木，很少草本。单叶对生，通常具黄色腺点。聚伞花序腋生或顶生，常再排列呈伞房状或圆锥状，很少单花腋生；萼宿存，钟状，通常5裂，偶有4裂或6裂；花冠通常5裂，二唇形，下唇中间1裂片较大，全缘至流苏状；雄蕊4枚，伸出于花冠管外；子房不完全4室，花柱线形，柱头2裂。蒴果小，通常球形，成熟后分裂。

辽宁栽培2种。

分种检索表

1. 叶缘有锯齿；叶背脉明显；子房顶端被短毛 ························· 1. 兰香草 C. incana（Thunb.）Miq.
1. 叶片全缘，稀有齿；叶背脉不明显；子房无毛 ························· 2. 蒙古莸 C. mongholica Bunge

（1）兰香草（中国植物志、Flora of China）卵叶莸 马蒿 莸 山薄荷

Caryopteris incana（Thunb.）Miq. in Ann. Mus. Bot. 2：97. 1866；Fl. China 17：45. 1994；中国植物志65（1）：198. 图105. 1982.

落叶小灌木。叶片厚纸质，披针形、卵形或长圆形，边缘有粗齿，稀全缘。聚伞花序紧密；花萼杯状，外面密被短柔毛；花冠淡紫色或淡蓝色，二唇形，外面具短柔毛，花冠管长约3.5毫米，喉部有毛环，花冠5裂，下唇中裂片较大，边缘流苏状。蒴果倒卵球形被粗毛，果瓣有翅。花果期6—10月。

分布于江苏、安徽、浙江、江西、湖南、湖北、福建、广东、广西等地。大连有栽培。

优良的园林观赏植物。全草有疏风解表、祛痰止咳、散瘀止痛作用。

花序

叶背面观

植株的一部分

（2）蒙古莸（中国植物志、Flora of China）白沙蒿 山狼毒 兰花茶

Caryopteris mongholica Bunge in Pl. Mongh. China 28. 1835；Fl. China 17：

花序侧面观

花序正面观

植株

叶

植株的一部分

44. 1994；中国植物志65（1）：196. 图103. 1982.

落叶小灌木。叶片厚纸质，线状披针形，全缘或有稀齿，背面密生灰白色茸毛。聚伞花序腋生；花萼钟状，外面密生灰白色茸毛，深5裂，裂片阔线形；花冠蓝紫色，外面被短毛，5裂，下唇中裂片较长大，边缘流苏状。蒴果椭圆状球形，果瓣具翅。花果期8—10月。

产于我国河北、山西、陕西、内蒙古、甘肃等地。大连等地有栽培。

优良的园林观赏植物。全草有消食理气、祛风湿、活血止痛作用，煮水代茶治腹胀、消化不良。

唇形科 Labiatae

多年生至一年生草本，半灌木或灌木，极稀乔木或藤本，常具含芳香油的表皮。叶为单叶，稀为复叶，对生，稀3~8枚轮生，极稀部分互生。花很少单生，花序聚伞式，通常由两个小的3至多花的二歧聚伞花序在节上形成明显轮状的轮伞花序（假轮）；或多分枝而过渡到成为一对单歧聚伞花序，稀仅为1~3花的小聚伞花序。花萼下位，宿存；花冠合瓣，通常有色。

辽宁产3属9种1变种1变型，其中栽培4种。

分属检索表

1. 花萼二唇形。
  2. 矮小野生半灌木；花萼管状钟形或狭钟形，上唇开展或直立，3裂，下唇2裂，具10~13脉
  ··· 1. 百里香属 Thymus L.
  2. 多年生栽培植物，具披针状线形而边缘内卷的叶；花萼1/4式二唇，13~15脉
  ··· 2. 薰衣草属 Lavandula L.
1. 花萼不为二唇形，而是钟形、管形或圆柱形，萼齿5。花于花序上多偏向一侧，苞片与花相对
  ··· 3. 香薷属 Elsholtzia Willd.

1. 百里香属 Thymus L.

矮小半灌木。叶小，全缘或每侧具1~3小齿；苞叶与叶同形，至顶端变成小苞片。轮伞花序紧密排成头状花序或疏松排成穗状花序；花具梗。花萼钟形，具10~13脉，二唇形，上唇开展或直立，3裂，裂片三角形或披针形，下唇2裂，裂片钻形，被硬缘毛，喉部被白色毛环。花冠筒内藏或外伸，冠檐二唇形，上唇直伸，微凹，下唇开裂，3裂，裂片近相等或中裂片较长。雄蕊4，分离；柱头先端2裂。小坚果卵珠形或长圆形，光滑。

辽宁产4种1变种1变型。

分种检索表

1. 上唇萼齿披针形或狭长三角形，长渐尖，长超过萼上唇长的1/2；叶广卵形至长圆状椭圆形，边缘常有

1~3对疏齿；茎四棱形，有毛，毛在茎各节间相对的面上交互对生 …… **1. 长齿百里香 T. disjunctus** Klok.

1. 上唇萼齿三角形至狭长三角形，长为萼上唇的1/3~2/3，最长不及萼上唇的1/2；茎、叶及萼决不同时具备上项特征。

  2. 上唇萼齿三角形至狭长三角形或近披针形，明显长于萼上唇长的1/3直至为其2/5或近1/2；萼、叶及枝决不同时具备上项特征。

    3. 当年花枝在花序下方通常具6~13（15）节，节间较短而密；叶长圆状椭圆形或长圆状披针形等，两面无毛，腺点淡黄色至近黄色。叶干后通常带棕色；上唇萼齿狭长三角形或近披针形，约为萼上唇长的2/5或近1/2 ……………………………… **2. 五脉百里香 T. quinquecostatus** Celak.

    3. 当年花枝在花序下方具1~6（8）节；叶长圆形至线形，较狭，宽1~2（3）毫米，少有在同株上有个别叶形变化呈长圆状椭圆形或卵状披针形，两面无毛，稀表面有微柔毛或短毛，腺点橙色或有时黄色，叶干后通常绿色；上唇萼齿三角形至狭三角形，长于萼上唇的1/3，但短于其1/2 …………………………………………………………… **3. 兴安百里香 T. dahuricus** Serg.

  2. 上唇萼齿三角形，长约为萼上唇的1/3，萼下唇稍长于上唇或与上唇等长；叶卵状椭圆形、长圆状卵形或狭椭圆形，两面无毛；当年花枝在花序下方具1~4（5）节 …… **4. 百里香 T. mongolicus** Ronn.

（1）长齿百里香（东北植物检索表、中国植物志、Flora of China）

Thymus disjunctus Klok. in Bot. Mater. Gerb. Bot. Inst. Komarova Akad. Nauk S.S.S.R. 16：295. 1954；Fl. China 17：234. 1994；中国植物志66：251. 1977；东北植物检索表（第二版）：576. 图版287：3. 1995.

    多年生落叶半灌木。茎纤细，弓形弯曲，有毛，毛在茎各节间相对的面上交互对生。叶广卵形至狭卵形或长圆状椭圆形，边缘常有1~3对疏齿。花序头状；花萼管状钟形，上唇萼齿披针形或狭长三角形，长渐尖，长超过萼上唇长的1/2；花冠长约为花萼2倍，玫瑰红紫色。

    生于砾石草地、沙质谷地。产于凤城。

    全草有止咳、祛风、杀虫作用。

植株的一部分

花序

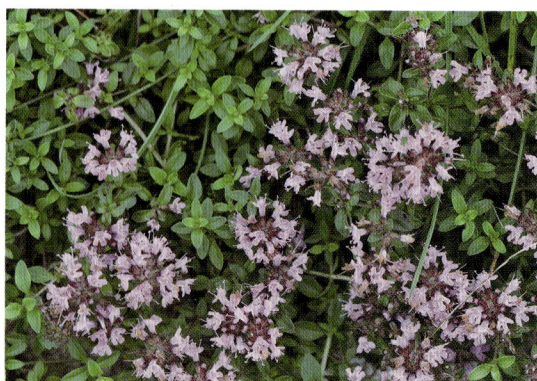
群落

（2）五脉百里香（辽宁植物志）地椒（东北植物检索表、中国植物志、Flora of China）

Thymus quinquecostatus Celak. in Oesterr. Bot. Z. 39：263. 1889；Fl. China 17：235. 1994；中国植物志66：258. 图版59：1–7. 1977；辽宁植物志（下册）：230. 图版102：6–7. 1992；东北植物检索表（第二版）：576. 图版287：4. 1995.

2a. 五脉百里香（原变种）

var. quinquecostatus

矮小落叶半灌木。当年花枝在花序下方通常具6~13（15）节，节间较短而密。叶长圆状椭圆形等，两面无毛，背面具2对凸起的侧脉。花序头状或长圆形头状；萼上唇萼齿狭长三角形或近披针形，为萼上唇长的2/5或近1/2。花冠淡紫红色，冠筒比花萼短。小坚果，花果期5—9月。

生于山坡、海边低丘上。产于北镇、营口、大连、普兰店、金州等地。

地上部分有祛风解表、行气止痛作用，用于感冒、头痛、牙痛、周身疼痛、腹胀冷痛。

花序侧面观

花序正面观

茎叶

植株的一部分

2b. 展毛变种（中国植物志、Flora of China）

var. przewalskii（Kom.）Ronn. in Acta Horti Gothob. 9：100. 1934；Fl. China 17：236. 1994；中国植物志66：259. 1977.

叶无毛，宽卵状披针形，长10~12毫米，宽4~5毫米，具7~9脉；花序轴密被十分平展的毛，毛短于花序轴直径。

辽宁有记载。

（3）**兴安百里香**（辽宁植物志、东北植物检索表）**地椒的亚洲变种**（中国植物志、Flora of China）

Thymus dahuricus Serg. in Sist. Zametki Mater. Gerb. Krylova Tomsk. Gosud. Univ. Kuybysheva 1：3. 1938；辽宁植物志（下册）：228. 图版102：1-5. 1992；东北植物检索表（第二版）：576. 图版287：1. 1995.—*T. quinquecostatus* Celak. var. *asiaticus*（Kitagawa）C. Y. Wu et Y. C. Huang，中国植物志66：259. 1977；Fl. China 17：236. 1994.

3a. 兴安百里香（原变型）

f. dahuricus

落叶小灌木。不育枝匍匐，花枝直立或斜生。当年花枝在花序下方具1~6（8）节；叶长圆形至线形，较狭，两面无毛，稀表面有微柔毛或短毛，腺点橙色或有时黄色。轮伞花序密集成头状，花粉红色；萼上唇萼齿三角形，长于萼上唇的1/3，但短于其1/2。小坚果，花果期6—9月。

生于山坡沙质地及固定沙丘上。产于彰武、阜新、建平等地。

用途同百里香。

花序

植株的一部分

3b. 白花兴安百里香（变型）（辽宁植物志、东北植物检索表）

f. albiflora C. Y. Li，辽宁植物志（下册）：230. 1992；东北植物检索表（第二版）：576. 1995.

花白色。产于建平、凌源。

白花兴安百里香（白瑞兴　摄）

（4）百里香（东北植物检索表、中国植物志、Flora of China）**千里香　地椒叶　地角花**

Thymus mongolicus Ronn. in Acta Horti Gothob. 9：99. 1934；Fl. China 17：235. 1994；中国植物志66：256. 图版59：8-13. 1977；东北植物检索表（第二版）：576. 图版287：2. 1995.

矮小落叶半灌木。茎多数，匍匐或上升。当年花枝在花序下方具1~4（5）节。叶卵状椭圆形等，两面无毛，全缘或稀有1~2对小锯齿。花序头状，花冠紫红、紫或淡紫、粉红色；萼上唇萼齿三角形，长约为萼上唇的1/3，萼下唇稍长于上唇或与上唇等长。小坚果近圆形或卵圆形，压扁状。花果期7—9月。

生于多石山地、斜坡、山谷、山沟、路旁及杂草丛。产于凌源。

地上部分有祛风解表、行气止痛作用，用于感冒、头痛、牙痛、周身疼痛、腹胀冷痛。

花序（花萼上唇）	花序（花萼下唇）	植株

2. 薰衣草属 Lavandula L.

半灌木或小灌木，稀为草本。叶线形至披针形或羽状分裂。轮伞花序具2~10花，通常在枝顶聚集成顶生间断或近连续的穗状花序。苞片形状多样；花萼卵状管形或管形，直立，具13~15脉，5齿，二唇形，上唇1齿，下唇4齿，果期稍增大；花蓝色或紫色，花冠筒外伸，在喉部近扩大，冠檐二唇形，上唇2裂，下唇3裂；雄蕊4，内藏；子房4裂，花柱着生在子房基部，顶端2裂。小坚果光滑，有光泽，具有一基部着生面。

辽宁栽培4种。

分种检索表

1. 叶全缘。
　2. 穗状花序所有苞片不超过萼片 ……………………………………… 1. 薰衣草 L. angustifolia Mill.
　2. 穗状花序顶部有超出萼片的紫色苞片 ………………………………… 2. 法国薰衣草 L. stoechas L.
1. 叶缘有齿裂。
　3. 叶羽状分裂 ………………………………………………………… 3. 羽叶薰衣草 L. pinnata Lundmark
　3. 叶非羽状分裂，狭长而叶缘锯齿状 ……………………………………… 4. 齿叶薰衣草 L. dentata L.

（1）薰衣草（中国植物志、Flora of China）

Lavandula angustifolia Mill. in Gard. Dict. ed. 8：no.2. 1768；Fl. China 17：104. 1994；中国植物志65（2）：249. 图版50：1-9. 1977.

花序

茎叶

群落

　　常绿半灌木或矮灌木。叶线形或披针状线形，被灰色星状茸毛，全缘。穗状花序；苞片菱状卵圆形，先端渐尖呈钻状；花蓝色，密被灰色茸毛；花萼卵状管形，二唇形，上唇1齿较宽而长，下唇具4短齿；花冠长约为花萼的2倍，冠檐二唇形，上唇2裂，下唇3裂。小坚果4，光滑。花期6月，果期7月。

　　原产于地中海地区。大连有栽培。

　　花中含芳香油，油是调制化妆品、皂用香精的重要原料，尤为棕榄型香皂及花露水香精中的主要原料。花色典雅，观赏效果极佳。全草有防腐、消炎、杀菌、驱虫作用，用于烫伤、烧伤、皮肤病、神经痛。

　　（2）法国薰衣草（大连植物彩色图谱）

Lavandula stoechas L. in Sp. Pl. 573. 1753.

花序

群落

常绿灌木，株高50~60厘米，全株有浓郁的芳香。叶灰绿色，全缘。花序穗状，花色深紫，顶部有超出萼片的紫色苞片。花果期6—8月。

原产于地中海地区。大连有栽培。

用途同薰衣草。

（3）羽叶薰衣草（大连植物彩色图谱）蕨叶薰衣草

Lavandula pinnata Lundmark in Lavandula 55. 1780.

常绿半灌木或矮灌木，植株开展，株高30~100厘米。叶形羽状，覆有白色茸毛，香味较弱。花深紫色，管状，上唇2裂，下唇3裂。小坚果光滑。花期5—6月，果期6—7月。

原产于加那利群岛。大连有栽培。

用途同薰衣草。

花序

植株上部

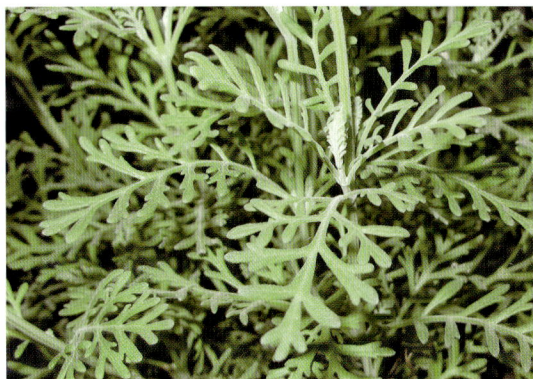

植株下部

（4）齿叶薰衣草（大连植物彩色图谱）

Lavandula dentata L. in Sp. Pl. 572. 1753.

常绿小灌木，株高约50厘米。茎短且纤细，叶片绿色狭长形，叶缘锯齿状。穗状花序，每层轮生的小花彼此间较不紧密，最顶端没有小花，只有和花色一样的苞叶，花色紫红。小坚果光滑而有光泽。花期6—7月，果期7—8月。

原产于西班牙和法国南部。大连有栽培。

用途同薰衣草。

花序

植株的一部分

3. 香薷属 Elsholtzia Willd.

草本，半灌木或灌木。叶对生，卵形，长圆状披针形或线状披针形，边缘具齿。轮伞花序组成穗状或球状花序，密接或有时在下部间断；最下部苞叶常与茎叶同形，上部苞叶呈苞片状；花萼钟形，管形或圆柱形，萼齿5；花冠小，白、淡黄、黄、淡紫、玫瑰红至玫瑰红紫色，外面常被毛及腺点，冠檐二唇形，上唇直立，下唇开展，3裂。雄蕊4；花柱纤细，通常超出雄蕊，先端或短或深2裂。小坚果卵珠形或长圆形，褐色。

辽宁产1种。

木香薷（辽宁植物志、东北植物检索表、中国植物志、Flora of China）柴荆芥

Elsholtzia stauntonii Benth. in Labiat. Gen. Spec. 161. 1833; Fl. China 17：249. 1994; 中国植物志66：317. 图版66：9-10. 1977; 辽宁植物志（下册）：238. 图版106. 1992; 东北植物检索表（第二版）：561. 图版279：3. 1995.

落叶半灌木。叶对生，叶柄长4~12毫米；叶片椭圆状披针形或披针形，基部通常楔形而下延于叶柄。长穗状花序偏向一侧；苞片狭，披针形或线状披针形；花萼筒状钟形或筒状，外面被灰白色茸毛，萼齿5；花冠淡红紫色，狭漏斗状，冠檐二唇形。小坚果椭圆形，光滑，花果期7—10月。

生于山坡、路旁坡地及砂质地。产于凌源、绥中、锦州

花序

茎叶

群落

下部木质

等地。

全草有理气、止痛、开胃作用，用于呕吐、泄泻、痢疾、感冒、发烧、头痛等。花期具有较好的观赏性。

茄科 Solanaceae

一年生至多年生草本、半灌木、灌木或小乔木。单叶，有时为羽状复叶，互生或在开花枝段上大小不等的二叶双生。花单生，簇生或为蝎尾式、伞房式、伞状式、总状式、圆锥式聚伞花序，稀为总状花序；顶生、枝腋或叶腋生、或者腋外生；两性或稀杂性，辐射对称或稍微两侧对称，通常5基数、稀4基数。果实为多汁浆果或干浆果，或者为蒴果。

辽宁产3属4种2变种，其中栽培2种。

分属检索表

1. 具棘刺；花冠漏斗状 ………………………………………………………………… 1. 枸杞属 Lycium L.
1. 无棘刺；花冠钟状、辐状、高脚碟状或漏斗状。
  2. 浆果；花冠辐状 ……………………………………………………………………… 2. 茄属 Solanum L.
  2. 蒴果；花冠漏斗状、高脚碟状或筒状钟形 ………… 3. 曼陀罗木属（木曼陀罗属）Brugmansia Pers.

1. 枸杞属 Lycium L.

灌木。单叶互生或因侧枝极度缩短而数枚簇生，全缘。花有梗，单生于叶腋或簇生于极度缩短的侧枝上；花萼钟状，具不等大的2~5萼齿或裂片；花冠漏斗状，稀筒状或近钟状，檐部5裂或稀4裂；雄蕊5，着生于花冠筒的中部或中部之下；子房2室，花柱丝状，柱头2浅裂。浆果，具肉质的果皮。

辽宁产2种。

分种检索表

1. 花萼通常3中裂或4~5齿裂；花冠裂片有缘毛，筒部稍短于裂片；叶卵形、卵状菱形、长椭圆形或卵状披针形；花冠裂片缘毛较密；雄蕊稍短于花冠 …………………………… 1. 枸杞 L. chinense Mill.
1. 花萼通常2中裂，裂片有小尖头或顶端又2~3齿裂；花冠裂片无缘毛，筒部明显较裂片长；叶披针形或长圆状披针形 ………………………………………………………………… 2. 宁夏枸杞 L. barbarum L.

（1）**枸杞**（辽宁植物志、东北植物检索表、中国植物志、Flora of China）中华枸杞 狗奶子

Lycium chinense Mill. in Gard. Dict. ed. 8. no. 5. 1768；Fl. China 17：303. 1994；中国植物志67（1）：15. 图版3：1-4. 1978；辽宁植物志（下册）：252. 图版112：1-3.

1992；东北植物检索表（第二版）：583. 图版291：1. 1995.

1a. 枸杞（原变种）

var. chinense

多分枝落叶灌木。枝条细弱，弓状弯曲或俯垂。单叶互生或2~4枚簇生，卵形至卵状披针形。花萼通常3中裂或4~5齿裂；花冠漏斗状，淡紫色，5深裂，裂片有缘毛，筒部稍短于裂片；雄蕊稍短于花冠。浆果红色，卵状。花果期7—10月。

生于山坡、荒地、路旁，也有栽培。产于沈阳、辽阳、鞍山、大连、金州、凌源等地。

果实有滋肝补肾、益精明目的作用。果柄及叶是猪、羊的良好饲料。嫩茎叶可食。耐瘠薄能力强，可作水土保持和造林绿化树种。

果枝

花侧面观

花萼

花正面观

植株的一部分

1b. 菱叶枸杞（变种）（辽宁植物志、东北植物检索表）

var. **rhombifolium**（Dippel）S. Z. Liu, 辽宁植物志（下册）: 253. 图版112: 6. 1992；东北植物检索表（第二版）: 583. 图版 291: 3. 1995.

枝短；叶为卵形、菱形或椭圆形，宽2.5~5厘米。产于长海、大连、旅顺口等沿海地区。

果枝

花

花枝

植株的一部分

1c. 北方枸杞（变种）（辽宁植物志、东北植物检索表、中国植物志、Flora of China）

var. **potaninii**（Pojark.）A. M. Lu, 中国植物志67（1）: 16. 1978；Fl. China 17: 303.

果枝

花

叶

植株

1994；辽宁植物志（下册）：253. 图版112：4–5. 1992；东北植物检索表（第二版）：583. 图版291：2. 1995.

叶披针形或线状披针形；花冠裂片缘毛稀疏；雄蕊稍长于花冠。

生于向阳山坡、沟旁、村庄附近。产于沈阳、北镇等地。

（2）**宁夏枸杞**（辽宁植物志、东北植物检索表、中国植物志、Flora of China）中宁枸杞

Lycium barbarum L. in Sp. Pl. 192. 1753；Fl. China 17：303. 1994；中国植物志67（1）：13. 图版2：6-8. 1978；辽宁植物志（下册）：252. 图版112：7-10. 1992；东北植物检索表（第二版）：583. 图版291：4. 1995.

落叶灌木，分枝细密。叶互生或簇生，披针形，顶端尖，基部楔形，略带肉质，叶脉不明显。花梗长1~2厘米，向顶端渐增粗。花萼钟状，通常2中裂，裂片有小尖头或顶端又2~3齿裂；花冠漏斗状，紫堇色，裂片无缘毛，筒部明显较裂片长。浆果红色，在栽培类型中也有橙色。花果期6—10月。

生于沟岸、山坡、田埂和宅旁。沈阳、瓦房店、喀左等地栽培或野生。

果实有滋补肝肾、益精明目作用，叶有补虚益精、清热、止渴、祛风明目作用。

萼片

果实基部

花

果序

植株的一部分

2. 茄属 Solanum L.

草本、亚灌木、灌木至小乔木，有时为藤本。叶互生，稀双生，全缘，波状或作各种分裂，稀为复叶。花组成顶生、侧生、腋生、假腋生、腋外生或对叶生的聚伞花序，蝎尾状、伞状聚伞花序，或聚伞式圆锥花序，少数为单生。花两性；萼通常4~5裂；花冠星形或漏斗状辐形；花冠筒短；雄蕊4~5枚，着生于花冠筒喉部；子房2室，花柱单一，柱头钝圆，极少数为2浅裂。浆果近球状、椭圆状等，黑色、黄色、橙色等。

辽宁栽培1种。

澳洲茄（辽宁植物志、东北植物检索表、中国植物志、Flora of China）

Solanum laciniatum Aiton in Hort. Kew. 1：247. 1789；Fl. China 17：316. 1994.—*S. aviculare* auct. non Forst.：中国植物志67（1）：70. 图版18：9-13. 1978；辽宁植物志（下册）：273. 图版122. 1992；东北植物检索表（第二版）：586. 图版293：1. 1995.

落叶灌木。叶二型；分裂叶羽状3~5裂，裂片线状披针形；全缘叶披针形，基部楔形下延。蝎尾状花序，总花梗短或无，花梗长约2厘米；萼革质，5裂；花蓝紫色，直径约2.5厘米；花冠筒隐于萼内，5浅裂，裂片先端微缺。浆果椭圆形，直径约2.5厘米。花果期夏秋季。

原产于大洋洲。沈阳有栽培。

根、皮、叶、果实有祛风除湿作用。

果序

花序

植株的一部分

植株

3. 曼陀罗木属（木曼陀罗属）Brugmansia Pers.

灌木或小乔木。单叶互生，有叶柄。花大型，常单生于枝分杈间或叶腋，直立、斜升或俯垂。花萼长管状，筒部五棱形或圆筒状；花冠长漏斗状或高脚碟状，白色、黄色或淡紫色。蒴果、规则或不规则4瓣裂。

辽宁栽培1种。

木本曼陀罗（中国植物志）**曼陀罗树**

Brugmansia arborea（L.）Steud. in Nomencl. Bot. ed. 2，1：230. 1840.—*Datura arborea* L. in Sp. Pl. 179. 1753；中国植物志67（1）：148. 1978.

落叶小乔木。茎粗壮，上部分枝。叶卵状披针形、矩圆形或卵形。花单生，俯垂，花梗长3~5厘米；花萼筒状，中部稍膨胀，裂片长三角形；花冠长漏斗状，筒中部以下较细而向上渐扩大成喇叭状，长达20多厘米，檐部裂片有长渐尖头，直径8~10厘米。花期夏季。

原产于美洲热带。大连偶见避风向阳处栽培，冬季加防寒保护或者移到室内。

花朵硕大而美丽，极具观赏性。

植株的一部分

叶

植株

玄参科 Scrophulariaceae

草本、灌木或少有乔木。叶互生、下部对生而上部互生、或全对生、或轮生。花序总状、穗状或聚伞状，常合成圆锥花序。花常不整齐；萼下位，常宿存，5基数，少有4基数；花冠4~5裂，裂片多少不等或二唇形；雄蕊常4枚；花柱简单，柱头头状或2裂或2片状。果为蒴果，少有浆果状。

辽宁栽培1属3种1变种。

泡桐属 Paulownia Sieb. et Zucc.

落叶乔木，但在热带为常绿。叶对生，大而有长柄，生长旺盛的新枝上有时3枚轮生，心脏形至长卵状心脏形，基部心形，全缘、波状或3~5浅裂。花3（1）~5（8）朵成小聚伞花序；萼钟形或基部渐狭而为倒圆锥形，被毛；萼齿5，稍不等，后方一枚较大；花冠大，紫色或白色，花冠管基部狭缩，通常在离基部5~6毫米处向前驼曲或弓曲，曲处以上突然膨大或逐渐扩大，花冠漏斗状钟形至管状漏斗形。蒴果卵圆形、卵状椭圆形、椭圆形或长圆形，室背开裂，2片裂或不完全4片裂。

分种检索表

1. 叶卵状心形或长卵状心形；花蕾倒卵形或长倒卵形；花萼浅裂至1/3或2/5，花后毛逐渐脱落；果实卵形或椭圆形。
   2. 叶卵状心形，长宽几乎相等；花蕾倒卵形；花冠较宽，漏斗状钟形；果实卵形或椭圆形 ·· 1. 兰考泡桐 P. elongata S.Y. Hu
   2. 叶长卵状心形，长约为宽的2倍；花蕾长倒卵形；花冠狭，筒状漏斗形；果实椭圆形 ·· 2. 楸叶泡桐 P. catalpifolia T. Gong ex D. Y. Hong
1. 叶广卵状心形或五角状卵圆形；花蕾近圆形；花萼深裂达中部以下，毛不脱落；果实卵圆形 ·· 3. 毛泡桐 P. tomentosa（Thunb.）Steud.

（1）兰考泡桐（辽宁植物志、东北植物检索表、中国植物志、Flora of China）泡桐

Paulownia elongata S. Y. Hu in Quart. J. Taiwan Mus. 12（1–2）：41. pl. 3. 1959；

花蕾期

果期

花

Fl. China 18：9. 1998；中国植物志67（2）：35. 图版11. 1979；辽宁植物志（下册）：293. 图版132：1-5. 1992；东北植物检索表（第二版）：595. 图版297：2. 1995.

落叶乔木；全体具星状茸毛。叶卵状心形，长宽几乎相等。花序金字塔形或狭圆锥形；萼倒圆锥形，基部渐狭，分裂至1/3左右；花蕾倒卵形；花冠较宽，漏斗状钟形，紫色至粉白色，内面无毛而有紫色细小斑点。蒴果卵形，有星状茸毛。花期5月，果期秋季。

河南有野生。大连有栽培。

木材较好，用途广，可供建筑、家具、乐器、航空器材等用。花繁叶茂，为优良行道树。根皮、花、叶入药，有散瘀消肿、止痛去风、化腐生肌等作用。果实化痰止咳。

（2）楸叶泡桐（辽宁植物志、东北植物检索表、中国植物志、Flora of China）山东泡桐

Paulownia catalpifolia T. Gong ex D. Y. Hong，植物分类学报14（2）：41. Pl. 3. f. 1. 1976；Fl. China 18：9. 1998；中国植物志67（2）：37. 图版12. 1979；辽宁植物志（下

果实

叶

花

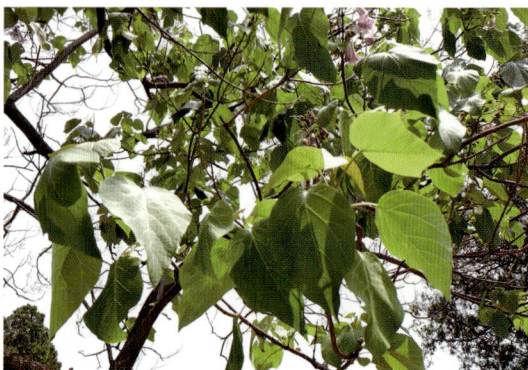

植株的一部分

册）：295. 图版132：6–11. 1992；东北植物检索表（第二版）：597. 图版297：3. 1995.

落叶大乔木。叶片长卵状心形，长约为宽的2倍。花序金字塔形；萼浅钟形，花后逐渐脱毛，浅裂达1/3~2/5处，萼齿三角形或卵圆形；花蕾长倒卵形；花冠狭，筒状漏斗形，浅紫色，内部常密布紫色细斑点。蒴果椭圆形，幼时被星状茸毛。花期4月，果期7—8月。

太行山区有野生。大连有栽培。

木材较好，用途广，可供建筑、家具、乐器、航空器材等用。花繁叶茂，为优良行道树。根皮、花、叶入药，有散瘀消肿、止痛去风、化腐生肌等作用。果实化痰止咳。

（3）**毛泡桐**（辽宁植物志、东北植物检索表、中国植物志、Flora of China）**紫花铜 冈桐 日本泡桐**

Paulownia tomentosa（Thunb.）Steud. in Nomencl. Bot. ed. 2，2：278. 1841；Fl. China 18：9. 1998；中国植物志67（2）：33. 图版10. 1979；辽宁植物志（下册）：293. 图版131. 1992；东北植物检索表（第二版）：595. 图版297：1. 1995.

3a. 毛泡桐（原变种）

var. tomentosa

落叶乔木。叶片广卵形或五角状卵圆形，全缘或3~5浅裂，背面密被灰褐色毛。圆锥花序，密生黄色茸毛；花蕾近圆形；花萼浅钟状，密被星状茸毛，5深裂至中部以下；花冠漏斗状钟形，外面淡紫色，里面有斑点。蒴果卵圆形，幼时密生黏质腺毛。花期5月，果期9月。

通常栽培，西部地区有野生。大连、旅顺口、金州、长海、盖州等地栽培。

木材较好，用途广，可供建筑、家具、乐器、航空器材等用。花繁叶茂，为优良行道树。根皮、花、叶入药，有散瘀消肿、止痛去风、化腐生肌等作用。果实化痰止咳。

果实

花蕾

花序

树干

植株的一部分

3b. 光泡桐（变种）（辽宁植物志、东北植物检索表、中国植物志、Flora of China）

var. tsinlingensis（Pai）Gong Tong in Acta Phytotax. Sin. 14（2）：43. 1976；Fl. China 18：9. 1998；中国植物志67（2）：35. 1979；辽宁植物志（下册）：293. 1992；东北植物检索表（第二版）：595.1995.

叶背面无毛或被稀疏毛。金州有栽培。

叶

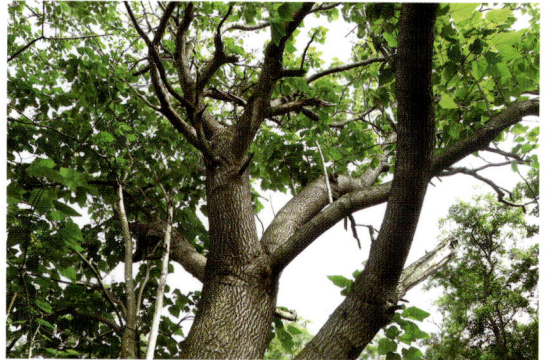

植株上部

紫葳科 Bignoniaceae

乔木、灌木或木质藤本，稀为草本；常具有各式卷须及气生根。叶对生、互生或轮生，单叶或羽叶复叶，稀掌状复叶；顶生小叶或叶轴有时呈卷须状，卷须顶端有时变为钩状或为吸盘而攀援他物；叶柄基部或脉腋处常有腺体。花两性，左右对称，通常大而美丽，组成顶生、腋生的聚伞花序、圆锥花序或总状花序或总状式簇生；花萼钟状、筒状，平截，或具2~5齿，或具钻状腺齿；花冠合瓣，钟状或漏斗状，常二唇形，5裂，裂片覆瓦状或镊合状排列。蒴果，室间或室背开裂，形状各异，光滑或具刺，通常下垂，稀为肉质不开裂。

辽宁产2属5种，其中栽培4种。

分属检索表

1. 乔木。单叶；能育雄蕊2枚 ·· 1. 梓树属（梓属）Catalpa Scop.
1. 藤本。奇数羽状复叶；能育雄蕊4 ·· 2. 凌霄属 Campsis Lour.

1. 梓树属（梓属）Catalpa Scop.

落叶乔木。单叶对生，稀3叶轮生，揉之有臭气味，叶下面脉腋间通常具紫色腺点。花两性，组成顶生圆锥花序、伞房花序或总状花序；花萼二唇形或不规则开裂，花蕾期花萼封闭呈球状体；花冠钟状，二唇形，上唇2裂，下唇3裂；能育雄蕊2枚，内藏，着生于花冠基部，退化雄蕊存在；花盘明显；子房2室。果为长柱形蒴果，2瓣开裂。

辽宁产3种，其中栽培2种。

分种检索表

1. 花冠浅黄色，长1.5~2厘米；叶通常3~5浅裂，背面近无毛 ·························· 1. 梓树 C. ovata G. Don
1. 花冠白色，长4~5厘米；叶全缘或有2齿裂，背面有毛。
 2. 叶卵状长圆形至广卵形，背面密被短柔毛；花序少花，10余朵；蒴果较短粗，长20~30厘米，直径约1.5厘米。栽培 ·················· 2. 黄金树 C. speciosa（Ward. ex Barn.）Ward. ex Engelm.
 2. 叶卵形至广卵状圆形，背面疏被短柔毛；花序多花；蒴果细长，长25~40厘米，直径6~8毫米。栽培 ·· 3. 紫葳楸 C. bignonioides Walt.

（1）梓树（辽宁植物志、东北植物检索表）梓（中国植物志、Flora of China）臭梧桐

Catalpa ovata G. Don in Gen. Syst. Gard. Bot. 4：230. 1837；Fl. China 18：215. 1998；中国植物志69：13. 图版5：1-3. 1990；辽宁植物志：341. 图版153. 1992；东北植物检索表（第二版）：608. 图版303：1. 1995.

落叶乔木。叶片大，广卵形或近圆形，通常3~5浅裂，背面近无毛。圆锥花序顶生；花冠浅黄色，长约2厘米，二唇形，上唇2裂，下唇3裂，边缘波状，筒部内有2黄色条带及暗紫色斑点。蒴果长圆柱形，深褐色。花果期6—10月。

生于湿润地区。沈阳、鞍山、岫岩、抚顺、营口、凤城、丹东、普兰店、庄河、北镇、绥中、铁岭等地野生或栽培。

生长较快，花朵美丽，常栽培作庭院树或行道树。木材轻软，耐朽，供建筑及制家具、乐器等用。嫩叶可食用。根或茎有清热解毒、和胃降逆、杀虫作用。

果期

花期

（2）黄金树（辽宁植物志、东北植物检索表、中国植物志）白花梓树

Catalpa speciosa（Ward. ex Bam.）Ward. ex Engelm. in Bot. Gaz. 5：1. 1880；中国植物志69：16. 1990；辽宁植物志（下册）：341. 图版155：1-2. 1992；东北植物检索表（第二版）：608. 图版303：2. 1995.

落叶乔木。叶卵心形至卵状长圆形，背面密被短柔毛。圆锥花序顶生，少花；花冠白色，喉部有2黄色条纹及紫色细斑点，裂片开展。蒴果圆柱形，黑色，长30~55厘米，宽10~20毫米，2瓣开裂。花期5—6月，果期9—10月。

原产于美国中部至东部。大连、沈阳、盖州有栽培。

夏季花繁叶茂，秋天叶色金黄，具有良好的观赏价值。

果期

花

叶

植株

（3）**紫葳楸**（辽宁植物志、东北植物检索表）**美国黄金树 美国梓树 长果黄金树**

Catalpa bignonioides Walt. in Fl. Carol. 64. 1788；辽宁植物志（下册）：343. 图版154. 1992；东北植物检索表（第二版）：608. 图版303：3. 1995.

落叶乔木。叶片卵形至广卵状圆形，基部截形至浅心形，先端急尖，全缘或中部以上2齿裂，表面无毛，背面疏被短柔毛。圆锥花序呈宽金字塔形，多花；花冠白色，下唇内部具2黄色条带及紫褐色斑。蒴果长25~40厘米，直径6~8毫米。花期6月，果期9—10月。

原产于北美。大连、沈阳等地有栽培。

花形奇特，花色美丽，为优良的庭院观赏树。

花

花期

苗期

2. 凌霄属 Campsis Lour.

攀援木质藤本，以气生根攀援，落叶。叶对生，为奇数1回羽状复叶，小叶有粗锯齿。花大，红色或橙红色，组成顶生花束或短圆锥花序；花萼钟状，近革质，不等的5裂；花冠钟状漏斗形，檐部微呈二唇形，裂片5，大而开展，半圆形；雄蕊4，2强，弯曲，内藏；子房2室，基部围以一大花盘。蒴果，室背开裂，由隔膜上分裂为2果瓣。

辽宁栽培2种。

分种检索表

1. 小叶7~9枚，叶下面无毛；花萼5裂至1/2处，裂片大，披针形
   ·· 1. 凌霄 C. grandiflora（Thunb.）Loisel.
1. 小叶9~11枚，叶下面被毛，至少沿中脉及侧脉及叶轴被短柔毛；花萼5裂至1/3处，裂片短，卵状三角形 ·· 2. 厚萼凌霄 C. radicans（L.）Seem.

（1）凌霄（中国植物志、Flora of China）大花凌霄 中国凌霄

Campsis grandiflora（Thunb.）Loisel. in Nat. Pflanzenfam. 4（3b）：230. 1894；Fl. China 18：220. 1998；中国植物志69：33. 图版1：1-3. 1990.

落叶木质攀援藤本。叶对生，为奇数羽状复叶；小叶7~9枚，卵形至卵状披针形，背面无毛。顶生疏散的短圆锥花序；花萼5裂至1/2处，裂片披针形；花冠内面鲜红色，外面橙黄色，长约5厘米，裂片半圆形。蒴果顶端钝。花期5—8月。

分布于长江流域以及河北、山东、河南、福建、广东、广西、陕西等地。大连有栽培。

优良的垂直绿化材料。花有行血祛瘀、凉血祛风作用，茎、叶有凉血、散瘀作用。

植株上部

花侧面观（萼片）

植株

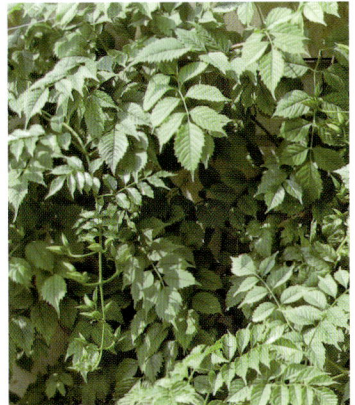
植株的一部分

（2）厚萼凌霄（中国植物志）美国凌霄 杜凌霄

Campsis radicans （L.）Seem. in J. Bot. 5：372. 1867；中国植物志69：33. 1990.

落叶木质攀援藤本。小叶9~11枚，椭圆形至卵状椭圆形，背面被毛。花萼钟状，5浅裂至萼筒的1/3处，裂片齿卵状三角形；花冠筒细长，漏斗状，橙红色至鲜红色，筒部为花萼长的3倍。蒴果长圆柱形，顶端具喙尖，沿缝线具龙骨状突起。花期夏季。

原产于美洲。大连有栽培。

垂直绿化的好材料。茎治腹痛；花用于月经不调；全株治胃肠炎、跌打骨折。

花序侧面观（花萼）

花序正面观

叶

叶背面观

植株

忍冬科 Caprifoliaceae

灌木或木质藤本，有时为小乔木或小灌木，落叶或常绿，很少为多年生草本。叶对生，很少轮生，多为单叶，有时为单数羽状复叶。聚伞或轮伞花序，或由聚伞花序集合成伞房式或圆锥式复花序，有时因聚伞花序中央的花退化而仅具2朵花，排成总状或穗状花序，极少花单生。花两性，极少杂性；花冠合瓣，辐状、钟状、筒状、高脚碟状或漏斗状，裂片4（-3）~5枚，覆瓦状或稀镊合状排列，有时两唇形，上唇二裂，下唇三裂，或上唇四裂，下唇单一。果实为浆果、核果或蒴果，具1至多数种子。

辽宁产8属31种6变种3变型，其中栽培10种1变种1变型。

分属检索表

1. 单叶，揉后常无臭味。
  2. 花冠两侧对称，稀辐射对称，花柱较长。
    3. 子房的心皮全部能育，各心皮内含多数胚珠；果实开裂或不开裂，具若干至多数种子。
      4. 蒴果 ·· 1. 锦带花属 Weigela Thunb.
      4. 浆果或浆果状复果。花总梗上常并生2花，2花之萼筒常多少合生 ········ 2. 忍冬属 Lonicera L.
    3. 子房由能育和败育的心皮所构成，能育心皮各内含1胚珠；果实不开裂，具1~3颗种子。
      5. 花序为顶生的穗状；萼檐浅齿裂；核果有2颗种子；子房4室
        ·· 3. 毛核木属 Symphoricarpos Duhamel
      5. 花序聚伞状；萼檐深裂，裂片狭长；核果浆果状或瘦果状，有1~2颗种子。
        6. 花具细长梗，成对生于小枝顶端；果实近圆形或卵圆形，顶端无宿存的萼裂片；常绿匍匐小灌木 ·························· 4. 北极花属（林奈草属）Linnaea Gronov. ex L.
        6. 花单生或集合成聚伞花序；果实椭圆形、矩圆形至圆柱形，顶端有宿存的萼裂片；落叶直立灌木。
          7. 相邻两个果实合生，外被长刺刚毛；萼裂片5，花开后不增大；果实近圆形，萼筒超出子房部分缢缩而发育成细长的颈 ·············· 5. 蝟实属 Kolkwitzia Graebn.
          7. 果实分离，外面无长刺刚毛；萼裂片2~5，花开后增大；果实圆柱形，稍扁，萼筒超出子房部分不发育成细长的颈 ··························· 6. 六道木属 Abelia R. Br.
  2. 花冠辐射对称，辐状、钟状或筒状；花柱短。核果，具1粒种子 ············ 7. 荚蒾属 Viburnum L.
1. 奇数羽状复叶，揉后有臭味 ······················· 8. 接骨木属 Sambucus L.

1. 锦带花属 Weigela Thunb.

落叶灌木。叶对生，边缘有锯齿。花单生或由2~6花组成聚伞花序生于侧生短枝上部叶腋或枝顶；萼筒长圆柱形，萼檐5裂，裂片深达中部或基底；花冠白色、粉红色至深红色，钟状漏斗形，5裂，筒长于裂片；雄蕊5枚，着生于花冠筒中部，内藏，花药内向；子房上部一侧生1球形腺体，子房2室，含多数胚珠，花柱细长，柱头头状，常伸出花冠筒外。蒴果圆柱形，革质或木质，2瓣裂，中轴与花柱基部残留。

辽宁产3种1变型，其中栽培2种。

分种检索表

1. 萼檐裂至中部，萼齿披针形；种子无翅。 ························· 1. 锦带花 W. florida（Bunge）A. DC.
1. 萼檐裂至基部，萼齿条形；种子多少具翅。
　2. 叶卵形、宽椭圆形或倒卵形，上下面叶脉疏被平伏毛；花冠外面及幼枝无毛或疏被柔毛；花初开始黄白色，后逐渐变紫红色 ···················· 2. 海仙花 Weigela coraeensis Thunb.
　2. 叶长卵形或卵状椭圆形，上面疏被糙毛，中脉较密，下面密被糙毛；花冠外面及幼枝被短糙毛或微毛；花胭脂红色 ················ 3. 红王子锦带 Weigela japonica cv. 'Red Prince'.

（1）锦带花（辽宁植物志、东北植物检索表、中国植物志、Flora of China）旱锦带花（辽宁植物志、东北植物检索表）山芝麻 猛牛花

Weigela florida（Bunge）A. DC. in Ann. Sci. Nat., Bot., sér. 2, 11：241. 1839；Fl. China 19：615. 2011；中国植物志72：132. 图版34：1-2. 1988；辽宁植物志（下册）：367. 图版165：1-4. 1992；东北植物检索表（第二版）：625. 图版307：4. 1995.—*W. prae-cox*（Lemoine）Bailey in Gentes Herb. 2（1）：54. 1929；辽宁植物志（下册）：367. 图版165：5. 1992；东北植物检索表（第二版）：625. 图版307：5. 1995.

1a. 锦带花（原变型）

f. florida

落叶灌木；树皮灰色。叶矩圆形至倒卵状椭圆形，无柄或有极短的柄，表面有毛或无毛，背面具柔毛。花单生或成聚伞花序生侧生短枝的叶腋或枝顶；萼筒长圆柱形，疏被柔

花侧面观

花序

茎叶

植株

植株的一部分

毛，萼齿不等，深达萼檐中部；花冠紫红色或玫瑰红色。果实顶端有短柄状喙，疏生柔毛。花果期5—7月。

生于杂木林下或山顶灌木丛中。产于义县、北镇、本溪、桓仁、宽甸、凤城、丹东、鞍山、盖州、大连等地。

观赏花木，枝长花茂，灿如锦带，适宜庭院墙隅、湖畔群植。

1b. 白锦带花（变型）（辽宁植物志、东北植物检索表）

f. **alba**（Nakai）C. F. Fang，辽宁植物志（下册）：367. 1992；东北植物检索表（第二版）：625. 1995. —*W. praecox*（Lemoine）Bailey f. *albiflora*（Y. C. Chu）C. F. Fang，辽宁植物志（下册）：368. 1992；东北植物检索表（第二版）：625. 1995.

花冠白色，花冠筒微红色。产于宽甸、庄河、鞍山等地。

花侧面观

花正面观

（2）海仙花（中国树木志）**五色海棠 朝鲜锦带花 大花锦带花**

Weigela coraeensis Thunb. in Trans. L. Soc. 2：331. 1794；中国树木志（第二卷）：1845. 图版938：3. 1985.

落叶灌木。叶阔椭圆形或近圆形至倒卵形，边缘具锯齿，上面深绿色，疏生短柔毛，下面浅绿色，密生短柔毛；叶柄长8~12毫米，有柔毛。单花或具3朵花的聚伞花序生于短枝的叶腋或顶端；萼齿条形，深达萼檐基部，被柔毛；花初开始黄白色，后逐渐变紫红色，漏斗状钟形。蒴果疏生柔毛。花期5~6月，果期9—10月。

产于华东地区。大连地区有栽培。在阴湿地生长良好。

优良观赏花木。

花侧面观（萼片）

| 叶 | 植株 | 植株的一部分 |

（3）日本锦带花（园林树木1600种）杨栌

Weigela japonica Thunb. in Kongl. Vetensk. Acad. Nya Handl. 1：137，141，pl. v. 1780.

3a. 日本锦带花（原变种）

var. **japonica**

落叶灌木。小枝光滑或具两行毛。叶椭圆形至长倒卵形，表面稍有毛，背面脉上有柔毛，叶柄长2~5毫米。花有梗，花冠钟状漏斗形，初开时白色，后渐变为深红色，花柱稍露出；萼片线形，裂达基部。蒴果光滑，种子有翅。花期5—6月，果期9—10月。

原产于日本。辽宁未见栽培。

3b. 红王子锦带（栽培变种）红花锦带花

cv. '**Red Prince**'. —*Weigela florida* cv. 'Red Prince'.

萼齿深裂达萼檐基部；花冠胭脂红色。花果期5—10月。

花萼

花侧面观　　　　　　　　　　　花正面观

叶

植株

大连、旅顺口、金州等地栽培。

优良观赏花木。

注：许多资料上都把红王子锦带定为锦带花的园艺品种*Weigela florida* cv. 'Red Prince'，从红王子锦带萼齿深裂的特征看，它符合日本锦带花*Weigela japonica* Thunb.的特征。锦带花的萼齿仅裂至萼檐中部。故此，本书将其修正为日本锦带花的园艺品种*Weigela japonica* cv. 'Red Prince'。

2. 忍冬属 Lonicera L.

直立灌木或矮灌木，很少呈小乔木状，有时为缠绕藤本，落叶或常绿。叶对生，很少3（-4）枚轮生。花通常成对生于腋生的总花梗顶端，简称"双花"，或花无柄而呈轮状排列于小枝顶，每轮3~6朵；每双花有苞片和小苞片各1对，苞片小或大形叶状，小苞片有时连合成杯状或坛状壳斗而包被萼筒，稀缺失；相邻两萼筒分离或部分至全部连合，萼檐5裂或有时口缘浅波状或环状，很少向下延伸成帽边状突起；花冠白色、黄色、淡红色或紫红色，钟状、筒状或漏斗状，整齐或近整齐5（-4）裂，或二唇形而上唇4裂。果实为浆果，红色、蓝黑色或黑色。

辽宁产15种4变种3变型，其中栽培3种1变种1变型。

分种检索表

1. 花单生，常6朵成1轮，2至数轮生于小枝顶；花序下的1~2对叶基部相连成盘状。栽培 ··· 1. 穿叶忍冬 L. sempervirens L.

1. 花成对，稀单生。叶对生，不合生。

　2. 缠绕藤木；苞片卵形，叶状；花白色或黄色 ···························· 2. 金银花 L. japonica Thunb.

　2. 茎直立，不缠绕。

　　3. 果蓝色，椭圆形或长圆形；叶长圆状卵形或长圆形，基部多圆形；花黄白色，长7~15毫米 ··· 3. 蓝靛果忍冬 L. caerulea L.

　　3. 果通常红色或暗褐色。

　　　4. 小枝具黑褐色的髓，后因髓消失而变中空。

　　　　5. 花玫瑰红色或粉红色至粉白色。栽培

6. 植株各个部分有腺毛。老叶墨绿色泛蓝色 ················ 4. 蓝叶忍冬 L. korolkowii Stapf.

6. 全株近于无毛。老叶不泛蓝色················· 5. 桃色忍冬 L. tatarica L.

5. 花白色或黄色。

7. 花梗较果短；相邻的两果离生 ·············· 6. 金银忍冬 L. maackii（Rupr.）Maxim.

7. 花梗较果长；相邻的两果基部结合。

8. 叶基部通常楔形，叶两面脉上被糙伏毛，叶缘有直毛；萼筒具腺

················· 7. 黄花忍冬 L. chrysantha Turcz.

8. 叶基部通常圆形、截形或近心形。叶背面密被短柔毛；萼筒秃净

················· 8. 长白忍冬 L. ruprechtiana Regel.

4. 小枝具白色、密实的髓。

9. 叶基部通常楔形，至少枝端的叶为楔形。

10. 花先叶开放，花冠粉色；叶近广卵形 ·············· 9. 早花忍冬 L. praefiorens Batalin

10. 花与叶同时开放或开于叶后；花冠筒比花冠裂片长2倍；雄蕊不高出花冠裂片。

11. 花冠近整齐或稍不整齐，但非唇形；双花的相邻两萼筒分离；植物体的毛被不具瘤基。

12. 双花及其2苞片均发育；萼檐长1~2毫米，有钝齿

················· 10. 北京忍冬 L. elisae Franch.

12. 双花之一连同其苞片均退化；萼檐极短，长不足0.5毫米，口缘截状或浅波状

················· 11.单花忍冬 L. subhispida Nakai

11. 花冠唇形；双花的相邻两萼筒连合，如为分离，则植物体具稠密、有瘤基的微硬毛或刺毛。叶无毛或仅下面中脉有少数刚伏毛，更或仅下面基部中脉两侧有稍弯短糙毛

················· 12. 郁香忍冬 L. fragrantissima Lindl. et Paxt.

9. 叶基部多圆形、截形或近心形。

13. 果为坛状壳斗包裹，成熟后裂开，露出红色浆果；小枝及花梗有粗毛和腺毛；花冠淡黄色，长10~15毫米 ·············· 13. 秦岭忍冬 L. ferdinandii Franch.

13. 果无坛状壳斗包裹，合生至中部或中上部；小枝通常无粗毛和腺毛；花冠紫色。

14. 叶革质，通常长圆状披针形，背面有茸毛；花长8毫米

················· 14. 藏花忍冬 L. tatarinowii Maxim.

14. 叶纸质，通常卵形或卵状披针形，背面被疏长毛，稀近无毛；花长1厘米，萼齿三角形 ·············· 15. 紫枝忍冬 L. maximowiczii（Rupr.）Regel

（1）穿叶忍冬（辽宁植物志、东北植物检索表）贯月忍冬（中国植物志）

Lonicera sempervirens L. in Sp. Pl. 1：173. 1753；中国植物志72：250. 1988；辽宁植物志（下册）：380. 图版171：1. 1992；东北植物检索表（第二版）：617. 图版308：1. 1995.

常绿藤本。叶宽椭圆形、卵形至矩圆形，顶端钝或圆而常具短尖头，基部通常楔形，下面粉白色，小枝顶端的1~2对叶基部相连呈盘状；叶柄短或几不存在。花轮生，每轮通常6朵，2至数轮组成顶生穗状花序；花冠近整齐，细长漏斗形，外面橘红色，内面黄色。果实红色，直径约6毫米。花期4—8月，果期9—10月。

原产于北美洲。沈阳、盖州（熊岳）有栽培。

垂直绿化的好材料。花期观赏性尤其好。

花序

花正面观

植株

植株的一部分

（2）金银花（辽宁植物志、东北植物检索表）忍冬（中国植物志、Flora of China）双花　金银藤

Lonicera japonica Thunb. in Fl. Jap. 89. 1784；Fl. China 19：637. 2011；中国植物志 72：236. 图版62：1-4. 1988；辽宁植物志（下册）：383. 图版173：1-2. 1992；东北植物检索表（第二版）：617. 图版309：4. 1995.

2a. 金银花（原变种）

var. japonica

半常绿缠绕灌木。叶片卵状长圆形等。花梗单一，生叶腋，较叶柄长，苞叶状卵形，有缘毛，小苞离生；花冠长3~4厘米，二唇形，花冠外部有柔毛及腺点，初开放时白色，后变黄色。浆果球形，黑色，离生。花期5—6月，果期8—9月。

生于山坡灌木丛或疏林中、乱石堆等地，也有栽培。产于北镇、宽甸、金州、大连、旅顺口、长海等地。

常用中药，有清热解毒、消炎退肿作用。攀援性好，花形美观，是垂直绿化的好材料。

果枝

花

花枝

萌枝叶

2b. 红白忍冬（变种）（中国植物志、Flora of China）红花金银花

var. chinensis (Wats.) Bak. in Refug. Bot. 4：pl. 224. 1871；Fl. China 19：637.

花蕾期

盛花期

植株的一部分

2011；中国植物志72：238. 1988.

幼枝紫黑色，幼叶带紫红色，小苞片比萼筒狭。花冠外面紫红色，内面白色，上唇裂片较长，裂隙深超过唇瓣的1/2。

产于安徽。大连有栽培。

（3）蓝靛果忍冬（东北植物检索表）蓝果忍冬（中国植物志、Flora of China）蓝靛果 黑瞎子果

Lonicera caerulea L. in Sp. Pl. 174. 1753；Fl. China 19：626. 2011；中国植物志72：194. 1988.—*L. caerulea* var. *edulis* Turcz. ex Herd. in Bull. Soc. Nat. Mosc. 37（1）Pl. Radd. Monopet.）：205 et 207. t. 3, fig. 1-2a. 1864；中国植物志72：194. 图版49：1-2. 1988.—*L. edulis* Turcz. msc. ex Turcz. in Bull. Soc. Nat. Mosc. 18（1）：306，1845；东北植物检索表（第二版）：617. 图版309：5. 1995.

落叶灌木。茎直立。壮枝节部常有大形盘状的托叶，茎犹如贯穿其中。叶矩圆形、卵状矩圆形或卵状椭圆形，顶端尖或稍钝，基部圆形，两面疏生短硬毛。花黄白色，长7~15毫米。复果蓝黑色，稍被白粉，椭圆形，长约1.5厘米。花期5—6月，果熟期8—9月。

生于落叶林下或林缘荫处灌木丛中。产于凤城（蒲石河）。

果实成熟后酸甜可食，且有清热解毒作用，治疗疮、乳痈、肠痈、丹毒等热毒疮疡症。

果实　　　　　　　　　　　叶　　　　　　　　　　植株的一部分

（4）蓝叶忍冬（大连植物彩色图谱）柯氏忍冬

Lonicera korolkowii Stapf. in Gard. & Forest 6：34. 1893.

落叶灌木，株高2~3米，树形向上，紧密。单叶对生，叶卵形或卵圆形，全缘，近革质，新叶嫩绿，老叶墨绿色泛蓝色，背面有毛。花朵成对生腋生的花序柄顶端，形似蝴蝶；花玫瑰红色，稀白色。浆果亮红色。花期4—5月，果期9—10月。

原产于土耳其。大连、沈阳有栽培。

优良木本观赏植物，可孤植、片植或群植于庭院、路边、草坪中、林缘或缓坡。

花枝

| 果枝 | 花侧面观 | 植株 |

（5）桃色忍冬（辽宁植物志、东北植物检索表）新疆忍冬（中国植物志、Flora of China）

Lonicera tatarica L. in Sp. Pl. 173. 1753；Fl. China 19：633. 2011；中国植物志72：216. 图版54：1-4. 1988；辽宁植物志（下册）：385. 图版173：3-5. 1992；东北植物检索表（第二版）：620. 图版309：2. 1995.

落叶灌木。叶纸质，卵形，叶基部多圆形、截形或近心形，两面无毛，边缘有短糙毛。苞片条状披针形；小苞片分离，近圆形，长为萼筒的1/3~1/2；相邻两萼筒分离，萼檐具三角形或卵形小齿；花冠粉红色或粉白色。果实红色，圆形。花期5—6月，果熟期7—8月。

产于新疆北部。沈阳、盖州有栽培。

观赏花木。花期观赏性最好。

花正面观

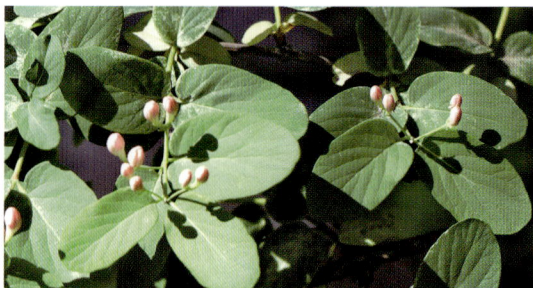

| 花侧面观 | 植株的一部分 |

（6）金银忍冬（辽宁植物志、东北植物检索表、中国植物志、Flora of China）金银木 王八骨头

Lonicera maackii（Rupr.）Maxim. in Mém. Acad. Imp. Sci. St.-Pétersbourg Divers Savans 136. 1859；Fl. China 19：635. 2011；中国植物志72：222. 图版55：4-5. 1988；辽宁植物志（下册）：382. 图版172：1-4. 1992；东北植物检索表（第二版）：620. 图版309：1. 1995.

6a. 金银忍冬（原变种）

var. maackii

6aa. 金银忍冬（原变型）

f. maackii

落叶灌木。叶纸质，卵状椭圆形等，基部常楔形，至少枝端是这样。花后叶开放，花冠黄色或黄白色；每花梗上有1对花；花梗较果短，截面圆形；子房与苞之间无柄。相邻的两果离生；果实暗红色，圆形。花期5—6月，果熟期8—10月。

生于林中或林缘溪流附近的灌木丛中。产于西丰、彰武、北镇、新宾、桓仁、本溪、抚顺、沈阳、鞍山、宽甸、凤城、盖州、岫岩、庄河、大连等地。

茎皮可制人造棉，种子油制肥皂，花可提取芳香油。优良的庭院观赏植物，花和果均有极高的观赏价值。茎叶有祛风解毒、活血祛瘀作用，花有祛风解表、消肿解毒作用，可作金银花入药。

花

果期

果实

花期

6ab. 小花金银忍冬（变型）（辽宁植物志、东北植物检索表）

f. prodocarpa Rehd. in Rep.（Annual）Missouri Bot. Gard. 14：141. 1903；辽宁植物志（下册）：383. 1992；东北植物检索表（第二版）：620. 1995.

叶椭圆状卵形或椭圆形，先端突渐尖，花小，子房与苞之间有短柄。沈阳有栽培。

6b. 粉花金银忍冬（变种）（辽宁植物志、东北植物检索表）红花金银忍冬（中国植物志、Flora of China）

var. erubescens Rehd. in Mittel. Deutsch. Dendr. Ges. 1913（22）：263. 1914；Fl. China 19：635. 2011；中国植物志72：222. 1988.—*f. erubescens* Rehd. in Mitt. Deutsch. Dendrol. Ges. 1913（22）：263. 1913；辽宁植物志（下册）：383. 1992；东北植物检索表（第二版）：620. 1995.

花较大，带粉色。沈阳、大连有栽培。

花侧面观

花正面观

植株的一部分

（7）黄花忍冬（辽宁植物志、东北植物检索表）金花忍冬（中国植物志、Flora of China）黄金银花

Lonicera chrysantha Turcz. in Fl. Ross. 2：388. 1844；Fl. China 19：634. 2011；中国植物志72：219. 图版55：1-3. 1988；辽宁植物志（下册）：386. 图版174：1-2. 1992；东北植物检索表（第二版）：620. 图版310：4. 1995.

落叶灌木。叶纸质，菱状卵形等，基部通常楔形，表面无毛，仅背面脉上有短柔毛，边缘有疏缘毛。花后叶开放，花冠黄色或黄白色，外面疏生短糙毛，萼筒具腺。花梗较果长，果实红色，相邻的两果基部结合。花期6月，果熟期8—9月。

生于沟谷、林下或灌木丛中。产于桓仁、本溪、宽甸、鞍山、岫岩、凌源、建昌等地。

花期、果期均有较高的观赏性。花蕾、嫩枝、叶有清热解毒作用。

注：辽宁植物志和东北植物检索表（第二版）尚记录以下变型变种，均被Species 2000

果枝

植株的一部分

花枝

叶背面观

合并为本种：

　　柔毛黄花忍冬f. *villosa* Rehd. 叶两面有毛，背面及脉上尤其密。产于本溪。

　　扁梗黄花忍冬var. *crassipes* Nakai 花总梗宽扁平。产于本溪。

　　宽叶黄花忍冬var. *latifolia* Korsh. 叶质较厚，广椭圆形或卵状椭圆形，基部圆形。辽宁有记载。

　　长梗黄花忍冬var. *longipes* Maxim. 花总梗长2~3厘米，叶卵状长圆形，背面有毛。辽宁有记载。

　　（8）长白忍冬（辽宁植物志、东北植物检索表、中国植物志、Flora of China）辽吉金银花

Lonicera ruprechtiana Regel. in Index Seminum（LE）1869：19. 1869；Fl. China 19：634. 2011；中国植物志72：217. 图版54：7-8. 1988；辽宁植物志（下册）：390. 图版175：5-7. 1992；东北植物检索表（第二版）：623. 图版310：3. 1995.

果期

　　落叶灌木。小枝通常无粗毛和腺毛。叶纸质，矩圆状倒卵形至矩圆状披针形，基部多圆形，表面无毛，背面有短柔毛。花冠白色，后变黄色，外面无毛，内密生短柔毛，萼筒秃净。果实无坛状壳斗包裹，橘红色，圆形，仅基部合生。花期5—6月，果熟期7—8月。

果实

　　生于沟谷、林下或灌木丛中。产于开原、黑山、清原、抚顺、沈阳、本溪、凤城、盖州等地。

　　嫩叶及花可代茶；庭院栽培供观赏。

花

花期

叶背面观

　　（9）早花忍冬（辽宁植物志、东北植物检索表、中国植物志、Flora of China）

Lonicera praeflorens Batalin in Trudy Imp. S.–Peterburgsk. Bot. Sada 12：169. 1892；Fl. China 19：628. 2011；中国植物志72：207. 图版52：1-2. 1988；辽宁植物志（下册）：383. 图版172：5-7. 1992；东北植物检索表（第二版）：620. 图版309：7. 1995.

　　9a. 早花忍冬（原变种）

var. praeflorens

落叶灌木。叶纸质，宽卵形至卵状椭圆形。花先叶开放；苞片宽披针形至狭卵形，边缘

有糙睫毛及腺；相邻两萼筒分离，萼齿宽卵形，不相等，有腺缘毛；花冠淡紫色，漏斗状。果实红色，圆形。花期4月，果熟期5—6月。

生于山坡林内及灌木丛中。产于凌源、沈阳、本溪、鞍山、宽甸、凤城、庄河等地。

早春观花植物。果实可食。

果实　　　　　　　　　　　　花期　　　　　　　　　　　　植株的一部分

9b. 淡黄花早花忍冬（新变种）

var. lutescens S. M. Zhang in Addenda p. 615

本变种与原变种的主要区别是：花冠淡黄色。生于鞍山（千山）油松阔叶混交林。

花（庞善元　摄）　　　　　　　　　　　　花期（庞善元　摄）

（10）北京忍冬（中国植物志、Flora of China）破皮袄　四月红　狗骨头　毛母娘

Lonicera elisae Franch. in Pl. David. 1：152. 1883；Fl. China 19：630. 2011；中国植物志72：208. 图版52：3-6. 1988.

落叶灌木。叶纸质，卵状椭圆形等，两面被短硬伏毛。花与叶同时开放；双花及其2苞片均发育；萼檐长1~2毫米，有钝齿；花冠白色或带粉红色，长漏斗状，花冠筒比花冠裂片长2倍，雄蕊不高出花冠裂片。果实红色。花期4—5月，果熟期5—6月。

生于沟谷或山坡丛林或灌木丛中。产于凌源。

早春观花植物。

果实

植株的一部分

花

（11）单花忍冬（辽宁植物志、东北植物检索表、中国植物志、Flora of China）

Lonicera subhispida Nakai in J. Coll. Sci. Imp. Univ. Tokyo 42（2）：92. 1921；Fl. China 19：630. 2011；中国植物志72：209. 图版52：7-8. 1988.—*L. monantha* Nakai in l. c. 91. 1921, et Fl. Sylv. Kor. 11：73, t. 29. 1921；辽宁植物志（下册）：388. 图版174：3-4. 1992；东北植物检索表（第二版）：620. 1995.

落叶灌木。叶矩圆至近圆形，基部通常楔形，至少枝端的叶为楔形，具缘毛，上面被疏糙毛，下面带粉绿色，脉上有糙毛；叶柄长3~6厘米。花后叶开放，花冠黄色或黄白色，每花梗仅1花，偶见2花。果实红色，纺锤形或椭圆形，长8~14毫米，无毛。果熟期6月。

果实成熟期

花（李忠宇　摄）

小枝

叶背面观

植株的一部分

生于山坡、林缘。产于桓仁、本溪、宽甸、凤城等地。

注：本种是忍冬属比较特殊的一个种，双花因退化而只有一朵花，苞片仅1枚发育。

（12）郁香忍冬（中国植物志、Flora of China）四月红

Lonicera fragrantissima Lindl. et Paxt. in Paxt. Fl. Gard. 3：75. f. 268. 1852；Fl. China 19：628. 2011；中国植物志72：212. 图版53：4. 1988.

半常绿或落叶灌木；幼枝无毛或疏被倒刚毛。叶厚纸质或带革质，倒卵状椭圆形等，两面无毛；叶柄有刚毛。花先于叶或与叶同时开放；苞片披针形，长为萼筒的2~4倍；相邻两萼筒约连合至中部；花冠白色或淡红色。果实鲜红色，部分连合。花果期4—5月。

生于山坡灌木丛中。产于旅顺口（蛇岛）、长海（獐子岛）。

早春观花树种。根、嫩枝、叶有祛风除湿、清热止痛作用，用于风湿关节痛、劳伤、疔疮。

果实成熟期

果实成熟前（王小平　摄）

花期（王小平　摄）

叶背面观

植株的一部分

（13）秦岭忍冬（辽宁植物志、东北植物检索表）葱皮忍冬（中国植物志、Flora of China）波叶忍冬

Lonicera ferdinandii Franch. in Nouv. Arch. Mus. Hist. Nat.，sér. 2，6：31. pl. 12. 1883；Fl. China 19：627. 2011；中国植物志72：197. 图版49：7-10. 1988；辽宁植物志（下册）：382. 1992；东北植物检索表（第二版）：620. 图版309：3. 1995.—*L. vesicaria* Kom. in Trudy Imp. S.-Peterburgsk. Bot. Sada 18（3）：427. 1901；辽宁植物志（下册）：380. 图版171：2-4. 1992；东北植物检索表（第二版）：620. 图版308：2. 1995.

落叶灌木。小枝及花梗有粗毛和腺毛。叶卵形等，基部最宽，被柔毛或粗毛。苞片大，叶状；小苞片合生成坛状壳斗，完全包被相邻两萼筒；花冠白色，后变淡黄色，唇形。果为坛状壳斗包裹，成熟后裂开，露出红色浆果。花期5月下旬，果熟期9—10月。

生于向阳山坡林中或林缘灌木丛中。产于凤城、桓仁等地。

枝条韧皮纤维可代麻，亦可作造纸原料。花果均有较好的观赏性。

果期

果实

花（李忠宇　摄）

花期（李忠宇　摄）

小枝

（14）藏花忍冬（辽宁植物志、东北植物检索表）华北忍冬（中国植物志、Flora of China）

Lonicera tatarinowii Maxim in Mém. Acad. Imp. Sci. St.–Pétersbourg Divers Savans 9：138. 1859；Fl. China 19：633. 2011；中国植物志72：188. 图版47：4-5. 1988；辽宁植物志（下册）：389. 图版175：1-4. 1992；东北植物检索表（第二版）：623. 图版310：1. 1995.

落叶灌木。小枝无粗毛和腺毛。叶革质，通常长圆状披针形，背面有茸毛。花冠黑紫色，唇形，外面无毛，内面有柔毛；雄蕊生花冠喉部，约与唇瓣等长；子房2~3室，花柱有短毛。果实红色，无坛状壳斗包裹，合生至中部或中上部。花期5—6月，果熟期8—9月。

生于山谷、林下。产于桓仁、凤城、本溪、旅顺口等地。

花期、果期均有较高的观赏性。

花

果期

花期

植株的一部分

（15）**紫枝忍冬**（辽宁植物志、东北植物检索表）**紫花忍冬**（中国植物志、Flora of China）

Lonicera maximowiczii（Rupr.）Regel in Gartenflora 6：107. 1857；Fl. China 19：633. 2011；中国植物志72：189. 图版47：6-8. 1988；辽宁植物志（下册）：388. 1992；东北植物检索表（第二版）：623. 图版310：5. 1995.

15a. **紫枝忍冬**（原变种）

var. **maximowiczii**

落叶灌木。幼枝带紫褐色，有疏柔毛，后变无毛。叶纸质，卵形至卵状披针形，背面被疏长毛，稀近无毛；叶柄长4~7毫米，有疏毛。萼齿甚小而不显著，宽三角形；花冠紫红色，唇形。果实红色，合生至中部或中上部。花期6—7月，果熟期8—9月。

生于林中或林缘。产于宽甸（白石砬子）、凤城（白云山）。

叶背面观　　　　　　　叶正面观　　　　　　　植株的一部分

15b. **无毛紫枝忍冬**（变种）（辽宁植物志、东北植物检索表）

var. **sachalinensis** Fr. Schmidt. in Mém. Acad. Imp. Sci. Saint Pétersbourg，Sér. 7 12（2）：142. 1868；辽宁植物志（下册）：388. 1992；东北植物检索表（第二版）：623. 1995.

叶无毛，先端渐尖，萼齿披针形。

生境同原变种。产于凌源、本溪等地。

3. 毛核木属 Symphoricarpos Duhamel

落叶灌木。叶对生，有短柄。花簇生或单生于侧枝顶部叶腋成穗状或总状花序；萼杯状，4~5裂；花冠淡红色或白色，钟状至漏斗状或高脚碟状，4~5裂，整齐，筒基部稍呈浅囊状，内面被长柔毛；雄蕊4~5枚，着生于花冠筒，内藏或稍伸出，花药内向；子房4室，花柱纤细，柱头头状或稍2裂。果实为具两核的浆果状核果，白色、红色或黑色，圆形、卵圆形或椭圆形；核卵圆形，多少扁；种子具胚乳，胚小。

辽宁栽培1种。

小花毛核木 红雪果（大连植物彩色图谱）**雪果 雪莓**

Symphoricarpos orbiculatus Moench in Methodus 503. 1794.

小灌木，株高1米左右，直立。小枝纤细，有毛；叶片长3厘米，革质，卵形深绿色，有毛。花簇生或单生于侧枝顶部叶腋成穗状或总状花序；花淡粉色，钟状。果直径0.6厘米，卵圆形，酒红色。花果期7—10月。

原产于美国东海岸。大连有栽培。

优良的观果植物，花期也具有一定的观赏价值，适宜在庭院、公园栽植。

果实成熟期

花枝

果枝

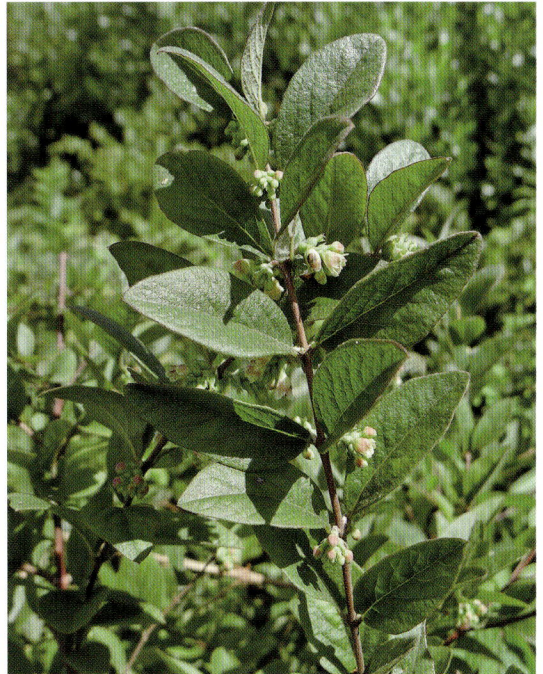

花期

4. 北极花属（林奈草属） Linnaea Gronov. ex L.

常绿匍匐亚灌木；小枝细长而上升。叶小，对生，有叶柄，无托叶。花具细长花梗，对着生于小枝顶端；苞片1对，着生于两花梗基部，小苞片1~2对，紧贴萼筒基部；萼筒密被具柄的腺毛和短柔毛，萼檐5裂；花冠钟状，整齐5裂；雄蕊4枚，二强，着生于花冠筒内，花药内向，内藏；子房3室，花柱细长，柱头头状。瘦果状核果，不开裂，内含种子1枚。

辽宁产1种。

林奈草（辽宁植物志）北极花（东北植物检索表、中国植物志、Flora of China）北极林奈草

Linnaea borealis L. in Sp. Pl. 631. 1753；Fl. China 19：648. 2011；中国植物志72：114. 图版27. 1988；辽宁植物志（下册）：390. 1992；东北植物检索表（第二版）：617. 图版307：3. 1995.

常绿蔓生小灌木。茎细弱。叶近圆形或广倒卵形，长5~10毫米，宽4~9毫米，先端微尖或钝。花粉白色，具紫色条纹，生于细长的总花梗上，有腺毛；总苞片4，小苞片2，密生腺毛；萼片披针形，萼筒卵形，有腺毛；花冠钟形。瘦果小，黄色。花果期7—8月。

生于山地针叶林下苔藓地上。产于桓仁。

花

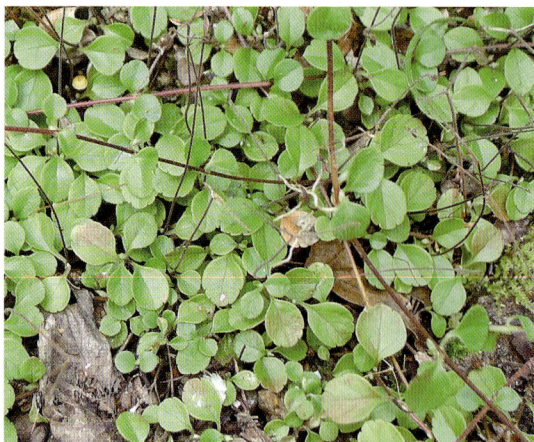

群落

5. 蝟实属 Kolkwitzia Graebn.

落叶灌木。叶对生，具短柄。由贴近的两花组成的聚伞花序呈伞房状，顶生或腋生于具叶的侧枝之顶；苞片2；萼檐5裂，裂片狭，被疏柔毛，开展；花冠钟状，5裂，裂片开展；雄蕊4枚，二强，着生于花冠筒内，花药内向；相近两朵花的二萼筒相互紧贴，其中一枚的基部着生于另一枚的中部，幼时几已连合，椭圆形，密被长刚毛，顶端各具1狭长的喙，基部与小苞片贴生；雄蕊二强，内藏；子房3室，仅1室发育，含1枚胚珠。两枚瘦果状核果合生，外被刺刚毛，各冠以宿存的萼裂片。

辽宁栽培1种。

蝟实（中国植物志、Flora of China）

Kolkwitzia amabilis Graebn. in Bot. Jahrb. Syst. 29（5）：593. 1901；Fl. China 19：646. 2011；中国植物志72：114. 图版28. 1988.

落叶多分枝直立灌木。叶椭圆形等，两面散生短毛。伞房状聚伞花序；苞片披针形，紧贴子房基部；萼筒外面密生长刚毛，上部缢缩似颈；花冠淡红色，外有短柔毛，内面具黄色斑纹。果实密被黄色刺刚毛，顶端伸长如角，冠以宿存的萼齿。花期5—6月，果熟期8—9月。

我国特有种。分布于山西、陕西、甘肃、河南、湖北及安徽等地。大连、沈阳有栽培。

花序紧簇，花色艳丽，是一种具有较高观赏价值的花木。中国特有的单种单属植物，国家三级保护植物。

果序

花序

小枝

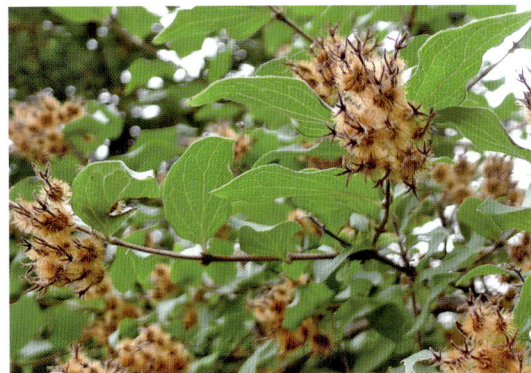
植株的一部分

6. 六道木属 Abelia R. Br.

落叶或很少常绿灌木。叶对生，稀3枚轮生。具单花、双花或多花的总花梗顶生或生于侧枝叶腋，也有三歧分枝的聚伞花序或伞房花序；苞片2~4枚；花整齐或稍呈二唇形；萼筒狭长，矩圆形，萼檐5、4或2裂，裂片扁平，开展，具1、3或7条脉，宿存；花冠白色或淡玫瑰红色，筒状漏斗形或钟形，挺直或弯曲；雄蕊4枚，等长或二强，着生于花冠筒中部或基部，内藏或伸出，花药黄色，内向；子房3室，花柱丝状，柱头头状。果实为革质瘦果，矩圆形，冠以宿存的萼裂片。

辽宁产1种。

二花六道木（辽宁植物志、东北植物检索表）六道木（中国植物志、Flora of China）六条木

Zabelia biflora （Turczaninow）Makino，Makinoa. 9：175. 1948；Fl. China 19：643. 2011.—*Abelia biflora* Turcz. in Bull. Soc. Imp. Naturalistes Moscou 10（7）：152. 1837；中国植物志72：125. 图版32：1-3. 1988；辽宁植物志（下册）：368. 图版166：1-2 1992；东北植物检索表（第二版）：617. 图版307：1. 1995.—*A. biflora* Turcz. var. *coreana*（Nakai）

C. F. Fang，辽宁植物志（下册）：370. 图版166：3-4. 1992；东北植物检索表（第二版）：617. 1995. —*A. biflora* Turcz. f. *minor*（Nakai）C. F. Fang，辽宁植物志（下册）：370. 1992；东北植物检索表（第二版）：617. 1995.

树干

落叶灌木，茎及枝具6条沟，幼枝被倒生硬毛或无毛。叶矩圆形至矩圆状披针形，全缘或中部以上羽状浅裂而具1~4对粗齿，上面深绿色，下面绿白色，两面疏被柔毛或无毛。花2朵，腋生，有小苞片3，萼片4；花冠管状，淡黄色。瘦果状核果。花期5月，果期7月。

生于山坡灌木丛、林下及沟边。产于凌源、建昌、绥中、朝阳、凤城、辽阳等地。

果实有祛风湿、消肿毒作用，用于风湿筋骨痛、痈毒红肿。

当年生枝

当年生枝

植株的一部分

7. 荚蒾属 Viburnum L.

灌木或小乔木，落叶或常绿，常被簇状毛，茎干有皮孔。单叶，对生，稀3枚轮生。花小，两性，整齐；花序由聚伞合成顶生或侧生的伞形式、圆锥式或伞房式，很少紧缩成簇状，有时具白色大型的不孕边花或全部由大型不孕花组成；萼齿5，宿存；花冠白色，较少淡红色，辐状、钟状、漏斗状或高脚碟状，裂片5枚，通常开展；雄蕊5枚，着生于花冠筒内，与花冠裂片互生，花药内向，宽椭圆形或近圆形；子房1室，花柱粗短，柱头头状或浅（2-）3裂。果实为核果，卵圆形或圆形，冠以宿存的萼齿和花柱。

辽宁产6种1变种，其中栽培3种。

分种检索表

1. 冬芽裸露；植物体被簇状毛而无鳞片；果实成熟时由红色转为黑色。
　2. 叶广卵形至椭圆状广卵形或近圆形；伞形花序顶生；花冠筒状钟形，花瓣裂片短，微开展，不成辐射状 ································ 1. 蒙古荚蒾 V. mongolicum（Pall.）Rehd.
　2. 叶卵圆形、椭圆形或椭圆状倒卵形；聚伞花序；花瓣裂片平展成辐射状 ································ 2. 暖木条荚蒾 V. burejaeticum Regel et Herd.

1. 冬芽有1~2对鳞片；如冬芽裸露，则芽、幼枝、叶下面、花序、萼、花冠及果实均被鳞片状毛。

　3. 叶两面均被毛，不分裂。

　　4. 花序全部由大型的不孕花组成。栽培 ························· 3. 粉团 V. plicatum Thunb.

　　4. 复伞形聚伞花序，无不孕花，花冠白色，辐状；雄蕊明显高出花冠，花药乳白色。栽培

　　　··· 4. 英蒾 V. dilatatum Thunb.

　3. 叶两面无毛，常分裂。

　　5. 树皮质薄而非木栓质；花药黄白色。栽培 ················· 5a. 欧洲英蒾 V. opulus L.

　　5. 树皮厚，木栓质；花药紫红色

　　　··························· 5b. 鸡树条英蒾 V. opulus subsp. calvescens（Rehder）Sugimoto

（1）蒙古英蒾（东北植物检索表、中国植物志、Flora of China）蒙古绣球花 土连树

Viburnum mongolicum（Pall.）Rehd. in Trees & Shrubs 2（2）：111. 1908；Fl. China 19：579. 2011；中国植物志72：28. 图版5：1-2. 1988；东北植物检索表（第二版）：625. 1995.

落叶灌木。叶纸质，宽卵形至椭圆形，基部圆或楔圆形，边缘有波状浅齿，上面被簇状或叉状毛，下面灰绿色，侧脉4~5对。聚伞花序；花冠淡黄白色，筒状钟形，花瓣裂片短，微开展，不呈辐射状。果实红色而后变黑色，椭圆形。花期5月，果熟期9月。

生于山坡疏林下或河滩地。产于凌源、鞍山。

种子含油，供制肥皂用。花期、果期均具有较高的观赏性。根、叶有祛风活血作用；果实有清热解毒、破瘀通经、健脾作用。

果序　　　　　　　　　　　花序　　　　　　　　　　植株的一部分

（2）暖木条英蒾（辽宁植物志、东北植物检索表）修枝英蒾（中国植物志、Flora of China）

Viburnum burejaeticum Regel et Herd. in Gartenflora 11：407，pl. 384. 1862；Fl. China 19：576. 2011；中国植物志72：27. 图版5：3-6. 1988；辽宁植物志（下册）：370. 图版167. 1992；东北植物检索表（第二版）：625. 图版308：3. 1995.

落叶灌木，树皮暗灰色。叶纸质，宽卵形至椭圆形，被星状毛，边缘有牙齿状小锯齿。聚伞花序；花冠白色，花瓣裂片平展呈辐射状，裂片宽卵形，比筒部长近2倍；花药宽椭圆形。果实红色，后变黑色，椭圆形至矩圆形。花期5—6月，果熟期8—9月。

生于阔叶混交林中、林缘。产于庄河、旅顺口、凌源、朝阳、鞍山、盖州、本溪、宽甸、凤城、新宾、桓仁等地。

种子含油17%，供制肥皂用。花期、果期均具有较高的观赏性。

果序

花序

叶

叶背面观

（3）粉团（中国植物志、Flora of China）雪球荚蒾 蝴蝶绣球 日本绣球

Viburnum plicatum Thunb. in Trans. L. Soc. London 2：332. 1794；Fl. China 19：594. 2011；中国植物志72：62. 1988.

落叶灌木。叶纸质，宽卵形、圆状倒卵形或倒卵形，上面疏被短伏毛，中脉毛较密，下面密被茸毛；叶柄长1~2厘米，被薄茸毛。聚伞花序，球形，全部由大型的不孕花组成；萼筒倒圆锥形，无毛或有时被簇状毛，萼齿卵形，顶钝圆；花冠白色，辐状；雌、雄蕊均不发育。花期5—6月。

分布于湖北西部和贵州中部。大连有栽培。

观赏花木。根、枝条有清热解毒、健脾消积作用。

花枝

叶

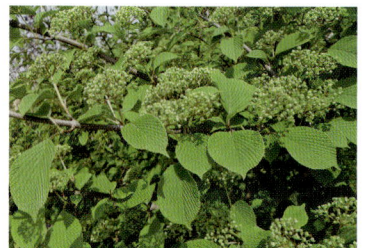

植株的一部分

（4）荚蒾（中国植物志、Flora of China）

Viburnum dilatatum Thunb. in Syst. Veg.（ed. 14）295. 1784；Fl. China 19：601. 2011；中国植物志72：88. 1988.

落叶灌木。叶纸质，宽倒卵形至宽卵形，边缘有牙齿状锯齿，两面均被毛，侧脉6~8对，直达齿端，上面凹陷，下面明显凸起。复伞形聚伞花序，花冠白色，辐状，裂片圆卵形；雄蕊明显高出花冠，花药乳白色。果实红色，椭圆状卵圆形。花期5—6月，果熟期9—11月。

产于河北、陕西、江苏、浙江、福建、台湾、河南等地。金州有栽培。

观赏花木。果可食，亦可酿酒。根有祛瘀消肿作用，枝、叶有清热解毒、疏风解表作用。

果实

花

叶

植株的一部分

（5）欧洲荚蒾（中国植物志、Flora of China）欧洲琼花 欧洲雪球

Viburnum opulus L. in Sp. Pl. 268. 1753；Fl. China 19：610. 2011；中国植物志72：100. 1988.

5a. 欧洲荚蒾（原亚种）

subsp. **opulus**

落叶灌木。叶轮廓圆卵形至广卵形或倒卵形，通常3裂。复伞式聚伞花序，大多周围有大型的不孕花；花冠白色，辐状；雄蕊长至少为花冠的1.5倍，花药黄白色；柱头2裂；不孕花白色，裂片宽倒卵形。果实红色，近圆形。花期5—6月，果熟期9—10月。

产于新疆西北部。分布于欧洲和俄罗斯高加索与远东地区。大连有栽培。

花、果均具观赏价值。根皮、嫩枝有清热凉血、消肿止痛、镇咳止泻作用。

果序

花序

群落

5b. 鸡树条荚蒾（亚种）（辽宁植物志、东北植物检索表）鸡树条（中国植物志、Flora of China）天目琼花

subsp. **calvescens**（Rehder）Sugimoto，New Key Jap. Tr. 478. 1961；Fl. China 19: 611. 2011.—*V. opulus* L. var. *calvescens*（Rehd.）Hara in J. Coll. Sci. Imp. Univ. Tokyo 6: 385. 1956；中国植物志72: 102. 图版23: 5-7. 1988.—*V. sargentii* Koehne in Gartenflora 48: 341. 1899；辽宁植物志（下册）: 372. 图版168. 1992；东北植物检索表（第二版）: 625. 图版308: 4. 1995.

5ba. 鸡树条荚蒾（原变型）

f. calvescens

落叶灌木；树皮灰褐色，有纵条裂。单叶对生；叶片轮廓为宽卵形至卵圆形，上部呈3裂。花序复伞状，顶生，密花；外圈为不孕性的辐射状小花，花冠白色；内面为孕性小花，乳白色，花药紫色。浆果状核果，球形，鲜红色，有臭味。花期5—6月，果期8—9月。

生于林下、山坡和山谷。产于西丰、新宾、抚顺、凌源、建昌、绥中、朝阳、义县、北镇、沈阳、鞍山、盖州、本溪、宽甸、凤城、桓仁、丹东、岫岩、庄河等地。

花果均有观赏价值。嫩枝、叶有通经活络、解毒止痒、活血消肿作用，果实有止咳作用。

果期

花期

花序

5bb. 毛鸡树条荚蒾（变型）（东北植物检索表）毛叶鸡树条（中国植物志）

f. puberulum（Kom.）Sugimoto in New Key Jap. Trees 478. 1961；中国植物志72: 102. 图版23: 1-4. 1988. —*V. sargentii* Koehne var. *puberulum*（Kom.）Kitag. in Lin. Fl. Manshur. 410. 1939；东北植物检索表（第二版）: 625. 1995.

幼枝、叶下面、叶柄和总花梗均被带有黄色的长柔毛。

生于山坡、溪谷、矮林内或河流附近杂木林中或林缘。产于凤城。

花序

叶柄

植株的一部分

8. 接骨木属 Sambucus L.

落叶乔木或灌木，很少多年生高大草本；茎干常有皮孔，具发达的髓。单数羽状复叶，对生；托叶叶状或退化成腺体。花序由聚伞合成顶生的复伞式或圆锥式；花小，白色或黄白色，整齐；萼筒短，萼齿5枚；花冠辐状，5裂；雄蕊5，开展，很少直立，花丝短，花药外向；子房3~5室，花柱短或几无，柱头2~3裂。浆果状核果红黄色或紫黑色，具3~5枚核；种子三棱形或椭圆形；胚与胚乳等长。

辽宁产2种1变种。

分种检索表

1. 幼枝、叶柄、花序轴及分枝、小花梗常有毛，或叶有毛而花序无毛 ·· 1. 西伯利亚接骨木 S. sibirica Nakai

1. 幼枝、叶柄无毛或近无毛；花序轴、分枝及小花梗无毛 ················· 2. 接骨木 S. williamsii Hance.

（1）**西伯利亚接骨木**（Flora of China）**毛接骨木**（辽宁植物志、东北植物检索表、中国植物志）**马尿烧**

Sambucus sibirica Nakai in Bot. Mag.（Tokyo）40：478. 1926；Fl. China 19：613. 2011.—*S. williamsii* Hance var. *miquelii*（Nakai）Y. C. Tang，中国植物志72：11. 1988. —

S. buergeriana auct. non Blume：辽宁植物志（下册）：377. 图版170：3. 1992；东北植物检索表（第二版）：623. 图版311：4. 1995.

落叶灌木。幼枝、叶柄、花序轴及分枝、小花梗、叶均有毛。奇数羽状复叶；小叶3~9，长圆形至椭圆形。顶生圆锥花序，密花；花小，有毛或无毛，花药黄色，柱头短圆锥形，有浅裂、紫色。浆果状核果，球

植株

叶背面观

果序

植株的一部分

形，成熟时红色。花期5月中旬至6月初，果期8月。

生于林内、林缘。产于本溪、宽甸等地。

根、枝、叶有活血、止痛、祛风湿、祛痰利水作用；种子可榨油供工业用。

（2）**接骨木**（辽宁植物志、东北植物检索表、中国植物志、Flora of China）**东北接骨木、钩齿接骨木**（辽宁植物志、东北植物检索表）**长尾接骨木**（大连地区植物志）

Sambucus williamsii Hance. in Ann. Sci. Nat., Bot., sér. 4, 5: 217. 1866; Fl. China 19: 612. 2011; 中国植物志72: 8. 图版2. 1988; 辽宁植物志（下册）: 374. 图版169: 1-2. 1992; 东北植物检索表（第二版）: 623. 图版311: 1. 1995.—*S. foetidissima* Nakai et Kitag. in Rep. 1st. Sci. Exp. Manchoukuo 4（1）: 12. 1934; 辽宁植物志（下册）: 375. 1992.— *S. foetidissima* Nakai f. *flava* Skv. et Wang Wei in Ill. Fl. Lign. Pl. N.-E. China 567. 1955; 辽宁植物志（下册）: 376. 图版169: 3-4. 1992; 东北植物检索表（第二版）: 623. 图版311: 2. 1995.—*S. manshurica* Kitag. in Rep. 1st. Sci. Res. Manchoukuo 4: 177. 1940; 辽宁植物志（下册）: 378. 图版170: 1-2. 1992; 东北植物检索表（第二版）: 623. 图版311: 3. 1995.—*S. peninsularis* Kitag. in Rep. Inst. Sci. Res. Manchoukuo 3（App. 1）: 409. 1939; 大连地区植物志（中册）: 698. 1982.

2a. 接骨木（原变种）

var. williamsii

落叶灌木或小乔木。羽状复叶，小叶2~3对，椭圆形等，常中、上部最宽，基部楔形，无毛或仅脉有疏毛，叶缘锯齿先端不内弯。圆锥花序大型，伞状，花序轴、分枝粗壮，向上斜展，疏花；花冠蕾时带粉红色，开后白色或淡黄色。果实红至红黑色。花果期5—9月。

果枝

生于山坡、路旁或栽培于庭院。产于凌源、彰武、义县、沈阳、抚顺、鞍山、本溪、凤城、丹东、盖州、瓦房店、大连等地。

种子含油22.4%，供工业用。根、叶、花均可入药，主治跌打损伤、风湿性关节炎、创伤性关节炎、创伤出血等。

花序

果序侧面观

植株的一部分

2b. 朝鲜接骨木（变种）（辽宁植物志、东北植物检索表）

var. **coreana**（Nakai）Nakai in Bot. Mag. Tokyo.40：477. 1926；辽宁植物志（下册）：375. 1992；东北植物检索表（第二版）：623. 1995.

花序较小，外形圆锥形至卵形，最下一对花序分枝近平展，密花。

生境同原变种。产于沈阳、鞍山、本溪、凤城、岫岩等地。

果期

果序

花序

菊科 Compositae

草本、亚灌木或灌木，稀为乔木。叶通常互生，稀对生或轮生。花两性或单性，极少有单性异株，整齐或左右对称，5基数，少数或多数密集成头状花序或为短穗状花序，为1层或多层总苞片组成的总苞所围绕；头状花序单生或数个至多数排列呈总状、聚伞状、伞房状或圆锥状；萼片不发育，通常形成鳞片状、刚毛状或毛状的冠毛；花冠常辐射对称，管状，或左右对称，两唇形，或舌状，头状花序盘状或辐射状，有同形的小花，全部为管状花或舌状花，或有异形小花，即外围为雌花，舌状，中央为两性的管状花；雄蕊4~5个；花柱上端两裂。果为不开裂的瘦果。

辽宁产2属4种。

分属检索表

1. 灌木；冠毛糙毛状；总苞片5~8，近等长；雌雄异株 ⋯⋯⋯⋯⋯⋯⋯ 1. 蚂蚱腿子属 Myripnois Bunge
1. 一至多年生草本，少数为半灌木或小灌木；常有浓烈的挥发性香气；花异型：边花雌性，中央花两性
⋯⋯⋯⋯⋯⋯⋯⋯⋯⋯⋯⋯⋯⋯⋯⋯⋯⋯⋯⋯⋯⋯⋯⋯⋯ 2. 蒿属 Artemisia L.

1. 蚂蚱腿子属 Myripnois Bunge

灌木。叶互生，近无柄或有短柄，全缘。头状花序少花，通常4~9朵，同性，雌花和两性花（子房不育）异株，无梗，单生于短侧枝之顶，先叶开花。总苞钟形或近圆筒状，总苞片少数，5枚，覆瓦状排列，大小近相等；花托小，无毛；雌花花冠具明显的舌片，花柱分枝通常外卷，顶端尖；两性花花冠管状二唇形，檐部5裂，裂片极不等长，花柱延长，顶端极钝或截平，不分枝。瘦果纺锤形，密被白色长毛；雌花的冠毛多层，粗糙，浅白色；两性花的冠毛少数，通常2~4条，雪白色。

本属我国特有，只有1种。辽宁有分布。

蚂蚱腿子（辽宁植物志、东北植物检索表、中国植物志、Flora of China）**万花木**

Myripnois dioica Bunge in Mem. Acad. Sci. Petersb. Sav. Etrang. 2：112. 1833；Fl. China 20：32. 2011；中国植物志79：21. 图版4. 1996；辽宁植物志（下册）：597. 图版266. 1992；东北植物检索表（第二版）：716. 图版361：3. 1995.

落叶小灌木。枝多而细直，呈帚状。叶互生，广披针形或卵状圆形，全缘，具三出脉。雌雄异株，头状花序单生于侧枝上，花先叶开放；总苞片膜质，5~8枚，近等长，背部密被

雌花

雄花

枝叶

雌株

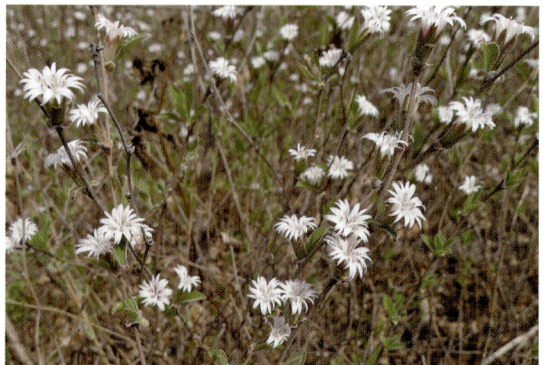

雄株

绢毛及腺；雌花花冠舌状，紫红色，结实；两性花花冠二唇形，白色，不结实。瘦果纺锤形，长约7毫米，密被毛。花期5月。

生于山坡或林缘路旁。产于凌源、建平、朝阳、建昌、绥中等地。

花期具有一定的观赏性。

2. 蒿属 Artemisia L.

一、二年生或多年生草本，少数为半灌木或小灌木；常有浓烈的挥发性香气。叶互生，1~3回，稀4回羽状分裂，或不分裂，稀近掌状分裂。头状花序小，多数或少数，半球形、球形、卵球形、椭圆形、长圆形，在茎或分枝上排成疏松或密集的穗状花序，或穗状花序式的总状花序或复头状花序；总苞片（2-）3~4层，卵形、长卵形或椭圆状倒卵形，稀披针形，覆瓦状排列；花异型：边缘花雌性，1（-2）层；中央花（盘花）两性，数层。瘦果小，卵形、倒卵形或长圆状倒卵形，无冠毛。

辽宁产3种。

分种检索表

1. 半灌木；雌花及两性花全部结实；头状花序长卵形或长圆状钟形，总苞背部密被白色蛛丝状；叶裂片狭线形或狭线状披针形，宽1毫米，边缘反卷，背面被灰白色茸毛 … 1. 山蒿 A. brachyloba Franch.
1. 小灌木或半灌木；雌花结实，两性花不结实，花期两性花子房退化或不存在，花柱短于花冠，长仅及花冠中部或中上部，花柱分枝不叉开或稍叉开。
   2. 茎粗壮，直径达1.8厘米；头状花序卵形，直径2~3毫米，近无梗，直立，稍芳香，总苞片革质；茎红色或紫红色 …………………………… 2. 差不嘎蒿 A. halodendron Turcz. ex Bess.
   2. 茎细，直径不及0.5厘米；头状花序卵形，长2.5~3.5毫米，直径1.5~2毫米，总苞片膜质，淡黄绿色，长于花。茎绿色；不育枝叶无毛 ………………………………… 3. 光沙蒿 A. oxycephala Kitag.

（1）山蒿（辽宁植物志、东北植物检索表、中国植物志、Flora of China）岩蒿 骆驼蒿

Artemisia brachyloba Franch. in Pl. David. 1：171. 1884；Fl. China 20：693. 2011；中国植物志76（2）：75. 图版7：10-15. 1991；辽宁植物志（下册）：533. 图版236. 1992；东北植物检索表（第二版）：666. 图版332：1. 1995.

落叶半灌木或小灌木。主根和根状茎木质。茎丛生。叶背面被白色茸毛；基生叶卵形，2~3回羽状全裂，裂片狭线

花序枝

茎叶

群落

植株的一部分

形或狭线状披针形，宽1毫米，边缘反卷。头状花序卵球形或卵状钟形；总苞片3层；雌花10~15朵，两性花20~25朵。瘦果卵圆形。花果期7—10月。

生于岩石缝、石砬子上。产于凌源、建平、建昌等地。

民间有清热、消炎、祛湿、杀虫的作用，用于偏头痛、咽喉痛、风湿关节痛。

（2）差不嘎蒿（辽宁植物志）盐蒿（东北植物检索表、中国植物志、Flora of China）褐沙蒿 沙蒿

Artemisia halodendron Turcz. ex Bess. in Bull. Soc. Nat. Mosc. 8：17. 1835；Fl. China 20：723. 2011；中国植物志76（2）：191. 图版27：1-5. 1991；辽宁植物志（下册）：516. 图版227：1-6. 1992；东北植物检索表（第二版）：673. 图版336：1. 1995.

落叶小灌木。茎粗壮，直径达1.8厘米，红色或紫红色。茎下部叶与营养枝叶宽卵形或近圆形，2回羽状全裂，小裂片狭线形；上部叶与苞片叶3~5全裂或不分裂。头状花序卵形，直径2~3毫米，近无梗，直立，稍芳香；总苞片3~4层，革质。瘦果长卵形或倒卵状椭圆形。花果期7—10月。

生于流动沙丘、半固定沙丘。产于彰武。

为良好的固沙植物之一。嫩枝、叶有祛痰止咳、平喘解表、祛湿作用。

植株　　　　植株的一部分

（3）光沙蒿（辽宁植物志、中国植物志、Flora of China）光砂蒿（东北植物检索表）沙蒿

Artemisia oxycephala Kitag. in Rep. First Sci. Exped. Manch. 4（4）：51，93. 1936；Fl. China 20：725. 2011；中国植物志76（2）：200. 1991；辽宁植物志（下册）：518. 1992；东北植物检索表（第二版）：674. 图版336：4. 1995.

落叶半灌木或小灌木。植株绿色；茎多枚丛生，直径不及0.5厘米。叶厚纸质；茎下部与中部叶宽卵形，2回羽状全裂；上部叶与苞片叶3~5全裂或不分裂，狭线形。不育枝叶无毛。头状花序卵形，长2.5~3.5毫米，直径1.5~2毫米，总苞片淡黄绿色，长于花。瘦果长圆形。花果期8—10月。

生于干旱山坡。产于凌源、建昌、建平、彰武等地。

花序的一部分

茎叶

植株的一部分

可作防风固沙的辅助性植物，也可作牲畜的饲料。

百合科 Liliaceae

通常为具根状茎、块茎或鳞茎的多年生草本，很少为亚灌木、灌木或乔木状。叶基生或茎生，后者多为互生，较少为对生或轮生，通常具弧形平行脉，极少具网状脉。花两性，很少为单性异株或杂性，通常辐射对称，极少稍两侧对称；花被片6，少有4或多数；雄蕊通常与花被片同数，花丝离生或贴生于花被筒上；花药基着或丁字状着生；子房上位，极少半下位，一般3室。果实为蒴果或浆果，较少为坚果。

辽宁产2属3种，其中栽培1种。

分属检索表

1. 叶通常具平行支脉；花两性，一般为圆锥花序，少有总状花序；茎多少木质化，常能增粗，上有近环状的叶痕；叶通常聚生于茎的上部或顶端，坚挺，顶端有明显变成黑色的刺 ………… 1. 丝兰属 Yucca L.

1. 叶具网状支脉；花单性，雌雄异株，通常排成伞形花序；一般为多分枝的或攀援的灌木，极少为草本。花被片离生 ……………………………………………………… 2. 菝葜属 Smilax L.

1. 丝兰属 Yucca L.

茎很短或长而木质化，有时有分枝。叶近簇生于茎或枝的顶端，条状披针形至长条形，常厚实、坚挺而具刺状顶端，边缘有细齿或作丝裂。圆锥花序从叶丛抽出；花近钟形；花被片6，离生；雄蕊6，短于花被片；花丝粗厚，上部常外弯；花药较小，箭形，丁字状着生；花柱短或不明显，柱头3裂；子房近矩圆形，3室。果实为不裂或开裂的蒴果，或为浆果。

辽宁栽培1种。

凤尾兰（大连植物彩色图谱）凤尾丝兰 菠萝花

Yucca gloriosa L. in Sp. Pl. 319. 1753.

常绿灌木，茎通常不分枝或分枝很少。叶片剑形，顶端尖硬，螺旋状密生茎上，叶质较硬，有白粉，边缘光滑或老时有少数白丝。圆锥花序高1米多；花朵杯状，下垂；花瓣6片，

花

群落

雪后景观

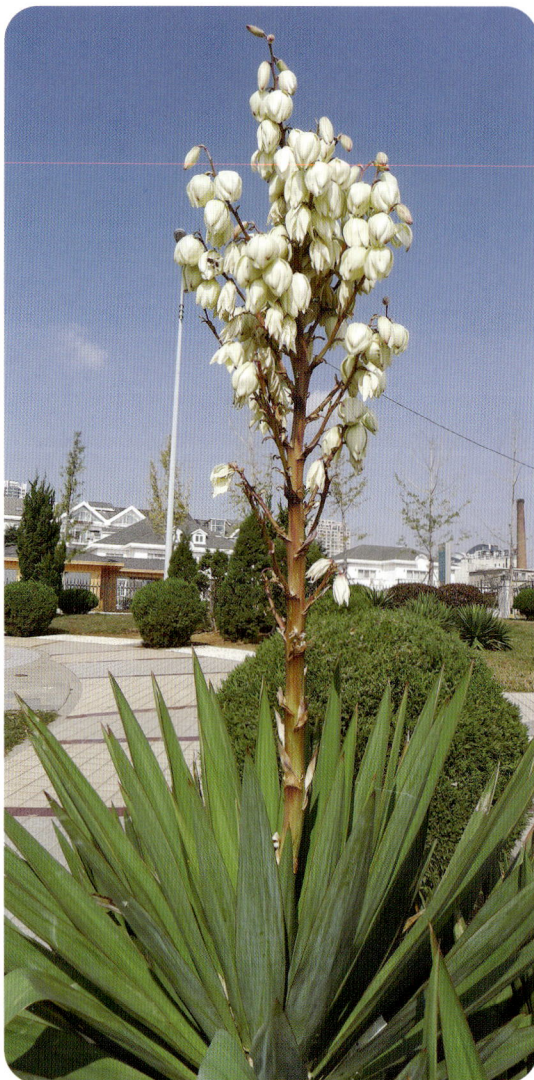

植株

乳白色。蒴果椭圆状卵形。花期6—10月。

原产于南北美洲。大连等地有栽培。

良好的庭园观赏树木，也可作绿篱栽植。叶纤维洁白、强韧、耐水湿，可作缆绳。

2. 菝葜属 Smilax L.

攀援或直立小灌木，常绿或有时落叶，极少为草本，常具坚硬的根状茎。叶2列，互生，全缘，具3~7主脉和网状细脉。花小，单性异株，通常排成单个腋生的伞形花序，较少若干个伞形花序又排成圆锥花序或穗状花序；花序托常膨大，有时稍伸长，而使伞形花序多少呈总状；花被片6，离生，有时靠合；雄花通常具6枚雄蕊；雌花具（1–）3~6枚丝状或条形的退化雄蕊，极少无退化雄蕊；子房3室，花柱较短，柱头3裂。浆果通常球形，具少数种子。

辽宁产2种。

分种检索表

1. 茎疏生刺，刺基部骤然变粗，老枝上的刺先端弯曲成钩状。伞形花序具十几朵或更多的花，生于叶尚幼嫩或刚抽出的小枝上。浆果熟时红色 ·············· **1. 菝葜 S. china L.**
1. 小枝常带草质，多数刺呈针状，基部多不骤然变粗，但也有例外。伞形花序仅具几多花，生于叶已完全长成的小枝上。浆果熟时蓝黑色 ·············· **2. 华东菝葜 S. sieboldii Miq.**

（1）**菝葜**（辽宁植物志、东北植物检索表、中国植物志、Flora of China）金刚兜

Smilax china L. in Sp. Pl. 1029. 1753；Fl. China 24：101. 2000；中国植物志15：193. 图版63：1–3. 1978；辽宁植物志（下册）：760. 图版339. 1992；东北植物检索表（第二版）：762. 图版385：7. 1995.

攀援灌木，常绿，有时落叶。茎疏生刺，刺基部骤然变粗，老枝上的刺先端弯曲呈钩状。叶薄革质或坚纸质，圆形、卵形等状；叶柄长5~15毫米，几乎都有卷须。伞形花序具十几朵或更多的花，常呈球形，生于叶尚幼嫩或刚抽出的小枝上；花绿黄色。浆果直径6~15毫米，熟时红色，有粉霜。花期2—5月，果期9—11月。

生于林下、灌木丛中、路旁、河谷或山坡上。长海县海洋岛有记录，但近年调查未发现，待进一步调查核实。

根状茎可提取淀粉和栲胶，也可酿酒。有些地区与土茯苓混用，有祛风活血作用。

（2）**华东菝葜**（辽宁植物志、东北植物检索表、中国植物志、Flora of China）粘鱼须菝葜

Smilax sieboldii Miq. in Verslagen Meded. Afd. Natuurk. Kon. Akad. Wetensch. II, 2：87. 1868；Fl. China 24：101. 2000；中国植物志15：192. 图版61：2–3. 1978；辽宁植物志（下册）：758. 1992；东北植物检索表（第二版）：762. 图版385：6. 1995.

攀援灌木或半灌木，常绿或有时落叶。小枝常带草质，多数刺呈针状，基部多不骤然变

粗，但也有例外。叶草质，卵形，先端长渐尖，基部常截形；叶柄长1~2厘米，约1/2具狭鞘，有卷须。伞形花序具几朵花，生于叶已完全长成的小枝上；总花梗纤细；花绿黄色。浆果熟时蓝黑色。花期5—6月，果期10月。

生于林下、灌木丛、山坡草丛中。产于大连、长海、金州等地。

根状茎有祛风湿、通经络的作用，治风湿关节炎等。嫩苗可食。

果序

雄花

植株

植株的一部分

禾本科 Gramineae

木本或草本。茎多为直立，但亦有匍匐蔓延或藤状。叶为单叶互生，常以1/2叶序交互排列为2行，叶片常为窄长的带形，亦有长圆形、卵圆形、卵形或披针形等形状，其基部直接着生在叶鞘顶端，叶片有近轴（上表面）与远轴（下表面）的两个平面，在未开展或干燥时可作席卷状。

辽宁栽培1属2种。

刚竹属（毛竹属）　Phyllostachys Sieb. et Zucc.

乔木或灌木状竹类。竿圆筒形；节间在分枝的一侧扁平或具浅纵沟。竿每节分2枝，一粗一细，在竿与枝的腋间有先出叶。竿箨早落；箨鞘纸质或革质；箨片在竿中部的竿箨上呈狭长三角形或带状。末级小枝具（1）2~4（7）叶，通常为2或3叶；叶片披针形至带状披针形。花枝甚短，呈穗状至头状，通常单独侧生于无叶或顶端具叶小枝的各节上，基部的内侧托以极小的先出叶。颖果长椭圆形，近内稃的一侧具纵向腹沟。笋期3—6月。

分种检索表

1. 箨鞘无箨耳，淡红褐色或淡绿色，有紫色细条纹；新竹均匀地被白粉使全竿呈蓝绿色；箨舌截平 ·· 1. 淡竹 Ph. glauca McClure
1. 箨鞘有明显箨耳，黄褐色，具黑褐色斑点或斑块，具毛；新竹及箨鞘均无白粉；箨舌微隆起 ·································· 2. 刚竹 Ph. bambusoides Sieb. et Zucc.

（1）淡竹（辽宁植物志、东北植物检索表、中国植物志、Flora of China）粉绿竹

Phyllostachys glauca McClure in J. Arnold Arbor. 37：185. 1956；Fl. China 22：169. 2006；中国植物志9（1）：260. 图版69：1-3. 1996；辽宁植物志（下册）：807. 1992；东北植物检索表（第二版）：789. 1995.

常绿，乔木或灌木状，竿高5~10米，直径2~5厘米，新竹竿密被白粉而为蓝绿色，老竹竿绿色或灰黄绿色，竿环与箨环均稍隆起；箨鞘淡红褐色或淡绿色，有紫色细条纹，无箨耳；箨舌截平，暗紫色，具短纤毛；每小枝有5~7叶，萌发枝可多至9叶；叶舌紫褐色，叶片披针形。

分布于我国黄河流域至长江流域各地。大连有栽培。

笋可食。竹材可编织各种竹器，也可整材作农具柄等。内膜、竹沥、竹茹可药用。

植株的一部分

（2）**刚竹**（辽宁植物志、东北植物检索表）**桂竹**（中国植物志、Flora of China）

Phyllostachys bambusoides Sieb. et Zucc. in Abh. Math.- Phys. Cl. Königl. Bayer. Akad. Wiss. 3：745. 1843；中国植物志9（1）：292. 图版80. 1996；辽宁植物志（下册）：806. 1992；东北植物检索表（第二版）：789. 1995.—*Ph. reticulata*（Rupr.）K.Koch in Dendrologie 2：356. 1873；Fl. China 22：175. 2006.

常绿，乔木或灌木状，秆高8~20米，直径8~10厘米，新秆绿色，老秆深绿色。箨鞘有明显箨耳，黄褐色，具黑褐色斑点或斑块，具毛；新竹及箨鞘均无白粉；箨舌微隆起。小枝初生4~6叶，后常为2~3叶；叶片长8~20厘米，宽1.3~3厘米，表面深绿色，背面粉绿色。

分布于我国黄河流域及其以南各地。大连、金州、沈阳等地栽培。

绿化材料。竹材可作建筑、造纸、扁担、农具柄等用材。根有祛风除湿作用。

景观　　　　　　　　　　　叶　　　　　　　　　　植株的一部分

附　录

附录1：国内文献未记载的东北木本植物分类单元

1. 野生木本植物1属6种4变种1变型：

黄连木属 *Pistacia* L.

长叶太平花 *Philadelphus pekinensis* var. *lanceolatus* S. Y. Hu

白果樱桃 *Prunus tomentosa* var. *leueocorpa*（kehder.）S. M. Zhang

毛叶水枸子 *Cotoneaster submultiflorus* Popov.

野皂荚 *Gleditsia microphylla* Gordon ex Y. T. Lee

白花胡枝子 *Lespedeza bicolor* var. *alba* Bean.

黄连木 *Pistacia chinensis* Bunge

卵叶鼠李 *Rhamnus bungeana* J. Vass.

扁担杆 *Grewia biloba* G. Don.

白花黄荆 *Vitex negundo* f. *albiflora* H. W. Jen & Y. J. Chang

北京忍冬 *Lonicera elisae* Franch.

郁香忍冬 *Lonicera fragrantissima* Lindl. et Paxt.

2. 栽培木本植物科11个：

三尖杉科 Cephalotaxaceae.

紫茉莉科 Nyctaginaceae.

蜡梅科 Calycanthaceae.

金缕梅科 Hamamelidaceae.

冬青科 Aquifoliaceae.

梧桐科 Sterculiaceae.

大风子科 Flacortiaceae.

千屈菜科 Lythraceae.

石榴科 Punicaceae.

马钱科 Loganiaceae.

紫草科 Boraginaceae.

3. 栽培木本植物属30个：

黄杉属 *Pseudotsuga* Carr.

三尖杉属 *Cephalotaxus* Sieb. et Zucc. ex Endl.

榕属 *Ficus* L.

叶子花属 *Bougainvillea* Comm. Ex Juss.

蜡梅属 *Chimonanthus* Lindl.

南天竹属 *Nandina* Thunb.

枫香树属 *Liquidambar* L.

火棘属 *Pyracantha* Roem.

石楠属 *Photinia* Lindl.

腺肋花楸属 *Aronia* Medikus

毒豆属 *Laburnum* Fabr.

楝属 *Melia* L.

冬青属 *Ilex* L.

梧桐属 *Firmiana* Marsili

水牛果属 *Shepherdia* Nutt.

山桐子属 *Idesia* Maxim.

紫薇属 *Lagerstroemia* L.

萼距花属 *Cuphea* Adans. ex P. Br.

石榴属 *Punica* L.

常春藤属 *Hedera* L.

木犀属 *Osmanthus* Lour.

醉鱼草属 *Buddleja* L.

厚壳树属 *Ehretia* L.

莸属 *Caryopteris* Bunge

薰衣草属 *Lavandula* L.

曼陀罗木属（木曼陀罗属）*Brugmansia* Pers.

凌霄属 *Campsis* Lour.

毛核木属 *Symphoricarpos* Duhamel

蝟实属 *Kolkwitzia* Graebn.

丝兰属 *Yucca* L.

4. 栽培木本植物种106个（含种下等级）：

花旗松 *Pseudotsuga menziesii*（Mirbel）Franco
绿果黄花落叶松 *Larix olgensis* f. *viridis*（Wils.）Nakai
乔松 *Pinus wallichiana* A.B.Jacks.
北美乔松 *Pinus strobus* L.
粗榧 *Cephalotaxus sinensis*（Rehd. et Wils.）Li.
麻核桃 *Juglans hopeiensis* Hu
垂枝桦 *Betula pendula* Roth.
欧榛 *Corylus avellana* L.
锥栗 *Castanea henryi*（Skan）Rehd. et Wils.

沼生栎 *Quercus palustris* Muench.

美国榆 *Ulmus americana* L.

大叶榉树 *Zelkova schneideriana* Hang.–Mazz.

朴树 *Celtis sinensis* Pers.

美洲朴 *Celtis occidentalis* Magnifica

垂枝桑 *Morus alba* var. *pendula* Dipel

无花果 *Ficus carica* L.

叶子花 *Bougainvillea spectabilis* Willd.

凹叶厚朴 *Magnolia officinalis* subsp. *biloba*（Rehd. et Wils.）Law

荷花玉兰 *Magnolia grandiflora* L.

光叶木兰 *Magnolia dawsoniana* Rehd. et Wils.

二乔木兰 *Magnolia soulangeana*（Lindl.）Soul–Bod.

望春玉兰 *Magnolia biondii* Pampan.

蜡梅 *Chimonanthus praecox*（L.）Link.

南天竹 *Nandina domestica* Thunb.

紫斑牡丹 *Paeonia suffruticosa* var. *papaveracea*（Andr.）Kerner.

中华猕猴桃 *Actinidia chinensis* Planch.

北美枫香 *Liquidambar styraciflua* L.

绣球 *Hydrangea macrophylla*（Thunb.）Seringe

雪山八仙花 *Hydrangea arborescens* L. 'Annabelle'.

山梅花 *Philadelphus incanus* Koehne

无毛风箱果 *Physocarpus opulifolius*（L.）Maxim.

黑莓 *Rubus allegheniensis* Porter

单瓣月季花 *Rosa chinensis* var. *spontanea*（Rehd. et Wils.）Yu et Ku

缫丝花 *Rosa roxburghii* Tratt.

欧洲李 *Prunus domestica* L.

紫叶矮樱 *Prunus×cistena*.

梅 *Prunus mume*（Sieb.）Sieb. et Succ.

美人梅 *Prunus × blireana* cv. 'Meiren'.

平枝枸子 *Cotoneaster horizontalis* Dcne.

散生枸子 *Cotoneaster divaricatus* Rehd. & Wils.

火棘 *Pyracantha fortuneana*（Maxim.）Li

欧洲山楂 *Crataegus laevigata*（Poir.）DC.

冬绿王山楂 *Crataegus viridis* 'Winter King'.

红叶石楠 *Photinia × fraseri*.

黑果腺肋花楸 *Aronia melanocarpa* Elliott

褐梨 *Pyrus phaeocarpa* Rehd.

唐棣 *Amelanchier sinica*（Schneid.）Chun

山槐 *Albizia kalkora*（Roxb.）Prain.

美国皂荚 *Gleditsia triacanthos* L.

槐叶决明 *Senna sophera*（L.）Link.

白花紫荆 *Cercis chinensis* f. *alba* Hsu

堇花槐 *Sophora japonica* var. *violacea* Carr.

五叶槐 *Sophora japonica* f. *oligophylla* Franch.

毒豆 *Laburnum anagyroides* Medic.

多花紫藤 *Wisteria floribunda* DC.

红花洋槐 *Robinia pseudoacacia* f. *decaisneana* Vass.

楝 *Melia azedarach* L.

羽裂火炬树 *Rhus dissecta* Thunb.

三角槭 *Acer buergerianum* Miq.

细裂槭 *Acer pilosum* var. *stenolobum*（Rehder）W. P. Fang

瘤枝槭 *Acer campestre* L.

美国红枫 *Acer rubrum* L.

挪威槭 *Acer platanoides* L.

钝翅槭 *Acer shirasawanum* Koidz.

羽毛槭 *Acer palmatum* var. *dissectum*（Thunb.）K. Koch.

复羽叶栾树 *Koelreuteria bipinnata* Franch.

红花七叶树 *Aesculus* × *carnea* Zeyh.

枸骨 *Ilex cornuta* Lindl. et Paxt.

梧桐 *Firmiana simplex*（L.）W.Wight

银水牛果 *Shepherdia argentea* Nurr.

山桐子 *Idesia polycarpa* Maxim.

紫薇 *Lagerstroemia* indica L.

萼距花 *Cuphea hookeriana* Walp.

石榴 *Punica granatum* L.

山茱萸 *Cornus officinalis* Sieb. et Zucc.

日本四照花 *Cornus kousa* F.Buerger ex Hance

洋常春藤 *Hedera helix* L.

异株五加 *Eleutherococcus sieboldianus*（Makino）Koidz.

淀川杜鹃 *Rhododendron yedoense* Maxim.

红枫杜鹃 *Rhododendron hybridum* Ker Gawl.

羽叶丁香 *Syringa pinnatifolia* Hemsl.

美国白桦 *Fraxinus americana* L.

木犀 *Osmanthus fragrans* Lour.

日本女贞 *Ligustrum japonicum* Thunb.

金叶女贞 *Ligustrum × vicaryi* Rehder.

大叶醉鱼草 *Buddleja davidii* Franch.

互叶醉鱼草 *Buddleja alternifolia* Maxim.

粗糠树 *Ehretia dicksonii* Hance

兰香草 *Caryopteris incana*（Thunb.）Miq.

蒙古莸 *Caryopteris mongholica* Bunge

薰衣草 *Lavandula angustifolia* Mill.

法国薰衣草 *Lavandula stoechas* L.

羽叶薰衣草 *Lavandula pinnata* Lundmark

齿叶薰衣草 *Lavandula dentata* L.

木本曼陀罗 *Brugmansia arborea*（L.）Steud.

凌霄 *Campsis grandiflora*（Thunb.）Loisel.

厚萼凌霄 *Campsis radicans*（L.）Seem.

海仙花 *Weigela coraeensis* Thunb.

红白忍冬 *Lonicera japonica* var. *chinensis*（Wats.）Bak.

蓝叶忍冬 *Lonicera korolkowii* Stapf.

小花毛核木 *Symphoricarpos orbiculatus* Moench

蝟实 *Kolkwitzia amabilis* Graebn.

粉团 *Viburnum plicatum* Thunb.

荚蒾 *Viburnum dilatatum* Thunb.

欧洲荚蒾 *Viburnum opulus* L.

凤尾兰 *Yucca gloriosa* L.

附录2：新分类等级记载

Vitis amurensis subsp. pubescens S. M. Zhang, subsp. nov.

The difference between this subspecies and the type species: the former is densely covered by arachnoid tomentum whose number is not only more but also nearly covered the whole leaves; its latticed veins raised obviously.

Liaoning Snake island Laotie Mountain national nature reserve, duizhuanggou, alt.390m, May28, 2016, Zhang Shu-mei 2016018 (type, DLNM).

Lonicera praeflorens var. lutescens S. M. Zhang, var. nov.

A typo differt floris pallide luteo.

Liaoning, Anshan, Qianshan, alt350m, April2, 2017, Zhang Shu-mei2017001（type, DLNM）.

Lespedeza juncea f. albiflorum S. M. Zhang, f. nov.

A typo differt floris albis.

Liaoning, Jinzhou, Beizhen, alt500m, August24, 2017, Zhang Shu-mei 2017176 （type, DLNM）.

Lespedeza juncea f. purpureum S. M. Zhang, f. nov.

A typo differt floris purpureum.

Liaoning, Dalian, Lingshui, alt106m, September5, 2015, Zhang Shu-mei 2015219 （type, DLNM）.

中文名索引

拉丁学名索引

D

Q

参考文献

[1] 李延生. 辽宁树木志 [M]. 北京：中国林业出版社，1990.

[2] 李书心. 辽宁植物志（上册）[M]. 沈阳：辽宁科学技术出版社，1988.

[3] 李书心. 辽宁植物志（下册）[M]. 沈阳：辽宁科学技术出版社，1992.

[4] 傅沛云. 东北植物检索表（第二版）[M]. 北京：科学出版社，1995.

[5] 中国科学院中国植物志编辑委员会. 中国植物志（1~80卷）[M]. 北京：科学出版社，1959—2004.

[6] 刘慎谔. 东北木本植物图志 [M]. 北京：科学出版社，1955.

[7] Zheng-Yi WU，Peter H. Raven，De-Yuan HONG. Flora of China, vols. 1–25；Science Press, Beijing and Missouri Botanical Garden Press，St. Louis, Missouri. 1994–2013.

[8] 张淑梅，姜学品. 大连植物彩色图谱 [M]. 大连：大连理工大学出版社，2013.